水利行业职业技能培训教材

水土保持监测工

主　编　郑万勇

主　审　宁堆虎

U0227587

黄河水利出版社

内 容 提 要

本书依据人力资源和社会保障部、水利部制定的《水土保持监测工国家职业技能标准》的内容要求编写。全书分为水利职业道德、基础知识和操作技能及相关知识三大部分。基础知识部分介绍了水土流失基本知识、水土保持基本知识和相关法律、法规等。操作技能及相关知识部分按初级工、中级工、高级工、技师和高级技师职业技能标准要求分级、分模块组织材料，包括水土保持气象观测、径流小区观测、控制站观测和水土保持调查等实用内容。

本书和《水土保持监测工》试题集(光盘版)构成水土保持监测工较完整配套的资料体系，可供水土保持监测工职业技能培训、职业技能竞赛和职业技能鉴定业务使用。

图书在版编目(CIP)数据

水土保持监测工/郑万勇主编 . —郑州:黄河水利出版社,2016.10

水利行业职业技能培训教材

ISBN 978 - 7 - 5509 - 1567 - 1

Ⅰ.①水… Ⅱ.①郑… Ⅲ.①水土保持 - 监测 - 技术培训 - 教材 Ⅳ.①S157

中国版本图书馆 CIP 数据核字(2016)第 255550 号

出　版　社:黄河水利出版社

　　　　地址:河南省郑州市顺河路黄委会综合楼 14 层　　　邮政编码:450003

发行单位:黄河水利出版社

　　　　发行部电话:0371 - 66026940、66020550、66028024、66022620(传真)

　　　　E-mail:hhslcbs@ 126. com

承印单位:河南承创印务有限公司

开本:787 mm × 1 092 mm　1/16

印张:40.75

字数:940 千字　　　　　　　　　　　　印数:1— 2 000

版次:2016 年 10 月第 1 版　　　　　　　印次:2016 年 10 月第 1 次印刷

定价:99.00 元

《水土保持监测工》编委会

主　　编　郑万勇(黄河水利职业技术学院)

主　　审　宁堆虎(水利部国际泥沙研究培训中心)

编写人员　(按姓氏笔画排序)

水利部精神文明建设指导委员会办公室　王卫国　刘千程

袁建国

黄河水利委员会黄河上中游管理局　王英顺

黄河水利职业技术学院　方　琳　李梅华　吴韵侠　张营营

罗全胜　赵海滨

黄河水利委员会焦作黄河河务局　杨春玲

开封市东方建筑有限公司　郑寅山

水利部水土保持检测中心　高旭彪　曹文华

黄河水利委员会河南省黄河河务局　温小国

前　言

　　为了适应水利改革发展的需要,进一步提高水利行业从业人员的技能水平,根据 2009 年以来人力资源和社会保障部、水利部颁布的河道修防工等水利行业特有工种的国家职业技能标准,水利部组织编写了相应工种的职业技能培训教材及试题集。

　　各工种职业技能培训教材的内容包括职业道德,基础知识,初级工、中级工、高级工、技师、高级技师的理论知识和操作技能,还包括该工种的国家职业技能标准和职业技能鉴定理论知识模拟试卷两套。随书赠送试题集光盘。

　　本套教材和试题集具有专业性、权威性、科学性、整体性、实用性和稳定性,可供水利行业相关工种从业人员进行职业技能培训和鉴定使用,也可作为相关工种职业技能竞赛的重要参考。

　　本次教材编写的技术规范或规定均采用最新的标准,涉及的个别计量单位虽属非法定计量单位,但考虑到这些计量单位与有关规定、标准的一致性和实际使用的现状,本次出版时暂行保留,在今后修订时再予以改正。

　　编写全国水利行业职业技能培训教材及试题集,是水利人才培养的一项重要工作。由于时间紧,任务重,不足之处在所难免,希望大家在使用过程中多提宝贵意见,使其日臻完善,并发挥重要作用。

水利行业职业技能培训教材及试题集
编审委员会
2011 年 12 月

编写说明

《水土保持监测工》职业技能培训教材是依据人力资源和社会保障部、水利部制定的《水土保持监测工国家职业技能标准》(见本书附录)编写的。按照该标准体系和水土保持监测工职业技能的特点,本书按照水利职业道德,基础知识,初级工、中级工、高级工、技师、高级技师操作技能及相关知识进行编写的。各技术等级之间的内容从初级工的具体、简单操作,逐步向高级技师的宏观全局发展,依次递进,高级别涵盖低级别的要求。编写时力求做到深入浅出、循序渐进、内容精炼、重点突出、注重理论知识与实践操作的有机结合。

本书在编写时遵循的指导思想如下:

(1)紧扣职业技能标准,《水土保持监测工》教材是水利行业的职业鉴定教材,因此教材紧紧围绕国家职业技能标准要求进行编写。

(2)突出实用性和可操作性,在教材编写时突出理论对操作的指导作用和专业知识为生产服务的指导思想,避免过多的理论知识。

(3)体现差异性,教材编写既要反映最新的成熟的技术、工艺、材料,又要兼顾不同地区实际工作环境和工具设备的差异性。

(4)注重知识的连贯性和各部分的相对独立性,避免重复,并做到简明扼要。做到基础和相关知识深度合适,操作部分简练易懂,易于操作。

在组建本书编写团队时,既要考虑参编人员的学科背景,更要考虑参编人员的实践技能,为此邀请了黄河上中游管理局教授级高工王英顺、河南黄河河务局教授级高工温小国以及来自工作一线的多位工作人员,他们长期从事水土保持监测技术工作,具有丰富的实践经验;对于黄河水利职业技术学院参编的教师选择也充分考虑有相关学科专业,有扎实的理论基础与一定的实践技能。

对于教材所属的基础知识、初级工、中级工、高级工、技师、高级技师六大块内容的编写,采用了分块分册分人与分工合作"递进与搭接"的编写方式。我们一直在努力调整处理各技术等级间内容的技术业务衔接,避免重复,克服漏洞,保证从初到高编写的递进和连贯性。为了保证教材的完整性与实用性,组织各个参编汇稿,根据主编、主审与大家所提出的问题,不断细化完善调整修改,直到最终的定稿,并进行了试题库的编写。

与本书配套的《水土保持监测工》试题集(光盘版)由黄河水利出版社同时出版发行。《水土保持监测工国家职业技能标准》、《水土保持监测工》、《水土保持监测工》试题集三者构成水土保持监测工职业技能培训和职业技能鉴定实施较完整配套的资料体系。

本书的编写人员和分工为：袁建国、王卫国、刘千程编写第 1 篇，张营营、郑寅山编写第 2 篇，赵海滨、罗全胜、郑寅山编写第 3 篇，郑万勇、李梅华、杨春玲编写第 4 篇，李梅华、吴韵侠、方琳、曹文华编写第 5 篇，王英顺、赵海滨、温小国、罗全胜编写第 6 篇；郑万勇、李梅华、方琳、高旭彪编写第 7 篇。本书由郑万勇担任主编，宁堆虎担任主审。

教材与题库的特点，就是分级分块、以实用为本。水土保持监测设施设备仪器工具主要讲用法，项目要素测验主要讲做法，原始数据讲记法，中间和成果数据讲算法，表格讲填法，绘图讲画法，公式基本为使用公式，不易理解的方法给示例，难于写成条文或写成条文太空洞的内容及案例，概念围绕和服务于实用作业，点到为止。

水土保持监测是依靠监测技能知识，利用仪器设备，按照技术规程，实施水土保持监测、资料整编和场地监测等工作和水土保持工作的宏观研究、理论研究、专题分析、专业教学比较，属于采集基本资料的初级生产力，实用作业应为其本，更高级的研究宜由科技人员承担开展，水土保持监测工和水土保持业务技术人员知识与技能要求的不同大概就在于此。

在本书的编写组织工作中，参考引用了许多标准、规范、规程的内容，参阅了大量文献资料，得到了水利部人事司、水利部水土保持司、水利部水土保持检测中心、水利部人才资源开发中心、北京林业大学等单位的大力支持与协助，得到了乔殿新、鲁胜力、李智广、张建军等专家的大力帮助与指正，在此一并表示感谢！

由于本书涉及内容多，类似的教材与可供参考的参考书较少，特别是技能操作与具体的工作要求部分资料收集难度较大，因此不论从收集资料的难度上，还是从编写的难度上都非常大，难免存在不合适的地方与内容，希望各位读者提出宝贵意见。

编　者

2014 年 10 月

目　录

第3篇　操作技能——初级工

第4篇　操作技能——中级工

附　录

第1篇 水利职业道德

第1章　水利职业道德概述

1.1　水利职业道德的概念

道德是一种社会意识形态,是人们共同生活及行为的准则与规范,道德往往代表着社会的正面价值取向,起判断行为正当与否的作用。

职业道德,就是同人们的职业活动紧密联系的符合职业特点所要求的道德准则、道德情操与道德品质的总和,它既是对本职人员在职业活动中行为的要求,又是职业对社会所负的道德责任与义务。

水利职业道德是水利工作者在自己特定的职业活动中应当自觉遵守的行为规范的总和,是社会主义道德在水利职业活动中的体现。水利工作者在履行职责过程中必然产生相应的人际关系、利益分配、规章制度和思想行为。水利职业道德就是水利工作者从事职业活动时,调整和处理与他人、与社会、与集体、与工作关系的行为规范或行为准则。水利职业道德作为意识形态,是世界观、人生观、价值观的集中体现,是水利人共同的理想信念、精神支柱和内在力量,表现为价值判断、价值选择、价值实现的共同追求,直接支配和约束人们的思想行为。具体界定着每个水利人什么是对的,什么是错的,什么是应该做的,什么是不应该做的。

1.2　水利职业道德的主要特点

(1)贯彻了社会主义职业道德的普遍性要求。水利职业道德是体现水利行业的职业责任、职业特点的道德。水利职业道德作为一个行业的职业道德,是社会主义职业道德体系中的组成部分,从属和服务于社会主义职业道德。社会主义职业道德对全社会劳动者有着共同的普遍性要求,如全心全意为人民服务、热爱本职工作、刻苦钻研业务、团结协作等,都是水利职业道德必须贯彻和遵循的基本要求。水利职业道德是社会主义职业道德基本要求在水利行业的具体化,社会主义职业道德基本要求与水利职业道德是共性和个性、一般和特殊的关系。

(2)紧紧扣住了水利行业自身的基本特点。水利行业与其他行业相比有着显著的特点,这决定了水利职业道德具有很强的行业特色。这些行业特色主要有:一是水利工程建设量大,投资多,工期长,要求水利工作者必须热爱水利,具有很强的大局意识和责任意识。二是水利工程具有长期使用价值,要求水利工作者必须树立"百年大计、质量第一"的职业道德观念。三是工作流动性大,条件艰苦,要求水利工作者必须把艰苦奋斗、奉献社会作为自己的职业道德信念和行为准则。四是水利科学是一门复杂的、综合性很强的自然科学,要求水利工作者必须尊重科学、尊重事实、尊重客观规律、树立科学求实的精神。五是水利工作是一项需要很多部门和单位互相配合、密切协作才能完成的系统工程，要求水利工作者必须具有良好的组织性、纪律性和自觉遵纪守法的道德品质。

（3）继承了传统水利职业道德的精华。水利职业道德是在治水斗争实践中产生，随着治水斗争的发展而发展的。早在大禹治水时，就留下了他忠于职守、公而忘私、三过家门不入、为民治水的高尚精神。李冰父子不畏艰险、不怕牺牲、不怕挫折和诬陷，一心为民造福，终于建成了举世闻名的都江堰分洪灌溉工程，至今仍发挥着巨大的社会效益和经济效益。新中国成立以来，随着水利事业的飞速发展，水利职业道德也进入了一个崭新的发展阶段。在三峡水利枢纽工程、南水北调工程、小浪底水利枢纽工程等具有代表性的水利工程建设中，新中国水利工作者以国家主人翁的姿态自觉为民造福而奋斗，发扬求真务实的科学精神，顽强拼搏、勇于创新、团结协作，成功解决了工程技术上的一系列世界性难题，并涌现出许多英雄模范人物，创造出无数动人的事迹，表现出新中国水利工作者高尚的职业道德情操，极大地丰富和发展了中国传统水利职业道德的内容。

1.3　水利职业道德建设的重要性和紧迫性

一是发展社会主义市场经济的迫切需要。建设社会主义市场经济体制，是我国经济振兴和社会进步的必由之路，是一项前无古人的伟大创举。这种经济体制，不仅同社会主义基本经济制度结合在一起，而且同社会主义精神文明结合在一起。市场经济体制的建立，要求水利工作者在社会化分工和专业化程度日益增强、市场竞争日趋激烈的条件下，必须明确自己职业所承担的社会职能、社会责任、价值标准和行为规范，并要严格遵守，这是建立和维护社会秩序、按市场经济体制运转的必要条件。

二是推进社会主义精神文明建设的迫切需要。《公民道德建设实施纲要》指出：党的十一届三中全会特别是十四大以来，随着改革开放和现代化事业的发展，社会主义精神文明建设呈现出积极向上的良好态势，公民道德建设迈出了新的步伐。但与此同时，也存在不少问题。社会的一些领域和一些地方道德失范，是非、善恶、美丑界限混淆，拜金主义、享乐主义、极端个人主义有所滋长，见利忘义、损公肥私行为时有发生，不讲信用、欺诈欺骗成为公害，以权谋私、腐化堕落现象严重。特别是党的十七届六中全会关于推动社会主义文化大发展、大繁荣的决定明确指出"精神空虚不是社会主义"。思想道德作为文化建设的重要内容，必须加强包括水利职业道德建设在内的全社会道德建设。

三是加强水利干部职工队伍建设的迫切需要。2011 年，中央一号文件和中央水利工作会议吹响了加快水利改革发展新跨越的进军号角。全面贯彻落实中央关于水利的决策部署，抓住这一重大历史机遇，探索中国特色水利现代化道路，掀起治水兴水新高潮，迫切要求水利工作要为社会经济发展和人民生活提供可靠的水资源保障和优质服务。这就对水利干部职工队伍的全面素质提出了新的更高的要求。水利职业道德作为思想政治建设的重要组成部分和有效途径，必须深入贯彻落实党的十七大精神和《公民道德建设实施纲要》，紧紧围绕水利中心工作，以促进水利干部职工的全面发展为目标，充分发挥职业道德在提高干部职工的思想政治素质上的导向、判断、约束、鞭策和激励功能，为水利改革发展实现新跨越提供强有力的精神动力和思想保障。

四是树立行业新风、促进社会风气好转的迫切需要。职业活动是人生中一项主要内容,人生价值、人的创造力以及对社会的贡献主要是通过职业活动实现的。职业岗位是培养人的最好场所,也是展现人格的最佳舞台。如果每个水利工作者都能注重自己的职业道德品质修养,就有利于在全行业形成五讲、四美、三热爱的行业新风,在全社会树立起水利行业的良好形象。同时,高尚的水利职业道德情怀能外化为职业行为,传递感染水利工作的服务对象和其他人员,有助于形成良好的社会氛围,带动全社会道德风气的好转。

1.4　水利职业道德建设的基本原则

(1)必须以科学发展观为统领。通过水利职业道德进一步加强职业观念、职业态度、职业技能、职业纪律、职业作风、职业责任、职业操守等方面的教育和实践,引导广大干部职工树立以人为本的职业道德宗旨、筑牢全面发展的职业道德理念、遵循诚实守信的职业道德操守,形成修身立德、建功立业的行为准则,全面提升水利职业道德建设的水平。

(2)必须以社会主义价值体系建设为根本。坚持不懈地用马克思主义中国化的最新理论成果武装水利干部职工头脑,用中国特色社会主义共同理想凝聚力量,用以爱国主义为核心的民族精神和以改革创新为核心的时代精神鼓舞斗志,用社会主义荣辱观引领风尚。把社会主义核心价值体系的基本要求贯彻到水利职业道德中,使广大水利干部职工随时都能受到社会主义核心价值的感染和熏陶,并内化为价值观念,外化为自觉行动。

(3)必须以社会主义荣辱观为导向。水利是国民经济和社会发展的重要基础设施,社会公益性强、影响涉及面广、与人民群众的生产生活息息相关。水利职业道德要积极引导广大干部职工践行社会主义荣辱观,树立正确的世界观、人生观和价值观,知荣辱、明是非、辨善恶、识美丑,加强道德修养,不断提高自身的社会公德、职业道德、家庭美德水平,筑牢思想道德防线。

(4)必须以和谐文化建设为支撑。要充分发挥和谐文化的思想导向作用,积极引导广大干部职工树立和谐理念,培育和谐精神,培养和谐心理。用和谐方式正确处理人际关系和各种矛盾;用和谐理念塑造自尊自信、理性平和、积极向上的心态;用和谐精神陶冶情操、鼓舞人心、相互协作;成为广大水利干部职工奋发有为、团结奋斗的精神纽带。

(5)必须弘扬和践行水利行业精神。"献身、负责、求实"的水利行业精神,是新时期推进现代水利、可持续发展水利宝贵的精神财富。水利职业道德要成为弘扬和践行水利行业精神的有效途径和载体,进一步增强广大干部职工的价值判断力、思想凝聚力和改革攻坚力,鼓舞和激励广大水利干部职工献身水利、勤奋工作、求实创新,为水利事业又好又快的发展,提供强大的精神动力和力量源泉。

第2章 水利职业道德的具体要求

2.1 爱岗敬业,奉献社会

爱岗敬业是水利职业道德的基础和核心,是社会主义职业道德倡导的首要规范,也是水利工作者最基本、最主要的道德规范。爱岗就是热爱本职工作,安心本职工作,是合格劳动者必须具备的基础条件。敬业是对职业工作高度负责和一丝不苟,是爱岗的提高完善和更高的道德追求。爱岗与敬业相辅相成,密不可分。一个水利工作者只有爱岗敬业,才能建立起高度的职业责任心,切实担负起职业岗位赋予的责任和义务,做到忠于职守。

按通俗的说法,爱岗是干一行爱一行。爱是一种情感,一个人只有热爱自己从事的工作,才会有工作的事业心和责任感;才能主动、勤奋、刻苦地学习本职工作所需要的各种知识和技能,提高从事本职工作的本领;才能满腔热情、朝气蓬勃地做好每一项属于自己的工作;才能在工作中焕发出极大的进取心,产生出源源不断的开拓创新动力;才能全身心地投入到本职工作中去,积极主动地完成各项工作任务。

敬业是始终对本职工作保持积极主动、尽心尽责的态度。一个人只有充分理解了自己从事工作的意义、责任和作用,才会认识本职工作的价值,从职业行为中找到人生的意义和乐趣,对本职工作表现出真诚的尊重和敬意。自觉地遵照职业行为的要求,兢兢业业、扎扎实实、一丝不苟地对待职业活动中的每一个环节和细节,认真、负责地做好每项工作。

奉献社会是社会主义职业道德的最高要求,是为人民服务和集体主义精神的最好体现。奉献社会的实质是奉献。水利是一项社会性很强的公益事业,与生产生活乃至人民生命财产安全息息相关。一个水利工作者必须树立全心全意为人民服务、为社会服务的思想,把人民和国家利益看得高于一切,才能在急、难、险、重的工作任务面前淡泊名利、顽强拼搏、先公后私、先人后己,以至在关键时刻能够牺牲个人的利益去维护人民和国家的利益。

张宇仙是四川省内江市水文水资源勘测局登瀛岩水文站职工。她以对事业的执着和忠诚、爱岗敬业的可贵品质、舍小家顾大家的高尚风范,获得了社会各界的广泛赞誉。1981年,石堤埝水文站发生了有记录以来的特大洪水,张宇仙用一根绳子捆在腰上,站在洪水急流中观测水位。1984年,她生小孩的前一天还在岗位上加班。1998年,长江发生百年不遇的特大洪水,其一级支流沱江水位猛涨,这时张宇仙的丈夫病危,家人要她回去,然而张宇仙舍小家顾大家,一连五个昼夜,她始终坚守在水情观测第一线,收集洪水资料156份,准确传递水情18份,回答沿江垂询电话200余次,为减小洪灾损失做出了重要贡献。当洪水退去,她赶回丈夫身边时,丈夫已不能说话,两天后便去世了。她上有八旬婆母,下有未成年的孩子,面对丈夫去世后沉重的家庭负担,张宇仙依然坚守岗位,依然如故地孝敬婆母,依然一次次毅然选择了把困难留给自己,把改善工作环境的机会让给他人。她以自己的实际行动表达了对党、对人民、对祖国水利事业的热爱和忠诚,获得了人们的高度赞扬,被授予"全国五一劳动奖章""全国抗洪模范""全国水文标兵"等光荣称号。

曹述军是湖南郴州市桂阳县樟市镇水管站职工。他在2008年抗冰救灾斗争中,视灾情为命令,舍小家为大家,舍生命为人民,主动请缨担任架线施工、恢复供电的负责人。为了让乡亲们过上一个欢乐祥和的春节,他不辞劳苦、不顾危险,连续奋战十多个昼夜,带领抢修队员紧急抢修被损坏的供电线路和基础设施。由于体力严重透支,不幸从12 m高的电杆上摔下,英勇地献出了自己宝贵的生命。他用自己的实际行动生动地诠释了"献身、负责、求实"的行业精神,展现了崇高的道德追求和精神境界,被追授予"全国五一劳动奖章"和"全国抗冰救灾优秀共产党员"等光荣称号。

2.2　崇尚科学,实事求是

崇尚科学,实事求是,是指水利工作者要具有坚持真理的求实精神和脚踏实地的工作作风。这是水利工作者必须遵循的一条道德准则。水利属于自然科学,自然科学是关于自然界规律性的知识体系以及对这些规律探索过程的学问。水利工作是改造江河,造福人民,功在当代,利在千秋的伟大事业。水利工作的科学性、复杂性、系统性和公益性决定了水利工作者必须坚持科学认真、求实务实的态度。

崇尚科学,就是要求水利工作者要树立科学治水的思想,尊重客观规律,按客观规律办事。一要正确地认识自然,努力了解自然界的客观规律,学习掌握水利科学技术。二要严格按照客观规律办事,对每项工作、每个环节都持有高度科学负责的精神,严肃认真,精益求精,决不可主观臆断,草率马虎;否则,就会造成重大浪费,甚至造成灾难,给人民生命财产造成巨大损失。

实事求是,就是一切从实际出发,按客观规律办事,不能凭主观臆断和个人好恶观察和处理问题。要求水利工作者必须树立求实务实的精神。一要深入实际,深入基层,深入群众,了解掌握实际情况,研究解决实际问题。二要脚踏实地,干实事,求实效,不图虚名,不搞形式主义,决不弄虚作假。

中国工程勘察大师崔政权,生前曾任水利部科技委委员、长江水利委员会综合勘测局总工程师。他一生热爱祖国、热爱长江、热爱三峡人民,把自己的毕生精力和聪明才智都献给了伟大的治江事业。他一生坚持学习,呕心沥血,以惊人的毅力不断充实自己的知识和理论体系,勇攀科技高峰。为了贯彻落实党中央、国务院关于三峡移民建设的决策部署,给库区移民寻找一个安稳的家园,保障三峡工程的顺利实施,他不辞劳苦,深入库区,跑遍了周边的山山水水,解决了移民搬迁区一个个地质难题,避免了多次重大滑坡险情造成的损失。他坚持真理,科学严谨,求真务实,敢于负责,鞠躬尽瘁,充分体现了一名水利工作者的高尚情怀和共产党员的优秀品质。

2.3　艰苦奋斗，自强不息

艰苦奋斗是指在艰苦困难的条件下，奋发努力，斗志昂扬地为实现自己的理想和事业而奋斗。自强不息是指自觉地努力向上，发愤图强，永不松懈。两者联系起来是指一种思想境界、一种精神状态、一种工作作风，其核心是艰苦奋斗。艰苦奋斗是党的优良传统，也是水利工作者常年在野外工作，栉风沐雨，风餐露宿，在工作和生活条件艰苦的情况下，磨炼和培养出来的崇高品质。不论过去、现在、将来，艰苦奋斗都是水利工作者必须坚持和弘扬的一条职业道德标准。

早在新中国成立前夕，毛主席就告诫全党：务必使同志们继续保持谦虚、谨慎、不骄、不躁的作风，务必使同志们继续保持艰苦奋斗的作风。新中国成立后又讲：社会主义的建立给我们开辟了一条到达理想境界的道路，而理想境界的实现，还要靠我们的辛勤劳动。邓小平在谈到改革中出现的失误时说：最重要的一条是，在经济得到了可喜发展，人民生活水平得到改善的情况下，没有告诉人民，包括共产党员在内应保持艰苦奋斗的传统。当前，社会上一些讲排场、摆阔气，用公款大吃大喝，不计成本、不讲效益的现象与我国的国情和艰苦奋斗的光荣传统是格格不入和背道而驰的。在思想开放、理念更新、生活多样化的时代，水利工作者必须继续发扬艰苦奋斗的光荣传统，继续在工作生活条件相对较差的条件下，把艰苦奋斗作为一种高尚的精神追求和道德标准严格要求自己，奋发努力，顽强拼搏，斗志昂扬地投入到各项工作中去，积极为水利改革和发展事业建功立业。

"全国五一劳动奖章"获得者谢会贵，是水利部黄河水利委员会玛多水文巡测分队的一名普通水文勘测工。自1978年参加工作以来，情系水文、理想坚定，克服常人难以想象和忍受的困难，三十年如一日，扎根高寒缺氧、人迹罕见的黄河源头，无怨无悔、默默无闻地在平凡的岗位上做出了不平凡的业绩，充分体现了特别能吃苦、特别能忍耐、特别能奉献的崇高精神，是水利职工继承发扬艰苦奋斗优良传统的突出代表。

2.4　勤奋学习，钻研业务

勤奋学习，钻研业务，是提高水利工作者从事职业岗位工作应具有的知识文化水平和业务能力的途径。它是从事职业工作的重要条件，是实现职业理想、追求高尚职业道德的具体内容。一个水利工作者通过勤奋学习，钻研业务，具备了为社会、为人民服务的本领，就能在本职岗位上更好地履行自己对社会应尽的道德责任和义务。因此，勤奋学习、钻研业务是水利职业道德的重要内容。

科学技术知识和业务能力是水利工作者从事职业活动的必备条件。科学技术的飞速发展和社会主义市场经济体制的建立，对各个职业岗位的科学技术知识和业务能力水平的要求越来越高，越来越精。水利工作者要适应形势发展的需要，跟上时代前进的步伐，就要勤奋学习，刻苦专研，不断提高与自己本职工作有关的科学文化和业务知识水平；就要积极参加各种岗位培训，更新观念，学习掌握新知识、新技能，学习借鉴他人包括国外的先进经验；就要学用结合，把学到的新理论知识与自己的工作实践紧密结合起来，干中学，学中干,用所学的理论指导自己的工作实践;就要有敢为人先的开拓创新精神,打破因循守旧的偏见,永远不满足工作的现状,不仅敢于超越别人,还要不断地超越自己。这样才能在自己的职业岗位上不断有所发现、有所创新、有所前进。

刘孟会是水利部黄河水利委员会河南河务局台前县黄河河务局一名河道修防工。他参加治黄工作 26 年来,始终坚持自学,刻苦研究防汛抢险技术,在历次防汛抢险斗争中都起到了关键性作用。特别是在抗御黄河"96·8"洪水斗争中,他果断采取了超常规的办法,大胆指挥,一鼓作气将口门堵复,消除了黄河改道的危险,避免了滩区 6.3 万亩(1 亩 = 1/15 hm²,下同)耕地被毁,保护了 113 个行政村 7.2 万人的生命财产安全,挽回经济损失 1 亿多元。多年的勤奋学习,钻研业务,使他积累了丰富的治理黄河经验,并将实践经验上升为水利创新技术,逐步成长为河道修防的高级技师,并在黄河治理开发、技术人才培训中发挥了显著作用,创造了良好的社会效益和经济效益。荣获了"全国水利技能大奖"和"全国技术能手"的光荣称号。

湖南永州市道县水文勘测队的何江波同志恪守职业道德,立足本职,刻苦钻研业务,不断提升技能技艺,奉献社会,在一个普通水文勘测工的岗位上先后荣获了"全国五一劳动奖章"、"全国技术能手"、"中华技能大奖"等一系列荣誉,并逐步成长为一名干部,被选为代表光荣地参加了党的十七大。

2.5　遵纪守法,严于律己

遵纪守法是每个公民应尽的社会责任和道德义务,是保持社会和谐安宁的重要条件。在社会主义民主政治的条件下,从国家的根本大法到水利基层单位的规章制度,都是为维护人民的共同利益而制定的。社会主义荣辱观中明确提出要"以遵纪守法为荣,以违法乱纪为耻",就是从道德观念的层面对全社会提出的要求,当然也是水利职业道德的重要内容。

水利工作者在职业活动中,遵纪守法更多体现为自觉地遵守职业纪律,严格按照职业活动的各项规章制度办事。职业纪律具有法规强制性和道德自控性。一方面,职业纪律以强制手段禁止某些行为,靠专门的机构来检查和执行;另一方面,职业道德用榜样的力量来倡导某些行为,靠社会舆论和职工内心的信念力量来实现。因此,一个水利工作者遵纪守法主要靠本人的道德自律、严于律己来实现。一要认真学习法律知识,增强民主法治观念,自觉依法办事,依法律己,同时懂得依法维护自身的合法权益,勇于与各种违法乱纪行为作斗争。二要严格遵守各项规章制度,以主人翁的态度安心本职工作,服从工作分配,听从指挥,高质量、高效率地完成岗位职责所赋予的各项任务。

优秀共产党员汪洋湖一生把全心全意为人民群众谋利益作为心中最炽热的追求。在他担任吉林省水利厅厅长时发生的两件事,真实生动地反映了一个领导干部带头遵纪守法、严格要求自己的高尚情怀。他在水利厅明确规定:凡水利工程建设项目,全部实行招标投标制,并与厅班子成员"约法三章":不取非分之钱,不上人情工程,不搞暗箱操作。1999 年,汪洋湖过去的一个老上级来水利厅要工程,没料想汪洋湖温和而又毫不含糊地对他说:你想要工程就去投标,中上标,活儿自然是你的,中不上标,我也不能给你。这是规矩。他掏钱请老上级吃了一顿午饭,把他送走了。女儿的丈夫家是搞建筑的,小两口商量想搞点工程建设。可是谁也没想到,小两口在每年经手20亿元水利工程资金的父亲那里,硬是没有拿到过一分钱的活。

2.6　顾全大局,团结协作

顾全大局,团结协作,是水利工作者处理各种工作关系的行为准则和基本要求,是确保水利工作者做好各项工作、始终保持昂扬向上的精神状态和创造一流工作业绩的重要前提。

大局就是全局,是国家的长远利益和人民的根本利益。顾全大局就是要增强全局观念,坚持以大局为重,正确处理好国家、集体和个人的利益关系,个人利益要服从国家利益、集体利益,局部利益要服从全局利益,眼前利益要服从长远利益。

团结才能凝聚智慧,产生力量。团结协作,就是把各种力量组织起来,心往一处想,劲往一处使,拧成一股绳,把意志和力量都统一到实现党和国家对水利工作的总体要求和工作部署上来,战胜各种困难,齐心协力搞好水利建设。

水利工作是一项系统工程,要统筹考虑和科学安排水资源的开发与保护、兴利与除害、供水与发电、防洪与排涝、国家与地方、局部与全局、个人与集体的关系,江河的治理要上下游、左右岸、主支流、行蓄洪配套进行。因此,水利工作者无论从事何种工作,无论职位高低,都一定要做到:一是牢固树立大局观念,破除本位主义,必要时牺牲局部利益,保全大局利益。二是大力践行社会主义荣辱观,以团结互助为荣,以损人利己为耻。要团结同事,相互尊重,互相帮助,各司其职,密切协作,工作中虽有分工,但不各行其是,要发挥各自所长,形成整体合力。三是顾全大局、团结协作,不能光喊口号,要身体力行,要紧紧围绕水利工作大局,做好自己职责范围内的每一项工作。只有增强大局意识、团结共事意识,甘于奉献,精诚合作,水利干部职工才能凝聚成一支政治坚定、作风顽强、能打硬仗的队伍,我们的事业才能继往开来,取得更大的胜利。

1991年,淮河流域发生特大洪水,在不到2个月的时间里,洪水无情地侵袭了179个地(市)、县,先后出现了大面积的内涝,洪峰严重威胁淮河南岸城市、工矿企业和铁路的安全,将要淹没1 500万亩耕地,涉及1 000万人。国家防汛抗旱总指挥部下令启用蒙洼等三个蓄洪区和邱家湖等14个行洪区分洪。这样做要淹没148万亩耕地,涉及81万人。行洪区内的人民以国家大局为重,牺牲局部,连夜搬迁,为开闸泄洪赢得了宝贵的时间,为夺取抗洪斗争的胜利做出了重大贡献,成为了顾全大局、团结治水的典型范例。

2.7　注重质量,确保安全

注重质量,确保安全,是国家对社会主义现代化建设的基本要求,是广大人民群众的殷切希望,是水利工作者履行职业岗位职责和义务必须遵循的道德行为准则。

注重质量,是指水利工作者必须强化质量意识,牢固树立"百年大计,质量第一"的思想,坚持"以质量求信誉,以质量求效益,以质量求生存,以质量求发展"的方针,真正做到把每项水利工程建设好、管理好、使用好,充分发挥水利工程的社会经济效益,为国家建设和人民生活服务。

确保安全,是指水利工作者必须提高认识,增强安全防范意识。树立"安全第一,预防为主"的思想,做到警钟长鸣,居安思危,长备不懈,确保江河度汛、设施设备和人员自身的安全。

注重质量,确保安全,对水利工作具有特别重要的意义。水利工程是我国国民经济发展的基础设施和战略重点,国家每年都要出巨资用于水利建设。大中型水利工程的质量和安全问题直接关系到能否为社会经济发展提供可靠的水资源保障,直接关系千百万人的生产生活甚至生命财产安全。这就要求水利工作者必须做到:一是树立质量法制观念,认真学习和严格遵守国家、水利行业制定的有关质量的法律、法规、条例、技术标准和规章制度,每个流程、每个环节、每件产品都要认真贯彻执行,严把质量关。二是积极学习和引进先进科学技术和先进的管理办法,淘汰落后的工艺技术和管理办法,依靠科技进步提高质量。三是居安思危,预防为主。克服麻痹思想和侥幸心理,各项工作都要像防汛工作那样,立足于抗大洪水,从最坏处准备,往最好处努力,建立健全各种确保安全的预案和制度,落实应急措施。四是爱护国家财产,把行使本职岗位职责的水利设施设备像爱护自己的眼睛一样进行维护保养,确保设施设备的完好和可用。五是重视安全生产,确保人身安全。坚守工作岗位,尽职尽责,严格遵守安全法规、条例和操作规程,自觉做到不违章指挥、不违章作业、不违反劳动纪律、不伤害别人、不伤害自己、不被别人伤害。

长江三峡工程建设监理部把工程施工质量放在首位,严把质量关。仅1996年就发出违规警告50多次,停工、返工令92次,停工整顿4起,清理不合格施工队伍3个,核减不合理施工申报款4.7亿元,为这一举世瞩目的工程胜利建成做出了重要贡献。

第 3 章　职工水利职业道德培养的主要途径

3.1　积极参加水利职业道德教育

水利职业道德教育是为培养水利改革和发展事业需要的职业道德人格,依据水利职业道德规范,有目的、有计划、有组织地对水利工作者施加道德影响的活动。

任何一个人的职业道德品质都不是生来就有的,而是通过职业道德教育,不断提高对职业道德的认识后逐渐形成的。一个从业者走上水利工作岗位后,他对水利职业道德的认识是模糊的,只有经过系统的职业道德教育,并通过工作实践,对职业道德有了一个比较深层次的认识后,才能将职业道德意识转化为自己的行为习惯,自觉地按照职业道德规范的要求进行职业活动。

水利职业道德教育,要以为人民服务,树立正确的世界观、人生观、价值观教育为核心,大力弘扬艰苦奋斗的光荣传统,以实施水利职业道德规范,明确本职岗位对社会应尽的责任和义务为切入点,抓住人民群众对水利工作的期盼和关心的热点、难点问题,以与群众的切身利益密切相关,接触群众最多的服务性部门和单位为窗口,把职业道德教育与遵纪守法教育结合起来,与科学文化和业务技能教育结合起来,采取丰富多彩、灵活多样、群众喜闻乐见的形式,开展教育活动。

每个水利工作者要积极参加职业道德教育,才能不断深化对水利职业道德的认识,增强职业道德修养和职业道德实践的自觉性,不断提高自身的职业道德水平。

3.2　自觉进行水利职业道德修养

水利职业道德修养是指水利工作者在职业活动中,自觉根据水利职业道德规范的要求,进行自我教育、自我陶冶、自我改造和自我锻炼,提高自我道德情操的活动,以及由此形成的道德境界,是水利工作者提高自身职业道德水平的重要途径。

职业道德修养不同于职业道德教育,具有主体和对象的统一性,水利工作者个体就是这个主体和对象的统一体。这就决定了职业道德修养是主观自觉的道德活动,决定了职业道德修养是一个从认识到实践、再认识到再实践,不断追求、不断完善的过程。这一过程将外在的道德要求转化为内在的道德信念,又将内在的道德信念转化为实际的职业行为,是每个水利工作者培养和提高自己职业道德境界,实现自我完善的必由之路。

水利职业道德修养不是单纯的内心体验,而是水利工作者在改造客观世界的斗争中改造自己的主观世界。职业道德修养作为一种理智的自觉活动,一是需要科学的世界观作指导。马克思主义中国化的最新理论成果是科学世界观和方法论的集中体现,是我们改造世界的强大思想武器。每个水利工作者都要认真学习,深刻领会马克思主义哲学关于一切从实际出发,实事求是、矛盾分析、归纳与演绎等科学理论,为加强职业道德修养提供根本的思想路线和思维方法。二是需要科学文化知识和道德理论作基础。科学文化知识是关于自然、社会和思维发展规律的概括和总结。学习科学文化知识,有助于提高职业道德选择和评价能力,提高职业道德修养的自觉性;有助于形成科学的道德观、人生观和价值观,全面、科学、深刻地认识社会,正确处理社会主义职业道德关系。三是理论联系实际,知行统一为根本途径。要按照水利职业道德规范的要求,勇于实践和反复实践,在职业活动中不断学习、深入体会水利职业道德的理论和知识。要在职业工作中努力改造自己的主观世界,同各种非无产阶级的腐朽落后的道德观作斗争,培养和锻炼自己的水利职业道德观。要以职业岗位为舞台,自觉地在工作和社会实践中检查和发现自己职业道德认识和品质上的不足,并加以改正。四是要认识职业道德修养是一个长期、反复、曲折的过程,不是一朝一夕就可以做到的,一定要坚持不懈、持之以恒地进行自我锻炼和自我改造。

3.3　广泛参与水利职业道德实践

水利职业道德实践是一种有目的的社会活动,是组织水利工作者履行职业道德规范,取得道德实践经验,逐步养成职业行为习惯的过程;是水利工作者职业道德观念形成、丰富和发展的一个重要环节;是水利职业道德理想、道德准则转化为个人道德品质的必要途径,在道德建设中具有不可替代的重要作用。

组织道德实践活动,内容可以涉及水利工作者的职业工作、社会活动以及日常生活等各方面。但在一定时期内,须有明确的目标和口号,具有教育意义的内容和丰富多彩的形式,要讲明活动的意义、行为方式和要求,并注意检查督促,肯定成绩,找出差距,表扬先进,激励后进。如在机关里开展"爱岗敬业,做人民满意公务员"活动,在企业中开展"讲职业道德,树文明新风"活动,在青年中开展"学雷锋,送温暖"活动,组织志愿者在单位和宿舍开展"爱我家园、美化环境"活动等。通过这些活动,进行社会主义高尚道德情操和理念的实践。

每一个水利工作者都要积极参加单位及社会组织的各种道德实践活动。在生动、具体的道德实践活动中,亲身体验和感悟做好人好事、向往真善美所焕发的高尚道德情操和观念的伟大力量,加深对高尚道德情操和观念的理解,不断用道德规范熏陶自己,改进和提高自己,逐步把道德认识、道德观念升华为相对稳定的道德行为,做水利职业道德的模范执行者。

第2篇　基础知识

第 1 章　水土流失基本知识

我国山丘区域面积广大,降水时空分布不均,放牧垦殖历史久远,加之近年城市化和开发建设项目的扩展,进一步加剧了水土流失,使水土流失成为我国头号环境问题。

在 2010 年我国第一次全国水利调查中,同步开展了水土保持情况调查,主要成果为:

(1)土壤侵蚀。土壤侵蚀总面积 294.91 万 km²。其中,水力侵蚀面积 129.32 万 km²,按侵蚀强度分,轻度 66.76 万 km²,中度 35.14 万 km²,强烈 16.87 万 km²,极强烈 7.63 万 km²,剧烈 2.92 万 km²;风力侵蚀面积 165.59 万 km²,按侵蚀强度分,轻度 71.60 万 km²,中度 21.74 万 km²,强烈 21.82 万 km²,极强烈 22.04 万 km²,剧烈 28.39 万 km²。

(2)侵蚀沟道。西北黄土高原区侵蚀沟道 666 719 条,东北黑土区侵蚀沟道 295 663 条。

(3)水土保持措施面积。水土保持措施面积为 99.16 万 km²,其中工程措施 20.03 万 km²,植物措施 77.85 万 km²,其他措施 1.28 万 km²。

(4)淤地坝。共有淤地坝 58 446 座,淤地面积 927.57 km²,其中库容在 50 万～500 万 m³ 的骨干淤地坝 5 655 座,总库容 57.01 亿 m³。

在我国现有的土壤侵蚀总面积 294.91 万 km² 中,水力侵蚀面积 129.32 万 km²、风力侵蚀面积 165.59 万 km²,与第二次全国土壤侵蚀遥感调查的面积 355.55 万 km² 相比,土壤侵蚀面积减少了 60.64 万 km²,其中水力侵蚀面积减少 35.56 万 km²、风力侵蚀面积减少 25.08 万 km²。

水土流失遍布于各省(区),不论是山区、丘陵区、平原区,还是农村、工矿、城市都有不同程度的水土流失问题。我国七大流域及内陆河流域水土流失分布见表 2-1-1。

表 2-1-1　中国七大流域水土流失分布

流域	流域面积 (万 km²)	水土流失面积 (万 km²)	占流域面积 (%)	土壤侵蚀量 (亿 t)
长江	180.0	62.0	34.4	24.00
黄河	75.0	46.0	61.3	16.00
海河	31.9	12.0	37.6	4.02
淮河	27.0	5.9	21.9	2.30
珠江	45.0	5.8	12.9	2.26
辽河	124.6	42.0	33.7	7.68
太湖	3.6	0.3	8.3	0.14
其他流域	473.0	193.0	40.8	

1.1　水土流失的概念和特点

1.1.1　概念

水土流失是指由水力、重力、风力等外营力引起的水土资源与土地生产力的破坏和损失,包括土地表层侵蚀及水的损失,在国外也称土壤侵蚀。土地表层侵蚀是指在水力、风力、冻融、重力以及其他外营力作用下,土壤、土壤母质及岩屑、松软岩层被破坏、剥蚀、转运和沉积的全部过程。在自然状态下,纯粹由自然因素引起的地表侵蚀称为自然侵蚀或地质侵蚀,其过程非常缓慢,常与土壤形成过程处于相对平衡状态,因此坡地还能保持完整。在人类活动影响下,特别是人类严重破坏了坡地植被后,由自然因素引起的地表土壤破坏和土地物质的移动、流失过程加速,即发生水土流失。

水土流失是不利的自然条件与人类不合理的经济活动互相交织作用产生的。不利的自然条件主要是:地面坡度陡峭,土体的性质松软易蚀,高强度暴雨,地面没有林、草等植被覆盖;人类不合理的经济活动,例如毁林毁草,陡坡开荒,草原上过度放牧,开矿、修路等生产建设破坏地表植被后不及时恢复,随意倾倒废土弃石等。

1.1.2　特点

(1)水土流失面积大,分布范围广。据全国第二次遥感调查,我国水土流失总面积355.55 万 km^2,不仅广泛发生在农村地区,还发生在城镇和工矿区,几乎每个流域、每个省份都有。

(2)流失强度大,侵蚀严重区比例高。我国年均土壤侵蚀总量45.2 亿 t,主要江河的多年平均土壤侵蚀模数为 3 400 多 $t/(km^2 \cdot a)$,部分区域侵蚀模数甚至超过 3 万 $t/(km^2 \cdot a)$,侵蚀强度远高于土壤容许流失量。全国现有水土流失严重县 646 个,其中82.04%处于长江流域和黄河流域。

(3)侵蚀形式多样,类型复杂,治理难度大。水蚀、风蚀、冻融侵蚀及滑坡、泥石流等重力侵蚀相互交错,成因复杂。西北黄土高原区、东北黑土漫岗区、南方红壤丘陵区、北方土石山区、西南石质山区以水蚀为主,局部伴随有滑坡、泥石流等重力侵蚀;青藏高原以冻融侵蚀为主;西北风沙区和草原区以风蚀为主;西北半干旱的农牧交错带是风蚀、水蚀共同作用区,冬春两季以风蚀为主,夏秋两季以水蚀为主。

(4)土壤流失严重。据统计,我国每年流失的土壤总量达 50 亿 t。长江流域年土壤流失总量24 亿 t,其中中上游地区达15.6 亿 t;黄河流域黄土高原区每年输入黄河泥沙16亿 t,特别是内蒙古河口镇至龙门区间的 7 万多 km^2 范围内,土壤侵蚀模数达10 000 $t/(km^2 \cdot a)$,严重的高达 3 万~5 万 $t/(km^2 \cdot a)$,该区输入黄河的泥沙占黄河输沙量的一半以上。

1.2　水土流失的类型

根据产生水土流失的"动力",水土流失可分为水力侵蚀、重力侵蚀、风力侵蚀、冻融侵蚀和复合侵蚀五种类型。

1.2.1　水力侵蚀

水力侵蚀是指地表土壤或地面组成物质在降水、径流作用下被剥离、冲刷、搬运和沉积的过程。因发生部位不同可分为面蚀和沟蚀。

面蚀主要发生在坡耕地、稀疏牧草地和林地,是降水和径流对地表相对均匀的侵蚀方式,包括雨滴侵蚀(溅蚀)、片蚀和细沟侵蚀。根据表现形态差异,面蚀可分为层状面蚀、鳞片状面蚀、砂粒化面蚀和细沟状面蚀。

沟蚀是指由汇集在一起的地表径流冲刷破坏土壤及其母质,形成切入地表及以下沟壑的土壤侵蚀形式。沟蚀形成的沟壑称为侵蚀沟。沟蚀主要以沟头前进、沟底下切和沟岸扩张三种形式进行。

水力侵蚀分布最广泛,在山区、丘陵区和一切有坡度的地面,暴雨时都会产生水力侵蚀。它的特点是以地面的水为动力冲走土壤。

1.2.2　重力侵蚀

重力侵蚀是指地面岩体或土体物质在重力作用下失去平衡而产生位移的侵蚀过程。根据其形态可分为崩塌、滑塌、滑坡、陷穴、泻溜等。

重力侵蚀主要分布在山区、丘陵区的沟壑和陡坡上,在陡坡和沟壑的两岸沟壁,其中一部分下部被水流淘空,由于土壤及其成土母质自身的重力作用,不能继续保留在原来的位置,分散地或成片地塌落。沟壑重力侵蚀是我国水土流失的主要来源之一。

1.2.3　风力侵蚀

风力侵蚀是指在气流冲击作用下,土粒、砂粒或岩石碎屑脱离地表,被搬运和堆积的过程,表现为扬失、跃移和滚动三种运动形式。

风力侵蚀是土壤侵蚀的一种重要方式,主要分布在我国西北、华北和东北的沙漠、沙地及丘陵盖沙地区,其次是东南沿海沙地,再次是河南、安徽、江苏等省的"黄泛区"(历史上由于黄河决口改道带出泥沙形成)。一般在比较干旱、植被缺乏的条件下,风速大于 $4 \sim 5$ m/s 时就会发生风蚀;表土干燥疏松、颗粒过细时,风速小于 4 m/s 也能形成风蚀。如果遇有特大风速,常吹起 1 mm 粒径以上的砂石,形成"飞砂走石"的现象。目前全国风蚀面积达 188 万 km²。风力侵蚀的特点是由于风力扬起砂粒,离开原来的位置,随风飘浮到另外的地方降落。

1.2.4　冻融侵蚀

冻融侵蚀是土壤在冻融作用下发生的一种侵蚀现象。冻融侵蚀主要是水受温度影响而发生的物理变化。北方特别是东北地区冬季严寒,表层土体和岩石间的水分因冻结而体积膨胀,会对土体和岩石产生很大的压力,春季冰雪融化,而下层的冻土因传热慢融化也慢,形成不透水层,因此产生地表径流,造成水土流失。冻融侵蚀因侵蚀物质的不同,可分为冻融土侵蚀和冰川侵蚀。

1.2.5　复合侵蚀

复合侵蚀为两种或两种以上侵蚀营力作用下发生的侵蚀现象,主要包括崩岗和泥石流。

崩岗是沟蚀和重力侵蚀结合的一种特殊形式,是我国广东、广西、江西等省风化花岗岩地区特有的水土流失现象。

泥石流是一种含有大量泥沙、石块等固体物质的特殊洪流,它不同于一般的暴雨径流,是在一定的暴雨条件下,受重力和流水冲力的综合作用而形成的。泥石流是泥沙、石块与水体组合在一起并沿一定的沟床运动的流动体,其形成要具备三项条件,即水体、固体碎屑物及一定的斜坡地形和沟谷。

1.3　水土流失的成因

地球上人类赖以生存的基本条件就是土壤和水分。在山区、丘陵区和风沙区,不利的自然因素和人类不合理的经济活动,造成地面的水和土离开原来的位置,流失到较低的地方,再经过坡面、沟壑,汇集到江河河道内去,这种现象称为水土流失。

水土流失是不利的自然条件与人类不合理的经济活动互相交织作用产生的,即导致水土流失的原因有自然原因和人为原因,见表2-1-2。

表 2-1-2　水土流失原因分类

原因分类	自然原因	人为原因
具体内容	地面坡度陡峭	毁林毁草
	土体的性质松软易蚀	陡坡开荒
	高强度暴雨	草原上过度放牧
	地面没有林、草等植被覆盖	生产建设项目的破坏

我国既是个多山国家,山地面积占国土面积的2/3,又是世界上黄土分布最广的国家。山地丘陵和黄土地区地形起伏,黄土或松散的风化壳在缺乏植被保护情况下极易发生侵蚀。我国大部分地区属于季风气候,降水量集中,雨季降水量常达年降水量的60%~80%,且多暴雨。易发生水土流失的地质地貌条件和气候条件是造成我国水土流失的主要原因。

我国人口多,粮食、民用燃料需求等压力大,在生产力水平不高的情况下,对土地实行掠夺性开垦,片面强调粮食产量,忽视因地制宜的农、林、牧综合发展,把只适合林、牧业利用的土地也辟为农田。大量开垦陡坡,以致陡坡越开越贫,越贫越垦,生态系统恶性循环;滥砍滥伐森林,甚至乱挖树根、草坪,树木锐减,使地表裸露,这些都加重了水土流失。另外,某些基本建设不符合水土保持要求,例如不合理修筑公路、建厂、挖煤、采石等,破坏了植被,使边坡稳定性降低,引起滑坡、塌方、泥石流等更严重的地质灾害。

　　水土流失是在湿润或半湿润地区由于植被破坏严重导致的。如果是在干旱地区的植被破坏,会导致沙尘暴或土地荒漠化,而不是水土流失。因为植被破坏严重,再加上雨水和地表水的冲刷,导致水土流失,见图2-1-1。

图 2-1-1　水土流失现象

1.4　水土流失分区

　　根据我国的地貌特点和水土流失的特点,可划分为西北黄土高原区、东北黑土区、北方土石山区、南方红壤丘陵区、青藏高原冻融侵蚀区、西南石质山区和风沙区等七个大的水土流失类型区。

1.4.1　西北黄土高原区

　　黄土高原位于黄河中游地区,其范围包括太行山以西、贺兰山以东、秦岭以北、长城以南地区,总面积约 48 万 km^2。该区土层深厚,土质疏松,沟多沟深,地面坡度大。该区属大陆性季风气候区,雨量少,暴雨集中,植被稀少。不利的自然条件加上不合理的经济活动,致使该区水土流失十分严重,其水蚀面积约 45 万 km^2。依据土壤侵蚀影响因子、侵蚀类型和强度的区域分异,该区土壤侵蚀区划可分为鄂尔多斯高原风蚀区、黄土高原北部风蚀水蚀区和黄土高原南部水蚀区。

1.4.2　东北黑土区

　　东北黑土区南界为吉林省南部,西、北、东三面为大兴安岭、小兴安岭和长白山所围绕,可分为大兴安岭区、小兴安岭区、低山丘陵区和漫岗丘陵区。大兴安岭区主要侵蚀形式有砂砾化面蚀、细沟和沟状侵蚀、崩塌、泻溜。小兴安岭区坡耕地以细沟侵蚀为主,植被稀少。荒地以鳞片状侵蚀为主,树木采伐区集材道以沟蚀为主,河沟沿岸崩塌严重。低山丘陵区和漫岗丘陵区土壤侵蚀方式主要有面蚀、沟蚀和风蚀。

1.4.3　北方土石山区

北方土石山区主要分布在松辽、海河、淮河、黄河等四大流域的干流或支流的发源地。水土流失以水蚀为主。由于土层薄、裸岩多、坡度陡、暴雨集中、地表径流量大、流速快、冲刷力和挟运力强,经常形成突发性山洪。

1.4.4　南方红壤丘陵区

南方红壤丘陵区以大别山为北屏,巴山、巫山为西障,西南以云贵高原为界,东南直抵海域,包括长江中下游和珠江中下游以及福建、浙江、海南、台湾等省(区)。分布面积约200 万 km^2,其中丘陵山地约 100 万 km^2,水蚀面积约 50 万 km^2。除面蚀与沟蚀外,还有崩岗侵蚀。

1.4.5　青藏高原冻融侵蚀区

冻融侵蚀主要分布于冻土地带。冻土主要分布在东北北部山区、西北高山区及青藏高原地区,冻土面积约 215 万 km^2,占国土总面积的 22.3% 左右。我国的青藏高原以及某些高寒山地和高山雪线附近,冻融侵蚀非常明显。

1.4.6　西南石质山区

西南石质山区包括云南、贵州及湖南西部、广西西部的高原、山地和丘陵,以及西藏雅鲁藏布江河谷中下游山区。该区地形陡峭,海拔高,多暴雨。在暴雨袭击下,薄层粗骨土及碎屑风化物极易遭侵蚀。土壤侵蚀特点主要表现在滑坡、泥石流灾害的高发生频率。

1.4.7　风沙区

我国是世界上风力侵蚀和土地沙漠化危害最严重的国家之一,风蚀面积 191 万 km^2。风沙区主体在我国北方(西北、华北、东北)和中部"黄泛区",东南沿海地区有局部分布。

1.5　水土流失的危害

水土流失对当地和河流下游的生态环境、生产、生活和经济发展都造成了极大的危害。水土流失破坏地面完整性,降低土壤肥力,造成土地硬石化、沙化,影响农业生产,威胁城镇安全,加剧干旱等自然灾害的发生、发展,导致人民生活贫困、生产条件恶化,阻碍经济、社会的可持续发展。具体来看有以下几个方面。

1.5.1　破坏土地资源,土壤肥力下降

土地是人类赖以生存的基础,是一种有限的不可再生资源,耕地面积的减少将给子孙后代带来极大隐患。40 多年来,我国因沟壑侵蚀、表土冲刷、水冲沙压等原因损失耕地达260 多万 hm^2,平均每年损失 6 万 hm^2,水土流失严重的坡耕地有 3 330 多万 hm^2,每年流失土壤约 50 亿 t 以上,带走氮、磷、钾约 4 000 多万 t,相当于 20 世纪 80 年代初我国化肥

的全年产量;土壤肥力下降已成为发展粮食生产的严重障碍,在南方土层较薄的地方,严重的水土流失可使疏松表土流失殆尽,最后基岩裸露成为光板地。在热带、亚热带地区见到的"红色沙漠""白沙岗""光石山"都是水土流失导致的恶果。

据20世纪80年代初测定,福建长汀河田和安溪官桥的侵蚀坡面,平均每年流失1 cm厚的土层,在流失严重的地方,不但表土流失殆尽,而且红砂层变薄,白砂土层出露,出现碎屑层,土壤既旱又贫,坡面的"小老头"松只有1 m多高。另外,因长期沟蚀,把坡耕地切割成支离破碎的沟壑,坡地资源在破坏,耕地面积不断减少。土壤肥力普遍衰退,坡耕地土壤严重沙化,土壤含沙量高达60%~70%,见图2-1-2。

图2-1-2 福建省红壤地区严重水土流失形成的"红色沙漠"

1.5.2 淤积水库,阻塞江河,破坏交通,水旱等自然灾害加剧

由于严重的水土流失,大量泥沙淤积在水库和河道(见图2-1-3),对水利设施和航运造成严重威胁,加剧了洪涝灾害。新中国成立以来,由于水库泥沙淤积,全国共损失库容200亿 m³,黄河输入下游的泥沙每年达16亿 t,大量泥沙沉积在下游河床,致使河南开封段河床高出城区8 m多,现在仍以每年10 cm的速度向上加高,成为历史上有名的"悬河"。长江中游的荆江河段,近年来洪水水位高出地面12~14 m,对荆江平原造成极大威胁。洞庭湖和鄱阳湖水面分别减少了37%和20%,1998年长江特大洪灾,仅江西省就损失384.6亿元。

由于泥沙淤积,福建、江西等省的内河航运缩短了1/4。仅福建省淤积报废山塘、水库就有1 473座,总库容达1 550多万 m³,现全省被泥沙淤塞的大小渠道长达15 340 km,大大削弱了输水功能,严重影响了灌溉与发电能力。全国多年平均受旱面积2 000万 hm²,大部分是在水土流失地区。

1.5.3 生态严重恶化,加剧区域贫困

在水土流失严重地区,由于乱砍滥伐、植被破坏,生态严重恶化(见图2-1-4、图2-1-5),直接影响了农业生产的发展和农民生活水平的提高。全国592个国家级贫困县几乎都分布在水土流失地区,水土流失是贫困地区难以脱贫的重要原因。

我国水土流失面积之大,范围之广,位居世界之首。严重的水土流失,导致自然生态

图 2-1-3　水土流失淤积河床

图 2-1-4　退化的林地

图 2-1-5　冲毁的农田

平衡破坏,耕地面积不断缩小,土壤肥力衰退,土地支离破碎,自然灾害加剧,农、林、牧业生产量降低,人民生活贫困;威胁城镇,破坏交通,淤积河床、水库、湖泊、渠道,阻塞江河,影响航运、灌溉、发电;水源污染、水质劣变、影响人民健康;江河泛滥,威胁下游地区生产建设和人民生命财产的安全,且后续性的危害将更加严重,给国民经济的发展带来沉重的包袱。

　　因此,保持水土,整治国土,根除灾害,发展农、林、牧业生产和山区经济,是当前刻不容缓的工作,应该呼吁全社会都来关心水土保持工作。

1.6　水土流失的防治

1.6.1　治理对策

　　1991 年《中华人民共和国水土保持法》(简称《水土保持法》)的公布施行,对于预防和治理水土流失,改善农业生产条件和生态环境,促进我国经济社会可持续发展发挥了重要作用。《水土保持法》颁布后,国务院于 1993 年 8 月颁布了《水土保持法实施条例》,各级水行政主管部门认真贯彻《水土保持法》取得了显著成效。全国县级以上人大、政府及其有关部门制定的水土保持配套法规有 3 000 多套。各级政府贯彻预防为主方针,强化监管,人为水土流失加剧趋势得到有效控制。各级水利部门依法积极推动以封育保护为主要内容的水土保持生态修复工作。27 个省、区、市的 136 个地(市)和 1 200 多个县(市、旗、区)实施了封山禁牧,国家水土保持重点工程区全面实现了封育保护,全国共实施生态修复面积 72 万 km²。同时,水土流失严重地区大力开展了国家水土保持生态工程建设。近 10 年来,全国治理小流域 1.6 万多条,初步治理水土流失面积 55 万 km²,近 1.5 亿人从中直接受益,2 000 多万山丘区群众的生计问题得以解决,水土流失严重地区面貌发生了明显变化,许多地区实现了脱贫致富。

《水土保持法》颁布实施 20 多年来,水土流失预防和治理取得了明显成效,但水土流失严重的总体状况还没有得到根本改变,边治理边破坏的现象还比较普遍。特别是随着现代化、工业化、城镇化进程的加快,大规模的经济建设活动不断造成新的水土流失。因此,必须进一步强化水土保持法律规定,加强对人为水土流失的预防控制和对已有水土流失的综合治理,保障经济社会的可持续发展。

2010 年 12 月 25 日,第十一届全国人大常委会第十八次会议审议通过修订后的《水土保持法》,并公布自 2011 年 3 月 1 日起正式实施。这是我国水土保持事业发展史上的一件大事,也是水土保持法制建设的又一个里程碑。新《水土保持法》共 7 章 60 条,将近年来党和国家关于生态建设的方针、政策以及各地的成功做法以法律形式确定下来,概括起来共有以下 10 个方面的重点内容:

(1)强化政府的水土保持责任。新《水土保持法》要求政府加强统一领导,将水土保持工作纳入国民经济和社会发展规划、年度计划,安排专项资金,组织实施。

(2)强化水土保持规划的法律地位。新《水土保持法》将水土保持规划的原则、重点、内容、报批审核和组织实施以法律形式确立,并明确规定水土保持规划一经批准,应当严格执行。

(3)突出预防为主、保护优先的方针,强化特殊区域的禁止性和限制性规定。新《水土保持法》对崩塌、滑坡危险区和泥石流易发区,生态脆弱区,生态敏感区及 25°以上陡坡地,作出了禁止和限制一些容易导致或加剧水土流失活动的规定,扩大了保护范围,强化了保护措施。

(4)强化水土保持方案制度。新《水土保持法》明确了生产建设项目水土保持方案由水行政主管部门审批,合理界定了水土保持方案编报的范围和对象,强化了水土保持“三同时”制度。

(5)完善水土保持投入保障机制。新《水土保持法》明确国家应加强对水土流失重点预防区和重点治理区的坡耕地改梯田、淤地坝等水土保持重点工程建设,加大生态修复力度;引导和鼓励国内外单位与个人以投资、捐资,以及承包治理“四荒”等方式参与水土流失治理;明确多渠道筹集资金,将水土保持生态效益补偿纳入国家建立的生态效益补偿制度。

(6)完善水土保持的技术路线。新《水土保持法》进一步丰富了不同水土流失类型预防和治理技术路线,提出清洁小流域建设的要求,完善人为水土流失预防和治理措施体系。

（7）强化水土保持监督管理。新《水土保持法》明确各级水行政主管部门、流域管理机构的监督检查职责，规范了监督检查的程序、内容以及相应的处罚措施。

（8）强化水土保持监测。新《水土保持法》要求建立和完善国家监测网络，保障水土保持监测经费，建立生产建设项目水土保持监测制度，完善公告制度。

（9）强化法律责任。新《水土保持法》增加了滞纳金制度、行政代履行制度、查扣违法机械设备制度，规定罚款、责令停止生产使用等处罚措施可由水行政主管部门直接进行，不需报请政府批准，最高罚款限额由原《水土保持法》的 1 万元提高到了 50 万元。

（10）明确单设水土保持机构的职责。新《水土保持法》明确县级以上地方人民政府根据当地实际情况设立的水土保持机构，行使新《水土保持法》规定的水行政主管部门水土保持职责。

1.6.2　治理面临的问题

新《水土保持法》实施以来，水土保持工作取得显著成效，目前，全国已累计初步治理水土流失面积 96 万 km^2，每年可保持土壤 15 亿 t，增加蓄水能力 250 多亿 m^3，增加粮食产量 180 亿 kg，累计有 1 300 多万水土流失区群众通过水土保持解决了温饱问题。

虽然我国水土保持工作取得了积极进展，但水土流失形势严峻的状况仍然没有得到根本改变。未来，我国人口将继续增加，资源、能源消耗持续增长，水土资源面临巨大压力，水土流失防治工作面临的突出矛盾和问题，集中体现在以下四个方面：

（1）水土流失防治任务依然艰巨。最为突出的是坡耕地和山丘区侵蚀沟问题，全国现有 18 亿亩（1 亩 = 1/15 hm^2，全书同）耕地中，坡耕地为 3.2 亿亩，每年产生的土壤流失量约为 15 亿 t，占全国水土流失总量的 1/3。黄土高原地区坡耕地每生产 1 kg 粮食，流失的土壤一般达到 40 ~ 60 kg。

（2）人为水土流失加剧的趋势尚未得到根本扭转。近几年，我国每年因人为因素新增的水土流失面积超过了 1.5 万 km^2，增加的水土流失量超过了 3 亿 t。

（3）《水土保持法》的规定没有得到全面落实。

（4）保障水土保持事业快速健康发展的机制未完全建立。

1.7　生产建设项目水土流失的特点

我国自然资源在地域上分布的不平衡、资源开发利用及经济建设发展状况在地域上的不平衡，形成了与资源开发相配套的公路、铁路、输送管道、水利、通信、电网及城镇等基础设施南北或东西不均衡的分布格局，出现了如西气东输、西电东送、南水北调、青藏铁路等重点建设项目。近年来，国家积极稳步地推进实施了西部大开发、东北老工业基地改造与振兴、中部崛起战略，经济结构调整取得明显成效。"十五"期间，根据资源环境承载能力和发展潜力，按照优化开发、重点开发、限制开发和禁止开发的不同要求，我国逐步形成了西部大开发、振兴东北老工业基地、促进中部地区崛起、鼓励东部地区率先发展的区域经济发展格局。西部地区主要加强基础设施建设和生态环境保护，发挥资源优势，发展特色产业;东北地区加快产业结构调整和国有企业改革改组改造,发展现代农业,促进资源枯竭型城市经济转型;中部地区抓好粮食主产区建设,发展有优势的能源和制造业,加强基础设施建设;东部地区加快实现结构优化升级和增长方式转变。例如在西部大开发战略中,国家长期将国债的1/3用于西部地区,新开工的重点项目达60个,投资总规模达8 500亿元。总体上呈东、中、西协调发展,沿海、边境地区与内陆地区共同繁荣的发展局面。

在生产项目的开发建设过程中造成的水土流失具有以下特点。

1.7.1　水土流失地域的扩展性和不完整性

由于开发建设项目的建设及其生产运行可在短时间内对当地水土资源环境造成极大的破坏,因此水土流失发生的地域也已由山丘区扩展到平原区,由农村扩展到城市,由农区扩展到牧区、林区、工业区、开发区、草原等,还包括黑土地区等原本水土流失轻微的区域。

开发建设项目在建设及其生产运行期间,根据其资源分布或生产建设的需要,所占用的区域一般都不是完整的一条小流域或一个坡面,而是由工程特点及其施工需要所决定的。因此,开发建设项目的水土流失也常以"点状"或"线型"、单一或综合的形式出现。以"点状"为主的矿业生产项目、石油生产的钻井、水利水电工程等开发建设项目,其特点是影响区域范围相对较小或影响区域较为集中,但破坏强度大,防治和植被恢复难度大。如井工开采项目对地面扰动虽较小,但掘井可形成较大的地下采空区,形成地表塌陷,影响区域水循环及植物生长,破坏土地资源,降低土地生产力,破坏强度大,植被恢复难度极大。以"线型"为主的铁路、公路、输油气管道、输变电及有线通信等项目建设,受工程沿线地形地貌限制及"线型"活动方式的影响,其主体、配套工程建设区,涉及破坏范围少则几公顷、数十公顷,多则达几平方千米,甚至数十平方千米。

1.7.2　水土流失规律及其流失强度的跳跃性

开发建设项目的建设及其生产运行,使原有的土壤侵蚀分布规律发生了变化。原来水土流失不太严重的地区,局部却产生了剧烈的水土流失,而且土壤侵蚀强度较大,原有的侵蚀评价和数据在局部地区已不适应。土壤侵蚀过程也发生了变化。过去一个地区的水土流失产生、发展过程呈规律性,现在局部地区打破了原有的规律,可能从微度侵蚀迅速跳跃到剧烈侵蚀。

实践调查和监测数据表明,开发建设项目所造成的水土流失,通常情况下其初期的强度要高出原始地貌情况下自然侵蚀强度的好几倍。但在项目运行期,随着流失土壤的自然沉降和自然恢复,会逐步进入一个相对缓慢的侵蚀阶段。

由于开发建设项目施工建设在短时间内进行采、挖、填、弃、平等施工活动,地表土壤原来的覆盖物遭受严重破坏,同时,因施工建设活动的进行和继续,改变了土壤的理化性质,使得土壤颗粒的紧密结构遭到破坏,不能很好地抵抗外来营力的侵蚀,水土流失急剧增加。尤其在弃渣、弃土、取土等松散部位,所产生的水土流失强度往往会高出自然侵蚀强度的3~8倍。如福建省建瓯小区观测点处对松散堆填地形的试验结果表明,3°~5°坡面原地貌土壤侵蚀模数为 1 000 ~ 3 000 t/(km² · a),而当原始坡面被破坏之后,则形成 36° ~ 40°的坡面堆积体,土壤侵蚀模数可达 20 000 t/(km² · a)以上。

另外,开发建设项目一般要经历施工准备期、施工期和生产(运行)期等阶段。建设类项目水土流失主要集中在建设期,建设生产类项目集中在建设期和生产运行期。在开发建设项目的施工准备期及施工期,由于集中进行"三通一平"及建筑、厂房等基础设施建设,机械化程度高,施工进度比较快,特别是采、挖、填、弃、平等工序往往集中在短时期内进行,对原地貌环境的扰动强度大,水土保持设施破坏严重,水土流失强度在短时间内成倍增加。而在生产运行过程中,由于经扰动地表已被重新塑造,再加上部分新增加的水土保持设施以及建设项目区域对地表的硬化、绿化等措施,水土流失的产生主要集中在某些局部的区域和生产环节上,水土流失危害较施工准备期和施工期要小一些。但对于建设生产类项目,如电厂工程,在运行期还需堆弃灰渣;煤矿、铁矿等矿井工程,后期还需堆放矸石、矿渣;冶金化工类工程,生产过程中还需倾倒大量废弃物等,若不及时采取有效的防护措施,产生的水土流失将十分严重。

1.7.3　水土流失形式的多样性

由于开发建设项目的组成、施工工艺和运行方式多样,且地表裸露、土方堆置松散、人类机械活动频繁等,造成水蚀、风蚀、重力侵蚀等侵蚀形式时空交错分布。一般在雨季多水蚀,且溅蚀、面蚀、沟蚀并存,非雨季大风时多风蚀。

生产建设过程对地表的扰动及重塑,局部改变了水土流失的形式,使原来的主要侵蚀营力发生变化,从而改变侵蚀形式。例如,在丘陵沟壑区公路施工中,路基修筑中的削坡、开挖断面及对弃渣的堆砌,使原本的风力侵蚀作用加大,变成风力侵蚀加水力侵蚀的复合侵蚀类型;平原区,在高填路基施工后,形成一定的路基边坡,从而使原本以风力侵蚀为主的单一侵蚀形式,在路基边坡处转为以水力侵蚀为主的侵蚀形式;对于设置在水力侵蚀区的干灰场来说,由于堆灰工程引起灰渣流失,该区原有的以水力侵蚀为主变为以风力侵蚀为主,或者是风力侵蚀、水力侵蚀并存。

1.7.4　水土流失的潜在性

实践表明,开发建设项目在建设、生产运行过程中造成的水土流失及其危害,并非全部立即显现出来,往往是在很多种侵蚀营力共同作用下,首先显现其中一种或者几种侵蚀营力所造成的危害,经过一段时间后,其余侵蚀营力造成的危害才慢慢显现出来,其次由侵蚀营力造成的水土流失危害有一个不确定时段的潜伏期,而且结果无法预测。

例如,弃土场使用初期,往往水蚀和重力侵蚀同时存在,在雨季主要表现为水力侵蚀,在大风日主要表现为风力侵蚀,而重力侵蚀及其他侵蚀形式则随着弃土场使用时间的推进,经过潜伏期后,慢慢地显现其侵蚀作用,造成水土流失危害。

又如,对于大多地下生产项目如采煤、铁、淘金等,除扰动地面外,更长期的是因地层挖掘、地下水疏干等活动,间接地使地表河流干枯、地下水位下降、地面植被退化、地面塌陷,形成重力侵蚀,从而加剧水土流失。如陕西宝鼎矿区煤炭资源全部采用地下开采的方式,水土流失的主要分布区域为地下矿井和地表坡面,地下矿井水土流失主要表现形式为地表塌陷、地下水渗漏等,地表水土流失主要表现为扰动地表水土流失、矿区开挖边坡水土流失、煤场及煤矸石堆场水土流失等。

1.7.5　水土流失物质成分的复杂性

开发建设中的工矿企业、公路、铁路、水利电力工程、矿山开采及城镇建设等,在施工和生产运行中会产生大量的废渣,除部分被利用外,尚有许多剩余的弃土、弃石、弃渣。对于开发建设项目的弃渣来说,其物质组成成分除土壤外,还有岩石及碎屑、建筑垃圾与生活垃圾、植物残体等混合物。如矿山类弃渣还有煤矸石、尾矿、尾矿渣及其他固体废弃物,火电类项目还有炉渣等。再如有色金属工业工程,其固体废物就是采矿、选矿、冶炼和加工过程及其环境保护设施中排出的固体或泥状的废弃物,其种类包括采矿废石、选矿尾矿、冶炼弃渣、污泥和工业垃圾等。事实上,有色金属工程在生产过程中还会排放出有害固体废弃物,见表 2-1-3。

表 2-1-3　有色金属工程排放的有害固体废弃物

来源	有害固体废弃物名称
选矿	含高砷尾矿、含铀尾矿
钢冶炼	湿法炼钢浸出渣、砷铁渣
铅冶炼	含砷烟尘、砷钙渣
锌冶炼	湿法炼锌浸出渣、中和净化渣、砷铁渣
锡冶炼	含砷烟尘、砷铁渣、污泥
锑冶炼	湿法炼锑浸出渣、碱渣
稀有金属冶炼	铍渣
制酸	酸泥、废触媒

正因如此,对于上述弃渣,应在指定的场所集中堆放,并修建拦挡、遮盖工程,以避免产生水土流失、压埋农田、淤积江河湖库、危害村庄及人身安全,减少对周边环境的严重影响。

1.7.6　水土流失的突发性和灾难性

开发建设项目所造成的水土流失,往往在初期阶段呈现突发性,并且具有侵蚀历时短、强度大的特点。

一些大型的开发建设项目对地表进行大范围及深度的开挖、扰动,破坏了原有的地质结构,造成了潜在的危害。随着时间的推移,在生产运行过程中遇到一定外来诱发营力的作用,便会造成大的地质灾害,发生如崩岗、滑塌等地质灾害。2006 年 3 月 30 日,太旧高速公路 K460+500 处石太方向路面发生塌陷,最长 150 m,宽 12 m,深 8.5 m,所幸没有发生交通事故,未造成人员伤亡。2004 年 12 月 9 日,207 国道安康至岚皋公路段 K17+200处发生大规模山体滑塌,造成交通暂时中断。地质灾害的发生,对当地经济发展、社会稳定都产生了一定的负面影响。

实践表明,开发建设项目在施工过程中若随意弃土、弃渣或乱采滥挖,就将不可避免地造成大量水土流失,进而使可利用土地资源不断减少,使土地可利用价值和生产力大大降低。同时,大量弃土弃渣进入河流,会造成河道淤积,毁坏水利设施,影响正常行洪和水利工程效益的发挥,甚至还会引发更大的洪涝或地质灾害。

1.8　我国水土流失的现状和发展趋势

1.8.1　我国水土流失的总体现状

截至 2011 年年底,我国土壤侵蚀总面积为 294.91 万 km^2。按照水土流失强度来划分等级,可分为轻度、中度、强度、极强度和剧烈,各等级水土流失的面积分别为 138.36万 km^2、56.88 万 km^2、38.69 万 km^2、29.67 万 km^2 和 31.31 万 km^2,分别占水土流失总面积的 46.9%、19.3%、13.1%、10.1% 和 10.6%。全国水土流失面积中,轻度和中度面积所占比例较大,达 66.2%。全国不同时期水土流失面积见表 2-1-4。

表 2-1-4　全国不同时期水土流失面积　　　　　（单位:万 km^2）

水土流失类型	年份	总面积	轻度	中度	强度	极强度	剧烈
水蚀	1985	179.42	91.91	49.78	24.46	9.15	4.12
	1995	164.88	83.06	55.49	17.83	5.99	2.51
	2000	161.21	82.95	52.77	17.20	5.94	2.35
	2011	129.32	66.76	35.14	16.87	7.63	2.92
风蚀	1985	187.62	94.11	27.87	23.17	16.63	25.84
	1995	190.68	78.83	25.12	24.80	27.01	34.92
	2000	195.72	80.89	28.10	25.03	26.48	35.22
	2011	165.59	71.60	21.74	21.82	22.04	28.39
合计	1985	367.04	186.02	77.65	47.63	25.78	29.96
	1995	355.56	161.89	80.61	42.63	33.00	37.43
	2000	356.93	163.84	80.87	42.23	32.42	37.57
	2011	294.91	138.36	56.88	38.69	29.67	31.31

1.8.2　我国水土流失的变化现状

1985 年、1995 年、2000 年和 2011 年全国水土流失面积分别为 367.04 万 km^2、355.56万 km^2、356.93 万 km^2 和 294.91 万 km^2。全国水土流失总体呈现面积减少、强度降低的

趋势。在统计的前 15 年间,水土流失面积共减少 10.11 万 km^2,减幅 2.8% 。其中,前 10 年水土流失面积减少 11.48 万 km^2,减幅 3.1%;后 5 年水土流失面积增加 1.37 万 km^2,增幅 0.4% 。15 年间,各强度等级的水土流失中,轻度侵蚀面积减少最多,共减少 22.18 万 km^2,减幅 11.9% 。其中,前 10 年间减少 24.13 万 km^2,减幅 13.0%;后 5 年间增加 1.95 万 km^2,增幅 1.2% 。相对而言,中度、强度、极强度和剧烈侵蚀的面积变化较小,其中强度侵蚀的面积有所减少,中度、极强度和剧烈侵蚀的面积略有增加。

在统计的 26 年间,水土流失面积总共减少 72.13 万 km^2,减幅 19.7%,在后 11 年当中,水土流失面积减少 62.02 万 km^2,减幅 17.4%,其中轻度、中度、强度、极强度和剧烈侵蚀的面积均有所减少,减幅分别为 15.6%、29.7%、8.4%、8.5% 和 16.7%,减幅最显著的是中度侵蚀的面积。

1.8.3　总体趋势

(1)近年来,全国水土流失总体上在减轻,但西部地区仍很严重。在全球水土流失继续向恶化方向发展的背景下,我国水土流失总面积在减少,强度在下降,尤其是水蚀面积和强度,均有明显下降。

(2)我国水土流失分布的总体格局没有改变,但不同区域水土流失变化趋势不同。西部地区仍然是我国水土流失最严重的地区,水土流失面积继续扩大,而其他各区域的水土流失面积和强度均有下降趋势。

第2章 水土保持基本知识

鉴于目前我国水土流失的现状和继续恶化的发展趋势,以及水土流失造成的严重后果,加强水土保持工作,减少水土流失成为当务之急。

2.1 水土保持的概念及特点

2.1.1 概念

水土保持是对自然因素和人为活动造成水土流失所采取的预防和治理措施,是防治水土流失,保护、改良与合理利用山丘区、丘陵区和风沙区水土资源,维护和提高土地生产力,以利于充分利用水土资源的经济效益与社会效益,建立良好的生态环境的综合性科学技术。

2.1.2 特点

水土保持是一项综合性很强的系统工程,水土保持工作主要有以下四个特点:

(1)具有科学性,涉及多学科,如土壤、地质、林业、农业、水利、法律等。

(2)具有地域性,由于各地自然条件的差异和当地经济水平、土地利用、社会状况及水土流失现状的不同,需要采取不同的手段。

(3)具有综合性,涉及财政、计划、环保、农业、林业、水利、国土资源、交通、建设、经贸、司法、公安等诸多部门,需要通过大量的协调工作,争取各部门的支持,才能搞好水土保持工作。

(4)具有群众性,必须依靠广大群众,动员千家万户治理千沟万壑。

2.2 水土保持的主要措施

工程措施、生物措施和蓄水保土耕作措施是水土保持的主要措施。

2.2.1 工程措施

工程措施是指防治水土流失危害,保护和合理利用水土资源而修筑的各项工程设施,包括治坡工程(各类梯田、台地、水平沟、鱼鳞坑等)、治沟工程(如淤地坝、拦沙坝、谷坊、沟头防护等)和小型水利工程(如水池、水窖、排水系统和灌溉系统等)。

2.2.2 生物措施

生物措施是指为防治水土流失,保护与合理利用水土资源,采取造林种草及管护的办法,增加植被覆盖率,维护和提高土地生产力的一种水土保持措施,主要包括造林、种草和封山育林、育草。

2.2.3　蓄水保土耕作措施

蓄水保土耕作措施是以改变坡面微小地形,增加植被覆盖或增强土壤有机质抗蚀力等方法,保土蓄水,改良土壤,以提高农业生产的技术措施,如等高耕作、等高带状间作、沟垄耕作、少耕、免耕等。开展水土保持,就是要以小流域为单元,根据自然规律,在全面规划的基础上,因地制宜、因害设防,合理安排工程、生物、蓄水保土三大水土保持措施,实施山、水、林、田、路综合治理,最大限度地控制水土流失,从而达到保护和合理利用水土资源,实现经济社会的可持续发展。因此,水土保持是一项适应自然、改造自然的战略性措施,也是合理利用水土资源的必要途径;水土保持工作不仅是人类对自然界水土流失原因和规律认识的概括和总结,也是人类改造自然和利用自然能力的体现。

2.3　水土保持的意义

水土保持是山区发展的生命线,是国土整治、江河治理的根本,是国民经济和社会发展的基础,是我们必须长期坚持的一项基本国策。通过开展小流域综合治理,层层设防,节节拦蓄,增加地表植被,可以涵养水源,调节小气候,有效地改善生态环境和农业生产基础条件,减少水、旱、风沙等自然灾害,促进产业结构的调整,促进农业增产和农民增收。

2.4　水土保持的方针

为了预防和治理水土流失,保护和合理利用水土资源,减轻水、旱、风沙灾害,改善生态环境,保障经济社会可持续发展,2010 年 12 月 25 日,中华人民共和国第十一届全国人民代表大会常务委员会第十八次会议修订通过了《中华人民共和国水土保持法》,自 2011 年 3 月 1 日开始施行,使我国的水土保持工作步入了预防为主、依法防治的轨道。

2.4.1　水土保持的方针

《中华人民共和国水土保持法》第三条规定:水土保持工作实行预防为主、保护优先、全面规划、综合治理、因地制宜、突出重点、科学管理、注重效益的方针。

2.4.2　原因分析

(1)水土保持之所以要以预防为主,是因为现有的水土流失是历史上人类不合理的经济活动与不利的自然条件相结合而产生的,要治理好现有的水土流失,需经过数十年时间甚至几代人的努力。随着国民经济的蓬勃发展,今后开矿、修路、水利建设等各类经济活动必将日益增多,破坏地表、植被等现象将不可避免地发生,如不采取预防措施,一边治理,一边破坏,甚至破坏大于治理,水土流失将是一个"无底洞",水土流失的危害永远没有尽头,势必将影响到国民经济的健康发展。所以,必须以预防为主,使各类经济活动不再产生新的水土流失,以确保国民经济的可持续发展。

　　(2)水土保持之所以要坚持综合治理,是因为不同地区、不同地段水土流失的形式不同,需要采取不同的治理措施,包括增加地表覆盖的造林、种草措施,切断地表径流的坡面工程措施(梯田、反坡梯田等),拦截洪水的沟道治理工程措施,减少农地侵蚀的保土耕作措施等。这些措施,从坡面到沟道、从上游到下游统一配置,互相补充,层层拦截雨水,才能形成有效的防护体系。因此,水土保持必须要坚持综合治理。

2.5　小流域综合治理

2.5.1　小流域综合治理的概念及国内外的情况

　　小流域是指面积在 30 km^2 以下,最大不超过 50 km^2 的集水单元。

　　以小流域为单元,在全面规划的基础上,合理安排农、林、牧、副各业用地,形成综合防治措施体系,以达到小流域水土资源的保护、改良与合理利用的目的。

　　小流域综合治理是根据小流域自然和社会经济状况以及区域国民经济发展的要求,以小流域水土流失治理为中心,以提高生态经济效益和社会经济持续发展为目标,以基本农田优化结构和高效利用、植被建设为重点,建立具有水土保持兼高效生态经济功能的半山区小流域综合治理模式。

　　中国小流域综合治理起步于 20 世纪 80 年代初,经过 30 多年的水土流失治理实践,逐步探索出了一套以小流域为单元综合治理的经验,即以小流域为治理单元,对每个小流域进行规划设计、审查、施工、检查、验收。一个小流域的治理一般要 5 年时间,逐年成批地开展治理,就形成了对整个江河水土流失的治理。一个大流域可以划分为成百上千、乃至上万个小流域实施治理。

　　世界上开展小流域治理较早的国家有欧洲阿尔卑斯山区的奥地利、法国、意大利、瑞士等国以及亚洲的日本。奥地利早在 15 世纪就开始了小流域综合治理,当地称为荒溪治理。1882 年维也纳农业大学林学系设立了荒溪治理专业,培训人才。1884 年 6 月奥地利颁布了世界上第一部小流域综合治理的法律——《荒溪治理法》。法国、意大利、瑞士、德国等国吸取了奥地利的经验,自 19 世纪以来,也大力开展了荒溪治理工作。日本在 17 世纪开始设置机构进行荒溪治理,当地叫防沙工程。美国于 1933 年成立田纳西河流域管理局,开始有计划地进行小流域治理工作。原联邦德国在 1973~1982 年的十年间,政府投资治理了 250 个小流域(荒溪)。伊朗、土耳其、朝鲜、罗马尼亚、印度等国均成立了专门的小流域治理机构,并取得了显著的成效。新西兰、委内瑞拉、牙买加、印度尼西亚等国政府采用资助的办法鼓励农民开展小流域治理。联合国粮农组织欧洲林业委员会山区流域治理工作组 1950~1984 年先后在奥地利、瑞士等国举行了 13 次国际学术会议,交流小流域治理经验。

2.5.2　小流域综合治理技术措施

　　小流域综合治理技术包括以下几种措施:

(1)水土保持农业耕作措施,也叫水土保持耕作法。

(2)水土保持林草措施,即水土保持造林措施及种草措施。

(3)水土保持工程措施:在山坡水土保持工程中有梯田、坡面蓄水工程(水窖、涝池)、山坡截流沟等,在山沟治理工程中有谷坊,拦沙坝,沟道蓄水工程及山洪、泥石流排导工程等。

以小流域为单元进行综合治理是山丘区有效地开展水土保持的根本途径。世界上许多国家已经把小流域治理与流域水土资源以及其他自然资源的开发、管理与利用结合起来,按流域成立了管理机构,加快治理速度,提高治理效果。

2.5.3　小流域综合治理的原则

小流域综合治理的原则是治理工作与生态环境相协调,多层次优化利用资源,综合规划,统一治理,优化配置,全面发展。

(1)根据小流域内水土资源现状及社会经济条件,正确地确定生产发展方向,合理安排农、林、牧用地的位置和比例,积极建设高产稳产基本农田,提高单位面积粮食产量,促进陡坡退耕,为扩大造林种草面积创造条件。

(2)水土保持工作要为调整农业生产结构、促进商品生产的发展和实现农业现代化服务。

(3)在布置治理措施时,使工程措施与林草措施及农业耕作措施相结合,治坡措施与治沟措施相结合,在地少人多的地区,林草措施面积比例可以小些。

(4)在实施顺序上,一般先坡面后沟道,先支沟、毛沟后干沟,先上中游后下游。

(5)讲求实效,注意提高粮食产量与经济收入,注意解决饲料、肥料和人畜饮水问题。

2.6　我国水土保持的工作和成效

我国水土保持工作近年来成效显著,全国每年综合治理水土流失面积由 20 世纪 90 年代初的 2 万 km^2,发展到现在的 4 万 ~5 万 km^2。现有水土保持措施每年可减少土壤侵蚀 15 亿 t,增产粮食 180 亿 kg。

1996 年以来,我国共批准并实施水土保持方案 23 万多项,开发建设项目投入水土流失防治经费 600 多亿元,防治水土流失面积 7 万 km^2,减少水土流失量 16 亿 t。

2011 年,根据国务院决定所开展的第一次全国水利调查显示,我国水土保持措施总面积为 99.16 万 km^2,其中工程措施 20.03 万 km^2,植物措施 77.85 万 km^2,其他措施 1.28 万 km^2。共有淤地坝 58 446 座,淤地面积 927.57 km^2,其中库容在 50 万 ~500 万 m^3 的骨干淤地坝 5 655 座,总库容 57.01 亿 m^3。

截至 2011 年年底,我国土壤侵蚀总面积为 294.91 万 km^2,亟待治理的水土流失面积有 200 多万 km^2。按照现在的治理速度,还需约半个世纪才能实现初步治理一遍。人为水土流失加剧的趋势尚未得到根本扭转。因此,我国水土流失治理任务依然艰巨。

2.7　生产建设项目水土流失防治措施、类型

2.7.1　生产建设项目相关知识

2.7.1.1　生产建设项目的概念

建设项目是指按固定资产投资方式进行的一切开发建设活动,包括国有经济、城乡集体经济、联营、股份制、外资、港澳台投资、个体经济和其他各种不同经济类型的开发活动。建设项目往往是按一个总体设计进行建设的各个单项工程所构成的总体,在我国也称为基本建设项目。

2.7.1.2　生产建设项目的特征

建设项目除具备一般项目特征外,还具有以下自身特征:

(1)建设项目投资额巨大,建设周期长。

(2)建设项目是按照一个总体设计建设的,是可以形成生产能力或使用价值的若干单项工程的总体。

(3)建设项目一般在行政上实行统一管理,在经济上实行统一核算,因此有权统一管理总体设计所规定的各项工程。

2.7.1.3　生产建设项目的基本分类

生产建设项目从建设性质和投资作用进行分类。

1.按建设性质分类

建设项目按其建设性质不同,可划分为基本建设项目和更新改造项目两大类。

1)基本建设项目

基本建设项目是投资建设用于进行以扩大生产能力或增加工程效益为主要目的新建、扩建工程及有关工作。具体包括以下几方面:

(1)新建项目:指以技术、经济和社会发展为目的,从无到有的建设项目。现有企事业和行政单位一般不应有新建项目。但新增加的固定资产价值超过原有全部固定资产价值(原值)3倍以上时,才可算作新建项目。

(2)扩建项目:指企业为扩大生产能力或新增效益而增建的生产车间或工程项目,以及事业和行政单位增建业务用房等。

(3)迁建项目:指现有企事业单位为改变生产布局或出于环境保护等其他特殊要求,搬迁到其他地点的建设项目。

(4)恢复项目:指原固定资产因自然灾害或人为灾害等原因已全部或部分报废,又投资重新建设的项目。

2)更新改造项目

更新改造项目是指建设资金用于对企事业单位原有设施进行技术改造或固定资产更新,以及相应配套的辅助性生产、生活福利等工程和有关工作。

更新改造项目包括挖潜工程、节能工程、安全工程、环境工程等。

2.按投资作用分类

基本建设项目按其投资在国民经济各部门中的作用,分为生产性建设项目和非生产性建设项目。

1)生产性建设项目

生产性建设项目是指直接用于物质生产或直接为物质生产服务的建设项目,主要包括以下四个方面:

(1)工业建设,包括工业国防和能源建设。

(2)农业建设,包括农、林、牧、渔、水利建设。

(3)基础设施,包括交通、邮电、通信建设,地质普查、勘探建设,建筑业建设等。

(4)商业建设,包括商业、饮食、营销、仓储、综合技术服务事业的建设。

2)非生产性建设项目

非生产性建设项目(消费性建设)包括用于满足人民物质和文化、福利需要的建设和非物质生产部门的建设,主要包括以下几方面:

(1)办公用房,包括各级国家党政机关、社会团体、企业管理机关的办公用房。

(2)居住建筑,包括住宅、公寓、别墅。

(3)公共建筑,包括科学、教育、文化艺术、广播电视、卫生、博览、体育、社会福利事业、公用事业、咨询服务、宗教、金融、保险等建设。

(4)其他建设,主要为不属于上述三类建设的其他非生产性建设。

2.7.2　生产建设项目水土流失防治措施及类型

2.7.2.1　生产建设项目水土流失防治责任范围

编制水土保持方案的目的,是依据法律规定确定项目建设单位的防治责任范围,根据建设的特点与需要,采取有效的防治措施,使建设项目造成的水土流失得到及时治理。这是法律规定制止人为水土流失的重大举措。

《开发建设项目水土保持技术规范》(GB 50433—2008)规定:水土流失防治责任范围是项目建设单位依法应承担水土流失防治义务的区域,由项目建设区和直接影响区组成。

项目建设区是指开发建设项目建设征地、占地、使用及管辖的地域。

直接影响区是指在项目建设过程中可能对项目建设区以外造成水土流失危害的地域。

2.7.2.2　生产建设项目水土流失防治的特点

(1)落实法律规定的水土流失防治义务。根据"谁开发、谁保护,谁造成水土流失、谁负责治理"的原则,凡在生产建设过程中造成水土流失的,都必须采取措施对水土流失进行治理。编制水土保持方案就是落实法律的规定,使法定义务落到实处。开发建设项目的水土保持方案较准确地确定了建设方所应承担的水土流失防治范围和责任,也为水土保持监督管理部门的监督实施、收费、处罚等提供了科学的依据。

(2)水土保持列入了开发建设项目的总体规划,具有法律强制性。法律规定在建设项目审批立项前,首先编报水土保持方案,这样从立项开始就把关,并将水土流失防治方案纳入主体工程中,与主体工程"三同时"实施,使水土流失得以及时控制。

常规治理大多是政府行为,而建设项目则是法律强制行为,水土保持方案批准后具有强制实施的法律效应,未经批准不得擅自停止实施或更改方案,要列入生产建设项目的总体安排和年度计划中,按方案有计划、有组织地实施,使防治经费有了法定来源。

(3)防治目标专一,工程标准高。常规治理以经济、社会、生态三大效益为目标,根据行业规范要求,常规治理防治水土流失一般以拦蓄10年或20年一遇暴雨为标准。而建设项目则以控制水土流失为目标,防治开发建设区水土流失和洪水泥沙对项目、周边地区的危害,保障项目区工程设施和生产安全,兼顾美化环境、净化空气、维护生态平衡的效能。防治工程的标准往往是根据所保护的对象来确定的,工程标准较高。

(4)方案实施有严格的时间限制。常规水土保持综合治理通常根据地域水土保持规划要求和上级行政主管部门的安排,一般3~5年为一个实施周期,治理的早与晚一般不会产生很大的危害或影响;而建设项目水土保持方案的实施具有严格的期限,不能逾期。如铁路、公路、通信等一次性建设项目,必须在工程开工前完成方案编制,才能预防和治理施工过程中的水土流失。

(5)与项目工程相互协调。常规水土保持综合治理采用独立编制规划和独立组织实施;而建设项目水土保持工作则要求其水土保持防治工程的布设、实施与主体工程相协调,需要结合项目施工过程和工艺特点,确定防治措施和实施时序。

(6)水土流失防治有科学规划和技术保证。按建设项目大小确定的甲、乙、丙级资格证书编制制度,保证了不同开发建设项目方案的质量。同时,方案的实施措施中对组织机构、技术人员等均有具体要求,使各项措施的实施有了技术保证。

(7)有利于水土保持执法部门监督实施。有了相应设计深度的方案,使水土保持工程有设计、有图纸,便于实施和检查、监督。

2.7.2.3 生产建设项目水土流失防治措施及类型

1.工程措施

当开发建设项目占地范围内汇水面积较大时,在该范围内应当修建防洪排导工程,例如排水沟(渠)、拦洪坝及护岸护滩工程等;在建设项目过程中有陡坎、斜坡、弃渣场等时,对这些边坡应当采取边坡防护措施,例如采用浆(干)砌石护坡(坎)、弃渣场底部修建挡渣墙、消能等;当开发建设项目施工场地坑凹不平,弃渣场弃满顶部需绿化或复耕时,对这一区域需要采取土地整治措施;当场区内需要大面积硬化时,采取透水的硬化措施等。

2.植物措施

在开发建设项目防治措施布置时应当尽可能地采用植物措施进行防护,植物措施不能够完全满足要求时尽可能地采用工程措施与植物措施相结合的办法进行防护,例如高速公路的路基路堑边坡防护,植物措施能够满足要求的全部用植物措施进行防护,否则采用拱形骨架护坡,骨架内部采取植物措施进行防护,这样不仅可以提高项目的局部绿化面积,改善局部小气候,同时给道路通行提供一个良好的行车环境。常用的植物防护措施有边坡植被防护工程、项目区周边植物防护工程、渣面、施工场地植物措施防护工程及场区内的草坪等。

3.临时措施

在施工过程中对临时堆放的土方、弃渣等,应当及时清理,集中堆放,对不能够及时清理的应当采取临时覆盖、拦挡措施,特别是遇到大风、暴雨等恶劣天气时,在临时堆土(渣)周边应当修建临时排水措施;对施工场地内临时空闲地,空置时间超过 3 个月的应当采用撒播草籽或铺撒 3~5 cm 厚的碎石子。

4.其他措施

开发建设项目在规划设计初期应当尽可能地避开泥石流易发区,崩塌、滑坡危险区及易引起严重水土流失和生态恶化的地区。合理安排施工进度和时序,缩小裸露面积和减少裸露时间,减少施工过程中因降水和风等影响因素可能产生的水土流失。

加大水土保持监督执法力度,对于开发建设项目必须进行水土保持方案编报并制定出切实可行的水土保持措施,报经专业技术部门审查,不合格者不予项目审批。

第 3 章　径流小区观测基本知识

3.1　径流小区的概念

3.1.1　径流小区的定义

　　径流小区,是对坡地水土流失规律和小流域水土流失规律进行定量研究的一种测验设施,是指修于坡面,具有一定控制面积,四周带围埂,用于收集围埂范围内降水所产生的所有径流泥沙的设施,适用于观测各种类型坡面的径流、泥沙及面源污染。径流小区示意图见图 2-3-1。

图 2-3-1　径流小区示意图

3.1.2　径流小区的组成

　　径流小区一般由边埂、边埂围成的小区、集流槽、径流和泥沙集蓄设备、保护带及排水系统等组成。

　　径流小区结构示意图和结构图分别如图 2-3-2 和图 2-3-3 所示。

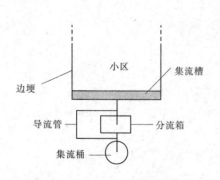

图 2-3-2　径流小区结构示意图

图 2-3-3　径流小区结构图

3.2　径流小区的观测内容

径流小区观测,是指在特定的闭合区域内,对降雨特征、土壤侵蚀以及产流产沙过程进行的定性观察和定量测量。

径流小区的观测内容主要有降雨观测、径流观测及泥沙观测和其他观测等。

3.2.1　降雨观测

径流场须设置一台自记雨量计和一台雨量筒,相互校验,若径流场分散,可适当增加雨量筒数量。降雨观测,是在降雨日按时(早 8 时,或晚 6 时)换取记录纸,并相应量记雨量筒的雨量。

3.2.2　径流观测

(1)量水设备为集流箱或集流池时,产流结束后,可直接量水,根据事先确定的水位—容积曲线推求径流总量。

(2)量水设备有分流箱时,要用分水系数和分水量推求径流总量。

当分流一次时,径流总量为

$$径流总量 = 分水量 \times 分水系数 + 分水箱容积 \qquad (2\text{-}3\text{-}1)$$

当分流数次时,可依次从最后的分水量逐级推求,即

$$径流总量 = 分水量 \times 分水系数 1 \times 分水系数 2\cdots + 分水箱容积 \qquad (2\text{-}3\text{-}2)$$

3.2.3　泥沙观测

泥沙在降水结束、径流终止后应立即观测,首先将集流槽中泥、水扫入集流箱中,然后搅拌均匀,在箱(池)中采取柱状水样 2 ~ 3 个(总量在 1 000 ~ 3 000 cm³),混合后从中取出 500 ~ 1 000 cm³ 水样,作为本次冲刷标准样。

若有分流箱,应分别取样,各自计算。

含沙量的求取,是将水沙样静置 24 h,过滤后在 105 ℃下烘干到恒重,再进行计算。

3.2.4　其他观测

径流小区观测还包括覆盖度、土壤水分、径流冲刷过程等观测。覆盖度测量方法同林分调查,土壤水分观测,一般为每 5 天,或每 10 天定时观测各层土壤水分,降水后需要加测,即从降雨后第 1 日起,逐日观测,到基本接近常值为止。

为了了解径流冲刷过程,还需进行径流冲刷观测,观测时,除用特制的仪器外(如庘斗式流量仪),还需在现场观测径流填洼时间、坡面流动形式、侵蚀开始时间、细沟形式,以及浅沟出现的时间、部位等,也可用拍摄照片的方式进行记录。

3.3　径流小区的监测设施

3.3.1　概念

径流小区监测设施是指利用径流小区观测降雨所产生的径流、泥沙和水质的设施、设备和仪器的总称。

(1)坡面径流小区监测设施应包括径流、泥沙和降水监测设施,如水土流失动态观测系统,见图2-3-4。通过对气象、降雨、土壤含水量、径流水位和流量等数据的综合测试分析,动态监测水土流失、土壤墒情和侵蚀。该系统包括:①多种传感器(根据用户需要,可选气象、土壤、水量、水质、地下水等);②数据采集和存储装置:通信系统(无线电发射、GSM-Modem、卫星通信等),中心处理系统(工作站、分析软件等)。

(a) 水土流失动态观测系统示意图　　　(b) 数据采集仪　　　(c)GSM-Modem

图 2-3-4　水土流失动态观测系统

(2)为了进行径流、泥沙样品分析,还应选择分析产流产沙过程、污染物流失量、土壤理化性质及地表覆盖等观测设施。全套土壤采样设备包括手动钻钻具,电动冲击钻,原状土壤采样器,土壤水分、盐度、张力、渗透性、pF曲线等研究的现场和实验室设备,如图2-3-5所示。

(3)为了数据管理,还应选择数据处理、资料整(汇)编、传输等设施。

3.3.2　径流小区监测设施的基本要求

(1)径流小区的建设、坡面处理及建设应按《水土保持监测技术规程》(SL 277—2002)的规定执行。

(2)径流小区按不同目的要求进行设计,不同观测处理分组布设。

(3)径流小区应有围埂、防护设施、集流及测验等设施,同时需配备其他设备。

(4)降雨监测设施应安装在距离最远径流小区100 m内,建设与设施配置应按照《降水量观测规范》(SL 21—2015)的规定进行。

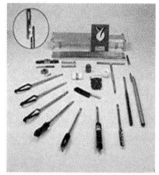
(a) 手动采样钻

(b) 电动冲击钻

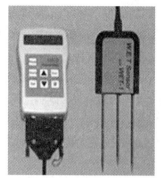
(c) 土壤水分测定仪

(d)pF 曲线测定系统

(e) 流动试验车

(f) 盐度测定仪

图 2-3-5　全套土壤采样设备

（5）径流小区监测设施在每次降雨观测后，应及时清理修复，保持监测设施完好，对变形严重、破损较大的设施，应及时修复。

3.3.3　径流小区监测设施的配置要求

（1）围埂和保护设施包括径流小区的围埂、保护带和排洪系统三部分。

围埂为设置在径流小区边界上除下边缘外的隔离设施。围埂的建筑材料要求不渗水、不吸水。围埂应相互连接紧密，埋深牢固，地表出露 20 cm。

保护带设置在每组径流小区的两侧和顶部，宽度为 1.0～2.0 m。保护带内坡面条件应与径流小区完全一致。

排洪系统设置在受洪水威胁的径流小区上部和左右两侧，规格大小按 50 年一遇暴雨设计。

（2）集流、导流、分流设施包括集流槽、导流槽、集流桶（池）和分流箱等。

集流槽设置在径流小区坡面下缘，垂直于径流流向，一般由混凝土或砌砖砂浆抹面制成，长度与径流小区宽度一致，宽度（槽缘宽和槽身宽）为 20～30 cm，槽缘应与径流小区坡底同高且水平，槽身由两端向下中心倾斜，倾斜度以不产生泥沙沉积为准，顶部加设盖板。槽身表面光滑，应不拦挂泥污。

导流槽镶嵌在集流槽下游边缘（通常做成径流小区挡土墙）中部的最低处，以输导收集的径流和泥沙。导流管由镀锌铁皮、金属管或 PVC 管制成，长度一般为 50～100 cm，上部开口与集流槽紧密连接，下部通向集流槽或分流箱。

集流桶(池)用以收集导流管输导下来的全部径流和泥沙。集流桶可用镀锌铁皮或薄钢板制成,集流池用砖(石)砌成,底部装有排泄阀门(或孔口),顶部加设盖板。当集流桶(池)容积有限时,可以多个联用。

分流箱是在产流量大、集流桶容积有限时,或安置区狭小不能增多集流桶等情况下采用,可一级或多级分流。分流箱布置在集流桶前或两个(或多个)集流桶之间。分流箱容积较小,可由镀锌铁皮或薄钢板制成圆柱体或长方体,并设若干分流孔,顶部加设盖板。分流孔必须大小一致,排列均匀,并在同一水平面上。使用分流箱前,必须进行校验求得分流系数。

3.3.4　径流小区监测设备

径流小区监测设备包括必配设备和选择性设备两类,有测量设备、采样设备、样品处理与监测设备、降雨观测设备、资料整(汇)编设备等。设备配置见表2-3-1。

表2-3-1　径流小区监测设备配置

序号	类型	仪器设备名称	单位	数量
1	必配设备	测尺	把	2 ~ 3
2		测绳	条	1 ~ 2
3		竖式采样器	个	2
4		横式采样器	个	2
5		水样桶	个	30
6		取土钻	件	1 ~ 2
7		取土环刀	个	1 ~ 2
8		土样盒	个	30
9		烘箱	台	1
10		烧杯	个	20 ~ 50
11		量杯	个	2 ~ 5
12		过滤装置	套	1 ~ 2
13		温度计	支	3 ~ 5
14		比重瓶	个	2 ~ 5
15		天平	台	1 ~ 2
16		干燥器	台	3 ~ 5
17		雨量筒	个	2 ~ 3
18		自记雨量计	台	1 ~ 2
19	选择性设备	自记水位计	台	1 ~ 2
20		径流导电仪	台	2 ~ 3
21		土壤水分测定仪	台	1
22		土壤理化性质测定设备	套	1
23		计算机	台	2
24		打印机	台	1
25		数码摄像机	部	2
26		电话(传真)	部	1 ~ 2

3.3.5　径流小区监测设施的技术要求

（1）径流小区周围应布设步道，以便技术人员观测；若径流小区周围人畜活动频繁，应设围栏保护。

（2）精度和误差应符合以下规定：①径流小区面积误差为 ±0.1%；②分流箱和集流桶（池）基座应稳定，且变形小，水平误差为 ±2 mm，容积误差为 ±1%；③集流桶（池）内径流、泥沙测验误差为 ±2 mm；④雨量观测精度应按照《降水量观测规范》（SL 21—2015）的规定执行。

（3）整体结构应符合以下规定：①径流小区围埝、集流槽、导流管、分流箱和集流桶（池）等设施设备应按照顺序严密衔接；②径流小区周围 30 m 范围内无 6 m 以上的树木和建筑物；③分流、集流桶（池）等设施、设备基础坚固，工作期不沉降、无破裂；④降雨观测应至少有雨量筒和自记雨量计各一台。

（4）围埝排列顺直平整，径流小区标牌明显，桶、盒等设备标号清晰准确，集流桶（池）内壁规整、平滑、清洁、无杂物残留。

（5）径流小区的径流泥沙监测设施应按 50 年一遇暴雨标准设计。投入使用的各类设备，应经常检修，以保证监测精度。

第 4 章　控制站观测基本知识

4.1　小流域治理

4.1.1　小流域治理的概念

以小流域为单元,在全面规划的基础上,合理安排农、林、牧、渔各业用地,布置各种水土保持措施,使之互相协调,互相促进,形成综合的防治措施体系。

流域是地面水和地下水天然汇集的区域,是水土流失和开发治理的基本单元。流域大小的划分是相对的,根据水利部规定,中国目前水土保持工作中的小流域概念,是指面积小于 50 km^2 的流域。

实践证明,以小流域为单元进行综合、集中、连续的治理,是治理水土流失的一条成功经验。小流域治理的目的在于防治水土流失,保护、改良与合理利用水土资源,充分发挥小流域水土资源的经济效益和社会效益。以小流域为单元进行综合治理,有利于集中力量按照各小流域的特点逐步实施,由点到面,推动整个水土流失地区的水土保持工作,使水土保持工作的综合性得以充分体现。

4.1.2　小流域治理的标准

根据水利部的规定,小流域治理的标准如下:

(1)治理程度达到 70% 以上,林草面积达到宜林宜草面积的 80% 以上。

(2)建设好基本农田,改广种薄收为少种高产多收,做到粮食自给有余。

(3)农民人均纯收入比治理前增加 30% ~ 50%。

(4)缓洪拦沙效益达 70% 以上。

(5)工程设施拦蓄雨量标准,各地自行规定,做到汛期安全。

目前,我国各级开展重点治理的小流域达 7 000 多条,总面积 20 多万 km^2,经过治理的小流域,生态效益、经济效益和社会效益都十分显著。

4.2　小流域控制站监测设施设备

4.2.1　小流域控制站监测设施

4.2.1.1　小流域控制站监测设施的组成

小流域控制站监测设施是指设置在完整闭合小流域沟口处对降水、径流、泥沙和水质进行测试的设施、设备的总称,适用于不超过 100 km^2 的小流域。监测设施应包括:①降水监测设施;②径流、泥沙等监测设施;③其他选择性监测设施。

4.2.1.2　控制站监测设施的基本要求

(1)控制站选址与布设应按《水土保持监测技术规程》(SL 277—2002)的规定执行。

(2)控制站监测应采用巴塞尔量水槽、薄壁堰(三角形堰、梯形堰)等量水建筑物,也可选用人工控制断面测流。

(3)降水监测的设备配置应符合《降水量观测规范》(SL 21—2015)的规定。

(4)水位、流量及泥沙测验的设施、设备应参照《水文基础设施建设及技术装备标准》(SL 276—2002)的规定。

(5)为了进行土壤理化性质、产流产沙过程、污染物流失、流域土地利用、水土保持治理措施及分布、植被覆盖、耕作管理等观测,可根据需要选择相关设施。

4.2.1.3　控制站监测设施的配置要求

(1)量水堰槽的测流范围应满足最小、最大流量。测流断面规整、表面平滑,与上下游河道衔接合理。上下游河段不满足要求时,应进行护坡、护岸、护底及渐变段等人工修整,以保证长期监测要求。

(2)水位观测井、廊道应位置准确,规格适宜,尽量靠近测验断面。

(3)水尺布设位置准确,刻画清晰。可用瓷板水尺镶嵌,也可用彩漆刻画。

(4)控制站的测流断面宽度超过 3 m 时,应加设工作桥,工作桥一般采用钢木结构。

(5)校验断面设在量水建筑物的上游和下游,同时要设固定断面桩。断面桩可采用钢筋混凝土和木质材料制成,标志清晰。

(6)对于流量变幅大的河道,可采用断面浮标法测流,并率定浮标系数。

(7)有推移质测验任务的控制站,在量水堰槽的上游或下游应设容积足够的推移质测坑。测坑长与堰槽宽一致,深为最大粒径的 100 ~ 200 倍,宽通过容积计算。

4.2.2　小流域控制站监测设备

4.2.2.1　小流域控制站监测设备分类及配置

小流域控制站监测设备包括必配设备、选择性设备两类。其中,有降水观测设备,水位、径流泥沙测验设备,水质测验设备,资料整(汇)编设备等。设备配置见表2-4-1。

4.2.2.2　控制站监测设施的技术要求

(1)堰槽法测流设施工作环境应按《水工建筑物与堰槽测流规范》(SL 537—2011)的规定执行。断面测流设施工作环境参照《水工建筑物与堰槽测流规范》(SL 537—2011)执行。控制站设施应保证安全可靠,并坚持常年观测。

(2)精度与误差应符合以下规定:①水位观测精度按《水位观测标准》(GB/T 50138—2010)的规定执行;②径流、泥沙观测精度按《河流流量测验规范》(GB 50179—2015)、《河流悬移质泥沙测验规范》(GB 50159—2015)及《河流推移质泥沙及床沙测验规程》(SL 43—92)的规定执行;③样品采集量应大于 1 L,测验精度为 ±0.01 g,定容精度为 ±0.1 mL;④雨量观测精度按《降水量观测规范》(SL 21—2015)的规定执行;⑤水质观测取样、处理、分析精度按《水环境监测规范》(SL 219—2013)的规定执行。

表 2-4-1　控制站监测设备配置

序号	类型	仪器设备名称	单位	数量
1	必配设备	水尺	把	1 ~ 2
2		自记水位计	台	2 ~ 3
3		流速仪	台	1 ~ 2
4		照明设备	套	1 ~ 2
5		悬移质泥沙采样器	件	2 ~ 3
6		推移质泥沙采样器	件	2 ~ 3
7		烘箱	台	1 ~ 2
8		烧杯	个	20 ~ 50
9		分沙器	件	1 ~ 2
10		量筒	个	2 ~ 5
11		天平	台	1 ~ 2
12		水样桶	个	100 ~ 200
13		比重瓶	个	2 ~ 5
14		温度计	支	3 ~ 5
15		浮标	个	5 ~ 10
16		雨量筒	个	
17		自记雨量计	台	
18	选择性设备	悬移质泥沙测沙仪	套	1 ~ 2
19		泥沙颗粒分析设备	套	1 ~ 2
20		水质分析设备	套	1 ~ 2
21		全站仪	套	
22		土壤调查、取样、分析设备	套	1 ~ 2
23		植被调查、取样、分析设备	套	1 ~ 2
24		计算机	台	1 ~ 2

　　(3)整体结构应符合以下规定:①控制站测流堰槽设置合理,与上下游河道应紧密衔接,结构严谨;②观测井、观测桥、推移质测坑与堰槽相互连接,配合紧密;③降水监测设施应均匀配置,密度适中。

　　(4)外观质量应符合以下规定:①测流堰槽及其所有附属设施外观平直、无明显凹凸起伏、无裂缝及破碎;②钢结构设施无开裂、无脱漆锈蚀;③观测井及廊道无淤积和杂草堵塞;④水尺、标桩等标志编号清晰、整洁干净。

　　(5)可靠性应符合以下规定:①测流堰槽应按 50 年一遇暴雨标准设计;②对流量变

幅较大的流域,应设计成复式测流堰槽,以提高测流精度。

4.3　河流泥沙的特性和分类

4.3.1　泥沙的定义

随河水运动和组成河床的松散固体颗粒,叫作泥沙。随水流运动的泥沙,又称固体径流。

河流泥沙是重要的水文现象之一。河流泥沙对于河流水情及河流的变迁有着重要的影响,防洪、航运、灌溉、发电、港口码头等水利工程的建设都必须考虑河流泥沙问题。

4.3.2　泥沙的来源

河流泥沙主要来源于两个方面:流域侵蚀和河槽冲刷。

4.3.2.1　流域侵蚀

降水形成的地面径流,侵蚀流域地表,造成水土流失,挟带大量泥沙直下江河。流域地表的侵蚀程度与气候、土壤、植被、地形地貌及人类活动等因素有关。若流域气候多雨、土壤疏松、植物覆被差、地形坡陡以及人为影响(如毁林垦地现象)严重等,则流域地表的侵蚀就较严重,进入江河的泥沙量就多。

4.3.2.2　河槽冲刷

河槽冲刷包括河底冲刷和河岸冲刷。

河岸冲刷是河道水流在奔向下游的过程中,沿程要不断地冲刷当地河床和河岸,以补充水流挟沙的不足。从上游河槽冲刷而来的这部分泥沙,随同流域地表侵蚀而来的泥沙一道,构成河流输移泥沙的总体,除部分可能沉积到水库、湖泊或下游河道外,大部分将远泄千里而入海。

4.3.3　泥沙的特性

4.3.3.1　泥沙颗粒特性和泥沙群体特性

泥沙特性有泥沙颗粒特性和泥沙群体特性两种。

1. 泥沙颗粒特性

(1)重度,单位体积泥沙颗粒的重量,以 kN/m^3 表示,其数值随泥沙的岩性不同而异,矿物成分主要是石英和长石的泥沙的重度一般为 26 kN/m^3。

(2)粒径,是泥沙颗粒大小的一种量度,有不同的表示方法。常用方法有:等容粒径,即体积与泥沙颗粒相等的球体的直径;筛径,即用具有不同孔径的标准筛,对泥沙进行分筛求出的粒径;沉降粒径,即根据粒径与沉降速度的关系算出的粒径等。

(3)沉速,指泥沙颗粒在无边界静水内的沉降速度,以 m/s 或 mm/s 表示。它也可作为泥沙颗粒大小的一种量度,故又称为泥沙的水力粗度。沉速综合反映了颗粒和水的特性,因而是泥沙运动的一个重要参数。

(4)细粒泥沙表面的物理化学性质,主要取决于颗粒表面双电层和吸附水膜的性质。

细颗粒泥沙的絮凝和分散等现象都与双电层和吸附水膜的结构有关。

2. 泥沙群体特性

泥沙总是由无数大小、形状和矿质不同的颗粒混合而成，呈群体形式存在。这种泥沙群体主要的统计特性如下：

（1）粒径分布，一般颗粒大小差异较大，很离散。

（2）泥沙颗粒粒径的算术平均值称算术平均粒径。

（3）中值粒径，即在泥沙颗粒级配曲线上与纵坐标50%相应的粒径，在全部沙群中，大于或小于这一粒径的泥沙在质量上刚好相等。用中值粒径概括泥沙群体的粒径能减小受极端值（最大粒径及最小粒径）的影响。

（4）泥沙群体的干容重和孔隙率。干容重指单位体积泥沙群体内干燥泥沙的重量，以 kN/m^3 计。孔隙率指单位体积泥沙群体内空隙所占的体积。

（5）均匀沙的群体沉速。当大小相同的沙粒群体的含沙量大于2%时，颗粒将相互牵连，混为一体，全部颗粒以同一速度下沉，这种沉速称为均匀沙的群体沉速。

4.3.3.2　泥沙的几何特性、重力特性和沉降特性

1. 几何特性

泥沙的几何特性指泥沙颗粒的形状、粒径及其组成。泥沙的形状棱角峥嵘、极不规则，常可近似地视为球体或椭球体。

泥沙粒径的求法：对于较大颗粒的卵石、砾石，可以通过称重求其等容粒径。所谓等容粒径，就是体积 V 与泥沙颗粒体积相等的球体的直径，即 $d = (6V/\pi)^{1/3}$。此外，还通过量出颗粒的长轴 a、中轴 b、短轴 c，算其几何平均粒径 $d = \sqrt{abc}$，这实际上是将泥沙颗粒视为椭球体而求得的椭球体的等容粒径。

对于较细颗粒的泥沙，实际工作中，通常采取筛分析法或沉降分析法求其粒径。筛分析法的做法是，将孔径不同的公制标准筛，按孔径上大下小原则叠置在一起，放在振动机上，将沙样倒在最上一级筛上，把经振动后恰通过的筛孔孔径作为该颗粒的粒径，并称此粒径为筛径。

采用沉降法求粒径的原理是，通过测量沙粒在静水中的沉降速度，按照粒径与沉速的关系式反算出粒径。

泥沙的组成常用粒配曲线表示。即通过分析沙样颗粒，求出其中各粒径级泥沙的重量及小于某粒径泥沙的总重量，算出小于某粒径的泥沙占总沙样的重量百分数，在半对数纸上绘制泥沙粒配曲线。

据此粒配曲线，可反映沙样粒径的粗细及其组成的均匀性。如图2-4-1所示，Ⅰ、Ⅱ两组沙样相比较，沙样Ⅰ的组成要粗些、均匀些；沙样Ⅱ的组成要细些、不均匀些。

2. 重力特性

1）泥沙的容重和密度

泥沙颗粒实有重量和实有体积的比值，称为泥沙的容重 γ_s，单位为 N/m^3；泥沙颗粒实有质量和实有体积的比值，称为泥沙的密度 ρ_s，单位为 kg/m^3。

2）泥沙的干容重和干密度

沙样经 $100 \sim 105$ ℃烘干后，其重量与原状沙样整个体积的比值，称为泥沙的干容重

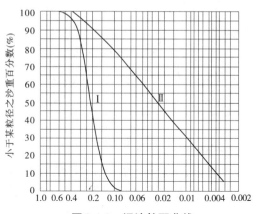

图 2-4-1　泥沙粒配曲线

γ',单位为 N/m³;其质量与原状沙样整个体积的比值,称为泥沙的干密度 ρ',单位为 kg/m³。

3. 沉降特性

泥沙因其容重比水大,在水中必然往下沉降。泥沙的沉降特性是指泥沙在水中下沉时的状态及其沉降速度。泥沙沉速是指泥沙在静止的清水中等速下沉时的速度。泥沙沉速常用符号 ω 表示,单位 cm/s。

对于泥沙来说,虽然其颗粒形状与球体不同,但其沉降的物理特性一致。因此,球体的沉速公式应该同样适用于泥沙。只是由于泥沙的形状不规则,阻力系数 C_d 应该较球体略大。

泥沙沉速是河流泥沙的重要特性之一。在许多情况下,它反映着泥沙在与水流相互作用时对运动的抗拒能力。在同样水流条件下,水流中的泥沙沉速越大,则泥沙发生沉降的倾向越大;河床上的泥沙沉速越大,则泥沙参与运动的倾向越小。因此,在河流泥沙研究与河道演变分析中,与泥沙沉速无关的课题是很少的。

4.3.4　泥沙的分类

4.3.4.1　按泥沙粒径大小分类

河流泥沙组成的粒径变幅很大,粗细之间相差可达千百万倍。《土工试验规程》(SL 237—1999)将泥沙粒径按大小分类,如图 2-4-2 所示。

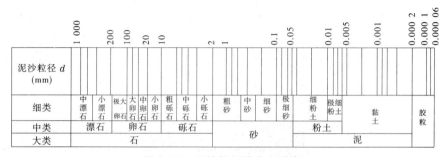

图 2-4-2　泥沙粒径按大小分类

2010 年,水利部颁发的《河流泥沙颗粒分析规程》(SL 42—2010)规定,河流泥沙按

表 2-4-2 分类。可见,河流泥沙又可以分为泥、砂、石三大类,其中黏粒、粉砂属泥类,砂粒属砂类,砾石、卵石、漂石属石类。

表 2-4-2　河流泥沙分类

泥沙分类	黏粒	粉砂	砂粒	砾石	卵石	漂石
粒径(mm)	<0.004	0.004~0.062	0.062~2.0	2.0~16.0	16.0~250.0	>250.0

4.3.4.2　按泥沙的运动态势分类

天然河流中的泥沙,按其是否运动可分为静止和运动两大类。组成河床静止不动的泥沙称为床沙。运动的泥沙又分为推移质和悬移质两类,两者共同构成河流输沙的总体。

1.推移质

推移质是指沿河床附近滚动、滑动或跳跃运动的泥沙。推移质泥沙的运动特征是:走走停停,时快时慢,运动速度远慢于水流;颗粒愈大,停的时间愈长,走的时间愈短,运动的速度愈慢。推移质的运动状态完全取决于当地的水流条件。更进一步地,推移质又可划分为砂质推移质和卵石推移质两类。图 2-4-3 为天然河流卵石推移的运动现象。

图 2-4-3　天然河流卵石推移的运动现象

2.悬移质

悬移质是指随水流浮游前进的泥沙。这种泥沙的运动受水流中的紊动涡旋所挟持,在整个水体空间里自由运动,时而上升,时而下降,其运动状态具有随机性质,其运动速度与水流基本相同。河流泥沙运动形式见图 2-4-4。

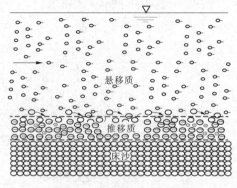

图 2-4-4　河流泥沙运动形式

实践经验告诉我们,天然河流中运动的两类泥沙,从数量上来说,推移质相对较少,悬移质相对较多,山区河流则更为如此。一般来说,冲积平原河流挟带的悬移质数量,往往为推移质的数十倍、数百倍甚至数千倍。

推移质泥沙尽管其相对数量不多,但因其颗粒较粗,对水利工程的危害极大。如在解决水库淤积问题中,处理推移质泥沙的难度往往要比处理悬移质大得多。因此,对于推移质运动的观测与研究,同样是需要重视的。

4.3.4.3　按泥沙的冲淤情况和补给条件分类

按照泥沙的冲淤情况和补给条件的不同,可将泥沙分为床沙质和冲泻质。

天然河流中的泥沙,悬沙质、推移质、床沙是由粗细不同的颗粒组成的。一般悬移质的组成最细,推移质次之,床沙最粗。但是悬移质中较粗的部分,常在床沙中大量出现,而较细的部分很少出现,或基本不存在。由于这两部分泥沙在冲淤情况、补给条件等方面具有不同的特点,因而将悬移质中较粗的部分,又在河床中大量存在的称为床沙质,而悬移质中较细的部分称为冲泻质。

在不冲不淤的相对平衡状态下,悬移质中床沙质部分的数量取决于河床的组成及水流条件,它与流量的关系较为密切。床沙质在河床冲淤过程中起到塑造河床的作用,因而有时也称其为造床泥沙。

悬移质中的冲泻质的实际质量主要取决于上游流域的来量,而不取决于河段的水力条件及河床的组成。这也表现在它与流量的关系较为散乱。从床沙中没有或很少有冲泻质的事实,也说明这部分泥沙对于河床的调整和塑造不起或很少起作用,故冲泻质有时也称为非造床泥沙。

4.3.5　含沙量和输沙量

单位体积浑水中所含泥沙的质量称含沙量,单位为 kg/m^3。

一定时段内通过河道某断面的泥沙质量称为该时段的输沙量,单位为 kg 或 t。

河流含沙量随时间而变化。一年中最大含沙量出现在汛期,最小含沙量出现在枯水期。在一次洪水过程中,最大含沙量称沙峰。沙峰不一定与洪峰同时出现,一年中首场大洪水的沙峰常比洪峰出现早,以后则可能同时出现,也可能沙峰滞后于洪峰。

含沙量沿水深的分布,通常在水面处最小,河底处最大。悬移质中粗粒泥沙含量近河底很大,自河底向上则急剧减小。较细的颗粒,如粉砂和黏土,沿水深的分布则较均匀。含沙量沿水深基本呈某种指数曲线分布,指数值与泥沙颗粒的大小和水流条件有关。由于水内各种副流的影响,最大的含沙量也可能不在靠近河底处,而是在河底以上的某一位置。

含沙量在河流横断面上的分布随断面上水流情况不同而异。如水流在断面上的分布比较均匀,含沙量的横向分布较均匀。如水流情况较复杂,则含沙量的横向分布往往很不均匀。含沙量沿河长的分布,一般从上游向下游递减,也取决于流域产沙特性、河道特性和支流汇入等因素的影响程度。黄河中游流经黄土高原,沿途有高含沙量的支流汇入,因而含沙量反而沿程增加,下游河床开阔,大量泥沙落淤,含沙量才趋向减小。

第5章　水土保持调查

5.1　水土保持调查的主要内容

水土保持调查的主要内容有土壤侵蚀的分布、面积和强度,侵蚀沟道的数量、分布与基本特征,主要水土保持治理措施的数量、分布及治理等情况。

5.1.1　土壤侵蚀调查

5.1.1.1　土壤侵蚀调查的主要内容与指标

土壤侵蚀的调查内容包括调查土壤侵蚀影响因素(气象要素、地形、植被、土壤、土地利用等)的基本状况,评价土壤侵蚀的分布、面积与强度,分析土壤侵蚀的动态变化和发展趋势。具体调查指标如下:

(1)气象要素,包括县级行政区划单位辖区内典型气象台站的日降水量和风向、风速。

(2)水蚀调查指标,包括坡长坡度、土壤、土地利用类型、植被郁闭度(或盖度)、水土保持措施等。

(3)风蚀调查指标,包括土地利用类型、地表湿度、地表粗糙度、地表覆被状况(植被高度、郁闭度或盖度,地表表土平整状况、紧实状况和有无砾石)等。

(4)冻融侵蚀调查指标,包括日均冻融相变水量、年冻融日循环天数、土地利用类型、植被高度与郁闭度(或盖度)、地貌类型与部位、微地形状况(坡度、坡向)、冻融侵蚀方式等。

5.1.1.2　土壤侵蚀调查的主要技术方法

土壤侵蚀调查,将充分应用统计报送、地面抽样、遥感解译、定位查验、空间分析、模型判断等技术方法和手段。

(1)通过统计报送获得降雨、风等气象资料,计算分析获取影响土壤侵蚀的降雨侵蚀力、风力因子等外营力因素。

(2)利用国家土壤普查资料,计算全国不同土壤的侵蚀特性。

(3)利用 DEM 提取影响土壤侵蚀的地形因子。

(4)通过对 SPOT/ASTER、HJ－1、MODIS、AMSR－E、PALSAR 等遥感数据解译与反演分析获得植被、表土湿度、年冻融日循环天数、日均冻融相变水量等侵蚀影响因子。

(5)利用野外调查单元数据经过空间分析获得水土保持工程措施、耕作措施因子、地表粗糙度等侵蚀因子。

(6)利用侵蚀模型定量计算土壤流失量,综合分析水力侵蚀、风力侵蚀、冻融侵蚀的分布、面积和强度。

5.1.2　侵蚀沟道调查

5.1.2.1　侵蚀沟道调查的主要内容

侵蚀沟道的调查内容包括沟道的位置和几何特征等。调查指标包括侵蚀沟道的起讫经度、起讫纬度、沟道面积、沟道长度和沟道纵比等。

5.1.2.2　侵蚀沟道调查的主要技术方法

侵蚀沟道调查以国务院水利调查办公室下发的 2.5 m 分辨率遥感影像、1∶50 000 数字线划图(DLG)为主要信息源。省级调查机构负责完成侵蚀沟道提取任务,县级调查机构承担野外核查工作,流域调查机构负责组织完成流域内各省(自治区、直辖市)调查成果的接边、汇总工作。

5.1.3　水土保持措施调查

5.1.3.1　水土保持措施调查的主要内容

水土保持措施调查指标包括基本农田、水土保持林、经济林、种草、封禁治理及其他治理措施的面积,淤地坝的数量与已淤地面积,坡面水系工程的控制面积和长度,以及小型蓄水保土工程的数量和长度等。

水土保持治沟骨干工程调查指标包括治沟骨干工程名称、控制面积、总库容、已淤库容、坝顶长度、坝高和所属项目等。治沟骨干工程是指为提高小流域坝系的防洪能力,减少水毁灾害,在沟道中修建的库容为 50 万 ~ 500 万 m³ 的控制性缓洪、拦泥淤地工程。

5.1.3.2　水土保持措施调查的主要技术方法

水土保持措施调查(含水土保持治沟骨干工程调查)工作,以县级行政区划单位为单元(将分布在一个县级行政区划单位范围内的各类水土保持措施分别打捆汇总,得到整个县级行政单位的各类水土保持措施数据),由县级调查机构组织实施各个指标数据的采集,经省级调查机构对数据的合理性进行复核论证。

5.2　水土保持监测设施设备

水土保持监测设施设备分为水土流失监测专用设施设备和水土流失野外调查设施设备。

5.2.1　水土流失监测专用设施设备

水土流失中的水蚀监测和风蚀监测是我国水土保持监测的最重要的工作内容,以下主要介绍水蚀和风蚀的监测设施设备。

5.2.1.1　水蚀监测设施设备

(1)水土流失因子监测设备,包括降水因子、植被因子和土壤因子监测设备。降水因子监测设备如图 2-5-1 所示。

(2)坡面水土流失监测设备,包括径流量监测设备、径流含沙量监测设备和侵蚀程度监测设备,分别如图 2-5-2 ~ 图 2-5-4 所示。

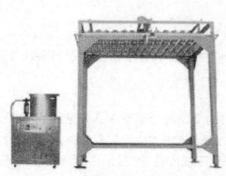
(a) 高精度称重式自记雨量计

(b) 人工模拟降雨器

图 2-5-1　降水因子监测设备

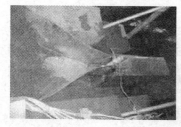
(a) 野外径流场水土流失自动监测仪

(b) 地表径流测量系统

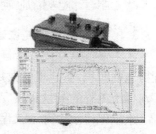
(c)ISCO 01.2150 速度面积流量计

图 2-5-2　径流量监测设备

图 2-5-3　土壤水蚀监测系统

(a) 激光微地貌仪

(b) 薄层水流流速自动测量仪

图 2-5-4　侵蚀程度监测设备

（3）沟道（小流域）径流泥沙监测设备，包括水位监测设备（如自记忆高灵敏水位计、HOBO 水位自动记录仪）、泥沙监测设备（如小流域水土流失自动监测站）和流速监测设备（如 FLOWATCH 便携式直读式流速计），分别如图 2-5-5～图 2-5-7 所示。

(a) 自记忆高灵敏水位计

(b)HOBO 水位自动记录仪

图 2-5-5　水位监测设备

图 2-5-6 小流域水土流失自动监测站

5.2.1.2 风蚀监测设施设备

风蚀监测设施设备主要包括风沙强度监测设施(如集沙仪)、降尘监测设施(如集尘缸)和综合监测设施(如 BSNE 自动风蚀沉积收集器),分别如图 2-5-8~图 2-5-10 所示。

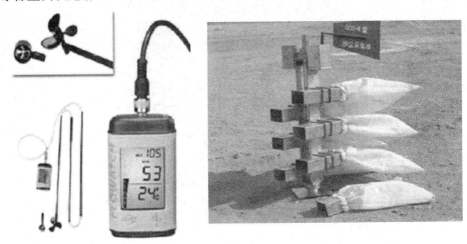

图 2-5-7 FLOWATCH 便携式直读式流速计   图 2-5-8 集沙仪

5.2.2 水土流失野外调查设施设备

根据野外调查工作特点,借用测绘、地质等行业的设施设备对距离、面积和体积等指标进行测量。水土流失野外调查设施设备分为测距类、面积类、体积类、角度类和综合类。

图 2-5-9 集尘缸

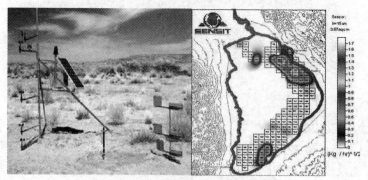

(a) 风蚀监测站

(b)BSNE 自动风蚀沉积收集器

图 2-5-10 综合监测设施

（1）测距类设施设备。测距类又可分为长度类和测高类,其中长度类设施设备有红外测距仪和超声波测距仪等,测高类设施设备有电子水准仪和直读式测高器等。

（2）面积类设施设备,如数字式求积仪。

（3）体积类设施设备,如地面三维激光扫描系统。

（4）角度类设施设备,如 DQL - 1 型森林罗盘仪、JZC - 82 多功能坡度测量仪、LS171 激光角度尺、DJD 系列电子经纬仪和南方 ET - 02A/05A 电子经纬仪。

（5）综合类设施设备，如中纬 ZTS600 系列全站仪和徕卡 TPS400 系列全站仪。

5.3　小流域洪水调查

5.3.1　小流域的概念

小流域通常是指二、三级支流以下以分水岭和下游河道出口断面为界、集水面积在 100 km² 以下的相对独立和封闭的自然汇水区域。水利上通常指面积小于 1 000 km² 或河道基本上是在一个县属范围内的流域。小流域的划分，可从 1∶50 000 或 1∶1 000 的地形图上根据等高线划分。

5.3.2　小流域洪水调查

我国的历史洪水调查测量，始于 1915 年督办广东治河事宜处为西江流域防洪规划进行的洪水调查。中华人民共和国成立后，在黄河、长江、辽河、海河、淮河、珠江和全国各中小河流共 11 000 个河段上做了历史洪水调查；在一些重要工程所在的河段，进行反复多次调查。自 1979 年起开展了全国性洪水调查资料整编工作，约有 6 000 多个河段的洪水调查资料已汇编成《中华人民共和国洪水调查资料》。

5.3.2.1　调查的方式

调查的方式有实地访问、调查和历史文献的考证等。

多数河流的沿岸有许多历史悠久的村镇和世代定居的人们。通过访问，可以了解他们亲身经历的或祖辈流传下来的历史大洪水的情况。在有些河岸的建筑物或岩石上有古人在大洪水发生后刻记的洪痕位置和记述发生日期的壁字、题记等，这些刻记是宝贵和可靠的历史洪水资料。中国历史文献如史书、实录、档案、地方志和一些关于河道及地理的专著中，也有大量有关洪水及其灾害的记载。查阅这些记载，也能得到有关历史洪水的资料。长江上游 1870 年特大洪水就是通过大量历史文献和文物资料的考证而查明的，这是长江上游干流河段近千年来的最大一次洪水。在中国的少数河段，探索由历史洪水遗留下来的淤积物和为其所掩埋的文物，并以此推估洪水位高程和洪水的重现期。

5.3.2.2　调查的主要内容

（1）洪水发生时间（年、月、日）。

（2）洪痕高程和洪水水面线。

（3）洪水涨落过程。

（4）河道过水断面和河床糙率。

（5）雨情、灾情和流域地形等自然地理情况。

（6）洪峰流量分析计算和洪水过程线的推求。

（7）洪水重现期的考证分析。

洪水调查可以补充水文站网定位观测的不足，有助于了解洪水的发生规律和洪水分析计算。

5.3.3　小流域洪水计算

5.3.3.1　小流域洪水计算的特点

小流域设计洪水计算,与大中流域相比,有许多特点,并且广泛应用于铁路、公路的小桥涵,中小型水利工程,农田,城市及厂矿排水等工程的规划设计中,因此水文学上常常作为一个专门的问题进行研究。小流域设计洪水计算的主要特点是:

(1)绝大多数小流域都没有水文站,即缺乏实测径流资料,甚至降雨资料也没有。

(2)小流域面积小,自然地理条件趋于单一,拟定计算方法时,允许做适当的简化,即允许做出一些概化的假定,例如假定短历时的设计暴雨时空分布均匀。

(3)小流域分布广、数量多。因此,所拟定的计算方法,在保持一定精度的前提下,应力求简便,一般借助水文手册即可完成。

(4)小型工程一般对洪水的调节能力较小,工程规模主要受洪峰流量控制,因此对设计洪峰流量的要求高于对洪水过程线的要求。

5.3.3.2　小流域洪水计算的方法

小流域具有变异性大、量大面广、防洪标准不一,又短缺实测暴雨洪水资料等问题,采用何种计算方法计算洪水,既保证计算成果的合理性,又满足安全和经济要求,是小流域洪水计算的主要问题。

小流域设计洪水的计算方法较多,目前应用较多的有推理公式法、地区经验公式法、历史洪水调查分析法和综合瞬时单位线法。其中,应用最广泛的是推理公式法和综合瞬时单位线法。它们的思路都是以暴雨形成洪水过程的理论为基础,并按设计暴雨→设计净雨→设计洪水的顺序进行计算。

5.4　小流域调查资料的整编

小流域调查资料宜包括以下几项内容。

5.4.1　水量调查资料

(1)水量调查站(点)一览表(含资料索引)。

(2)水文站以上(区间)水量调查成果表。

(3)水库(堰闸)来水量(蓄水变量)月年统计表。

5.4.2　暴雨调查资料

(1)暴雨调查说明及成果表。

(2)暴雨量等值线图。

5.4.3　洪水调查资料

（1）洪水调查说明及成果表。

（2）洪水调查河段平面图。

（3）洪水调查河段水面比降图。

（4）洪水痕迹调查表。

（5）洪水调查实测大断面成果表。

第6章 气象观测

气象观测是研究测量和观察地球大气的物理与化学特性以及大气现象的方法和手段的一门学科。研究测量和观察的内容主要有大气气体成分浓度、气溶胶、温度、湿度、压力、风、大气湍流、蒸发、云、降水、辐射、大气能见度、大气电场、大气电导率以及雷电、虹、晕等。

从学科上分,气象观测属于大气科学的一个分支,它包括地面气象观测、高空气象观测、大气遥感探测和气象卫星探测等,有时统称为大气探测。由各种手段组成的气象观测系统,能观测从地面到高层、从局地到全球的大气状态及其变化。

6.1 气象观测的发展历程

大气中发生的各种现象,自古以来就为人们所注意,在中外古籍中都有较丰富的记载。在 16 世纪以前主要是凭目力观测,除雨量测定(最迟在 15 世纪之前已经出现)外,其他特性的定量观测,都是从 17 世纪以后开始起步的。用仪器进行气象观测,经历着三个重要的发展阶段。

第一阶段:16 世纪末至 20 世纪初,是地面气象观测的形成阶段。

1597 年,意大利物理学家和天文学家伽利略发明空气温度表,1643 年 E·托里拆利发明了气压表。这些仪器及其他观测仪器的陆续发明,使气象观测由定性描述向定量观测发展,在这个阶段发明的气压表、温度表、湿度表、风向风速计、雨量器、蒸发皿、日射表等气象仪器,为逐步组建比较完善的地面气象观测站网和对近地面层气象要素进行日常的系统观测提供了物质基础,并为绘制天气图和气候图,开创近代天气分析和天气预报等的研究与业务提供了定量的科学依据。

第二阶段:20 世纪 20 年代末至 60 年代初,是由地面观测发展到高空观测的阶段。

随着无线电技术的发展,出现了无线电探空仪,得以测量各高度大气的温度、湿度、压力、风等气象要素,使气象观测突破了二百多年来只能对近地面层大气进行系统测量的局限。到 40 年代中期,气象火箭把探测高度进一步抬升到 100 km 左右,同时气象雷达也开始应用于大气探测(一部气象雷达能够对几百千米范围内的雷暴分布和结构连续地进行探测)。这些高空探测技术的发展,使人们对大气三维空间的结构有了真正的了解。

第三阶段:自 20 世纪 60 年代初以来,气象观测进入了第三个阶段,即大气遥感探测阶段。

该阶段以 1960 年 4 月 1 日美国发射第一颗气象卫星(泰罗斯 1 号)为主要标志。大气遥感不仅扩大了探测的空间范围,增强了探测的连续性,而且更增加了观测内容。一颗地球同步气象卫星可以提供几乎 1/5 地球范围内每隔 10 min 左右的连续气象资料。

6.2　气象观测的基本要素

气象观测的基本要素简称为气象要素,表明大气物理状态、物理现象以及某些对大气物理过程和物理状态有显著影响的物理量。

狭义的气象要素主要有气温、气压、风、湿度、云、降水以及各种天气现象;广义的气象要素还包括日射特性、大气电特性等大气物理特性。气象要素原则上还可以包括无法测定,但可求算的各基本要素的函数,如相当温度、位温和空气密度等。

6.2.1　气压

大气的压力,是在任何表面的单位面积上,空气分子运动所产生的压力。

气压的大小同高度、温度、密度等有关,一般随高度增高按指数规律递减。在气象上,通常用测量高度以上单位截面面积的铅直大气柱的重量来表示。常用单位有毫巴(mbar)、毫米水银柱高度(mmHg)、帕(Pa)、百帕(hPa)、千帕(kPa),国际单位制通用单位为帕。

测量气压的仪器常用的有水银气压表、空盒气压表、气压计。按云底的高度和云状等的不同,把云压称为标准大气压,它相当于在重力加速度为 9.806 65 m/s^2、温度为 0 ℃时,760 mm 铅直水银柱的压强。

6.2.2　气温

大气的温度是表示大气冷热程度的量。它是空气分子运动的平均动能。

习惯上以摄氏温度(℃)表示,也有用华氏温度(F)表示的,理论研究工作中则常用绝对温度(TK)表示。其换算关系是:摄氏温度 = 5/9(华氏温度 - 32);摄氏温度 = 绝对温度 - 273.15。地面大气温度一般指地面以上 1.25 ~ 2 m 的大气温度。

测量气温的仪器有温度表和温度计。

6.2.3　大气湿度

大气湿度(简称湿度)是表示空气中水汽含量或潮湿的程度,可以由比湿(q)、绝对湿度(ρ_v)、水汽压(e)、露点、相对湿度等物理量表示。

(1)比湿(q):湿空气中,水汽质量(m_v)和湿空气质量($m_v + m_d$)之比,即 $q = m_v/(m_v + m_d)$。

(2)绝对湿度(ρ_v):又名水汽密度,湿空气中,水汽质量(m_v)与该湿空气体积(V)之比,即 $\rho_v = m_v/V$,单位是 g/cm^3 或 g/m^3。

(3)水汽压(e):湿空气中水汽的分压。水汽压的单位和气压的单位相同。

(4)露点:在不改变气压和混合比的情况下,把纯水(或纯冰)平面附近的空气冷却到饱和时的温度。

(5)相对湿度:空气中的实际水汽压与同温度下饱和水汽压的百分比。测量湿度的仪器种类很多,有干湿球温度表、毛发湿度表、毛发湿度计、通风干湿表、手摇干湿表等。

由于大气中的水汽主要来自下垫面,如江、河、湖、海水面的蒸发,植被蒸散等,在无云天气,大气的湿度一般自沿海向内陆、自低空向高空递减。

6.2.4　风

风指空气相对于地面的运动。气象上常指空气的水平运动,并用风向、风速来表示。

6.2.5　云

云指悬浮在空气中的大量水滴和冰晶组成的可见聚合体。在常规气象观测中要测定云状、云高和云量。

6.2.6　降水

降水指从云中降落的液态水和固态水,如雨、雪、冰雹等。降水观测包括降水量和降水强度:前者指降到地面尚未蒸发、渗透或流失的降水物在地平面上所积聚的水层深度,以毫米为单位;后者指单位时间内的降水量,常用的单位是 mm/10 min、mm/h、mm/d。测量降水的仪器有雨量器和雨量计等。我国气象部门规定:24 h 内雨量不到 10 mm 的雨为小雨;10.0 ~ 24.9 mm 为中雨;25.0 ~ 49.9 mm 为大雨;达 50 mm 或 50 mm 以上为暴雨。

6.2.6.1　雨量器的构造

雨量器是观测降水量的仪器,它由雨量筒与雨量杯组成(见图 2-6-1)。雨量筒用来承接降水物,它包括承水器、储水瓶和外筒。我国采用直径为 20 cm 的正圆形承水器,其口缘镶有内直外斜刀刃形的铜圈,以防雨滴溅失和筒口变形。承水器有两种:一种是带漏斗的承雨器,另一种是不带漏斗的承雪器。储水筒内放储水瓶,以收集降水量。量杯为一特制的有刻度的专用量杯,其口径和刻度与雨量筒口径成一定比例关系,量杯有 100 分度,每 1 分度等于雨量筒内水深 0.1 mm(见图 2-6-1)。

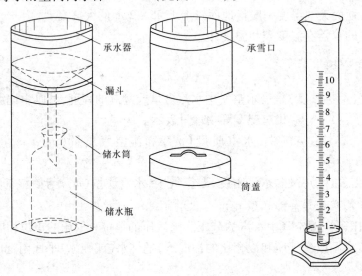

图 2-6-1　雨量筒及雨量杯

6.2.6.2　雨量器的安装

气象站雨量器安装在观测场内固定架子上。器口保持水平,距地面高 70 cm。冬季积雪较深地区,应备有一个较高的备份架子。当雪深超过 30 cm 时,应把仪器移至备份架子上进行观测。

单纯测量降水的站点不宜选择在斜坡或建筑物顶部,应尽量选在避风地方。不要太靠近障碍物,最好将雨量器安在低矮灌木丛间的空旷地方。

6.2.7　蒸发

蒸发是液体表面的汽化现象。气象上指水由液态变成气态的过程。在一定时段内,水由液态变成气态的量称为蒸发量,常用蒸发掉的水层深度表示,以毫米(mm)为单位。一般情况下,温度越高、空气湿度越小、风速越大或气压越低,蒸发越强。测定蒸发可在水面进行,但困难较多。气象台(站)上一般使用小型蒸发皿进行观测:在一定口径、一定深度的金属圆筒内放入一定量的净水,隔 24 h 后测定因蒸发而减少的水量,即为一天的蒸发量。

6.2.8　辐射

辐射指能量或物质微粒从辐射体向空间各方向的发送过程。

气象上常测定以下几种辐射:

(1)太阳辐射,又称日射,指太阳放射的辐射。

(2)地球辐射,指由地球(包括大气)放射的辐射。

(3)地表辐射,指由地球表面放射的辐射。

(4)大气辐射,指地球大气放射的辐射。

(5)全辐射,指太阳辐射与地球辐射之和。

(6)太阳直接辐射,指来自太阳圆面的立体角内投向与该立体角轴线相垂直的面上的太阳辐射。

(7)天空辐射(或太阳漫射辐射),指地平面上接收到的来自 2π 立体角(除去日冕所张之立体角)范围内的向下的散射和反射的太阳辐射之和。

(8)太阳总辐射,指水平面接收的、来自 2π 立体角范围内的太阳直接辐射与散射辐射之和。

(9)反射的太阳辐射,指从地表所反射的太阳辐射和从地表与观测点之间的空气层向上空漫射的太阳辐射之和。

(10)净辐射,指向下和向上(太阳和地球)辐射之差,即一切辐射的净通量。

气象上,通常称太阳辐射为短波辐射,地球表面辐射和大气辐射为长波辐射。单位面积接收、通过或放射的辐射能,其单位一般用 $K/(cm^2 \cdot min)$,也有用 W/m^2 和 $J/(m^2 \cdot s)$ 的。

在地面气象观测中,通常测量的是太阳总辐射。测量各种辐射分量的仪器有绝对日射表、天空辐射表、直接日射表、净辐射仪等。

6.2.9　日照

日照表示太阳照射时间的量,有可照时间和实照时间两种,分别以可照时数和实照时数表示,均以小时为单位。

(1)可照时数是一天内可能的太阳光照时数,也即一天内太阳中心从东方地平线升起,直到进入西方地平线之下的全部时间,完全由该地的纬度和日期决定。

(2)实照时数(日照时数)是太阳直射光线不受地物障碍及云、雾、烟、尘遮蔽时实际照射地面的时数(由纬度、日期、天气、地形等所决定),可用日照计测定。

(3)日照百分率(实照时数与可照时数的百分比),可用来比较不同季节、不同纬度的日照情况。

测定日照的常用仪器有暗筒式日照计和聚焦式日照计,也有用光电日照计的。

气象上通常提供的是观测到的实照时数。

6.2.10　能见度

能见度是反映大气透明度的一个指标,航空界定义为具有正常视力的人在当时的天气条件下能够看清楚目标轮廓的最大距离。能见度和当时的天气情况密切相关。当出现降雨、雾、霾、沙尘暴等天气过程时,大气透明度较低,因此能见度较差。

测量大气能见度一般可用目测的方法,也可以使用大气透射仪、激光能见度自动测量仪等测量仪器测量。

6.3　气象观测系统

6.3.1　气象观测系统的组成

一个较完整的现代气象观测系统由观测平台、观测仪器和资料处理等部分组成。

6.3.1.1　观测平台

观测平台是根据特定要求安装仪器并进行观测工作的基点。地面气象站的观测场、气象塔、船舶、海上浮标和汽车等都属地面气象观测平台;气球、飞机、火箭、卫星和空间实验室等,是普遍采用的高空气象观测平台。它们分别装载各种地面的和高空的气象观测仪器。

6.3.1.2　观测仪器

经过300多年的发展,应用于研究和业务的气象观测仪器,已有数十种之多,主要包括直接测量和遥感探测两类。

(1)直接测量:通过各种类型的感应元件,将直接感应到的大气物理特性和化学特性,转换成机械的、电磁的或其他物理量进行测量,例如气压表、温度表、湿度表等。

(2)遥感探测:接收来自不同距离上的大气信号或反射信号,从中反演出大气物理特性和化学特性的空间分布,例如气象雷达、声雷达、激光气象雷达、红外辐射计等。这些仪器广泛应用了力学、热学、电磁学、光学以及机械、电子、半导体、激光、红外和微波等科学技术领域的成果。此外,还有大气化学的痕量分析等手段。

气象观测仪器必须满足以下要求:

(1)能够适应各种复杂和恶劣的天气条件,保持性能长期稳定。

(2)能够适应在不同天气气候条件下气象要素变化范围大的特点,具有很高的灵敏度、精确度和比较大的量程。

此外,根据观测平台的工作条件,对观测仪器的体积、重量、结构和电源等方面,还有各种特殊要求。

6.3.1.3　资料处理

现代气象观测系统所获取的气象信息是大量的,要求高速度地分析处理。例如,一颗极轨气象卫星,每 12 h 内就能给出覆盖全球的资料,其水平空间分辨率达 1 km 左右。采用电子计算机等现代自动化技术分析处理资料,是现代气象观测中必不可少的环节。许多现代气象观测系统,都配备了小型或微型处理机,及时分析处理观测资料和实时给出结果。

6.3.2　气象观测站

6.3.2.1　地面气象观测台站的分类

地面气象观测台站按承担的观测业务属性和作用分为国家基准气象站、国家基本气象站、国家一般气象站三类,此外还有无人值守气象站。承担气象辐射观测任务的站,按观测项目的多少分为一级站、二级站和三级站。

(1)国家基准气象站(简称基准站),是根据国家气象区划,以及全球气象观测系统的要求,为获取具有充分代表性的长期、连续气候资料而设置的气象观测站,是国家气象站网的骨干。必要时可承担观测业务、试验任务。

(2)国家基本气象站(简称基本站),是根据全国气候分析和天气预报的需要所设置的气象观测站,大多担负区域或国家气象情报交换任务,是国家天气气象站网中的主体。

(3)国家一般气象站(简称一般),是按省(区、市)行政区划设置的地面气象观测站,获取的观测资料主要用于本省(区、市)和当地的气象服务,也是国家天气气象站网观测资料的补充。

(4)无人值守气象站(简称无人站),是在不便建立人工观测站的地方,利用自动气象站建立的无人气象观测站,用于天气气象站网的空间加密,观测项目和发报时次可根据需要而设定。

6.3.2.2　区域气象观测站站址的选择原则

(1)站址的选择要满足当地总体布局。

(2)站址的观测场地和周围环境要满足地面观测条件的要求,原则上按"观测场边缘与四周孤立障碍物的距离至少是该障碍物相对高度的 3 倍以上,两孤立障碍物最近的横向距离不得小于 30 m,距离成排障碍物的距离至少是该障碍物相对高度的 8 倍以上"的要求选址。

(3)站址应具有良好的电磁辐射环境,不能对自动气象站工作产生干扰。

(4)自动气象站周围不得有致使传感器观测值发生异常变化的各种干扰源。

6.3.2.3 自动气象站工作环境要求

(1)供电条件:自动气象站供电要求为 180～240 V,50 Hz,连续停电时间不得超过三天,如不满足供电要求,应选择太阳能供电。

(2)通信条件:站址应具备安装电话条件。特殊情况采用无线通信方式时,站址与中心采集站之间的无线通信信道质量应优于 10^{-5} 的传输误码率。

(3)交通条件:交通应较为便利。

6.3.2.4 站址选择程序

(1)根据站网总体布局,确定自动气象站安装地。

(2)按照内容进行实地了解和勘测,尽量找出几个能满足站址选择要求的预选站址,记录每个预选站址的条件和环境情况,并拍摄预选站址的周围环境照片,了解征(用)地的可能性。

(3)采用无线通信方式的,需进行通信信道测试。

(4)综合分析、评估预选的站址,将确定的站址上报省气象局。

6.3.2.5 区域气象观测站基础建设的技术要求

(1)区域气象观测站或观测场可建在地面或楼顶天台,占地面积不小于 10 m×10 m。

(2)按照地面观测规范中观测仪器安装要求,确定风传感器、雨量传感器和百叶箱的安装位置。

(3)如观测场建在地面的,需平整观测场地,布设避雷地网,检查避雷地网的对地电阻,要求必须小于 4 Ω。

(4)制作和安装铁塔,要求使用镀锌水管和不锈钢管材料。铁塔的形状和大小根据具体情况而定,但必须坚固牢靠,地面铁塔总高度 10 m(其中塔身 9 m,顶端加 1 mϕ76 mm 或 ϕ100 mm 的钢管或不锈钢管),顶部要焊接一块金属法兰盘,以便安装时与风传感器底座相配。安装在楼顶的铁塔总高度可缩短为 6 m。

(5)按照防雷规范设计安装避雷针,要求在铁塔附近单独竖立。

(6)选择主机设备安放用房,必须考虑与传感器的距离要尽量短,信号电缆长度不得超过 100 m。

(7)用户自行报装一部电话,将电话线、交流 220 V 电源引到主机放置的地方,安装电源插座(三芯国标)。安装交流 220 V 电源和电话避雷器。布设避雷地网,地网的对地电阻必须小于 4 Ω。将避雷接地线引到主机位置以便主机接地。

6.3.3 气象观测网

气象观测网是组合各种气象观测和探测系统而建立起来的。基本上分为如下两大类:

(1)常规观测网:长期稳定地进行观测,主要为日常天气预报、灾害性天气监测、气候监测等提供资料的观测系统。例如,由世界各国的地面气象站(常规地面气象站、自动气象站和导航测风站)、海上漂浮(固定浮标、漂移浮标)站、船舶站和研究船、无线电探空站、航线飞机观测、火箭探空站、气象卫星及其接收站等组成的世界天气监视网(WWW),是一个规模最大的近代全球气象观测网。这个观测网所获得的资料,通过全球通信网络,可及时提供给各国气象业务单位使用。此外,还有国际臭氧监测网、气候监测站等。

（2）专题观测网：根据特定的研究课题，只在一定时期内开展观测工作的观测系统。例如，20世纪70年代实施的全球大气研究计划第一次全球试验（FGGE）、日本的暴雨试验和美国的强风暴试验的观测网，就是为研究中长期大气过程和中小尺度天气系统等的发生发展规律而临时建立的。

6.4　气象观测的作用

气象观测是气象工作和大气科学发展的基础。由于大气现象及其物理过程的变化较快，影响因子复杂，除大气本身各种尺度运动之间的相互作用外，太阳、海洋和地表状况等，都影响着大气的运动。虽然在一定简化条件下，对大气运动作了不少模拟研究、大气运动模型试验，但组织局地或全球的气象观测网，获取完整、准确的观测资料，仍是大气科学理论研究的主要途径。历史上的锋面、气旋、气团和大气长波等重大理论的建立，都是在气象观测提供新资料的基础上实现的。所以，不断引进其他科学领域的新技术成果，革新气象观测系统，是发展大气科学的重要措施。

气象观测记录和依据它编发的气象情报，除为天气预报提供日常资料外，还通过长期积累和统计，加工成气候资料，为农业、林业、工业、交通、军事、水文、医疗卫生和环境保护等部门进行规划、设计和研究提供重要的数据。采用大气遥感探测和高速通信传输技术组成的灾害性天气监测网，已经能够十分及时地直接向用户发布龙卷、强风暴和台风等灾害性天气警报。大气探测技术的发展为减轻或避免自然灾害造成的损失提供了条件。

6.5　气象要素的记录

6.5.1　天气现象符号

天气现象用表2-6-1对应的符号记入观测簿。

表2-6-1　天气现象符号表

现象名称	符号	现象名称	符号	现象名称	符号	现象名称	符号
雨	•	冰粒	▲	雪暴	✛	大风	⸙
阵雨	▽	冰雹	△	烟幕	⌐	飑	∀
毛毛雨	,	露	ﻼ	霾	∞	龙卷	)(
雪	✶	霜	⊔	沙尘暴	⭗	尘卷风	§
阵雪	⭗	雾凇	V	扬沙	$	冰针	↔
雨夹雪	✳	雨凇	∽	浮尘	S	积雪	⊠
阵性雨夹雪	⭗	雾	≡	雷暴	℞	结冰	⊔
霰	⚡	轻雾	=	闪电	‹		
米雪	⟁	吹雪	⇟	极光	⋓		

6.5.2　纪要栏的记载

（1）当某些强度很大的天气现象，在本地范围内造成灾害时，应迅速进行调查，并及时记载。调查内容包括影响的范围、地点、时间、强度变化、方向路径、受灾范围、损害程度等。

（2）气象站附近的江、河、湖、海的泛滥、封冻、解冻情况。

（3）气象站附近的铁路、公路及主要道路因雨淞、沙阻、雪阻或泥泞、翻浆、水淹等影响中断交通时，应进行调查记载。

（4）气象站视区内高山积雪的简要描述：山名、雪线高度、起止日期（本月内）等。

（5）本站视区内出现的罕见特殊现象，如海市蜃楼、峨嵋宝光等。

（6）降雹时应测定最大冰雹的最大直径，以毫米（mm）为单位，取整数。当最大冰雹的最大直径大于 10 mm 时，应同时测量冰雹的最大平均质量，以克（g）为单位，取整数，均记入纪要栏。

测量方法是：选拣几个最大和较大的冰雹，用秤直接称出质量，除以冰雹数目即得冰雹的最大平均质量。或者将所拣冰雹放入量杯中，待冰雹融化后，算出水的质量，除以冰雹数目就是冰雹的最大平均质量。

（7）当本地范围内进行人工影响局部天气（包括人工降雨、防霜、防雹、消雾等）作业时，应注明其作业时间、地点。

以上内容应详细记载，有条件的可用影像记录，存档备用。

第 7 章 水土保持识图

7.1 地形图识别

7.1.1 地形图的概念

7.1.1.1 地形图定义

地形图指的是地表起伏形态和地物位置、形状在水平面上的投影图。具体来讲,将地面上的地物和地貌按水平投影的方法(沿铅垂线方向投影到水平面上),并按一定的比例尺缩绘到图纸上,这种图称为地形图。图上只有地物,不表示地面起伏的图称为平面图。

7.1.1.2 地形图的种类

地形图的规格按比例尺来分,可分为 1:1 万、1:2.5 万、1:5 万、1:10 万、1:20 万、1:50 万和 1:100 万七种,这叫基本比例尺地形图。

(1)1:1 万和 1:2.5 万地形图,显示地形精确、详细,又都是经过实地调查测绘的,但每幅图所包括的实地范围比较小。

(2)1:5 万地形图,显示地形比较详细、精确,也是经过实地调查测绘的,每幅图所包括的实地面积比 1:2.5 万地形图大四倍,从图上能精确量测角度、距离、坡度和坐标等数据。

(3)1:10 万地形图,多数是根据 1:5 万地形图编绘的,少数地区(如草原、戈壁地区)是实地测绘的,较 1:5 万地形图概括些,也具有 1:5 万地形图的特点。但是每幅图所包括的实地范围又比 1:5 万地形图大四倍。

(4)1:20 万和 1:50 万地形图,是根据 1:10 万地形图编绘的,它以较小的图面显示广大地区的地形概貌和关系位置。

恰当地选择适合自己需要的地形图。

7.1.2 地形图的识别

地形图是反映实地地形的可靠资料,要充分利用这个可靠资料,发挥它的作用,就必须具备一定的识图知识。

7.1.2.1 地形图比例尺

比例尺就是图上某一线段的长度与实地相应水平距离之比(图上长与实地长之比)。比如,图上甲、乙两点间长 1 cm,该两点间在实地的水平距离为 5 万 cm,地图比例尺就是五万分之一;实地为 10 万 cm,比例尺就是十万分之一。

地形图上比例尺的表示形式常见的有三种,如图 2-7-1 所示。

地形图比例尺表示形式 {
　数字表示 {
　　分式:用分式"1"表示图上长,分母表示实地长,如1/50 000、1/100 000
　　比式:如1:5万、1:10 万
　　文字表示:五万分之一、十万分之一
}
　直线比例尺:在一直线上,以1 cm或2 cm 为基本单位,作为尺头;截取若干与尺头相等的线段作为尺身;再将尺头等分十小格,然后以尺头与尺身的接合点为零,分别注记相应实地的水平距离,即直线比例尺
　经纬线比例尺:比例尺小于百万分之一的地图,在图例中都绘有经纬线比例尺。同时注有数字比例尺。数字比例尺也叫主比例尺,它是表示没有变形地方的比例尺,也就是标准纬线上的比例尺
}

图 2-7-1　地形图比例尺的表示形式

地图比例尺的大小,是按比值的大小来衡量的,而比值的大小则是依比例尺分母(后项)确定的。分母越大,则比值越小,比例尺就越小;分母越小,则比值越大,比例尺也就越大。

(1)地图比例尺的大小决定着实地范围在地图上缩小的程度。例如,1 km^2 面积的居民地,在1:5万地形图上为4 cm^2,可以表示出居民地的轮廓和细貌;在1:10 万图上为1 cm^2,有些细貌就表示不出来了;在1:20 万地形图上,只有0.25 cm^2,仅能表示出一个小点。这就说明,当地图幅面大小一样时,对不同比例尺来说,表示的实地范围是不同的。比例尺大,所包括的实地范围就小;反之,比例尺小,所包括的实地范围就大。

(2)地图比例尺的大小,决定着图上量测的精度和表示地形的详略程度。由于正常人的眼睛只能分辨出图上大于0.1 mm 的距离,图上0.1 mm 的长度,在不同比例尺地图上的实地距离是不一样的,如1:5万图为5 m,1:10 万图为10 m,1:20 万图为20 m,1:50 万图为50 m。由此可见,比例尺越大,图上量测的精度越高,表示的地形情况就越详细;反之,比例尺越小,图上量测的精度越低,表示的地形情况就越简略。

7.1.2.2　地形图概貌

1.地形图的颜色

地形图的颜色、内容与意义如表2-7-1所示。

表 2-7-1　地形图的颜色、内容与意义

颜色	表示的内容
黑色	要突出表示的,如居民地、道路、地物、境界、方里网、地名和注记等
蓝色	表示水,如江河、湖泊、水库、水渠、池塘等
绿色	表示各种植物,如森林、苗圃、果园等
棕色	表示地表面高低起伏的自然形态

2.图廓外各部名称和作用

地形图每幅图廓的四周都有许多"标号",它们各有各的名称和用途。

(1)在图幅上方中央的,叫"图名、图号"。如图上写着"新华县",就是图名,它在这幅图里是最大、最著名的地方。"13 - 51 - 70 - 丁",叫图号,表示这幅图的位置,就是地图的"门牌号码"。图号下边的一行小字,如"古里",是说明这幅图里都包括哪些地区,谁占的面积大,就把谁写在前边。

（2）图廓外左上角有个井字格，叫小接图表，它是表明周围"乡邻"关系的；中间有晕线的是本幅图，四周八个格里写的是"邻居"的图名，看着它就可以拼接地图了。

（3）图的下方中央，是比例尺，它是地图大小、内容详略、精度高低的标准，也是量算距离的尺码。

（4）比例尺左边的图形，是表示地图方位的。线画正直，顶上有个小五角星，是表示指向地球北极的，叫真子午线，又叫真北方向线；线画顶端有个小箭头的，表示磁针所指的方向，叫磁子午线，又叫磁北方向线；线画顶端有个"V"的，表示纵坐标线所指的北方，这三条方向线合起来叫三北方向。由于地球的质量各处不一样，在不同的地方，这三个方向是不一致的，三者之间就构成三种角度。以子午线为准，与纵坐标线之间的夹角，叫坐标纵线偏角（又叫子午线收敛角）；与磁子午线之间的夹角，叫磁偏角；磁子午线与纵坐标线之间的夹角，叫磁坐偏角。根据测绘人员实地测量的结果，这三个偏角的方向和大小，在各地是不一样的，所以在每幅图上的图形也不一样。以真子午线为准，磁子午线在东边时叫东偏，东偏为正，用"＋"表示，就画在真子午线东边；在西边时叫西偏，西偏为负，用"－"表示，就画在真子午线西边。夹角内的数字是偏角的度数，没有括号的是360°制，括号里的是密位制，它是标定地图方位时，供修正指北针用的。

（5）偏角图的左边，是坡度尺，它是供比量坡度用的。尺的水平线下边有两行数字，"1°,2°,4°,…,30°"，是360°制的度数；"3.5%,7%,11%,…,58%"是用百分数表示的度数，如45%，表示水平距离100，垂直距离45，坡度约为24°。百分数是供工程设计时用的。

（6）右图廓的外边是图例，上面印的都是常用地形符号。

3. 地物符号

为了使地图简明、美观，便于识别物体，判定方位和图上量测计算，制定了一些图形和注记，分别来表示实地某种物体，这些图形和注记就叫地物符号。

1）符号的特点

在制定地物符号时，通常要考虑到以下几个原则和特点：

（1）符号要有统一性。没有统一的规定，不仅不利于测制、生产地形图，也不利于使用地形图。

（2）图形要形象醒目，容易识别记忆。符号的图形，应尽可能地反映地物的外形和特征，使用图者一目了然，很容易联想到它所代表的地物。所以，地物符号在构图上力求做到三点：①与地物的平面形状相似，如居民地、公路、湖泊等，它们的图形与实地地物的平面轮廓对应相似，这种符号称为轮廓符号或正形符号；②与地物的侧面形状相近，如突出树、烟囱、水塔等符号的图形与实地地物的侧面形状相似，比较形象、直观，这种符号称作侧形符号；③与地物的意义相关，如气象台的风向标、矿井的锤子等，这种符号称为象征性符号。

了解了它们的特点，用图时，只要注意看图形、想意义，就容易识别记忆了。

（3）符号要合理分类，能反映地图内容的有机联系和区别，保证图面清晰，易于识别。

2）符号的分类

（1）依比例尺表示的符号：实地上面积较大的地物，如居民地、森林、江河、湖泊等，其外部轮廓都是按比例尺测绘的。这类符号可以在图上量取其长、宽和面积,了解其分布和形状。

(2)半依比例尺表示的符号:对长度很长、宽度很窄的线状地物,如道路、长城、土堤、垣栅、小的河溪等,其长度是按比例尺测绘的,因宽度太窄,若按比例尺缩绘,就表示不出来,就只能放大描绘。这类符号在图上只能量取其相应实地的长度,而不能量取它们的宽度和面积。

(3)不依比例尺表示的符号:地面上很小的地物,如亭子、房屋、宝塔、纪念碑、路标、石油井等,若按比例尺缩绘到图上,就表示不出来;但在军事上,对判定方位、指示目标、炮兵联测战斗队形、实施射击、指挥作战等都有重要作用,因此就采用规定的符号,在不同比例尺图上,按不同的大小绘出。这类符号不能用来判定地物的大小,只能表明物体的性质和准确位置。它们对应实地的准确位置,是在图形的哪一点上,这是根据图形的特点规定的。

上述三类符号,只能表示地物的形状、位置、大小和种类,但不能表示其质量、数量和名称。此外,还有文字和数字注记,作为符号的补充和说明,所以叫注记和说明符号。注记和说明符号的形式有以下三种:

(1)地理名称的注记,如市、镇、村、山、河、湖、水库,各类道路和行政区的名称等,用各种不同大小的字体来表示。

(2)说明地物质量特征的文字注记,如井水的咸淡,公路路面质量、桥梁性质,渡场、森林种类,塔形建筑的性质等,均用细等线体以略注形式配在符号的一旁。

(3)说明地物数量特征的数字注记,如三角点、土堆、断崖的高度,森林密度和树的平均高、粗,道路的宽度,河流的宽、深和流速等,均用大小不同的数字表示。

此外,有些地物的分布较零乱,如沙地、石块地、梯田坎、疏林、行树、果树等,很难表示它们的具体位置和数量,就采取均匀配置的图案形式表示,所以叫作配置符号。这种符号只表示分布范围,不代表具体位置。

4.地貌的表示方法

地球表面是起伏不平的,有高山,有深海,有丘陵和平原,有沙漠和草原,还有江河和湖泊等,这些高低不平、形状各异的地貌是怎样表示在平面图纸上的呢?

地貌的表示方法,是人们在实践中不断积累经验的基础上,逐渐完善和丰富起来的。在公元前六百多年的时候,我国的制图先驱是用图形表示山峰位置和山脉大体走向的,直到清代初期,才开始采用等高线表示地貌的方法。

用等高线表示地貌,能精确地反映地面的高低、斜坡形状和山脉走向。我国的基本比例尺地形图主要是用这种方法表示地貌的。这种方法存在的主要问题是缺乏立体感。

随着科学的发展,人们对地图的要求提高了,希望能一目了然地看出广大区域的地势总貌,迅速得到高程分布和高差对比的情况。于是,在等高线的基础上又出现了分层设色和晕渲表示地貌的方法。

分层设色法,就是将地貌按一定的高度分出层次,每层普染不同的颜色。用图时就可以根据颜色迅速判别高度。我们常见的地图册、航空图和小比例尺图,多是采用这种方法。

晕渲法,就是按一定的光源方向和地形起伏,用青钢色(或彩色),在坡或背光坡上涂绘暗影,以构成地势起伏的立体形象,在视觉上给用图者以生动形象、蜿蜒起伏、景观自然的感觉。地貌图、游览图多是采用这种方法。

分层设色法和晕渲法,如与等高线配合使用,效果将会更好,不但便于识别地貌,也便于在图上计算高程。

1)等高线表示地貌的原理

等高线表示地貌的原理是:假设把一座山,从底到顶,按相等的高度,用一层一层的水颊横截该山,则山的表面便会留下一条一条的弯曲截口痕迹线,再将这些截口痕迹线垂直投影到一个平面上,便呈现出一圈套一圈的曲线图形。因为每条曲线上各点的高度都相等,所以这种曲线叫等高线;各相邻的两条等高线间的垂直距离相等,叫等高距。地形图就是根据这个原理来表示地貌的。

2)等高线的特点

根据等高线表示地貌的原理,可以看出以下几个特点:

(1)等高线都是闭合曲线,同一条等高线上任何一点的高程都是相等的。

(2)等高线多,山就高;等高线少,山就低。

(3)等高线密,坡度陡;等高线稀,坡度缓。

(4)等高线的弯曲形状和相应实地地貌形态保持水平相似的关系。

对于同一地形而言,等高线的多少取决于等高距的大小。等高距大,等高线就稀少,地貌显示就简略;等高距小,等高线就密集,地貌显示就详细。为了制图方便,利于用图,应选择适当的等高距。基本比例尺地形图的等高距常用规定,如表 2-7-2 所示。

表 2-7-2　基本比例尺地形图的等高距常用规定

比例尺	1:2.5 万	1:5 万	1:10 万	1:20 万
等高距(m)	5	10	20	40

3)等高线的种类

(1)首曲线:又叫基本等高线,是按规定的等高距测绘的等高线,用细实线表示。

(2)加粗等高线:又叫计曲线,为了便于计算高程,把首曲线每逢五条或十条加粗描绘一条,例如一座 1 km 的高山,在 1:5 万地形图上,就要画一百条首曲线。计算高程时,如果一条一条地数,就很不方便,有了加粗等高线,就能一五一十地数,计算就方便了。

(3)间曲线:因为地貌起伏变化多端,用首曲线往往不能详细表示地貌的细部特征,就在首曲线的中间加绘长虚线,表示其细部,这叫半距(基本等高距的二分之一)等高线。

(4)助曲线:有些地方的细貌,用间曲线仍然显示不出来时,就在四分之一等高距的位置上用短虚线表示其细貌,补助间曲线的不足,所以叫作补助等高线。

间曲线与助曲线,线段不长,只在倾斜变换和地形复杂的地方用,如丘陵地区的地图上使用较多。

4)用等高线表示地貌的优缺点

用等高线表示地貌,是一种比较科学的方法,具有图形简单、便于计算、清晰醒目等优点。但也有不足之处,例如,因为等高线是按一定的等高距测绘的,有些细貌可能被舍去;不能完全逼真地反映地貌的细部和景观;立体感不够明显,给判读带来一定的困难。用图时,既要掌握它的特点,也要知道它的不足之处,才能更好地发挥地形图的作用。

5.地貌的识别

了解了等高线表示地形图的原理和特点,就有了判读地貌的基础,尽管每座山都有自己的特点,形态万千,但只要我们认真分析,仍然可以找出它们的共同特征。概括地说,它们都是由山顶、凹地、山背、山谷、鞍部和山脊等构成的。只要抓住这些基本特征,识别地貌就比较容易了。

(1)凡是最小的闭合小圆圈都是山顶。根据这些圆圈的大小和形状,还能分辨出是尖顶山、圆顶山或平顶山。圆圈上有个垂直小短线,它是指示下方向的,叫作示坡线。如果示坡线是在圆圈的外面,就是山顶;示坡线是在圆圈的里面,就是凹地。

(2)以山顶为准,等高线向外凸出的是山背;等高线向里凹入的,就是山谷。两个山顶之间,两组等高线凸弯相对的是鞍部,若干个山顶与鞍部连接的凸起部分就是山脊。

(3)另外,地壳的升降、剥蚀和堆积作用,使得一些局部地区改变了原来的面貌,如植被稀少,由于雨水冲刷形成的冲沟;陡峭的崖壁,坡度在70°以上,如广西桂林的陡石山;山坡受风化作用而崩落的崩崖等,这些地形统称为变形地。因为这种地形面积很小、形状奇特,用等高线不太好表示,只好用符号来表示。

根据等高线表示地貌的原理和特点,结合变形地符号,再考虑到自然习惯(如河水总往低处流,等高线上高程注记的字头总是朝上坡方向,示坡线指向下坡)进行判读,地貌的总体和细部就清清楚楚了。

6.高程和高差的判定

高程和高差的判定主要是根据高程注记和等高线来推算的,推算方法如下:

(1)点位恰在等高线上时,该等高线的高程,就是这个点位的高程。

(2)点位在两条等高线之间时,先查出下边一条等高线的高程,再按该点在两等高线间隔中的位置目估出高度。

(3)点位在没有高程注记的山顶时,一般应先判定最上边一条等高线的高程,然后加上半个等高距。

(4)读出两点的高程,然后相减,所得结果,就是两点的高差。

7.斜面形状和坡度的判定

所谓斜面,就是从山顶到山脚的倾斜部分。斜面可分为以下几种:

(1)等齐斜面:坡度基本上一致,站在斜面顶部可以看到全部,称为等齐斜面。在图上,各等高线的间隔大致相等。

(2)凸形斜面:在实地,上面缓下面陡,站在斜面顶部看不见下部,称为凸形斜面。在图上,等高线的间隔上面稀下面密。

(3)凹形斜面:与凸形斜面相反,上面陡下面缓,站在斜面的顶部能看到斜面的全部,称为凹形斜面。在图上,等高线的间隔是上面密下面稀。

实地的斜面,多数是凸凹互相交错的形状,但是总离不开上面说的三种形状。使用地形图时,只要注意等高线间隔的疏密情况,就能很容易地判明斜面的形状。

量取坡度时,要先用两脚规量取图上两条(或六条)等高线间的宽度,再到坡度尺上比量,在相应的垂线下边就可以读出它的坡度。

7.1.2.3 地形图的坐标系统

地图上的坐标系统分为两种,即地理坐标系和平面直角坐标系。我国地形图上采用的是"1954 年北京坐标系"。

1. 地理坐标

确定地球表面上某点位置的经度和纬度数值,就是该点的地理坐标。

为了使用方便,在1:20 万、1:50 万和1:100 万地图上,按照一定的间隔绘有经线和纬线,构成地理坐标网;在图廓线的四周有经、纬度数值注记。在大于1:10 万的地图上,只是在内图廓外绘有分度带,每个分划为一分;在内图廓的四角注有经、纬度值。需要用经纬度指示目标时,只要把南图廓与北图廓、东图廓与西图廓上分度带的相应分划连接起来,就构成了地理坐标图。

地理坐标是世界各国通用的。例如,知道了地理坐标为北纬49°31′,东经124°31′,就可以从图上找到这是大杨树。反之,找到了图上位置,也可以求出这一点的地理坐标。

2. 平面直角坐标

由于经纬线在图上多是弧线,不便于图上作业,更不便于距离和角度的换算,因此在大比例尺图上都绘有平面直角坐标网。

确定平面上某点位置的长度数值,就是该点的平面直角坐标。平面直角坐标数值是用千米(km)和米(m)表示的。

1)平面直角坐标的构成

平面直角坐标,是在平面上由两条垂直相交的直线建立起来的坐标系统。纵线为纵轴,以 X 表示;横线为横轴,以 Y 表示;两直线的交点为坐标原点,以 O 表示。确定某点的位置时,以该点到横轴的垂直距离为纵坐标(X),到纵轴的垂直距离为横坐标(Y)。并规定,X 值在横轴以上的为正,以下的为负;Y 值在纵轴以右的为正,以左的为负。如甲点的坐标:$X = 250$,$Y = 300$。用这种方法确定点位的,就叫平面直角坐标法。

我国地形图上的平面直角坐标网,是按高斯投影构成的。高斯投影是以 6° 为一带,每个投影带的中央经线是直线,与中央经线相垂直的另一条直线是赤道。地形图上的平面直角坐标,就是以中央经线为纵轴(X),以赤道为横轴(Y),其交点为坐标原点(O),这样,每个投影带便构成一个坐标系。我国领土位于赤道以北,所以纵坐标(X)值均为正值;横坐标(Y)值,位于中央经线以东的为正,位于中央经线以西的为负。为了计算方便,消除负数,又将横坐标(Y)值均加上 500 km 常数(等于将纵轴西移 500 km),横坐标以此纵轴起算,Y 值也就全是正数了。

因为一个投影带的范围很大,分的图幅也很多,为能迅速确定点的坐标,制图时就用平行线的方法,以 1 km(或 2 km)为单位,分别作中央经线和赤道的平行线,构成正方形方格网,叫作平面直角坐标网,在1:5 万地形图上,每个方格的面积是 1 km²,所以又叫作方里网。

2)图上平面直角坐标的注记

(1)地图上纵向的线(中央经线的平行线),都叫纵坐标线,它的长度数值是由南向北增加的,注记在左右图廓间(千米数)。

(2)地图上横向的线(赤道的平行线),都叫横坐标线,它的长度数值是由西向东增加的,注记在上下图廓间(千米数)。

平面直角坐标网的作用,主要是指示目标和确定目标在图上的位置,也可以估算距离和面积。

利用坐标指示目标时,可以用概略坐标,也可以用精确坐标。反之,用同样的方法,知道坐标值,也可以确定目标点在图上的位置。

3. 邻带补充坐标网

地形图上的平面直角坐标网,是按投影带建立的各自的坐标系,纵、横坐标线都只平行于本带的纵、横坐标轴。所以,在两带相接的地方,图上的坐标线就拼接不起来。

为了便于相邻两带的图幅能使用统一的坐标网,制图时规定,凡是在两带相接地方1~2幅图的外图廓线上都要加绘邻带坐标网短线,并注上相应的千米数。用图时,就要规定统一使用某一带坐标网,并将两对应图廓间的短线连成直线,即可构成邻带统一的坐标网。

4. 地形图的测制说明

在图幅下方的右端,是地形图的测制出版说明,这是告诉你测图的方法、测制时间和依据。用图时要加以特别注意:

(1)凡是有"航摄""调绘"等字的,表明这幅图是用航空摄影测量方法测制的,地形准确可靠。注明的测制年月愈近,地图内容愈新颖;反之,则地图内容愈陈旧。

(2)图上写有"1954年北京坐标系""1956年黄海高程系",是计算平面位置和高程的依据。测绘地面上某个点的位置时,需要两个起算点:一是平面位置,二是高程。计算这两个位置所依据的系统,就叫坐标系统和高程系统。

"1954年北京坐标系",是采用苏联克拉索夫斯基椭圆体,在1954年完成测定工作的,我国地形图上的平面坐标位置都是以这个数据为基准推算的。

"1956年黄海高程系",是在1956年确定的。它是根据青岛验潮站1950年到1956年的黄海验潮资料,求出该站验潮井里铜丝的高度为3.61 m,所以就确定这个铜丝以下3.61 m处为黄海平均海水面。从这个平均海水面起,于1956年推算出青岛水准原点的高程为72.289 m。我国测量的高程,都是根据这一原点推算的。

(3)我国现行的图式是由国家测绘总局和总参测绘局共同制定的,它是测制、出版地形图的法定依据,也是识别和使用地形图的基本工具。有了统一的图式,测图的人和用图的人就有了共同的语言。使用地图时,如果对某个符号不认识,查阅一下图式,就能找到答案。

但查阅图式时,要注意两点:一是查阅的图式要与使用的地图比例尺一致;二是查阅图式时,要注意图式的版本,不然符号就会弄错。

7.2　水土保持图件

7.2.1　图式

图式是指水土保持图所应遵循的式样,内容包括图幅、图标、图线、字体、比例以及小班注记和着色等。

图式包括通用图式、综合图式、工程措施图式、植物措施图式、园林式种植工程图式(适用于开发建设项目水土保持和城市水土保持规划设计)等类型。

7.2.1.1　通用图式

通用图式应包括图纸幅面、标题栏、比例、字体、图线及复制图纸的折叠方法等。

1. 图纸幅面

综合图及植物措施、园林式种植工程等的平面规划设计图的图幅大小,应根据规划、设计范围确定,不作严格限制,以可复制和内容完整表达为准。

2. 标题栏

(1)图样中的标题栏,简称图标,应放在图纸的右下角,立式使用的图幅应为底部通栏。

(2)标题栏的外框线应为粗实线,分格线为细实线。

3. 比例

工程制图所用的比例,与数学中的比例含义不完全相同,只适用于线性尺寸,即沿直线方向的尺寸,不包括面积和角度。线性尺寸之比,是指图样中反映实际长度的线段长与其实际尺寸之比。

比例大就是指比值大,比例小就是指比值小。

4. 字体

(1)图样中的字体尽可能采用仿宋体。

(2)水工图、施工图、勘测图中除在标题栏内填写图名外,还常在视图的上方或附近,用较大字体书写该视图的名称,如某枢纽布置图。勘测图件中汉字较多,常用等线体。

(3)斜体字的倾斜角为75°,为国际标准中的书写方法。

5. 图线

水利水电各专业制图图线宽度采用 b、$b/2$、$b/3$ 三种线宽(b 为粗线宽)。

7.2.1.2　综合图式

综合图式应包括水土保持分区图或土壤侵蚀分区图、重点小流域分布图、水土流失类型及现状图、水土保持现状图、土地利用和水土保持措施现状图、土壤侵蚀类型和水土流失程度分布图、水土保持工程总体布置图或综合规划图等综合性图。

(1)综合图式的幅面可根据规划设计的范围具体确定,不作严格限制,以可复制和内容完全表达为准。

(2)综合图图样中除应在图右下方的标题栏内注明图名外,可在视图的正上方用较大的字号书写该图的名称,使用字号可根据图幅大小及图样布置的具体情况确定。

（3）综合图的比例应根据表 2-7-3 中的规定选用。

表 2-7-3　综合图常用比例

图类	比例
区域水土保持分区图或土壤侵蚀分区图、水土流失类型及现状图	1:2 500 000,1:1 000 000,1:500 000,1:250 000,1:100 000,1:50 000
区域水土保持工程总体布置图或综合规划图、水土保持现状图	1:1 000 000,1:500 000,1:250 000,1:100 000,1:50 000
土壤侵蚀类型和水土流失程度分布图、土地利用和水土保持措施现状图	1:10 000,1:5 000
小流域水土保持工程总体布置图或综合规划图	1:10 000,1:5 000,1:2 000,1:1 000

（4）综合图中必须绘出各主要地物、建筑物,标注必要的高程及具体内容,区域水土保持综合图应根据比例尺大小和工作精度要求,确定相应绘制要求。小流域水土保持工程总体布置图应绘制在地形图上。同时,应绘制坐标网,主要地物和建筑物,标注必要的高程、建筑物控制点的坐标,并填注规划或措施布置内容。还应标注河流的名称,绘制流向、指北针和必要的图例等。

（5）河流流向及指北针绘制应符合下列要求:

①河流方向:图中水流方向的箭头符号根据需要可按图 2-7-2 或图 2-7-3 所示式样绘制。

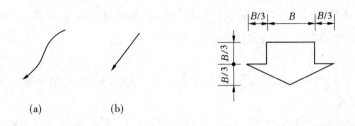

(a)　　　　　　(b)	
图 2-7-2　水流方向(简式)	图 2-7-3　水流方向

②指北针:图中指北针根据需要可按图 2-7-4 或图 2-7-5 所示式样绘制。其位置一般在图的右上角,必要时也可在左上角。

（6）图例符号及图例栏应符合下列要求:

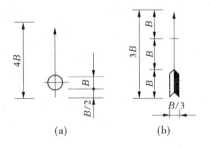
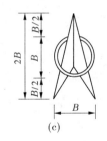

图 2-7-4　指北针方向(简式)　　　　图 2-7-5　指北针方向

①综合图图样中需标注必需的图例符号。

②在小班图上填写图例符号,一般 1 个小班填 1 ~ 2 个图例符号;面积大的小班也可根据具体情况填充多个图例符号。

③标准图例栏的格式,如表 2-7-4 所示。

表 2-7-4　图例栏

序号	名称	图例	说明

(7)小班注记应符合下列要求:

①小班注记与图例符号结合起来,表示项目区内各地块的土地利用状况及主要属性指标等。

②现状的小班注记格式为: $\dfrac{小班编号}{控制面积}$ 。

一般情况下,小班注记直接标记于小班范围内,但当小班面积较小不易直接标记时,则可只标注其编号,控制面积及其他主要属性指标可另以具体表格明确表示。

③规划或设计小班注记的格式为: $\dfrac{小班标号}{控制面积 - 实施时间}$ 。

具体注记要求同现状小班注记。

(8)着色应符合下列要求:根据综合图的需要,土地利用和水土保持措施现状图、水土保持分区图、水土流失类型及现状图、土壤侵蚀类型和水土流失程度分布图、水土保持工程总体布置图等图式中,不同属性状况可以不同着色予以表示,但要求色泽谐调、清晰。

7.2.1.3　工程措施图式

水土保持工程措施总平面布置图图式中,必须绘出各主要建筑物的中心线和定位线,并应标注各建筑物控制点的坐标,还应标注河流的名称、绘制流向、指北针和必要的图例等。

水土保持工程措施图的比例,可按表 2-7-5 根据实际情况选择确定。

表 2-7-5 水土保持工程措施图比例

图类	比例
总平面布置图	1:5 000,1:2 000,1:1 000,1:500,1:200
主要建筑物布置图	1:2 000,1:1 000,1:500,1:200,1:100
基础开挖图、基础处理图	1:1 000,1:500,1:200,1:100,1:50
结构图	1:500,1:200,1:100,1:50
钢筋图	1:100,1:50,1:20
细部构造图	1:50,1:20,1:10,1:5

7.2.1.4 植物措施图式

水土保持植物措施图的标题栏、图例栏、比例、现状小班注记,按综合图式的规定执行。

着色应符合下列要求:

(1)根据水土保持植物工程规划设计的需要,图样中不同植被状况可着不同的色,但要求色泽谐调、清晰。

(2)根据水土保持植物工程的特点及需要,植被类型应按表2-7-6规定的色标绘制。

表 2-7-6 植被类型色标表

序号	名称	色标
1	针叶树	绿色(反短白线图案)
2	软阔叶树	海绿色(白格图案)
3	硬阔叶树	黄绿色(黑格图案)
4	灌木林	淡绿色(褐粗点图案)
5	草地	草绿色
6	果树	深黄色(圆点图案)
7	经济林树种(木本粮油树种)	酸橙色
8	特用经济林	酸橙色(黑点图案)

7.2.1.5 园林式种植工程图式

(1)园林式种植工程图的图幅可不作严格限制,以可复制和内容完整表达为准。比例尺可根据需要确定,一般为1:2 000~1:200,特殊情况可采用1:100或1:50。图例栏应按综合图的规定执行。

(2)园林式种植工程图的着色,应参照表2-7-6执行。

第8章　计算机应用基本知识

随着科技技术的快速发展,计算机的应用也日益普遍,广泛地应用到工业、农业和日常的生产生活等各个领域,用于进行科学计算、过程检测与控制、信息管理和计算机辅助系统的设计等。在水土保持监测的过程中也得到广泛的应用,提高了监测过程的效率与监测结果的精度和可靠度。所以,掌握有关计算机应用的基本知识非常必要。

8.1　中文处理软件 Word 2003 基本操作

8.1.1　新建文档

文档:用 Word 建立的信函稿纸、公文稿纸、传真稿纸等,扩展名默认为". doc"。
新建文档的方法是:
(1)选择"文件"菜单的"新建"命令。
(2)单击常用工具栏上的左边第一个的"新建"按钮。
(3)使用键盘快捷键 Ctrl + N。
其实,每次启动 Word 2003 时都会自动新建这样一个名为"文档1"的空白文档。无论哪种情况,新文档一创建,您就可以进入该新文档窗口录入文档了。

8.1.2　打开文档

打开文档的方法是:
(1)选择"文件"菜单的"打开"命令。
(2)单击常用工具栏上的左边第三个的"打开"按钮。
(3)使用键盘快捷键 Ctrl + O。

8.1.3　保存文档

保存文档的方法是:
(1)选择"文件"菜单的"保存"命令。
(2)单击常用工具栏上的左边第三个的"保存"按钮。
(3)使用键盘快捷键 Ctrl + S 或 Shift + F12。

8.1.4　退出 Word

退出 Word 有三种方法:
(1)选择"文件"菜单的"退出"命令。
(2)单击 Word 标题栏右端的"关闭"按钮。

（3）使用键盘快捷键 Alt + F4。

8.1.5　文本录入

新建或打开文件后，即可以在文档窗口中对文档进行录入、修改等操作。

8.1.5.1　光标定位

在进行文本编辑时，页面上有一个竖条形的闪烁光标，它表明当前对文本进行操作的位置。在进行录入、修改等操作之前，必须先将光标定位到准确的位置。

（1）鼠标定位，使用鼠标定位光标的操作方法非常简单，只需单击需定位到的目标位置即可。

（2）键盘定位，使用键盘上的一些按键和按键组合也可以移动光标。

快速移动光标的键盘命令如表 2-8-1 所示。

表 2-8-1　　快速移动光标的键盘命令

键盘命令	功能
Home/End	移至行首/行尾
↑/↓/←/→	上、下、左、右移动一个字符
Ctrl + ←/Ctrl + →	向左/向右移动一个单词
Ctrl + ↑/Ctrl + ↓	向上/向下移动一个单词
PgUp/PgDn	向上/向下移动一屏
Ctrl + PgUp/Ctrl + PgDn	移至窗口顶行/底行
Ctrl + Home/Ctrl + End	移至文档开头/结尾

8.1.5.2　录入文本

准确地定位了光标后，就可在光标位置录入文本了。

（1）录入段落，在输入大段的文本时，光标到达行尾（右边界）后，Word 会自动将它移到下一行，我们称这种功能为自动换行或软回车。

而在换段或是建立空行时才按 Enter 键，称为硬回车，且新的一段会自动按上一段的设置进行排版。

（2）插入特殊符号，在录入文档时，有时需要输入一些键盘上没有的特殊符号，如①②③④★☆←→等，我们可以用插入菜单内的符号命令，实现特殊符号的输入。

在符号对话框中，通过索引能查得快一些。

例如，如果我们想插入"←"符号，可用下面的方法来完成：①单击"插入"菜单中的符号命令；②单击符号对话框中的符号标签；③在字体选项框内选择"标准字体"项，在子集选项框内选择箭头；④可以用下面两种方法中的一种来插入符号：用鼠标单击"←"符号，然后单击"插入"按钮，或者直接双击"←"符号；⑤单击"关闭"按钮。"←"符号即可插入到文档中当前光标所在的位置。

（3）其他：① 带括号的字母数字　　数字序号；

　　　　≥数学运算符　　　　数学符号；

　　　　★零杂丁贝符（示意符）　特殊符号；

　　　　〖CJK 符号和标点　　标点符号。

8.1.6　文档编辑

8.1.6.1　文字的插入与改写

用鼠标单击,将插入点移至想进行插入的位置。

在进行插入前,要确认是否正处于插入状态。

默认:插入状态。

方法:查看工作区中改写框的状态,即看改写是否为灰色显示。

双击"改写"或按 Insert 键可切换为改写状态。

8.1.6.2　文字的选定

基本操作原则:先选定文字或图形,然后再做文档编辑操作。

(1)使用鼠标选定文字的方法如表 2-8-2 所示。

表 2-8-2　使用鼠标选定文字的方法

选定内容	鼠标操作方法
英文单词/汉字语句	双击该英文单词或汉字语句
图形	单击该图形
一行文本	单击该行左侧的选定栏
多行文本	在行左侧的选定栏中拖动
整段句子	按住 Ctrl 键单击该句子的任何部分
一个段落	双击该段落左侧的选定栏
多个段落	在选定栏中双击并拖动
行数较多的长文本	在开始点拖动至结束点或单击开始点再按住 Shift 键单击结束点
列方式选定文本	按住 Alt 键不放,从开始点拖动至结束点

(2)使用键盘选定文字的快捷键如表 2-8-3 所示。

表 2-8-3　使用键盘选定文字的快捷键

快捷键	功能
Shift + ↑ 或 ↓	向上或向下选取一行字符
Shift + ← 或 →	向左或向右选取一个字符
Shift + Home 或 End	选定插入点至行首或行尾
Shift + PgUp 或 PgDn	向上或向下选取一屏
Shift + Ctrl + Home 或 End	选至文档开头或结尾
Shift + Ctrl + ↑ 或 ↓	选至段落开头或结尾
Shift + Ctrl + ← 或 →	选至词头或词尾
Ctrl + A 或 5(数字键盘)	整个文档

（3）使用扩展模式选定：双击状态栏上的扩展框或按 F8 键，可进入扩展状态。按 Ctrl + Shift + F8，可进入列选定模式。按 Esc 键，或双击扩展框，可退出扩展模式。

8.1.6.3　文本的删除

←（Backspace）键，按一下退格键，可删除光标前一个字符或一个汉字。

Delete 键，按一下删除键，可删除光标后一个字符或一个汉字。

8.1.6.4　文本的移动

（1）选定文本，然后将鼠标指向该文本块的任意位置，鼠标光标变成一个空心的箭头，然后按鼠标左键拖动鼠标到新位置后再松开鼠标。

（2）选定文本，选取剪切（Ctrl + X），将插入点定位到新位置，选取粘贴（Ctrl + V）。

8.1.6.5　文本的复制

（1）选定文本，然后将鼠标指向该文本块的任意位置，鼠标光标变成一个空心的箭头，然后在按住 Ctrl 键的同时拖动鼠标到新位置后再松开 Ctrl 键和鼠标。

（2）选定文本，选取复制（Ctrl + C），将插入点定位到新位置，选取粘贴（Ctrl + V）。

8.1.6.6　插入文件

插入—文件。

8.1.6.7　查找与替换

在 Word 2003 中可以在文档中搜索指定的内容，并可将搜索到的内容替换为别的内容。

1.查找

如果我们要在文档中查找某个字符，可操作如下：

步骤一：打开菜单中的"编辑"—"查找"，也可以用"Ctrl"；

步骤二：在对话框的"查找内容"文本框中键入需查找的字符串；

步骤三：单击"查找下一处"按钮，系统开始查找，并将找到的字串反白显示；

步骤四：重复上一步操作查找其余字符串；

步骤五：单击"取消"按钮可随时结束查找，关闭对话框。

2.替换

替换与查找的方法基本相同，区别是在找到指定的字串后，可以选择用新的内容替换找到的内容。

3.高级查找替换

Word 2003 的查找和替换功能是非常强大的，除查找一般的字符串外，还可以查找特殊符号或具备某种特定格式的文本，并可以设置一系列的选项对查找替换的过程进行各种控制。方法如下：单击"查找和替换"对话框中的"高级"按钮可以在对话框中显示出高级选项，使用这些选项可以进行查找特殊符号、按格式查找以及使用通配符查找等特殊查找。

8.1.7　Word 2003 字体设置

8.1.7.1　字体的设置

字体是指字符的形体。

Word 提供了多种字体,常用的字体有宋体、仿宋体、楷体、黑体、隶书、幼圆等。

默认:宋体。

改变文档中字体的操作步骤是:①选定要改变字体的文本;②单击格式工具栏的字体按钮的三角块;③从字体列表中选择所需字体。

注意:先选定,后设置。

8.1.7.2　字号的设置

字号是指字符的大小。

常用的有两种:第一种是采用"一号到八号字";第二种是采用"5 磅到 72 磅"。

一号字比八号字大得多,5 磅字比 72 磅字小得多。

默认:五号。字号越大,字越小。

改变文档中字号的操作步骤是:①选定要改变字号的文本;②单击格式工具栏的字号按钮的三角块;③从字号列表中选择所需字号。

8.1.7.3　字形的设置

字形是指加于字符的一些属性,如粗体、斜体、下划线、空心字、上标、下标或多种属性的综合等。

改变文档中字形的操作步骤是:①选定要改变字形的文本;②单击格式工具栏的加粗按钮,或直接按 Ctrl + B 键;③单击格式工具栏的斜体按钮,或直接按 Ctrl + I 键;④单击格式工具栏的下划线按钮,或直接按 Ctrl + U 键。

8.1.7.4　使用字体对话框对字符进行排版

对以上所介绍的字符进行排版,都是使用格式工具栏上的按钮进行的。利用格式菜单中的字体命令也可以达到同样的目的,而且内容更丰富。

方法:格式—字体 或 右键—字体。字体内容包含以下选项:①粗体;②斜体;③加框;④文字底纹;⑤下划线;⑥空心字;⑦上标、下标;⑧颜色;⑨扁、长;⑩删除线;⑪着重号;⑫字间距;⑬字的位置;⑭文字效果。

字体含以下几种设置:

(1)空心字。

(2)上标、下标。上标效果是指将字符缩小并上移,作为其旁边字符的上标记。下标效果是指将字符缩小并下移,作为其旁边字符的下标记。

(3)颜色。Word 2003 中的文字颜色可以任意设置。

(4)字符缩放设置。字符缩放是指字符的宽高比例,以百分数来表示,例如 100% 表示字符的宽度与高度相等(默认是 100%),200% 表示字符的宽度为高度的 2 倍。一般来说,150% 为扁体,66% 为长体。

(5)删除线。指在水平方向上为文字加上贯穿的中轴线。

(6)着重号。注意着重号和点式下划线的区别。着重号是按字来点的。

(7)字间距。是指相邻字符间的距离。字符间距的设置可以在"字体"对话框的"字符间距"选项卡中进行。在"间距"列表中有"标准""加宽""紧缩"三个选项。

(8)字的位置。在"位置"列表中有"标准""提升""降低"三个选项。

(9)文字效果。文字效果中共有赤水情深、礼花绽放等 6 种效果。

8.2　电子表格软件中文 Excel 2003 基本操作

8.2.1　Excel 2003 基础知识

8.2.1.1　Excel 2003 的启动与退出

（1）启动：①单击任务栏上的"开始→程序→Microsoft Excel"；②双击桌面上的 Excel 2003 的快捷图标；③单击任务栏上的"开始→程序→Microsoft Office 2003 → Microsoft Excel"；④右击桌面空白处，在弹出的快捷菜单中单击"新建→Microsoft Excel 工作表"。

（2）退出：①按快捷键 Alt + F4；②按组合键 Ctrl + Alt + Del，在弹出的对话框中单击"任务管理器"，再单击"任务管理器"对话框中的"结束任务"按钮；③单击标题栏上的"关闭"按钮。

8.2.1.2　Excel 2003 的窗口

特别注意"编辑栏""名称栏""工作区表"和"工作表标签"等。

8.2.1.3　基本操作

（1）创建新的工作簿：执行菜单命令或用快捷键"Ctrl + N"或单击常用工具栏上"新建"按钮。

（2）打开工作簿。

（3）保存工作簿：注意 Excel 文件的扩展名是". xls"。

（4）关闭工作簿：快捷键 Ctrl + W 或"文件→关闭"等。

8.2.1.4　工作簿、工作表与单元格

（1）定义工作表数：执行菜单命令"工具→选项→常规"。

（2）工作表的行列范围：行为 1 ~ 65 536；列为 1 ~ 256。

（3）单元格的命名：列名行名。

（4）工作表之间的切换。

（5）保护工作表：执行菜单命令"工具→保护→保护工作表"，输入密码即可。

（6）保护工作簿：执行菜单命令"文件→另存为"，在对话框中单击"工具"下拉列表框的"常规选项"，对"打开权限密码"和"修改权限密码"进行设置。

8.2.2　数据的输入

8.2.2.1　常数的输入和添加批注

1. 输入数字和文字

输入数字和文字注意点：

（1）输入文字常量时，先输入"　'　"，不可计算。

（2）输入日期时，年、月、日之间用英文状态下的"/"或" − "隔开；输入时间时，时、分、秒之间用英文状态下的"："隔开。

（3）充分使用格式工具栏上的货币样式、百分比样式、千分位样式及小数有效位等按钮。

2. 添加批注

执行菜单命令"插入→批注"或右击该单元格单击"插入批注"选项;通过单击"视图→批注"进行批注的显示/隐藏或编辑工作。

8.2.2.2　数据的填充

(1)填充相同的数据:将鼠标的指针放在单元格的右下方,变成"＋"形,按鼠标左键拖动即可。对于文本或日期的输入拖动时要按住"Ctrl"键。

(2)对文本和数字的填充:文字不变,数字递增。

(3)利用自动填充输入有规律的数字序列。

8.2.2.3　公式与函数

1. 公式的输入

(1)熟悉各种运算符。

(2)输入公式:选择要输入公式的单元格,单击"编辑公式"按钮,单元格中出现等号,编辑栏下出现计算结果栏。公式输入后,按回车键确认,结果自动出现。

2. 单元格的引用

单元格的引用有绝对引用、相对引用和混合引用 3 种。

注意:" :"代表连续区域;" ,"代表间隔;"工作表!"指定工作表,若该项缺省时,特指当前工作表。

对于一个计算公式,可以使用 3 种引用方法。如将 B3、C3、D3、E3 相加,计算公式可写成:SUM(B3:E3)或 SUM($ B $ 3:$ E $ 3)或 SUM(B $ 3:E3)。

3. 使用函数

(1)直接输入法。

(2)使用"编辑公式"按钮。

(3)使用"粘贴函数"按钮:"fx"按钮。

(4)自动求和:"∑"按钮。

(5)自动计算:选定要计算的区域,右击状态栏,在出现的快捷菜单中选择某个计算方式即可。

8.2.2.4　工作表的格式化

(1)调整列宽和行高:鼠标拖动或执行菜单命令"格式→行(列)→行高(列宽)→确定"。

(2)设置数字格式(确定数值的表现形式、小数点的位数等):选定要设置数字格式的单元格或单元格区域在"数字"选项中选择相应的类型,单击"确定"即可。

(3)设置字体:执行菜单命令"格式→单元格→字体"。

(4)文本对齐:右击要对齐的单元格或单元格区域,选择"设置单元格格式→对齐",选择需要的对齐方式。

(5)自动套用格式:"格式→自动套用格式"。

(6)格式的复制和删除:①使用常用工具栏上的"格式刷"按钮。先选定区域,单击"格式刷"按钮,用刷子扫过目标区域即可。②清除:"编辑→清除→格式"。

(7)使用模板:①使用系统提供的模板:"文件→新建",选择固定的模板,单击"确定"即可;②自定义模板:新建工作簿,"文件→另存为",在"文件类型"中选择"模板",确定文件名,单击"确定"即可。

8.2.3 数据图表化

8.2.3.1 创建图表

(1)利用图表向导创建:①选定要建立图表的数字区域;②单击常用工具栏上的"图表向导"按钮,或执行"插入→图表"命令,在其中对"图表类型""子图表类型"等进行设置;③单击"下一步",在"图表源数据"对话框中确定创建图表的数据区域以及数据系列的产生位置;④单击"下一步",在"图表选择"对话框中进一步设置;⑤确定图表位置。

(2)快速创建图表:选定数据区域,利用图表工具栏中的"图表类型"按钮,设置内嵌图表。或按功能键 F11,自动插入一个默认的柱形的图表。

8.2.3.2 图表的移动、复制、缩放与删除

(1)移动和复制:单击图表,出现 8 个控制柄。用鼠标单击移动。若要复制,则只需按住 Ctrl 键即可。

(2)缩放图表:调整图表周围的 8 个控制柄。

(3)删除图表:选中图表,按"Delete"键或执行菜单命令"编辑→删除工作表"即可。

8.2.3.3 快速改变图表类型

单击图表,出现图表工具栏,在图表类型中选择某个新的图表类型。

8.2.3.4 编辑图表数据

(1)在嵌入式图表中添加数据:选定数据区域,鼠标指针拖住右边线到图表中即可。或执行菜单中"复制"和"粘贴"命令。

(2)在图表工作表中添加数据:选定数据区域,执行"复制""粘贴"命令。

(3)删除图表的数据系列:选定要删除的数据列,单击"编辑→清除"或右击,在快捷菜单中单击"清除"。

8.2.3.5 编辑图表文字

图表文字包括图表标题和数据轴标题。单击图表,执行菜单命令"图表→图表选项"。

8.2.3.6 在图表中使用图形

(1)直接插入图形:选定要改变的数据系列,单击"插入→图片"。

(2)利用剪贴画插入图形。

(3)去掉图表中加上的图形:右击要去掉的数据系列,单击"数据系列格式→图案"选项,在内部选择"自动"即可。

8.3 多媒体计算机技术的应用

多媒体技术与计算机技术有机结合,开辟了计算机新的应用领域。概括起来,多媒体技术的应用主要有以下几个方面:

(1)科技数据和文献的多媒体表示、存储及检索。它改变了过去只能利用数字、文字

的单一方法,还可以描述对象的本来面目。

(2)多媒体电子出版物,为读者提供了图文声像并茂的表现形式。

(3)多媒体技术加强了计算机网络的表现力,无疑将更大程度地丰富计算机网络的表现能力。

(4)支持各种计算机应用的多媒体化,如电子地图。

(5)娱乐和虚拟现实是多媒体应用的重要领域,它利用计算机多媒体和相关设备把人们带入虚拟世界。

第 9 章　相关法律、法规知识

9.1　《中华人民共和国劳动法》的相关知识

9.1.1　总则

《中华人民共和国劳动法》有总则、促进就业、劳动合同和集体合同、工作时间和休息休假、工资、劳动安全卫生、女职工和未成年工特殊保护、职业培训、社会保险和福利、劳动争议、监督检查、法律责任、附则等十三章,是一部保护劳动者的合法权益,调整劳动关系,建立和维护适应社会主义市场经济的劳动制度,促进经济发展和社会进步的法律。在中华人民共和国境内的企业、个体经济组织(以下统称用人单位)和与之形成劳动关系的劳动者,适用本法。国家机关、事业组织、社会团体和与之建立劳动合同关系的劳动者,依照本法执行。

国家采取各种措施,促进劳动就业,发展职业教育,制定劳动标准,调节社会收入,完善社会保险,协调劳动关系,逐步提高劳动者的生活水平。国家提倡劳动者参加社会义务劳动,开展劳动竞赛和合理化建议活动,鼓励和保护劳动者进行科学研究、技术革新和发明创造,表彰和奖励劳动模范和先进工作者。

9.1.2　劳动合同

劳动合同是劳动者与用人单位确立劳动关系、明确双方权利和义务的协议。建立劳动关系应当订立劳动合同。订立和变更劳动合同,应当遵循平等自愿、协商一致的原则,不得违反法律、行政法规的规定。劳动合同依法订立即具有法律约束力,当事人必须履行劳动合同规定的义务。

9.1.3　劳动者的权益与职责

劳动者享有平等就业和选择职业的权利、取得劳动报酬的权利、休息休假的权利、获得劳动安全卫生保护的权利、接受职业技能培训的权利、享受社会保险和福利的权利、提请劳动争议处理的权利以及法律规定的其他劳动权利。

劳动者就业,不因民族、种族、性别、宗教信仰不同而受歧视。妇女享有与男子平等的就业权利。禁止用人单位招用未满十六周岁的未成年人。从事特种作业的劳动者必须经过专门培训并取得特种作业资格。

用人单位应当依法建立和完善规章制度,保障劳动者享有劳动权利和履行劳动义务。劳动者应当完成劳动任务,提高职业技能,执行劳动安全卫生规程,遵守劳动纪律和职业道德。劳动者在劳动过程中必须严格遵守安全操作规程。

工资分配应当遵循按劳分配原则,实行同工同酬。用人单位支付劳动者的工资不得低于当地最低工资标准。工资应当以货币形式按月支付给劳动者本人。不得克扣或者无故拖欠劳动者的工资。

用人单位在元旦、春节、国际劳动节、国庆节、法律和法规规定的其他休假节日期间应当依法安排劳动者休假。国家实行带薪年休假制度。

9.1.4　用人单位的职责

用人单位必须建立、健全劳动安全卫生制度,严格执行国家劳动安全卫生规程和标准,对劳动者进行劳动安全卫生教育,防止劳动过程中的事故,减少职业危害。

用人单位与劳动者发生劳动争议,当事人可以依法申请调解、仲裁、提起诉讼,也可以协商解决。对劳动者造成损害的,应当承担赔偿责任。

劳动者有权依法参加和组织工会。工会代表维护劳动者的合法权益,依法独立自主地开展活动。劳动者依照法律规定,通过职工大会、职工代表大会或者其他形式,参与民主管理或者就保护劳动者合法权益与用人单位进行平等协商。

9.1.5　国家的职责

国家通过各种途径,采取各种措施,发展职业培训事业,开发劳动者的职业技能,提高劳动者素质,增强劳动者的就业能力和工作能力。国家确定职业分类,对规定的职业制定职业技能标准,实行职业资格证书制度,由经过政府批准的考核鉴定机构负责对劳动者实施职业技能考核鉴定。

国家发展社会保险事业,建立社会保险制度,设立社会保险基金,使劳动者在年老、患病、工伤、失业、生育等情况下获得帮助和补偿。用人单位和劳动者必须依法参加社会保险,缴纳社会保险费。任何组织和个人不得挪用社会保险基金。

县级以上各级人民政府劳动行政部门依法对用人单位遵守劳动法律、法规的情况进行监督检查,对违反劳动法律、法规的行为有权制止,并责令改正。

9.2　《中华人民共和国水法》的相关知识

9.2.1　总则

《中华人民共和国水法》有总则,水资源规划,水资源开发利用,水资源、水域和水工程的保护,水资源配置和节约使用,水事纠纷处理与执法监督检查,法律责任,附则等八章,是一部为了合理开发、利用、节约和保护水资源,防治水害,实现水资源的可持续利用,适应国民经济和社会发展的需要的法律。在中华人民共和国领域内开发、利用、节约、保护、管理水资源,防治水害,适用本法。

9.2.2　水资源的权属与管理

水资源(包括地表水和地下水)属于国家所有。水资源的所有权由国务院代表国家行使。国家对水资源实行流域管理与行政区域管理相结合的管理体制。国务院水行政主管部门负责全国水资源的统一管理和监督工作。流域管理机构，在所管辖的范围内，行使法律、行政法规规定的和国务院水行政主管部门授予的水资源管理和监督职责。县级以上地方人民政府水行政主管部门按照规定的权限，负责本行政区域内水资源的统一管理和监督工作。农村集体经济组织的水塘和由农村集体经济组织修建管理的水库中的水，归各农村集体经济组织使用。

国家对用水实行总量控制和定额管理相结合的制度，对水资源依法实行取水许可制度和有偿使用制度（但是，农村集体经济组织及其成员使用本集体经济组织的水塘、水库中的水的除外）。国务院水行政主管部门负责全国取水许可制度和水资源有偿使用制度的组织实施。任何单位和个人引水、截（蓄）水、排水，不得损害公共利益和他人的合法权益。

9.2.3 水资源规划

开发、利用、节约、保护水资源和防治水害，应当全面规划、统筹兼顾、标本兼治、综合利用、讲求效益，发挥水资源的多种功能，协调好生活、生产经营和生态环境用水。应当按照流域、区域统一制定规划。建设水工程，必须符合流域综合规划。调蓄径流和分配水量，应当依据流域规划和水中长期供求规划。制定规划，必须由县级以上人民政府水行政主管部门会同同级有关部门组织进行水资源综合科学考察和调查评价。县级以上人民政府水行政主管部门和流域管理机构应当加强水文、水资源信息系统建设，应当加强对水资源的动态监测。基本水文资料应当按照国家有关规定予以公开。

9.2.4 水资源节约与保护

国家厉行节约用水，大力推行节约用水措施，推广节约用水新技术、新工艺，发展节水型工业、农业和服务业，建立节水型社会。建设项目的节水设施没有建成或者没有达到国家规定的要求，擅自投入使用的，由县级以上人民政府有关部门或者流域管理机构依据职权，责令停止使用，限期改正，处五万元以上十万元以下的罚款。

国家保护水资源，采取有效措施，保护植被，植树种草，涵养水源，防治水土流失和水体污染，改善生态环境。按照流域综合规划、水资源保护规划和经济社会发展要求，拟定国家确定的重要江河、湖泊的水功能区划。禁止在饮用水水源保护区内设置排污口。

禁止在江河、湖泊、水库、运河、渠道内弃置、堆放阻碍行洪的物体和种植阻碍行洪的林木及高秆作物。禁止在航道内弃置沉船、设置碍航渔具、种植水生植物。禁止在河道管理范围内建设妨碍行洪的建筑物、构筑物以及从事影响河势稳定、危害河岸堤防安全和其他妨碍河道行洪的活动。禁止在水工程保护范围内从事影响水工程运行和危害水工程安全的爆破、打井、采石、取土等活动。禁止侵占、毁坏水工程及堤防、护岸等有关设施，毁坏防汛、水文监测、水文地质监测设施。

在河道管理范围内建设桥梁、码头和其他拦河、跨河、临河建筑物、构筑物，铺设跨河管道、电缆，应当符合国家规定的防洪标准和其他有关的技术要求，工程建设方案应当依照防洪法的有关规定报经有关水行政主管部门审查同意。

9.2.5　水事纠纷处理

不同行政区域之间发生水事纠纷的,应当协商处理;协商不成的,由上一级人民政府裁决,有关各方必须遵照执行。单位之间、个人之间、单位与个人之间发生的水事纠纷,应当协商解决;当事人不愿协商或者协商不成的,可以申请县级以上地方人民政府或者其授权的部门调解,也可以直接向人民法院提起民事诉讼。县级以上地方人民政府或者其授权的部门调解不成的,当事人可以向人民法院提起民事诉讼。在水事纠纷发生及其处理过程中煽动闹事、结伙斗殴、抢夺或者损坏公私财物、非法限制他人人身自由,构成犯罪的,依照刑法的有关规定追究刑事责任;尚不够刑事处罚的,由公安机关依法给予治安管理处罚。

9.3　《中华人民共和国安全生产法》的相关知识

9.3.1　总则

《中华人民共和国安全生产法》有总则、生产经营单位的安全生产保障、从业人员的权利和义务、安全生产的监督管理、生产安全事故的应急救援与调查处理、法律责任、附则等七章,是为了加强安全生产监督管理,防止和减少生产安全事故,保障人民群众生命和财产安全,促进经济发展的一部法律。在中华人民共和国领域内从事生产经营活动的单位的安全生产,适用本法。安全生产管理,坚持安全第一、预防为主的方针。

9.3.2　生产经营单位的安全生产保障

生产经营单位必须加强安全生产管理,建立、健全安全生产责任制度,完善安全生产条件,确保安全生产。不具备安全生产条件的,不得从事生产经营活动。必须执行依法制定的保障安全生产的国家标准或者行业标准,必须对安全设备进行经常性维护、保养,并定期检测,保证正常运转。组织制定并实施本单位的生产安全事故应急救援预案;及时、如实报告生产安全事故。应当对从业人员进行安全生产教育和培训,保证从业人员具备必要的安全生产知识,熟悉有关的安全生产规章制度和安全操作规程,掌握本岗位的安全操作技能。未经安全生产教育和培训合格的从业人员,不得上岗作业。

生产经营单位的主要负责人对本单位的安全生产工作全面负责。发生重大生产安全事故时,应当立即组织抢救,并不得在事故调查处理期间擅离职守。

9.3.3　从业人员的权利和义务

生产经营单位与从业人员订立的劳动合同,应当载明有关保障从业人员劳动安全、防止职业危害的事项,以及依法为从业人员办理工伤社会保险的事项。生产经营单位的从业人员有依法获得安全生产保障的权利,并应当依法履行安全生产方面的义务。

9.3.4 政府的职责

县级以上地方各级人民政府应当根据本行政区域内的安全生产状况,组织有关部门按照职责分工,对本行政区域内容易发生重大生产安全事故的生产经营单位进行严格检查;发现事故隐患,应当及时处理。应当组织有关部门制定本行政区域内特大生产安全事故应急救援预案,建立应急救援体系。

9.4 《中华人民共和国防洪法》的相关知识

9.4.1 总则

《中华人民共和国防洪法》有总则、防洪规划、治理与防护、防洪区和防洪工程设施的管理、防汛抗洪、保障措施、法律责任、附则等八章,是为了防治洪水,防御、减轻洪涝灾害,维护人民的生命和财产安全,保障社会主义现代化建设顺利进行的一部法律。防洪工作实行全面规划、统筹兼顾、预防为主、综合治理、局部利益服从全局利益的原则。开发利用和保护水资源,应当服从防洪总体安排,实行兴利与除害相结合的原则。防洪工作按照流域或者区域实行统一规划、分级实施和流域管理与行政区域管理相结合的制度。任何单位和个人都有保护防洪工程设施和依法参加防汛抗洪的义务。

9.4.2 防洪规划

防洪规划是指为防治某一流域、河段或者区域的洪涝灾害而制定的总体部署,包括国家确定的重要江河、湖泊的流域防洪规划,其他江河、河段、湖泊的防洪规划以及区域防洪规划。防洪规划应当服从所在地流域、区域的综合规划;区域防洪规划应当服从所在流域的流域防洪规划。防洪规划是江河、湖泊治理和防洪工程设施建设的基本依据。编制防洪规划,应当遵循确保重点、兼顾一般,以及防汛和抗旱相结合、工程措施和非工程措施相结合的原则,充分考虑洪涝规律和上下游、左右岸的关系以及国民经济对防洪的要求,并与国土规划和土地利用总体规划相协调。防洪规划应当确定防护对象,治理目标和任务、防洪措施和实施方案,划定洪泛区、蓄滞洪区和防洪保护区的范围,规定蓄滞洪区的使用原则。应当把防御风暴潮纳入本地区的防洪规划;对山体滑坡、崩塌和泥石流隐患进行全面调查,划定重点防治区,采取防治措施;城市、村镇和其他居民点以及工厂、矿山、铁路和公路干线的布局,应当避开山洪威胁,已经建在受山洪威胁的地方的,应当采取防御措施;平原、洼地、水网圩区、山谷、盆地等易涝地区,应当制定除涝治涝规划;国务院水行政主管部门应当会同有关部门和省、自治区、直辖市人民政府制定长江、黄河、珠江、辽河、淮河、海河入海河口的整治规划。在江河、湖泊上建设防洪工程和其他水工程、水电站等,应当符合防洪规划的要求;水库应当按照防洪规划的要求留足防洪库容。

9.4.3 治理与管理

防治江河洪水应当蓄泄兼施,充分发挥河道行洪能力和水库、洼淀、湖泊调蓄洪水的功能,加强河道防护,因地制宜地采取定期清淤疏浚等措施,保持行洪畅通。应当保护、扩大流域林草植被,涵养水源,加强流域水土保持综合治理。整治河道和修建控制引导水流向、保护堤岸等工程,应当兼顾上下游、左右岸的关系,按照规划治导线实施,不得任意改变河水流向。禁止在河道、湖泊管理范围内建设妨碍行洪的建筑物、构筑物,倾倒垃圾、渣土,从事影响河势稳定、危害河岸堤防安全和其他妨碍河道行洪的活动。禁止在行洪河道内种植阻碍行洪的林木和高秆作物,禁止围湖造地,禁止围垦河道。

9.4.4　防汛抗洪

国务院设立国家防汛指挥机构,负责领导、组织全国的防汛抗洪工作。在国家确定的重要江河、湖泊可以设立由有关省、自治区、直辖市人民政府和该江河、湖泊的流域管理机构负责人等组成的防汛指挥机构。有防汛抗洪任务的县级以上地方人民政府设立由有关部门、当地驻军、人民武装部负责人等组成的防汛指挥机构。

在汛期,水库、闸坝和其他水工程设施的运用,汛期限制水位以上的防洪库容的运用,必须服从有关的防汛指挥机构的调度指挥和监督。在凌汛期,有防凌汛任务的江河的上游水库的下泄水量必须征得有关防汛指挥机构的同意,并接受其监督。

在汛期,气象、水文、海洋等有关部门应当按照各自的职责,及时向有关防汛指挥机构提供天气、水文等实时信息和风暴潮预报;电信部门应当优先提供防汛抗洪通信的服务;运输、电力、物资材料供应等有关部门应当优先为防汛抗洪服务。

中国人民解放军、中国人民武装警察部队和民兵应当执行国家赋予的抗洪抢险任务。

9.4.5　防洪区概念

防洪区是指洪水泛滥可能淹及的地区,分为洪泛区、蓄滞洪区和防洪保护区。洪泛区是指尚无工程设施保护的洪水泛滥所及的地区。蓄滞洪区是指包括分洪口在内的河堤背水面以外临时贮存洪水的低洼地区及湖泊等。防洪保护区是指在防洪标准内受防洪工程设施保护的地区。

洪泛区、蓄滞洪区和防洪保护区的范围,在防洪规划或者防御洪水方案中划定,并报请省级以上人民政府按照国务院规定的权限批准后予以公告。

9.5　《中华人民共和国河道管理条例》的相关知识

9.5.1　总则

《中华人民共和国河道管理条例》有总则、河道整治与建设、河道保护、河道清障、经费、罚则、附则等七章,是为加强河道管理,保障防洪安全,发挥江河湖泊的综合效益的一部法规。条例适用于中华人民共和国领域内的河道(包括湖泊、人工水道,行洪区、蓄洪区、滞洪区)。国家对河道实行按水系一管理和分级管理相结合的原则。一切单位和个人都有保护河道堤防安全和参加防汛抢险的义务。

9.5.2　河道管理

国务院水利行政主管部门是全国河道的主管机关。各省、自治区、直辖市的水利行政主管部门是该行政区域的河道主管机关。长江、黄河、淮河、海河、珠江、松花江、辽河等大江大河的主要河段，跨省、自治区、直辖市的重要河段，省、自治区、直辖市之间的边界河道以及国境边界河道，由国家授权的江河流域管理机构实施管理，或者由上述江河所在省、自治区、直辖市的河道主管机关根据流域统一规划实施管理。其他河道由省、自治区、直辖市或者市、县的河道主管机关实施管理。

河道划分等级，河道等级标准由国务院水利行政主管部门制定。河道岸线的界限，由河道主管机关会同交通等有关部门报县级以上地方人民政府划定。

9.5.3　河道使用

修建开发水利、防治水害、整治河道的各类工程和跨河、穿河、穿堤、临河的桥梁、码头、道路、渡口、管道、缆线等建筑物及设施，建设单位必须按照河道管理权限，将工程建设方案报送河道主管机关审查同意后，方可按照基本建设程序履行审批手续。建设项目经批准后，建设单位应当将施工安排告知河道主管机关。

修建桥梁、码头和其他设施，必须按照国家规定的防洪标准所确定的河宽进行，不得缩窄行洪通道。桥梁和栈桥的梁底必须高于设计洪水位，并按照防洪和航运的要求，留有一定的超高。设计洪水位由河道主管机关根据防洪规划确定。跨越河道的管道、线路的净空高度必须符合防洪和航运的要求。

堤防上已修建的涵闸、泵站和埋设的穿堤管道、缆线等建筑物及设施，河道主管机关应当定期检查，对不符合工程安全要求的，限期改建。新建此类建筑物及设施，必须经河道主管机关验收合格后方可启用，并服从河道主管机关的安全管理。

省、自治区、直辖市以河道为边界的，在河道两岸外侧各 10 km 之内，以及跨省、自治区、直辖市的河道，未经有关各方达成协议或者国务院水利行政主管部门批准，禁止单方面修建排水、阻水、引水、蓄水工程以及河道整治工程。

9.5.4　河道保护

有堤防的河道，其管理范围为两岸堤防之间的水域、沙洲、滩地（包括可耕地）、行洪区，两岸堤防及护堤地。无堤防的河道，其管理范围根据历史最高洪水位或者设计洪水位确定。

在河道管理范围内，禁止修建围堤、阻水渠道、阻水道路，种植高秆农作物、芦苇、杞柳、荻柴和树木（堤防防护林除外），设置拦河渔具，弃置矿渣、石渣、煤灰、泥土、垃圾等。禁止堆放、倾倒、掩埋、排放污染水体的物体。

在堤防和护堤地，禁止建房、放牧、开渠、打井、挖窖、葬坟、晒粮、存放物料、开采地下资源、进行考古发掘以及开展集市贸易活动。

禁止损毁堤防、护岸、闸坝等水工程建筑物和防汛设施、水文监测和测量设施、河岸地质监测设施以及通信照明等设施。

在河道管理范围内进行采砂、取土、淘金、弃置砂石或者淤泥、爆破、钻探、挖筑鱼塘，在河道滩地存放物料、修建厂房或者其他建筑设施，在河道滩地开采地下资源及进行考古发掘，必须报经河道主管机关批准；涉及其他部门的，由河道主管机关会同有关部门批准。

禁止围湖造田。城镇建设和发展不得占用河道滩地。确需利用堤顶或者戗台兼做公路的，须经上级河道主管机关批准。河道岸线的利用和建设，应当服从河道整治规划和航道整治规划。

对河道管理范围内的阻水障碍物，按照"谁设障，谁清除"的原则，由河道主管机关提出清障计划和实施方案，由防汛指挥部责令设障者在规定的期限内清除。

9.6　《中华人民共和国水土保持法》

中华人民共和国水土保持法

（1991 年 6 月 29 日第七届全国人民代表大会常务委员会第二十次会议通过　2010 年 12 月 25 日第十一届全国人民代表大会常务委员会第十八次会议修订）

第一章　总　则

第一条　为了预防和治理水土流失，保护和合理利用水土资源，减轻水、旱、风沙灾害，改善生态环境，保障经济社会可持续发展，制定本法。

第二条　在中华人民共和国境内从事水土保持活动，应当遵守本法。

本法所称水土保持，是指对自然因素和人为活动造成水土流失所采取的预防和治理措施。

第三条　水土保持工作实行预防为主、保护优先、全面规划、综合治理、因地制宜、突出重点、科学管理、注重效益的方针。

第四条　县级以上人民政府应当加强对水土保持工作的统一领导，将水土保持工作纳入本级国民经济和社会发展规划，对水土保持规划确定的任务，安排专项资金，并组织实施。

国家在水土流失重点预防区和重点治理区，实行地方各级人民政府水土保持目标责任制和考核奖惩制度。

第五条　国务院水行政主管部门主管全国的水土保持工作。

国务院水行政主管部门在国家确定的重要江河、湖泊设立的流域管理机构（以下简称流域管理机构），在所管辖范围内依法承担水土保持监督管理职责。

县级以上地方人民政府水行政主管部门主管本行政区域的水土保持工作。

县级以上人民政府林业、农业、国土资源等有关部门按照各自职责，做好有关的水土流失预防和治理工作。

第六条　各级人民政府及其有关部门应当加强水土保持宣传和教育工作，普及水土保持科学知识，增强公众的水土保持意识。

第七条　国家鼓励和支持水土保持科学技术研究，提高水土保持科学技术水平，推广先进的水土保持技术,培养水土保持科学技术人才。

第八条 任何单位和个人都有保护水土资源、预防和治理水土流失的义务,并有权对破坏水土资源、造成水土流失的行为进行举报。

第九条 国家鼓励和支持社会力量参与水土保持工作。

对水土保持工作中成绩显著的单位和个人,由县级以上人民政府给予表彰和奖励。

第二章 规 划

第十条 水土保持规划应当在水土流失调查结果及水土流失重点预防区和重点治理区划定的基础上,遵循统筹协调、分类指导的原则编制。

第十一条 国务院水行政主管部门应当定期组织全国水土流失调查并公告调查结果。

省、自治区、直辖市人民政府水行政主管部门负责本行政区域的水土流失调查并公告调查结果,公告前应当将调查结果报国务院水行政主管部门备案。

第十二条 县级以上人民政府应当依据水土流失调查结果划定并公告水土流失重点预防区和重点治理区。

对水土流失潜在危险较大的区域,应当划定为水土流失重点预防区;对水土流失严重的区域,应当划定为水土流失重点治理区。

第十三条 水土保持规划的内容应当包括水土流失状况、水土流失类型区划分、水土流失防治目标、任务和措施等。

水土保持规划包括对流域或者区域预防和治理水土流失、保护和合理利用水土资源作出的整体部署,以及根据整体部署对水土保持专项工作或者特定区域预防和治理水土流失作出的专项部署。

水土保持规划应当与土地利用总体规划、水资源规划、城乡规划和环境保护规划等相协调。

编制水土保持规划,应当征求专家和公众的意见。

第十四条 县级以上人民政府水行政主管部门会同同级人民政府有关部门编制水土保持规划,报本级人民政府或者其授权的部门批准后,由水行政主管部门组织实施。

水土保持规划一经批准,应当严格执行;经批准的规划根据实际情况需要修改的,应当按照规划编制程序报原批准机关批准。

第十五条 有关基础设施建设、矿产资源开发、城镇建设、公共服务设施建设等方面的规划,在实施过程中可能造成水土流失的,规划的组织编制机关应当在规划中提出水土流失预防和治理的对策和措施,并在规划报请审批前征求本级人民政府水行政主管部门的意见。

第三章 预 防

第十六条 地方各级人民政府应当按照水土保持规划,采取封育保护、自然修复等措施,组织单位和个人植树种草,扩大林草覆盖面积,涵养水源,预防和减轻水土流失。

第十七条 地方各级人民政府应当加强对取土、挖砂、采石等活动的管理,预防和减轻水土流失。

禁止在崩塌、滑坡危险区和泥石流易发区从事取土、挖砂、采石等可能造成水土流失的活动。崩塌、滑坡危险区和泥石流易发区的范围,由县级以上地方人民政府划定并公告。崩塌、滑坡危险区和泥石流易发区的划定,应当与地质灾害防治规划确定的地质灾害易发区、重点防治区相衔接。

第十八条 水土流失严重、生态脆弱的地区,应当限制或者禁止可能造成水土流失的生产建设活动,严格保护植物、沙壳、结皮、地衣等。

在侵蚀沟的沟坡和沟岸、河流的两岸以及湖泊和水库的周边,土地所有权人、使用权人或者有关管理单位应当营造植物保护带。禁止开垦、开发植物保护带。

第十九条 水土保持设施的所有权人或者使用权人应当加强对水土保持设施的管理与维护,落实管护责任,保障其功能正常发挥。

第二十条 禁止在二十五度以上陡坡地开垦种植农作物。在二十五度以上陡坡地种植经济林的,应当科学选择树种,合理确定规模,采取水土保持措施,防止造成水土流失。

省、自治区、直辖市根据本行政区域的实际情况,可以规定小于二十五度的禁止开垦坡度。禁止开垦的陡坡地的范围由当地县级人民政府划定并公告。

第二十一条 禁止毁林、毁草开垦和采集发菜。禁止在水土流失重点预防区和重点治理区铲草皮、挖树兜或者滥挖虫草、甘草、麻黄等。

第二十二条 林木采伐应当采用合理方式,严格控制皆伐;对水源涵养林、水土保持林、防风固沙林等防护林只能进行抚育和更新性质的采伐;对采伐区和集材道应当采取防止水土流失的措施,并在采伐后及时更新造林。

在林区采伐林木的,采伐方案中应当有水土保持措施。采伐方案经林业主管部门批准后,由林业主管部门和水行政主管部门监督实施。

第二十三条 在五度以上坡地植树造林、抚育幼林、种植中药材等,应当采取水土保持措施。

在禁止开垦坡度以下、五度以上的荒坡地开垦种植农作物,应当采取水土保持措施。具体办法由省、自治区、直辖市根据本行政区域的实际情况规定。

第二十四条 生产建设项目选址、选线应当避让水土流失重点预防区和重点治理区;无法避让的,应当提高防治标准,优化施工工艺,减少地表扰动和植被损坏范围,有效控制可能造成的水土流失。

第二十五条 在山区、丘陵区、风沙区以及水土保持规划确定的容易发生水土流失的其他区域开办可能造成水土流失的生产建设项目,生产建设单位应当编制水土保持方案,报县级以上人民政府水行政主管部门审批,并按照经批准的水土保持方案,采取水土流失预防和治理措施。没有能力编制水土保持方案的,应当委托具备相应技术条件的机构编制。

水土保持方案应当包括水土流失预防和治理的范围、目标、措施和投资等内容。

水土保持方案经批准后,生产建设项目的地点、规模发生重大变化的,应当补充或者修改水土保持方案并报原审批机关批准。水土保持方案实施过程中,水土保持措施需要作出重大变更的,应当经原审批机关批准。

生产建设项目水土保持方案的编制和审批办法,由国务院水行政主管部门制定。

第二十六条 依法应当编制水土保持方案的生产建设项目,生产建设单位未编制水土保持方案或者水土保持方案未经水行政主管部门批准的,生产建设项目不得开工建设。

第二十七条 依法应当编制水土保持方案的生产建设项目中的水土保持设施,应当与主体工程同时设计、同时施工、同时投产使用;生产建设项目竣工验收,应当验收水土保持设施;水土保持设施未经验收或者验收不合格的,生产建设项目不得投产使用。

第二十八条 依法应当编制水土保持方案的生产建设项目,其生产建设活动中排弃的砂、石、土、矸石、尾矿、废渣等应当综合利用;不能综合利用,确需废弃的,应当堆放在水土保持方案确定的专门存放地,并采取措施保证不产生新的危害。

第二十九条 县级以上人民政府水行政主管部门、流域管理机构,应当对生产建设项目水土保持方案的实施情况进行跟踪检查,发现问题及时处理。

第四章 治 理

第三十条 国家加强水土流失重点预防区和重点治理区的坡耕地改梯田、淤地坝等水土保持重点工程建设,加大生态修复力度。

县级以上人民政府水行政主管部门应当加强对水土保持重点工程的建设管理,建立和完善运行管护制度。

第三十一条 国家加强江河源头区、饮用水水源保护区和水源涵养区水土流失的预防和治理工作,多渠道筹集资金,将水土保持生态效益补偿纳入国家建立的生态效益补偿制度。

第三十二条 开办生产建设项目或者从事其他生产建设活动造成水土流失的,应当进行治理。

在山区、丘陵区、风沙区以及水土保持规划确定的容易发生水土流失的其他区域开办生产建设项目或者从事其他生产建设活动,损坏水土保持设施、地貌植被,不能恢复原有水土保持功能的,应当缴纳水土保持补偿费,专项用于水土流失预防和治理。专项水土流失预防和治理由水行政主管部门负责组织实施。水土保持补偿费的收取使用管理办法由国务院财政部门、国务院价格主管部门会同国务院水行政主管部门制定。

生产建设项目在建设过程中和生产过程中发生的水土保持费用,按照国家统一的财务会计制度处理。

第三十三条 国家鼓励单位和个人按照水土保持规划参与水土流失治理,并在资金、技术、税收等方面予以扶持。

第三十四条 国家鼓励和支持承包治理荒山、荒沟、荒丘、荒滩,防治水土流失,保护和改善生态环境,促进土地资源的合理开发和可持续利用,并依法保护土地承包合同当事人的合法权益。

承包治理荒山、荒沟、荒丘、荒滩和承包水土流失严重地区农村土地的,在依法签订的土地承包合同中应当包括预防和治理水土流失责任的内容。

第三十五条 在水力侵蚀地区,地方各级人民政府及其有关部门应当组织单位和个人,以天然沟壑及其两侧山坡地形成的小流域为单元,因地制宜地采取工程措施、植物措施和保护性耕作等措施,进行坡耕地和沟道水土流失综合治理。

在风力侵蚀地区,地方各级人民政府及其有关部门应当组织单位和个人,因地制宜地采取轮封轮牧、植树种草、设置人工沙障和网格林带等措施,建立防风固沙防护体系。

在重力侵蚀地区,地方各级人民政府及其有关部门应当组织单位和个人,采取监测、径流排导、削坡减载、支挡固坡、修建拦挡工程等措施,建立监测、预报、预警体系。

第三十六条　在饮用水水源保护区,地方各级人民政府及其有关部门应当组织单位和个人,采取预防保护、自然修复和综合治理措施,配套建设植物过滤带,积极推广沼气,开展清洁小流域建设,严格控制化肥和农药的使用,减少水土流失引起的面源污染,保护饮用水水源。

第三十七条　已在禁止开垦的陡坡地上开垦种植农作物的,应当按照国家有关规定退耕,植树种草;耕地短缺、退耕确有困难的,应当修建梯田或者采取其他水土保持措施。

在禁止开垦坡度以下的坡耕地上开垦种植农作物的,应当根据不同情况,采取修建梯田、坡面水系整治、蓄水保土耕作或者退耕等措施。

第三十八条　对生产建设活动所占用土地的地表土应当进行分层剥离、保存和利用,做到土石方挖填平衡,减少地表扰动范围;对废弃的砂、石、土、矸石、尾矿、废渣等存放地,应当采取拦挡、坡面防护、防洪排导等措施。生产建设活动结束后,应当及时在取土场、开挖面和存放地的裸露土地上植树种草、恢复植被,对闭库的尾矿库进行复垦。

在干旱缺水地区从事生产建设活动,应当采取防止风力侵蚀措施,设置降水蓄渗设施,充分利用降水资源。

第三十九条　国家鼓励和支持在山区、丘陵区、风沙区以及容易发生水土流失的其他区域,采取下列有利于水土保持的措施:

(一)免耕、等高耕作、轮耕轮作、草田轮作、间作套种等;

(二)封禁抚育、轮封轮牧、舍饲圈养;

(三)发展沼气、节柴灶,利用太阳能、风能和水能,以煤、电、气代替薪柴等;

(四)从生态脆弱地区向外移民;

(五)其他有利于水土保持的措施。

第五章　监测和监督

第四十条　县级以上人民政府水行政主管部门应当加强水土保持监测工作,发挥水土保持监测工作在政府决策、经济社会发展和社会公众服务中的作用。县级以上人民政府应当保障水土保持监测工作经费。

国务院水行政主管部门应当完善全国水土保持监测网络,对全国水土流失进行动态监测。

第四十一条　对可能造成严重水土流失的大中型生产建设项目,生产建设单位应当自行或者委托具备水土保持监测资质的机构,对生产建设活动造成的水土流失进行监测,并将监测情况定期上报当地水行政主管部门。

从事水土保持监测活动应当遵守国家有关技术标准、规范和规程,保证监测质量。

第四十二条　国务院水行政主管部门和省、自治区、直辖市人民政府水行政主管部门

应当根据水土保持监测情况,定期对下列事项进行公告:

（一）水土流失类型、面积、强度、分布状况和变化趋势;

（二）水土流失造成的危害;

（三）水土流失预防和治理情况。

第四十三条　县级以上人民政府水行政主管部门负责对水土保持情况进行监督检查。流域管理机构在其管辖范围内可以行使国务院水行政主管部门的监督检查职权。

第四十四条　水政监督检查人员依法履行监督检查职责时,有权采取下列措施:

（一）要求被检查单位或者个人提供有关文件、证照、资料;

（二）要求被检查单位或者个人就预防和治理水土流失的有关情况作出说明;

（三）进入现场进行调查、取证。

被检查单位或者个人拒不停止违法行为,造成严重水土流失的,报经水行政主管部门批准,可以查封、扣押实施违法行为的工具及施工机械、设备等。

第四十五条　水政监督检查人员依法履行监督检查职责时,应当出示执法证件。被检查单位或者个人对水土保持监督检查工作应当给予配合,如实报告情况,提供有关文件、证照、资料;不得拒绝或者阻碍水政监督检查人员依法执行公务。

第四十六条　不同行政区域之间发生水土流失纠纷应当协商解决;协商不成的,由共同的上一级人民政府裁决。

第六章　法律责任

第四十七条　水行政主管部门或者其他依照本法规定行使监督管理权的部门,不依法作出行政许可决定或者办理批准文件的,发现违法行为或者接到对违法行为的举报不予查处的,或者有其他未依照本法规定履行职责的行为的,对直接负责的主管人员和其他直接责任人员依法给予处分。

第四十八条　违反本法规定,在崩塌、滑坡危险区或者泥石流易发区从事取土、挖砂、采石等可能造成水土流失的活动的,由县级以上地方人民政府水行政主管部门责令停止违法行为,没收违法所得,对个人处一千元以上一万元以下的罚款,对单位处二万元以上二十万元以下的罚款。

第四十九条　违反本法规定,在禁止开垦坡度以上陡坡地开垦种植农作物,或者在禁止开垦、开发的植物保护带内开垦、开发的,由县级以上地方人民政府水行政主管部门责令停止违法行为,采取退耕、恢复植被等补救措施;按照开垦或者开发面积,可以对个人处每平方米二元以下的罚款,对单位处每平方米十元以下的罚款。

第五十条　违反本法规定,毁林、毁草开垦的,依照《中华人民共和国森林法》《中华人民共和国草原法》的有关规定处罚。

第五十一条　违反本法规定,采集发菜,或者在水土流失重点预防区和重点治理区铲草皮,挖树兜,滥挖虫草、甘草、麻黄等的,由县级以上地方人民政府水行政主管部门责令停止违法行为,采取补救措施,没收违法所得,并处违法所得一倍以上五倍以下的罚款;没有违法所得的,可以处五万元以下的罚款。

在草原地区有前款规定违法行为的,依照《中华人民共和国草原法》的有关规定处罚。

第五十二条　在林区采伐林木不依法采取防止水土流失措施的,由县级以上地方人民政府林业主管部门、水行政主管部门责令限期改正,采取补救措施;造成水土流失的,由水行政主管部门按照造成水土流失的面积处每平方米二元以上十元以下的罚款。

第五十三条　违反本法规定,有下列行为之一的,由县级以上人民政府水行政主管部门责令停止违法行为,限期补办手续;逾期不补办手续的,处五万元以上五十万元以下的罚款;对生产建设单位直接负责的主管人员和其他直接责任人员依法给予处分:

(一)依法应当编制水土保持方案的生产建设项目,未编制水土保持方案或者编制的水土保持方案未经批准而开工建设的;

(二)生产建设项目的地点、规模发生重大变化,未补充、修改水土保持方案或者补充、修改的水土保持方案未经原审批机关批准的;

(三)水土保持方案实施过程中,未经原审批机关批准,对水土保持措施作出重大变更的。

第五十四条　违反本法规定,水土保持设施未经验收或者验收不合格将生产建设项目投产使用的,由县级以上人民政府水行政主管部门责令停止生产或者使用,直至验收合格,并处五万元以上五十万元以下的罚款。

第五十五条　违反本法规定,在水土保持方案确定的专门存放地以外的区域倾倒砂、石、土、矸石、尾矿、废渣等的,由县级以上地方人民政府水行政主管部门责令停止违法行为,限期清理,按照倾倒数量处每立方米十元以上二十元以下的罚款;逾期仍不清理的,县级以上地方人民政府水行政主管部门可以指定有清理能力的单位代为清理,所需费用由违法行为人承担。

第五十六条　违反本法规定,开办生产建设项目或者从事其他生产建设活动造成水土流失,不进行治理的,由县级以上人民政府水行政主管部门责令限期治理;逾期仍不治理的,县级以上人民政府水行政主管部门可以指定有治理能力的单位代为治理,所需费用由违法行为人承担。

第五十七条　违反本法规定,拒不缴纳水土保持补偿费的,由县级以上人民政府水行政主管部门责令限期缴纳;逾期不缴纳的,自滞纳之日起按日加收滞纳部分万分之五的滞纳金,可以处应缴纳水土保持补偿费三倍以下的罚款。

第五十八条　违反本法规定,造成水土流失危害的,依法承担民事责任;构成违反治安管理行为的,由公安机关依法给予治安管理处罚;构成犯罪的,依法追究刑事责任。

第七章　附　则

第五十九条　县级以上地方人民政府根据当地实际情况确定的负责水土保持工作的机构,行使本法规定的水行政主管部门水土保持工作的职责。

第六十条　本法自 2011 年 3 月 1 日起施行。

第 10 章　安全常识

10.1　安全用电常识

电力是现代生产和社会生活的基本能源和主要动力,水土保持监测活动与用电紧密联系,工作人员应具备安全用电常识,操作电类仪具还必须遵守有关规程,在采取必要的安全措施的情况下使用和维修电工设备,同时,要加强安全管理,避免电气事故发生。

(1)人体可以导电,人的安全电压是不高于 36 V,最基本的安全是不能用身体连通高于 36 V 的火线和地线(零线),在任何情况下,都不得用手来鉴定导体或设备是否带电,在 380/220 V 系统中可用验电笔来进行验电,使用验电笔不能接触笔尖的金属杆。

(2)功率大的用电器一定要接地线。照明灯等电器的开关一般接在火线端。单相三孔插座接线时专用接地插孔应与专用的保护接地线相连;采用接零保护时,接零线应从电源端专门引来,而不应就近利用引入插座的零线。

(3)更换熔丝或安全检查、检修电气设备时,应先切断电源,避免带电操作。

(4)定期检查电气设备,发现温升过高或绝缘下降,应及时查明原因,消除故障。

(5)不靠近高压带电体(室外高压线、变压器旁),不接触低压带电体。

(6)安装、检修电器应穿绝缘鞋,站在绝缘体上,且要切断电源。

(7)禁止用铜丝、铝丝等高熔点导电材质代替保险丝,禁止用橡皮胶代替电工绝缘胶布。

(8)水的导电性较强,借水导电的信号电压要低于人体安全电压;不用湿手扳开关、插入或拔出插头。有人触电时不能用身体拉他,应立刻关掉总开关,然后用干燥的木棒将人和电线分开。

(9)在电路中安装触电保护器,并定期检验其灵敏度。

(10)在雷雨时,不可走近高压电杆、铁塔、避雷针的接地线和接地体周围,以免因跨步电压而造成触电。在雷雨时,人直接操作的导电类的仪器工具要注意防雷击人;不使用收音机、录像机、电视机、计算机、GPS 和手机等有信号源仪器,且拔出电源插头,拔出电视机天线插头;暂时不使用电话,如一定要用,可用免提功能键。

(11)对轻微触电者,主要是受到惊吓,让其安静休息;对较重者,通风、保暖、顺气,尽快通知医生,懂人工呼吸的可进行人工呼吸救助;严禁使用强心针。

10.2　防雷避雷常识

10.2.1　雷电的形成、分类和伤害

雷电是自然界(大气中)的一种大规模静电放电现象。雷电多形成在积雨云中,积雨云随着温度和气流的变化会不停地运动,运动中摩擦生电,就形成了带电荷的云层。某些云层带有正电荷,另一些云层带有负电荷。另外,静电感应常使云层下面的建筑、树木等有异性电荷。随着电荷的积累,雷云的电压逐渐升高,当带有不同电荷的雷云与大地凸出物相互接近到一定距离时,其间的电场超过 25 ~ 30 kV/cm,将发生激烈的放电,同时出现强烈的闪光。由于放电时温度高达 2 000 ℃,空气受热急剧膨胀,随之发生爆炸的轰鸣声,这就是闪电与雷鸣。

地球上任何时候都有雷电在活动,雷电的大小和多少以及活动情况,与各个地区的地形、气象条件及所处的纬度有关。一般山地雷电比平原多,沿海地区比大陆腹地要多,建筑物越高,遭雷击的机会越多。

雷电可分直击雷、球形雷、感应雷和雷电侵入波四种。直击雷是由云层与地面凸出物之间的放电形成的强电流。球形雷是发红光或极亮白光快速运动(运动速度大约为 2 m/s)的火球。感应雷是由于雷云接近地面,在地面凸出物顶部感应出大量异性电荷的现象,巨大雷电流在周围空间产生迅速变化的强大磁场也是感应雷。雷电侵入波是由于雷击而在架空线路上或空中金属管道上产生的冲击电压沿线路或管道迅速传播(传播速度为 3×10^8 m/s)的强电波。

雷电具有极大的破坏力,其破坏作用是综合的,包括电性质、热性质和机械性质的破坏。可以在瞬间毁坏发电机、电力变压器等电气设备绝缘,引起短路导致火灾或爆炸事故。可以在极短的时间内转换成大量的热能,造成易燃物品的燃烧或造成金属熔化飞溅而引起火灾。球形雷能从门、窗、烟囱等通道侵入室内,造成极其危险的电火。雷电侵入波使高压窜入低压,可造成突然爆炸起火等严重事故。

雷电对人(和动物)的伤害方式,归纳起来有直接雷击、接触电压、旁侧闪击和跨步电压四种形式。直接雷击袭击到人体,在高达几万到十几万安培的雷电电流通过人体导体流入到大地的过程中,人体及器官承受不了电热而受伤害甚至死亡。接触电压是雷电电流通过高大物体泄放强大雷电电流过程中,会在高大导体上产生高达几万到几十万伏的电压,人不小心触摸到这些物体时,受到这种触摸电压的袭击,发生触电事故。旁侧闪击是当雷电击中一个物体,泄放的强大雷电电流传入大地过程中,如果人就在这雷击中的物体附近,雷电电流就会在人体附近,将空气击穿,经过电阻很小的人体泄放下来使人遭受袭击。跨步电压是当雷电从云中泄放到大地过程中产生电位场,人进入电位场后两脚站的地点电位不同,在人的两脚间就产生电压,也就有电流通过人的下肢,造成伤害。

受雷击被烧伤或严重休克的人,身体并不带电,应马上让其躺下,扑灭身上的火,并对他进行抢救。若伤者虽失去意识,但仍有呼吸或心跳,则自行恢复的可能性很大,应让伤者舒适平卧,安静休息后,再送医院治疗。若伤者已停止呼吸或心脏跳动,应迅速对其进

行口对口人工呼吸和心脏按摩,在送往医院的途中要继续进行心肺复苏的急救。

10.2.2　人身避雷措施

(1)雷雨天气尽量不要在旷野里行走,应尽量离开山丘、海滨、河边、池旁;有雷情尽快离开铁丝网、金属晒衣绳、孤立的树木和没有防雷装置的孤立小建筑等;不宜进行户外球类运动;切勿游泳或从事其他水上作业,离开水面以及其他空旷的场地,寻找地方躲避。

(2)雷雨天要远离建筑物的避雷针及其接地引下线,远离各种天线、电线杆、高塔、烟囱、旗杆,远离帆布篷车和拖拉机、摩托车等。电视机的室外天线在雷雨天要与电视机脱离,而与接地线连接。

(3)雷雨天如有条件应进入有宽大金属构架、有防雷设施的建筑物或金属壳的汽车和船只,不要躲在大树下。雷雨天应关好门窗,防止球形雷窜入室内造成危害。

(4)雷雨天要穿塑料等不浸水的雨衣;要走慢点,步子小点;不要骑在自行车上行走;不要用金属杆的雨伞,肩上不要扛带有金属杆的工具。

(5)雷暴时,人体最好离开可能传来雷电侵入波的线路和设备 1.5 m 以上。拔掉电源插头;不要打电话;不宜使用未加防雷设施的电器设备;不要靠近室内的金属设备如暖气片、自来水管、下水管;尽量离开电源线、电话线、广播线,以防止这些线路和设备对人体的二次放电。另外,不要穿潮湿的衣服,不要靠近潮湿的墙壁。

(6)人在遭受雷击前,会突然有头发竖起或皮肤颤动的感觉,这时应立刻躺倒在地,或选择低洼处蹲下,双脚并拢,双臂抱膝,头部下俯,尽量缩小暴露面。

10.2.3　防雷

防雷是指通过组成拦截、疏导最后泄放入地的一体化系统方式以防止由直击雷或雷电电磁脉冲对建筑物本身或其内部设备和器件造成损害的防护技术。防雷措施主要是在建筑物上安装避雷针、避雷网、避雷带、避雷线、引下线和接地装置或在金属设备、供电线路上采取接地保护。水土保持勘测通常采取的防雷措施大致介绍如下:

(1)各种水土保持设施设备仪器按要求安装避雷设施设备,采用技术和质量均符合国家标准的防雷设备、器件、器材,避免使用非标准防雷产品和器件。

(2)应定期由有资质的专业防雷检测机构检测防雷设施,评估防雷设施是否符合国家规范要求。

(3)单位应设立防范雷电灾害责任人,负责防雷安全工作,建立各项防雷设施的定期检测、雷雨后的检查和日常的维护制度。例如,雷电活动期,适时向防雷接地浇水,减小入地电阻,以利于雷电流入地;雷雨过后,检查安装在电话程控交换机、电脑等电器设备电源上和信号线上的过压保护器有无损坏,发现损坏时应及时更换。

10.3　防山体滑坡常识

山体滑坡是指山体斜坡上某一部分岩土在重力(包括岩土本身重力及地下水的动静压力)作用下,沿着一定的软弱结构面(带)产生剪切位移而整体地向斜坡下方移动的作用和现象,俗称"走山""垮山""地滑""土溜"等,是常见地质灾害之一。

滑坡的活动强度,主要与滑坡的规模、滑移速度、滑移距离及其蓄积的位能和产生的功能有关。一般来讲,滑坡体的位置越高、体积越大、移动速度越快、移动距离越远,则滑坡的活动强度也就越高,危害程度也就越大。具体来讲,影响滑坡活动强度的因素有:

(1)地形。坡度、高差越大,滑坡位能越大,所形成滑坡的滑速越高。斜坡前方地形的开阔程度,对滑移距离的大小有很大影响。地形越开阔,则滑移距离越大。

(2)岩性。组成滑坡体的岩、土的力学强度越高、越完整,则滑坡发生往往就越少。构成滑坡滑面的岩、土性质,直接影响着滑速的高低,一般来讲,滑坡面的力学强度越低,滑坡体的滑速也就越高。

(3)地质构造。切割、分离坡体的地质构造越发育,形成滑坡的规模往往也就越大越多。

(4)诱发因素。诱发滑坡活动的外界因素越强,滑坡的活动强度则越大。如强烈地震、特大暴雨所诱发的滑坡多为大的高速滑坡。

水土保持勘测作业经常在山区进行,会遇到山体滑坡,了解山体滑坡的前兆、山体滑坡的预防,掌握山体滑坡后的救援对策及遇险时的自救互救非常有必要。

10.3.1　山体滑坡的前兆

不同类型、不同性质、不同特点的滑坡,在滑动之前,均会表现出不同的异常现象,显示出滑坡的预兆。归纳起来,常见的山体滑坡前兆有如下几种:

(1)大滑动之前。在滑坡前缘坡脚处,有堵塞多年的泉水复活现象,或者出现泉水突然干枯、井水位突变等类似的异常现象。

(2)在滑坡体中。前部出现横向及纵向放射状裂缝,它反映了滑坡体向前推挤并受到阻碍,已进入临滑状态。

(3)大滑动之前。滑坡体前缘坡脚处,土体出现上隆现象,这是滑坡明显的向前推挤现象。有岩石开裂或被剪切挤压的现象。这种现象反映了深部变形与破裂。动物对此十分敏感,有异常反应。

(4)临滑之前。滑坡体四周岩体会出现小型崩塌和松弛现象。如果在滑坡体有长期位移观测资料,那么大滑动之前,无论是水平位移量或垂直位移量,均会出现加速变化的趋势,这是临滑的明显迹象。滑坡后缘的裂缝急剧扩展,并从裂缝中冒出热气或冷风。临滑之前,在滑坡体范围内的动物惊恐异常,植物变态,如猪、狗、牛惊恐不宁,不入睡,老鼠乱窜不进洞,树木枯萎或歪斜等。

滑坡后,在野外,从宏观角度观察滑坡体,可以根据以下外表迹象和特征,粗略地判断其稳定性:

(1)已稳定滑坡体的迹象:①后壁较高,长满了树木,找不到擦痕,且十分稳定;②滑坡平台宽大且已夷平,土体密实,有沉陷现象;③滑坡前缘的斜坡较陡,土体密实,长满树木,无松散崩塌现象,前缘迎河部分有被河水冲刷过的现象;④目前的河水远离滑坡的舌部,甚至在舌部外已有漫滩、阶地分布;⑤滑坡体两侧的自然冲刷沟切割很深,甚至已达基岩;⑥滑坡体舌部的坡脚有清晰的泉水流出等。

（2）不稳定滑坡体的迹象：①滑坡体表面总体坡度较陡，而且延伸很长，坡面高低不平；②有滑坡平台、面积不大，且有向下缓倾和未夷平现象；③滑坡表面有泉水、湿地，且有新生冲沟；④滑坡表面有不均匀沉陷的局部平台，参差不齐；⑤滑坡前缘土石松散，小型坍塌时有发生，并面临河水冲刷的危险；⑥滑坡体上无巨大直立树木。

10.3.2　山体滑坡预防措施

（1）建立地质灾害监测预警系统工程。建立专业人员与群测群防相结合的监测队伍，对重要的地质灾害点建立专业队伍为主的监测网点，对其他地质灾害点建立群测群防为主，并与专业队伍指导和定期巡查相结合的监测网点，通过专业监测系统、群测群防监测系统、信息系统实现对山区地质灾害的适时监控，为政府和有关部门防治地质灾害，保护人民生命财产安全，防灾减灾的决策和实施提供科学依据和技术支撑。

（2）建立山区地质灾害专家分析制度。某个滑坡体发生险情后，由地方政府地质灾害防治工作指挥部召集相关专家召开会商会，分析监测预警系统所采集的信息，判断滑坡体所处状态及预警级别，估算涌浪影响范围，形成会商意见，供当地政府决策参考。

（3）确定预警信息的发布部门、规范预警信息的发布形式。《中华人民共和国突发事件应对法》规定：可以预警的自然灾害、事故灾难或者公共卫生事件即将发生或者发生的可能性增大时，县级以上地方各级人民政府应当根据有关法律、行政法规和国务院规定的权限和程序，发布相应级别的警报，决定并宣布有关地区进入预警期，同时向上一级人民政府报告，必要时可以越级上报，并向当地驻军和可能受到危害的毗邻或者相关地区的人民政府通报。因而，预警信息应当由当地政府以正规形式明确发出，各部门根据当地政府发布的预警级别采取相应的措施。

（4）建立联动机制。山体滑坡的防灾救灾工作，涉及监测、预警、处置、救灾等方方面面，需要各单位、各部门各司其职，密切配合，只有在当地政府的统一领导下，各有关单位整体联动、主动作为、积极应对，才能最大限度地避免或减少山体滑坡造成的损失。

10.3.3　山体滑坡救援对策

10.3.3.1　救援对策

（1）力量调集。根据现场情况调集照明、防化救援、抢险救援、后勤保障等消防车辆和大型运载车、吊车、铲车、挖掘车、破拆清障车等大型车辆装备，以及检测、防护、救生、起重、破拆、牵引、照明、通信等器材装备，并派出指挥员到场统一组织指挥。如果现场情况严重，仅仅依靠消防力量无法完成，应及时报请政府启动应急预案，调集公安、安监、卫生、地质、国土、交通、气象、建设、环保、供电、供水、通信等部门协助处置，必要时请求驻军和武警部队支援。

（2）现场警戒。消防救援人员到场后，要及时与国土资源局的工程技术人员配合，根据滑坡体的方量及危害程度，来确定现场警戒的范围。同时立即发布通告，对滑坡体上下一定范围路段实行交通管制，禁止人员、车辆进入警戒区域；通过电话、VHF、扩音器等多种形式通知滑坡体上下一定范围内的人员立即撤离；启动应急撤离方案，在当地政府领导下组织人员撤离、财产转移。

（3）侦察监测。山体滑坡事故发生后,往往还会发生二次或多次山体滑坡。消防救援人员到达事故现场时,首先要对山体滑坡的地质情况进行侦察,确定可能再次发生山体滑坡的区域,对其进行不间断监测,确保救援人员的生命安全。

（4）开辟通道。交通部门迅速调集大型铲车、吊车、推土车等机械工程车辆,在现场快速开辟一块空阔场地和进出通道,确保现场拥有一个急救平台和一条供救援车辆进出的通道。

（5）搜救被困人员。滑坡体趋于稳定后,启动搜救工作预案,消防部门主要利用生命探测仪、破拆器材、救援三脚架、起重气垫、防护救生器材、医疗急救箱等设备,深入山体滑坡事故现场搜寻救生。在塌方内部遇有人员埋压时,利用生命探测仪进行现场搜索,确定被埋压人员的数量及其具体位置,采取兵分多路,利用破拆、切割、起吊等装备进行施救。同时可用听、看、敲、喊等方法寻找被困人员。在利用破拆、切割、起吊等装备进行施救时,为防止造成二次伤害,可采用救援气垫、方木、角钢等支撑保护,必要时也可用手刨、翻、抬等方法施救。在施救过程中,必须安排国土资源部门技术人员对山体滑坡情况进行监测,如有再次发生滑坡险情,迅速通知现场救援人员撤离。

10.3.3.2　行动要求

（1）本着"先易后难,先救人后救物,先伤员后尸体,先重伤后轻伤"的原则进行。

（2）现场应设置安全员,安全员应在不同方位全过程观察山体变化情况,一旦发现垮塌征兆要立即发出警示信号,救援人员要迅速、安全撤离现场。

（3）救援人员不得聚集在山体结构已经明显松动的区域作业,避免山体再次垮塌,给救援人员和被困人员带来危险。

（4）未完全确认已无埋压人员的情况下,一般不得使用大型挖掘机。当接近被埋压人员时,应在确保不会发生坍塌的前提下,小心移动障碍物,防止伤害被埋压人员。

（5）救援初期,不得直接使用大型铲车、吊车、推土机等施工机械车辆清除现场。

（6）采用起重设备救人时,不能盲目蛮干,必须认真研究受力情况。尤其是使用机械作业时,每台机械都必须配有观察员,发现异常征兆应立即停车,防止因强挖硬拉而造成误伤。

（7）加强同公安、国土、安监、卫生、交通、民政、城建、通信等部门的合作,协同配合开展救援行动。

10.3.4　山体滑坡后的自救互救

（1）人工呼吸。在施行人工呼吸前,应首先清除患者口中污物,取去口中的活动义齿,然后使其头部后仰,下颌抬起,并为其松衣解带,以免影响胸廓运动。人工呼吸救护者位于患者头部一侧,一手托起患者下颌,使其尽量后仰,另一手掐紧患者的鼻孔,防止漏气,然后深吸一口气,迅速口对口将气吹入患者肺内。吹气后应立即离开患者的口,并松开掐鼻的手,以便使吹入的气体自然排出,同时要注意观察患者胸廓是否有起伏。成人每分钟可反复吸入 16 次左右,儿童每分钟 20 次,直至患者能自行呼吸。

（2）心脏按摩。如果患者心跳停止,应在进行人工呼吸的同时,立即施行心脏按摩。若有 2 人抢救,则一人心脏按压 5 次,另一人吸气 1 次,交替进行。若单人抢救,应按压心脏 15 次,吹气 2 次,交替进行。按压时,应让患者仰卧在坚实床板或地上,头部后仰,救护者位于患者一侧,双手重叠,指尖朝上,用掌根部压在胸骨下 1/3 处(剑突上两横指),垂直、均匀用力,并注意加上自己的体重,双臂垂直压下,将胸骨下压 3~5 cm,然后放松,使血液流进心脏,但掌根不离胸壁。成年患者,每分钟可按压 80 次左右,动作要短促有力,持续进行。一般要在吹气按压 1 min 后,检查患者的呼吸、脉搏一次,以后每 3 min 复查一次,直到见效。

10.4　防泥石流常识

泥石流是指在山区或者其他沟谷深壑、地形险峻的地区,因为暴雨、暴雪或其他自然灾害引发的山体滑坡并挟带有大量泥沙以及石块的特殊洪流。泥石流具有突然性以及流速快、流量大、物质容量大和破坏力强等特点。发生泥石流常常会冲毁公路、铁路等交通设施甚至村镇等,造成巨大损失。

泥石流是暴雨、洪水将含有沙石且松软的土质山体经饱和稀释后形成的洪流,它的面积、体积和流量都较大,而滑坡是经稀释土质山体小面积的区域。典型的泥石流由悬浮着粗大固体碎屑物并富含粉砂及黏土的黏稠泥浆组成。在适当的地形条件下,大量的水体浸透山坡或沟床中的固体堆积物质,使其稳定性降低,饱含水分的固体堆积物质在自身重力作用下发生运动,就形成了泥石流。泥石流是一种灾害性的地质现象,爆发突然、来势凶猛,可挟带巨大的石块。因其高速前进,具有强大的能量,因而破坏性极大。

泥石流流动的全过程一般只有几个小时,短的只有几分钟。泥石流是一种广泛分布于世界各国一些具有特殊地形、地貌状况地区的自然灾害,是山区沟谷或山地坡面上,由暴雨、冰雪融化等水源激发的、含有大量泥沙石块,介于挟沙水流和滑坡之间的土、水、气混合流。泥石流大多伴随山区洪水而发生。它与一般洪水的区别是洪流中含有足够数量的泥沙石等固体碎屑物,其体积含量最少为 15%,最高可达 80% 左右,因此比洪水更具有破坏力。

水土保持勘测作业经常在山区进行,会遇到泥石流,了解泥石流的发生规律、险情预测方法、预防措施和逃生自救方面的常识非常有必要。

10.4.1　泥石流发生规律

10.4.1.1　季节性

我国泥石流的暴发主要是受连续降雨、暴雨,尤其是特大暴雨集中降雨的激发。因此,泥石流发生的时间规律与集中降雨时间规律相一致,具有明显的季节性。一般发生在多雨的夏秋季节,因集中降雨的时间的差异而有所不同。四川、云南等西南地区的降雨多集中在 6~9 月,因此西南地区的泥石流多发生在 6~9 月;而西北地区降雨多集中在 6月、7 月、8 月三个月,尤其是 7 月、8 月两个月降雨集中,暴雨强度大,因此西北地区的泥石流多发生在 7 月、8 月两个月。据不完全统计,发生在这两个月的泥石流灾害约占该地区全部泥石流灾害的 90% 以上。

10.4.1.2　周期性

泥石流的发生受暴雨、洪水的影响，而暴雨、洪水总是周期性地出现。因此，泥石流的发生和发展也具有一定的周期性，且其活动周期与暴雨、洪水的活动周期大体一致。当暴雨、洪水两者的活动周期与季节性相叠加时，常常形成泥石流活动的一个高潮。

10.4.2　泥石流险情预测方法

泥石流的预测预报工作很重要，这是防灾和减灾的重要步骤和措施。目前，我国对泥石流的预测预报研究常采取以下方法：

（1）在典型的泥石流沟进行定点观测研究，力求解决泥石流的形成与运动参数问题。如对云南省东川市小江流域蒋家沟、大桥沟等泥石流的观测试验研究，对四川省汉源县沙河泥石流的观测研究等。

（2）调查潜在泥石流沟的有关参数和特征。

（3）加强水文、气象的预报工作，特别是对小范围的局部暴雨的预报，因为暴雨是形成泥石流的激发因素。比如当月降雨量超过 350 mm，日降雨量超过 150 mm 时，就应发出泥石流警报。

（4）建立泥石流技术档案，特别是大型泥石流沟的流域要素、形成条件、灾害情况及整治措施等资料应逐个详细记录，并解决信息接收和传递等问题。

（5）划分泥石流的危险区、潜在危险区或进行泥石流灾害敏感度分区。

（6）开展泥石流防灾警报器的研究及室内泥石流模型试验研究。

10.4.3　泥石流预防措施

10.4.3.1　房屋不要建在沟口和沟道上

受自然条件限制，很多村庄建在山麓扇形地上。山麓扇形地是历史泥石流活动的见证，从长远的观点看，绝大多数沟谷都有发生泥石流的可能。因此，在村庄选址和规划建设过程中，房屋不能占据泄水沟道，也不宜离沟岸过近；已经占据沟道的房屋应迁移到安全地带。在沟道两侧修筑防护堤和营造防护林，可以避免或减轻因泥石流溢出沟槽而对两岸居民造成的伤害。

10.4.3.2　不能把冲沟当作垃圾排放场

在冲沟中随意弃土、弃渣、堆放垃圾，将给泥石流的发生提供固体物源、促进泥石流的活动；当弃土、弃渣量很大时，可能在沟谷中形成堆积坝，堆积坝溃决时必然发生泥石流。因此，在雨季到来之前，最好能主动清除沟道中的障碍物，保证沟道有良好的泄洪能力。

10.4.3.3　保护和改善山区生态环境

泥石流的产生和活动程度与生态环境质量有密切关系。一般来说，生态环境好的区域，泥石流发生的频度低、影响范围小；生态环境差的区域，泥石流发生频度高、危害范围大。提高小流域植被覆盖率，在村庄附近营造一定规模的防护林，不仅可以抑制泥石流形成，降低泥石流发生频率，而且即使发生泥石流，也多了一道保护生命财产安全的屏障。

10.4.3.4　雨天不要在沟谷中长时间停留

雨天不要在沟谷中长时间停留，一旦听到上游传来异常声响，应迅速向两岸上坡方向逃离。雨季穿越沟谷时,先要仔细观察,确认安全后再快速通过。山区降雨普遍具有局部性特点,沟谷下游是晴天,沟谷上游不一定也是晴天,"一山分四季,十里不同天"就是群众对山区气候变化无常的生动描述,即使在雨季的晴天,同样也要提防泥石流灾害。

10.4.3.5 泥石流监测预警

监测流域的降雨过程和降雨量(或接收当地天气预报信息),根据经验判断降雨激发泥石流的可能性;监测沟岸滑坡活动情况和沟谷中松散土石堆积情况,分析滑坡堵河及引发溃决型泥石流的危险性,下游河水突然断流,可能是上游有滑坡堵河、溃决型泥石流即将发生的前兆;在泥石流形成区设置观测点,发现上游形成泥石流后,及时向下游发出预警信号。

对城镇、村庄、厂矿上游的水库和尾矿库经常进行巡查,发现坝体不稳时,要及时采取避灾措施,防止坝体溃决引发泥石流灾害。

10.4.4 发生泥石流后的逃生自救

泥石流以极快的速度,发出巨大的声响穿过狭窄的山谷,倾泻而下。它所到之处,墙倒屋塌,一切物体都会被厚重黏稠的泥石所覆盖。

山坡、斜坡的岩石或土体在重力作用下,失去原有的稳定性而整体滑坡。遇到泥石流或山体滑坡灾害,采取脱险逃生的办法有:

(1)沿山谷徒步行走时,一旦遭遇大雨,发现山谷有异常的声音或听到警报,要立即向坚固的高地或泥石流的旁侧山坡跑去,不要在谷地停留。

(2)一定要设法从房屋里跑出来,到开阔地带,尽可能防止被埋压。

(3)发现泥石流后,要马上与泥石流成垂直方向一边的山坡上面爬,爬得越高越好,跑得越快越好,绝对不能向泥石流的流动方向走。发生山体滑坡时,同样要向垂直于滑坡的方向逃生。

(4)要选择平整的高地作为营地,尽可能避开有滚石和大量堆积物的山坡下面,不要在山谷和河沟底部扎营。

第3篇　操作技能——初级工

模块 1　水土保持气象观测

1.1　观测作业

1.1.1　降水、风的基本常识

1.1.1.1　降水的基本知识

大气中的水汽达到饱和或过饱和,在有凝结核存在的条件下,便凝结成云,其中液态或固态水,在重力作用下,克服空气阻力,从空中降落到地面的现象称为降水。降水通常表现为雨、雪、雹、霜、露等,其中最主要的形式是雨和雪,前者为液态降水,后者为固态降水,我们常说的降雨,就是指液态降水。降水既是水分循环的一个重要环节,也是引发水土流失的一项重要因素。降水量、降水强度、降水历时及降水的时空分布都对水土流失的发生与发展有着至关重要的影响。

由于地球周围的大气层所处的位置不同,各处的温度和湿度分布不均匀,大气压力也不同,使得空气由高压区向低压区流动,处在不断运动之中,这便产生了刮风等一系列的天气现象。在气象上把水平方向物理性质(温度、湿度、气压等)比较均匀的大块空气叫气团。气团按照温度的高低可分为暖气团和冷气团。一般暖气团主要在低纬度的热带或副热带洋面上形成,冷气团在高纬度寒冷的陆地上产生。当带有水汽的气团上升时,由于大气的气压下降,上升的空气体积不断膨胀,消耗内能,使空气在上升过程中冷却降温,空气中的水汽随着水温的降低而凝结,凝结的内核是空气中的微尘、烟粒等。水汽分子凝结成小水滴后聚集成云,小水滴继续吸附水汽,并受气流涡动作用,相互碰撞结合成大水滴,直到其重量超过上升气流顶托力时则下降成雨。

通常按降雨性质、降雨强度对降雨分类。按降雨性质分:连续降雨是降雨历时长、强度中等、变化小的大范围降雨;阵雨是降雨历时短、强度大的小范围局部降雨;毛毛雨是雨滴极小、强度很小、无侵蚀作用的降雨。通常在气象部门按降雨强度分为小雨、中雨、大雨、暴雨、大暴雨、特大暴雨等六级。水土保持部门关注的是能产生水土流失的最小降雨强度和在该强度范围内的降雨量,即侵蚀降雨。根据我国各地研究结果,有 10 min 降雨 5 mm 或 30 min 降雨 7.2～10.7 mm 的降雨强度,且降雨量在 10 mm 上下时,均可产生水土流失,这就是侵蚀降雨标准。在水土流失监测中,要特别注意对暴雨造成的水土流失监测。这里所说的暴雨是指短历时的高强度降雨,属强度概念,因为降雨强度超过了土壤入渗速率,产生了地表径流,从而导致了侵蚀的发生和发展。

1.1.1.2　降水基本概念

1. 降水量(深)

降水量是指时段内(从某一时刻到其后的另一时刻)降落到地面上一定面积上的降

水总量。按此定义,降水量应由体积度量,基本单位为 m³。但传统上总是用单位面积的降水量即平均降水深(或降水深)度量降水量,单位多以 mm 计,量纲是长度。降水量一般用专门的雨量计测出降水的毫米数,如果仪器承接的是雪、雹等固态形式的降水,则一般将其溶化成水再进行测量,也用毫米数记录。但在进行水资源评价等考虑总水量时多用体积度量降水量。

降水多发生在大的面积上,但仪器观测的点位相对面积很微小,常做几何的点看待,因此又有"面降水量"和"点降水量"之说。随着雷达测雨等现代技术的应用,直接测量面雨量也逐步成为现实。

2. 降水历时

原始意义的降水历时是指一次降水过程中从某一时刻到其后另一时刻经历的降水时间,并不特指一次降水过程从开始到结束的全部历时。若指一次降水过程从降水开始到降水结束所经历的时间,则称为次降水历时。降水历时通常以 min、h 或 d 计。

3. 降水强度

降水强度是评定降水强弱急缓的概念,有单位时间降水量的含义,一般以 mm/min 或 mm/h 或 mm/d 计。mm/min 或 mm/h 多评定瞬时降水强度,mm/h 或 mm/d 多评定时段降水强度。

4. 日降水量

日降水量是指每日 00:00~24:00 的降水量。我国水文测验规定以北京时间每日 8 时至次日 8 时的降水量为该日的降水量。

5. 降水面积

降水笼罩范围的水平投影面积称为降水面积,一般以 km² 计。

1.1.1.3　风的基本知识

空气流动的现象称为风,一般指空气相对地面的水平运动,包括方向和大小,即风向和风速(或风级)。风向指气流的来向,常按 16 方位记录。风速是空气在单位时间内移动的水平距离,以 m/s 为单位。形成风的直接原因是水平气压梯度力。风受大气环流、地形、水域等不同因素的综合影响,表现形式多种多样,如大气环流、季风和地方性的海陆风、山谷风、焚风等,尽管大气运动是很复杂的,但大气运动始终遵循着大气动力学和热力学变化的规律。按照风的成因不同常有以下几类。

1. 大气环流

风的形成是空气流动的结果。地球绕太阳运转,由于日地距离和方位不同,地球上各纬度所接收的太阳辐射强度也就各异。在赤道和低纬地区比极地和高纬地区太阳辐射强度大,地面和大气接收的热量多,因而温度高。这种温差形成了南北间的气压梯度,如在北半球等压面向北倾斜,空气向北流动。由于地球自转形成的地转偏向力,称为科氏力。此力的作用,在北半球使气流向右偏转,在南半球使气流向左偏转。所以,地球大气的运动,除受到气压梯度力的作用外,还受地转偏向力的影响。地转偏向力在赤道为零,随着纬度的增高而增大,在极地达到最大。

当空气由赤道两侧上升向极地流动时,开始因地转偏向力很小,空气基本受气压梯度力影响,在北半球,随着纬度的增加,地转偏向力逐渐加大,空气运动也就逐渐地向右偏转,即逐渐东移。在纬度30°附近,偏角到达90°,地转偏向力与气压梯度力相当,空气运动方向与纬圈平行,所以在纬度30°附近上空,从赤道来的气流受到阻塞而聚积,气流下沉,形成这一地区地面气压升高,就是所谓的副热带高压。

副热带高压下沉气流分为两支,一支从副热带高压向南流动,指向赤道。在地转偏向力的作用下,北半球吹东北风,南半球吹东南风,风速稳定且不大,3～4级,这是所谓的信风,所以在南北纬30°之间的地带称为信风带。这一支气流补充了赤道上升气流,构成了一个闭合的环流圈,也叫作正环流圈。另一支从副热带高压向北流动的气流,在地转偏向力的作用下,北半球吹西风,且风速较大,这就是所谓的西风带。在60°N附近处,西风带遇到了由极地向南流来的冷空气,被迫沿冷空气上面爬升,在60°N地面出现一个副极地低压带。

副极地低压带的上升气流,到了高空又分成两股,一股向南,一股向北。向南的一股气流在副热带地区下沉,构成一个中纬度闭合圈,正好与哈德来环流流向相反,此环流圈北面上升、南面下沉,所以叫反环流圈;向北的一股气流,从上升到达极地后冷却下沉,形成极地高压带,这股气流补偿了地面流向副极地带的气流,而且形成了一个闭合圈,此环流圈南面上升、北面下沉与哈德来环流流向类似,因此也叫正环流。在北半球,此气流由北向南,受地转偏向力的作用,吹偏东风,在60°～90°N,形成了极地东风带。综合上述,地球表面受热不均,引起大气层中空气压力不均衡,因此形成地面与高空的大气环流。各环流圈伸屈的高度,以热带最高,中纬度次之,极地最低,这主要由于地球表面增热程度随纬度增高而降低的缘故。这种环流在地球自转偏向力的作用下,形成了赤道到纬度30°N环流圈、30°～60°N环流圈和纬度60°～90°N环流圈,这便是著名的"三圈环流",如图3-1-1所示。

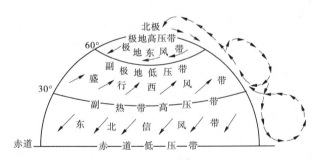

图 3-1-1　三圈环流示意图

当然,所谓"三圈环流"乃是一种理论的环流模型。由于地球上海陆分布不均匀,因此实际的环流比上述情况要复杂得多。

2. 季风环流

在一个大范围地区内,盛行风向或气压系统有明显的季节变化,这种在一年内随着季风不同有规律转变的风称为季风。我国位于亚洲的东南部,所以东亚季风和南亚季风对我国天气气候变化影响很大。形成季风环流的因素很多,主要有海陆差异、行星风带的季节转化及地形特征等综合因素。

我国大部分地区的盛行风随季节而改变,夏季风来自东南海洋,温暖而湿润,冬季风来自西北,干燥而寒冷,这就是季风形成的气候特征。我国的大地势及山脉的走向严重地阻隔了东南季风的长驱直入,导致了西北大部分地区降水稀少、蒸发强烈,成为极度干旱地区。气候干旱,导致地表植被稀疏,强烈的太阳辐射又会改变大气场的压力梯度,从而加剧了风蚀的发展。

3. 局地环流

海陆风的形成与季风相同,也是大陆与海洋之间温度差异的转变引起的。不过海陆风的范围小,以日为周期,势力也薄弱。

由于海陆物理属性的差异,造成海陆受热不均,白天陆上增温较海洋快,空气上升,而海洋上空气温度相对较低,使地面有风自海洋吹向大陆,补充大陆地区上升气流,而陆上的上升气流流向海洋上空而下沉,补充海上吹向大陆气流,形成一个完整的热力环流;夜间流的方向正好相反,所以风从陆地吹向海洋。将这种白天从海洋吹向大陆的风称海风,夜间从陆地吹向海洋的风称陆风,所以将在一天中海陆之间的周期性环流总称为海陆风,如图 3-1-2 所示。

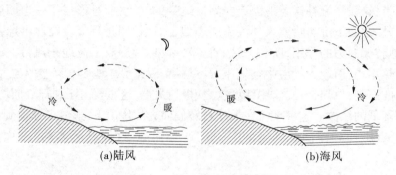

(a)陆风　　　　　　　　　　(b)海风

图 3-1-2　海陆风形成示意图

海陆风的强度在海岸最大,随着离岸的距离而减弱,一般影响距离在 20 ~ 50 km。海风的风速比陆风大,在典型的情况下,可达 4 ~ 7 m/s,而陆风一般仅 2 m/s 左右。海陆风最强烈的地区,发生在温度日变化最大及昼夜海陆温差最大的地区。低纬度日射强,所以海陆风较为明显,尤以夏季为甚。此外,在大湖附近同样日间自湖面吹向陆地的风称为湖风,夜间自陆地吹向湖面的风称为陆风,合称湖陆风。

山谷风的形成原理与海陆风类似。白天,山坡接收太阳光热较多,空气增温较多;而山谷上空,同高度上的空气因离地较远,增温较少。于是山坡上的暖空气不断上升,并从山坡上空流向谷底上空,谷底的空气则沿山坡向山顶补充,这样便在山坡与山谷之间形成热力环流。到了夜间,山坡上的空气受山坡辐射冷却影响,空气降温较多;而谷地上空,同高度的空气因离地面较远,降温较少。于是山坡上的冷空气因密度大,顺山坡流入谷底,谷底的空气因汇合而上升,并从上面向山顶上空流去,形成与白天相反的热力环流。故将白天从山谷吹向山坡的风称谷风,将夜间自山坡吹向山谷的风称山风。山风和谷风又总称为山谷风,如图 3-1-3 所示。

山谷风风速一般较弱,谷风比山风大一些,谷风一般为 2 ~ 4 m/s,有时可达 6 ~ 7 m/s。谷风通过山隘时,风速加大。山风一般仅 1 ~ 2 m/s。但在峡谷中,风力还能增大

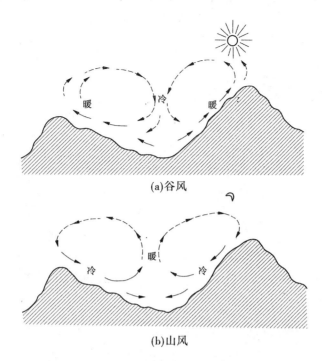

(a)谷风

(b)山风

图 3-1-3　山谷风形成示意图

一些。

1.1.1.4　风的基本概念

1.风速

风速是指空气水平运动的速度,即单位时间内空气水平移动的距离,以 m/s 计,取小数点后一位。

2.风向

风向指风的来向,通常用8 个或 16 个方位表示,即北东北(NNE)、东北(NE)、东东北(ENE)、东(E)、东东南(ESE)、东南(SE)、南东南(SSE)、南(S)、南西南(SSW)、西南(SW)、西西南(WSW)、西(W)、西西北(WNW)、西北(NW)、北西北(NNW)、北(N)。静风记为“C”。风向也可以用角度来表示,以正北为基准,顺时针方向旋转,东风为 90°,南风为 180°,西风为 270°,北风为 360°,如图 3-1-4 所示。

3.风力等级

风力等级(简称风级),是根据风对地面或海面物体影响程度而确定的,按风力的强度等级来估计风力的大小,国际上采用的是英国人蒲福(Francis Beaufort, 1774 ~ 1859年)于 1805 年所拟定的,故又称蒲福风级。风速的大小常用几级风来表示。在气象上,一般按风力大小划分为 0 ~ 12 级,共 13 个等级。

4.风向玫瑰图

各种风向的出现频率通常用风向玫瑰图来表示。在极坐标图上,点出某年或某月各种风向出现的频率的图,称为风向玫瑰图,如图 3-1-5 所示。

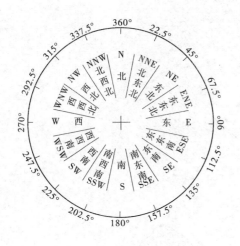

图 3-1-4　风向 16 方位图

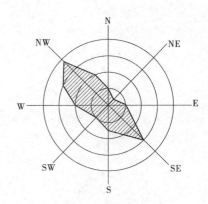

图 3-1-5　风向玫瑰图

1.1.2　降水、风观测点布设及场地要求

1.1.2.1　流域雨量点密度

降雨的时空分布是不均匀的,流域雨量点的多少受流域面积、形状和地形变化大小制约,也随降雨观测服务的目的而变。一般面积大、形状变化大、地形复杂的流域,雨量点密度要大;相反,雨量点可稀些。重点流域要研究暴雨量—面—深的关系及暴雨中心、频率、雨型和气团活动对水土流失的影响等,因而,雨量点密度要求大。仅反映降雨和产流量关系的,雨量点可少些。

我国小流域测验,一般采用 1 km² 面积至少应有 1 个雨量点。在水土流失较严重的重点流域或地形复杂的流域,流域面积在 5.0 km² 以下时,雨量点数按表 3-1-1 布设;流域面积在 30 km² 以下,每 1~2 km² 布设 1 个雨量点;超过 30 km²,每 3~6 km² 布设 1 个雨量点。

表 3-1-1　流域基本雨量点布设数量

流域面积(km²)	<0.2	0.2~0.5	0.5~2.0	2.0~5.0
雨量点数	2~5	3~6	4~7	5~8

1.1.2.2　降水量观测场地环境要求

(1)观测场地应避开强风区,其周围应空旷、平坦,不受突变地形、树木和建筑物以及烟尘的影响,使在该场地上观测的降水量能代表水平地面上的水深。

(2)观测场不能完全避开建筑物、树木等障碍物的影响时,要求雨量器(计)离开障碍物边缘的距离,至少为障碍物高度的 2 倍,保证在降水倾斜下降时,四周地形或物体不致影响降水落入观测仪器内。

(3)在山区,观测场不宜设在陡坡上、峡谷内,要选择相对平坦的场地,使仪器口至山顶的仰角不大于 30°。

（4）难以找到符合上述要求的观测场时，应在比较开阔和风力较弱的地点设置观测场，或设立杆式雨量器（计）。如在有障碍物处设立杆式雨量器（计），应将仪器设置在当地雨期常年盛行风向过障碍物的侧风区，杆位离开障碍物边缘的距离，至少为障碍物高度的 1.5 倍。在多风的高山、出山口、近海岸地区的雨量（降水）站，不宜设置杆式雨量器（计）。

（5）原有观测场地如受各种建设影响已经不符合要求时，应重新选择。在城镇、人口稠密等地区设置的专用降水站，场地选择条件可适当放宽。

1.1.2.3　降水量场地设置要求

（1）观测场地面积仅设一台雨量器（计）时为 4 m×4 m；同时设置雨量器和自记雨量计时为 4 m×6 m；雨量器（计）上加防风圈测雪及设置测雪板或地面雨量器的雨量站，应加大观测场面积。

（2）观测场地应平整，地面种草或作物，其高度不宜超过 20 cm。场地四周设置栏栅防护，场内铺设观测人行小路。栏栅条的疏密以不阻滞空气流通又能削弱通过观测场的风力为准，在多雪地区还应考虑在近地面不致形成雪堆。有条件的地区，可利用灌木防护。栏栅或灌木的高度一般为 1.2~1.5 m，并应常年保持一定的高度。杆式雨量器（计），可在其周围半径为 1.0 m 的范围内设置栏栅防护。

（3）观测场内的仪器安置要使仪器相互不受影响，观测场内的小路及门的设置方向，要便于进行观测工作，一般降水量观测场地平面布置如图 3-1-6 所示。

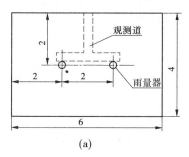
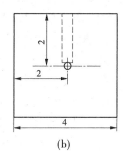

（a）　　　　　　　　　　　　　（b）

图 3-1-6　降水量观测场平面布置图　（单位：m）

（4）在观测场地周围有障碍物时，应测量障碍物所在的方位、高度及其边缘至仪器的距离，在山区应测量仪器口至山顶的仰角。

（5）考证簿是降水站最基本的技术档案，内容包括测站沿革，观测场地的自然地理环境，平面图，观测仪器，委托观测员的姓名、住址、通信和交通等，在查勘设站任务完成后编制。以后如有变动，应将变动情况及时填入考证簿。

1.1.3　降水、风常用观测仪器

1.1.3.1　常见降水量仪器及技术指标

1. 雨量器及雨量杯

雨量器由承雨器、储水筒、储水器和器盖等组成，并配有专用雨量杯，如图 3-1-7 所示。用于观测固态降水的雨量器,配有无漏斗的承雪器,或采用漏斗能与承雨器分开的雨量器。雨量器为直接计量的仪器。降雨收集于储水器后,将水倒于雨量杯读记读数,即为以 mm 计的降雨量。降雪于承雪器,将雪融化后倒于雨量杯读记读数。降水时间按观测时段记载。承雨器口径(面积)与量雨杯直径(面积)有计量配合的关系,不可错配,后者的直径小,与承雨器口径(面积)同体积的水装入后深度大,可提高降水深度的读数精度。

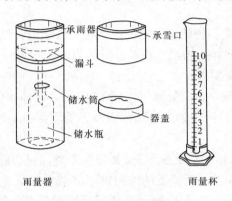

图 3-1-7　雨量器及雨量杯

2. 液柱虹吸式测量雨量计

液柱虹吸式测量雨量计如图 3-1-8 所示。其工作原理是,降雨从承雨器通过漏斗进入浮子室,室内水深随降雨量的累积量和速度而上升,带动浮子传感器随动上升,浮子以机械传动的方式将运动传给记录笔,记录笔与时钟(自记钟)驱动的卷筒配合,在卷筒的过程线纸上记录绘出降水量过程图形。浮子室的高度有限,所以设计有虹吸管路,当降雨达到限定量后,虹吸及时将水量吸输入储水器。

3. 双翻斗式测量雨量计

双翻斗式测量雨量计如图 3-1-9 所示。其工作原理是,降雨从承雨器通过漏斗进入翻斗式传感器,雨量达到翻斗传感器分辨率(0.1 mm 或 0.2 mm 或 0.5 mm)后,翻斗立即翻转泄水并及时回复,翻转的机械运动传感给光、电、磁等感应器(转换开关),记录或输出一个电信号,电信号进入步进图形记录器或计数器或电子传输器实现记录或遥传。翻斗传感器分辨率确定后,翻斗的运动次数和速率反映了降雨的累积量和强度。

另外,光学雨量计、雷达雨量计等降雨新技术测量也在发展和进步。光学雨量计工作原理是,测量雨滴经过一束光线时由于雨滴的衍射效应引起光的闪烁,闪烁光被接收后进行谱分析,其谱分布与雨强以及与雨滴的直径大小和雨滴降落速度等有关,从而判断降水种类、降水强度与有无降水等。雷达雨量计工作原理是,当雷达天线发射出去的电磁波在空间传播时,若遇到云、雨、雪、雹等目标物,就有一部分辐射能会被反射回来,并被雷达天线接收,这时在显示器上就会出现许多亮度不等的区域,即云、雨、雪、雹等的回波图像,分析回波图像或与传统观测对比研究,可以随时提供几百千米范围内的降水分布和天气结构等气象情报,提供中尺度的降水信息,对于补充地面站的不足十分有效。

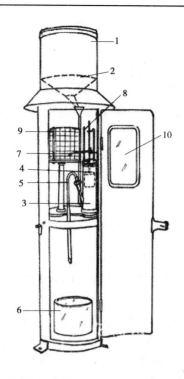

1—承雨器;2—漏斗;3—浮子室;4—浮子;
5—虹吸管;6—储水器;7—记录笔;8—笔挡;
9—自计钟;10—观测窗

图 3-1-8　液柱虹吸式测量雨量计

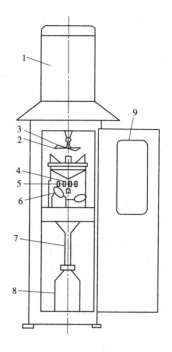

1—承雨器;2、4—定位螺钉;3—上翻斗;
5—计量翻斗;6—计数翻斗;7—乳胶管;
8—储水器;9—外壳

图 3-1-9　双翻斗式测量雨量计

4.仪器安装基本要求

雨量筒是常用的量雨器,它只能测定一次降雨的总量,因之安装在有人驻守的雨量点上。雨量筒结构简单,通常无须校正,但出厂运输或其他原因,使承雨口变形、筒内壁凸凹不光滑,或漏斗接触不良,甚至储水瓶、量杯破坏,应检修或更换。降雨受多因素影响,在垂直高度上分布不一,因此我国规定量雨筒安装高度为:器口至地面高 0.7 m,且保持器口水平,三脚架深入地面以下要牢固,防止被风吹倒。

自记雨量计常用的为虹吸式和翻斗式两种,它可记录降水过程及雨量变化,需要观测人员经常检查、换纸、加墨水等工作,因而常安装在径流场(站)。它的安装高度为 0.7 m 或 1.2 m。为保持安装稳定、牢靠,应在仪器底部埋设基桩,或硪(砖)块,并将三条拉线拉紧埋实,注意保证器口水平(用水平尺检查)。

5.雨量器的基本技术要求

雨量器和自记雨量计的承雨口内径为 200 mm,允许误差不超过 0.6 mm。自记雨量计量测精度相对误差计算式为

$$\delta = \frac{W_r - W_d}{W_d} \times 100\% \tag{3-1-1}$$

式中　δ——测量误差(%);

W_r——仪器记录水量,mm;

W_d——仪器排出水量,mm。

量测精度在较小降水情况下,以绝对误差表示;超过 10 mm 降水时,以相对误差表示。通常仪器的分辨率为 0.1 mm 或 0.2 mm,精度要求为:降水量≤10 mm 时,量测误差应为 ±0.2 mm,最大不超过 ±0.4 mm;降水量 >10 mm 时,量测误差应为 ±2%,最大不超过 ±4%。

自记雨量计的运行时差,机械钟日差不超过 ±5 min,石英钟不超过 ±10 min。记录笔应画线清晰、无断线现象,且记录调零机构操作方便、灵活,复零位误差不超过仪器分辨率的 50%。

1.1.3.2　常见测风仪器

1.旋转式风速计

旋转式风速计的感应部分是一个固定转轴上的感应风的组件,常用的有风杯式和螺旋桨叶片式两种类型。风杯旋转轴垂直风的来向,螺旋桨叶片的旋转轴平行于风的来向。

杯形风速计一般由 3 个或 4 个半球形或抛物锥形的空心杯壳组成。杯形风速计固定在互成 120°的三叉星形支架上或互成 90°的十字形支架上,中心连接到一个垂直轴旋转,至少一个杯总是迎风。如图 3-1-10 所示,杯的凹面顺着同一方向,整个横臂架则固定在能旋转的垂直轴上。由于凹面和凸面所受的风压力不相等,在风杯受到扭力作用而开始旋转,它的转速与风速成一定的关系,杯的旋转在一个特定范围内接近线性正比于风速。风速计内的一个转换器把旋转运动转换成电信号,通过线路送至数据采集器,然后记录仪用已知的斜率和偏移(或截距)常数来计算实际风速。

螺旋桨式风速计如图 3-1-11 所示,包括一个安装在水平轴上的螺旋桨(或推进器),通过尾翼对准风向。螺旋桨风速计也产生与风速成比例的电信号。尽管这两种传感器形式对风速波动的响应多少有些不同,但一种对另一种并没有明显的优势。由于杯形风速器测风与其风向无关,故在测定风速中较常采用。

图 3-1-10　杯形风速计

图 3-1-11　螺旋桨式风速计

2.压力式风速仪

压力式风速仪是利用风的压力测定风速的仪器,其原理主要是利用流体的全压力与静压力之差来测定风速的大小。它利用的是双联皮托管,一根管口迎着气流的来向,它感应着气流的全压力 p_0,另一个管口背着气流的来向,所感应的压力为 p,因为有抽吸力作用,比静压力稍低些。两个管子所感应的有一个压力差 Δp,通过风动能理论推导可以导出风速 v 和压力差 Δp 的相关函数关系,据此可根据压力测定风速。

$$v = \left[\frac{2\Delta p}{\rho(1+c)} \right]^{\frac{1}{2}} \tag{3-1-2}$$

式中　ρ——空气密度,kg/m^3;

　　　c——修正系数。

3. 散热式风速仪

一个被加热的物体的散热速率与周围空气流动速度有关,利用这种特性可以测量风速的,制成散热式风速仪。它适用于测量小风速,但不能测定风向。

4. 声学风速计

声学风速计是利用声波在大气中传播速度与风速之间的函数关系来测量风速的。声波在大气中传播的速度为声波传播速度与气流速度的代数和。它与气温、气压、湿度等因子有关。在一定距离内,声波顺风与逆风传播有一个时间差。由这个时间差,便可确定气流速度。

5. 风速计的选择形式

选择风速计形式时,应考虑以下几点:

(1)要考虑应用目的、应用领域不同,所采用风速计类型亦不同,如空气污染监测研究中采用低风速的测风仪器,通常由轻材料制造,这些可能不适用于高风速或冰冻环境。

(2)风速计启动阈值,应是风速计启动和保持旋转的最小风速。

(3)距离常数。距离常数是当风速变化时,风使风杯或螺旋桨达到稳定速度的63%的时间内空气经过风速计的距离。这是风速计对风速变化的"反应时间",较长的距离常数通常对应着较重的风速计,当风速降低时,惯性使它们需要较长的时间慢下来。较大距离常数的风速计可能会高估风速。

(4)可靠性和维护。尽管测风传感器是机械的,并且大多数装有较长寿命(2年以上)的轴承,但长期使用最终会磨损坏掉,因此测风仪器应具有使用稳定、可靠及便于维护的特性。

1.1.4　降水、风的常规观测方法

1.1.4.1　人工雨量器观测降水量

降水量是在一定时间内降落在不透水水平面上水层(雨或者固体晶粒的雪、雹等融化后)的厚度,用 mm 作为度量单位。一定时间可以是年、月、日或若干小时(如 12 h)、分钟(如 10 min)等。

进行空间范围和时间上系统的降水量观测,收集降水资料,可探索降水量分布变化规律,以满足各方面需要。

降水量观测包括测记降雨、降雪、降雹的时间和水量。单纯的雾、露、霜可不测记。有时候,部分站还测记雪深、冰雹直径、初霜和终霜日期等特殊项目。

降水量的观测时间以北京时间为准,每日降水以北京时间 8 时为日分界,即从前一日 8 时至本日 8 时的降水总量作为前一日的降水量。

1.人工雨量器结构原理和配套器具

人工雨量器结构如图3-1-7所示,主要由承雨器、储水筒、储水器和器盖等组成,并配有专用的雨量杯。承雨器口内直径为200 mm,雨量杯的内直径为40 mm。雨量杯的内截面面积正好是承雨器口内截面面积的1/25,即降在承雨器口1 mm的降雨量,倒入量雨杯内的高度为25 mm。因此,雨量杯的刻度即以25 mm高度为降雨量1 mm的标定值,并精确至0.1 mm。

用于观测固态降水量的雨量器,还配有无漏斗的承雪器或采用漏斗能与承雨器分开的雨量器。

2.人工雨量器观测降雨量方法

降雨时,降落在人工雨量器承雨器内的降雨量通过漏斗集中流到储水器内。到达观测时间或降雨结束后,用专用的雨量杯量出储水器内的降水深(量)。

用雨量器观测降雨量,一般采用定时分段观测,降雨量观测段次及相应观测时间见表3-1-2。水文测站观测降雨量所采用的段次,可根据《测站任务书》或者上级有关具体规定决定。

表 3-1-2　降雨量观测段次及相应观测时刻

段次	观测时刻(时)
1 段	8
2 段	20,8
4 段	14,20,2,8
8 段	11,14,17,20,23,2,5,8
12 段	10,12,14,16,18,20,22,24,2,4,6,8
24 段	从本日9时至次日8时,每1 h观测1次

在观测段次时间若继续降雨,则取出储水筒内的储水器,及时将空的备用储水器放入储水筒;如在观测时间降雨很小或者停止,可携带雨量杯到观测场观测降雨量。

在室内或在观测场,将储水瓶内的雨水倒入雨量杯,读数时视线应与水面凹面最低处平齐,观读至雨量杯的最小刻度,并立即记录,然后校对读数一次。降雨量很大时,可分数次取水测量,分别记在备用纸上,然后累加得到降水总量并记录。

3.记载、计算时段降水量与日降水量

用人工雨量器观测降雨量方法在相应的观测时段观测到的降雨量,应记录在"降水量观测记载簿"中,作为一个时段的时段降雨量。把本日8时至次日8时各时段的降雨量累加(每日降水量以北京时间8时为日分界),就得到本日的日降雨量。

4.人工雨量器的使用方法

每日观测时,应注意检查雨量器是否受碰撞变形,漏斗有无裂纹,储水筒是否漏水。

遇有暴雨时,需采取加测的办法,防止降水溢出储水器。如有溢出,应同时更换储水筒,并量测筒内降水量。

每次观测后,储水筒和雨量杯内的积水要倒掉,以便更准确地观测其后的降水量。

1.1.4.2　模拟自记雨量计使用与记录部件调节

模拟自记雨量计有虹吸式、翻斗式、浮子式等不同类型。这里主要介绍虹吸式、翻斗式自记雨量计的使用方法。

1. 虹吸式自记雨量计的结构及使用

虹吸式自记雨量计如图 3-1-8 所示，主要由承雨器、浮子室、虹吸管、自记钟、记录笔、外壳等组成。

虹吸式自记雨量计的观测时间是每日 8 时，但在有降水之日应在 20 时巡视雨量计运行、记录情况。遇有暴风骤雨时要适当增加巡视次数，便于及时发现和排除故障，以防止漏测、漏记降雨过程。

每日 8 时观测前，需在记录纸正面填写观测日期和月份。到 8 时整时，立即对着记录笔尖所在位置，在记录纸零线上画一短垂线，作为检查自记钟快慢的时间记号。用笔挡将自记笔拨离纸面，换装记录纸（记录纸一般设计为日记型）。换装在钟筒上的记录纸，其底边应与钟筒下缘对齐，纸面平整，纸头纸尾的纵横坐标衔接。给自记笔尖加墨水，拨回笔挡对时，对准记录笔开始记录时间，画时间记号。有降雨之日，应在 20 时巡视时划注 20 时记录笔尖所在位置的时间记号。

如果到 8 时换纸时间，没有降雨或仅降小雨，则应在换纸前慢慢注入一定量的清水，使雨量计发生人工虹吸，若注入的水量与虹吸式雨量计所记录的水量之差绝对值≤0.05 mm，虹吸历时小于 14 s，说明仪器正常，则可换纸。否则，要检查和调整雨量计合格后再换纸。

如果到 8 时换纸时间降大雨，则可等到雨小或雨停时再换纸。当记录笔笔尖已到达记录纸末端，降雨强度仍很大时，要拨开笔挡转动钟筒，使笔尖转过压纸条，对准纵坐标线继续记录降雨量。

如连续几日无雨或者降雨量小于 5 mm 时可不用换纸，只需在 8 时观测时向承雨器注入清水，使笔尖升高至整毫米处开始记录。要在各日记录线的末端注明日期，一般每张记录纸连续使用日数不应超过 5 日。每月的 1 日要换纸，便于按月装订。降水量记录发生自然虹吸之日，需要换纸。

2. 虹吸式自记雨量计的调整、养护

如在降雨过程中巡视虹吸式自记雨量计时发现虹吸不正常，在降雨量累计达到 10 mm 时不能正常虹吸，出现平头或波动线，应将笔尖拨离纸面，用手握住笔架部件向下压，迫使雨量计发生虹吸。虹吸停止后，使笔尖对准时间和零线的交点继续记录，待雨停后对雨量计进行检查和调整。

常用酒精洗涤自记笔尖，以使墨水顺畅流出，雨量记录清晰、均匀。

自记纸应放在干燥清洁的橱柜中保存。不能使用受潮、脏污或纸边发毛的记录纸。

雨量杯和备用储水瓶应保持干燥、清洁。

3. 画线模拟翻斗式自记雨量计的结构与使用方法

画线模拟翻斗式自记雨量计主要由传感器部分和记录器两大部分组成，其中传感器部分由承雨器、翻斗、发信部件、底座、外壳等组成，画线模拟记录器由图形记录装置、计数器、电子控制线路等组成（见图 3-1-9），分辨率为 0.1 mm、0.2 mm、0.5 mm、1.0 mm。

画线模拟自记周期可选用 1 日、1 月或 3 个月。每日观测的雨量站，可用日记式；低山丘陵、平原地区、人口稠密、交通方便的雨量站，以及不计雨日的委托雨量站，实行间测或巡测的水文站、水位站的降水量观测宜选用1个月；对高山偏僻、人烟稀少、交通极不方便地区的雨量站，宜选用3个月。

日记式的观测时间为每日8时。用长期自记记录方式观测的观测时间，可选在自记周期末1～3 d内的无雨时进行。

每日观测雨量前，在记录纸正面填写观测日期和月份（背面印有降水量观测记录统计表）；到观测场巡视传感器是否正常，若有自然排水量，应更换储水器，然后用雨量杯量测储水器内的降水量，并记载在该日降水量观测记录统计表中。降暴雨时应及时更换储水器，以免降水溢出；连续无雨或降雨量小于5 mm之日，可不换纸。在8时观测时，向承雨器注入清水，使笔尖升高至整毫米处开始记录，但每张记录纸连续使用日数不应超过5日，并应在各日记录线的末端注明日期。每月1日应换纸，便于按月装订；换纸时若无雨，可按动底板上的回零按钮，使笔尖调至零线上，然后再换纸。

长期自记观测换纸前，先对时，再对准记录笔位在记录纸零线上画注时间记号，注记年、月、日、时、分和时差；按仪器说明书要求，更换记录纸、记录笔和石英钟电池。

4.翻斗式自记雨量计的调整、维护

要保持翻斗内壁清洁无油污或污垢。若翻斗内有脏物，可用清水冲洗，不能用手或其他物体抹拭；计数翻斗与计量翻斗在无雨时应保持同倾于一侧，以便在降雨时计数翻斗与计量翻斗同时启动，及时送出第一斗脉冲信号；要保持基点长期不变，应拧紧调节翻斗容量的两对调节定位螺钉的锁紧螺帽。如发现任何一只螺帽有松动，应及时注水检查仪器基点是否正确；定期检查电池电压，若电压低于允许值，应更换全部电池，确保仪器正常工作。

1.1.4.3　手持轻便三杯风向风速表及观测

风是矢量，包括风向和风速。风向通常用8个或16个方位表示。风速为单位时间内空气水平移动的距离，单位为m/s。由于风向、风速的变动比较大，瞬时观测值缺乏代表性，一般取2 min内的平均风速值和最多风向值。定时观测（基本站每日观测4次，基准站每日观测24次），取整数，自记记录，取小数点后一位。风的观测多采用四时段，即2时、8时、14时和20时观测。

在观测风沙区的风向风速时最常用三杯型测风仪，高度一般为2.0 m。观测时段可为四时段，也可自行确定。目前有天津DEM6型和南京58-2型轻便风速表。这里仅介绍前一种的观测使用方法。如图3-1-12所示，该风向风速表由风向标、方向盘、小套管制动部件及风速表护架、旋杯、风速表和手柄组成。使用时将小套管拉下，右转一个角度后，方向盘就按地磁子午线方向稳定下来。风向指针与方向盘所对的读数，即为风向。

用手指轻压启动杆，风速指针归零。放开启动杆，红色时钟指针和风速指针开始走动。经1 min后，风速指针停止转动，接着时间指针转移到原来位置也停下来，测定结束。读出风速指针指示的数值称为指示风速，以指示风速在风速检定曲线图中查出实际风速值，即所测的平均风速。若要重测，再压一下启动杆即可。观测结束后，务必将小套管向左转一个角度，以便固定方向盘，放回盒内。

该仪表要轻拿轻放，切勿用手摸旋杯。钟表工作时，不能按压启动杆，以保证时钟工作正常。仪表上的轴承、螺母不得随便松动，保持机件完好无损。

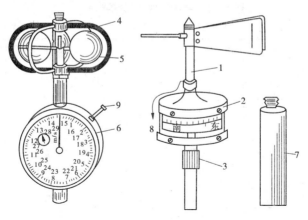

(a)DEM6型三杯风向风速表

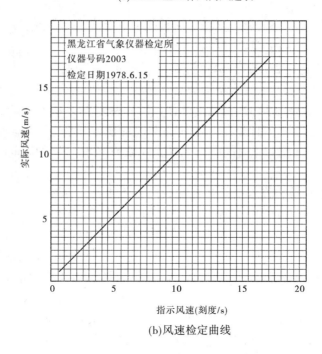

(b)风速检定曲线

1—风向标;2—方向盘;3—小套管制动部件;4—风速表护架;
5—旋杯;6—风速表;7—手柄;8—风向指针;9—启动杆

图 3-1-12　风速表示意图

1.2　数据资料记载与整理

1.2.1　降水量观测记载表

1.2.1.1　降水量观测记载表(一)

降水量观测记载表(一)如表 3-1-3 所示。

表 3-1-3　降水量观测记载表(一)

月份　　　　　　　　　(采用　　　段次)　　　　　第　　页

日	观测时间		实测降水量 (mm)	日降水量		备注
	时	分		日	mm	

填记说明如下:

(1)"月份"填记降水量观测记载的月;不同月,另取空白表从头开始填记。

(2)"采用　段次"的中间填当月采用的段次。

(3)观测时间:①不记起止时间者,将表头"时"和"分"划去,填写按规定时段观测降水量的时间,记至整小时。若遇大暴雨加测,应按实际加测时分填记至分钟。②记起止时间者,填记各次降水的起止时分,记至整分钟。当分钟数小于 10 时,应在十位数上写"0"补足两位。③恰恰位于午夜日分界的时间,如果是时段或降水"止"的时间,则记24(不记起止时间者)或24:00(记起止时间者);如果是时段或降水"起"的时间,则记"0"或"00:00"。

(4)实测降水量:填记降水期间各观测时段和降水停止时所测记的降水量。降雪或冰雹时,在降水量数值右侧加注降水物符号(雪、雹、霜、雾、露的符号分别为" ＊ ""A"或"▲""U""≡""Ω");观测可疑时,在降水量数值右侧加可疑符号"※";观测不全时对降水量数值加括号;因故缺测,且确知其量达仪器二分之一个分辨率时,在缺测时段记缺测符号"—";降雪量缺测,但测其雪深者,将雪深折算成降水量填入,并在备注栏注明。

(5)日降水量:累加昨日 8 时至今日 8 时各次观测的降水量填入"mm"栏,并在"日"栏填昨日的日期。实测降水量右侧注有符号者,日降水量右侧亦应注相同的符号。某时段实测降水量不全或缺测时,日降水量应加括号;规定测记初终霜或雾、露、霜量的站,应在初终霜之日填霜的符号,在雾、露、霜量右侧注相应的降水物符号。未在日界观测降水量者,在"mm"栏记合并符号"↓"。

(6)备注:在观测工作中如发生缺测、可疑等影响观测资料精度和完整的事件,或发生特殊雨情、大风和冰雹以及雪深折算关系等,均应用文字在备注栏做详细说明。

1.2.1.2　降水量观测记载表(二)

降水量观测记载表(二)如表 3-1-4 所示。

表 3-1-4　降水量观测记载表（二）

月份　　　　　　　　　　　　　　　　（采用　　　段次）

日	时段降水量（mm）										日降水量（mm）	备注
	时	时	时	时	时	时	时	时	时	时		

填记说明如下：

（1）"月份""日降水量""备注"等栏填写方法同表（一）。

（2）在表头时段降水量"时"前填记观测时段时间的小时（如 4 段次分别在前 4 栏填 14,20,2,8）；有降水之日应先将日期填入，在规定的观测时段有降水时，将观测值记在该日相应的时段降水量栏内。

1.2.2　风速、风向观测记载表

风速、风向观测记载表，主要包括野外风速、风向人工观测记录表，风速、风向自动观测原始记录表，风向自动观测数据逐日汇总表，风速自动观测数据逐日汇总表等，分别如表 3-1-5 ~ 表 3-1-8 所示。

此外，还有风速、风向（日）观测记载表，风速、风向（日）观测月报表等，如表 3-1-9、表 3-1-10 所示。

表 3-1-5　野外风速、风向人工观测记录表

观测场地		地理坐标		地面高程	
坡度		坡向		坡位	
植被类型		盖度		高度	
观测仪器		观测时段		观测间隔	

年　月　日　时	风向	风速读数	实际风速
最多风向			
平均风速			
最大风速		最大风速的风向	

观测人员：　　　　　　　　　　数据汇总人员：　　　　　　　　　汇总日期：

表 3-1-6 风速、风向自动观测原始记录表

观测场地		地理坐标		地面高程	
坡度		坡向		坡位	
植被类型		盖度		植物高度	
风速仪器		风向仪器		观测时段		观测间隔	

年 月 日 时	离地高度	风向	风速

观测人员： 观测日期：

表 3-1-7 风向自动观测数据逐日汇总表

观测场地		地理坐标		地面高程	
坡度		坡向		坡位	
植被类型		盖度		植物高度	
风速仪器		风向仪器		观测时段		观测间隔	

年月日	各风向发生的频率（%）																
	N	NNE	NE	ENE	E	ESE	SE	SSE	S	SSW	SW	WSW	W	WNW	NW	NNW	C
平均																	

观测人员： 数据汇总人员： 汇总日期：

表 3-1-8　风速自动观测数据逐日汇总表

观测场地		地理坐标		地面高程	
坡度		坡向		坡位	
植被类型		盖度		植物高度	
风速仪器		风向仪器		观测时段		观测间隔	

年 月 日	平均风速	最大风速					
		瞬时	风向	2 min	风向	10 min	风向
平均风速							
最大风速							
最小风速							

观测人员：　　　　　　　　　　数据汇总人员：　　　　　　　　汇总日期：

表 3-1-9　风速、风向(日)观测记载表

_____年___月___日

时间(时)	风向(°)	风速(m/s)	时间(时)	风向(°)	风速(m/s)
21			09		
22			10		
23			11		
24			12		
01			13		
02			14		
03			15		
04			16		
05			17		
06			18		
07			19		
08			20		
最大风速(m/s)			极大风速(m/s)		
时间			时间		
≥17.0 m/s 起止时间					
雾	夜间(20~08)			白天(08~20)	
备注					

观测人员：　　　　　　　　　　　　　　　　　　　校对人员：

表 3-1-10　风速、风向（日）观测月报表

年　　月　　　　　　风向准确度　　　级　　　　单位：风向（°），风速（m/s）

时间	21 09		22 10		23 11		24 12		01 13		02 14		03 15		04 16		05 17		06 18		07 19		08 20		最大风速		极大风速	
日期	风向	风速	风向	风速	风向	风速	风向	风速	风向	风速	风向	风速	风向	风速	风向	风速	风向	风速	风向	风速	风向	风速	风向	风速	风向	风速 时间	风向	风速 时间
1																												
2																												
3																												
4																												
5																												
6																												
…																												
30																												
31																												

		月最大风速			日 时 分
		月极大风速			日 时 分

校对	初算	复算	预审	审核
备注				
抄录				

模块2　径流小区观测

2.1　径流小区维护

2.1.1　径流小区类型

降雨由坡面向沟道汇流,因而坡面侵蚀成为产流、产沙的重要部位和来源。径流小区是研究单项措施对径流泥沙的影响及水土流失规律的重要途径,目前,在国外应用已相当普遍。它是水土保持观测试验的重要方法之一,是测验不同坡面径流、泥沙的主要手段。

坡面侵蚀观测主要包括侵蚀小区径流泥沙观测、雨滴溅蚀和细沟侵蚀观测,以及各影响因子配置观测等内容。径流小区可看作地面径流条件大体相同的流域的一部分,面积小,坡度、植被、土壤等地表情况容易掌握,各种径流条件能明显地加以区别,能够人为地改变径流形成的条件,有利于研究水土保持单项措施对水土流失现象的影响,通过这些观测资料的分析整理,探索侵蚀机制与规律,以配置适当防治措施,控制坡面侵蚀。径流小区根据不同的标准可以划分为不同类型。

2.1.1.1　根据小区面积大小划分

(1)微型小区。该类小区的面积通常在 $1 \sim 2 \ m^2$。如果比较两种措施的差异,而其差异又不受监测面积大小影响,可以优先使用微型小区。例如在研究坡度对溅蚀的定量影响时,即可采用微型小区,因为如果小区面积太大,飞溅起来的土壤颗粒很难飞出小区,难于采集飞溅起来的土壤颗粒总量,从而无法分析坡度对溅蚀的影响。

(2)中型小区。该类小区的面积一般为 $100 \ m^2$,即 $5 \ m \times 20 \ m$ 左右,通常被用于作物管理措施、植被覆盖措施、轮作措施,以及一些可以布设在小区内且与大田里没有差异的其他措施的水土保持效益监测。

(3)大型小区。该类小区的面积在 $1 \ hm^2$ 左右,适合于不能在小型小区和中型小区内布设的水土保持措施效益的评价。例如评价耕作措施的水土保持效益时,为了保证小区内外的耕作措施一致,当小区面积达到 $1 \ hm^2$ 左右时,可以保证耕作机械的回转和正常耕作,不需要移动小区边界,从而降低了小区边界漏水的可能性。另外,此类径流小区,可以用于评价水土流失量与小区面积密切相关侵蚀问题,如坡面细沟的发育过程,如果小区长度太小,则无法监测到完整的细沟系统,从而无法正确评价细沟侵蚀的危害性。

2.1.1.2　根据小区可比性划分

根据不同地区小区可比性程度的高低,可以将小区划分为标准小区和非标准小区两类。

1.标准小区

为了有效地统一利用各地区径流小区的观测资料,增强数据的可比性,需要建立标准小区。所谓标准小区,指对实测资料进行分析对比时所规定的基准平台,可以是实地现设的小区,也可以是计算中虚设的小区。在我国,标准小区的定义是选取垂直投影长 20 m、宽 5 m、坡度为 10°或 15°的坡面,经耕耙整理后,纵横向平整,至少撂荒 1 年,无植被覆盖。当研究、监测某单一因素对水土流失影响的区域性规律时,通常使用标准小区。例如研究、分析不同地区土壤特性对坡面水土流失的影响时,即可选用标准径流小区。规定了标准小区以后,在进行资料分析时,就可以把所有资料首先订正到标准小区上来,然后再统一分析其规律性。

2. 非标准小区

与标准小区相比,其他不同规格、不同管理方式下的小区都为非标准小区。水土流失是众多自然因素和社会因素综合影响的结果,要分析水土流失发生、发展的机制和过程,并达到预报的目的,则需要研究单个因素对水土流失的定量影响。非标准小区的布设与其研究、监测目的密切相关。

2.1.1.3　根据小区可移动性划分

按小区的可移动性可以将径流小区划分为固定小区和移动小区两类。

1. 固定小区

常见的许多坡面径流小区属于固定小区,建设有固定的小区边埂、径流和泥沙收集设施。这类小区一旦建成,就要长期监测,因而需要精心的维护管理。如在北方比较冷的地区,在越冬以后需要检查小区边埂有无冻裂,边埂是否松动,小区下边挡土墙(放集流设施的地方)有没有因为土体的冻融而出现裂缝等,如发现问题应及时处理,否则会导致监测产生误差,影响监测数据的精度,甚至导致小区破坏而无法观测。

2. 移动小区

根据研究的需要,有时候需要建立移动性很高的临时性径流监测小区,称移动小区。这类小区的边埂、径流和泥沙收集设施可以根据试验地点的变化随时移走。如测定小流域内不同土地利用条件下的土壤入渗速率,可以用铁皮将地面围成几平方米的矩形,将小区的下边缘与径流桶连接。试验开始时在小区内采用人工降雨,土壤入渗速率随着土壤含水量的增大而减小,当降雨强度大于土壤入渗速率时,地表开始产流,记录集流设施内径流量的变化过程。当流入集流设施内的径流量比较稳定时,结束试验。因小区面积不大,坡面径流汇流距离小,汇流时间很短,所以产流以后的土壤入渗速率近似等于降雨强度和产流速率之差。试验结束以后就可以将所有设施移到下一个地点开始新的试验。

2.1.1.4　根据小区内措施划分

按小区内措施可以将径流小区划分为裸地、农地、林地、灌木、草地等多种类型小区,最典型的裸地小区就是标准小区。同时,根据措施的类别还可以划分为工程措施小区(如观测梯田水土保持效益的径流小区)、生物措施小区(如观测林地、草地水土保持效益的径流小区)和农业措施小区(如观测耕作方式、施肥水平对水土流失影响的径流小区等)。

2.1.2　径流小区布设原则及基本要求

根据试验要求,合理选择径流小区的位置,确定其数量与布局,直接影响着试验成果的精度和试验研究的进度。

2.1.2.1　径流小区布设原则

（1）具有较好的代表性。不同侵蚀区域的坡面侵蚀特点及主要影响因素不同,因而规划布设小区时,首先要选择能代表区域侵蚀环境特征的地段。侵蚀环境特征包括地势地貌、土壤类型、土地利用、植被覆盖、人为生产活动等诸多方面。布设小区时应充分考虑上述因素的空间变化,选择具有代表性的典型地段,使监测结果更具代表性。

（2）尽量选取或依托已有的径流小区。径流小区的建设费时费力,固定设备的投入较大。小区建成以后需要有一定数量的技术人员专门管护和收集资料。因此,在小区规划设计时,应尽量考虑水土保持实验站已有的径流小区,在充分利用现有条件的基础上,进行小区的维修、改建和扩建。

（3）监测结果的可比性。土壤侵蚀受众多自然因素和人为因素的影响,而这些因素都具有明显的区域性变化规律,为了使不同区域的监测结果具有可比性,在小区规划时应考虑布设一定数量的标准小区。有了标准小区的监测结果,才能将其他小区的监测结果进行归一化处理,进一步和其他地区的监测资料进行比较分析,得到更为广泛意义上的研究成果。在没有特殊要求时,小区的尺寸应尽量参照标准小区的规格确定。

（4）小区建设应规范化。布设小区的坡面应横向平整,避免径流和泥沙的横向运动,防止小区边埂附近的冲刷、径流溢出小区或泥沙在边埂附近沉积等现象,而增大监测结果的误差。布设小区坡面的土壤、坡度条件应均一,尽量减少小区内的践踏,最大限度地减小各种因素对观测结果的影响。

（5）交通便利,集中建设。小区监测是一项比较繁重的工作,特别是在雨季,需要频繁地取样。日常监测,如降水、土壤水分、小区管理与维护等,同样需要监测人员往返于小区和居住地之间。因此,在小区规划时,应充分考虑交通情况,条件允许时,小区应尽量布设在交通便利的地段。在小区规划、建设时,应尽量将小区集中布设,便于日常管理与维护及道路和排水系统的修建。

2.1.2.2　径流小区基本要求

（1）小区内不透水层埋深相同,无地下水出露于土壤表面,整个场地植被、土壤及底土大致均一;同时具有天然或试验条件下进行观测试验的可能性,例如布设人工降雨设备,用现行的方法耕作土壤,或施行其他水土保持技术措施等。

（2）为了使不同环境区域观测资料有可比性,以及不同小区观测资料归一化,各径流场均必须设置一组标准小区,标准小区面积为 5 m×20 m,坡度为 10°(或 15°)。当拟建小区不是标准小区时,小区的面积没有具体的规定,主要应根据监测目的来确定小区的长度和宽度。非标准小区的形状应尽量保持为矩形,保证径流汇流和泥沙运移条件的均等。小区的长度应根据研究、监测的具体需要确定,而小区的宽度应能保证相关水土保持措施的落实,如要监测顺坡耕作条件下的水土流失,则小区的宽度与沟垄宽度和小区内拟包含的沟垄数目密切相关。

（3）小区观测属 1∶1 比尺的真实观测,因而必须保持自然原始状态,尽量减少人为对地形尤其是对土壤层次的干扰破坏。小区内没有地形地物的扰动,整个坡面无突然破裂和起伏,并尽可能地保持均一,没有滑坡塌陷危险。

（4）小区规划时，要有相当数量的坡度和坡长小区，因为地形因子不易改变，需要先设置好。当坡度在10°以下时，可设3级或4级，如2°、5°、8°或2°、4°、6°、8°；当坡度在10°以上时可等距设置，如10°、15°、20°等。坡长小区一般按自然坡面设置，如丘陵区从分水岭到周边线，分水岭到赤梁坡边线，分水岭到沟坡底边三个坡长小区；在地面倾斜均整的区域，也可在保持坡度不变的情况下，等距设置坡长小区，如20 m、30 m、40 m等。

（5）侵蚀小区各处理必须设置重复（最少需1个）构成一组处理，各处理在径流场内的排列多为对比随机排列，若条件允许也可作对比顺序排列，标准小区组也排列其中。

（6）小区观测应从每年第一次降雨侵蚀开始，到最后一次降雨侵蚀结束。

2.1.3　径流小区组成、功用及要求

2.1.3.1　径流小区组成和功用

小区一般由边埂、排水沟、边埂围成的小区、集流槽、保护带、排水系统、径流和泥沙集蓄设施组成，如图3-2-1所示。

1. 边埂

小区边埂应由水泥板、砖或金属板等材料围成矩形，边埂高出地面10～20 cm，埋入地下30 cm左右。当采用水泥板作为小区边埂时，水泥板的长、高、厚分别为50～60 cm，40～50 cm和5～10 cm。当边埂用砖修建时，其高度和厚度与水泥板的差异不大。国外亦有采用金属板或木板作为小区边界墙的，通常以高出地面10～15 cm，伸入地下15～20 cm为宜。

为了防止边埂上产生的径流直接流入小区，破坏小区内与边埂的紧密接触，当采用水泥板和砖作为小区边埂的材料时，水泥板和砖埂的上缘应向小区外倾斜60°。当用金属板作为小区边埂的材料时，一般多用1.2～1.5 mm的镀锌铁皮。小区边埂埋设完毕后，应将边埂两侧的土壤夯实，尽量使小区土壤与边埂紧密接触，防止小区内径流直接流出小区或小区外径流流入小区等现象发生。

2. 排水沟

排水沟是设置在小区周围、边界墙以外的排水建筑物，以防止周围来水进入区内或淹毁小区。一般距边界墙不少于0.5 m，沟深30 cm，底宽30 cm，但须根据其集水坡地的范围大小，并考虑到最大设计流量。排水沟通常可用混凝土或砖石建造。

3. 边埂围成的小区

由边埂围成的小区是小区径流和泥沙的来源地，也是布设水土保持措施的所在，因此应严格控制小区内土壤的管理措施或水土保持措施，使小区更具代表性。如标准小区内应为清耕休闲地，小区每年按传统方法准备成苗床，并按当地习惯适时中耕，保证没有明显的杂草生长（覆盖度以不超过5%为宜）。

4. 集流槽

小区底端应为水泥等材料做成的集流槽。集流槽表面光滑，上缘与地面同高，槽底向下、向中间同时倾斜，以利于径流和泥沙汇集，不容易发生泥沙的沉积。紧接着集流槽的是由镀锌铁皮、金属管等做成的导流管或导流槽，它将小区和集流设施连接起来，如图3-2-2所示。

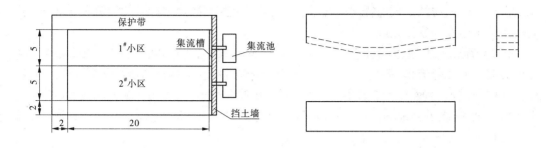

图 3-2-1 径流小区平面布置图 （单位：m）   图 3-2-2 集流槽结构示意图

5. 保护带

在布设径流小区时，小区与小区之间及小区上缘应留有 2 ~ 3 m 的保护带。它是保证小区的代表性、提高观测精度所必需的。同时，在小区观测时，保护带也可以作为观测人员的行走通道。进行人工模拟降雨试验时，可以将人工模拟降雨器支撑在保护带内，以降低人工模拟降雨器安装可能给小区带来不必要的扰动。

6. 排水系统

当径流小区在坡面上集中布设时，设计合理的排水系统十分必要。径流小区的基本功能是收集小区内产生的径流和泥沙。受小区的影响，坡面径流将改变原来的流路，由集流设施集中排放，因而具有较强的冲刷能力。为防止径流集中可能引起的坡面冲刷，小区设计和布设时必须要在集流设施的下部规划、建设排水系统。同时，为防止降水时径流从小区上缘流进径流小区，影响监测结果，在小区建设时，也应适当考虑小区上部坡面径流的拦截和排放。

7. 径流和泥沙集蓄设施

常用的径流和泥沙集蓄设施有集流桶和蓄水池两大类。

2.1.3.2 小区布设基本要求

（1）小区的数目。布设小区的数目与监测目的密切相关。如果监测目的是分析土壤可蚀性因子，那么布设 2 个标准小区就足够了。如果监测的目的是分析坡度对水土流失的定量影响，则应充分调查该地区坡地，使所布设的小区数目能够代表本地区的主要坡度。

（2）小区内拟采取的措施。小区内拟采取的措施，在很大程度上影响了小区尺寸的选择，所以在规划小区时，应明确小区的具体用途，使建设的小区既能保证水土保持措施的完整性，又能满足监测的代表性。

（3）小区的边埂。在修建小区边埂时，要充分考虑小区性质，是临时性的小区还是长期的固定性小区。既要考虑边埂的稳定性、牢固性，又要考虑经济条件，考虑小区建设的投入水平。同时，还应考虑该地区的气候特点，如北方地区冬季寒冷，小区边埂在越冬时会不会出现冻裂等，选择适当的材料。

（4）集流方式。小区规划时，也应考虑小区的集流方式，是采用集流桶还是采用蓄水池。不同的集流方式取样的方法不同，其投入差异也比较大。用蓄水池作为集流设施，降雨后取样、放水、泥沙处理所需时间较长,所以当需要监测次降雨产生的径流和泥沙时,不宜采用蓄水池作为集流设施。

(5)分流箱的类型、大小和级别。当小区面积较大时,小区内产生的径流量很大,因此常常需要安装分流箱,将大部分的径流和泥沙直接排走,集流桶内仅蓄积部分径流和泥沙供取样、分析。而采用什么样的分流箱、分流孔数目是多少、采用几级分流装置,都需要在小区规划时,根据当地的降雨条件、小区设计标准、小区面积等基本资料进行计算,从而确定合理的分流箱类型、大小和级别。

(6)排水系统。如前所述,建立小区后原本分散的坡面径流被汇集到小区集流设施,因而具有更强的冲刷能力,因此在小区布设时应建设合理的排水系统,避免因小区建设带来较大的水土流失。

(7)保护带。在建设小区时,布设适当宽度的保护带是十分必要的,它既能保证小区的观测精度,起到小区与小区间的隔离作用,又能当作监测人员的行走通道,同时可以安装其他试验设备。因此,在小区规划时,应合理安排小区的布设方案,保证每个小区都有各自足够宽的保护带。

2.1.4　径流小区集流系统组成和功用

集流系统是径流小区监测设施的核心,监测精度的优劣在很大程度上取决于集流系统的容量、稳定性和精度。集流系统由集流槽、导流管、分流箱和集流桶(或蓄水池)几大部分组成,如图 3-2-3 所示。

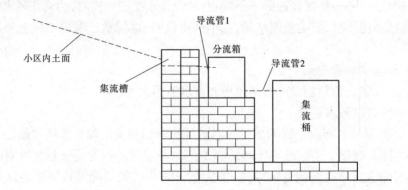

图 3-2-3　径流小区集流系统示意图

2.1.4.1　集流槽

集流槽位于小区的下边缘,主要起汇集径流和泥沙的作用。小区内产生的径流和泥沙经集流槽汇集由导流管流入分流箱。

2.1.4.2　导流管

导流管常用镀锌铁皮或铁管做成,它的尺寸大小取决于小区的大小,能够保证径流流动畅通,不发生壅水即可。当其形状为矩形时,多采用的横断面尺寸为 15 cm × 10 cm。连接分流箱和集流桶的导流管,其形状主要取决于分流孔的排列和形状。

受降雨、土壤、地形、产流、小区面积、小区内水土保持措施等因素的影响,小区径流量差异很大。根据小区径流量的不同,在设计、安装集流系统时,可以考虑单一的集流桶,或"分流箱+集流桶",或"分流箱+分流箱+集流桶"等多种形式。

　　一般,一年的水土流失主要由少数几场大暴雨产生,监测大暴雨下的径流量和泥沙量,对于分析区域水土流失规律、评价水土保持措施效益等方面具有重要意义。集流系统设计的基本原则是集流系统可以容纳设计暴雨所产生的全部(单个集流桶的情况)和部分(分流情况下)径流,不能发生溢流现象。因此,确定合理的设计暴雨和径流深对集流系统的设计至关重要。

2.1.4.3　分流箱

　　分流箱主要有圆筒形和立方形两类。分流箱一般用厚度为 1.2 mm 的镀锌铁皮或厚度为 2~3 mm 的铁板制作而成。圆筒形的分流箱一般直径在 0.6~0.8 m,高度在 0.8~1.0 m。其分流孔离分流箱底部的高度多为 0.5 m。分流孔为直径 3~5 cm 的圆孔,间距在 10~15 cm。为保证分流均匀畅通地流走,分流孔间的距离应该相等,而且分流孔一般布设在离集流桶较近的一侧。立方形的分流箱,尺寸为 0.5~0.7 m,它的分流孔多为宽 2 cm、高 5 cm 的矩形条,也分布在离集流桶较近的一侧,如图 3-2-4 所示。

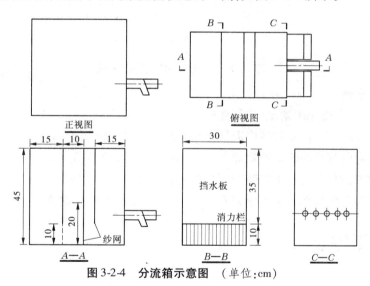

图 3-2-4　分流箱示意图　(单位:cm)

　　分流孔的数目应根据小区面积大小、设计径流深及集流桶的体积来综合确定,以保证设计径流深条件下分流桶不溢流为基本原则。分流孔多分布于分流箱靠近集流桶的一侧,中间一个分流孔与集流桶连接,从该孔中流出的径流被集流桶收集,供进一步取样分析。为保证分流箱均匀分流,常见的分流孔数目都为单数,如 3、5、7、9、11 等。

　　为防止径流中挟带的杂草、树叶等杂物阻塞导流管,在分流箱内应安装纱网或其他过滤设施,纱网的网眼以大于 1 cm² 为宜。

2.1.4.4　集流桶

　　集流桶是收集径流泥沙的基本设施,常用厚度为 1.2 mm 的镀锌铁皮或厚度为 2~3 mm 的铁板制作而成。为了便于搅动径流和泥沙取样,集流桶全为圆形的,尺寸与分流箱相当或略大于分流箱。为防止降水和沙尘直接进入分流箱或集流桶,一般要给分流箱和集流桶安装盖子。与分流箱一样,集流桶的安装也应保持水平。当集流桶由镀锌铁皮制作时,为了稳固一般要在集流桶两侧用铁丝拉住,以防集流桶翻倒。

当径流和泥沙取样完成后,应及时清理集流桶里的径流和泥沙。为了便于排放径流,集流桶的底部应开直径为 10 cm 左右的圆形孔,收集径流时用阀将圆形孔堵住,观测完毕后打开圆孔将径流和泥沙排掉,如图 3-2-5 所示。对于用铁板制作的集流桶,由于其强度比较大,所以可以直接在集流桶底部安装阀门,用阀门直接排放径流和泥沙。

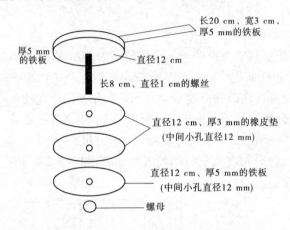

长20 cm、宽3 cm、厚5 mm的铁板

厚5 mm的铁板

直径12 cm

长8 cm、直径1 cm的螺丝

直径12 cm、厚3 mm的橡皮垫(中间小孔直径12 mm)

直径12 cm、厚5 mm的铁板(中间小孔直径12 mm)

螺母

图 3-2-5　集流桶底部结构示意图

2.1.4.5　蓄水池

当收集小区径流采用蓄水池时,此时一般收集小区内产生的全部径流和泥沙,所以蓄水池的容积一般较大,在蓄水池中取样时很难将径流和泥沙搅拌均匀,所以应在不同部位分别取样,最后取其平均值。同集流桶一样,在蓄水池中取样完毕后,应及时将蓄水池内的径流和泥沙放掉,以免和下次降雨产生的径流、泥沙混合,导致不必要的监测误差。所以,当监测目的与次降雨的水土流失有关时,建议一般不要使用蓄水池收集径流。

2.2　观测作业

2.2.1　径流小区观测项目

2.2.1.1　**基本测验项目**

径流小区基本测验项目包括降雨量、降雨强度、降雨历时、径流量、侵蚀产沙量、降雨前后土壤水分剖面变化,按次降雨、日降雨、汛期及全年进行小区产流量、产沙量动态监测,下垫面土壤性质及土地利用状况的变化定期监测(包括土壤入渗性能、抗冲性、作物或林草植被覆盖度、冠层截留量及根系的固土效益等)。

2.2.1.2　**选择性测验项目**

随着人们对环境质量重视程度的日益增长,水土流失引起的面源污染也应成为水土流失监测的重要内容,因此在有条件的地区应定期监测径流和侵蚀泥沙中的氮、磷、钾及有机质的含量等,收集侵蚀泥沙样品,以供其他相关物理和化学测定。同时,应对降雨后细沟和浅沟的侵蚀量进行测量和推算。

2.2.2　普通径流小区观测方法

按要求，一般普通小区只进行总量观测，即在降雨终止后，一次观测其降雨量、径流量和泥沙量。

2.2.2.1　降雨观测

降雨观测仅观测每次降雨的起讫时间和一次降雨总量。

2.2.2.2　径流、泥沙观测

（1）一次降雨径流终止后，首先清除集水槽内的淤泥，倒入接流池（桶）中，再观测接流池（桶）内的泥水位，计算出一次径流的泥水总量。

（2）将接流池（桶）内的泥水搅拌均匀，分别在各池（桶）中采取 1～3 个泥水样，要求各池（桶）的取样相同，每个泥水样取 1 L 左右即可。

（3）将所取的泥水样混合在一起，搅拌均匀，再从中采取 0.5～1.0 kg 水样，作为该小区本次径流计算冲刷泥沙量的总代表样品。当一次径流量较多，在接流池（桶）内搅拌均匀有困难时，则可用采样器分层取样，其泥水样的处理方法与流域河道泥沙测验的水样处理过程相同。

2.2.3　重点径流小区观测方法

重点小区除进行普通小区所观测的项目外，还应观测径流的起讫时间，并分段观测降雨量、降雨强度、径流及泥沙的变化过程等。

2.2.3.1　降雨观测

降雨观测与流域上重点雨量站的观测要求相同。

2.2.3.2　径流观测

（1）采用接流池（桶）观测时，一般要求水位变化 1～2 cm 观测一次，读至 0.5 cm。

（2）采用接流桶配合分水箱观测时，当接流桶未满和未分流时，观测方法同（1）；当分流后，应观测分水后的接流桶内的水位，要求水位变化 1～2 cm 观测一次，读至 0.5 cm。这里接流桶和分水箱一般布设为一组，并按照一定的次序排列；其测验原理是对一次降水产生的径流，通过逐级接流分水，测其部分，推求总量。

（3）若用量水建筑物观测，水位每变化 1～2 cm 或 3～6 min 观测一次。

2.2.3.3　泥沙观测

（1）若用接流设备观测，可分段在集水槽末端接取泥水样；若用量水堰观测，则在堰口下端接取，取样体积在 0.5～1.0 L 即可。

（2）径流终止后，记载径流终止时间，随即扫清集水槽内的淤泥倒入接流池（桶）内，搅拌均匀，采取泥水样，方法和要求与普通小区相同。当用量水建筑物观测时，其总输沙量的求得以及水样处理等均与流域河道的方法相同。

2.2.4　土壤含水量烘干法测定基本步骤

土壤含水量是反映土壤水分状况的特征指标，也是研究降雨和径流关系的一个主要参数。在流域内,土壤含水量的分布极不均匀,一般低洼地大于坡地,阴坡大于向阳坡,深翻保墒的土地大于作物茂盛的耕地等。定期测量土壤含水量,在于随时掌握流域内土壤水分变化情况,为研究降雨径流的时空分布及其变化规律提供资料。土壤含水量的测定方法有烘干称重法、中子散射法、电阻法、γ 射线法、负压计法等,此处仅就烘干称重法进行介绍。

用烘干称重法测量土壤含水量,是最早使用的一种方法。该法设备简单,操作容易,便于掌握,只要在操作过程中严肃认真,严格按规范要求进行,可得到良好的结果,多年来一直被广泛应用。

2.2.4.1　需用仪器设备

测量设备包括:取土钻(筒式钻或螺旋钻)一个;铁锹一把;取土盒及存土盒若干;气温表及小钢尺各一支;取土环刀两个;放土样板一块;500 g 天平或感量 1 g 的台秤一架;切土刀一把;天平一架;烘箱一台;干燥器(带干燥剂)一个;坩埚 2 ~ 3 个(无烘箱时应用);玻璃棒 2 ~ 3 根(无烘箱时应用);酒精(无烘箱时应用)。

2.2.4.2　取土场的选择

地形的高低起伏及地表状况对土壤含水量影响很大,同一时间内在两个不同的地方取土,成果则不一样。一般来说,取土场应固定在一个区域内,这一区域能代表该地区的一般情况,即区域内的土质、地下水等应具有代表性。同时,取土地点不要靠近道路、池塘、洼地、沟道等。在小河沟试验中,应按坡上、坡下布设;在汇流沟的两侧要对应布设,如图 3-2-6 所示。重点试验场布设常年取土点。

2.2.4.3　取土方法

使用筒式或螺旋钻取土,其中以筒式钻较好。必要时应定期用试坑法取土,即挖坑分层取土。

(1)取土时间。雨前先取土 1 次,雨后第 1、3、5、7、9 等日取土;若继续无雨,每间隔 5 d 取土 1 次。重点试验区,取土垂线多为双线,以提高资料精度。

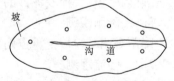

图 3-2-6　汇流沟两侧取土场布设

(2)取土深度。取土深度一般按土层厚度或按土壤含水量变化较显著的土层厚度而定,在南方山区,一般土层较薄,有些土层厚度只有 30 cm 左右,根据实践,取土深度一般为 50 cm,最多取至 70 cm,不足 50 cm 的土层应取至基岩。

(3)垂线上取土点分布为 5 cm、15 cm、25 cm、35 cm、45 cm…,各点的取样分别代表 0 ~ 10 cm、10 ~ 20 cm、20 ~ 30 cm、30 ~ 40 cm、40 ~ 50 cm…不同层次的含水量。每个测点取土分盛于 2 ~ 3 个盒内,每盒土重不少于 20 g。取土样时,要去除草根、石头或其他杂物;取土后,应回填,使取土点不留一取土孔。

(4)取土时要记录取土时间,注明此次取土为雨后第几天,每次取土要固定为每日 8 ~ 9 时,一般不要中午取土。中午气温高、光照强、水分易蒸发。连续降雨时,待雨停 2 h 后取土。

(5)野外取土时,刮开表层,顺时针旋转土钻,当土钻钻入深度达到要求时,轻轻回转土钻,同时将土钻慢慢拔出。用剖面刀采集钻内不同位置土样,将其装入质量为 w_b 的铝盒内,为保证精度,一般取样不少于 3 组。

2.2.4.4　土样处理

（1）称重。取土盒必须编号,土样取回后,立即将盛有土样的取土盒放在 1% 感量的天平上称重,所得的质量为 w_w（ = 盒质量 + 湿土质量）。

（2）烘干。将称好的湿土样放入烘箱中,在 105 ~ 110 ℃ 温度下烘干 6 ~ 8 h。

（3）冷却。将烘干的土样取出放在干燥器内冷却,待冷却后立即称质量,称得质量为 w_d（ = 盒质量 + 干土质量）。称质量时,若发现烘干前与烘干后的质量有反逆现象,应查明原因,及时处理。

2.2.4.5　含水量计算

（1）含水重 $= w_w - w_d$。

$$含水率(W) = \frac{w_w - w_d}{w_d - w_b} \times 100\% \tag{3-2-1}$$

（2）计算分层土壤含水量 S_i。

$$S_i = kW_i\gamma_d h_i \tag{3-2-2}$$

式中　S_i——第 i 层土壤含水量,$i = 1, 2, 3, \cdots, h$;

　　　γ_d——土壤干密度,g/cm³;

　　　k——换算系数,当 h 的单位为厘米时,$k = 0.1$,当 h 的单位为分米时,$k = 1$;

　　　W_i——土壤含水率,如 $W_i = 20\%$ 时,$W = 20$;

　　　h_i——第 i 层土层厚度。

（3）土层总含水量 S。

$$S = \sum_{i=1}^{n} S_i \tag{3-2-3}$$

在进行上述操作过程中,应进行相应记录工作,记录如表 3-2-1 所示。

表 3-2-1　土壤水分测定记录表

试验名称：　　　　　　　　　　　　　　　　测定日期：　　年　月　日

土层深度（cm）	盒号	湿重（g）	干重（g）	盒重（g）	含水率（%）

测定人：　　　　　　　　　　　　　　　　审核人：

2.2.5 泥沙的基本知识

2.2.5.1 泥沙粒度分析的基本概念

"径"或"直径"是几何学中圆形和球体通过"心"而交于边界的直线,是专有的概念,按此严格说来,非圆或球的不规则形体难以简单地用直径表述其几何特征。河流泥沙颗粒形状各式各样、千奇百怪,如何详细描述和总括其几何特征虽多有探索但很是烦琐也终难完善,目前基本上还是对比同质(密度)球体的几何物理反映,将与其几何物理反映等效的球体的直径看作不规则泥沙颗粒的直径。例如,将泥沙颗粒体积看作球体体积反算直径的体积等值粒径(等容粒径),将泥沙颗粒某方位的投影面积看作球体投影面积反算直径的投影面积等值粒径(等投影面积粒径),将与泥沙同密度且在同一介质中具有相同沉降速度球体的粒径看作泥沙颗粒粒径的沉降等值粒径,用筛孔尺寸的"筛径"分开小于(通过)和大于(通不过)"筛径"的颗粒等。

河流泥沙的粒径单位一般用 mm,也可用 μm 表示。

泥沙群总体中不同粒径级颗粒子群所占的比例通常称为级配,河流泥沙级配一般用小于某粒径的沙量占总沙量的百分比(%)描述。如果泥沙群中的密度确定一致,在质量之比的分子分母式中约除去密度后即为体积之比,因此用小于某粒径的沙群体积占总沙群体积的百分比(%)描述级配,也等同于小于某粒径的沙量占总沙量的百分比(%)描述级配。

河流泥沙颗粒群中颗粒粒径大小的差别可能很大或说粒(径)谱很宽,为粒度描述或分析作业的方便,我国《河流泥沙颗粒分析规程》(SL 42—2010)规定粒径级宜按 Φ 分级法划分,Φ 分级法基本粒径级(mm)为:0.001、0.002、0.004、0.008、0.016、0.031、0.062、0.125、0.25、0.50、1.0、2.0、4.0、8.0、16.0、32.0、64.0、128、250、500、1 000。也可采用其他分级法划分,我国水文界对河流泥沙的命名如表3-2-2所示。

表 3-2-2　河流泥沙分类命名

类别	黏粒	粉砂	砂粒	砾石	卵石	漂石
粒径范围(mm)	<0.004	0.004~0.062	0.062~2.0	2.0~16.0	16.0~250.0	>250.0

河流泥沙粒度分析有多种方法,泥沙粒度分析方法的适用粒径范围及沙量要求规定如表3-2-3所示。

(1)对于适合表3-2-3规定的粒径范围的沙样,应直接选用相应分析方法实施颗粒分析。

(2)对于粒径范围较宽,超出某一种分析方法的沙样,可选用几种方法分别测定,并进行成果衔接处理。

(3)同一个水系流域或同一卷册水文年鉴资料的泥沙颗粒分析方法宜一致。

(4)泥沙分析室应根据选择的分析方法配备完善的测试设备。

表 3-2-3　泥沙粒度分析方法的适用粒径范围及沙量要求规定

分析方法		测得粒径类型	粒径范围（mm）	沙量或浓度范围		盛样条件
				沙量（g）	质量比浓度（%）	
量测法	尺量法	三轴平均粒径	> 64.0			
	筛分法	筛分粒径	2.0 ~ 64.0			圆孔粗筛,框径 200/400 mm
			0.062 ~ 2.0	1 ~ 20		编织筛,框径 90/120 mm
				3.0 ~ 50		编织筛,框径 120/200 mm
沉降法	粒径计法	清水沉降粒径	0.062 ~ 2.0	0.05 ~ 5.0		管内径 40 mm,管长 1 300 mm
			0.062 ~ 1.0	0.01 ~ 2.0		管内径 25 mm,管长 1 050 mm
	吸管法	混匀沉降粒径	0.002 ~ 0.062		0.05 ~ 2.0	量筒 1 000/600 mL
	消光法	混匀沉降粒径	0.002 ~ 0.062		0.05 ~ 0.5	
	离心沉降法	混匀沉降粒径	0.002 ~ 0.062		0.05 ~ 0.5	直管式
			< 0.031		0.5 ~ 1.0	圆盘式
激光法		衍射投影球体直径	2×10^{-5} ~ 2.0			烧杯或专用器皿

2.2.5.2　泥沙运动的概念与分类

泥沙在河流水流作用下具有两种运动形式:一种是沿河底滑动、滚动或跳跃,称为推移质;另一种是被水流挟带随水流悬浮前进,称为悬移质。泥沙的运动形式与水流状况和泥沙粗细有关,简略说来,在一定的水势流速下,相应的较细颗粒成为悬移质,较粗的颗粒成为推移质;对一定的颗粒,流速大成为悬移质,流速小成为推移质。由于天然河道中同一河段流速随时间不断变化,此外,流速也沿程变化,各河段及各时段在流速较小时,细砂也可呈推移形式运动;而流速增大时,粗砂也可转化为悬移质。一些特殊情况,如在流速较大的急滩,细砂、粗砂可能都悬浮而无推移;在流速较小的壅水河段,原来处于悬浮状态的泥沙也可转化为推移质甚至沉降下来,原来的推移状态也可停止运动沉积下来,使全部或上部水流澄清成为不含泥沙的清水。因此,实际情况中推移质和悬移质处于不断调整中,情景甚是复杂。虽然河流泥沙运动状态不能单纯按粒径大小来划分,但总括分析一些一般水力条件下的观测资料,形成的概念是,对于粒径大于 2.0 mm 的砾石和卵石,除在流速特大时,偶尔在近底层悬浮外,一般呈推移形式运动;对于粒径小于 0.05 mm 的粉砂和黏土,由于它自重和表面积之比极小,表面力(固体表面接触液体出现的亲和力)大于重力,一般呈悬浮状态随水流运动;粒径为 0.05 ~ 2.0 mm 的沙粒,既可推移,也可悬浮,其运动状态决定于泥沙粒径的大小和它所处的水力条件。

国际标准(ISO)定义的河流泥沙输移分类如图 3-2-7 所示。

图 3-2-7 中全沙是指通过某一过水断面的全部泥沙。从泥沙向下游输移的观点讲,全沙包括悬移质和推移质两种;从泥沙来源观点讲,全沙包括床沙质和冲泻质。

图 3-2-7　河流泥沙起源输移分类图

2.2.5.3　水流挟沙力的概念

在一定水流与河床组成条件下,通常将悬移质中属于床沙部分的饱和含沙量,称为水流挟沙力。武汉水利电力学院张瑞瑾等分析研究与水流挟沙能力相应的断面平均含沙量,得出

$$\overline{C}_s = K \left(\frac{\overline{v}^3}{gd\omega} \right)^m \tag{3-2-4}$$

式中　$\overline{C}_s$——与水流挟沙能力相应的断面平均含沙量,kg/m^3;

　　　$\overline{v}$——断面平均流速,m/s;

　　　$\overline{d}$——断面平均水深,m;

　　　ω——泥沙沉速,m/s,与泥沙粒径大小和水温有关;

　　　g——重力加速度,m/s^2;

　　　K,m——常数,由实测资料推算。

式(3-2-4)属于经验公式且仅适用于天然泥沙。其结构特点表明,河流流速大、泥沙颗粒沉速小、水深浅则挟沙能力强,这与直觉认知相符合。

水流挟沙能力是河流泥沙力学的重要概念,研究者很多,总结的公式也很多,各来自并适应不同的河流条件,统一成普遍使用的公式还比较困难。

对水流挟沙能力适合范围的认知也有不同,有认为水流挟沙能力只限定在悬移质的床沙质,有认为可限定在悬移质,也有认为应包括悬移质和推移质。

水流挟沙能力一般指各级颗粒的沙源均充足条件下的平衡含沙量,并不代替水流的实际含沙量,各级颗粒的沙源不充足实际会出现"非饱和输沙",条件特殊时也会出现"超饱和输沙"。但是,水流挟沙力仍是分析河床冲淤或平衡问题的常用概念,如一般认为,当水流挟带的悬移质泥沙超过河段的水流挟沙力时,这个河段必将发生淤积;反之,则会形成冲刷。

2.2.5.4　含沙量、输沙率的概念、符号和计量单位

含沙量是度量浑水中泥沙所占比例的概念,最常见的是用泥沙质量与浑水体积的比例来表达,具体表述为"单位体积浑水内所含悬移质干沙的质量称为质量体积比含沙量",通常的符号为 S 或 C 或 C_s,计量单位为 kg/m^3 或 g/L 及 g/m^3 或 mg/L 等。

这种表述也提供了含沙量的一种测算方法,即若在浑水水流中取得一个水样,测量得其体积为 V_{hs},泥沙质量为 W_s,则水样的含沙量可由式(3-2-5)求出

$$S = \frac{W_s}{V_{hs}} \tag{3-2-5}$$

含沙量的另外两种表达是：①单位体积浑水内所含悬移质泥沙的体积称为体积比含沙量，通常的符号为 S_v；②单位质量浑水内所含悬移质干沙的质量称为质量比含沙量，通常的符号为 S_w。这两种表达的特点是无量纲单位，在有些理论研究中使用比较方便。

借助水的密度 γ_w、干沙的密度 γ_s，可以推出上面几种含沙量表述的换算关系：

$$S = \gamma_s S_v = \frac{\gamma_w S_w}{1 - (1 - \gamma_w / \gamma_s) S_w} \tag{3-2-6}$$

$$S_v = \frac{S}{\gamma_s} = \frac{\gamma_w S_w}{\gamma_s - (\gamma_s - \gamma_w) S_w} \tag{3-2-7}$$

$$S_w = \frac{S}{\gamma_w + (1 - \gamma_w / \gamma_s) S} = \frac{\gamma_s S_v}{\gamma_w + (\gamma_s - \gamma_w) S_v} \tag{3-2-8}$$

从上面的几种表述可知，在河流泥沙中含沙量的概念一般限定在悬移质、推移质和床沙无含沙量的说法。

含沙量和特定因素或条件组合及进行统计计算会衍生出很多落脚含沙量的概念术语，如考虑流速的输移含沙量，考虑空间位置的测点含沙量、垂线平均含沙量、断面平均含沙量及单样含沙量，时间统计的日（月、年）断面平均含沙量等。

单位时间内通过河流某一断面的泥沙质量称为输沙率，有悬移质输沙率、推移质输沙率和全沙输沙率等具体的概念术语，床沙不参与输移，故无床沙输沙率的说法。

输沙率通常的符号为 Q_s、q_s，单位为 g/s 或 kg/s 或 t/s 等。

断面悬移质输沙率 Q_s、断面平均含沙量 S 和流量 Q 的基本关系为

$$S = \frac{Q_s}{Q} \tag{3-2-9}$$

对于一次断面悬移质泥沙测验，若将测算的目标量确定为断面平均含沙量，经典的测验方法是所谓的"输沙率法"。基本做法是，根据一般的断面流速、含沙量分布不均匀的特点，在断面布置测验垂线，在垂线选择测点，测验（测定）各点含沙量，通过对断面各点含沙量和所代表的流量（流速、面积等因素）区域计算区域输沙率，继而统计出全断面的输沙率 Q_s，从而由式（3-2-9）计算 S。输沙率法推算的断面平均含沙量考虑了区域流量（流速、面积等因素），符合部分流量加权原理。在此基础上衍生出许多断面平均含沙量 S 的测算方法，也可试验研究新的方法，《河流悬移质泥沙测验规范》（GB 50159—2015）要求"采用不同的悬移质输沙率测验方法测定断面平均含沙量，均必须符合部分流量加权原理和精度要求"。

推移质泥沙测取过程中，可以将水、沙分离，在测验位置测算得到的一般是"单宽输沙率"，进而统计计算全断面输沙率。

2.3 数据资料记载与整理

2.3.1 径流小区计算成果

2.3.1.1 泥水量计算

泥水量（cm³）= 接流池（桶）的面积（cm²）× 接流池（桶）的水深（cm） （3-2-10）

$$总泥水量(cm^3) = 各接流池(桶)泥水量的总和 \qquad (3\text{-}2\text{-}11)$$

$$时段泥水量(cm^3) = 接流池(桶)面积 \times 相邻两侧水位读数之差 \qquad (3\text{-}2\text{-}12)$$

若采用接流桶配合分水箱观测,则分流前的时段泥水量计算与式(3-2-12)相同,分流后按式(3-2-13)计算

$$时段泥水量 = 分水孔数 \times 接流池(桶)相邻两次水位读数之差 \times$$

$$接流池(桶)面积 \times 分流修正系数 \qquad (3\text{-}2\text{-}13)$$

若采用量水建筑物观测,则按式(3-2-14)计算

$$时段泥水量 = 时段泥量(cm^3/s) \times 时段历时(s) \qquad (3\text{-}2\text{-}14)$$

2.3.1.2　清水率

$$清水率 = 1 - \frac{含沙量(g/cm^3)}{泥沙密度(g/cm^3)} \qquad (3\text{-}2\text{-}15)$$

2.3.1.3　径流量计算

$$径流量(L/hm^2) = \left[总泥水量 \times 清水率 - \frac{池槽面积(cm^2) \times 降雨量(cm)}{1\,000} + 池槽下渗和蒸发量 \right] \times$$

$$\frac{1\,000}{小区面积(m^2)} \qquad (3\text{-}2\text{-}16)$$

2.3.1.4　冲刷量计算

$$冲刷量(kg/hm^2) = 泥水总量(L) \times 含沙量 \times \frac{1\,000}{小区面积(m^2)} \qquad (3\text{-}2\text{-}17)$$

2.3.2　径流小区日常维护和管理

径流小区观测的径流、泥沙资料是研究土壤侵蚀规律、评价水土保持措施效益的基本依据,观测资料的准确性、可靠性会直接影响到研究结果的科学性及观测数据的可利用率。因此,加强小区的日常维护和管理是十分必要的。

2.3.2.1　雨量计

(1)检查普通雨量计和自记雨量计内有无杂物(如树枝或泥沙等),如有杂物则须及时清理或清洗。

(2)检查自记雨量计的画线情况,及时换记录纸,及时加墨。如出现时钟或虹吸管损坏等机械故障,应及时替换或修理。

(3)对于电子自记雨量计,下载数据要勤,避免以前的数据被后续数据覆盖;要经常检查翻斗内有无泥沙,如有应及时清洗;要及时检查、更换数据采集器的电池。

(4)经常检查雨量器安放是否水平,如发现问题应尽快调整雨量器,使雨量器尽量保持水平状态。

(5)检查雨量器周围杂草的生长状况,如发现雨量器附近有比较高大的杂草、灌木等,应及时清理。

(6)当为季节性观测时(如北方地区的冬季),为防止雨量器的意外破坏,应将雨量器及时拆除,需要观测时重新安装。

2.3.2.2　集流系统

(1)降雨产流过程中,小区内的杂草等杂物可能会随同径流一起进入分流箱,引起分

流孔堵塞,因此要经常检查分流箱内分流孔有无堵塞,如有堵塞应及时清理,并清洗分流孔。

（2）受多种因素的影响,可能出现分流箱不水平情况,直接影响分流孔分流的均匀性,进一步影响监测精度（因为集流桶的监测结果会放大分流箱的分流误差）。因此,要经常检查分流箱是否水平,如有问题应及时调整。

（3）取完径流、泥沙样后,应及时清理沉积在分流箱里的泥沙。

（4）由镀锌铁皮制作的集流桶,由于其强度不够,所以只能采用底阀来放水,在放完水后,应及时将阀门安好、安牢。同时,应经常检查放水阀是否漏水,发现问题及时处理。

（5）为了避免沙尘、树枝、杂草等杂物进入分流箱或集流桶,采样完毕后应及时将盖子盖上。

（6）受冷热交替或其他原因的影响,可能引起集流桶和分流箱漏水,因此要经常检查是否有漏水现象。

（7）集流桶是否水平,会影响径流深度的监测精度,因此要经常检查集流桶是否出现倾斜现象,如有问题应及时处理。

（8）集流槽内可能经常会出现侵蚀泥沙的沉积或生长杂草,应及时清理集流槽,使之畅通。导流管与集流槽、导流管与分流箱连接的地方,容易出现破裂、漏水等问题,要经常检查、处理。

2.3.2.3　小区

（1）因监测目的不同,小区内的处理可能差异很大。应根据监测目标的需要,经常维护小区,使之保持监测目标要求下的耕作方式和植被覆盖等基本条件,保证监测小区的一致性。

（2）小区的边埂可能因径流冲刷、冻土消融、意外碰撞等原因而产生倾斜,严重时可能出现漏水现象,影响监测精度。所以,要经常检查小区的边埂,特别是在春天开始观测以前更是如此。

（3）降雨发生后,应查看径流的流路,检查是否出现径流横向流动现象,如出现说明小区横向坡面不平整,应及时处理。

（4）为提高监测结果的代表性,应尽量减少对小区地表的扰动,有条件的地方,应设置围栏,防止牲畜等闯入小区。

（5）如在小区内测定土壤水分,测定完毕后应尽量恢复地表状况,特别是用土钻取土后,一定要及时回填钻孔。

2.3.2.4　排水系统

排水系统是保证小区安全、防止径流集中冲刷的根本措施。暴雨过后,应检查排水系统是否安全,有无边坡倒塌、严重淤积等,如发现安全隐患,应及时处理。

2.3.2.5　保护带

为了保证小区的代表性,应尽量维持保护带和小区内条件的相似性。同时,保护带也是小区观测的通道,经常受到践踏,入渗性能较差。降雨时产生的较多径流,可能导致保护带受到比较严重的冲刷,应及时回填,保持保护带的平整。

模块 3　控制站观测

3.1　控制站维护

3.1.1　小流域控制站布设与要求

小流域泥沙测验是一项长期的流域监测工作,中小流域水土流失监测主要应用径流泥沙测验和气象观测,辅以野外调查来实现。小流域径流泥沙测验是依靠设立在流域出口的径流泥沙观测站实现的,该站也称卡口站或控制站。径流泥沙测验站需要配备量水建筑、水位测量和泥沙测量三项基本设施,通过卡口站或控制站的水位、流量和泥沙等测验,得到小流域某时段的水土流失数量,经过整理和分析计算出流域水土流失数量、不同措施水土保持效益和不同程度治理的观测对比,为水土保持治理、规划设计提供依据。

3.1.1.1　测验站址选择与要求

为确保观测质量,提高观测资料精度,选择观测站址十分重要。根据世界气象组织建议和多年观测实践,站址的水流特征应满足下列条件:

(1)河床比降均一,无弯道和宽窄变化,水流流动顺畅的河段,保证点流速相互平行,分布均匀。

(2)在设置量水堰的上游有长 30 m 以上的平直段,下游有 10 m 左右的平直段,且不受回水影响,以保持断面稳定,提高测流精度。

(3)河床面应尽量无巨大凸石和凹穴,河岸杂草稀疏低矮,保证不影响水流,使河道内流速均匀、稳定。

(4)要选在大支沟交汇的下游,靠近下游沟口,以控制全流域;同时注意选交通、管理便利的区段作为站址。

(5)由于流域监测工作是一项长期的工作,因此除试验观测设施建设布设外,其他生活福利建设应统一规划建设。

3.1.1.2　测验站布设原则

要监测和掌握不同地区的水土流失状况、变化规律,就要设立相当数目的测验站,并科学、合理地规划控制站,构成在地理上的分布网络,才能为不同地区水土保持服务。一般来说,布设控制站应遵循以下原则:

(1)区域布设原则。由于水土流失受多因素影响,在区域上存在着显著的差异,所以要求观测流域的水、沙变化信息应能代表某区域的流失特征,并与水土保持状况相吻合,因此按区域原则布设测站是必要的,即根据气候、下垫面等自然地理特征分区设置,如黄土高原区、北方山地区、南方山地丘陵区、四川盆地周围山丘区和云贵高原区,以及区内的差异进一步划分的次级区,如黄土高原划分的黄土丘陵沟壑区、黄土高塬沟壑区和黄土台塬区等。

（2）分类布设原则。要坚持分类布设原则,即按不同的土地利用、地形、土壤、地面组成和不同治理措施及治理程度等进行分类,在分类的基础上选有代表性的流域布设观测站。分类布设测站能阐明不同下垫面的流失特征、水土保持效益,是区域内依据下垫面的差异进行分类治理的依据,因而成为布设测站的重要原则之一。

（3）资源共享原则。测站布设还要与现有水文站、水土保持实验站、生态站及其他观测站相结合,尽量互相兼容、资源共享,以减少资金、人力浪费和管理的烦琐。

3.1.2 测站水位观测设备

水尺是水位观测的基本设施,按形式可分为直立式、倾斜式、矮桩式和悬锤式四种。其中,以直立式水尺构造最简单,且观测方便,为一般测站普遍采用。

3.1.2.1 水尺

1. 直立式水尺

直立式水尺一般由靠桩与水尺板组成。靠桩可用木桩、型钢、铁管和钢筋混凝土桩等材料,并尽可能做成流线形;水尺板可用搪瓷或木尺板制作。有坚固岩石或混凝土块石的河岸、桥梁、水工建筑物等可利用的测站,也可将水尺刻度直接涂绘或将尺板装设在这些建筑物上。

2. 倾斜式水尺

倾斜式水尺一般是将尺板固定在岩石岸坡、水工建筑物上,或直接在斜面上涂绘水尺刻度,设置时可用水尺零点高程的水准测量方法,在水尺板或斜面上测定几条整分米数的高程控制线,再在其间按比例内插各个需要的分划刻度,如图 3-3-1 所示。

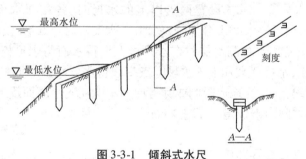

图 3-3-1 倾斜式水尺

3. 矮桩式水尺

矮桩式水尺由矮桩与测尺组成,如图 3-3-2 所示。矮桩的材料和入土深度等与直立式水尺靠桩相同。桩顶一般高出地面 5~20 cm,木矮桩顶面应加直径 2~3 cm 的金属圆头钉,以便放置测尺。河床为坚固岩石时,矮桩可用凿孔浇注铁钉(或管、轨)做成。两相邻矮桩顶的高差一般应在 0.4~0.8 m,平坦河岸可在 0.2~0.4 m。测尺一般可用硬质木料做成,最小刻度为 1 cm,下端包白铁皮。流速较小的站,为减少壅水影响,可将测尺做成棱形截面。

4. 悬锤式水尺

悬锤式水尺通常利用坚固陡岸、桥梁或水工建筑物的岸壁设置。以带重锤的悬索（皮线或细钢丝绳等）测量水面距离某一固定点的高差计算水位，如图3-3-3所示，悬锤的重量应能拉紧悬索，悬索在工作状态下的伸长误差应小于1 cm。水尺应力求坚实耐用，设置稳固、利于观测、便于养护、保证精度。测站采用何种形式的水尺，可视河床土质和稳定程度、断面形状及水流情况而定。

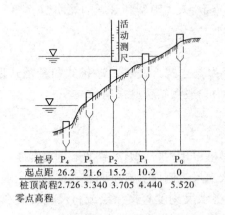

| 桩号 | P₄ | P₃ | P₂ | P₁ | P₀ |

（表：桩号、起点距、桩顶高程）

桩号　P₄　P₃　P₂　P₁　P₀
起点距　26.2　21.6　15.2　10.2　0
桩顶高程　2.726　3.340　3.705　4.440　5.520
零点高程

图3-3-2　矮桩式水尺　（单位:m）

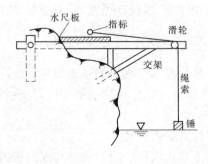

图3-3-3　悬锤式水尺

5. 水尺布置

确定水尺形式后，应根据历年水位变幅，本着满足使用要求，保证观测精度与设置经济安全的原则，安排各支水尺的位置与观测范围。水尺的观读范围，一般应高于和低于测站历年最高、最低水位0.5 m。设置两支以上的水尺时，各相邻水尺的读数范围应有0.1～0.2 m的重合，当风浪大时重合部分应增大。水尺板固定好后，及时测量0刻度的高程（零点高程），记录备用。观测水位时在水尺板上读得水面与水尺板交接的刻度数（水尺读数）并立即记载，水尺读数加上该水尺零点高程得水位数值。同一组的各支水尺，应尽量设在同一断面线上，当受地形限制或其他原因不能在同一断面线上设置时，其最上游与最下游两支水尺之间的水位差不超过1 cm。

6. 水尺编号

水尺设置后应进行编号，以免观读时记错。编号包括组号与支号。组号代表水尺的名称，用下列字母表示：P—基本水尺；C—流速仪测流断面水尺；Z—比降水尺；设在重合断面上的水尺编号，按P、C、Z顺序，选用前面一个。如基本水尺兼流速仪测流断面水尺，组号用"P"；支号代表同一组内各支水尺的编号，用阿拉伯字母表示。如P₁即代表第一支基本水尺，支号按设立水尺的先后时序编号。

3.1.2.2　浮子式水位计

浮子式水位计是利用水面浮子随水面一同升降，并将它的运动通过比例传送给记录装置或指示装置的一种自记仪器。该类水位计设备装置由自记仪和自记台两部分组成。自记仪由感应部分、传动部分、记录部分、外壳等组成，结构示意如图3-3-4所示。自记台按结构形式和在断面上的位置可分为岛式、岸式、岛岸结合式等。

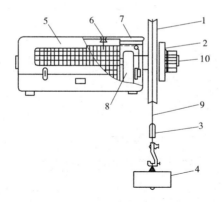

1—1:2水位轮;2—1:1水位轮;3—平衡锤;4—浮子;5—记录纸;6—笔架;
7—导杆;8—自记钟;9—悬索;10—定位螺帽

图 3-3-4　浮子式水位计自记仪结构示意图

图 3-3-5 为岸式浮子式水位计示意图。岸式浮子式水位计由设在岸上的测井、仪器室和连接测井与河道的进水管组成,可以避免冰凌、漂浮物、船只等的碰撞,适用于岸边稳定、岸坡较陡、淤积较少的测站。岛式自记台由测井、支架、仪器室和连接至岸边的测桥组成,适用于不易受冰凌、船只和漂浮物撞击的测站。岛岸结合式自记台兼有岛式和岸式的特点,与岸式自记台相比,可以缩短进水管,适用于中低水位易受冰凌、漂浮物、船只碰撞的测站。

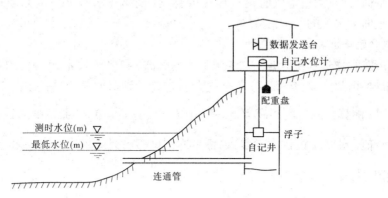

图 3-3-5　岸式浮子式水位计示意图

3.1.2.3　超短波无线远传水位计

有线远传水位计要架设电线,不但费工、成本高,而且经雷击、暴雨袭击很容易损坏,从而维修工作量大。因此,有必要发展超短波无线远传水位计,其仪器工作原理如图 3-3-6 所示。

3.1.2.4　水位遥测计

遥测是对远方设备进行控制、测量和监视,水位遥测是对远距离的水位升降变化进行测量。该遥测装置由测量、传输、接收显示三部分构成,如图 3-3-7 所示。遥测计是远传装置的一个部分。遥测是把水位的参数进行远距离测量,首先由传感器测出水位变化的

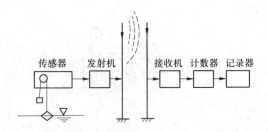

图 3-3-6　无线远传水位计示意图

某些参数,并转变成电信号,然后应用数据传输终端,进行显示、记录、处理等。

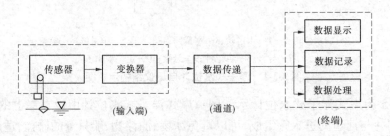

图 3-3-7　水位遥测计示意图

3.1.2.5　气泡式压力水位计

气泡式压力水位计是通过气管向水下的固定测点通气,使通气管内的气体压力和测点静水压力平衡,通过测量通气管内气体压力感测的水深(水密度一定),水深加通气固定测点的高程即为水位的数值。

3.1.2.6　气介超声波和雷达水位计

气介超声波和雷达水位计是一种把声波(电磁波)和电子技术相结合的水位测量仪器。其原理是根据超声波(电磁波)在空气介质中传递到水面又返回到发射(接收)点的速度 v 和时间 t 测算所经过的距离 H(一般由 $H = \dfrac{1}{2}vt$ 计算),仪器基准高程减去此距离即为水位的数值。影响 v 的因素较复杂,需要专门试验研究或借用已有成果。

3.1.3　测站量水建筑物

流量测验是水土流失测验的一个重要要素,也是推算径流、输沙的基础资料。流量测验方法很多,其中量水建筑物法是水土流失测站的基本方法,应用比较普遍,它可以就地施工,或预制成装配式构件;可做成固定式,也可做成活动式。量水建筑物主要有量水槽和量水堰、人工控制断面等。

量水槽测流不会使天然的流量过程发生变形,最适应于含沙量大、周期性干枯、洪水变化急剧的小河上;量水堰的测量精度比量水槽高,对含沙量低、比降大的河道效果较好,但其对天然径流有调节作用。

3.1.3.1　量水槽的设置

标准的量水槽由进水段、出水段和喉道三部分组成,如图 3-3-8 所示。其各个部分的尺寸大致保持一定的比例,通常由喉道宽度 W 决定其他部分尺寸,即

进水段长度	$L = 0.5W + 1.2$	(3-3-1)
进水段斜边长	$A = 0.51W + 1.22$	(3-3-2)
进口宽	$B = 1.2W + 0.48$	(3-3-3)
出口宽	$B_1 = W + 0.3$	(3-3-4)

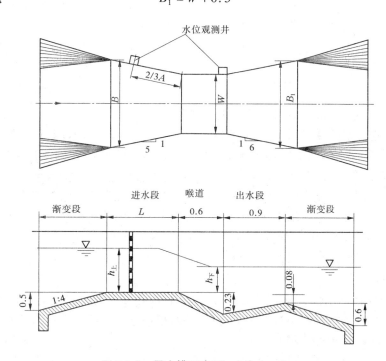

图 3-3-8　量水槽示意图　（单位：m）

式中单位均以 m 计。喉道宽度 W 一般有一定的规格,变化于 $0.25 \sim 3.0$ m。量水槽的测流范围在 $0.006 \sim 6.990$ m³/s。设置建造的量水槽一般应满足下列要求:

(1)量水槽的纵轴应与河流的平均流向一致。它所在河段应顺直且水流平稳,顺直段长度最好不少于河宽的 $5 \sim 10$ 倍,并有规则的槽形、横断面和一致的比降。

(2)设置量水槽的河段应不受变动回水的影响,下游最好没有其他壅水的障碍物或类似作用的急剧弯道。

(3)量水槽的各部尺寸和槽底比降应保证符合设计尺寸和技术要求,否则应就整个水位变幅内对其水位流量关系进行全面检定。

(4)设置量水槽时,槽上应装有观测或推算逐日流量所用的水尺或自记水位计;水尺或自记水位计的进水口应位于进水段内,与喉道的距离为进水口长度的 2/3。

3.1.3.2　量水堰的设置

常见的量水堰主要由溢流堰壁、堰前引水渠(或水池)以及护底等几部分组成。按堰顶和堰口形状的不同,可分为三角形堰、梯形堰、矩形堰和抛物线形堰。

三角形堰是具有三角形堰口的薄壁堰,堰口为锐缘,角度一般为 60°、90°、120° 等,如图 3-3-9 所示。梯形堰是具有上宽下窄的梯形缺口薄壁堰,缺口为锐缘,锐缘倾斜面向下游。堰口边坡比通常有 1:4 和 1:1 两种。梯形堰的结构形式如图 3-3-10 所示。

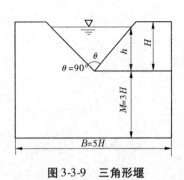

图 3-3-9　三角形堰

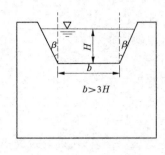

图 3-3-10　梯形堰

量水堰的设置,一般应尽可能遵循下列规定:

(1)为了把下渗和旁渗水量减少到最小程度,堰底应设置截水墙,且最好伸至不透水层。堰口附近的迎水墙两侧应伸入河岸至少 0.5 m,以保证与天然的河岸连接紧密。

(2)堰壁平整,且垂直于平均流向,铅垂于水平面;在平面上水流动力轴线应通过堰口的对称中心;同时堰壁应磨光或涂以油漆,以防止生锈和保证在水头很小时堰流水舌仍能自由跌落,而不致贴附在堰壁上。万一出现这种现象,即停止用量水堰测流。

(3)堰口边缘应锐利,堰坎高出堰前的河底或引水渠底不应小于 0.5 m,堰前水流应呈直线流动。当最大流量通过时,堰前渐近流速最好不超过 0.25 m/s,溢流水舌下面应保证空气有自由通道。

(4)水尺或自记水位计应位于堰口上游相距为最大水头 2 倍的地方。当来水凶猛时,可更远些。其零点最好与堰坎中央高度一致,以便直接观读或自记水位。

3.1.3.3　量水建筑物的检定

适时对量水建筑物进行检定,是量水建筑物测流的一项重要工作。应用直接测流的方法,随时检验各种建筑物的水位流量关系,可以确保量水建筑物的测流精度。

1. 通用检定

(1)通常按照标准尺寸设计建造的量水建筑物,其工艺水平符合标准要求,经过验收后,在一定范围内不经过检定可直接应用测流。

(2)各种量水建筑物原则上每年检定 1 次,但若连续两次检定的曲线相差在 ±3% ~ ±5%,则以后可每隔 2~3 年检定 1 次。

(3)量水建筑物的检定范围:量水槽在水头低于 5 cm 的范围内检定,在流量大于 2 m³/s 的高水头范围内最好也做检定。

(4)量水堰只在水头低于 5 cm 的范围内检定,但当发生贴壁流时,应改用更可靠的设备经常施测。

(5)量水建筑物的各部分尺寸不合标准规格或装置不正确时,其检定范围应扩大到整个水位变幅内。

(6)量水建筑物的检定,或用流速仪测定各级水头的相应流量,或用体积法测量低水流量。若一次连续检定测量不能控制整个水位变幅,则可做几次,求得其水位流量关系,或编制成检定表格,以供经常测流使用。

2. 量水槽的检定

量水槽的检定一般用流速仪法或体积法进行。在流量大于 2 m³/s 时,用流速仪法检定;当水头小于 5 cm 时,用体积法或活动式三角形堰板同时测流检定。流速仪检定量水槽时,必须在流量稳定时期进行;测流时间应尽可能缩短;测流按一般流速的规定进行。用活动式三角形堰板检定时,首先装好堰板,待过堰水流稳定后,即进行观测。在装好堰板之前和装好堰板发生壅水以后,应分别观测和记录水位。

3. 量水堰的检定

量水堰的低水部分通常采用体积法检定。检定时,最好在堰壁上加一个集水槽,用螺栓固定或用手压紧,亦可加防止漏水的措施,以使全部过堰水流注入测量容器内。

3.1.4　泥沙取样器的基本类型

3.1.4.1　悬移质取样测验仪器

悬移质泥沙测验仪器可分为两大类,第一类为取样仪器,第二类为现场直接测定含沙量的物理仪器。由于测验方法和条件的不同,研制了多种多样的取样仪器工具。有各种分类方法进行取样仪器的分类,悬移质取样仪器一种常见的分类如表 3-3-1 所示。

表 3-3-1　悬移质取样仪器一种常见的分类

取样类型	推求的量	结构形式
瞬时式	单点瞬时含沙量	横式采样器
		垂直圆管采样器
积时式	选点法的单点时段累积平均含沙量、断面(或垂线)多点混合平均含沙量	皮囊式采样器
		抽气式采样器
		自动抽水式取样器
		纳尔匹克(Neypric)悬沙采样器
		调压仓式
		多仓式 DS 型空中卸水式
	时段与水深累积平均含沙量(用于积深法)	单程悬移质泥沙采样器
		USD 型积深式采样器
		普通瓶式采样器
		皮囊积深式采样器
累积式	累积输沙率	台尔夫特瓶式
		滤袋式
		分流堰式

瞬时式取样仪器在测验点位以极短的时间取得浑水水样。积时式取样器一般以较长的时间使水流通过管嘴进入贮样仓取得浑水水样,典型的进流时间为 60 ~ 100 s。

悬移质泥沙主要取样仪器介绍如下。

1. 横式采样器

横式采样器示意如图 3-3-11 所示。它是瞬时采样器中应用最广泛的一种仪器,仪器由筒体、筒盖、控制机构等组成,筒体容积一般为1.5~2.0 L,机构比较简单,器身不符合流线体,阻水严重,自重较小,用拉索或锤击方式关闭前后盖板进行取样。在水深较小处可附加测杆用手持式取样,在水深较大河流一般附加在较重的铅鱼上使用。能在各种水深、流速、含沙量情况下应用。其缺点是所测含沙量系瞬时值,与时均值比较,具有较大的偶然误差,必须重复取样,多次测算才能减小测验误差。

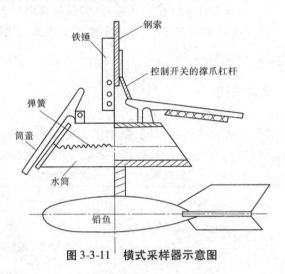

图 3-3-11　横式采样器示意图

2. 积时式采样器

积时式采样器的基本部件一般有贮样容器和与之连接的进样管嘴及之间的进流控制开关,贮样容器多装在铅鱼体内,进样管嘴伸出于铅鱼头外。理想的积时式采样器应符合以下要求:进样管嘴伸出铅鱼或容积仓头部一定距离,所采集的水样不受器身绕流的扰动影响;仪器结构简单,部件牢固,使用维修方便,工作可靠。仪器取样时应无突然灌注现象;在一般含沙量条件下进口流速应接近天然流速(在含沙量很大时,进口流速与天然流速比值随含沙量增大而变小,不能再应用这一准则衡量采样器是否适用);进样管嘴应无积沙现象;能准确测到接近河底的测点含沙量。各种积时式采样器的主要性能和特征如表 3-3-2 所列。

积时式采样器又分为选点式和积深式两类。选点式是一种在选择测点上吸取水样,测出某一时段内时均含沙量的仪器,其结构形式有调压仓式、皮囊式、抽气式、抽水式、充气式及单级采样器等多种(这类采样器大多也可用于积深法取样)。积深式是一种沿垂线连续吸取水样,测取垂线平均含沙量的仪器。单纯积深式的仪器无开关控制进流,一般不能用于选点取样。

3. 调压仓式仪器

调压仓式仪器体内有水样仓和调压仓,两者用连通管连接,仪器入水后,调压仓内进水,压缩器内空气使与器外水体的静水压力相平衡,以保持仪器取样时进水管内流速与天然流速一致。这种仪器常见有美国研制的 USP 系列采样器(其中的 USP - 50 点位积时式采样器如图 3-3-12 所示)和我国研制的在船上及水文缆道上应用的各类采样器(见表 3-3-2)。后者除应具备一般悬沙采样器的基本性能外,还需满足在水文缆道上取样的特

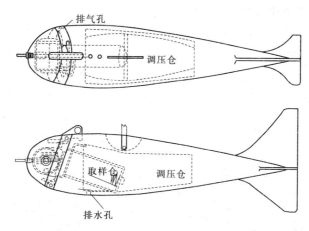

图 3-3-12　USP－50 点位积时式采样器

定要求,如采样器需具有较大的容积,以适应多点取样、累积混合的要求;仪器的口门开关应能远程控制;采样器在水下停留时,进水管内应无积沙现象等。

表 3-3-2　各种积时式采样器的主要性能和特征

仪器型号	阀门形式	质量(kg)	水样仓容积(mL)	水样仓形式	调压历时(s)	适用水深(m)	开关控制方式	研制生产单位	鉴定时间
JL－1	二通平堵	500	3 800	固定	30	40	无线	长江委水文局	1976 年
JL－2	三通顶塞	300	2 000	活动	5	20	无线	长江委水文局	
JL－3	四通滑阀	600	3 500	活动	5	40	无线	长江委水文局	1986 年 12 月
JLC－3	二通顶塞	150	2 000	活动	30	15	无线	重庆水文仪器厂	
JX	四通滑阀	300	2 800	活动	5	50	无线	长江委水文局	1986 年 12 月
LSS	二通顶塞	400	2 000	活动	30	15	无线	重庆水文仪器厂	1987 年 10 月
AYX	三通滑阀	300	2 500	活动	5	15	无线	南京自动化所	1988 年 12 月
AYXX2－1	三相四通平板阀	300 500	2 000	活动	5	40	无线	长江委水文局	2006 年 5 月
DS	四通滑阀	250	1 500	固定	15	8	有线	四川水文局	
FS	三通平堵	250	2 700	活动	8	13	有线	四川水文局	1981 年 4 月
ANX	Y 夹断	300	3 000	活动		10	有线	黄委水文局	1986 年 12 月
LS－250	机械开关	250	500	活动		10	机械	辽宁水文水局	1985 年 11 月
多仓型	转动对接	300	6×1 100	固定	3	10		成都水利电力设计院	
USP－50	三通转阀	135	1 100	活动	5	60	有线	美国	
USP－61	三通转阀	50	1 100	活动	5	55	有线	美国	
USP－63	三通滑阀	90	1 100	活动	5	55	有线	美国	
USP－72	三通滑阀	20	1 100	活动	5	22	有线	美国	

　　调压仓式仪器按取样操作方法有如下几种:

　　(1)JX(如图3-3-13所示的JX型积时式采样器)、JLC-1、FS、JL系列型采样器:水样仓容积一般为2~3 L,适用于全断面混合法、简化断面混合法和垂线混合法等取样测验。做法是逐点连续取样,并将各点的水样累积混合,存贮于同一水样仓内,供后续测算混合水样的含沙量。各个测点取样历时的控制,按所代表的部分面积与断面总面积的比值确定。

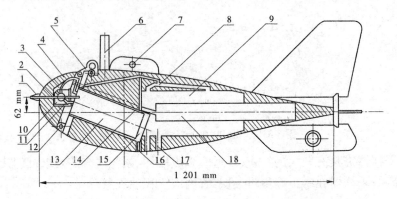

1—管嘴;2—进水管;3—头仓;4—气管;5—卷口;6—悬杆;7—悬吊孔;8—调压连通管;9—调压连通仓;10—阀体;
11—排水管;12—铰链;13—水样仓;14—线管;15—水仓套;16—排水孔;17—调压仓;18—控制仓

图3-3-13　JX型积时式采样器

　　(2)多仓式选点采样器(如图3-3-14所示的多仓型点位积时式采样器):仪器管嘴后面设置有由转动机构控制的多路分流盘,分流盘各分水口连接水样仓(6个水样仓)。仓内设有一满仓信号,当水样达到有效容积时,自动切断控制开关,停止取样。为了使水样进口流速接近于天然流速,除采用锥度管嘴外,还在器身上设置了一文德里管,排气管出口设在文德里管狭颈部,以加大仪器的进口流速使之接近天然流速。本仪器可以在水下采集6个水样,分别存贮于6个水样仓内,多用于缆道渡河的悬移质泥沙采样。

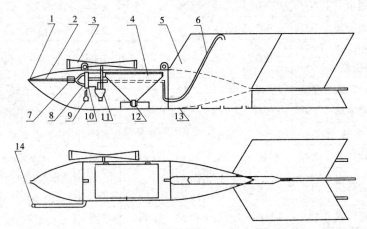

1—管嘴;2—进水管;3—文德里管;4—水样仓(6个);5—调压仓;6—连通管;7—接头;8—进水盘;
9—电磁铁;10—分水盘;11—检漏仓;12—橡皮塞;13—调压仓底孔;14—流速仪安装架

图3-3-14　多仓型点位积时式采样器

（3）DS 型空中卸水积点式采样器（如图 3-3-15 所示的 DS 型积时式采样器）：仪器用在水文缆道上，缆道行车架上设置有自动分水卸水架机构，架内装有 24 个盛水桶。在某一测点取样以后采样器提出水面，运行到分水卸水架机构，通过一系列的连杆作用，自动将水样分卸到预定盛水桶。其他测点照此操作。

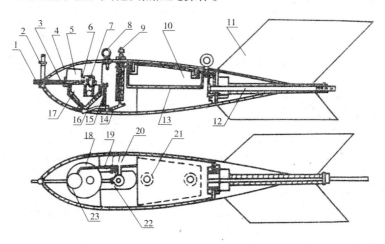

1—进水管嘴；2—流速仪支架；3—进水管；4—铅鱼外壳；5—控制舱；6—冲沙管；7—满容信号；8—悬吊耳；9—放水压杆；
10—调压仓；11—尾翼；12—尾翼连接螺栓；13—调压进水口；14—压力臂；15—封水弹簧；16—封水臂；
17—盛水仓；18—盛水仓盖；19—调压连通管；20—放水压杆；21—连接螺栓；22—腹部槽孔；23—排气管嘴

图 3-3-15   DS 型积时式采样器

4. 皮囊式采样器

皮囊式采样器（如图 3-3-16 所示皮囊积时式采样器示意图）用乳胶薄膜做皮囊并成为贮样容器，皮囊连接由电磁开关控制的进水管。皮囊的特性是入水后内外静水压力基本可以随意平衡，以保持水样按天然流速流入囊内。本仪器可用于选点法和积深法取样测验，皮囊容积可按适应取样容积的要求设计。

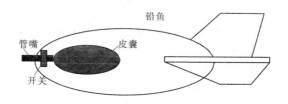

图 3-3-16   皮囊积时式采样器示意图

5. USD 型积深式采样器

美国研制了多种型号的 USD 型积深式采样器，其性能规格见表 3-3-3，用于各种不同条件下取样，几种具有代表性的积深式采样器形式如图 3-3-17 ~ 图 3-3-19 所示。

6. 普通瓶式采样器

普通瓶式采样器器身系一容积为 0.5 ~ 2.0 L 的玻璃瓶（或塑料瓶等），瓶口为橡皮塞，塞上装有进水管和排气管，适用于水深小于 5.0 m 河流的积深式取样。普通瓶式采样器管嘴安设示意如图 3-3-20 所示。

表 3-3-3　　USD 型积深式采样器性能规格

型号	悬吊方式	制造材料	质量(kg)	管嘴直径(mm)	管嘴距器底高(mm)	取样瓶容积(mL)	不同进水管径(mm) 不同取样容积的使用水深(m)			最大率定流速(m/s)	用途
							3.2	4.8	6.4		
USDH-48	涉水测杆	铝	1.6	6.4	9.0	580			2.7	2.7	涉水测沙
						1 100			4.9	2.7	
USDH-75P	涉水测杆	薄镉钢板	0.68	4.8	8.3	580		4.9		2.0	冬季冰下取样
USDH-75Q	涉水测杆	薄镉钢板	0.68	4.8	11.4	1 100		4.9		2.0	冬季冰下取样
USDH-59	手持悬索	铜	10	3.2 4.8 6.4	11.4	580	5.8	4.9	2.7	1.5	
						1 100	4.9	4.9	4.9	1.5	
USD-74	悬索	铜	28	3.2 4.8 6.4	10.3	580	5.8	4.9	2.7	2.0	测桥和缆道取样
						1 100	4.9	4.9	4.9	2.0	
USD-77	悬索	铜	34	7.9	17.7	2 700	4.72			2.4	
USDH-76	手持悬索	铜	11.3	3.2 4.8 6.4	8.0	580	5.8	4.9	2.7	2.0	
						1 100	4.9	4.9	4.9	2.0	

　　注:1. USDH-59 型和 USDH-76 型用于水质分析取样时,用尼龙管嘴,器身镀环氧树脂薄层。

　　2. USD-77 型用于水温接近 0 ℃时取大容积水样,并做水质分析,也可装皮囊做取样容器。

　　应该指出,普通瓶式采样器的进水管和排气管如采用经过专门设计的采样器管嘴而不用任意弯制(紫铜管)而成,可以提高瓶式采样器取样的代表性,使其符合进口流速与天然流速一致的基本要求并经过率定,会与 USD 型积深式采样器效果相当。

　　7. 瓶囊结合采样器

　　由美国地质调查局研制的皮囊取样器系用塑料食品袋做皮囊,放在带孔的塑料瓶中。特制的瓶盖用塑料制成,带有排气孔(在用皮囊取样时将排气孔堵塞),并配有用塑料制成的尺寸不同的经过率定的进水管以适应不同条件下的取样要求。它是一种可兼作皮囊式与瓶式的仪器。在水深较小时也可不用皮囊而直接装上不带孔的塑料瓶,按瓶式采样器进行积深取样。这一仪器结构简单,要求水样容积不同时可改变不同大小的食品袋和塑料瓶,使用范围不受水样限制。也可借助轻质金属架连接在铅鱼上使用。

3.1.4.2　推移质取样测验仪器

　　推移质测验方法有直接法和间接法两类。直接法(也称器测法)是利用采样器或专门设计的机械装置直接测取推移质的一种方法;间接法不需要应用专门的推移质采样器,

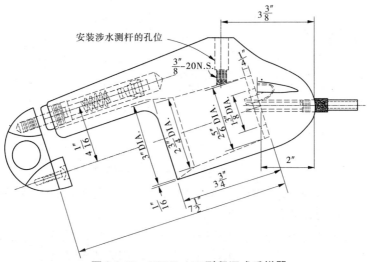

图 3-3-17　USDH-48 型积深式采样器

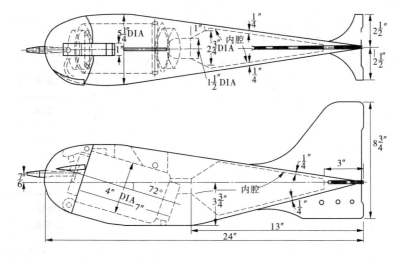

图 3-3-18　USD-74 型积深式采样器

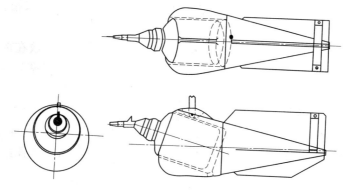

图 3-3-19　USD-77 型积深式采样器

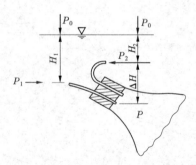

图 3-3-20　普通瓶式采样器管嘴安设示意图

而是通过定期地施测水库、湖泊淤积量,施测沙波尺寸和运行速度,用示踪剂探测泥沙运动等各种途径推求推移质输沙率的方法。

推移质采样器要求的性能是:仪器口门的下缘应能紧贴河床,进口流速应与天然流速一致,采样器放置于床面后对水流干扰要小,不能在口门附近形成淘刷,仪器取样效率较高,机构简单、牢固,便于操作。

推移质采样器种类繁多,归纳起来有网篮式、盘式、压差式和槽坑式等四类,其规格、性能和适用范围见表 3-3-4;其外形如图 3-3-21 ~ 图 3-3-25 所示。

表 3-3-4　推移质采样器规格、性能和适用范围

类别	名称	口门尺寸(cm)	水力效率(%)	采样效率(%)	适用范围 推移质泥沙粒径(mm)	适用范围 流速(m/s)	说明
网篮式	瑞士采样器	宽 50		平均 45	粗粒径,直到 100 mm 的大卵石		20 世纪 30 年代使用较为广泛
	YZ – 64 软底网式采样器	宽 50		约 10 (天然渠道中率定)	中值粒径小于 50 mm 的中等卵石	< 5	软底,两侧及尾部为 10 mm 孔径的铁丝网,在长江干流使用多年
	YZ – 80 型船用卵石推移质采样器	宽 50	0.92	55(水槽内用模型仪器率定)	中值粒径 50 mm	< 4.5	软底,网孔 10 mm,底网用边长 10 mm 的薄钢板制成,是 YZ – 64 型的换代仪器
	大卵石推移质采样器	宽 60		30 (水槽内用模型仪器率定)	粒径较大的卵石	< 6	软底,顶器两侧及尾部为 5 mm 孔径的铁丝网,铅块固定在器顶两侧,在岷江使用
盘式	波里亚可夫			不定	砂	低速	采样效率随流速和推移质粒径而异,苏联研制,我国曾在 20 世纪 50 年代使用

续表 3-3-4

类别	名称	口门尺寸（cm）	水力效率（%）	采样效率（%）	适用范围 推移质泥沙粒径（mm）	适用范围 流速（m/s）	说明
压差式	VUV	宽 38 高 12.7	1.09	70	1～100	<3.0	有大、小两种型号，在欧洲使用
	赫利－史密斯 HS	宽 7.6 高 7.6	1.54	100	0.5～16	<3.0	在美国使用，推移质粒径较大的河流，可用口门为 15 cm 宽的采样器
	TR－2	宽 30.48 高 15.24	1.40	—	1～100	<3.0	美国研制，网孔 1 mm，口门面积扩张比较小
	Y－78 型砂推移质采样器	宽 10 高 10	10.5	60	小于 10 mm 的砂和卵石	<3.0	有 Y－781、Y－782 两种型号，近年来已在国内逐步推广使用
	（半压差式）BM－2 缆道用卵石推移质采样器	宽 70	≥0.9	≥30（在水槽内用模型仪器试验）	5～500	<5.0	器身为三面封闭，单向放大的拱式结构，软底网，用于岷江都江堰测区
坑式	美国东议河推移质测槽	横跨河槽	—	100	砂和卵石		可连续取样和自动称量，适用于小河上用于采样器率定
	中国江西坑测器	宽 10			砂	<2.0	固定埋设于天然河流中，用电测器连续测定坑内砂样体积，在赣江使用

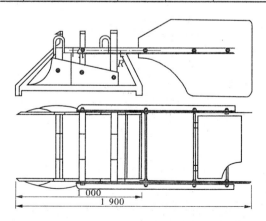

图 3-3-21　YZ－80 型船用砾石卵石
推移质采样器　（单位:mm）

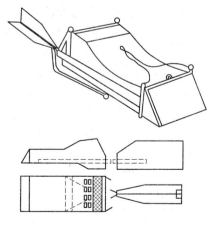

图 3-3-22　VUV 压差式推移质采样器

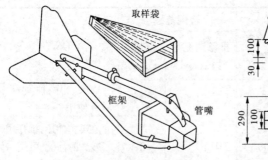

图 3-3-23　赫利 - 史密斯推移质采样器

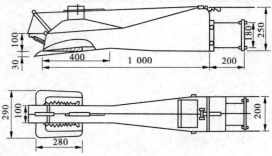

图 3-3-24　Y - 781 型推移质采样器　（单位:mm）

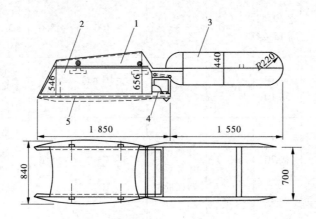

1—器体;2—流线型加铅外壳;3—尾翼;4—侧网背网;5—底网

图 3-3-25　BM - 2 缆道用卵石推移质采样器　（单位:mm）

3.1.4.3　床沙取样测验仪器

床沙取样仪器设备是采取床面和床面以下一定深度内床沙样品的仪器设备,其形式有拖曳式、挖掘式和钻管式三类。床沙取样仪器设备结构特点和使用范围如表 3-3-5 所示;其外形如图 3-3-26 ~ 图 3-3-30 所示。

表 3-3-5　床沙取样仪器设备结构特点和使用范围

| 类型 | 名称 | 结构特点及取样方法 | 使用范围 | | | | 最大样品质量（kg） |
			床沙性质	取样深度（m）	流速（m/s）	水深（m）	
拖曳式	拖沙筒	由具有锐缘的圆筒和拖绳构成,流速较大时,拖绳上附加重锤,以利筒口接触床面取到床沙	砂小卵石	表层 0.05	<1.5	不限	1
	犁式	与网篮式推移质采样器类似,器身重心位于前部,口门前沿有一排尖齿,以利器口接触床面,刮取床沙	卵石	表层	高速	不限	100

续表 3-3-5

类型	名称	结构特点及取样方法	使用范围				最大样品质量（kg）
			床沙性质	取样深度（m）	流速	水深（m）	
挖掘式	戽斗式	手持悬杆操作，用戽斗刮取表层床沙，样品贮存于戽斗后帆布袋内	砂小卵石	表层0.05	中速	<6	3
	USBM－54	挖斗装在铅鱼体内，仪器放至床面后，借弹簧拉力拉动挖斗旋转取样	砂小卵石	0.1	中速	不限	1
	挖斗式	挖斗装在铅鱼体内，仪器放至床面后，收绞悬索，借仪器自重带动挖斗旋转取样	砂小卵石	0.1	中速	不限	1
	蚌式	张开挖斗，下放至床面，然后松动扣环上悬索并收绞拉索，使挖斗借自重作用抓取床沙	中等卵石	表层	较高	不限	30
钻管式	圆锥式	由厚铁皮制成的圆锥体，腰部有进沙孔，将采样器插入河床并旋转，样品即转入圆锥内	砂	0.1	中速	<4	0.5
	锥式	由锥形容器、盖板、弹簧、连杆等组成，使用时，将锥形容器压入床沙内取样	砂	表层0.05	中速	不限	0.3
	钻头式	由铁管制成，下端削成尖劈形，上接测杆，用力将杆插于河床内取样	砂		中速	<6	
	活塞式	取样圆筒内有活塞，将圆筒压入河床取样，上提时，借活塞移动所形成的部分真空，维持样品不漏失	砂		中速	<4	
	管式	取样管为两端开口的圆管，焊接于贮沙箱底板上，并伸出箱底 0.26 mm，取样时，将取样管压入床面内，直至贮沙箱底与床面齐平	砂小卵石	0.26		滩面或水边	6
	冰冻采样器	系一内径为 20 mm 的圆管，管端装有尖锥，另用一根管子将钻管与贮有液化二氧化碳的箱相连；借二氧化碳气体的膨胀冷却作用，使卵石样品冻结，从而可取得不扰动的水下卵石样品	卵石		中速	4～6	2 000
	卵石切入器	系一下有尖齿，上端开口的圆桶，桶顶与金属矩形样品箱相连，取样时，将桶压入卵石床面，随压随淘取卵石样品，直至床面与箱底齐平。水下取样时，需潜水员潜水操作，沙样暂存于贮沙箱内，水流可从贮沙箱背面的筛网孔流出	卵石	0.5	低速	浅水	300

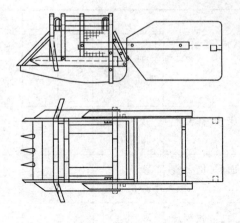

图 3-3-26　犁式床沙采样器

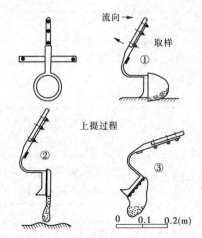

图 3-3-27　带帆布袋的戽斗式采样器

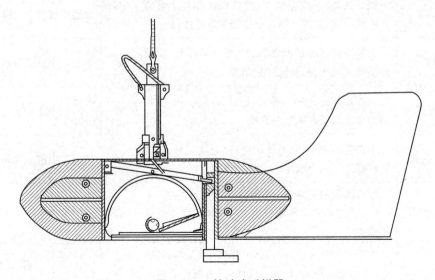

图 3-3-28　挖斗式采样器

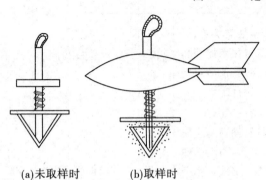

(a)未取样时　　(b)取样时

图 3-3-29　锥式采样器

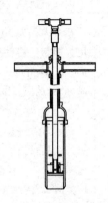

图 3-3-30　活塞式采样器

3.2 观测作业

3.2.1 基面、高程和水位基本知识

3.2.1.1 基面

基面是计算高程和水位的起始水平面。也就是说,高程和水位的数值,一般以一个基本水准面为准,这个基本水准面称为基面。水文资料中涉及的基面有绝对基面、假定基面、测站基面和冻结基面等。

(1)绝对基面是以某一海滨地点的特征海平面(多年平均海水面)的高程定为零(0.000 m)的水准基面。我国目前使用的有大连、大沽、黄海、废黄河口、吴淞、珠江口等基面,要求统一的基面是1985年确定的黄海基面,该基面是采用青岛验潮站1950~1979年的观测资料成果求得的黄海平均海水面作为高程零点的基面。国家基准水准点设于青岛市观象山,作为我国高程测量起始引测的依据点,采用1985年确定的黄海基面后,称为"1985国家高程基准"。

(2)假定基面是暂时假定的水准基面。如在水文测站等水准点附近没有国家水准点或者一时不具备接测条件的情况下,暂假定该水准点高程(如100.000 m),则该站的假定基面就在该基本水准点垂直向下假定数值(如上即100.000 m)处的水准面上。

(3)测站基面是假定基面的一种,是水文测站专用的一种假定的固定基面,一般选在河流历年最低水位或河床最低点以下0.5~1.0 m处的水平面上。

(4)冻结基面也是水文测站专用的一种固定基面,即将测站第一次使用的基面固定"冻结"下来,一直沿用不再变动,这样可以使其水位原始资料具有历史连续性。

3.2.1.2 高程

高程是某点沿铅垂线方向到基面的距离,与基面对应有绝对高程(简称高程)、假定高程等概念。高程的另一称谓即"海拔高度"。在测量学中,高程的定义是某地表点在地球引力方向上的高度,也就是重心所在地球引力线上的高度。因此,理论上说地球表面上每个点高程的方向都是不同的。

3.2.1.3 水位

水位是水体(如河流、湖泊、水库、海洋、沼泽等)的自由水面相对于基面的高程,其单位以 m 计。水位是基本的水文要素之一,是掌握水流变化的重要标志,除可独立地表明其超过水工建筑物时会溢流等情势外,还经常用水位资料按水位流量关系推算流量变化过程,用水位推算水面比降等,在进行泥沙、水温、冰情等项目的测验工作中有时也需要水位观测资料。

实际工作中,需要了解某一点位某一时期内水位变化的一般规律和水位变化中的某些特征值,例如平均水位(时段平均水位、湖面多点位同时平均水位)、某一点位某一时期最高(低)水位、中水位、常水位等。中水位常指测站一年中水位值的中值,常水位指测站一年中水位最经常出现的值。

3.2.2 基本水位断面、比降水位断面概念

3.2.2.1 基本水位断面

基本水位断面是水文站为经常观测水位而设置的断面。一般设在测验河段的中央或具有断面控制地点的上游附近,大致垂直于流向。

若通过基本断面水位与实测流量建立稳定、简单的关系,推求流量和其他水文要素的变化过程,则基本水位断面与测流断面之间,不应有较大支流汇入或有其他因素造成水量的显著差异,测验条件好的站,二者可以合用一个断面。

3.2.2.2 比降水位断面

单位河长水位的落差,叫作河流的比降(纵比降)。通常以上下比降断面的落差(水位差)Z 除以间距 L 计算河段平均纵比降,纵比降一般以‰或‱(万分率)表示。

为测算河流纵比降而设置的水位观测断面叫比降水位断面。在观测比降水位的河段上应设置上、下两个比降断面,比降上、下断面宜等距布设在基本水尺断面的上、下游。当断面上水面有明显的横比降时,应在两岸观测水位,由两岸同时水位计算横比降或断面平均水位,以及计算水面平均纵比降。

3.2.3 水尺读数观测方法

观测员应根据本站水文测验任务书要求、河流特性及水位涨落变化情况,合理分布确定水位观测段次,做好观测前准备工作。每天将使用的时钟与标准北京时间核对一次,日误差不应超过 300 s。携带观测记载簿及记录铅笔,提前 5 min 到达观测断面。到达观测时间时,应准时观读,并现场记录水尺读数。

水位观测一般读记至 1 cm,时间记至 min 的倍数或 min。水尺读数应按从 m、dm、cm 的顺序读取,并以 m 为单位记录,记至小数点后两位。

在观测水尺读数时,观测员身体应蹲下,使视线尽量与水面平行,以减少折光产生的误差。水面平稳时,直接读取水面截于水尺上的读数;有波浪时,为尽量减少因波浪对水位观测产生的误差,可利用水面的暂时平静进行观读,或者分别观读波浪的峰顶和谷底在水尺上的读数,取其平均值;波浪较大时,可先套好静水箱再进行观测;也可采用多次观读,取其平均值等方法进行观测。

观测矮桩式水尺时,测尺应垂直放在桩顶固定点上观读。当水面低于桩顶且下部未设水尺时,应将测尺底部触及水面,读取与桩顶固定点齐平的读数,并在记录的数字前加"−"号。

观测悬锤式或测针式水位计时,应使悬锤或测针恰抵水面,读取悬尺或游标尺在固定点的读数(固定点至水面的高度),并在记录的数字前加"−"号。

观测前应注意观察水尺情况,当直立式水尺发生倾斜、弯曲,倾斜式水尺发生隆鼓等情况时,应在记载表备注说明,并及时使用其他水尺观测。

3.2.4　基本水尺水位的观测要求

3.2.4.1　基本水尺水位观测基本要求

要求观测到年度内各个时期的水位变化过程,特别是洪水期的变化过程及各次洪水的最高、最低水位值,满足年度日平均水位计算及特征值的挑选,满足使用水位—流量关系推求流量的要求。

水位观测时,需同时进行风向、风力、水面起伏度、流向及影响水情的各种现象的附属观测项目,按测站任务书规定要求,同时观测记录。

3.2.4.2　河道站水位的观测

水位观测的时间与次数应根据河流特性及水位涨落变化情况合理分布,以测到完整的水位变化过程,满足日平均水位计算、各项特征值统计、水文资料整编和水情拍报的要求为原则。在峰顶、峰谷及水位变化过程转折处应布有测次;水位涨落急剧时,应加密测次。

水位观测分为定时观测和不定时观测。

(1)定时观测。也称为按段制观测。主要用于平水期或水位变化相对平缓期。当水位平稳时,每日 8 时观测一次。水位变化缓慢时,每日 8 时、20 时观测两次(冬季或枯水期 20 时观测确有困难的测站,经主管领导机关批准,可提前至其他时间观测)。水位变化较大或出现较缓慢的峰谷时,每日 2 时、8 时、14 时、20 时观测四次。稳定封冻期没有冰塞现象且水位平稳时,可每 2~5 d 观测一次,但月初、月末两天必须观测。

(2)不定时观测。主要用于洪水期水位的变化过程,以及施测流量、含沙量时的相应水位观测,出现特殊水情时等。

①洪水期或水位变化急剧时期,每 1~6 h 观测一次;暴涨暴落时,根据需要每 30 min 或若干分钟观测一次,以能测得各次洪水峰、谷和完整的水位变化过程为原则。

高洪期间水位观测,应根据测站河流洪水特性及观测设施,制定确保生产安全,以测得洪峰水位及水位变化过程的多种测验预案。当遇特大洪水或洪水漫滩、漫堤时,可在断面附近另选适当地点设置临时水尺,当附近有稳固的建筑物或树木、电线杆时,在上面安装水尺板进行观测,或在高于水面的一个固定点向下观测水位,其零点高程待水位退下后再进行测量。当漏测洪峰水位时,应在断面附近找出两个以上的可靠洪痕,以四等水准测定其高程,取其均值作为峰顶水位,应判断出现的时间并在水位观测记载表的备注栏中说明情况。

②冰雪融水补给的河流,水位出现日周期变化时,在测得完整变化过程的基础上,经过分析可精简测次,每隔一定时期应观测一次全过程进行验证。

③当上、下游受人类活动影响或分洪、决口而造成水位变化急剧时,应及时增加观测次数。

④对于枯水期使用临时断面水位推算流量的小河站,非汛期使用日平均流量过程线或时段代表法的测站,基本水尺水位无独立使用价值时,可在此期间停测。

河道接近干涸或断流期间,应密切注视水情变化,根据需要增加测次,以测得最低水位及其出现时间,并记录干涸或断流起讫时间。

3.3　数据记录与整编

3.3.1　水尺观测水位记载

3.3.1.1　水(潮)位观测记载簿

水(潮)位观测记载簿分为封面、观测应用的设备和水尺零点(或固定点等)高程说明表、基本水尺水(潮)位记载表。水位观测记载簿封面有测站名称和编码,流域水系名,所在行政区地名,记载水位的年度月份,观测、校核、站长签名,共有页数等。观测应用的设备和水尺零点(或固定点等)高程说明表填记采用基面及与基准(如 1985 国家高程基准)的关系,书写行填写基面水尺高程变动的日期、原因,校测时水尺的情况及设置临时水尺情况等相应内容。

3.3.1.2　基本水尺水(潮)位记载表

基本水尺水(潮)位记载格式如表 3-3-6 所示。

表 3-3-6　_____站基本水尺水(潮)位记载表

_____年___月　　　　第___页

日	时:分	水尺编号	水尺零点(或固定点)高程(m)	水尺读数(m)	水位(m)	日平均水位(m)	流向	风及起伏度	备注

表中各项目填记要求为:

(1)时间。日、时:分,填写水位观测的时间,如:日期填写"06",时间填写"13:06"。

(2)水尺编号:填写该次所观测水尺的编号。

(3)水尺零点(或固定点)高程:填写该水尺或固定点的零点应用高程。

(4)水尺读数及水位:填写该次观读的水尺读数及计算出的水位。

不参加日平均水位计算的水位,使用黑铅笔在数值下方画一横线;选为月特征值的最高(低)水位或潮水位站选为高(低)潮的水位,应用红(蓝)铅笔在数值下方画一横线。

出现河干、连底冻情况,填记"河干"或"连底冻"字样。

对于水面低于零点高程的观测读数,应在记录的数字前加"－"号(如悬锤式或测针式水位计的观测数值)。矮桩式水尺水面低于桩顶,用测尺底部触及水面观测的与桩顶固定点齐平的读数也要在记录的数字前加"－"号。

(5)日平均水位:将计算所得的日平均水位填入该日第一次观测时间的相应栏内。用自记水位计观测的站,本栏不填,应改在"自记水位记录摘录表"上填写。

（6）流向：有顺逆流的站填写。当全日逆流或一日兼有逆流、停滞时，记"V"符号；当全日停滞时，记"×"符号；当一日兼有顺逆流、停滞时，记"∨∧"符号；当全日顺流或一日兼有顺流、停滞时，可不另外加记顺流符号。

（7）风及起伏度：风向用表示风向的英文字母表示，风力记在字母的左边，水面起伏度记在右边。如北风 3 级，水尺处发生起伏约 14 cm 的波浪，水面起伏度为 2 级，则记为"3N2"。前后两次观测结果相同时，使用相同符号时，记载不应省略，即不能以""代替。

（8）备注：可记载影响水情的有关现象以及其他需要记载的事项。

3.3.2　水位观测结果计算方法

水位观测结果计算包括瞬时水位和日平均水位的计算。

3.3.2.1　瞬时水位的计算

瞬时水位 Z 数值用某一基面以上米数表示，为水尺读数 h 与水尺零点高程 Z_0 的代数和，即 $Z = Z_0 + h$。

计算时应注意水尺读数的正负号。水尺读数为水位观测记载表中的"水尺读数"值。

3.3.2.2　日平均水位的计算

日平均水位是指在某一水位观测点一日内水位的平均值。其推求的几何原理是，将一日内水位变化的不规则梯形面积，概化为矩形面积，其高即为日平均水位。

日平均水位计算方法有时刻水位代表法、算术平均法、面积包围法，根据每日水位变化情况、观测次数及整编方法确定选用。

1. 日平均水位的计算方法

（1）时刻水位代表法。用当日某时刻观测或插补水位值作为本日的日平均水位。适用于一日内水位变化平稳，只观测一次水位时，该次水位值即为当日的日平均水位。

（2）算术平均法。用当日一次以上观测水位值的算术平均值作为本日的日平均水位。适用于一日内水位变化平缓，或变化虽较大，但观测或摘录时距相等的情况。计算公式为

$$\bar{Z} = \frac{\sum\limits_{i=1}^{n} Z_i}{n} \tag{3-3-5}$$

式中　n——日观测水位的次数；

　　　Z_i——日各观测时刻的水位值，m；

　　　$\bar{Z}$——日平均水位，m。

2. 未观测日水位的处理

当每 2～5 d 观测一次水位时，其未观测水位的各日日平均水位可按直线插补求得。

3. 不计算日平均水位的条件

（1）当一日内有部分时间河干或连底冻结，其余时间有水时，不计算日平均水位，但应在水位记载簿中注明情况。

（2）日平均水位无使用价值的测站可不计算。

3.3.3　水位过程线的绘制

水位过程线是点绘的水位随时间变化的连续曲线。分为逐时(瞬时)过程线和逐日平均水位过程线。逐时水位过程线是在每次观测水位后随即点绘的,以便作为掌握水情变化趋势,合理布设流量、泥沙测次的参考,同时是流量资料整编时建立水位流量关系和进行合理性检查的重要参考依据。逐日平均水位过程线用以概括反映全年的水情变化趋势。水位过程线一般与流量、含沙量、降水量、岸上气温、冰厚等水文要素过程线绘制在同一张图中。人工点绘时使用专用图纸,也可使用 Excel 或专用软件(如整汇编软件)绘制。

点绘过程线时图面要求布置适当,点清线细,点线分明。图上应注明图名(××河××站 20××年×月水位过程线图),坐标名称及单位——水位(××基面以上米数)(m)和时间标度(h、d 等),图例,以及点绘、校核人签名。

人工点绘通常选用水文要素过程线专用图纸,用黑铅笔绘制。纵坐标为水位,横坐标为时间。图幅大小可按月或年水位的变化幅度确定比例大小,比例一般选择 1、2、5 或其10、1/10 的倍数,同一张图内一般不要变换比例。

在绘制逐时过程线时,一般用直线连绘。实测点间用实线连接,为插补过程时用虚线连绘。月水位极值用⊥或⊤(横线 7 mm、竖线 4 mm)符号标示,月最高值水位符号用红色,月最低值水位符号用蓝色。当一日内水位变化较大时,可将日平均水位用横线表示在水位过程线上。有河干或连底冻结时,在开始与终了时间处画一竖线,中间注"河干"或"连底冻"字样。

水位过程线上除点绘水位值外,还在实测流量相应时刻相应水位处点绘实测流量符号,并注明实测号数。

模块 4　水土保持调查

4.1　调查作业

4.1.1　水土保持措施类型

　　水土保持措施类型主要包括耕作措施、林草措施和工程措施,通过对各类措施试验观测,取得对各种不同措施增产、拦沙减蚀和减少径流等指标确定,为科学防治水土流失提供依据。

4.1.1.1　水土保持农业措施

　　1.水土保持农业措施的内容

　　水土保持农业措施,主要是指在坡耕地上进行的各项蓄水保土农业增产措施,其目的在于有效地保持水土、提高地力、增加产量和经济收益,其内容如下:

　　(1)增加地表糙度,减缓、减少坡地径流和流速,降低径流侵蚀能力,增加土壤水分入渗措施的研究。如中耕作物的壅堆子、等高耕作、等高带状种植、沟垄耕作、三角窝种、丰产沟耕作法等。

　　(2)增加地面覆盖,提高土壤抗蚀能力措施的研究。如草田带状间作、草田轮作、覆盖耕作、选用良种、合理密植、豆禾作物间作套种、混播复种等。

　　衡量水土保持农业措施优劣的指标很多,其中以增加作物产量,减少土壤冲刷量、径流量为主要指标。

　　2.试验地的选择

　　(1)试验地要有代表性。试验地应选择土壤类型、土质、肥力、坡度等在本地区有代表性的地块,这样得出的结果可以较有把握地在本地区推广应用。

　　(2)试验地地力要均匀。前作、土壤肥力、耕作情况等必须均匀一致,最低限度要做到一个重复内条件一致。

　　(3)试验地的位置要适当。试验地不要设在靠近树林、村庄等地方,避免由于遮阴及人畜破坏而影响试验的准确性。

　　3.试验设计

　　田间试验设计应根据设置重复、地域限制和随机排列的基本原理进行。

　　(1)试验处理 3~5 个为宜,最多不超过 10 个。

　　(2)重复次数采用 3~4 次。

　　(3)小区面积的大小,根据试验要求、土地条件、作物种类等确定。如植株大的比植株小的小区面积要大些,栽培试验较品种试验小区面积要大些,耕作措施试验小区面积更要大些,等等。一般可采用 20~100 m²,品种比较试验不小于 20 m²,栽培试验不小于 30

m^2,间作套种、耕作试验不小于 100 m^2。进行蓄水保土效益观测的小区必须是 100 m^2,宽5 m,长 20 m(指水平距)。小区形状以长方形为宜,宽与长的比例为 1:2~1:5,小区长边与坡度方向平行。

（4）对照区的设置,应以当地的品种、耕作方法、轮作方式等作对照,以便与各处理进行比较,评定优劣。

（5）保护带应设置在试验区四周,以避免人畜践踏破坏和边际影响,其宽度为 1~2 m,种植相同作物。

（6）走道应设置在区组间,小区间不设走道,走道宽以 0.5~1 m 为宜,以便观察记载和操作管理。

（7）确定了小区的面积和重复次数后,还必须按一定的方式把小区分别排列在试验地的不同位置上。

按照重复内小区排列次序不同,田间排列方法可划分为顺序排列和随机排列两种形式。

顺序排列法:在一个重复内,各小区按照一定的顺序排列。有正向式、逆向式、阶梯式排列。其主要优点是田间排列简单,便于观察,试验结果的分析也比较省事。但由于土壤差异具有定向性的变化,易引起系统误差。

随机排列法:各小区在重复内的排列,不按照一定的顺序,而是凭机遇决定的(一般采用抽签法)。其优点是可以消除土壤定向性的系统误差。试验结果可以用统计方法分析,算出试验误差,能做可靠性测验,准确度较高。

按照重复内对照区的设置方法不同,田间排列方法可划分为对比法和互比法两种形式。

互比法:就是各个处理(对照也作为一个处理)互相比较,供试处理不仅可与对照直接比较,且各处理之间也可直接比较,如图 3-4-1 所示。

对比法:每隔 2 个小区设一个对照区,直接对比。此法不受土壤肥力差异的影响,试验准确可靠。但对照处理占地面积太大,且各处理间不能直接对比,如图 3-4-2 所示。

上述两大类从不同角度划分的田间排列方法,可结合使用。如试验采用对比法田间设计时,重复内各处理小区的排列,可采用顺序对比排列法,也可采用随机对比排列法。又如采取互比法田间设计时,小区排列多应用随机互比排列法,也可采用顺序互比排列法。

无论采用哪种小区排列方式,在田间规划布置时,一定要注意消除土壤差异。如试验地前茬不一样,小区的长度应与不同前茬地段垂直。在坡地上排列小区,总是把长边顺着坡向延伸。另外,应注意不同重复的同一处理小区,不要排列在一条直线上,而应错开排列。

4. 试验田管理

试验地在播种前,首先要做好区划工作,根据试验设计,将各个重复、小区、保护带、走道等按照田间试验布置图具体布置到试验地上。小区统一编号,写出标牌插在相应的小区上。试验地的田间管理是一项细致工作,应遵守一定的原则。

（1）各项操作必须符合试验的规定要求,使各项处理能根据预定计划进行相互比较。

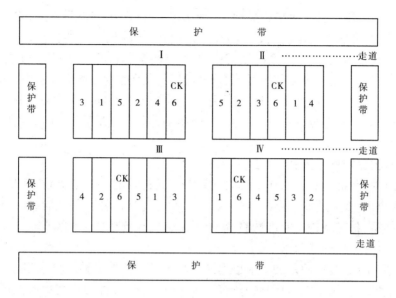

1、2、3…6—小区编号；CK—对照小区；Ⅰ、Ⅱ、Ⅲ、Ⅳ—重复数

图 3-4-1 随机互比法田间排列示意图

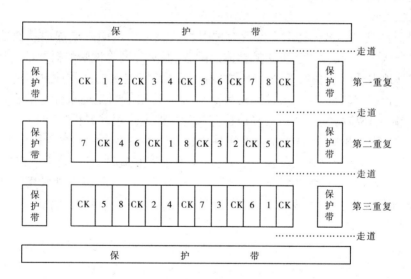

1、2、3…8—小区编号；CK—对照小区

图 3-4-2 随机对比法田间排列示意图

（2）整个试验的同一作业，必须应用同样农具，在同一天内由固定人员进行同等质量的操作。如遇天气变化等特殊情况，至少一个重复内的小区要在一天内完成，其余小区的作业也要在第二天完成。

（3）除遵守上述共同原则外，不同的操作还应注意他们个别的特点。如：施用的基肥要求数量、质量相同，并在同一天内均匀地分配在整个试验地上；整地时间、深浅、均细度一致；播种前，将试验用的种子进行一次筛选或粒选，测定种子的发芽率，计算单位面积上的播种量，求出小区的实际播量。为了使播种均匀，每小区甚至每行的播种量均需事先称好,放在小区边,复查无误,再按行播种。播种前开沟的深浅和播后覆土,均需力求一致,播种应在当天内完成。幼苗出土后,应及时检查整个试验地的出苗情况,如有漏播,应及时补种,如发现重播,要除去多余的幼苗;凡要追施化学肥料的,一定要十分注意数量和质量,按有效成分计算出每小区甚至每行的施用量后,均匀施入;整个试验小区的中耕除草次数、深度、质量和时间应力求一致,每次作业由同样人员在同一天内完成;病虫鸟兽的危害常常造成小区间的差异,应做好预防。喷药用的药量、水量都要相同,也要求在同一天内操作完毕。

4.1.1.2　水土保持林业措施

水土保持林业措施的目的在于解决有关水土保持林的各种造林技术问题,为广大水土流失地区提供科学依据。主要内容包括水土保持优良树种引种试验、水土保持林体系配置、混交林型、林带结构与密度试验、水土保持造林与营林技术试验等。

1. 试验地的选择和试验设计

试验内容不同,对试验地的要求也不同。水土保持树种引种试验,宜选择地形坡度比较平缓、土壤肥力差别不大、日照较好、有灌溉条件、有代表性的典型地段做试验地;水土保持林体系试验,应选择地形、地质、土壤有代表性、面积在 $1 \sim 5\ km^2$ 的小流域做试验地,或结合试验小流域的综合治理,在土地利用规划所确定的林地上进行。

2. 试验设计

(1)树种的选择:除优良水土保持树种引种试验可以从国外或国内其他地区引进新的树种进行试验外,其他如水土保持林体系配置、混交林型等试验的树种都应从本地的乡土树种或外地引进但已驯化了的树种中选择。选择时,应认真细致地对本地区的天然林和人工林进行调查研究,对于拟选用树种除应考察其在不同立地条件下的表现——生长势和生长量外,还应特别注意对其经济价值和蓄水保土作用的分析。

(2)试验区的设置:优良水土保持树种试验以当地造林常用的乡土树种为对照,引进的不同树种为处理;造林和营林技术试验,以当地常用的造林、营林技术措施为对照,采用不同的造林、营林技术措施为处理;水土保持林体系配置试验,以当地常用的配置方式为对照,其他不同配置方式为处理;混交林型试验,以常用造林树种的纯林为对照,不同混交林型为处理。

(3)试验小区面积和重复次数:优良水土保持树种引种试验,试验小区面积视试验地的条件和试材多少而定,一般以 $50 \sim 100$ 株树木为一个小区,重复 $2 \sim 3$ 次;造林营林技术试验、混交林型试验,试验小区和对照区面积为 $0.1 \sim 1.0\ hm^2$,重复 $2 \sim 3$ 次;水土保持林体系配置试验,结合流域综合治理进行,造林面积 $1 \sim 5\ km^2$,只设对照,不设重复。同一重复的试验小区,应配置在土壤肥力水平相近的区段上。如试验地在山坡上,同一重复的试验小区坡向应一致,海拔应相同。

(4)小区排列方式:引种试验,可采用随机排列;造林营林技术和混交林型试验,可采用顺序排列。

(5)保护带的设置:为了防止牲畜和人为破坏,消除边际效应,同时为了便于识别不同的重复,在试验地周围宜设置 $4 \sim 6$ 行保护带,在两个重复间设置 $2 \sim 4$ 行保护带。树种应与小区树种相同。

3. 整地和抚育管理

(1)同一试验,至少同一重复的整地方式应当一致(不同整地方式试验除外)。在可能情况下,山地造林要用水平阶或反坡梯田整地,以防止因水土流失程度的不同而造成的试验误差。

(2)为加速树木的生长,并保证有一致的生长环境,一般不应在试验林内间种作物,管理措施应相同,除草、灌水、灭虫和间伐要在同一日期进行。引种试验,可不进行整枝,以利观测冠型和天然整枝性能。从造林开始,即应建立林地管理档案,并按实际作出确切的记载。

4. 林班、标准地、标准行的划分

(1)林班:根据不同水土保持林种建立林班,依林种实行编号。分水岭防护林林班编号为分 A,各处理间编号为分 A_1、分 A_2…分 A_n,对照区为 A。混交林型林班编号为混 B,各处理间编号为混 B_1、混 B_2…混 B_n,对照区为纯林 B,依此类推。

(2)标准地:依据划定的林班,在对照区与试验处理区内,按林地上、中、下部位,随机抽样,选择标准地 3 ~ 5 块,面积各为 100 ~ 200 m^2,作为对照与试验处理区的定位调查和观测标准地。

(3)标准株、行:在标准地内,随机抽样,选定观测调查的标准株和标准行,实测株数为 30 ~ 50 株。小区林木株数在 100 株以下,可全部观测调查,不另选标准株行。

4.1.1.3　水土保持牧草措施

水土保持牧草措施,目的在于寻求经济价值大、生态效益高、蓄水保土效果好的优良牧草品种,发展饲料生产,合理利用草地,解决牧草的栽培技术问题。主要内容包括:优良牧草引种选育及驯化试验;退耕坡地种草技术试验研究;天然荒坡种草及封坡育草技术试验研究;牧草生态产品转化研究。

1. 试验小区排列方案的选择

(1)对比法:如以 1、2、3…代表处理,以 CK 代表对照,其设计排列如图 3-4-3 ~图 3-4-5 所示。但是重复不得少于 3 次,重复排列成多排时,不同重复内小区可排成阶梯式。

1	CK	2	3	CK	4	5	CK	6

图 3-4-3　品种或处理数目为偶数排列法图

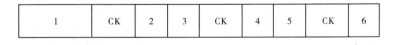

图 3-4-4　品种或处理数目为奇数排列法图

(2)间比法:通过 4 个或 9 个处理设置一个对照,重复 2 ~ 4 次,排成多排时可采用逆向式排列,如图 3-4-6 所示。

(3)随机区组设计:是根据局部控制原理,将试验地按肥力程度,划分等于重复次数

Ⅰ	1	CK	2	3	CK	4	5	CK	6
Ⅱ	5	CK	6	1	CK	2	3	CK	4
Ⅲ	3	CK	4	5	CK	6	1	CK	2

图 3-4-5　多次重复排列图

Ⅰ	CK	1	2	3	4	CK	5	6	7	8	CK	9	10	11	12	CK
Ⅱ	CK	12	11	10	9	CK	8	7	6	5	CK	4	3	2	1	CK
Ⅲ	CK	1	2	3	4	CK	5	6	7	8	CK	9	10	11	12	CK

图 3-4-6　处理逆向式排列图

的区组,一区组各个小区都是完全随机排列,试验处理不得超过 20 个,最好在 10 个左右。

(4)拉丁方设计:是将试验处理从 2 个方向排列成区组或重复,具有双方向土壤差异的控制,它的重复数、处理数、直行数、横行数均相同,通用范围只限于 4 ~ 8 个处理的试验。

(5)正交设计:试验因素和水平数目多时,采用正交设计,可以减少处理个数和试验工作量。

2. 试验地选择和试验区的设计

试验地选择土壤类型要有代表性;土壤肥力、坡度、坡向、前作一致;管理方便,四周有相同作物土地;避免遮阴,应离开森林 200 ~ 300 m,与建筑物也须保持一定的距离。试验区的设计主要考虑以下几点:

(1)试验区面积:试验区面积大,变异系数小;试验区面积小,变异系数大。在决定试验区面积时除考虑土壤差异系数大小外,还应考虑下列因素:试验的目的性质,如为品种观察,面积可在 1/100 ~ 1/60 亩,品比试验 1/40 ~ 1/10 亩,栽培利用 1/20 ~ 1/10 亩,生产试验 15 ~ 30 亩;试验牧草种类,高大牧草面积应大些、矮小牧草面积应小些;试验材料多少和试验地面积大小决定试验区面积。

(2)试验区形状:采用长方形,长宽比一般为 3∶1 ~ 10∶1。

(3)人行道及保护行设置:试验区之间要设立人行道,宽 0.5 ~ 1.0 m。试验地周围种植试验牧草或对照品种 3 ~ 4 行,作为保护行。

4.1.1.4　水土保持工程措施内容

水土保持工程措施,目的在于寻求不同地形部位,不同土地类型,不同土壤、地质、降雨条件下,控制水土流失作用大、增加生产效益高的工程模式。

通常采取的水土保持措施包括:优化小地形,蓄水保土,避免水土散失,合理分配水土资源及施工方案。在施工建设时主要将其分为坡面工程、治沟工程、小型水利工程等几方面进行。

（1）坡面工程：主要是对坡地及其土地资源利用进行有效的规划，对水平梯田进行调整，并进行水平埝地、培地埂、修水平沟、挖鱼鳞坑等避免水土流失的工程措施。

（2）治沟工程：主要是对沟底不同类型的库坝进行修理。一般有三种形式，包括拦泥淤地、蓄水浇地、控固侵蚀基点等。

（3）小型水利工程：这种方法不仅能对地表径流及时采取处理措施，并且对水土流失区干旱问题进行有效处理。这类措施主要包括有水窖、蓄水池、转山渠、涝池等。

4.1.1.5　水土保持工程措施试验

1. 治坡工程试验

试验地的条件必须符合试验目的和要求。田间工程和造林工程试验地的地形、土壤、地质条件应具备所代表类型区坡耕地和荒坡的一般特征，面积应在 1 万 m^2 以上，最小不得小于 5 000 m^2。田间工程和造林工程试验采用大面积对比法，设对照，不设重复。工程形式和工程规格试验，以修不同形式、不同规格工程的坡地为处理区，不修工程的坡地为对照区；施工方法试验，以用新的施工方法修工程的坡地为处理区，当地常用的施工方法修工程的坡地为对照区。

基本资料的收集包括：

（1）田间工程试验基本资料收集：实测地形图，比例尺 1∶1 000 ~ 1∶500；实测土层厚度图，按不同土层深度分级制图；实测土壤肥力图，在坡耕地的不同部位采取土样，测定土壤物理、化学性质，按特征值的不同，分级划类制图；收集当地短历时一次降雨资料和坡耕地径流资料。

（2）造林工程试验基本资料收集：实测地形图，比例尺 1∶5 000 ~ 1∶1 000；绘制坡度图、土壤图和植被图，收集当地短历时一次降雨资料和荒坡径流资料。

（3）绘制地形图，精度应达到表 3-4-1 的标准。

表 3-4-1　地形图精度标准

比例	1∶500	1∶1 000	1∶2 000	1∶5 000	1∶10 000
视距（m）	70	120	200	300	400
图上点距（cm）	1 ~ 3	1 ~ 3	1 ~ 3	1 ~ 1.5	1 ~ 1.5
地形点注记	高程注至分米				

2. 治沟工程试验

治沟工程试验地所在的侵蚀沟，其侵蚀特点、地质条件、沟道纵横断面均应具备所代表类型区侵蚀沟的一般特征。工程控制的集水面积，一般谷坊应小于 0.1 km^2，淤池坝大于 0.5 km^2，骨干工程大于 3 km^2。还可根据试验目的与要求确定一定大小的集水面积。试验设计方案的选择主要考虑以下几点：

（1）治沟工程试验，一般情况下，只设对照单元，不设重复。对一些大的治沟工程试验，因工程量大，所费的资金多，为了保证一次试验达到预期效果，有条件时，可先在室内进行模型试验,试验的技术方案可行时,再到野外现场结合流域治理进行实地试验。

(2)对照单元的设置,根据试验内容而定,淤地坝结构形式试验,可以当地最常用的淤地坝的结构形式为对照单元,对淤地坝某部分作了改进的淤地坝为处理单元。比如为防止坝顶溢流冲刷坝坡,在坝坡种植灌木或设置沥青、灰土护面;为防止坝地盐碱化,在坝底设置地下排水管等。

(3)淤地坝施工方法试验,可以当地最常用的施工方法如碾压法、夯实法修的坝作对照单元,以新的施工方法比如水坠法修的坝作为处理单元。

(4)治沟工程的对照单元,不一定全部新修,现有工程符合试验条件,亦可选作对照单元。特别是大的治沟工程,应力争这样做,以减少试验费用。

按试验要求选择坝址,调查坝址地形地质状况,调查工程建筑材料;实测流域地形图,比例尺 1:10 000 ~ 1:5 000;沟道纵断面图,比例尺 1:5 000 ~ 1:1 000;坝址地形图和坝址断面图,比例尺 1:1 000 ~ 1:100;绘制水位—回水面积和水位—库容曲线图;收集降雨资料和水文资料;收集集水区治理状况和社会经济资料。绘制地形图,精度应达到表 3-4-1的标准。

4.1.2　测树学的基础知识

4.1.2.1　测树学形成与发展

"测树学"一词是 20 世纪 30 年代直接引自日文"测树学"的。测树学的目的是在分析树木形状、林分结构规律及林分特征因子之间关系的基础上,研究树木、林分的数量(材积或蓄积、生物量)、质量(材种出材量)及其生长量的测定理论、方法和技术,为森林调查所要取得的有关数量和质量、林分结构和生长规律、立地质量评定、森林资源经济价值评估、森林资源动态监测及其发展趋势分析提供理论、方法和技术。同时,为发挥森林的多种效益,保持森林生态平衡,加强森林资源管理、合理利用等提供所需的基础数据。日本测树学早期主要学习德国,日文的这一名词译自德文"Holzmesslehre"和"Holzmesskunde"。但此学科的英文通用名词是"Forest mensuration",德文现在也有的采用"Forstabsch"。所有这些词都是森林测定或森林评价的意思。日本现在也改用了"森林测定法"或"森林计测学"。我国台湾省杨荣启教授 1980 年也采用了"森林测计学"名称。

古典测树学的内容,吉拉维斯(Graves,1906)所给的定义是:"论述原木、树木和林分材积的确定并研究生长和收获"。直到现在,这一传统内容仍然是世界各国本学科教科书的共同基础。但随着林业发展和测定技术的提高,测树学测定内容已从树木、林分测定扩展到大面积森林调查。例如,苏联 H·阿努钦教授(1952)在其所著俄文版《测树学》一书中对本学科所下的定义是:"研究树木材积、采伐木材积、林分蓄积、大森林蓄积以及树木和林分生长量的确定方法"。日本大隅真一教授(1971)在其所著《森林计测学》中所下的定义是:"研究森林及其产品——木材各种量的测定、估计和计算方法"。也就是说,除树木和林分测定外,大森林调查也被列为本学科的重要内容。

近一二十年来,随着社会对林业发展需求的不断提高和林业领域的扩展,测树学内容也随之变化和发展。内容不仅增加了树木、林分重量和生物量测定的内容,而且有些作者还把一些非林木资源调查内容也列入本学科教科书中,如增加了野生动物、放牧、渔业和旅游(休憩)用地的调查、评价等内容。这样就完全超出了传统"测树学"或"森林计测学"以树木材积、林分蓄积测定为核心的内容范畴。尽管如此,在"测树学"或"森林计测学"中以树木材积、林分蓄积测定为中心内容的情况并没有改变,但是这些新增加的内容,则是表示出"测树学"或"森林计测学"未来的发展趋势。

总体上看,测树学的发展大体可以分成以下四个阶段:

第一阶段:是测树学的孕育期,时间大体是 19 世纪早中期。在这一时期,测树方法开始作为一门科学进行广泛研究,并提出了许多测树理论和方法,但还没有形成完整的学科体系。

第二阶段:是完整的古典测树学形成和发展时期。时间大体是从 19 世纪末期到第二次世界大战。在这一时期,各国都先后出版了《测树学》著作,其内容都以原木、树木和林分材积测定为中心,并包含生长和收获预估。对这种古典测树学的形成和发展,德国起了重要作用。

第三阶段:数理统计方法,尤其是抽样技术和航摄像片广泛引用于森林调查,并在测树学中占据了重要地位。这一时期基本上是从第二次世界大战后开始并以美国为先导,此阶段全世界大多数国家在大面积森林资源调查方法和技术方面已趋于成熟和稳定。

第四阶段:近一二十年来,电子计算机数据处理、航天遥感、动态预测等新技术在森林调查中开始并日益得到广泛应用。这预示着本学科将会发展到一个崭新的更高阶段。另外,由于森林资源的定义和内涵愈来愈广,即森林资源既包括木材资源,又包括非木材资源(林地上的动、植物资源,水资源,景观资源及旅游资源等)。因此,它已大大超过了传统测树学测定对象的范畴,并且还涉及上述森林资源与环境关联的效益评价,甚至于涉及与林业有关的社会和经济调查方法和技术。这些将是测树学发展过程中需要深入研究和探讨的问题,即由测树学改为森林评价(Forest Mensuration 改为 Forest Assessment)的问题。

4.1.2.2　基本测树学基本概念

(1)树木自种子萌发后生长的年数为树木的年龄。

(2)基本测树因子。树木的直接测量因子及其派生的因子称为基本测树因子,如树干的直径、树高等。这些均是树木直接测定因子。

(3)树干直径。是指垂直于树干轴的横断面上的直径。用 D 或 d 表示,测定单位是厘米(cm),一般要求精确至 0.1 cm。树干直径分为带皮直径和去皮直径两种。其中,位于距根颈 1.3 m 处的直径称为胸高直径,简称为胸径。

(4)树高。树干的根颈处至主干梢顶的长度称为树高,测量单位是米(m),一般要求精确至 0.1 m。树高通常用 H 或 h 表示。

(5)树干横断面积。树干横断面积同树干直径一样也可以有许多个,其中位于胸高处横断面积是一个重要测树因子,通常简称为树木的胸高断面积,记为 g,测量单位是平方米(m^2)。

(6)树干材积。树干材积是指根颈(伐根)以上树干的体积,记为 V,单位是立方米(m^3)。

(7)干形。树干的形状通称干形。树木的干形,一般有通直、饱满、弯曲、尖削和主干是否明显之分。

（8）郁闭度。林分中林冠投影面积与林地面积之比，称为郁闭度，以 *PC* 表示。郁闭度一般以小数表示，记载到小数点后两位。它可以反映林木利用生长空间的程度。

（9）伐倒木。树木伐倒后横卧在地，砍去枝桠，留下的净干称为伐倒木。

4.1.2.3　测树学调查因子计量单位及符号

测树学调查因子主要有直径、横断面积、高（长）度、材积（或蓄积）、年龄等。我国是采用米制的国家。在测树学中，各种量的计量单位及惯用符号列于表 3-4-2。

表 3-4-2　测树学主要测计量及其单位符号

测计量	惯用符号	米制		英制	
		计量单位	符号	计量单位	符号
树干直径	D、d	厘米	cm	英寸	in
林分平均直径	D_g				
林分算术平均直径	$\overline{D}$				
树干断面积	g	平方米	m^2	平方英尺	ft^2
林分总断面积	G				
林分平均断面积	$\overline{g}$				
林分每公顷林木断面积	G/hm^2				
树干全部或局部长度	L 或 l	米	m	英尺	ft
树木全高或某部位高度	H 或 h				
林分平均高	H_D				
林分算术平均高	$\overline{H}$				
林分优势木平均高	H_T				
树干全部或局部材积	V 或 v	立方米	m^3	立方英尺、板英尺	ft^3、board feet
林分或森林蓄积	M				
林分每公顷林木蓄积量	M/hm^2				
材积（连年）生长量	Z_v				
林木年龄	a	年			
林分年龄	A				

注：1 cm = 0.393 7 in, 1 m = 3.280 84 ft; 1 in = 2.54 cm, 1 ft = 0.304 8 m。

4.1.3　地形图基本知识

4.1.3.1　地形测量

我们知道，如果在地面建立一个平面直角坐标系，则可以准确测量和清楚表达地表任一点在该坐标系的平面位置，通常的方法是测量这个点相对于坐标原点为起点的某坐标轴的水平夹角和该点到坐标原点的距离,用经纬仪测角和测距仪测距可实现这个目标。要确定这个点对于某基面的高程,从某已知高程点开始用水准测量的方法即可实现。测量出地表相当多的控制点的平面坐标和高程数值,就形成三维地形的轮廓概念。测定地表的地物、地形在水平面上的投影位置和高程,并按一定比例缩小,用符号和注记标绘可制成地形图。

　　实际的地形测量要复杂得多,但一般包括控制测量和碎部测量两阶段或两层次。控制测量是用较高精度的仪器和方法测定一定数量的平面和高程控制点,作为绘制地形图的依据。平面控制测量包括首级控制测量和图根控制测量两级。首级控制测量以大地控制点为基础,用三角测量或导线测量方法在整个测区内测定一些精度较高、分布均匀的控制点;图根控制测量是在首级控制下,用小三角测量、交会定点方法等加密满足测图需要的控制点。高程控制点根据需要选取高程测量等级实施测量。地物特征点、地形特征点统称为碎部点,碎部测量就是测绘碎部点的平面位置和高程。碎部点平面测量常以控制点为依据用极坐标法测定,高程通常用三角高程法测量计算,即用经纬仪从已知高程点测到未知点直线的竖直高度角和两点直线段的距离(视距),由三角学的公式计算未知点的高差和高程。

　　经纬仪、平板仪、水准仪、测距仪等可联合用于测量地形,但全站仪和 GPS 的全能优势已经带领地形测量进入新时代。应用全站仪和 GPS 接收机时,按要求输入有关参数,对(在)流动点测记(采集)信息,经后续解算处理可获得测量点位的地形坐标,甚至制出地形图。全站仪和 GPS 接收机的视测范围较经纬仪等大得多,可省去频繁迁移测站及带来的误差。

4.1.3.2　地形图

　　地形图指的是地表起伏形态和地物位置、形状在水平面上的投影图。将地面上的地物和地貌按水平投影的方法(沿铅垂线方向投影到水平面上)以一定的比例尺缩绘到图纸等介质上就形成地形图。地形图的主要地理要素有地形、水系、交通线和居民点等。如图上只有地物,不表示地面起伏的图称为平面图。概略地表示制图区域基本特征的地形图也称普通地理图,如行政区划图,一般标绘水系、交通线、居民点及区域境界线而不绘制等高线的地形图就是普通地理图。

　　地形图表示地形的基本方法是等高线法。等高线是地表高程相等点连线投影到平面上的(闭合)曲线,地形的形态、类型如山体、岭谷、坡地、台塬等都可用一组等高线图形来反映。当然,等高线之间的等高距越小,对地形高度的描述越详细。

　　地球是一个椭球体,我国"2000 大地坐标系"采用的椭球体长半径为 6 378.137 km,短半径为 6 356.752 km。地球围绕太阳公转,本身也自转,应有自转轴,地球自转轴同地面相交的两点称极点。由于地球转动很复杂,实际将地轴看作是一根通过地球南北两极和地球中心的假想线。在地球中腰画一个与地轴垂直的大圆圈("赤道"平面),使圈上的每一点都和南北两极的距离相等,这个圆圈就叫作赤道。我们把赤道定为纬度 0,向南向北各为 0~90°,在赤道以南的叫南纬,在赤道以北的叫北纬,北极就是北纬 90°,南极就是南纬 90°。经线也称子午线,是通过地球自转轴的平面与地球表面的交线(圆圈),经度是两条经线所在平面之间的夹角。国际约定,以英国格林威治天文台所在地作为经度起算点(零度),向东(西)从 0～180° 为东(西)经,东经 180° 和西经的 180° 重合在一条经线上,那就是 180° 经线。高程是从大地平均海平面起算的。这样,地球上任一点的空间位置就由地理经度、纬度和高程确定了。

如果地形图设计涉及的区域很小,可以看作平面,将该平面缩小绘制地形图是无大的变形的。如果地形图设计涉及的区域很大,就会出现椭球表面曲面不能展开为平面的问题,解决的一种思路是高斯－克吕格圆柱投影,高斯－克吕格圆柱投影原理如图 3-4-7 所示,设想用一个空心圆柱体包着地球水准面,使圆柱体沿着某一子午圈与地球的水准面相切,这条切线称为轴子午线(又称中央子午线)。

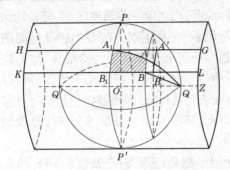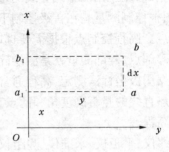

图 3-4-7　高斯－克吕格圆柱投影原理图

在这种情况下,球面上的轴子午线就毫无改变地转移(投影)到圆柱面上。另外,扩大赤道面与圆柱面相交,交线是与轴子午线垂直的。当将圆柱面展为平面时,在该平面就形成两条正交直线,这两正交直线就可作为平面直角坐标系的 x 轴(子午直线)和 y 轴(赤道直线),交点为坐标原点。由此可知,凡与轴子午线正交(与赤道面平行)的圆(纬度圈),投影到圆柱面上均成为与 y 轴平行的直线;凡与轴子午线平行的圆,投影到圆柱面上均成为与 x 轴平行的直线;轴子午线之外的子午线投影到圆柱面上为曲线。地图投影的方式种类很多,但不管哪种投影,在地形图上除个别点线外其余都有变形变位。

为了使地形图中投影的长度变形和角度变形不致超过一般测量的精度,通常采用精度 6° 带的高斯－克吕格投影,即自格林威治子午线(0 经度)起,自西向东每隔 6° 经度划分地球为 60 个 6° 经度带,对应选择 3°、9°、15°…165°、171°、177° 经度为轴子午线投影。每一个高斯－克吕格投影的 6° 经度带都有自己的坐标系和坐标原点,横坐标的计算是以轴子午线以东为正,以西为负;纵坐标的计算以赤道以北为正,以南为负。为使横坐标值均为正值,规定给予一个带的原点以 +500 km 的横坐标值,即使坐标原点西移 500 km。小比例尺地形图一般标画经纬网线,大比例尺地形图在四角标注经纬度数值,在图区标画 km 网线。

我国的基本地形图是按照国家统一制定的规范测绘编制的,具有统一的大地控制基础(目前为 2000 大地坐标系)、统一的投影和分幅编号。我国的地形图同国际一样,是以 1:100 万地图为基础统一编号的,即从赤道起算向两极每纬度差 4° 为一列,用拉丁字母 A、B…V 依次表示。从经度 180° 起算,自西向东以经度 6° 为一行,用阿拉伯数字 1、2…60 依次表示(在纬度 60°～76° 由双幅合并,即每幅图包括经差 12°,纬差 4°;在纬度 76°～88°

由四幅合并,即每幅图包括经差24°,纬差4°;纬度88°以上单独为一幅)。各幅图由代表居民点或其他名称命名,例如北京在 J 列第50行幅的图中,编号为 J－50 的图即命名为北京幅。1:100 万地图分幅编号(北半球东经区)如图 3-4-8 所示。基本地形图的分幅和编号规定如表 3-4-3 所示。

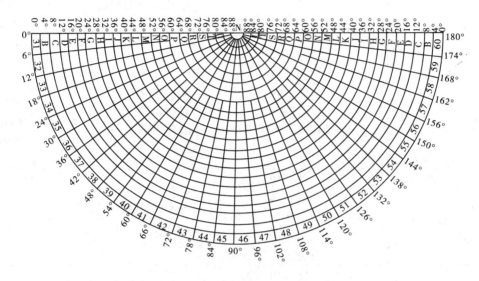

图 3-4-8　1:100 万地图分幅编号(北半球东经区)

表 3-4-3　基本地形图的分幅和编号规定

比例	经度差	纬度差	分幅说明	编号规则	图中 1 cm 的地面长	一般 等高距
1:100 万	6°	4°	分幅制图 编号基础	纬度分列 A、B… V,经度分行 1、2… 60,中间由横短线连 接,如北京幅 J－50	10 km	
1:50 万	3°	2°	每一幅 1:100 万 图包括 4 幅,分别编 为 A、B、C、D	在 1:100 万图幅编 号后用横短线连接本 编号,如 J－50－A	5 km	
1:25 万	1°30′	1°	每一幅 1:100 万图 包括 16 幅;每一幅 1:50万图包括 4 幅,分 别编为 a、b、c、d	在 1:50 万图幅编 号后用横短线连接本 编号,如 J－50－A－d	2.5 km	50 m (高山 100 m)

续表 3-4-3

比例	经度差	纬度差	分幅说明	编号规则	图中 1 cm 的地面长	一般等高距
1:10 万	30′	20′	每一幅 1:100 万图包括 144 幅,分别编为 1、2、3…143、144	在 1:100 万图幅编号后用横短线连接本编号,如 J－50－122	1 km	20 m（高山 40 m）
1:5 万	15′	10′	以 1:10 万图为基础,每一幅 1:10 万图包括 4 幅,分别编为 A、B、C、D	在 1:10 万图幅编号后用横短线连接本编号,如 J－50－122－C	500 m	10 m（高山 20 m）
1:2.5 万	7′30″	5′	以 1:10 万图为基础,每一幅 1:10 万图包括 16 幅;每一幅 1:5 万图包括 4 幅分别编为 1、2、3、4	在 1:5 万图幅编号后用横短线连接本编号,如 J－50－122－C－4	250 m	
1:1 万	3′45″	2′30″	以 1:10 万图为基础,每一幅 1:10 万图包括 64 幅,分别编为（1）、（2）…（63）、（64）	在 1:10 万图幅编号后用横短线连接本编号,如 J－50－122－(17)	100 m	

4.1.3.3　数字比例尺

数字比例尺的定义为

$$\frac{d}{D} = \frac{1}{D/d} = \frac{1}{M} = 1:M \tag{3-4-1}$$

一般将数字比例尺用分子为 1,分母为一个比较大的整数 M 表示。M 越大,比例尺的值越小;M 越小,比例尺的值越大,如 1:500 大于 1:1 000。通常称 1:500、1:1 000、1:2 000 和 1:5 000 比例尺的地形图为大比例尺地形图,称 1:1万、1:2.5 万、1:5 万、1:10 万比例尺的地形图为中比例尺地形图,称 1:25 万、1:50 万和 1:100 万比例尺的地形图为小比例尺地形图。我国规定 1:1万、1:2.5 万、1:5万、1:10 万、1:25 万、1:50 万、1:100 万七种比例尺地形图为国家基本比例尺地形图,地形图数字比例尺注记在南面图廓外的正中央,如图 3-4-9 所示。

4.1.3.4　图示比例尺

如图 3-4-9 所示,图示比例尺绘制在数字比例尺的下方,其作用是便于用分规直接在图上量取直线的水平距离,同时还可以抵消在图上量取长度时图纸伸缩变形的影响。

4.1.3.5　比例尺的精度

由于人眼能分辨的图上最小距离是 0.1 mm,如果地形图的比例尺为 1:M,将图上

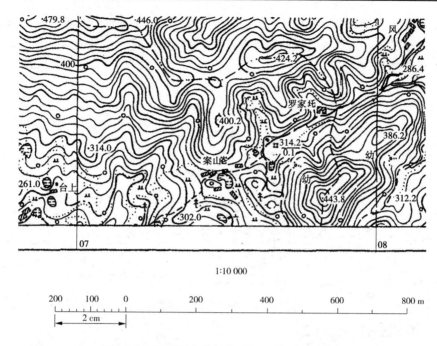

1:10 000

图 3-4-9　地形图上的数字比例尺和图示比例尺

0.1 mm 所表示的实地水平距离 0.1M（mm）称为比例尺的精度。根据比例尺的精度,可以确定测绘地形图的距离测量精度。例如,测绘 1:1 000 比例尺的地形图时,其比例尺精度为 0.1 m,故量距的精度只需到 0.1 m,因为小于实地 0.1 m 的距离在图上表示不出来。又如,当设计规定需要在图上能量出的实地最短长度为 0.05 m 时,则所采用的比例尺不得小于 0.1 mm/0.05 m＝1:500。比例尺越大,表示地物和地貌的情况越详细,精度就越高,但测绘工作量和经费也越高。表 3-4-4 列出了几种比例尺地形图的精度,可根据用途来选择地形图比例尺。

表 3-4-4　地形图比例尺的精度与比例尺的选择

比例尺	比例尺精度（m）	用途
1:10 000	1.0	城市总体规划、厂址选择、区域布置、方案比较
1:5 000	0.5	
1:2 000	0.2	城市详细规划及工程项目初步设计
1:1 000	0.1	建筑设计、城市详细规划、工程施工设计、竣工图
1:500	0.05	

4.1.3.6　等高线的概念与绘制原理

等高线是地面高程相等的相邻各点连成的闭合曲线。如图 3-4-10 所示,设想有一座高出水面的小岛,与某一静止水面相交形成的水涯线为闭合曲线,曲线形状由小岛与水面相交的位置确定,曲线上各点的高程相等。例如,当水面高为 70 m 时,曲线上任一点的高程均为 70 m;若水位继续升高至 80 m、90 m,则水涯线的高程分别为 80 m、90 m。将不同高程的水涯线垂直投影到水平面 H 上,按一定比例尺缩绘在图纸上,就可将小岛用等高线表示在地形图上。这些等高线的形状和高程,客观地反映了小岛的空间形态。这便是等高线的绘制原理。

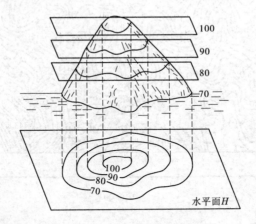

图 3-4-10　等高线的绘制原理

4.1.3.7　等高距与等高线平距

地形图上相邻等高线间的高差称为等高距,常用 h 表示。同一幅地形图的等高距应相同,因此地形图的等高距也称为基本等高距。大比例尺地形图常用的基本等高距为 0.5 m、1 m、2 m、5 m 等。等高距越小,表示的地貌越详细;等高距越大,表示的地貌细部越粗略。但等高距太小会使图上的等高线过于密集,从而影响图面的清晰度。因此,在测绘地形图时,应根据测图比例尺、测区地面的坡度情况,按国家规范要求选择合适的基本等高距,如表 3-4-5 所示。

表 3-4-5　地形图的基本等高距　　　　　　　　　　　　（单位:m）

地形类别	比例尺			
	1:500	1:1 000	1:2 000	1:5 000
平坦地	0.5	0.5	1	2
丘陵	0.5	1	2	5
山地	1	1	2	5
高山地	1	2	2	5

等高线平距指的是相邻等高线之间的水平距离,常以 d 表示。因为同一张地形图内等高距是相同的,所以等高线平距 d 的大小与地面坡度有关。相邻等高线之间的地面坡度为

$$i = \frac{h}{dM} \tag{3-4-2}$$

式中　h——基本等高距;

　　　M——地形图的比例尺分母。

在同一幅地形图上,等高线平距愈大,表示地貌的坡度愈小;反之,坡度愈大,如

图3-4-11所示。

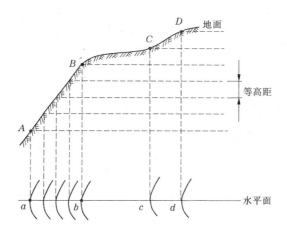

图3-4-11 等高线平距与地面坡度的关系

4.1.3.8 等高线的分类

等高线分为首曲线、计曲线和间曲线,如图3-4-12所示。

(1)首曲线:按基本等高距测绘的等高线称为首曲线,用0.15 mm宽的细实线绘制。

(2)计曲线:从0 m算起,每隔四条首曲线加粗的一条等高线称为计曲线,用0.3 mm宽的粗实线绘制。

(3)间曲线:对于坡度很小的局部区域,当用基本等高线不足以反映地貌特征时,可按1/2基本等高距加绘一条等高线,该等高线称为间曲线,用0.15 mm宽的长虚线绘制,可不闭合。

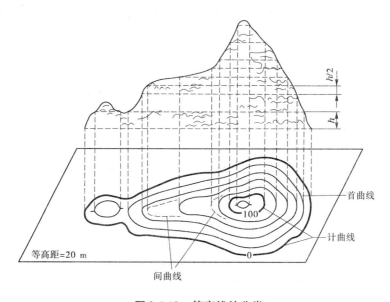

图3-4-12 等高线的分类

4.1.3.9　典型地貌的等高线

地球表面高低起伏的形态千变万化,但它们都可由几种典型地貌综合而成。典型地貌主要有山头和洼地、山脊和山谷、鞍部、陡崖和悬崖等,如图 3-4-13 所示。

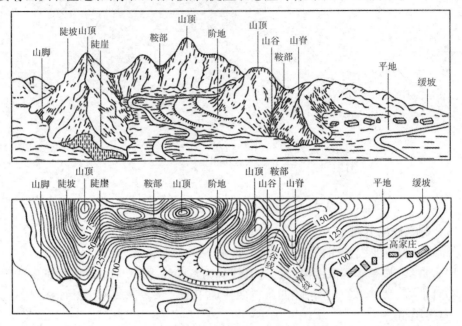

图 3-4-13　综合地貌及其等高线表示

1. 山头和洼地

图 3-4-14(a)和(b)分别表示山头和洼地的等高线,它们都有一组闭合曲线,其区别在于:山头的等高线由外圈向内圈高程逐渐增加,洼地的等高线由外圈向内圈高程逐渐减少,这就可以根据高程注记区分山头和洼地,也可以用示坡线来指示斜坡向下的方向。

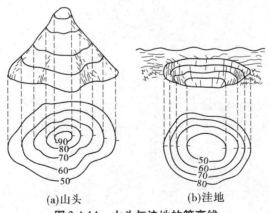

(a)山头　　　　(b)洼地

图 3-4-14　山头与洼地的等高线

2. 山脊和山谷

山坡的坡度与走向发生改变时,在转折处就会出现山脊或山谷地貌(见图 3-4-15)。山脊的等高线均向下坡方向凸出,两侧基本对称。山脊线是山体延伸的最高棱线,也称为分水线。山谷的等高线均凸向高处,两侧也基本对称。山谷线是谷底点的连线,也称集水线。

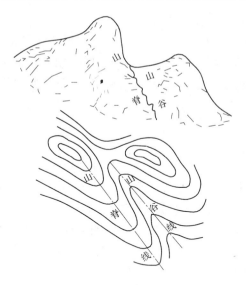

图 3-4-15　山脊和山谷的等高线

3. 鞍部

两个山顶之间的呈马鞍形的低凹部分称为鞍部。鞍部是山区道路选线的重要位置。鞍部左右两侧的等高线是近似对称的两组山脊线和两组山谷线,如图 3-4-16 所示。

4. 陡崖和悬崖

陡崖,即陡峭的山崖,其地形特征为近似于垂直的山坡。悬崖是角度垂直或接近垂直的暴露岩石,是一种被侵蚀、风化的地形,常见于海岸、河岸、山区、断崖里。陡崖和悬崖的表示形式如图 3-4-17 所示。

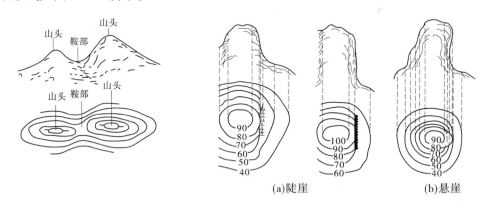

图 3-4-16　鞍部的等高线　　　　　图 3-4-17　陡崖与悬崖的表示

4.1.4　普通量尺测量距离

4.1.4.1　距离测量基本概念

不在同一水平面上的两点间直线连线的长度称为两点间的倾斜距离,倾斜距离投影在水平面上的直线长度称为水平距离。

距离测量的一般目标是测定地面上两点间的水平直线长度。测量的方法有钢尺量距、视距测量、光电测距等。可根据不同的测距精度要求和作业条件(仪器、地形等)选用测距方法。在平坦地区测距可用钢卷尺沿地面直接丈量。精度要求不高的间接量距可利用经纬仪、水准仪十字丝的上下丝进行视距测量。高精度的远距离量距可用电磁(光)波发射与接收类的电子物理仪器。

4.1.4.2　丈量距离的用具

距离丈量常用工具有钢尺(皮尺)、标杆、测钎及线锤等。钢尺(或皮尺)的基本分划为 mm。根据尺的零点位置不同,有端点尺和刻线尺之分。端点尺以钢尺的最外端作为尺子零点,刻线尺在尺子的前端刻有零点分划线,后类尺比较常用,使用时应注意零点位置。标杆(又称花杆)主要用来做标点和定线。测钎用来标定尺段端点位置和计算丈量尺段数。线锤用来对点、标点和投点,常用于在斜坡上丈量水平距离。除这些用具外,必要时准备经纬仪配合定向。

4.1.4.3　钢尺距离丈量的工作内容

钢尺距离丈量的工作内容包括直线定线和各段距离丈量。量距分为一般量距和精密量距。下面介绍量距实施方法。

1. 直线定线

水平距离测量时,当地面上两点间的距离超过一整尺长,或地势起伏较大,一尺段无法完成丈量工作时,需要在两点的连线上标定出若干个点,这项工作称为直线定线。按精度要求的不同,直线定线有目估定线和经纬仪定线两种方法。

1) 目估定线(用于一般量距)

目估定线如图 3-4-18 所示,欲在 AB 直线上定出 C、D 等分段点,采用目估定线的方法。

第一步,在 A、B 点上竖立标杆,测量员甲立于 A 点后 1～2 m 处,目测标杆的同侧,由 A 瞄向 B,构成一视线。

第二步,甲指挥乙持标杆于 C 点附近左右移动,直到三支标杆的同侧位于同一视线上。

第三步,甲指挥乙将标杆或测钎竖直插在地上,得出 C 点。用同样的方法,得出 D 点等。

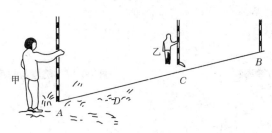

图 3-4-18　目估定线

2）经纬仪定线（用于精密量距）

经纬仪定线如图 3-4-19 所示，欲在 AB 直线内精确定出 1、2…分段点的位置，采用经纬仪定线的方法。

第一步，由甲将经纬仪安置于 A 点，用望远镜瞄准 B 点，固定照准部制动螺旋。

第二步，甲将望远镜向下俯视，用手势指挥乙移动标杆，使标杆与十字丝竖丝重合，在标杆的位置打下木桩，再根据十字丝竖丝在木桩上钉小钉，准确定出 1 点的位置。用同样的方法定出 2 点、3 点…。

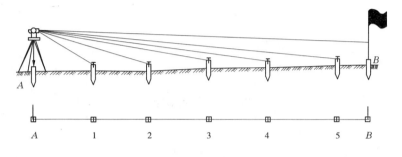

图 3-4-19　经纬仪定线

2. 距离丈量

为了防止丈量错误和提高精度，钢尺量距一般应由 A 点至 B 点进行往返测量，返测时应重新进行定线。取往、返测距离的平均值作为直线 AB 最终的水平距离，用式（3-4-3）计算。

$$D_{av} = \frac{1}{2}(D_{AB} + D_{BA}) \tag{3-4-3}$$

式中　D_{av} ——往、返测距离的平均值，m；

　　　 D_{AB} ——往测的距离，m；

　　　 D_{BA} ——返测的距离，m。

1）平坦地面的距离丈量方法

距离丈量经直线定线后，用钢尺量第 1 整尺段 l、用线锤和测钎定出点位。继续丈量 2、3…整尺段，最后丈量不足整尺段的余长 q 至终点，记清量过的整尺段数和余长，分别记入观测手簿中。往测完成后，及时返测（由终点量至起点），并做记录。然后检核丈量结果的精度和计算水平距离。

单程测量距离用式（3-4-4）计算

$$D_{AB} = nl + q \tag{3-4-4}$$

式中　D_{AB} ——单程测量距离，m；

　　　 n——整尺段数，A、B 两点之间所拔测钎数；

　　　 l ——钢尺长度，m；

　　　 q——不足一整尺的余长，m。

2）倾斜地面的距离丈量

倾斜地面的距离丈量有平量法和斜量法。

平量法:A、B 点间各测段丈量的水平距离的总和即为 AB 的水平距离。

斜量法:斜量法如图 3-4-20 所示,当倾斜地面的坡度比较均匀时,可以沿倾斜地面丈量出 A、B 两点间的斜距 L_{AB},用经纬仪测出直线 AB 的倾斜角 α,或测量出 A、B 两点的高差 h_{AB},然后用式(3-4-5)或式(3-4-6)计算 AB 的水平距离 D_{AB}。

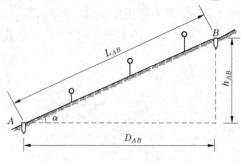

图 3-4-20　斜量法

$$D_{AB} = L_{AB}\cos\alpha \tag{3-4-5}$$

$$D_{AB} = \sqrt{L_{AB}^2 - h_{AB}^2} \tag{3-4-6}$$

3. 距离丈量的精度评价

量距精度通常用相对误差 K 来表示,计算公式为式(3-4-7),通常将相对误差 K 化为分子为 1 的分数形式,即

$$K = \frac{|D_{AB} - D_{BA}|}{D_{av}} = \frac{1}{\dfrac{D_{av}}{|D_{AB} - D_{BA}|}} \tag{3-4-7}$$

相对误差分母愈大,则 K 值愈小,精度愈高;反之,精度愈低。在水文测站大断面断面桩及各固定点之间的距离往返测量时,要求相对误差不大于 1/500;在基线测距时,往返测量相对误差不大于 1/1 000。

4.1.4.4　钢尺量距的误差及注意事项

1. 尺长误差

钢尺的名义长度和实际长度不符,产生尺长误差。尺长误差是积累性的,其大小与所测量距离成正比。

2. 定线误差

丈量时钢尺偏离量测直线方向,使测量线路成为一折线,会导致丈量结果偏大。

3. 拉力误差

钢尺有弹性,受拉时会伸长。钢尺在丈量时所受拉力应与检定时拉力相同。如果拉力变化 ±26 N,尺长将改变 ±1 mm。一般量距时,只要保持拉力均匀即可。

4. 钢尺垂曲误差

钢尺悬空丈量时中间下垂,称为垂曲,由此产生的误差为钢尺垂曲误差。垂曲误差会使量得的长度大于实际长度,故在钢尺检定时,亦可按悬空情况检定,得出相应的尺长方程式。在成果整理时,按此尺长方程式进行尺长改正。

5. 钢尺不水平的误差

用平量法丈量时,钢尺不水平,会使所量距离增大。对于 30 m 的钢尺,如果目估尺子水平误差为 0.5 m(倾角约 1°),由此产生的量距误差为 4 mm。因此,用平量法丈量时应尽可能使钢尺水平。

6. 丈量误差

钢尺端点对不准、测钎插不准、尺子读数不准等引起的误差都属于丈量误差。这种误差对丈量结果的影响可正可负,大小不定。在量距时应认真操作,以减小丈量误差。

7. 温度变化引起的误差

钢尺的长度随温度变化,丈量时温度与检定钢尺时温度不一致,或测定时的空气温度与钢尺温度相差较大,都会产生误差。所以,对丈量精度要求较高时,应进行温度改正,尺温测定宜使用点温计,或在阴天等气温较为平稳时进行,以减小空气温度与钢尺温度的差值。

4.1.5 水准尺使用方法

4.1.5.1 水准尺的选用

水文测站进行高程测量使用的水准尺,应采用双面水准尺,如因条件限制,四、五等水准测量可采用单面尺,不得使用塔尺。

对于新购置或初次使用的水准尺,应对水准尺上圆水准器、分划面弯曲差、分米分划误差、一对水准尺零点不等差及基、辅分划读数差和名义米长等检校和测定。

4.1.5.2 立尺点的选择

选择合适的立尺点可以提高测量工作的效率和质量。对于不同的测量工作其立尺点有所不同,在水准点上,水准尺应立于原点上;转点处应将尺垫踩实,立于尺垫半球顶端上,前视、后视立尺时测点位置不变,保证逐站传递高程的正确性;由后视转为前视时,为使前、后视距基本相等,转移时可用步丈量距离。测量立尺时应随时注意听从仪器观测员的指挥。

地形测量时,地物点应立于控制点位上,如长方形房屋的几何图形的三个角上;地貌点应立于特征点及转折点上,如测绘山顶时,应立尺于山顶最高点和山顶附近坡度变化处,以绘出其形状。

4.1.5.3 扶尺

测量时,水准尺应扶直、扶稳,使水准尺立于测点的铅垂线上。水准尺处于垂直状态下,所测读的数据才是准确的。

扶尺员应站在尺后,双手握住把手,两臂紧贴身躯,借助尺上水准器将尺铅直立在测点上。对无气泡的水准尺,观测员可从望远镜中观察尺子与竖丝是否平行来判断尺子是否左右倾斜。当水准尺前后倾斜时,观测员难以发现,导致读数偏大。使用尺垫时,应事先将尺垫踏紧,将尺立在半球顶端。在作业过程中,要经常注意尺底的清洁,以免造成零点有误。使用塔尺时,要防止尺段下滑造成读数错误。

4.1.5.4 水准尺的读数方法

在水准尺竖直、水准仪气泡居中的前提下读取中横丝截取的尺面数字。

读尺之前,要弄清、掌握所用水准尺的分划和注字规律。读数时,对于望远镜看到的水准尺影像是倒镜时,应从上往下、从小向大的方向读数,以 dm 标注数字为参照点,先读出注记的 m 数和 dm 数,再读出 cm 数,最后估读 mm 数,不要漏0(如1.050 的两个0 都应读记)。对于成正镜的望远镜,读数应从下往上、从小向大读取。

4.2　数据记录与整编

4.2.1　测树因子基本测量方法

4.2.1.1　树木直径测量

1.胸径测量

胸径通常是测量树木距根颈约 1.3 m 处的直径。使用胸径尺在树干上交叉测两个数,取其平均值,由于树干有圆有扁,对于扁形的树干尤其要测两个数。

测定胸径时应注意以下问题:

(1)在林业调查中,胸高位置在平地是指距地面 1.3 m 处,在坡地以坡上方 1.3 m 处为准,如图 3-4-21 所示。

(2)胸高处出现节疤、凹凸或其他不正常的情况时,可在胸高断面上下距离相等而树干干形正常处,测直径取平均数作为胸径值。

(3)胸高以下分叉的树,分开的两株树分别测定每株树的胸径。如果碰到一株从根边萌发的大树,一个基干有 3 个萌干,则必须测量 3 个胸径,在记录时用括弧记在同一个植株上。

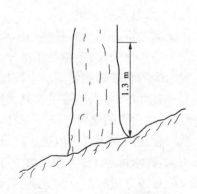

图 3-4-21　坡地胸径测量示意图

(4)胸径 2.5 cm 以下的小乔木,一般在乔木层调查中都不必测量,应放在灌木层中调查。

2.地径测量

地径是指树干基部的直径,测量时,用游标卡尺测两个数值后取其平均值。

3.卡尺使用注意事项

卡尺如图 3-4-22 所示,卡尺测径时应注意以下事项:

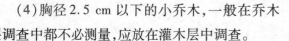

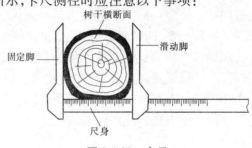

图 3-4-22　卡尺

（1）测径时应使尺身与两脚所构成的平面与干轴垂直,且其三点同时与所测树木断面接触。

（2）测径时先读数,然后再从树干上取下卡尺。

（3）树干断面不规则时,应测定其互相垂直两直径,取其平均值。

（4）若测径部分有节瘤或畸形时,可在其上、下等距处测径,取其平均值。

4. 围尺

通过围尺测量树干的圆周长,换算成直径。根据 $C = \pi D$（C 为周长,D 为直径）的关系换算。一般用于测比较粗的树。

4.2.1.2　树木高度测量

树高即为树干的根颈处至主干梢顶的长度（从平地到树梢的自然高度,弯曲的树干不能沿曲线测量）。

树高的测量采用以下三种方法：

（1）测高仪测量法:通常在做样方时,用简易的测高仪（例如魏氏测高仪）实测群落中的一株标准树木,其他各树则可以估测。估测时均与此标准相比较。

（2）目估法:一种方法为积累法,即树下站一人,举手为 2 m 高,然后目估 2 m、4 m、6 m、8 m,往上积累至树梢;另一种方法为分割法,即测者站在距树远处,把树分割成 1/2、1/4、1/8、1/16,例如分割至 1/16 处为 1.5 m,则此树高即为 $1.5 \times 16 = 24$（m）。

（3）简易测定法:准备几十厘米长的直尺,测定者距被测树木一定距离,观察被测树木并手持直尺对准树木,不断移动调整距离,使得直尺 ac 平行于树。df、oad、ocf 成直线,obe 成水平线,ef 等于眼高时,如图 3-4-23 所示,读取 bc 数据,代入式（3-4-8）,即可快速测得树高。

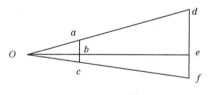

图 3-4-23　简易测定法

树高的计算公式为

$$df = \frac{ac}{bc} \times ef \qquad (3\text{-}4\text{-}8)$$

式中　df——树高,m;

　　　　ef——树木根部到测定者眼睛的高度,m;

　　　　ac——直尺长度,m;

　　　　bc——直尺底端到测定者眼睛的高度,m。

4.2.1.3　冠幅测定

用皮尺测量树木南北和东西主枝最大伸展范围。如东西冠幅为 4 m,南北冠幅为 2 m,则记录此株树的冠幅为 4 m×2 m。若调查中树木较高需用目测估计,估测时必须在树冠下来回走动,用手臂或脚步帮忙测量。特别是那些树冠垂直的树,更要小心估测。

4.2.1.4　树龄测定

树龄的确定可采用以下四种方法：

(1)调查访问法：对一些人造林，可走访当地的老村民了解树木的种植时间；如林业部门有技术档案，可查找了解。这种方法对确定人工林的树龄是最可靠的方法。

(2)年轮法：砍伐树木，直接查数树木根颈位置的年轮数即树木的年龄。如果查数年轮的断面高于根颈位置，则必须将数得的年轮数加上树木长到此断面高所需的年数才是树木的总年龄。

(3)生长锥测定法：先将锥筒置于锥柄上的方孔内，用右手握柄的中间，用左手扶住锥筒以防摇晃。垂直于树干将锥筒前端压入树皮，而后用力按顺时针方向旋转，待钻过髓心为止(测树龄应在树基部)。将探取杆插入筒中稍许逆转再取出木条，木条上的年龄数，即为钻点以上树木的年龄。加上由根颈长至钻点高度所需的年轮数，即为树木的年龄。

注意：生长锥不适用于空心树的树龄测定。

(4)轮生枝法：有些针叶树种，如松树、云杉、冷杉等，一般每年在树的顶端生长一轮侧枝，称为轮生枝。这些树种可以直接查数轮生枝的环数及轮生枝脱落(或修枝)后留下的痕迹来确定年龄。由于树木的竞争，老龄树干下部侧枝脱落(或树皮脱落)，甚至节子完全闭合，其轮生枝及轮生枝痕不明显，这种情况可用对比附近相同树种小树枝节树木的方法近似确定。用查数轮生枝的方法确定幼小树木(人工林小于 30 年，天然林小于 50 年)的年龄十分精确，对老树则精度较差。但树木受环境因素或其他因素影响，有时会出现一年形成二层轮生枝的二次高生长现象。因此，使用此方法要特别注意。

4.2.2　地形因子测量

4.2.2.1　坡度测定

坡度是影响水蚀的主要地貌因子。从大量的测验资料可知，坡度与侵蚀量成指数函数关系，当坡度超过某一最大值(通常称为临界坡度)，侵蚀量反而减少，这可能与单位面积上受雨量减小有关。在黄土区，这一临界坡度为 25° ~ 28°。

测量地面坡度常用测斜仪，也称测坡仪。一般在测量时由两人完成，一人站立坡顶(坡上方)，一人持测坡仪站立坡下(坡脚)，用测坡仪照准装置(有的是照准镜，有的是照准孔)照准坡顶站立者的头部，同时拨动照准仪的手柄使水平管水平(由反光镜可看出)，经反复照准与拨动，最后在仪器一侧读出的倾斜度即地面坡度。

当在地形图上测量坡度时，一般先要按测量图面的比例尺大小作一坡度尺，如图 3-4-24 所示，坡度尺的制作方法如下：

(1)设若干个坡度 α(角度)值，查 tanα 值。

(2)用地形图上的等高线差值做被除数，以查得的 tanα 值为除数去除，得该坡度下两条等高线间的水平距离。

(3)将计算的水平距离按图的比例尺大小转换成地形图上的水平距离。

(4)用该水平距离与对应坡度点绘坐标，连接坐标诸点成一圆滑的曲线。曲线上任一点的纵坐标(长度值)表示图面上两条等高线间距离，该点的横坐标即为地面量测的坡度。

　　在地形图面上量测坡度应该注意，由于图面上等高线弯曲，所以先要确定一测量点，再由该点作弯曲线段的切线，最后通过确定点作切线的垂线与上、下等高线相交；用卡规（卡尺）量取这一垂线在两条等高线间的长度，再在坡度尺上截取水平距相同长的曲线点，其对应的坡度就可查出来。

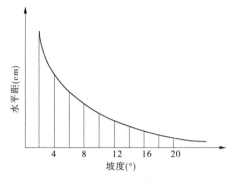

图 3-4-24　坡度尺示意图

4.2.2.2　坡长测定

　　现场测量坡长多用测尺直接量取。对于单一坡面从坡顶分水线某一点起，顺坡面倾斜线（是坡面走向线的垂线）量测至坡脚底或沟缘线，然后将其量测的斜长按坡度大小转换成水平距离，即为该单一坡面的坡长。对于由几个坡（度）面组成的复式坡面，则需从上至下（上一坡面至下一坡面）逐一进行，分别将转换的水平坡长相加，即为该复式坡面坡长。应该注意的是，由于不同坡面的倾向不同，因而量测各坡面的坡长线并不在一条直线上，而是构成了折线。这条折线反映了坡面径流流动的真实轨迹。

　　当在较大比例尺地形图上测量坡长时，先要找出分水线或坡面最大高程点，以及测量的坡面；由分水线上一点或由该点高程作坡面等高线的垂线与其相交，则垂线长度示出坡长；若等高线有弯曲，则作交点的弯曲段的切线，再作其垂线与下一条等高线相交，如此反复测量垂直线的长度至沟缘线；累加这些线段长即得该坡面的坡长。

　　应该注意的是，由于所用地图比例尺大小不一，因此一些低级沟谷（如黄土区的浅沟）反映不出来，而量测时坡长需要量测至沟缘线处，结果导致量测长度失真（一般偏大）。因此，最好选用比例尺不小于 1∶10 000 的地形图。

4.2.2.3　坡向测定

　　坡向对土壤侵蚀的影响主要是通过水热条件的差异而导致侵蚀不同。一般阳向坡光照强、蒸发大，阴向坡则相反；而降水的多少，则与气流运动有关，迎风坡降水较多，背风坡则较少。这就使坡向对侵蚀的影响变得十分复杂，需要依据当地具体情况而定。

　　坡向的划分如图 3-4-25 所示。在北半球依据太阳入射角，将南西、南、南东、西坡称为阳坡，北西、北、北东、东坡称为阴坡。其中，南东、西坡又称半阳坡，北西、东坡又称半阴坡。

　　实地测量坡面的坡向，多采用地质罗盘进行。在测量的坡面上，将罗盘长轴指向坡面倾斜方向（倾向），并使圆水准居中，此时指北针所指方位角即为该坡坡向。如在北东 45°±22.5°范围内，即为北东向，其他类同。

　　坡向量测，要在大比例尺地形图上进行，先将各级沟谷底线画出，构成水路网。然后，依据等高线在每一网斑中的分布确定坡面的坡向。测量时在每条等高线上作垂线，测量它与正北向坐标系的夹角，就是方位角。利用方位角，即可从图 3-4-25 中查出坡向。具体作法如下：

（1）用45°三角板，使其两直角边与图坐标系一致（即南北、东西向）。

（2）将三角板平移，使其斜边与每条等高线相切，点出切点，直至最后一条等高线。

（3）连接所有切点的线即为南西、南东、北西和北东四个方位中的一个。转换三角板的直角边，四条方位线均可画出；其间所夹面积的坡向分别为南向、北向、东向、西向。

图3-4-25　北半球坡向示意图

4.2.3　水土保持措施计量方法

水土保持措施计量的意义，在于体现"蓄水"和"保土"两方面的功能。水土保持措施调查，是要查清这些措施实施和保存的面积、分布状况，以及各项工程的数量和质量、林草的生长及管理状况。

通常是与水土流失调查相结合，现场勘察，逐块进行，同时勾绘草图，检验质量，作出详细记录，最后在室内进行图面量草、清绘整理、分析统计，得出各项措施的数量（含面积）、保存数量（含面积）、质量状况（含林草覆盖度）及分布状况。

水土保持措施的质量等级划分，是一项十分复杂的细致工作，截至目前，尚缺乏质量等级划分标准，各地在调查中，可以依据措施的水土保持效益或措施的保存完好率及其他指标，粗略划分出质量良好、质量中等和质量差三个等级进行调查与统计。

水土保持计量研究显示，应当采用侧重于"保土"功能的计量指标，而将"蓄水"功能放在"水源涵养功能"的计量中去研究。为了使水土保持功能的计算结果具有广泛的可比性，计量研究中应当使用当前普遍采用的"土壤侵蚀量"作为计量评价指标。

第4篇　操作技能——中级工

模块 1　水土保持气象观测

1.1　观测作业

降雨量观测可以采用雨量器和自记雨量计,常用的自记雨量计有虹吸式雨量计和翻斗式雨量计。

虹吸式雨量计是利用液体虹吸原理连续记录降雨量的自记雨量计。它可以自动记录液态降水的数量、强度变化和起止时间。虹吸式雨量计由承雨器、虹吸、自记和外壳四部分组成。

虹吸式雨量计的特点:节约能源,降水有记录,不需要人守候,精度高,但需要观测人员经常到现场检查、更换记录纸、加墨水等。虹吸式雨量计常安装在径流场(站),其安装高度为 0.7 m 或 1.2 m,为保证安装稳定、牢靠,应在仪器底部埋设基桩或混凝土块,并将三条拉线拉紧埋直,注意保证承雨器口水平(用水平尺检查)。它适用于气象台(站)、水文站、农业、林业等有关单位。

1.1.1　虹吸式雨量计记录纸知识

自记雨量计的记录纸简称自记纸。

1.1.1.1　自记纸的更换

无降水时,自记纸可以连续使用 8～10 d,每天 8 时观测。观测时在记录纸上画一记号,注明日期、时间,加入 1 mm 水量,使笔尖抬高笔位。上紧发条,转过钟筒,对好时间,重新记录。有降水时(自记迹线上≥0.1 mm),必须换纸。

自记纸的更换方法是:当自记纸上有降水记录,但换纸时无降水,应先在记录纸上画记号,注明时间,同时在换纸时还应做人工虹吸(往接水器内注水,产生虹吸),使笔尖回到零线位置,若正在降水,则不做人工虹吸,用铅笔在记录纸上做时间记号。取下钟筒,换上新纸时要求自记纸底边与钟筒下缘对齐,纸面平整,纸头纸尾的纵坐标衔接。上紧发条,在纸头左边注明日期、时间,放回钟筒,对准开始时间,画时间记号,重新记录。换纸后应量读储水瓶内的水量。若在无雨之日,储水瓶内只有人工虹吸的水量,可将储水倒掉。

1.1.1.2　自记纸的整理

在降水微小的时候,自记迹线上升缓慢,只有累积量达到 0.05 mm 或以上的那个小时,才计算降水量。其余不足 0.05 mm 的各栏空白。

时间差订正:凡 24 h 内自记钟计时误差达 1 min 或以上,自记纸均须做时间差订正。以实际时间为准,根据换下自记纸上的时间记号,求出自记钟在 24 h 内计时误差的总变量,将其平均分配到每个小时,再用铅笔在自记迹线上作出各正点的时间记号。

按上升迹线计算出两个正点记号间水平分格线实际上升的格数,即为该时的降水量。

如果换纸时有降水,致使换纸时间内的降水未能记录上,这部分降水量应作为换纸时段内的降水量。

降雹时按自记纸迹线读取各时降水量,但应在自记纸背面注明降雹的起止时间(夜间不值班时,只注明降雹情况)。

1.1.2　虹吸式雨量计记录笔的调节步骤

虹吸式雨量计记录笔的调节步骤如下:

(1)调整零点,往承雨器里倒水,直到虹吸管排水。待排水完毕,自记笔若不停在自记纸零线上,就要拧松笔杆固定螺钉,把笔尖调至零线再固定好。

(2)用 10 mm 清水,缓缓注入承雨器,注意自记笔尖移动是否灵活;如摩擦太大,要检查浮子顶端的直杆能否自由移动,自记笔右端的导轮或导向卡口是否能顺着支柱自由滑动。

(3)继续将水注入承雨器,检查虹吸管位置是否正确。一般可先将虹吸管位置调高些,待 10 mm 水加完,自记笔尖停留在自记纸 10 mm 刻度线时,拧松固定虹吸管的连接螺帽,将虹吸管轻轻往下插,直到虹吸作用恰好开始,再固定好连接螺帽。此后,重复注水和调节几次,务必使虹吸作用开始时自记笔尖指在 10 mm 处,排水完毕时自记笔尖指在零线上。

1.1.3　虹吸式雨量计时钟的调节方法

虹吸式雨量计安装完毕后,进行虹吸管位置的调整,先将自记纸卷在钟筒上,把钟筒套在钟轴上,此时应注意钟筒下的小齿轮与大齿轮的咬合,先顺时针后逆时针方向旋转自记钟筒,以消除齿轮间隙。

(1)自记钟位置不正确,会造成垂直轨迹线与水平轨迹线超过规定距离。按要求自记钟的中心轴应与底盘垂直,与浮子杆平行,笔尖在自记纸的全程范围内移动的垂直轨迹线与时间标线吻合和平行,其最大偏差应大于相邻时间标线间距的 1/5,水平轨迹线应与雨量轨迹线吻合和平行,其最大偏差不应大于相邻雨量标线间距。

(2)检查方法:在虹吸时,观察自记笔向下画线情况,检查应在钟筒圆周大致等分的三个位置,然后将自记笔分别调整到 0.0 mm、9.8 mm 降水量标线位置上,转动钟筒一周,观察自记笔画线情况。

1.1.4　虹吸式雨量计的构造和测量原理

1.1.4.1　虹吸式雨量计的构造

虹吸式雨量计(见图 4-1-1)是自动记录液态降水的数量、强度变化和起止时间的仪器,由承雨器(或受水口,通常口径为 20 cm)、浮子室、自记钟和虹吸管四部分组成。在承雨器下有一浮子室(浮子室是一个圆形容器),室内装一浮子与上面的自记笔尖相连,浮子室外连虹吸管,其构造见图 4-1-2。

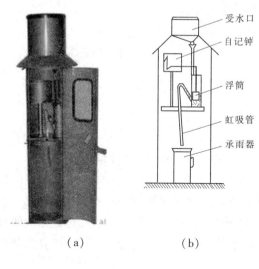

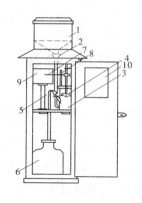

1—承雨器；2—小漏斗；3—浮子室；
4—浮子；5—虹吸管；6—储水瓶；7—自记笔；
8—笔挡；9—自记钟；10—观测窗

图 4-1-1 虹吸式雨量计示意图　　　　图 4-1-2 虹吸式雨量计构造图

1.1.4.2 虹吸式雨量计的安装

虹吸式雨量计在安置前应先检查与调整,然后安置在观测场内雨量器的附近。承雨器口离地面高度以仪器本身高度为准,要求器口水平,安装牢固,如图 4-1-3 所示。

图 4-1-3 虹吸式雨量计安装

雨量计外壳安装好后,按下列顺序安放仪器内部零件:先将浮子室安好,使进水管刚好在承水器漏斗的下端;再用螺钉将浮子室固定在座板上;将装好自记纸的钟筒套入钟轴;最后把虹吸管插入浮子室的侧管内,用连接螺帽固定。虹吸管下部放入承雨器。

1.1.4.3 虹吸式雨量计的测量原理

当雨水由承雨器进入浮子室后,其水面立即升高,浮子和笔杆也随着上升(由于笔杆总是随着降水量做上下运动,因此自记纸的时间标线是直线而不是弧线)。下雨时随着浮子室内水集聚的快慢,笔尖即在转动着的自记吸管短的一端插入浮子室的旁管中,用铜套管抵住连接器。再将笔尖上好墨水,使笔尖接触自记纸。雨量计在记录使用之前,必须对虹吸管的虹吸作用和自记笔尖的滑动情况进行检查。同时,还要调整虹吸管的高度和自记笔尖的零线位置,使之处于正确状态,以保证正常工作。

1.2　数据资料记载与整理

1.2.1　虹吸式自记雨量计的记录原理

当有降水时,降水从承雨器经漏斗进水管引入浮子室,使浮子上升,同时带动浮子杆上的自记笔上抬,在转动钟筒的自记纸上绘出一条随时间变化的降水量上升曲线。当自记笔尖升到自记纸刻度的上端时,浮子室内的水恰好上升到虹吸管顶端。当浮子室内的水位达到虹吸管的顶部时,虹吸管便将浮子室内的雨水在短时间内迅速排出而完成一次虹吸。虹吸一次,雨量为 10 mm。如果降水现象继续,则又重复上述过程。自记曲线的坡度可以表示降水强度。最后可以看出一次降水过程的强度变化、起止时间,并计算出降水量。

由于浮子室的面积与承雨器的面积不等,因而自记笔所记出的降水量是经过放大了的。

由于虹吸过程中落入雨量计的降水也随之一起排出,因此要求虹吸排水时间尽量快,以减少测量误差。

1.2.2　降水量资料整编的规定

1.2.2.1　降水量资料整编工作内容

(1)对观测记录进行审核,检查观测、记载、缺测等情况。对于自记资料,除检查时间和降水量的订正外,还应检查仪器的故障处理情况。

(2)数据整理。按水文资料整编规范要求和整编通用程序有关降水量整编数据格式的要求,对降水量原始记录(记载)进行加工,再按通用整编程序操作方法步骤进行降水量资料的整编。

(3)编制逐日降水量表、降水量摘录表以及各时段最大降水量表(一)、各时段最大降水量表(二)。

(4)单站合理性检查。

(5)编制降水量资料整编说明表。

1.2.2.2　降水量数据整理方法

当一个站同时有自记记录和人工观测记录时,应使用自记记录。自记记录有问题的部分,可用人工观测代替,但应附注说明。自记记录无法整理时,可全部使用人工观测记录,同时期的降水量摘录表与逐日降水量表所依据的记录必须一致。

做各时段最大降水量表(一)的站,应根据自记曲线转折情况(固态存储资料情况)选摘数据。做各时段最大降水量表(二)的站,自记记录一般按 24 段制摘取数据,人工观测记录根据观测段制整理数据。

1.2.2.3　降水量的插补与改正

插补缺测日的降水量,可根据地形、气候条件和邻近站降水量分布情况采用邻站平均值法、比例法或等值线法进行插补。

降水量修正时,如自记雨量计短时间发生故障,使降水量累积曲线(固态自记)发生中断或不正常时,通过分析对照或参照邻站资料进行改正。对不能改正部分则采用人工观测记录或按缺测处理。

1.2.2.4　降水量的摘录

自记站可选择一部分站按24段制摘录,其他自记站根据需要确定一种段制摘录。选站的原则是:观测降水量的水文站;降水径流分析需要的站;山区、丘陵、平原交界处及水文站以上(区间)集水区中心应有站;面上分布均匀,暴雨中心、山区、暴雨梯度大的站;观测系列长、观测资料质量好的站;降水站布置较少的地区的全部站;多年来连续摘录的站。

人工观测的站按观测段制摘录。

雨洪配套站的摘录:中小河流水文站以上的配套雨量站,可采用与洪水配套的摘录方法,摘录段制可按涨洪历时的1/3确定。

稀遇暴雨的摘录标准,可由有关领导机关决定。

1.2.2.5　降水量的单站合理性检查

各时段最大降水量应随时间加长而增大,长时段降水强度一般小于短时段的降水强度。

降水量摘录表或各时段最大降水量表与逐日降水量表对照时,要检查相应的日量及符号,24 h最大降水量应大于或等于一日最大降水量,各时段最大降水量应大于或等于摘录中相应的时段降水量。

1.2.3　逐日降水量表的结构

1.2.3.1　降水量观测记载表

降水量观测记载表常用的有两种式样:降水量观测记载表(一)和降水量观测记载表(二)。

1.2.3.2　逐日降水量表

逐日降水量表(见表4-1-1)中的数值从经审核后的降水观测记载簿或订正后的自记记录中计算得出。

有降水之日,填记一日各时段降水量的总和;无降水之日空白。降雪或降雹时在降水量数值的右侧加注观测物符号。有必要测初、终霜的站,在初、终霜之日记霜的符号。

整编符号与观测物符号并用时,整编符号记在观测物符号之右。

降水量缺测日(包括降水记录丢失、作废)的降水量,应尽可能予以插补;不能插补的记"—"符号。全月缺测的,各日空白,只在"月总量"栏记"—"符号。

降雪量缺测,但知其雪深时,可按10∶1(有试验数据时,可采用试验值)将雪深折算成降水量填入逐日栏内,并将折算比例记入"附注"栏。

未按日分界观测降水量,但知其降水总量时,可根据邻站降水历时和雨强资料进行分列并加分列符号"Q"。无法分列的,将总量记入最后一日,在"未测日"栏记合并符号"!"。

表4-1-1 ××河××站逐日降水量表

年份：　　　　　测站编码：　　　　　　　　　降水量单位：mm

日	一月	二月	三月	四月	五月	六月	七月	八月	九月	十月	十一月	十二月
1												
2												
3												
4												
5												
⋮												
26												
27												
28												
29												
30												
31												
月总量												
降水日数												
最大日量												

年统计		降水量			降水日数		
	时段(d)	1	3	7	15	30	
	最大降水量						
	开始日期（月-日）						
附注							

1.2.4　风速、风向特征值计算方法

1.2.4.1　风向、风速观测

地面测量的风是空气相对地面的水平运动，用风向和风速表示。风向是指风的来向，以磁方位表示；风速是指单位时间内空气移动的水平距离，为风的强度（也称风力）。

风向、风速观测宜采用器测法，如使用便携式风向风速仪（见图4-1-4），也可使用目测。目测风向，根据风对地面景物如烟的方向、布条展开的方向及人体的感觉等方法，按八个方位进行估计，方位与记录符号使用如图4-1-5所示的风向的磁方位示意的规定。目测风速，根据风对地面物体的影响而引起的各种特征，将风力大小分为13级，可按表4-1-2所示的风力等级描述征兆估测。

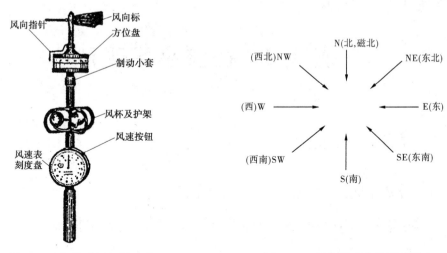

图 4-1-4　便携式风向风速仪　　　　图 4-1-5　风向的磁方位示意图

表 4-1-2　风力等级描述征兆

风力等级	名称	陆上地物征象	相当于平地 10 m 高处的风速（m/s）	
			范围	中数
0	无风	静、烟直上	0～0.2	0
1	软风	烟能表示风向，树叶略有摇动	0.3～1.5	1
2	轻风	人面感觉有风，树叶有微响，旗子开始飘动，高的草开始摇动	1.6～3.3	2
3	微风	树叶及小枝摇动不息，旗子展开，高的草摇动不息	3.4～5.4	4
4	和风	能吹起地面灰尘和纸张，树枝动摇，高的草呈波浪起伏	5.5～7.9	7
5	清劲风	有叶的小树摇摆，内陆的水面有小波，高的草波浪起伏明显	8.0～10.7	9
6	强风	大树枝摇动，电线呼呼有声，撑伞困难，高的草不时倾伏于地	10.8～13.8	12
7	疾风	全树摇动，大树枝弯下来，迎风步行感觉不便	13.9～17.1	16
8	大风	可折毁小树枝，人迎风前行感觉阻力甚大	17.2～20.7	19
9	烈风	草房遭受破坏，屋瓦被掀起，大树枝可折断	20.8～24.4	23
10	狂风	树木可被吹倒，一般建筑物遭破坏	24.5～28.4	26
11	暴风	大树可被吹倒，一般建筑物遭严重破坏	28.5～32.6	31
12	飓风	陆上少见，其摧毁力极大	＞32.6	

模块 2　径流小区观测

2.1　径流小区维护

2.1.1　径流小区的基本组成

　　径流小区由一定面积的小区、集流分流设施和保护设施等部分组成,如图 4-2-1 所示。

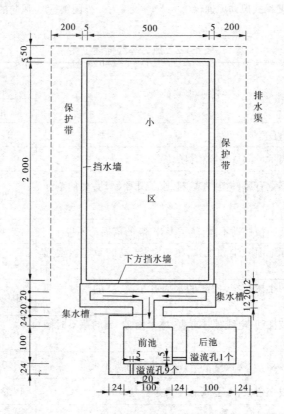

图 4-2-1　径流小区示意图　（单位:cm）

2.1.1.1　小区

　　边埂为在一定土地面积周边设置的隔离埂,边埂所包围的面积即为小区。

2.1.1.2　集流分流设施

　　集流分流设施包括集流槽、导流管、蓄水池(桶)、分流箱(桶)。设置在小区底端,用以收集上部坡面产出的径流泥沙的槽状设施称集流槽;蓄水池(桶)是蓄积导流管排出的径流、泥沙的设施,当它用砖石浆砌时称蓄水池,当它用金属制作成圆桶状时称蓄水桶。当蓄水池(桶)的容积达不到设计要求时,加设的分流设施称分流箱(桶)。

2.1.1.3　保护设施

径流小区的保护设施包括保护带、排洪渠系及集流桶(箱)的防护罩。保护带是设置在小区边埂外一定宽度的带状土地,要求这一带状地的地表处理与小区内完全相同。排洪渠系是指设置在小区保护带以外,收集排导洪水的渠道系统。防护罩是覆盖在集流池(桶)、分流箱等蓄水设施上面的盖子。

2.1.2　径流小区各组成部分的功能

2.1.2.1　边埂及小区

简易的边埂为三角形土质埂。当观测历时较长时,可由水泥板、金属板等材料制作。边埂的地面以上高度为 20~30 cm,以防土粒飞溅,埋深一般为 20 cm 以上,以便稳固防冲。土质埂和水泥板宽度较大,为保护小区内面积精度不受影响,土质埂为正三角形,三角形顶角线为小区边线;水泥板可以制作成偏刃形,刃脊线为小区边线。

小区的尺寸一般为:水平向宽 5 m,顺坡面方向长 20 m(垂直投影长),面积 100 m²。小区是形成径流、产生侵蚀和泥沙的源地,即测验地(区)。该测验地土壤及地表处理,需按试验设计进行,方能取得真实的观测结果。

通常每一处理测验小区,均设两个,称为重复。在重复设置的两个小区紧紧相连时,即相同处理的两个小区在坡面平行相连,称为一组。此时,小区一侧的边埂则转为隔埂,土质隔埂三角形的顶角线,即为两个小区的分隔线;用水泥板作隔埂时,则要在地上部分作成等腰三角形。

2.1.2.2　集流分流设施

1. 集流槽和导流管

集流槽尺寸:长度与小区宽度一致,宽为 10~15 cm,平面上为一长方形。集流槽的纵剖面:上口水平,下底为向中间倾斜 1∶4~1∶5 的陡坡,坡的最低处设有孔口,连接导流管,将径流泥沙收集并经导流管排出。导流管常为直径 100~150 mm 的铸铁管或硬塑管。

2. 蓄水池(桶)

蓄水池的作用是蓄积导流管排出的径流、泥沙。其容积一般应大于小区面积一次最大降水的产流、产沙量(体积),不使径流、泥沙溢出(除另设分流设施外)。

3. 分流箱(桶)

当蓄水池(桶)的容积达不到设计要求时,加设分流箱(桶),它是金属材料制作的箱或桶。蓄水池(桶)一侧设有 5 个、7 个、9 个单数标准分流孔(指孔径大小一致、分布间距一致且水平排列)。分流箱(桶)水平安装在一个蓄水池(桶)的前方,收集分流孔的中间一孔出流,其余分流孔的出流则排走。由此可知,蓄水池中收集的径流、泥沙,约是坡面产出的 1/5、1/7、1/9。

2.1.2.3　保护设施

1. 保护带

保护带的作用是保护小区内不受任何干扰和破坏,提高观测精度和代表性。通常在测验径流、泥沙的同时,还要测验土壤水分等项目,这些项目的测验一般在保护带上取样,无需干扰小区。保护带宽度一般为 1~2 m,对于裸地小区可以取小值,对于种植小区或水土保持措施小区可取大值。

2. 排洪渠系

排洪渠系的作用是收集排导洪水,保护小区内不受外来径流、泥沙影响,保证径流场不受雨、洪危害。其断面大小应满足上部来水及排导需要。排洪渠系一般为梯形断面的土渠,在降水多且长期观测的径流场或小区,排洪渠系可以用干砌石或浆砌石衬砌,以防止水流冲刷。

3. 防护罩

防护罩的作用是防止尘土、杂物和雨水落入集流池(桶)、分流箱等蓄水设施中,影响测量的精确度,给计算带来麻烦。防护罩的形状可以是圆形、方形或斗笠形。

2.1.3　标准径流小区的规格

标准小区是指宽 5 m,垂直投影长 20 m,坡度为 5°或 15°,坡面经耕耘平整、纵横向均匀,地表无植被覆盖,且至少撂荒 1 年以上的小区。标准小区以外的其他小区均为非标准小区。在各地径流场建设中,标准小区可以只设一组,其之所以有两种坡度,是为了适应我国广大山丘区状况而提出的。

设置标准小区的目的在于对各种不同措施小区的观测资料进行分析对比,即建立一个对比标准,就可以把所有小区观测资料订正到标准小区上来,实现全区乃至全国坡面水土流失、水土保持的分析研究。

2.2　观测作业

2.2.1　集流分流设施安装要求

2.2.1.1　集流槽

集流槽一般为砖、石浆砌,亦可用金属板或硬塑板拼接,要求槽体内壁光滑、无坑洼,保证径流泥沙顺利通过,不产生淤积。集流槽在平面上为一长方形,长方形的一长边水平且与小区坡度底端一致,以保证坡面侵蚀不受影响。

2.2.1.2　导流管

导流管常为直径 100~150 mm 的铸铁管或硬塑管,出口稍低。为了避免泥沙中的杂草等堵塞,管径应大一些。

2.2.1.3　蓄水池(桶)

在砌筑安装时,底面应水平,形状要规整,内表面要光滑,底部应设置排水闸阀,以保证量测精度和减小工作强度。

蓄水池(桶)一侧设有 5 个、7 个、9 个标准分流孔。分流箱(桶)水平安装在一个蓄水池(桶)的前方,收集分流孔的中间一孔出流,其余分流孔的出流则排走。由于受导流管出流影响,分流箱中水流涡动,实际各分流孔的出流并不均一,因此在采用分流箱时,需对分流口的出流进行率定,求出分流系数。

2.2.2　天平的使用方法

常用的天平有机械天平和电子天平。

2.2.2.1　机械天平

机械天平是一种衡器,由支点(轴)在梁的中心支撑着天平梁而形成两个臂,每个臂上挂着一个盘,其中一个盘里放砝码,另一个盘里放待称量的物体,梁上有偏斜指针和刻度指示盘。称量时若指针不摆动且指向正中刻度就指示出待称物体的质量等于砝码的质量;若有偏斜,则偏斜量指示待称物体的质量与砝码质量的差值。

支点(轴)也称刀口,多为坚硬的玛瑙制成剑刃状,以增强平衡灵敏度。刀口有升降机构,在称量作业过程中,加载时和调整砝码时,都要落下刀口,只应在称量时升起刀口。

使用机械天平的注意事项如下:

(1)事先把游码移至 0 刻度线,并调节平衡螺母,使天平左右平衡。

(2)右放砝码,左放物体。

(3)砝码不能用手拿,要用镊子夹取,使用时要轻放轻拿。在使用天平时,游码也不能用手移动。

(4)过冷过热的物体不可放在天平上称量。应先在干燥器内放置至室温后再称。

(5)加砝码应该从大到小,可以节省时间。

(6)在称量过程中,不可再碰平衡螺母。

(7)若砝码与要称重物体放反了,则所称物体的质量比实际的大。

2.2.2.2　电子天平

电子天平是根据电磁力平衡原理研制的全量程不需砝码直接称量的天平。放上称量物后,在几秒钟内即达到平衡显示读数,称量速度快,精度高。电子天平的支承点用弹簧片取代机械天平的玛瑙刀口,用差动变压器取代升降装置,用数字显示代替指针刻度方式。

电子天平具有使用寿命长、性能稳定、操作简便和灵敏度高的特点。此外,电子天平还具有自动校正、自动去皮、超载指示、故障报警等功能;具有质量电信号输出功能,且可与计算机联用,进一步扩展其功能,如统计称量的最大值、最小值、平均值及标准偏差等。电子天平具有机械天平无法比拟的优点,越来越广泛地应用于各个领域并逐步取代机械天平。

电子天平安装:电子天平安装室的房间应避免阳光直射,最好选择阴面房间或采用遮光办法。工作室内应清洁干净,避免气流的影响。应远离震源、热源和高强电磁场等环境。工作室内温度应恒定,以 20 ℃左右为佳。工作室内的相对湿度在 45% ～ 75% 为佳。工作室内应无腐蚀性气体的影响。在使用前调整水平仪气泡至中间位置。电子天平应按说明书的要求进行预热。经常对电子天平进行自校或定期外校,保证其处于最佳状态。

操作电子天平不可过载使用以免损坏天平。若长期不用电子天平时,应暂时收藏为好。

电子天平接通电源,预热至规定时间后(天平长时间断电之后再使用时,至少需预热30 min),开启显示器即可进行称量操作。

电子天平常用的称量方法有直接称量法、固定质量称量法和递减称量法。

(1)直接称量法:将称量物放在天平盘上直接称量物体的质量。例如,称量小烧杯的质量,容量器皿校正中称量某容量瓶(如比重瓶)的质量,试验中称量某坩埚的质量等,都使用这种称量法。

(2)固定质量称量法:又称增量法,用于称量某一固定质量的试样。这种称量操作的速度很慢,适于称量不易吸潮、在空气中能稳定存在的粉末状或小颗粒样品。

使用固定质量称量法应注意:若不慎加入试样超过指定质量,应先关闭升降旋钮,然后用小匙取出多余试样。重复上述操作,直至试样质量符合指定要求。

(3)递减称量法:又称减量法,用于称量一定质量范围的样品。在称量过程中样品易吸水、易氧化或易与 CO_2 等反应时,可选择此法。由于称取试样的质量是由两次称量之差求得,故也称差减法。具体做法:夹住称量瓶盖柄,打开瓶盖,用小匙加入适量试样,盖上瓶盖,称出称量瓶加试样后的准确质量;称量瓶从天平上取出,在接收容器的上方倾斜瓶身,用称量瓶盖轻敲瓶口上部使试样慢慢落入容器中,瓶盖始终不要离开接收容器上方。当倾出的试样接近所需量时,一边继续用瓶盖轻敲瓶口,一边逐渐将瓶身竖直,使黏附在瓶口上的试样落回称量瓶,然后盖好瓶盖,准确称其质量。两次质量之差,即为试样的质量。按上述方法连续递减,可称量多份试样。有时一次很难得到合乎质量范围要求的试样,可重复上述称量操作 1 ~ 2 次。

2.2.3　烘箱的使用方法

2.2.3.1　操作说明

(1)检查使用电压是否相符。

(2)打开排气孔及进气孔至适当位置(温度越低,孔位越大;温度越高,则相反)。

(3)将本机【POWER】开关打开后,马达运行温控表显示即有电源供应,再依所需温度调整设定温控器。

(4)【POWER】开关开启后,马达运行。

(5)当加热时,加热指示灯会全亮,实际指示温度与设定温度接近会呈闪烁状。

(6)先设定好温度,再将 Timer 设定即可,温到计时,时间到切断加热电流,完成警报响。

(7)当超温时,温控表定时器的电源被切断,马达还在进行中。

综上所述,具体操作流程为:【POWER】开关打开→PID 显示→风扇运行 →温度设定→加热器加热→选择计时开关→温到计时→时到切断加热→完成警报响→马达运行降温。

在严寒地区,机台需在 25 ℃左右方能启动。

2.2.3.2　操作面板及各部位功能说明

操作面板及各部位功能说明如图 4-2-2 所示。

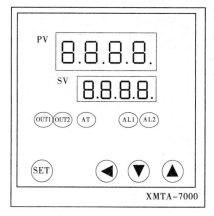

(a)

NO	面板说明	内容说明
1.	PV	测量值/参数显示器
2.	SV	设定值显示器
3.	OUT1	输出1指示灯
4.	OUT2	输出2指示灯
5.	AT	PID自动演算指示灯
6.	AL1	报警1指示灯
7.	AL2	报警2指示灯
8.	▲	增加键
9.	▼	减少键
10.	◀	移位键
11.	SET	设定键

(b)

图 4-2-2　操作面板及各部位功能说明

2.2.3.3　操作步骤

1. 开机

控制器送电后操作面板显示如图 4-2-3 所示。

通电后显示：PV 实际箱内温度 25 ℃（常温），SV 原设定温度 100 ℃（出厂设定温度）。

2. 设定 SV

例如设定 SV = 150，如图 4-2-4 所示，具体操作步骤如下：

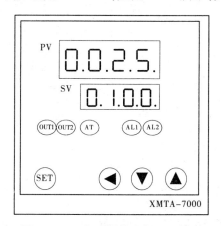

图 4-2-3　开机后操作面板显示情况

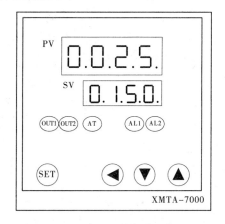

图 4-2-4　设定 SV 的操作面板显示

（1）按 SET 键可进入或退出主设定模式。

（2）按 SET 键持续 2.5 s 以上可进入或退出参数设定模式（一般不使用）。

（3）温度设定方法：按一下 SET 键；SV 数值有一位闪亮，可以按 ▲ ▼ 键修改，按移位键可设定其他位数值；修改到需要的设定的数值（如温度值 150 ℃）后按 SET 键进入下一项参数。注意：修改数据后必须按 SET 键保存，否则本次设定无效。

（4）仪表 P. I. D 参数设定可参照图 4-2-5 进行。

显示符	名称	说明	设定范围	出厂值
ALI	AL1	第1组警报设定	全量程	
AL2	AL2	第2组警报设定	全量程	
ATU	ATU	自整定	0:关自整定 1:开自整定	0
LAT	LAT	自整定提前量	0~100	0
P	P	比例带	0~200 设0为位式控制	10
I	1	积分时间(秒)	0~3 600(秒) 设0时无积分作用	200
d	D	微分时间(秒)	0~3 600(秒) 设0时无微分作用	50
Po	Po	恒温功率	0~100	30
T	T	工作周期(秒)	时间比例周期:1~100(秒)	20 SSR2
HY	HY	主控制滞环宽度	1~100 0.1~10.0	1 0.5
SC	SC	测量值修正	−100~100 −10.0~10.0	0 0.0
LCK	LCK	数据锁	0000所有参数可修改 0001只有主设定可修改 0002所有参数不可修改	0000

图 4-2-5　仪表 P.I.D 参数设定

（5）定时器操作面板如图 4-2-6 所示。

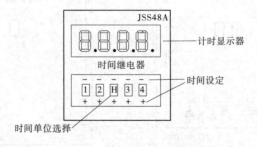

图 4-2-6　定时器操作面板

2.2.3.4　注意事项与保养

（1）使用前注意电压是否正确,请使用机台上所标示的电压,避免电过量引发火灾。

（2）马达运行方向是否正常,若出风口有气体排出则为正常（只适用于三相电压 380 V 的机型）。

（3）当显示温度与实际温度（由标准温度计测出）差异很大时,不可随意调整线路板的零件或内部参数,应通知生产厂家派工作人员前往处理。

（4）使用过程中温度变化时,请勿随意打开机门。

（5）请勿将机台放置于潮湿的场所或直接用水冲洗，以防漏电。

（6）禁止放置酒精、接着剂等具有可燃性、挥发性的物品于机台内，防止意外发生。

（7）在机台附近使用可燃性物品，应适当远离，防止意外发生。

（8）请小心将物品放入机台，温度在 60 ℃ 以上的请务必戴高温手套。

（9）定时器（温到计时）工作时，此时温控表上 AL 灯亮起，表示温度已达设定范围，机器开始持温。

（10）持温时，当显示温度与设定温度有过冲或偏低现象时，需进行自动演算。

（11）机台内的加热器要定期进行检查，清除粉尘及其他杂残留物。

2.2.4　水样体积量测的方法

水样体积量测一般在取样现场进行，量容积读数误差不得大于水样体积的 1%。所取水量应全部参加体积量测，在量测水样体积过程中，不得使水样体积和泥沙含量减少或增加。水样体积量测工具常为量筒。

2.2.4.1　量筒

量筒为有体积（容积）刻度的筒体，是量度液体体积的仪器。常用的有 10 mL、25 mL、50 mL、100 mL、250 mL、500 mL、1 000 mL 等规格。外壁刻度都以 mL 为单位，最小分度有 0.1 mL、0.2 mL、0.5 mL 和 1.0 mL 等。一般量筒越大，管径越粗，其精确度越小，由视线的偏差所造成的读数误差也越大。因为量取液体的体积与量筒规格相差越大，准确度越小，所以试验中应根据所取溶液的体积，尽量选用能一次量取的最小规格的量筒。如量取 70 mL 液体，应选用 100 mL 量筒，不应选小于等于 50 mL 和大于 100 mL 的量筒。液体体积大用规格小的量筒分次量取也能引起误差。

2.2.4.2　量筒的使用

向量筒里注入液体时，应用左手拿住量筒，使量筒略倾斜，右手拿注入器（瓶），器（瓶）口紧挨着量筒口，使液体缓缓流入。若实施定量注入，待注入的量比所需要的量稍少时，把量筒放平，更缓慢地或改用胶头滴管滴加到所需要的量。注入液体后，等 1～2 min，使附着在内壁上的液体流下来，再读出刻度值。否则，读出的数值偏小。

2.2.4.3　量筒的量测

观读刻度时，应把量筒放在平整的桌面上，使筒体竖直，刻度面对着人，视线与量筒内液体的凹液面的最低处保持水平，再读出所取液体的体积数。否则，读数会偏高或偏低。

量筒面的刻度是指温度在 20 ℃ 时的体积数。温度升高，量筒发生热膨胀，容积会增大。由此可知，量筒是不能加热的，也不能用于量取过热的液体，更不能在量筒中进行化学反应或配制溶液。量取液体时应在室温下进行。

从量筒中倒出液体后是否要用水冲洗，这要视具体情况而定。如果是为了所取的液体量准确，就不必要用水冲洗并倒入所盛液体的容器中，因为在制造量筒时已经考虑到有残留液体这一点。相反，如果冲洗反而使所取体积偏大。若是用同一量筒再量别的液体，必须用水冲洗干净，以防止杂质的污染。

2.2.5　水样过滤的方法和要求

2.2.5.1　水样过滤的步骤

（1）量水样容积。

（2）沉淀浓缩水样。

（3）过滤泥沙。水样过滤常用滤纸过滤泥沙，应根据水样容积大小，采用浓缩水样或不经浓缩而直接过滤。

水样经沉淀浓缩后的过滤方法：将已知质量的滤纸铺在漏斗或筛上，将浓缩后的水样倒在滤纸上，再用少量清水将水样容器中残留的泥沙全部冲于滤纸上，进行过滤。

水样不经沉淀浓缩的直接过滤方法见图4-2-7。做法为：放好漏斗，铺好滤纸，加入适量清水；水样装于盛样瓶，塞紧瓶塞，整理好出样管和排气管，倒转瓶口放在加适量清水的漏斗滤纸中进行滴漏过滤；过滤结束后，扒开瓶塞，用清水冲洗瓶中及瓶塞上残留的泥沙到滤纸上。

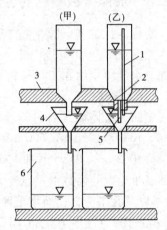

1—气管；2—瓶塞；3—支架；4—漏斗；
5—液管；6—盛水容器

图 4-2-7　直接过滤法示意图

（4）烘干沙包（滤纸和泥沙）。沙包烘干时间应由试验确定，并不得少于2 h。当不同时期的沙量或细颗粒泥沙含量相差悬殊时，应分别试验和确定烘干时间。

在干燥器内存放沙包的个数，应经沙包吸湿量试验确定，一、二、三类站的沙包吸湿量与泥沙量之比分别不应大于1.0%、1.5%、2.0%。

（5）称量。将冷却至室温的沙包放在天平上称质量。

过滤法所需最小沙量与使用的天平感量有关，天平感量分别为0.1 mg、1 mg、10 mg对应最小沙量分别为0.1 g、0.5 g、2.0 g。

2.2.5.2　滤纸选用与可溶性检验

选用滤纸应经过试验，滤纸应质地紧密、坚韧，烘干后吸湿性小和含可溶性物质少。

滤纸在使用前，应进行可溶性物质含量的试验，方法是：从选用的滤纸中抽出数张进行编号，放入烘杯，在温度为100~105 ℃的烘箱中烘2 h，稍后将烘杯加盖移入干燥器内冷却至室温后称量；再将滤纸浸入清水中，经相当长滤沙时间后，取出烘干、冷却、称量，计算出平均每张滤纸浸水前、后的烘干质量差值，即为平均每张滤纸含可溶性物质的质量；当一、二、三类站的滤纸含可溶性物质质量与泥沙质量之比分别大于1.0%、1.5%、2.0%时，必须采用浸水后的烘干滤纸质量。

2.2.5.3　滤纸漏沙试验

每种滤纸在使用前，应做漏沙试验，方法是将过滤的水样，经较长时间的沉淀浓缩后，吸出清水，用烘干法求得沙量，即为漏沙量。根据汛期、非汛期不同沙量的多次试验结果，计算不同时期的平均漏沙量。当一、二、三类站的平均漏沙量与泥沙量之比分别大于1.0%、1.5%、2.0%时，应作漏沙改正。

2.3　数据记录与整编

2.3.1　天平的测量精度知识

2.3.1.1　机械天平的注意事项

（1）天平检定室的温度应保持在 15～30 ℃内,不得受振动、气流及其他强磁场的影响,避免阳光直接照射。天平玻璃柜内放置硅胶干燥剂,忌用酸性液体作干燥剂。

（2）旋转开关升起刀口时,必须缓慢均匀,过快会使刀刃急触而损坏,同时由于过剧晃动,会造成计量误差。

（3）检定砝码时,砝码应放置于称盘中央,而且不得超过天平最大载荷。

（4）尽量少开启天平的前门,取放砝码时,可通过左右门进行。关闭门时要轻缓。

（5）当天平处在工作位置（升起刀口）时,绝对不能在称盘上取放物品或砝码,或开启天平门,或做其他会引起天平振动的动作。

（6）随时保持天平内部清洁,不得把湿的或有腐蚀性的物品放在称盘上称量。

（7）称量完毕,所称物品应从天平内框取出,关好天平开关及天平门。所有砝码必须放回盒中,并使圈砝码指示读数恢复到零。

（8）取放圈砝码时要轻缓,不要过快转动指示盘旋钮致使圈砝码跳落或变位。

2.3.1.2　电子天平的使用指标

电子天平的主要使用指标有绝对精度、称量范围、分度值 e。

（1）绝对精度:类同于机械天平的感量,如 0.1 mg 精度的天平或 0.01 mg 精度的天平等。

（2）称量范围:如半微量天平的称量一般在 20～100 g,常量电子天平最大称量一般在 100～200 g 等。称量范围上限通常取最大载荷加少许保险系数即可,也就是常用载荷再放宽一些即可,不是越大越好。

（3）分度值 e:一般用最大称量的 10 的负次幂表达,如其分度值小于（最大）称量的 10^{-5} 等。

电子天平在称量过程中会因为摆放位置不平而产生测量误差,称量精度越高误差就越大（如精密分析天平、微量天平）,为此大多数电子天平都提供了调整水平的功能,并配置检验水平的水准泡。水准泡必须位于液腔中央,否则称量不准确。调好之后,应尽量不要搬动,否则水准泡可能发生偏移,又需重调。

因存放时间较长、位置移动、环境变化或为获得精确测量,电子天平使用前一般都应进行校准操作。注意:电子天平开机显示零点,不能说明天平称量的数据准确度符合测试标准,只能说明天平零位稳定性合格,也不能说明已经校准。通常采用的外校准方法是把准备好的校准砝码（如 100 g）放上称盘,若显示器出现 100.000 0 g,拿去校准砝码,显示器应出现 0.000 0 g,若出现不是零,则再清零,再重复以上校准操作,直至出现 0.000 0 g。

2.3.1.3　称量泥沙天平的精度要求

称量泥沙所用天平的精度,应根据一年内大部分时期的含沙量确定。在一年内大部分时期的含沙量小于 $1.0\ \text{kg/m}^3$ 的测站,应使用 $1/1\ 000$ g 天平;大于 $1.0\ \text{kg/m}^3$ 的测站,可使用 $1/100$ g 或 $1/1\ 000$ g 天平。

在多沙河流,当一年内含沙量小于 $1.0\ \text{kg/m}^3$ 的时间虽长,但占全年输沙总量的比例却很小时,可选择精度稍低的天平。

2.3.2　土壤含水量的计算方法

土壤含水量是指土中水的质量与土颗粒质量的比值,常用百分数表示。

土壤含水量的计算公式为

$$\omega = \left(\frac{m_0}{m_s} - 1\right) \times 100\% \tag{4-2-1}$$

式中　ω ——土壤含水量;

$\quad\quad m_0$ ——湿土质量,kg;

$\quad\quad m_s$ ——干土质量,kg。

2.3.3　泥沙含量的计算方法

2.3.3.1　烘干法含沙量计算

1. 烘干法沙量计算

烘干法沙量可按式(4-2-2)计算:

$$W_s = W_{bsj} - W_b - C_j V_{nw} \tag{4-2-2}$$

式中　W_s ——泥沙质量,g;

$\quad\quad W_{bsj}$ ——烘杯、泥沙、溶解质总质量,g;

$\quad\quad W_b$ ——烘杯质量,g;

$\quad\quad C_j$ ——河水溶解质含量,g/cm^3,不需溶解质改正时取 0;

$\quad\quad V_{nw}$ ——浓缩后水样体积,cm^3。

2. 含沙量计算

若测量的浑水水样体积为 V_{hs},其中的泥沙质量为 W_s,则水样的含沙量 S 可由式(4-2-3)计算

$$S = \frac{W_s}{V_{hs}} \tag{4-2-3}$$

3. 烘干法悬移质水样处理记载表

烘干法悬移质水样处理记载表一般格式见表4-2-1。

表 4-2-1　_____站悬移质水样处理记载表（烘干法）

取样断面位置：　　　　　采样器形式及容积：　　　　　取样方法：

沉淀损失（%）：　　　　　溶解质含量（g/cm³）：

施测号数	水位、施测时间、取样位置、水样容器编号要求同初级工单样含沙量测验记载表的栏目	水样体积（cm³）	烘杯编号	浓缩后水样体积（cm³）	烘杯质量（g）	烘杯加沙量（g）	泥沙量（g）	沙量校正数（g）	校正后沙量（g）	含沙量（kg/m³）

表 4-2-1 中的水样体积、烘杯编号、烘杯质量很明确，泥沙量等于烘杯加沙量减去烘杯质量。沙量校正数即沉淀损失（取负值）和按 $C_{\mathrm{j}} = \dfrac{W_{\mathrm{j}}}{V_{\mathrm{w}}}$ 计算的溶解质质量 W_{j}（取正值）之和，求 W_{j} 之前应试验求出河水的 C_{j} 并填写于第二行溶解质含量项之后（溶解质含量不必每次都测，只是在发现明显变化时才重测），浓缩后水样体积 V_{w} 则在需要修正溶解质含量时施测。校正后的泥沙量等于泥沙量减去沙量校正数。最后的含沙量按式（4-2-3）由校正后的沙量除以水样体积求出。

2.3.3.2　过滤法含沙量计算

1. 过滤法沙量计算

过滤法沙量可按式（4-2-4）计算

$$W_{\mathrm{s}} = W_{\mathrm{gsb}} - W_{\mathrm{lz}} + W_{\mathrm{ls}} \tag{4-2-4}$$

式中　W_{s}——泥沙质量，g；

　　　W_{gsb}——干沙包总质量，g；

　　　W_{lz}——滤纸质量，g；

　　　W_{ls}——漏沙量，g。

2. 含沙量计算

含沙量 S 可由式（4-2-3）计算。

3. 过滤法悬移质水样处理记载表

过滤法悬移质水样处理记载表一般格式见表 4-2-2。

表 4-2-2　　　　　　　　　站悬移质水样处理记载表(过滤法)

取样断面位置:		采样器形式及容积:			取样方法:							
沉淀损失(%):		漏沙损失(%):										
施测号数	水位、施测时间、取样位置、水样容器编号要求同初级工单样含沙量测验记载表的栏目	水样体积(cm³)	滤纸编号	滤纸质量(g)	滤纸加沙量(g)	泥沙量(g)	沙量校正数(g)	校正后沙量(g)	含沙量(kg/m³)	备注

表 4-2-2 的结构与表 4-2-1 悬移质水样处理记载表(烘干法)相同,沙量校正数即沉淀损失和漏沙量之和,校正后沙量即由泥沙量加上沙量校正数得出。

2.3.3.3　置换法含沙量计算

1. 置换法沙量计算

置换法沙量按式(4-2-5)计算。

$$W_s = \frac{\gamma_s}{\gamma_s - \gamma_o}(W_{s+p} - W_{o+p}) = k(W_{s+p} - W_{o+p}) \tag{4-2-5}$$

式中　W_s——水样泥沙质量,g;

　　　γ_s——泥沙密度,g/cm³;

　　　γ_o——水的密度,g/cm³;

　　　W_{s+p}——比重瓶加其中浑水水样的质量,g;

　　　W_{o+p}——与浑水样测定时同温度下比重瓶加其中清水的质量,g。

$k = \dfrac{\gamma_s}{\gamma_s - \gamma_o}$ 称置换系数,是由泥沙密度 γ_s 和水的密度 γ_o 决定的,而水的密度 γ_o 又与温度密切有关,实际上有关规范或手册中常计算编制泥沙密度和水温二元因素的置换系数查阅表提供应用。

2. 含沙量计算

含沙量 S 可由式(4-2-3)计算。

3. 置换法悬移质水样处理记载表

置换法悬移质水样处理记载表一般格式见表 4-2-3。

表 4-2-3　　　　　站悬移质水样处理记载表（置换法）

取样断面位置：　　　　　采样器形式及容积：　　　　　取样方法：

沉淀损失（%）：

施测号数	水位、施测时间、取样位置、水样容器编号要求同初级工单样含沙量测验记载表的栏目	水样体积（cm³）	比重瓶编号	瓶加清水量 W_1（g）	瓶加浑水量 W_2（g）	浑水温度（℃）	置换系数 k	$W_2 - W_1$（g）	泥沙量（g）	沙量校正数（g）	校正后沙量（g）	含沙量（kg/m³）

表 4-2-3 的结构与表 4-2-1 悬移质水样处理记载表（烘干法）相同,此处泥沙量由式（4-2-3）计算,沙量校正数即沉淀损失,校正后沙量即由泥沙量加上沙量校正数得出。

2.3.4　土壤含水量、泥沙含量的基本知识

2.3.4.1　土壤含水量

土壤含水量可以用来衡量土壤的干湿程度。一种含水量的表达是指 100 g 烘干土中含有水分的质量数值,称绝对含水量。但一般多用土壤中所含水分的质量与烘干土质量的比值的百分数表示,称为土壤质量含水率,简称土壤含水率。也可用土壤中水的容积与土壤总容积之比表示含水量,称土壤容积含水率。对一定的土壤结构,土壤容积含水率与土壤质量含水率之间可以通过 $\theta = \gamma_o \omega$ 换算,其中 θ 为土壤容积含水率,γ_o 为土壤干密度,ω 为土壤质量含水率（%）。

含水量还可以用土壤含水量相对于饱和含水量的百分比,或相当于田间持水量的百分比等相对概念表达,称相对含水量。饱和含水量是土壤中所有空隙均被水充满时的土壤含水量。田间持水量是土壤中毛细管悬着水达到最大时的土壤含水量,它是不受地下水影响条件下土壤在自然状况下能保持水分的最高数值。若向土壤的补充水超过田间持水量,则超过部分将不能为土壤保持而以自由重力水形式下渗。田间持水量是对作物有效的最高的土壤水含量,且被认为是一个常数,常用来作为灌溉上限和计算灌水定额的指标。但它是一个理想化的概念,严格说不是一个常数,虽在田间可以测定,但却不易再现,且随测定条件和排水时间而有相当的出入,故至今尚无精确的仪器测定方法。

　　土壤含水常用监测方法有烘干法、张力计法、电阻法、中子法、γ – 射线法、驻波比法、时域反射法及光学测量法等,但都是间接测量方法。其测量原理是土壤含水量不同时,测量仪器感应到的力学、电磁学、辐射学等有关物理量数值会变化,事前率定好土壤含水量与有关物理量数值变化的关系,就可以通过测量有关物理量数值推算土壤含水量。

2.3.4.2　土壤含水量测量方法

　　下面介绍常用烘干法、酒精燃烧法、比重法和炒干法四种土壤含水量的测量方法与步骤。

　　1.烘干法

　　烘干法是唯一可以直接测量土壤水分的方法,也是目前国际上的标准方法。用土钻采取土样,用天平称取土样的质量,记作土样的湿重,在105 ℃的烘箱内将土样烘至恒重,然后测定烘干土样,记作土样的干重,二者之差即为土壤含水量。可换算出100 g烘干土中含有水分的质量数值(绝对含水量),可计算水分的质量与烘干土质量的比值(土壤质量含水率)。

　　1)仪器设备

　　(1)烘箱:可采用电热烘箱或温度能保持100～105 ℃的其他能源烘箱。

　　(2)天平:称量500 g,感量0.01 g。

　　(3)其他:干燥器、称量盒(为简化计算手续,可用恒质量盒定期(3～6个月)校正)等。

　　2)操作方法

　　(1)取代表性试样15～30 g,放入称量盒内,立即盖好盒盖,称量。称量时,可在天平一端放上等质量的称量盒或与盒等质量的砝码,称量结果即为湿土质量m_0。

　　(2)揭开盒盖,将试样和盒放入烘箱,在温度100～105 ℃下烘至恒重。烘至恒重的时间因土的性质及土质量不同而异,各地可根据经验而定。一般土质量为15～30 g时,砂土需1～2 h,黏质粉土和粉土需6～8 h,黏土约需10 h。

　　(3)取出烘干后的试样和盒,盖好盒盖放入干燥器内冷却至室温,称干土质量m_s。

　　(4)本试验称量准确至0.01 g。

　　(5)按式(4-2-6)计算含水量ω。

$$\omega = \left(\frac{m_0}{m_s} - 1 \right) \times 100\% \tag{4-2-6}$$

　　2.酒精燃烧法

　　1)仪器设备

　　(1)称量盒(定期校正为恒值)。

　　(2)天平:称量200 g,感量0.01 g。

　　(3)酒精:纯度95%。

　　(4)其他:滴管、火柴、调土刀等。

　　2)操作方法

　　(1)取代表性试样(黏质土5～10 g,砂类土20～30 g)放入称量盒内,称湿土质量。

　　(2)用滴管将酒精注入放有试样的称量盒中,直至盒中出现自由液面。为使酒精在试样中充分混合均匀,可将盒底在桌面上轻轻敲击。

(3)点燃盒中酒精,燃至火焰熄灭。

(4)将试样冷却数分钟,按第(2)、(3)步的方法重新燃烧两次。

(5)待第三次火焰熄灭后,盖好盒盖,立即称干土质量,准确至0.01 g。

(6)本试验需进行两次平行测定,计算方法及允许平行差值与烘干法相同。

(7)记录(本试验记录格式与烘干法相同)。

3. 比重法

1)仪器设备

(1)玻璃瓶:容积500 mL以上。

(2)天平:称量1 000 g,感量0.5 g。

(3)其他:漏斗、小勺、吸水球、玻璃片、土样盘及玻璃棒等。

2)操作方法

(1)取代表性砂性土试样200~300 g,放入土样盘。

(2)向玻璃瓶中倒清水至1/3左右,然后经漏斗把土样盘中的试样倒入瓶中,并用玻璃棒搅拌1~2 min,直至气泡完全排出。

(3)向瓶中倒清水直至全部充满,静置1 min后用吸水球吸去泡沫,再加清水使其充满,盖上玻璃片,擦干瓶外壁称量。

(4)倒去瓶中混合液,洗净,再向瓶内加清水至全部充满,盖上玻璃片,擦干瓶外壁称量。

(5)本试验称量应准确至0.5 g。

(6)按式(4-2-7)计算含水量。

$$\omega = \left[m(G_s - 1) / G_s(m_1 - m_2) - 1 \right] \times 100 \tag{4-2-7}$$

式中 ω——砂性土的含水量(%),计算至0.1%;

m——湿土质量,g;

m_1——瓶、水、土、玻璃片质量,g;

m_2——瓶、水、玻璃片质量,g;

G_s——砂性土的比重。

注意:①为简化计算及试验手续,可将m_2定期校正成恒值;②砂性土的比重可实测或根据一般资料估计。

(7)本试验需进行两次平行测定,取其算术平均值。

4. 炒干法

1)仪器设备

(1)电炉或火炉。

(2)金属盘:附有与盘质量相等的砝码。

(3)台秤:称量5 000 g,感量1 g。

(4)天平:称量1 000 g,感量0.5 g。

(5)其他:铲、刀等。

2）操作方法

（1）取代表性试样,其数量按粒径范围规定如表4-2-4所示。

表4-2-4　粒径范围和试样数量

粒径范围（mm）	试样数量（g）	粒径范围（mm）	试样数量（g）
5 以下	500	40 以下	3 000
10 以下	1 000	40 以上	3 000 以上
20 以下	1 500		

（2）将试样放入金属盘内称量,称量时,在天平放砝码一端放入与盘质量相等的砝码,称取湿土质量。

（3）将金属盘放置在电炉或火炉上将土炒干,在炒干过程中,随时翻拌试样,至试样表面完全干燥后,继续炒数分钟停止。炒干时间与试样数量及炉温有关,一般为 10 min 左右。

（4）取下金属盘,按第(2)步方法称干土质量。

（5）本试验含水量的计算方法与烘干法相同。

（6）本试验称量准确至 0.5 g(称量小于 1 000 g)或 1 g(称量大于 1 000 g),计算至 0.1%,并需进行二次平行测定,取其算术平均值。

（7）记录。

（8）本试验记录格式与烘干法相同。

2.3.4.3　土壤含水量测量其他方法

1. 张力计法

张力计法也称负压计法,它测量的是土壤水吸力。测量原理如下:当陶土头插入被测土壤后,管内自由水通过多孔陶土壁与土壤水接触,经过交换后达到水势平衡,此时从张力计读到的数值就是土壤水(陶土头处)的吸力值,也即为忽略重力势后的基质势的值,然后根据土壤含水率与基质势之间的关系(土壤水特征曲线)就可以确定出土壤含水率。

2. 电阻法

多孔介质的导电能力是同它的含水量及介电常数有关的,如果忽略含盐的影响,水分含量和其电阻间是有确定关系的。电阻法是将两个电极埋入土壤中,然后测出两个电极之间的电阻。但是在这种情况下,电极与土壤的接触电阻有可能比土壤的电阻大得多。因此,采用将电极嵌入多孔渗水介质(石膏、尼龙、玻璃纤维等)中形成电阻块的方法来解决这个问题。

3. 中子法

中子法就是用中子仪测定土壤含水率。中子仪的组成主要包括:一个快中子源,一个慢中子检测器,监测土壤散射的慢中子通量的计数器及屏蔽匣,测试用硬管等。快中子源在土壤中不断地放射出穿透力很强的快中子,当它和氢原子核碰撞时,损失能量最大,转化为慢中子(热中子),热中子在介质中扩散的同时被介质吸收,所以在探头周围,很快地形成了持常密度的慢中子云。

4. γ - 射线法

γ - 射线法的基本原理是放射性同位素(现常用的是 137Cs,241Am)发射的 γ - 射线穿透土壤时,其衰减度随土壤湿容重的增大而提高。

5. 驻波比法

Topp 等在 1980 年提出了土壤含水率与土壤介电常数之间存在着确定性的单值多项式关系,从而为土壤水分测量的研究开辟了一种新的研究方向,即通过测量土壤的介电常数来求得土壤含水率。从电磁学的角度来看,所有的绝缘体都可以看作是电介质,而对于土壤来说,则是由土壤固相物质、水和空气三种电介质组成的混合物。在常温状态下,水的介电常数为 80,土壤固相物质的介电常数一般为 3 ~ 5,空气的介电常数为 1,可以看出,影响土壤介电常数的因素主要是含水率。Roth 等提出了利用土、水和空气三相物质的空间分配比例来计算土壤介电常数的方法,并经 Gardner 等改进后,为采用介电方法测量土壤水分含量提供了进一步的理论依据,利用这些原理可以进行土壤含水率的测量。

6. 光学测量法

光学测量法是一种非接触式的测量土壤含水率的方法。光的反射、透射、偏振也与土壤含水率相关。先求出土壤的介电常数,从而进一步推导出土壤含水率。

7. 时域反射法

时域反射法(TDR)也是一种通过测量土壤介电常数来获得土壤含水率的一种方法。TDR 的原理是电磁波沿非磁性介质中的传输导线的传输速度为 $V = c / \varepsilon$,而对于已知长度为 L 的传输线,又有 $V = L/t$,于是可得 $\varepsilon = (ct/L)^2$,其中 c 为光在真空中的传播速度,ε 为非磁性介质的介电常数,t 为电磁波在导线中的传输时间。而电磁波在传输到导线终点时,又有一部分电磁波沿导线反射回来,这样入射与反射形成了一个时间差 T。因此,通过测量电磁波在埋入土壤中的导线的入射反射时间差 T 就可以求出土壤的介电常数,进而求出土壤含水率。

2.3.4.4　泥沙含量

泥沙含量又称含沙量,其概念和计算在第 3 篇"2.2.5 泥沙的基本知识"中做了详细介绍。

河流中任一点的瞬时含沙量与瞬时流速一样,都是脉动的,而且变化幅度比流速大得多,越接近河底,脉动越剧烈。河流泥沙沿垂线的分布,通常自水面向河底逐渐增加,泥沙颗粒越小,沿垂线的分布越均匀,颗粒越大则越不均匀。断面上含沙量的横向分布一般是靠近主流和局部冲刷处比河流两岸大。河流含沙量沿河长的变化总趋势是向下游方向逐渐变小,但与多种因素有关,如黄河中游流经水土流失严重的黄土高原地区,含沙量远比其上下游都大。河流含沙量随时间的变化比较复杂,一般随着流量的增加,含沙量也相对增加。中国大部分河流一年中最小含沙量和输沙率通常出现在冬季,而最大含沙量和输沙率则出现在夏季。第一次大洪水时,最大沙峰往往出现在最大洪峰之前。河口区由于潮流流速呈周期性变化,含沙量相应也呈周期性变化,情况更加复杂。

模块 3　控制站观测

3.1　控制站维护

3.1.1　水尺维护的基本要求

水尺是测站水位观测的基本设施,是通常设立在岸边用以观测水面升降情况的各种标尺。水尺的常用形式有以下四种:

(1)直立式水尺。一般由靠桩和水尺板两部分组成。靠桩有木桩、混凝土桩或型钢桩,埋入土深 0.5～1.0 m;水尺板由木板、搪瓷板、高分子板或不锈钢板做成,其尺度刻划一般至 1 cm。

(2)倾斜式水尺。一般把水尺板固定在岩石岸坡或水工建筑物上,也可直接在岩石或水工建筑物的斜面上涂绘水尺刻度,刻度大小以能代表垂直高度为准。倾斜式水尺的优点是不易被洪水和漂浮物冲毁。

(3)矮桩式水尺。由固定矮桩和临时附加的测尺组成。当河流漫滩较宽,不便用倾斜式水尺,或因流冰、航运、浮运等冲撞而不宜用直立式水尺时,可用这种水尺。

(4)悬锤式水尺。通常设置在坚固陡岸、桥梁或水工建筑物的岸壁上,用带重锤的悬索测量水面距离某一固定点的高差来计算水位。

3.1.2　建筑物裂缝的常用修补方法

控制站量水建筑物属于水工建筑物中的一种,应用较多的是混凝土建筑物,参考水工建筑物裂缝的多种修补措施,以下简单介绍几种常见的修补方法。

3.1.2.1　混凝土建筑物的裂缝修补方法

混凝土建筑物的裂缝修补,除可以恢复防水性、抗疲劳、抗渗能力和耐久性外,还可以实现结构安全及美观。在满足修补目的的前提下,必须考虑经济性、明确修补范围及修补规模等。要根据裂缝的性质和具体情况,区别对待、及时处理,以保证建筑物的正常使用。混凝土建筑物裂缝的常用修补方法,主要有裂缝表面修补法、充填修补法、注入修补法、渗漏修补法、局部修复加固法、剥蚀破坏修补法、缺陷补强加固法、仿生自愈合法、注射补强法等。

1. 裂缝表面修补法

裂缝表面修补法是一种简单、常见的修补方法,主要适用于修补稳定裂缝,或裂缝宽度较细、较浅(宽度小于 0.3 mm)的表面。施工时,首先用钢丝刷将混凝土表面打毛、清除表面附着物,用水冲洗干净后充分干燥,然后用树脂充填混凝土表面的气孔,再用修补材料涂覆表面,当表面裂缝不多时,可在裂缝处用水冲洗,然后涂刷水泥净浆,或将混凝土表面清洗干净,并在干燥后涂刷环氧树脂、沥青、油漆等;当表面有较多裂缝时,可沿裂缝附近用钢丝刷刷干净,用压力水清洗并湿润,再用 1:(1~2)水泥砂浆抹平,或在表面刷洗干净并干燥后涂抹 2~3 mm 厚的环氧树脂水泥。对于有防水抗渗要求的迎水面,可在混凝土表面刷洗干净并干燥后,粘贴 2~3 层环氧树脂玻璃或橡胶沥青绵纸等以封闭裂缝。

表面修补常用的方法有涂覆法、粘贴法、增加整体面层法、压抹环氧胶泥法、表面缝合法与喷浆法等。

(1)涂覆法。混凝土表面出现数量较多的裂缝时,采用手工或机械喷涂方法,将修补材料涂覆于混凝土表面,起到封闭表面的作用。涂膜厚度在 0.3~2.5 mm,厚度大者适应裂缝变化能力强。选用修补材料时,应考虑使用条件及裂缝活动情况,要求具有密封性、水密性和耐久性,其变形性能应与被修补的混凝土变形性能相近。常用的材料有水泥砂浆(水泥:砂浆 =1:1 的干硬性水泥砂浆)、环氧砂浆、丙烯酸砂浆、防水快凝砂浆等。要求耐磨的部位,可选用环氧沥青、聚氨酯或聚氨酯沥青等刚性涂料;不稳定的裂缝修补可选用聚氨酯弹性体、橡胶型丙烯酸酯等弹性涂料。

(2)粘贴法。粘贴法适用于大面积漏水的防渗堵漏:施工时,用黏合剂把橡皮、塑料带及其他黏结料贴在裂缝部位的混凝土面上,达到密封裂缝、防渗堵漏的目的。该法常用的材料有橡皮、玻璃丝、紫铜片、塑料带、高分子土工布等。

(3)增加整体面层法。混凝土表面裂缝数量较多、分布面较广时,常采用增加一层水泥砂浆或细石混凝土整体面层的处理方法。多数情况下,整体面层内应配置双向钢丝网。有条件时,宜采用喷射法施工水泥砂浆或混凝土整体面层。

(4)压抹环氧胶泥法。对于数量不多、又不集中、缝宽大于 0.1 mm 的裂缝,一般采用此法处理。

(5)表面缝合法。在裂缝两边钻孔或凿槽,将 U 形钢筋或金属板放入孔或槽中,用环氧树脂砂浆等无收缩型砂浆灌入孔或槽中锚固,以达到缝合裂缝的目的。

(6)喷浆法。适用于混凝土建筑物表面的微细裂缝(表面裂缝)。施工时,先把老混凝土面凿毛并冲洗干净,保持湿润状态,再将钢丝牢固地绑扎在钢筋骨架上,最后喷上混凝土(层厚一般为 80~100 mm,最小 50 mm)。混凝土宜采用 32.5~42.5 级普通硅酸盐水泥拌和,喷射压力为 0.1~0.3 MPa,湿润养护 7 d 以上。该法不用支护模板,施工难度小、工期短、造价低且抗裂性能好,是一种简单易行的裂缝修补方法。表面修补法的缺点是修补工作无法深入到裂缝内部,对延伸裂缝难以追踪其变化。

2. 充填修补法

充填修补法适合于修补较宽的裂缝(缝宽度大于 0.5 mm)。具体做法是沿裂缝处凿 U 形或 V 形槽,槽顶宽约 10 cm,在槽中充填密封材料。充填材料可用水泥砂浆、环氧砂浆、弹性环氧砂浆、聚合物水泥砂浆等。如果钢筋混凝土结构中钢筋已经锈蚀,则将混凝土凿除到能够充分处理已经生锈的钢筋部分,将钢筋除锈。然后进行防锈处理,再在槽中充填聚合物水泥砂浆或环氧树脂砂浆等材料。对于活缝,沿裂缝走向开一个 U 形槽,槽底垫一层与混凝土不黏的材料。再填充弹性嵌缝材料,使其与槽两侧黏结。这样嵌缝材料沿槽的整个宽度可自由变形,裂缝发生张拉变形,不会把嵌缝材料拉开。

3. 注入修补法

注入修补法分为压力注入法(压力灌浆法)与真空吸入法两种。压力灌浆法适用于较深较细的裂缝,而真空吸入法是利用真空泵使缝内形成真空,将浆材吸入缝内,该法适用于各种表面裂缝的修补。压力灌浆法将水泥或化学浆液灌入混凝土缝内,使其扩散、固化。固化后的浆液具有较高的黏结强度,与混凝土能较好地黏结,从而增强了构件的整体性,使构件恢复使用功能,提高耐久性,达到堵漏防锈补强的目的。灌浆材料有水泥浆材、普通环氧浆材、弹性环氧浆材等。

4. 渗漏修补法

渗漏也是水工混凝土建筑物一种较为普遍的病害。一般分为点渗漏、线渗漏、面渗漏三种。造成渗漏的原因主要有裂缝、止水结构失效、施工质量差、混凝土密实度低、灌浆帷幕破坏等。渗漏对水工混凝土建筑物的危害性很大,不仅渗漏水使混凝土产生溶蚀破坏,还会引起并加速其他病害的发生和发展,尤其对水工钢筋混凝土结构物,渗漏还会加速钢筋锈蚀等。渗漏处理的方法有:

(1)点渗漏的处理:直接堵漏法、下管堵漏法、木楔堵塞法、灌浆堵漏法。

(2)大面积渗漏的处理:表面涂抹覆盖、浇筑混凝土或钢筋混凝土、灌浆处理。

(3)变形缝渗漏的处理:嵌填止水密封材料法、环氧粘贴橡胶板等止水材料法、锚固橡胶板等止水材料法、灌浆堵漏法。

(4)渗漏裂缝的修补处理:表面覆盖法、凿槽充填法、灌浆法。

5. 局部修复加固法

局部修复常用的方法有充填法、预应力方法、凿除重浇法和结构加固法等。

(1)充填法。用钢钎、风镐或高速转动的切割圆盘将裂缝扩大,凿成 V 形或梯形槽,分层压抹环氧砂浆、水泥砂浆、聚氯乙烯胶泥、沥青油膏等材料封闭裂缝。其中,V 形槽适用于一般裂缝修补,梯形槽用于渗水裂缝修补;环氧砂浆适用于有结构强度要求的修补,聚氯乙烯胶泥和沥青油膏适用于防渗漏的修补。

(2)预应力法。用钻机在构件上钻孔,注意避开钢筋,然后穿入螺栓(预应力钢筋),施加预应力拧紧螺帽,使裂缝减小或闭合。如条件许可,成孔的方向应与裂缝方向垂直。若钻孔方向不与裂缝垂直,宜采用双向施加预应力。

(3)凿除重浇法,即部分凿除重新浇筑混凝土。对于钢筋混凝土预制梁等构件,由于运输、堆放、吊装不当而造成裂缝的事故时有发生,这类裂缝有时可采用凿除裂缝附近的混凝土,清洗、充分湿润后,浇筑强度高一等级的混凝土,养护到规定强度,则修补后的构件仍可使用在工程上。但用这种方法修补已断裂的构件,应特别慎重,修补混凝土宜用微膨胀型,否则新老混凝土结合不良将导致失败。此外,修补前应检查钢筋的实际应力和变形状况。

(4)结构加固法。是在结构构件外部或结构裂缝四周浇筑钢筋混凝土围套或包钢筋、型钢龙骨,将结构构件箍紧,以增加结构构件受力面积,提高结构的刚度和承载力的一种结构补强加固方法。这种方法适用于对结构整体性、承载能力有较大影响的深进及贯穿性裂缝的加固处理。常用的方法有以下几种:加大混凝土结构的截面面积、在构件的角部外包型钢、采用预应力法加固、粘贴钢板加固、增设支点加固及喷射混凝土补强加固等。

6.剥蚀破坏修补法

剥蚀破坏则是由于环境因素(如水、气、温度、介质)与混凝土及其内部的水化产物、砂石骨料、掺合料、外加剂、钢筋互相之间产生一系列机械的、物理的、化学的复杂作用,从而形成大于混凝土抵抗能力(强度)的破坏应力所致。最常见的剥蚀破坏有冻融破坏、冲磨与空蚀、钢筋锈蚀破坏、水侵蚀等。修补处理的方法有凿槽填法、灌浆法、养护法等。

7.缺陷补强加固法

混凝土建筑物病害、缺陷修补加固比较成熟的方法有水下浇筑混凝土法、水下抹砂浆法、水下灌浆法等。水下浇筑混凝土法有水下直接浇筑混凝土和水下预填骨料压浆混凝土两种。水下直接浇筑混凝土法有导管法、泵压法、柔性管法、倾注法、开底容器法、袋装叠置法等。水下修补混凝土裂缝常用灌浆法、嵌堵法、粘贴法。水下修补混凝土表面缺陷常用水下环氧砂浆材料。对于深水施工作业可采用潜水法或沉箱法。

8.仿生自愈合法

仿生自愈合法是一种新的裂缝处理方法,此法模仿生物组织对受创伤部位自动分泌某种物质,而使创伤部位得到愈合的机能,在混凝土的传统组成部分中加入某些特殊组成部分(如含黏结剂的液芯纤维或胶囊),在混凝土内部形成智能型仿生自愈合神经网络系统,当混凝土出现裂缝时分泌部分液芯纤维可使裂缝重新愈合。

9.注射补强法

(1)表面清理。用钢丝刷或砂轮将表面灰尘或粉刷层清理干净,露出混凝土表面。

(2)安装底座。以间距 25～30 cm 安装底座(视裂缝情况安装)。

(3)裂缝密封。以密封剂(AE－111－AB)将可能漏浆的蜂窝和裂缝密封,等待硬化。

(4)环氧树脂灌注。将结构环氧树脂(AE－160－AB)注射至安装底座,并以加压橡皮筋加压至灌满为止(注意不可有漏浆,注射筒内无 AE－160－AB 时应马上换补)。

(5)敲除底座。待 AE－160－AB 硬化后,将底座敲除。

(6)修饰整平。用砂轮机将凸出部位磨平,凹陷部位用密封材料 AE－111－AB 填平。

用于结构修补的化学浆液主要有两类:一类是环氧树脂浆,另一类是甲基丙烯酸甲酯液(简称甲凝液)。用于防渗堵漏的化学浆液主要有水玻璃、丙烯酰胺、聚氨酯、丙烯酸盐等。用这些不溶物充填缝隙,可使其不透水并增加混凝土黏结强度。

3.1.2.2 修补设计应考虑事项

进行建筑物裂缝的修补设计时,应考虑如下事项:

(1)根据需要修补的判断结果,设定修补范围及规模,还应在修补后再度调查现场。

(2)掌握开裂原因、开裂状况(裂缝宽度、深度及形式等)、建筑物的重要性及环境条件。

(3)为了明确规定修补目的及恢复目标,考虑其中的环境条件,选定最适于修补的修补材料、修补工法及修补时间。选择修补工法,可按开裂现场及开裂原因决定。另外,当建筑物处于盐类等苛刻环境时,应选择比普通环境条件高一个等级的材料及工法。

(4)裂缝最好在其稳定后再做修补,对随环境条件变化的温度裂缝,则宜在裂缝最宽时处理。

（5）充分确保修补作业所必需的机械材料、脚手架及工程现场不会对周围人群的安全造成影响。

3.2　观测作业

3.2.1　控制站水尺安装要求

3.2.1.1　水尺的布设原则

水尺设置的位置应在断面便于观测员接近、直接观读水位处。在风浪较大的地区，宜设置静水设施。

水尺观读控制范围，应高（低）于测站历年最高（低）水位 0.5 m 以上（下），在此变幅可沿断面分高低安置多支水尺。相邻两支水尺的观测范围应有不小于 0.1 m 的重合；当风浪经常性较大时，重合部分可适当增大。当水位超出水尺的观读范围时，应及时增设水尺；如河道接近干涸或断流，当水边即将退出最后一支水尺时，应及时向河心方向增设水尺。

同一组基本水尺，各支水尺宜设置在同一断面线上。当因地形限制或其他原因不能设置在同一断面线时，其最上游与最下游水尺的水位差不应超过 1 cm。同一组比降水尺，如不能设置在同一断面线上，偏离断面线的距离不得超过 5 m，同时任意两支水尺的顺流向距离偏差不得超过上、下比降断面间距的 1/200。

临时水尺布设条件：当原水尺损坏，原水尺处冻实或干涸；断面出现分流且分流流量超出总流量的 20%；发生特大洪水或特枯水位，超出原设水尺的观读范围；分洪溃口及出现其他特殊情况，应及时设置临时水尺，以保证水位测验正常进行。

3.2.1.2　水尺的安装

1. 直立式水尺的安装

直立式水尺的水尺板应固定在垂直的靠桩上，靠桩宜呈流线型，可用型钢、铁管或钢筋混凝土等材料制作，或用直径 10～20 cm 的木桩做成。当采用木桩时，表面应做防腐处理。安装时，应将靠桩浇筑在稳固的岩石或水泥护坡上，或直接将靠桩打入河床。

靠桩入土深度应大于 1 m。松软土层或冻土层地带，宜埋设至松土层或冻土层以下至少 0.5 m；在淤泥河床上，入土深度不宜小于靠桩在河底以上高度的 1.5 倍。

在阻水作用小的坚固岩石或混凝土块石的河岸、桥墩、水工建筑物上，可直接刻绘刻度或安装水尺板。

水尺应与水平面垂直，安装时应吊垂线校正。

2. 矮桩式水尺的安装

矮桩式水尺的矮桩材料及入土深度与直立式水尺靠桩相同，桩顶应高出床面 10～20 cm，桩顶应牢固并成水平面，木质矮桩顶面宜打入直径为 2～3 cm 的金属圆头钉，以便放置测尺。两相邻桩顶的高差宜在 0.4～0.8 m，平坦岸坡宜在 0.2～0.4 m。

3. 倾斜式水尺的安装

倾斜式水尺的坡度应大于 30°。倾斜式水尺应将金属板固紧在岩石岸坡上或水工建筑物的斜坡上，按斜线与垂线长度的换算，在金属板上刻画尺度，或直接在水工建筑物的斜面上刻画,刻度面的坡度应均匀,刻度面应光滑。一般每间隔 2～4 m 应设置高程校核点。

倾斜式水尺的尺度刻画方法有两种:

(1)用测定水尺零点高程的水准测量方法在水尺板或斜面上均匀测定几条高程控制线,然后按比例内插需要的分划刻度。

(2)先测出斜面与水平面的夹角,然后按照斜面长度与垂直长度的换算关系绘制水尺刻度。

4.临时水尺的安装

临时水尺可采用直立式或矮桩式,并应保证在使用期间牢固可靠。当发生特大洪水、特枯水位或水尺处干涸、冻实时,临时水尺应在原水尺失效前设置。

当在观测水位时发现观测设备损坏,可立即打一个木桩至水下,使桩顶与水面齐平或在附近的固定建筑物、岩石上刻上标记,先用校测水尺零点高程的方法测得水位后,再设法恢复观测设备。

5.测针式水位计的设置

以能测到历年最高和最低水位为宜。若测不到,应配置多台测针式或其他相同观测精度的设备。当同一断面需要设置两个以上水位计时,水位计可设置在不同高程的一系列基准板或台座上,但应处在同一断面线上;当受条件限制达不到此要求时,各水位计偏离断面线的距离不宜超过 1 m。

安装时,应将水位计支架紧固在用钢筋混凝土或水泥浇筑的台座上,测杆应与水面垂直,安装时可用吊垂线调整,并可加装简单的电器设备来判断指示针尖是否恰好接触水面。

6.悬锤式水位计的设置

悬锤式水位计宜设置在水流平顺无阻水影响的地方,能测到历年最高、最低水位。当条件限制测不到时,应配置其他观测设备。

安装时,支架应紧固在坚固的基础上,滚筒轴线应与水面平行,悬锤重量应能拉直悬索。安装后,应进行严格的率定,并定期检查测索引出的有效长度与记数器或刻度盘读数的一致性,其误差应小于 ±1 cm。

3.2.1.3　水尺的编号

设置的各类水尺和水位计均应统一编号。按不同断面水尺组和从岸上向河心依次排列的次序,采用英文字母与数字的组合编号,编号的排列顺序为:组号—脚号—支号—支号辅助号。

组号用于区别不同断面,代表水尺断面名称,用大写英文字母表示,P 为基本水尺,C 为流速仪测流断面水尺,S 为比降水尺,B 为其他专用或辅助水尺。设在重合断面上的水尺编号,按基本水尺、流速仪测流断面水尺、比降水尺、其他专用或辅助水尺顺序,选用前面一个,如基本水尺兼作流速仪测流断面水尺,组号用 P。必要时,可另行规定其他组号。

脚号用于区别同一类水尺有上、下游断面设置的情况,代表同类水尺的不同断面位置,用小写英文字母 u 表示上,l 表示下。如比降断面分为比降上、下断面,其比降上断面表示为 S_u,比降下断面表示为 S_l。

一个断面上有多股水流时,自左岸开始用 a、b、c…等小写英文字母作脚号,但不选用 u、l 等已规定专用的字母。

支号用于区别同一组水尺在本断面的位置,代表同一组水尺中各支水尺从岸上向河心依次排列的次序,用数字表示,如 P_1、P_2…等。当在原设一组水尺中增加水尺时,应从原组水尺中最后排列的支号连续排列,如在 P_5、P_6 之间增加水尺时用 P_6 之后的顺序号 P_7、P_8、P_9 等。

支号辅助号代表同支水尺零点高程的变动次数或在原处改设的次数,用数字表示。当某支水尺被毁,新设水尺的相对位置不变时,应在支号后面加辅助号,并用连接符“—”与支号连接。如 P_9 水尺被毁两次均新设,相对位置不变,其编号为 P_{9-2}。

当设立为临时水尺时,在组号前面加符号“T”,支号应按设立的先后次序排列,当校测后定为正式水尺时,应按正式水尺统一编号。

水尺编号应注意字母和角号的书写规则。组号为大写(含临时水尺组号 T);脚号为小写,与支号、支号辅助号均为下标角号。水尺编号的标注应清晰直观。

当水尺设置变动较大时,可经一定时期后将全组水尺重新编号。水尺编号一般情况下一年重编一次。

3.2.2　流速仪的类型、原理

流速仪是用来测定水流运动速率的仪器。流速仪的种类很多,主要有转子式流速仪、超声波流速仪、电磁流速仪、光学流速仪、电波流速仪等。

3.2.2.1　转子式流速仪

转子式流速仪是一种具有一个转子的流速仪,转子绕着水流方向的垂直轴与水平轴转动,其转速与周围流体的局部流速成单值对应关系。

转子式流速仪是水文测验中历史悠久、使用广泛的仪器。转子按结构分为旋桨和旋杯两类,相应转子式流速仪分为旋桨式流速仪、旋杯式流速仪等,分别如图 4-3-1 和图 4-3-2所示。旋桨式流速仪的桨叶曲面凹凸形状不同,当水流冲击到桨叶上时,所受动水压力也不同,于是产生旋转力矩使桨叶转动。旋杯式流速仪圆锥形杯子两面所受动水压力大小不同,所以旋杯盘在压差作用下产生动力,从而带动转轴旋转。

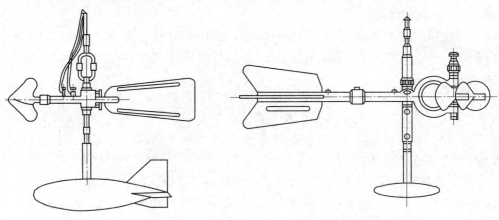

图 4-3-1　旋桨式流速仪　　　　　　　图 4-3-2　旋杯式流速仪

　　旋桨式流速仪是我国应用最广泛的一种河流流速测量仪器,它具有性能可靠、适应性强、测速范围广等优点。我国研制的 LS25－1 型旋桨式流速仪是旋桨式流速仪的代表型号,其使用性能特点是在安装使用方法正确、水深小于 24 m 的条件下,能够防止浑水进入仪器内部,保证仪器的正常工作。每套仪器包括两只可以互换使用的旋桨,1 号桨用于测量 0.06～2.5 m/s 的流速,2 号桨用于测量 0.2～5.0 m/s 的流速。

　　LS68－2 型旋杯式流速仪是旋杯式流速仪的代表型号,适用水深为 0.2 m 以上,流速的测量范围为 0.02～0.5 m/s。为了保持仪器灵敏度较长时期不变化,流速上限最好设定在 0.2 m/s。流速超过 0.2 m/s 时,优先选用 LS25－1 型旋桨式流速仪或 LS68 型旋杯式流速仪。

　　转子式流速仪构造除转子外,还有机体(身)构架和维持在水流中平衡的尾翼,机体(身)构架装有精密复杂的机械传动、光电信号机构及防水密封构件。

3.2.2.2　超声波流速仪

　　超声波流速仪是利用超声波在水流中的传播特性,来测量一组或多组换能器同水层的平均流速的仪器。

3.2.2.3　电磁流速仪

　　电磁流速仪是利用电磁感应原理,根据流体切割磁场所产生的感应电势与流体的速度成正比的关系而制成的仪器。

3.2.2.4　光学流速仪

　　光学流速仪是利用光学原理使测速旋转部分和水流速度同步而测出相应的水流速度的一种仪器。

3.2.2.5　电波流速仪

　　电波流速仪是一种向水面发射与接收无线电波,利用其频率的变化与流体速度成正比的关系而制成的仪器。

3.2.3　水样取样的注意事项

3.2.3.1　悬移质积时式采样器

　　仪器应制作简单,结构牢固,工作可靠,维修方便,贮样容器可卸下冲洗。仪器(或承装铅鱼)外形应为流线形,管嘴进水口应设置在水流扰动较小处,取样时,应使仪器内的压力与仪器外的静水压力相平衡。仪器贮样容积应能适应取样方法和室内分析要求,条件许可时可采用较长的取样历时,以减少泥沙脉动影响。仪器应尽可能取得接近河床床面的水样,用于宽浅河道的仪器,其进水管嘴至河床床面的距离宜小于 0.15 m。当采用各种混合法取样时,仪器应能减少点位变动过程的管嘴积沙影响。

　　积时式采样器积深法取样要求如下:

　　(1)采用积深法取样时,一类站的水深不宜小于 2 m,二、三类站的水深应大于 1 m。

　　(2)仪器的悬吊方式,应保证仪器进水管嘴正对流向。

　　(3)取样仪器应等速提放;当水深小于或等于 10 m 时,提放速度应小于垂线平均流速的 1/3;仪器处于开启状态时,不得在各点位(包括河底)停留。

(4)仪器取样容积与仪器水样仓或盛样容器的容积之比应小于 0.9;发现仪器灌满时,所取水样应作废重取。

普通瓶式采样器积深法取样要求:当垂线平均流速不超过 1.0 m/s 时,应选用管径为 6 mm 的进水管嘴;当垂线平均流速大于 1.0 m/s 时,应选用管径为 4 mm 的进水管嘴;仪器排气管嘴的管径均应小于进水管嘴的管径。

3.2.3.2　悬移质横式采样器

仪器内壁应光洁和无锈迹。仪器两端口门应保持瞬时同步关闭和不漏水。仪器的容积应准确。仪器筒身纵轴应与铅鱼纵轴平行,且不受铅鱼阻水影响。横式采样器能在不同水深和含沙量条件下取得瞬时水样,但不宜用于缆道测沙,精度要求较高时不宜使用。

横式采样器取样要求:在水深较大时,应采用铅鱼悬挂仪器;采用锤击式开关取样时,必须在口门关闭后再提升仪器;倒水样前,应稍停片刻,以防止仪器外部带水混入水样。

3.2.3.3　推移质采样器

仪器应结构合理、牢固可靠、操作维修简便。应有足够的质量,尾翼应具有良好的导向性,能稳定地搁置在河床上,在适用水深、流速范围内,悬索偏角一般不大于 45°;口门能伏贴河床,口门前不产生明显的淘刷或淤积;器身应具有良好的流线形以减小水阻力,口门平均进口流速系数值宜在 0.95 ~ 1.15;采样效率系数较稳定,样品有较好的代表性,进入器内的泥沙样品不被水流淘出。沙质推移质采样器的口门宽和高应小于等于 100 mm。卵石推移质采样器的口门宽和高应大于床沙最大粒径,但应小于或等于 500 mm。采样器的有效容积应大于在输沙强度较大时按规定的采样历时所采集的沙样容积(通常网式采样器沙样容积取盛样器最大容积的 30% ,压差式取 40%)。

推移质采样器应根据测验河段的床沙粒径和断面的水流条件等选用。当河床组成复杂选择一种仪器不能满足测验要求时,可选用不同的两种仪器。选用的仪器应有可供使用的原型采样效率。

手持仪器采样时,应使口门正对流向平稳地轻放在床面上采样。上提时应使仪器口门先离开床面,并保持适当的仰角将仪器提出水面。

悬吊仪器采样在下放到接近河床时,应减缓下放速度使仪器平稳地放在床面上并适当放松悬索,采样器上提过程中不得在水中和水面附近停留。

在采样过程中当仪器受到扰动而影响采样时应重测。

3.2.3.4　床沙采样器

采样器到达河床面上不要扰动河床,以取到天然状态下的床沙样品;采样器储样仓有效取样容积应满足颗粒分析对样品数量的要求;用于沙质河床的采样器,应能采集表面以下深度 500 mm 内的样品;卵石河床采样器其取样深度应为床沙中值粒径的 2 倍;采样过程中样品不被水流冲走或漏失。结构合理牢固,操作维修简便。

床沙采样器应根据河床组成、测验设备、采样器的性能和使用范围等条件选用。对于沙质河床,可供选用的采样器有拖斗式、横管式、钳式、钻管式、转轴式等;对于卵石河床,可供选用的采样器有挖斗式、犁式、沉筒式等。

用拖斗式采样器取样时，牵引索上应吊装重锤，使拖拉时仪器口门伏贴河床。用横管式采样器取样时，横管轴线应与水流方向一致并应顺水流下放和提出。用钳式挖斗式采样器取样时，应平稳地接近河床并缓慢提离床面。用转轴式采样器取样时，仪器应垂直下放，当用悬索提放时悬索偏角不得大于10°。

犁式采样器安装时，应预置15°的仰角；下放的悬索长度应使船体上行，取样时悬索与垂直方向保持60°的偏角，犁动距离可在5~10 m。使用沉筒式采样器取样时，应使样品箱的口门逆向水流，筒底铁脚插入河床，用取样勺在筒内不同位置采取样品，上提沉筒时，样品箱的口部应向上，不使样品流失。

3.2.4 浮标的类型、浮标投放的注意事项

3.2.4.1 浮标的类型

浮标是漂浮于水流表层或悬浮于水中用以测定流速的人工或天然漂浮物。一般有水面浮标、小浮标、浮杆或深水浮标等类型。水面浮标适用于水面比较平稳的断面，小浮标适用于水流浅、流速小的断面，浮杆或深水浮标适用于水流比较复杂的断面。每个水文站所适用的浮标一般在设站初期经试验确定，不宜频繁更改。

浮标一般都由职工自己动手制作，简单的可用铅丝扎秸秆；复杂一些的可用木杆制成四面体等框架，再辅助色布蒙盖。夜明浮标可用一般浮标系上装进透明塑料袋的电珠电池，也可浇油于秸秆扎燃烧投放，或者用发光粉涂敷漂浮物等。

用浮标实施测流前，应将浮标依序放置在投放器旁边。夜明浮标在投放时再点亮。

3.2.4.2 浮标投放的注意事项

1. 水面浮标投放

水面浮标投放设备由运行缆道和投放器构成，并应符合下列要求：

(1)投放浮标的运行缆道，其平面位置应设置在浮标上断面的上游一定距离处，距离的远近，应使投放的浮标在到达上断面之后能转入正常运行，其空间高度应在调查最高洪水位以上。

(2)浮标投放设备应构造简单、牢固、操作灵活省力，并应便于连续投放和养护维修。

(3)没有条件设置浮标投放设备的测站，可用船投放浮标，或利用上游桥梁等渡河设施投放浮标。

水面浮标的投放注意事项：

(1)用均匀浮标法测流时，应在全断面均匀地投放浮标，有效浮标的控制部位，宜与测流方案中所确定的部位一致。在各个已确定的控制部位附近和靠近岸边的部分应有1~2个浮标。浮标投放顺序为自一岸顺次投放至另一岸。当水情变化急剧时，可先在中泓部分投放，再在两侧投放。当测流段内有独股水流时，应在每股水流投放有效浮标3~5个。

(2)当采用浮标法和流速仪联合测流时，浮标应投放至流速仪测流的边界以内，使两

者测速区域相重叠。

（3）用中泓浮标法测流,应在中泓部位投放 3～5 个浮标,选择运行正常的浮标作测速计算依据。

（4）当采用漂浮物浮标法测流时,宜选择中泓部位目标显著且和浮标系数试验所选漂浮物浮标类似的漂浮物 3～5 个测定其流速。测速的技术要求应符合中泓浮标法测流的有关要求。漂浮物的类型、大小、估计的出水高度和入水深度等,应详细注明。

2. 小浮标投放

小浮标是在流速仪无法施测的浅水中测量水流速度的小型人工浮标。一个测站所采用的小浮标型式,在经过系数试验以后应基本固定下来,不要随意改变。

（1）小浮标适用于水深很小、流速很小、水流比较平稳的断面测速。一般限于水深小于 0.16 m,并应尽可能选择在无风天气使用。

（2）可根据水流情况临时在测流断面上下游设立两个辅助断面,间距（浮标航距）应不小于 2 m,并使辅助断面与测流断面平行。

（3）每个浮标的运行历时一般应不少于 20 s,如流速较大,可酌情缩短,但不能少于 10 s。

（4）如出现漫滩情况,滩地部分水深很浅时,可以采用流速仪和小浮标联合测验。

3. 浮杆或深水浮标投放

（1）浮杆或深水浮标适用于水深较大、流速很小、水流比较平稳的断面测速。如果仅是部分流速很小,可以采用浮杆或深水浮标与流速仪联合测验。

（2）在测流断面上下游设立两个辅助断面,间距可取 2～3 m,并使辅助断面与测流断面平行。

（3）浮标投放前,应先根据水深大小调整好浮杆的入水深度或深水浮标的测点深度。

（4）每个浮标的运行历时一般应不少于 20 s,如深水浮标的个别测点流速已大于流速仪测速下限,浮标的运行历时可适当少于 20 s。

3.3　数据记录与整编

3.3.1　逐日水位过程线的绘制方法

水位过程线是指水位随时间变化的曲线。以纵坐标为水位,横坐标为时间,将水位变化按时间顺序排列所点绘的曲线,便为水位过程线。逐日水位过程线是以日平均水位为纵坐标,以日期为横坐标,将水位变化按时间顺序排列所点绘的曲线。

水位过程线的主要作用是:可分析水位的变化规律,能直接看出特征水位（如最高水位和最低水位）的高度和出现的日期;可研究各补给源的特征;可用来分析洪水在河道中沿河传播的情形,以及做洪水的短期预报;能反映流域内自然地理因素对该流域水文过程的综合影响。

3.3.2　面积包围法的概念和算法

日平均水位的计算方法有算术平均法和面积包围法两种。

面积包围法(又称时间加权法),是将一日0~24时内水位过程线所包围的面积,除以一日时间求得的。适用于一日内水位变化较大,且不等时距观测(摘录)时。

计算日平均水位的面积包围法又称48加权法,以各次水位观测或插补值在一日24时中所占时间的小时数为权重,用加权平均法计算值作为本日的日平均水位值。计算时可将一日内0~24时(当无0时或24时实测水位时,应根据前后相邻水位直线插补推求)的折线水位过程线下的面积除以一日内的小时数即求得。面积包围法计算日平均水位示意如图4-3-3所示,按式(4-3-1)计算:

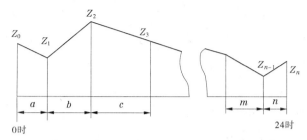

图 4-3-3　面积包围法计算日平均水位示意图

$$\overline{Z} = \frac{1}{48}\left[Z_0 a + Z_1(a+b) + Z_2(b+c) + \cdots + Z_{n-1}(m+n) + Z_n n \right] \quad (4\text{-}3\text{-}1)$$

式中　$\overline{Z}$——日平均水位,m;

a、b、$c\cdots n$——观测时距,h;

Z_0、Z_1、$Z_2\cdots Z_n$——相应时刻的水位值,m。

计算机水位资料整编均采用面积包围法。

以面积包围法求得的日平均值作为标准值,用其他方法求得的日平均值与标准值相比,其允许误差一般为2 cm,不用日平均水位推求时,允许误差可放宽至3~5 cm。

3.3.3　水位—流量关系曲线的绘制方法

3.3.3.1　水位—流量关系图绘制

(1)水位—流量关系图绘制于普通直角坐标纸上,以水位为纵坐标,流量为横坐标,比例的选择应能使确定的水位—流量关系曲线与横坐标轴约呈45°夹角。横、纵坐标比例尺一般宜选1、2、5的十、百、千等整倍数。

(2)在坐标系中以实测流量数值和相应水位分别为横、纵坐标,按坐标数值在图上点绘。为了便于分析测点的走向变化,应在每个测点的右上角或同一水平线以外的一定位置,注明测点序号。测流方法不同的测点,用不同的符号表示("O"表示流速仪法测得的点子,"Δ"表示浮标法测得的点子,"∨"表示深水浮标或浮杆法测得的点子,"×"表示用水力学法推算的或上年末、下年初的接头点子)。按点距的走向趋势绘制水位—流量关系曲线。

（3）根据需要,在水位—流量关系图上还应同时点绘水位—面积、水位—流速关系线,以检查确定水位—流量关系线的合理性。即以同一水位为纵坐标,自左至右,依次以流量、面积、流速为横坐标点绘于普通坐标纸上。选定适当比例尺(一般宜选1、2、5的十、百、千等整倍数),使水位—流量、水位—面积、水位—流速关系曲线分别与横坐标大致成45°、60°、60°的交角,并使三种曲线互不交叉,如图4-3-4所示。

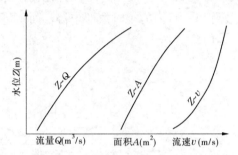

图4-3-4　水位—流量、水位—面积、水位—流速关系线示例

（4）流量变幅较大、测次较多、水位流量关系点子分布散乱的站,可分期点绘关系图,一般一定阶段或年度再综合绘制一张总图。水位—流量关系曲线下部,读数误差超过2.5%的部分,应另绘放大图,在放大后的关系曲线上推求的流量应与原线数值吻合。流量很小,点子很少时,误差可适当放宽。

（5）对于全年的水位—流量关系图,为使前后年资料衔接,图中应绘出上年末和下年初的3~5个点子。

（6）在关系图上还要注明河名、站名、年份及水位—流量、水位—面积、水位—流速关系曲线的标题和注记,在图下方要填写点图、定线、审查者的姓名,三关系线的纵、横坐标及名称都要填写清楚。

3.3.3.2　水位—流量关系线的确定与使用

水位—流量关系线的确定应以实测流量测次为依据,并参考水位过程(线)、断面变化等有关影响。分析逐时水位过程线、汛期洪峰水位过程线,可克服直接定线的盲目性。洪水期间变化复杂的的水位—流量关系线的确定,应结合测站特性、历史洪水等因素综合分析。

使用确定的水位—流量关系线由水位推算流量时,首先应明确水位—流量关系线对应的推流时段,或推流时段对应的水位—流量关系线。

具体推流时,把纵坐标的水位向右水平移动至推流时段对应的水位—流量关系线上交叉,再自此交叉点向下垂直移动至横坐标的流量,该流量值就是要推算的与某一水位对应的流量。例如,图4-3-5为某站某时段确定使用的水位—流量关系线。某日8时水位为72.8 m,图中线上由72.8 m水位查得的对应流量为1 060 m³/s。至20时,本站水位涨至 73.6 m,查得 73.6 m 水位对应的流量为 1 410 m³/s。

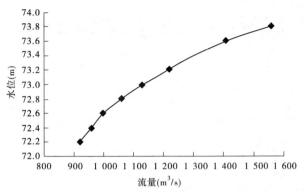

图 4-3-5　某站某时段确定使用的水位—流量关系线

　　江河、渠道横断面上的水位与流量之间的对应关系,即以流量 Q 为横坐标、水位 H 为纵坐标的水位—流量关系曲线。

模块4　水土保持调查

4.1　调查作业

4.1.1　GPS 的组成及原理

4.1.1.1　空间部分

GPS 的空间部分由 24 颗工作卫星组成,它位于距地表 20 200 km 的上空,均匀分布在 6 个轨道面上(每个轨道面 4 颗),轨道倾角为 55°。此外,还有 4 颗有源备份卫星在轨运行。卫星的分布使得在全球任何地方、任何时间都可观测到 4 颗以上的卫星,并能保持良好定位解算精度的几何图像。这就提供了在时间上连续的全球导航能力。GPS 卫星产生两组电码,一组称为 C/A 码(Coarse/ Acquisition Code 11 023 MHz),一组称为 P 码(Procise Code 10 123 MHz),P 码因频率较高,不易受干扰,定位精度高,因此受美国军方管制,并设有密码,一般民间无法解读,主要为美国军方服务。C/A 码人为采取措施而刻意降低精度后,主要开放给民间使用。

4.1.1.2　地面控制部分

地面控制部分由 1 个主控站、5 个全球监测站和 3 个地面控制站组成。监测站均配装有精密的铯钟和能够连续测量到所有可见卫星的接收机。监测站将取得的卫星观测数据,包括电离层和气象数据,经过初步处理后,传送到主控站。主控站从各监测站收集跟踪数据,计算出卫星的轨道和时钟参数,然后将结果送到 3 个地面控制站。地面控制站在每颗卫星运行至上空时,把这些导航数据及主控站指令注入到卫星。这种注入对每颗GPS 卫星每天一次,并在卫星离开注入站作用范围之前进行最后的注入。如果某地面站发生故障,那么在卫星中预存的导航信息还可用一段时间,但导航精度会逐渐降低。

4.1.1.3　用户设备部分

用户设备部分即 GPS 信号接收机。其主要功能是能够捕获到按一定卫星截止角所选择的待测卫星,并跟踪这些卫星的运行。当接收机捕获到跟踪的卫星信号后,就可测量出接收天线至卫星的伪距离和距离的变化率,解调出卫星轨道参数等数据。根据这些数据,接收机中的微处理计算机就可按定位解算方法进行定位计算,计算出用户所在地理位置的经纬度、高度、速度、时间等信息。接收机硬件和机内软件以及 GPS 数据的后处理软件包构成完整的 GPS 用户设备。GPS 接收机的结构分为天线单元和接收单元两部分。接收机一般采用机内和机外两种直流电源。设置机内电源的目的在于更换外电源时不中断连续观测。在用机外电源时机内电池自动充电。关机后,机内电池为 RAM 存储器供电,以防止数据丢失。目前,各种类型的接收机体积越来越小,质量越来越轻,便于野外观测使用。

GPS 信号接收机技术开发与解算能力不断增强,应用领域不断拓扩,使用技能不断成熟。水文测验和水道地形测量行业也是 GPS 的重要用户,应用在向成熟深化发展。

4.1.1.4　GPS 测量定位基本原理

用户用 GPS 接收机在某一时刻同时接收到三颗以上的 GPS 卫星信号,测量出测站点(接收机天线中心)P 至三颗以上的 GPS 卫星的距离并解算出该时刻 GPS 卫星的空间坐标,据此利用距离交会法解算出测站 P 的位置。设在时刻 t_i 在测站点 P 用 GPS 接收机同时测得 P 点至三颗 GPS 卫星 S_1、S_2、S_3 的距离 ρ_1、ρ_2、ρ_3,通过 GPS 电文解译出该时刻三颗 GPS 卫星的三维坐标分别为 (X_j, Y_j, Z_j),$j = 1$、2、3。用距离交会法求解 P 点的三维坐标 (X, Y, Z) 的观测方程为

$$\left.\begin{cases} \rho_1^2 = (X - X_1)^2 + (Y - Y_1)^2 + (Z - Z_1)^2 \\ \rho_2^2 = (X - X_2)^2 + (Y - Y_2)^2 + (Z - Z_2)^2 \\ \rho_3^2 = (X - X_3)^2 + (Y - Y_3)^2 + (Z - Z_3)^2 \end{cases}\right\} \tag{4-4-1}$$

同时刻接收到三颗以上 GPS 卫星的信号,可组成多组的如上方程组,解算出多组 (X, Y, Z) 坐标,采取进一步处理,获得更好成果。

4.1.2　地形图中地物的图例知识

地形图是具有丰富的地形信息的载体,它不仅包含自然地理要素,而且包含社会、政治、经济等人文地理要素。地形图也是工程建设必不可少的基础性资料。在每一项新的工程建设之前,都要先进行地形测量工作,以获得规定比例尺的现状地形图。

4.1.2.1　地物识读

要知道地形图使用的是哪一种图例,要熟悉一些常用的地物符号,了解符号和注记的确切含义。根据地物符号,了解主要地物的分布情况,如村庄名称、公路走向、河流分布、地面植被、农田、山村等。

4.1.2.2　地物符号

地物符号分比例符号、非比例符号和半比例符号。

(1)比例符号:可以按测图比例尺缩小,用规定符号画出的地物符号,如房屋、道路、稻田、花圃、湖泊等,如图 4-4-1 所示。

(2)非比例符号:无法将其形状和大小按照地形图的比例尺绘到图上的符号,如三角点、导线点、水准点、独立树、路灯、检修井等,如图 4-4-2 所示。

(3)半比例符号:长度可按比例缩绘,而宽度无法按比例表示的符号,如小路、通信线、管道、垣栅等,如图 4-4-3 所示。

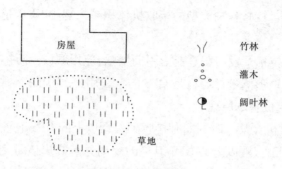

图 4-4-1　比例符号

图 4-4-2　非比例符号

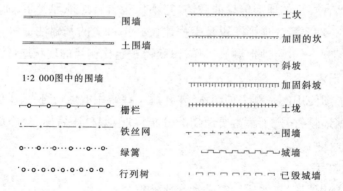

图 4-4-3　半比例符号

4.1.2.3　地形图中其他地物的图例符号

地形图中地物的图例符号汇总见表 4-4-1,水工建筑物初涉及施工图设计平面图例见表 4-4-2。

表 4-4-1　地形图例

序号	名称		图例	序号	名称		图例
1	沙滩			12	冲沟		
2	沙砾滩			13	滑坡		
3	淤泥滩			14	泉		
4	岩滩			15	土堆		
5	石滩			16	坑穴		
6	沙地			17	地面(一般表示方法)		
7	沙砾地			18	高程	平面	142.56
8	盐碱地					剖面	▽ 125.04　　　或　　△ 125.04
9	沼泽地	能通行				水位	▽ 134.58　最高水位 ▽ 134.58
		不能通行					
10	陡岸	土质		19	指北针		或
		石质		20	水流方向		或
11	悬崖及绝壁						

表 4-4-2　水工建筑物初涉及施工图设计平面图例

序号	名称		图例	序号	名称	图例
1	水库	大型		7	水力加工站、水车	
		小型		8	泵站	
2	混凝土坝			9	水文站	
3	土石坝			10	水位站	
4	水闸			11	船闸	
5	水电站	大比例尺		12	升船机	
		小比例尺		13	码头	栈桥式
6	变电站					浮式

续表 4-4-2

序号	名称	图例	序号	名称	图例
14	筏道		23	跌水	
15	鱼道		24	斗门	
16	溢洪道		25	谷坊	
17	渡槽		26	鱼鳞坑	
18	急流槽		27	喷灌	
19	隧洞		28	矶头	
20	涵洞(管)	(大) (小)	29	丁坝	
21	斜井或平洞		30	险工段	
22	虹吸	(大) (小)	31	护岸	

续表 4-4-2

序号	名称		图例	序号	名称		图例
32	挡土墙			42	淤区		
33	堤			43	灌区		
34	防浪堤	直墙式		44	分(蓄)洪区		
		斜坡式					
35	沟	明沟		45	围垦区		
		暗沟					
36	渠			46	过水路面		
37	运河			47	露天堆料场	散状	
38	水塔					其他材料	
39	水井			48	高架式料仓		
40	水池			49	漏斗式贮仓	底卸式	
41	沉沙池					侧卸式	

续表 4-4-2

序号	名称		图例	序号	名称		图例
50	露天桥式起重机		++++++ ++++++	57	公路桥		
51	门式起重机	有外伸臂		58	便桥、人行桥		
		无外伸臂		59	施工栈桥		
52	架空索道			60	道路	公路	
53	斜坡卷扬机道		+++++++			大路	
54	斜坡栈桥 (皮带廊等)					小路	
55	露天电动葫芦	双排支架	+ + + + + +	61	铁路	正规铁路	
		单排支架				轻便铁路	
56	铁路桥						

4.1.3　环刀取原状土的步骤与注意事项

4.1.3.1　仪器设备

需用下列仪器设备：

（1）环刀：内径 6 ~ 8 cm，高 2 ~ 3 cm，壁厚 1.5 ~ 2 mm。

（2）天平：称量 500 g，感量 0.01 g。

（3）其他：切土刀、钢丝锯、凡士林等。

4.1.3.2　操作步骤

（1）按工程需要取原状土样，整平其两端，将环刀内壁涂一薄层凡士林，刃口向下放在土样上。

（2）用切土刀（或钢丝锯）将土样削成略大于环刀直径的土柱，然后将环刀垂直下压，边压边削，至土样伸出环刀为止。将两端余土削去修平，取剩余的代表性土样测定含水量。

（3）擦净环刀外壁称质量。若在天平放砝码一端放一等质量环刀，可直接称出湿土质量，准确至 0.1 g。

（4）按式（4-4-2）和式（4-4-3）计算土的干质量密度 ρ_d 和土的质量密度 ρ，可计算至 0.01 g/cm³。

$$\rho_d = \frac{\rho}{1 + 0.01\omega} \tag{4-4-2}$$

$$\rho = \frac{m}{V} \tag{4-4-3}$$

式中　ρ——质量密度，g/cm³；

ρ_d——干质量密度，g/cm³；

m——湿土质量，g；

V——环刀容积，cm³；

ω——含水量（%）。

（5）需进行二次平行测定，其平行差值不得大于 0.03 g/cm³，取其算术平均值。环刀主要用来测定土体的压实度。

4.1.3.3　环刀的使用及注意事项

使用时应刃向下，在切取土样时避免歪斜，使其垂直均匀受力下切，使用前可将环刀涂抹少许凡士林。使用完毕后，应将环刀擦洗干净并涂一些保护油等，以防生锈。

4.1.3.4　环刀的校验

环刀每年至少校正一次，并求出其体积和质量。

环刀的内径需用卡尺测量，并要转动不同角度至少三个直径，准确至 0.1 mm，最大差值不得超过标准值的 1%，取平均值。

环刀质量需要用感量 0.01 g 的天平称得，准确至 0.01 g。

4.1.4　植物郁闭度、密度、盖度的调查方法

4.1.4.1　郁闭度

郁闭度是指乔木（含部分灌木）林冠垂直投影面积占林地总面积的百分数，也就是挡雨的面积占总面积的百分数。它是反映林分密度的指标。郁闭度多用外业调查设样地的方法取得，样地面积为 10 m×10 m 或 30 m×30 m，不少于 3 块。调查方法有线段法或目估法。

林木郁闭度与水土保持作用关系密切，成为水保部门的重要指标。鉴于本指标直观、观测简便，通常用于水土流失预测预报方案中。本指标又与林木密度有关，一般地，密度小的林木郁闭度也小，密度大的林木郁闭度也大。在封山育林中，郁闭度达 70%，且林间有 70% 地被覆盖物，才能计入生态修复封山育林地面积中。

4.1.4.2　密度

林木密度一般分 5 级，分别为密、较密、疏、稀少、极稀少。林木郁闭度与林木密度的关系见表 4-4-3。

表 4-4-3　林木郁闭度与林木密度关系

郁闭度	80%～100%	60%～80%	40%～60%	20%～40%	20% 以下
密度	密	较密	疏	稀少	极稀少

根据联合国粮农组织规定，郁闭度在 0.70（含 0.70）以上的郁闭林为密林，0.20～0.69 为中度郁闭，0.20（不含 0.20）以下为疏林。

4.1.4.3　覆盖度

低矮植被冠层覆盖地表的程度，称为覆盖度，简称盖度，其值以小数计。覆盖度多用于草本植物，其测定方法是设样地以后调查得出，多用针刺法和方格法。将覆盖面积除以样地面积即得，测定草地盖度的样地为 1 m×1 m 或 2 m×2 m，且不少于 3 块，以取盖度平均值。

4.1.4.4　郁闭度、盖度的调查方法

1. 线段法

线段法是用测绳在所选样方内水平拉过，垂直观测株冠在测绳上垂直投影的长度，并用尺测量、计算总投影长度，与测绳总长度之比即得郁闭度或盖度，采用此法应在不同方向上取 3 条线段求其平均值，其计算公式如下：

$$R_1 = L_1/L \tag{4-4-4}$$

式中　R_1——郁闭度或盖度；

　　　L——测绳长度，cm；

　　L_1——投影长度,cm。

2. 针刺法

　　针刺法是在测定范围内选取 1 m² 的小样方,借助于钢卷尺和测绳上每隔 10 cm 的标记,用约 2 mm 的细针,顺次在样方内上下左右间隔 10 cm 的点上(共 100 点),从草本的上方垂直插下,细针与草相接触即算"有",不接触即算"无",在表上登记,最后计算登记的次数,用式(4-4-5)计算出盖度:

$$R_2 = (N - n)/N \tag{4-4-5}$$

式中　R_2——草或灌木的盖度(小数);

　　　N——插针的总次数;

　　　n——不接触"无"的次数。

3. 方格法

　　方格法是利用预先制成的面积为 1 m² 的正方形木架,内用绳线分为 100 个 0.01 m² 的小方格,将方格木架放置在样方内的草地上,数出草的茎叶所占的方格数,即得草地的盖度。

4.1.5　土地利用分类的知识

　　土地利用分类是区分土地利用空间地域组成单元的过程。这种空间地域单元是土地利用的地域组合单位,表现人类对土地利用、改造的方式和成果,反映土地的利用形式和用途(功能)。土地利用分类是为完成土地资源调查或进行统一的科学土地管理,从土地利用现状出发,根据土地利用的地域分异规律、土地用途、土地利用方式等,将一个国家或地区的土地利用情况,按照一定的层次等级体系划分为若干不同的土地利用类别。

4.1.5.1　土地利用分类的作用与意义

　　土地利用分类是土地利用研究的重要内容,也是确定土地利用统计体系和土地利用图制图单元的基础和依据。科学地进行土地利用分类,不仅有助于提高土地利用调查研究与制图的质量,也有利于因地制宜、合理地组织土地利用和布局生产。在土地利用分类中,既要突出利用程度上的差别和加强利用的可能性,又必须考虑一定层次等级的系统性。首先根据已利用、未利用和难以利用分出第一层。在已利用土地中,根据国民经济各主要部门划分出第二层,即包括农业、牧业、林业、渔业、工矿、交通、城镇居民点等各类生产建设用地。每一部门用地中根据利用方式和利用方向等分出第三层。如耕地可按水利条件、地形条件再细分,甚至还可根据耕作制度与作物组合分出第四层。如此由大到小,由粗到细,体现一定的逻辑性和层次等级的系统性。通常可根据土地利用调查与制图目的要求及制图比例尺的不同,相应选择精细程度不同的分类层次等级体系,采用不同底色、线条、符号和注记相结合的方法,在土地利用分类图上表达出来,如图 4-4-4 所示。在20 世纪 80 年代,由中国科学院地理研究所主持编制的中国 1:100 万土地利用图,制定了较为详细的三级土地利用分类系统,第一级根据国民经济各部门用地构成划分出 10 个类型,第二级主要根据土地经营方式划分出 42 个类型,第三级主要根据农作物熟制或农作物组合、林种、草场类型等划分出 35 个类型。

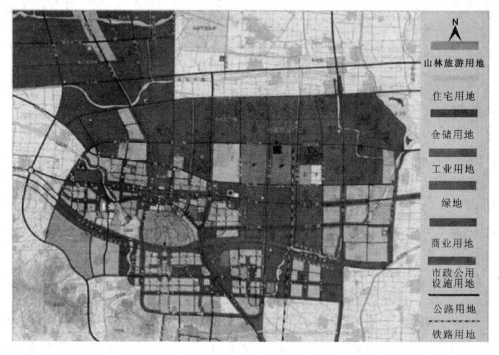

山林旅游用地

住宅用地

仓储用地

工业用地

绿地

商业用地

市政公用设施用地

公路用地

铁路用地

图 4-4-4　某市土地利用分类图

土地利用分为耕地、园地、林地、牧草地、居民点及工矿用地、交通用地、水域、未利用地等。其中,耕地、园地、林地、牧草地归入三大类中农用地的二级类,分类标准没有区别;居民点及工矿用地归入建设用地二级地类,分类标准没有明显区别;交通用地中的农村道路归入三大类农用地中其他农用地的三级类,其余归入建设用地的交通用地类;水域最复杂,坑塘水面归入三大类的其他农用地中的坑塘水面及养殖水面,沟渠归入其他农用地中的农田水利;水库水面和水工建筑归入三大类建设用地中的水利用地,其他归入未利用地的其他类中。未利用地除田埂在三大类中归入农用地的其他用地外,其余继续计入未利用地。

4.1.5.2　《土地利用现状分类》(GB/T 21010—2007)

2007 年 9 月 3 日,国家质量监督检验检疫总局和中国国家标准化管理委员会联合发布《土地利用现状分类》,标志着中国土地利用现状分类第一次拥有了全国统一的国家标准。该标准从 2007 年 8 月 10 日起开始执行。

土地利用现状分类和编码见表 4-4-4 和表 4-4-5。

表 4-4-4　　土地利用现状分类和编码

一级类		二级类		含义	三大类
类别编码	类别名称	类别编码	类别名称		
01	耕地			指种植农作物的土地,包括熟地、新开发、复垦、整理地,以及休闲地(轮歇地、轮作地);以种植农作物(含蔬菜)为主,间有零星果树、桑树或其他树木的土地;平均每年能保证收获一季的已垦滩地和海涂。耕地中还包括南方宽度<1.0 m,北方宽度<2.0 m固定的沟、渠、路和地坎(埂);临时种植药材、草皮、花卉、苗木等的耕地,以及其他临时改变用途的耕地	农用地
		011	水田	指用于种植水稻、莲藕等水生农作物的耕地。包括实行水生、旱生农作物轮种的耕地	
		012	水浇地	指有水源保证和灌溉设施,在一般年景能正常灌溉,种植旱生农作物的耕地。包括种植蔬菜等的非工厂化的大棚用地	
		013	旱地	指无灌溉设施,主要靠天然降水种植旱生农作物的耕地,包括没有灌溉设施,仅靠引洪淤灌的耕地	
02	园地			指种植以采集果、叶、根、茎、枝、汁等为主的集约经营的多年生木本和草本作物,覆盖度大于50%或每亩株数大于合理株数70%的土地。包括用于育苗的土地	
		021	果园	指种植果树的园地	
		022	茶园	指种植茶树的园地	
		023	其他园地	指种植桑树、橡胶、可可、咖啡、油棕、胡椒、药材等其他多年生作物的园地	
03	林地			指生长乔木、竹类、灌木的土地,及沿海生长红树林的土地。包括迹地,不包括居民点内部的绿化林木用地,以及铁路、公路、征地范围内的林木,以及河流、沟渠的护堤林	
		031	有林地	指树木郁闭度≥0.2的乔木林地,包括红树林地和竹林地	
		032	灌木林地	指灌木覆盖度≥40%的林地	
		033	其他林地	包括疏林地(指树木郁闭度≥0.1且<0.2的林地)、未成林地、迹地、苗圃等林地	
04	草地			指以生长草本植物为主的土地	
		041	天然牧草地	指以天然草本植物为主,用于放牧或割草的草地	
		042	人工牧草地	指人工种植牧草的草地	
		043	其他草地	指树林郁闭度<0.1,表层为土质,以生长草本植物为主,不用于畜牧业的草地	未利用地

续表4-4-4

一级类		二级类		含义	三大类
类别编码	类别名称	类别编码	类别名称		
05	商服用地			指主要用于商业、服务业的土地	建设用地
		051	批发零售用地	指主要用于商品批发、零售的用地。包括商场、商店、超市、各类批发(零售)市场、加油站等及其附属的小型仓库、车间、工场等的用地	
		052	住宿餐饮用地	指主要用于提供住宿、餐饮服务的用地。包括宾馆、酒店、饭店、旅馆、招待所、度假村、餐厅、酒吧等	
		053	商务金融用地	指企业、服务业等办公用地,以及经营性的办公场所用地。包括写字楼、商业性办公场所、金融活动场所和企业厂区外独立的办公场所等用地	
		054	其他商服用地	指上述用地以外的其他商业、服务业用地。包括洗车场、洗染店、废旧物资回收站、维修网点、照相馆、理发美容店、洗浴场所等用地	
06	工矿仓储用地			指主要用于工业生产、物资存放场所的土地	
		061	工业用地	指工业生产及直接为工业生产服务的附属设施用地	
		062	采矿用地	指采矿、采石、采砂(沙)场,盐田,砖瓦窑等地面生产用地及尾矿堆放地	
		063	仓储用地	指用于物资储备、中转的场所用地	
07	住宅用地			指主要用于人们生活居住的房基地及其附属设施的土地	
		071	城镇住宅用地	指城镇用于居住的各类房屋用地及其附属设施用地。包括普通住宅、公寓、别墅等用地	
		072	农村宅基地	指农村用于生活居住的宅基地	
08	公共管理与公共服务用地			指用于机关团体、新闻出版、科教文卫、风景名胜、公共设施等的土地	
		081	机关团体用地	指用于党政机关、社会团体、群众自治组织等的用地	
		082	新闻出版用地	指用于广播电台、电视台、电影厂、报社、杂志社、通讯社、出版社等的用地	

续表 4-4-4

一级类		二级类		含义	三大类
类别编码	类别名称	类别编码	类别名称		
08	公共管理与公共服务用地	083	科教用地	指用于各类教育,独立的科研、勘测、设计、技术推广、科普等的用地	
		084	医卫慈善用地	指用于医疗保健、卫生防疫、急救康复、医检药检、福利救助等的用地	
		085	文体娱乐用地	指用于各类文化、体育、娱乐及公共广场等的用地	
		086	公共设施用地	指用于城乡基础设施的用地。包括给排水、供电、供热、供气、邮政、电信、消防、环卫、公用设施维修等用地	
		087	公园与绿地	指城镇、村庄内部的公园、动物园、植物园、街心花园和用于休憩及美化环境的绿化用地	
		088	风景名胜设施用地	指风景名胜(包括名胜古迹、旅游景点、革命遗址等)景点及管理机构的建筑用地。景区内的其他用地按现状归入相应地类	
09	特殊用地			指用于军事设施、涉外、宗教、监教、殡葬等的土地	建设用地
		091	军事设施用地	指直接用于军事目的的设施用地	
		092	使领馆用地	指用于外国政府及国际组织驻华使领馆、办事处等的用地	
		093	监教场所用地	指用于监狱、看守所、劳改场、劳教所、戒毒所等的建筑用地	
		094	宗教用地	指专门用于宗教活动的庙宇、寺院、道观、教堂等宗教自用地	
		095	殡葬用地	指陵园、墓地、殡葬场所用地	
10	交通运输用地			指用于运输通行的地面线路、场站等的土地。包括民用机场、港口、码头、地面运输管道和各种道路用地	
		101	铁路用地	指用于铁道线路、轻轨、场站的用地。包括设计内的路堤、路堑、道沟、桥梁、林木等用地	
		102	公路用地	指用于国道、省道、县道和乡道的用地。包括设计内的路堤、路堑、道沟、桥梁、汽车停靠站、林木及直接为其服务的附属用地	
		103	街巷用地	指用于城镇、村庄内部公用道路(含立交桥)及行道树的用地。包括公共停车场、汽车客货运输站点及停车场等用地	
		104	农村道路	指公路用地以外的南方宽度≥1.0 m、北方宽度≥2.0 m 的村间、田间道路(含机耕道)	农用地
		105	机场用地	指用于民用机场的用地	建设用地
		106	港口码头用地	指用于人工修建的客运、货运、捕捞及工作船舶停靠的场所及其附属建筑物的用地,不包括常水位以下部分	
		107	管道运输用地	指用于运输煤炭、石油、天然气等管道及其相应附属设施的地上部分用地	

续表 4-4-4

一级类		二级类		含义	三大类
类别编码	类别名称	类别编码	类别名称		
11	水域及水利设施用地			指陆地水域、海涂、沟渠、水工建筑物等用地。不包括滞洪区和已垦滩涂中的耕地、园地、林地、居民点、道路等用地	
		111	河流水面	指天然形成或人工开挖河流常水位岸线之间的水面,不包括被堤坝拦截后形成的水库水面	未利用地
		112	湖泊水面	指天然形成的积水区常水位岸线所围成的水面	
		113	水库水面	指人工拦截汇积而成的总库容≥10 万 m³ 的水库正常蓄水位岸线所围成的水面	建设用地
		114	坑塘水面	指人工开挖或天然形成的蓄水量＜10 万 m³ 的坑塘常水位岸线所围成的水面	农用地
		115	沿海滩涂	指沿海大潮高潮位与低潮位之间的潮侵地带。包括海岛的沿海滩涂。不包括已利用的滩涂	建设用地
		116	内陆滩涂	指河流、湖泊常水位至洪水位间的滩地;时令湖、河洪水位以下的滩地;水库、坑塘的正常蓄水位与洪水位间的滩地。包括海岛的内陆滩涂。不包括已利用的滩地	
		117	沟渠	指人工修建,南方宽度≥1.0 m、北方宽度≥2.0 m 用于引、排、灌的渠道,包括渠槽、渠堤、取土坑、护堤林	农用地
		118	水工建筑用地	指人工修建的闸、坝、堤路林、水电厂房、扬水站等常水位岸线以上的建筑物用地	建设用地
		119	冰川及永久积雪	指表层被冰雪常年覆盖的土地	未利用地
12	其他土地			指上述地类以外的其他类型的土地	
		121	空闲地	指城镇、村庄、工矿内部尚未利用的土地	建设用地
		122	设施农业用地	指直接用于经营性养殖的畜禽舍、工厂化作物栽培或水产养殖的生产设施用地及其相应附属用地,农村宅基地以外的晾晒场等农业设施用地	农用地
		123	田坎	主要指耕地中南方宽度≥1.0 m、北方宽度≥2.0 m 的地坎	
		124	盐碱地	指表层盐碱聚集,生长天然耐盐植物的土地	未利用地
		125	沼泽地	指经常积水或渍水,一般生长沼生、湿生植物的土地	
		126	沙地	指表层为沙覆盖、基本无植被的土地。不包括滩涂中的沙漠	
		127	裸地	指表层为土质,基本无植被覆盖的土地;或表层为岩石、石砾,其覆盖面积≥70％的土地	

表 4-4-5　城镇村及工矿用地

一级		二级		含义
编码	名称	编码	名称	
20	城镇村及工矿用地			指城乡居民点、独立居民点以及居民点以外的工矿、国防、名胜古迹等企事业单位用地,包括其内部交通、绿化用地
		201	城市	指城市居民点,以及与城市连片的和区政府、县级市政府所在地镇级辖区内的商服、住宅、工业、仓储、机关、学校等单位用地
		202	建制镇	指建制镇居民点,以及辖区内的商服、住宅、工业、仓储、学校等企事业单位用地
		203	村庄	指农村居民点,以及所属的商服、住宅、工矿、工业、仓储、学校等用地
		204	采矿用地	指采矿、采石、采砂(沙)场,盐田,砖瓦窑等地面生产用地及尾矿堆放地
		205	风景名胜及特殊用地	指城镇村用地以外用于军事设施、涉外、宗教、监教、殡葬等的土地,以及风景名胜(包括名胜古迹、旅游景点、革命遗址等)景点及管理机构的建筑用地

注:开展农村土地调查时,对《土地利用现状分类》中 05、06、07、08、09 一级类和 103、121 二级类按本表进行归并。

4.2　数据记录与整编

4.2.1　地形图上面积、坡度、坡向、坡长、高程的量算方法

4.2.1.1　地形图的识读

识读地形图首先要了解这幅图的编号和图名、图的比例尺、图的方向以及采用什么坐标系统和高程系统,这样就可以确定图幅所在的位置、图幅所包括的面积和长宽等。

对于小于 1∶10 000 的地形图,一般采用国家统一规定的高斯平面直角坐标系(1980年国家坐标系),城市地形图一般采用城市坐标系,工程项目总平面图大多采用施工坐标系。自 1956 年起,我国统一规定以黄海平均海水面作为高程起算面,所以绝大多数地形图都属于这个高程系统。我国自 1987 年启用"1985 国家高程基准",全国均以新的水准原点高程为准。但也有若干老的地形图和有关资料,使用的是其他高程系或假定高程系,如长江中下游一带,常使用吴淞高程系。为避免工程上应用的混淆,在使用地形图时应严加区别。通常,地形图所使用的坐标系统和高程系统均用文字注明于地形图的左下角。

对地形图的测绘时间和图的类别要了解清楚,地形图反映的是测绘时的现状,因此要知道图纸的测绘时间,对于未能在图纸上反映的地面上的新变化,应组织力量予以修测与补测,以免影响设计工作。

在地形图上,可以直接确定点的概略坐标、点与点之间的水平距离和直线间夹角、直线的方位。既能利用地形图进行实地定向,或确定点的高程和两点间高差,也能从地形图

上计算出面积和体积,还可以从图上决定设计对象的施工数据。无论是国土整治、资源勘查、土地利用及规划,还是工程设计、军事指挥等,都离不开地形图。

4.2.1.2 地形图上面积的量算

在规划设计中,常需要测定某一地区或某一图形的面积,需在地形图上量算一定轮廓范围内的面积 $P_图$。设图上面积为 $P_图$,则

$$P_实 = P_图 M^2 \qquad (4\text{-}4\text{-}6)$$

式中 $P_实$——实地面积;

M——比例尺分母。

设图上面积为 $10~mm^2$,比例尺为 $1:2~000$,则实地面积 $P_实 = 10 \times 2~000^2 \div 10^6 = 40~m^2$。

地形图上面积量算常用的方法有几何图形计算法、透明方格纸法、平行线法、坐标解析法和求积仪法。

1. 几何图形计算法

如图 4-4-5 所示,一个不规则的图形,可将平面图上描绘的区域分成三角形、梯形或平行四边形等最简单规则的图形,用直尺量出面积计算的元素,根据三角形、梯形等图形面积计算公式计算其面积,则各图形面积之和就是所要求的面积。计算面积的一切数据,都是用图解法取自图上,因受图解精度的限制,此法测定面积的相对误差大约为 1/100。

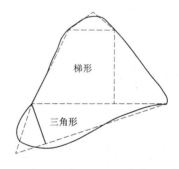

图 4-4-5 几何图形计算法

2. 透明方格纸法

将毫米透明方格纸覆盖在图形上,然后数出该图形包含的整方格数和不完整的方格数。先计算出每一个小方格的面积,这样就可以很快计算出整个图形的面积。

如图 4-4-6 所示,先数整格数 n_1,再数不完整的方格数 n_2,则总方格数约为 $n_1 + \frac{1}{2}n_2$,然后计算其总面积 P,则

$$P = \left(n_1 + \frac{1}{2}n_2\right) \cdot S \qquad (4\text{-}4\text{-}7)$$

式中 S——一个小方格的面积。

3. 平行线法

先在透明纸上画出间隔相等的平行线,如图 4-4-7 所示。为了计算方便,间隔距离取整数为好。将绘有平行线的透明纸覆盖在图形上,旋转平行线,使两条平行线与图形边缘相切,则相邻两平行线间截割的图形面积可全部看成是梯形,梯形的高为平行线间距 h,图形截割各平行线的长度为 l_1、$l_2 \cdots l_n$,则各梯形面积分别为

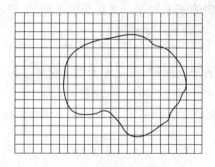

图 4-4-6　透明方格纸法

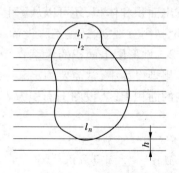

图 4-4-7　平行线法

$$P_1 = 1/2 \times h \times (0 + l_1)$$
$$P_2 = 1/2 \times h \times (l_1 + l_2)$$
$$\vdots$$
$$P_n = 1/2 \times h \times (l_{n-1} + l_n)$$
$$P_{n+1} = 1/2 \times h \times (l_n + 0)$$

则总面积 P 为

$$P = P_1 + P_2 + \cdots + P_n + P_{n+1} = h \cdot \sum_{n=1}^{n} l_n \tag{4-4-8}$$

4. 坐标解析法

若待测图形为多边形,可根据多边形顶点的坐标计算面积。由图 4-4-8 可知:多边形 1234 的面积等于梯形 $144'1'$ 面积 $P_{144'1'}$ 加梯形 $433'4'$ 面积 $P_{433'4'}$ 减梯形 $233'2'$ 面积 $P_{233'2'}$ 减梯形 $122'1'$ 面积 $P_{122'1'}$,即

$$P = P_{144'1'} + P_{433'4'} - P_{233'2'} - P_{122'1'}$$

$$\tag{4-4-9}$$

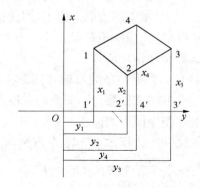

图 4-4-8　坐标解析法

设多边形顶点 1、2、3、4 的坐标分别为(x_1 ,y_1)、(x_2 , y_2)、(x_3 , y_3)、(x_4 , y_4)。将式(4-4-9)中各梯形面积用坐标值表示,即

$$A = \frac{1}{2}(x_4 + x_1)(y_4 - y_1) + \frac{1}{2}(x_3 + x_4)(y_3 - y_4)$$

$$- \frac{1}{2}(x_3 + x_2)(y_3 - y_2) - \frac{1}{2}(x_2 + x_1)(y_2 - y_1)$$

$$= \frac{1}{2}x_1(y_4 - y_2) + \frac{1}{2}x_2(y_1 - y_3) + \frac{1}{2}x_3(y_2 - y_4) + \frac{1}{2}x_4(y_3 - y_1)$$

即

$$P = \frac{1}{2}\sum_{i=1}^{4} x_i(y_{i-1} - y_{i+1}) \tag{4-4-10}$$

同理,可推导出 n 边形面积的坐标解析法计算公式为

$$P = \frac{1}{2} \sum_{i=1}^{n} x_i (y_{i-1} - y_{i+1}) \tag{4-4-11}$$

或
$$P = \frac{1}{2} \sum_{i=1}^{n} y_i (x_{i+1} - x_{i-1}) \tag{4-4-12}$$

注意:当 $i = 1$ 时,令 $i - 1 = n$;当 $i = n$ 时,令 $i + 1 = 1$。

利用式(4-4-11)、式(4-4-12)计算同一图形面积,可检核计算的正确性。采用以上两式计算多边形面积时,顶点 1、2、3…n 是按逆时针方向编号的。若把顶点依顺时针编号,按以上两式计算,其结果都与原结果绝对值相等、符号相反。

5. 求积仪法

求积仪是一种测定图形面积的仪器,它的优点是量测速度快,操作简便,能测定任意形状的图形面积,故得到广泛的应用。

电子求积仪是采用集成电路制造的一种新型求积仪,其性能优越,可靠性好,操作简便。图 4-4-9 为 KP – 90N 型动极式电子求积仪。

若量测一不规则图形的面积(见图 4-4-10),具体操作步骤如下:

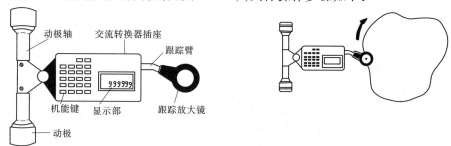

图 4-4-9　KP – 90N 型电子求积仪　　　　　图 4-4-10　KP – 90N 电子求积仪使用

(1)打开电源。按下 ON 键,显示窗立即显示。

(2)设定单位。用 UNIT – 1 键及 UNIT – 2 键设定。

(3)设定比例尺。用数字键设定比例尺分母,按 SCALE 键,再按 R – S 键即可。当纵横比例尺不同时,如某些纵断面的图形,设横比例尺为 $1:x$,纵比例尺为 $1:y$ 时,按键顺序为 x, SCALE, y ,SCALE,R – S 即可。

(4)面积测定。将跟踪放大镜十字丝中心瞄准图形上一起点,按 START 键即可开始,对一图形重复测量两次取平均值,见表 4-4-6。

表 4-4-6　KP – 90N 型电子求积仪操作过程

键操作	符号显示	操作内容
START	cm² 0.	蜂鸣器发出音响,开始测量
第一次测量	cm² 5401.	脉冲计数表示
MEMO	MEMO cm² 540.1	符号 MEMO 显示,从脉冲计数变为面积值,第一次测定值 540.1 cm² 被存储
START	MEMO cm² 0.	第二次测量开始,蜂鸣器发出音响,数字显示为 0

续表 4-4-6

键操作	符号显示	操作内容
第二次测量	MEMO cm² 5399.	脉冲计数表示
MEMO	MEMO cm² 539.9.	从脉冲计数变为面积值,第二次测定值 539.9 cm² 被存储
AVER	MEMO cm² 540.	重复两次的平均值是 540 cm²

4.2.1.3　确定点的高程

利用等高线,可以确定点的高程。如图 4-4-11 所示,A 点在 28 m 等高线上,则它的高程为 28 m。M 点在 27 m 和 28 m 等高线之间,过 M 点作一直线基本垂直这两条等高线,得交点 P、Q,则 M 点高程为

$$H_M = H_P + \frac{d_{PM}}{d_{PQ}} \cdot h \qquad (4-4-13)$$

式中　H_P——P 点高程;

　　　h——等高距;

　　　d_{PM}、d_{PQ}——图上 PM、PQ 线段的长度。

例如,设用直尺在图上量得 $d_{PM}=5$ mm、$d_{PQ}=12$ mm,已知 $H_P=27$ m,等高距 $h=1$ m,把这些数据代入式(4-4-13)得

$$h_{PM} = 5/12 \times 1 = 0.4(\text{m})$$
$$H_M = 27 + 0.4 = 27.4(\text{m})$$

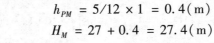

图 4-4-11　确定点的高程

4.2.1.4　确定两点间直线的坡度

如图 4-4-12 所示,A、B 两点间的高差 h_{AB} 与水平距离 D_{AB} 之比,就是 A、B 间的平均坡度 i_{AB},即

$$i_{AB} = \frac{h_{AB}}{D_{AB}} \qquad (4-4-14)$$

例如:$h_{AB} = H_B - H_A = 86.5 - 49.8 = +36.7$ m,设 $D_{AB}=876$ m,则 $i_{AB} = +36.7/876 = +0.04 = +4\%$。

坡度一般用百分数或千分数表示。$i_{AB} > 0$ 表示上坡,$i_{AB} < 0$ 表示下坡。

若以坡度角 α 表示,则

$$\alpha = \arctan\frac{h_{AB}}{D_{AB}} \qquad (4-4-15)$$

应该注意到,虽然 A、B 是地面点,但 A、B 连线坡度不一定是地面坡度。

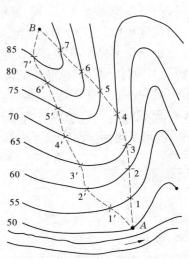

图 4-4-12　选定等坡路线

4.2.1.5 确定两点间直线的坡长(两点间的水平距离)

确定两点 A、B 间的水平距离,可用如下两种方法求得。

1.直接量测(图解法)

用卡规在图上直接卡出线段长度,再与图示比例尺比量,即可得其水平距离。也可以用刻有毫米的直尺量取图上长度 d_{AB} 并按比例尺(M 为比例尺分母)换算为实地水平距离,即

$$D_{AB} = d_{AB} \cdot M \tag{4-4-16}$$

或用比例尺直接量取直线长度。

2.解析法

先求出 A、B 两点的坐标,再根据 A、B 两点坐标由式(4-4-17)计算:

$$D_{AB} = \sqrt{(x_B - x_A)^2 + (y_B - y_A)^2} \tag{4-4-17}$$

4.2.1.6 确定两点间直线坡向(两点间直线坐标方位角)

直线 AB 的坐标方位角的确定,可有下述两种方法。

1.解析法

首先确定 A、B 两点的坐标,然后按式(4-4-18)确定直线 AB 的坐标方位角。

$$\tan\alpha_{AB} = \frac{\Delta y_{AB}}{\Delta x_{AB}} = \frac{y_B - y_A}{x_B - x_A} \tag{4-4-18}$$

2.图解法

在图上先过 A、B 点分别作出平行于纵坐标轴的直线,然后用量角器分别度量出直线 AB 的正、反坐标方位角 α'_{AB} 和 α'_{BA} ,取这两个量测值的平均值作为直线 AB 的坐标方位角,即

$$\alpha_{AB} = \frac{1}{2}(\alpha'_{AB} + \alpha'_{BA} \pm 180°) \tag{4-4-19}$$

式中,若 $\alpha'_{BA} > 180°$,取" $-180°$";若 $\alpha'_{BA} < 180°$,取" $+180°$"。

4.2.2 植被调查指标的计算方法

植被调查指标有郁闭度、盖度、植被覆盖率。

植被覆盖率是指植被(林、灌、草)冠层的枝叶覆盖遮蔽地面面积与区域(或流域)总土地面积的百分比,简称覆盖率。覆盖率包括天然植被覆盖率和人工植被覆盖率。后者又称林草覆盖率。

当区域(或流域)全部土地为林地或草地时,覆盖率与林地郁闭度和草地的盖度概念相当。由于区域(或流域)内尚有其他用地,严格按以上定义,需要郁闭度和盖度值分别乘以林地、草地面积,得到覆盖遮蔽面积,再除以区域(或流域)总面积,即得指标值。但在实际工作中采集方法是:把郁闭度(或盖度)≥0.7 的林地、草地面积全部计入,把其他在 0.7 以下的林地、草地按实际郁闭度(或盖度)折成完全覆盖面积,再与郁闭度(或盖度)≥0.7 的面积相加,除以全区(或流域)面积得指标值。鉴于以上计算需要调查掌握郁闭度、盖度及分布面积,难以达到,于是出现了第三种方法,将前述林地、草地保存面积(覆盖度(或盖度)>0.3)除以区域(或流域)总面积得出指标值,这一值显然是近似值。

本指标为计算指标,计算式为

$$覆盖率 = \frac{\sum (C_i A_i)}{A} \times 100\% \tag{4-4-20}$$

式中　C_i——林地、草地郁闭度或盖度;

　　　A_i——相应郁闭度或盖度的面积;

　　　A——流域总面积。

4.2.3　水土保持制图的基本知识

水土保持制图的基本知识可参考《水利水电工程制图标准　水土保持图》(SL 73.6—2001)。

4.2.3.1　通用图式

(1)通用图式应包括图纸幅面、标题栏、比例、字体、图线及复制图纸的折叠方法等。除标题栏应按该标准规定绘制外,其余均按 SL 73.1—95 的规定执行。

(2)综合图及植物措施、园林式种植工程等的平面规划设计图的图幅大小,应根据规划设计范围确定,不作严格限制,以可复制和内容完整表达为准。

(3)标题栏绘制应符合下列要求:

①图样中的标题栏(简称图标)应放在图纸的右下角,如图 4-4-13 所示。立式使用的 A4 图幅应为底部通栏。

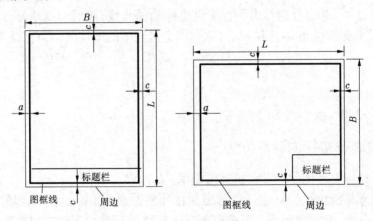

图 4-4-13　图框和标题栏

②标题栏的外框线应为粗实线,分格线为细实线。

③对于 A0、A1 图幅,可按图 4-4-14 所示式样绘制。

④对于 A2 ~ A4 图幅,可按图 4-4-15 所示式样绘制。

⑤涉外水土保持项目规划设计标题栏,可按 SL 73—95 中规定的式样绘制。

⑥综合图式、工程措施图式、植物措施图式和园林式种植工程图式的标题栏,可根据绘制图幅大小,按图 4-4-14 或图 4-4-15 所示式样绘制。

4.2.3.2　综合图式

(1)综合图应包括水土保持分区图或土壤侵蚀分区图、重点小流域分布、水土流失

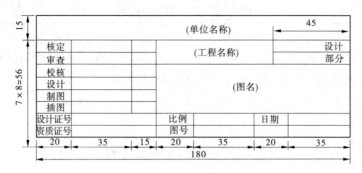

图 4-4-14　标题栏(A0 ~ A1)　（单位:mm）

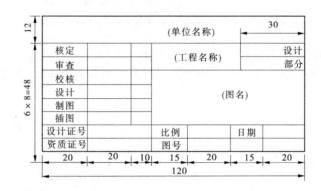

图 4-4-15　标题栏(A2 ~ A4)　（单位:mm）

类型及现状图、水土保持现状图、土地利用和水土保持措施现状图、土壤侵蚀类型和水土流失程度分布图、水土保持工程总体布置图或综合规划图等综合性图。

(2)综合图式应符合通用图式的具体要求,其中图式的幅面可根据规划设计的范围具体确定,不作严格限制,以可复制和内容完全表达为准。标题栏应采用图 4-4-14 或图 4-4-15 所示式样。

(3)综合图图样中除应在图右下方的标题栏内注明图名外,可在视图的正上方用较大的字号书写该图的名称,使用字号可根据图幅大小及图样布置的具体情况确定。

(4)综合图的比例应根据表 4-4-7 中的规定选用,若不能满足,应按 SL 73—95 的规定执行。

(5)综合图中必须绘出各主要地物、建筑物,标注必要的高程及具体内容。区域水土保持综合图应根据比例尺大小和工作精度要求,确定相应绘制要求。小流域水土保持工程总体布置图应绘制在地形图(比例尺 <1:2 000 时,可只画计曲线)上。同时,应绘制坐标网(或千米网)、主要地物和建筑物,标注必要的高程、建筑物控制点的坐标,并填注规划或措施布置内容。还应标注河流的名称,绘制流向、指北针和必要的图例等。

表 4-4-7　综合图常用比例

图类	比例
区域水土保持分区图或土壤侵蚀分区图、水土流失类型及现状图	1∶2 500 000、1∶1 000 000、1∶500 000、1∶250 000、1∶100 000、1∶50 000
区域水土保持工程总体布置图或综合规划图、水土保持现状图	1∶1 000 000、1∶500 000、1∶250 000、1∶100 000、1∶50 000
土壤侵蚀类型和水土流失程度分布图、土地利用和水土保持措施现状图	1∶10 000、1∶5 000
小流域水土保持工程总体布置图或综合规划图	1∶10 000、1∶5 000、1∶2 000、1∶1 000

（6）河流流向及指北针绘制应符合下列要求：

①河流方向：图中水流方向的箭头符号根据需要可按图 4-4-16 或图 4-4-17 所示式样绘制。

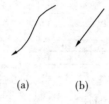

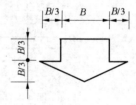

图 4-4-16　水流方向（简式）　　　　　　　图 4-4-17　水流方向

②指北针：图中指北针根据需要可按图 4-4-18 或图 4-4-19 所示式样绘制，其位置一般在图的右上角，必要时也可在左上角。

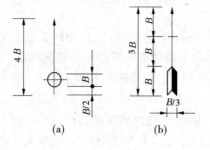

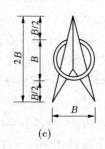

图 4-4-18　指北针（简式）　　　　　　　　图 4-4-19　指北针

（7）图例符号及图例栏应符合下列要求：

①综合图图样中应根据标准规定的图例式样标注必需的图例符号。

②在小班图上填写图例符号，一般 1 个小班填 1～2 个图例符号；面积大的小班也可根据具体情况填充多个图例符号。

第 5 篇　操作技能——高级工

模块 1 水土保持气象观测

1.1 观测作业

1.1.1 自动雨量仪器的原理结构知识

自动雨量仪器,一般是指自动雨量计,主要有两种原理基本形式:一种是虹吸式雨量计;另一种是翻斗式雨量计。

1.1.1.1 虹吸式雨量计构造与原理

虹吸式雨量计(见图 5-1-1)是自动记录液态降水的数量、强度变化和起止时间的仪器,由承雨器(受水口)(通常口径为 20 cm)、浮子室、虹吸管、自记钟、记录笔、外壳等组成。在承雨器下有一浮子室(浮子室是一个圆形容器),室内装一浮子与上面的自记笔尖相连,浮子室外连虹吸管,其构造见图 5-1-2。

图 5-1-1 虹吸式雨量计示意

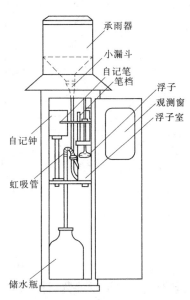

图 5-1-2 虹吸式雨量计构造图

如在降雨过程中巡视虹吸式自记雨量计时发现虹吸不正常,在降雨量累计达到 10 mm 时不能正常虹吸,出现平头或波动线,应将笔尖拨离纸面,用手握住笔架部件向下压,迫使雨量计发生虹吸。虹吸停止后,使笔尖对准时间和零线的交点继续记录,待雨停后对雨量计进行检查和调整。

常用酒精洗涤自记笔笔尖,以使墨水顺畅流出,雨量记录清晰、均匀。

自记纸应放在干燥、清洁的橱柜中保存,不能使用受潮、脏污或纸边发毛的记录纸。

量雨杯和备用储水瓶应保持干燥、清洁。

当雨水由承雨器进入浮子室后,其水面立即升高,浮子和笔杆也随着上升(由于笔杆总是随着降水量做上下运动,因此自记纸的时间标线是直线而不是弧线)。下雨时随着浮子室内水集聚的快慢,笔尖即在转动着的自记吸管短的一端插入浮子室的旁管中,用铜套管抵住连接器。再将笔尖上好墨水,使笔尖接触自记纸。雨量计在记录使用之前,必须对虹吸管的虹吸作用和自记笔尖的滑动情况进行检查;同时,还要调整虹吸管的高度和自记笔尖的零线位置,使之处于正确状态,以保证正常工作。

1.1.1.2　翻斗式雨量计构造与原理

翻斗式雨量计如图 5-1-3 所示,主要由传感器部分和记录器两大部分组成。

传感器部分由承雨器、翻斗、发信部件、底座、外壳等组成。降雨从承雨器通过漏斗进入翻斗式传感器,雨量达到翻斗式传感器的分辨率(0.1 mm 或 0.2 mm 或 0.5 mm)后,翻斗立即翻转泄水并及时回复,翻转的机械运动传感给光、电、磁等感应器(转换开关),记录或输出一个电信号,电信号进入步进图形记录器或计数器或电子传输器实现记录或遥传。翻斗式传感器的分辨率确定后,翻斗的运动次数和速率就反映了降雨的累积量和强度。

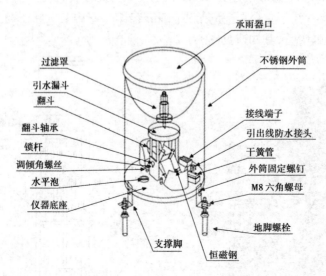

承雨器口
不锈钢外筒
过滤罩
引水漏斗
翻斗
接线端子
引出线防水接头
翻斗轴承
干簧管
锁杆
外筒固定螺钉
调倾角螺丝
M8 六角螺母
水平泡
仪器底座
地脚螺栓
支撑脚
恒磁钢

图 5-1-3　翻斗式雨量计

记录器由图形记录装置、计数器、电子控制线路等组成,分辨率为 0.1 mm、0.2 mm、0.5 mm、1.0 mm。

自记周期可选用 1 日、1 个月或 3 个月。每日观测的雨量站,可选用 1 日;低山丘陵、平原地区、人口稠密、交通方便的雨量站,以及不计雨日的委托雨量站,实行间测或巡测的水文站、水位站的降水量观测宜选用 1 个月;高山偏僻、人烟稀少、交通极不方便地区的雨量站,宜选用 3 个月。

日记式的观测时间为每日 8 时。用长期自记记录方式观测的观测时间,可选在自记周期末 1~3 天内的无雨时进行。

　　每日观测雨量前,在记录纸正面填写观测日期和月份(背面印有降水量观测记录统计表);到观测场巡视传感器是否正常,若有自然排水量,应更换储水器,然后用量雨杯量测储水器内的降雨量,并记载在该日降水量观测记录统计表中。降暴雨时应及时更换储水器,以免降水溢出;连续无雨或降雨量小于 5 mm 之日,可不换纸。在 8 时观测时,向承雨器注入清水,使笔尖升高至整毫米处开始记录,但每张记录纸连续使用日数不应超过 5天,并应在各日记录线的末端注明日期。每月 1 日应换纸,便于按月装订;换纸时若无雨,可按动底板上的回零按钮,使笔尖调至零线上,然后再换纸。

　　长期自记观测换纸前,先对时,再对准记录笔位在记录纸零线上画注时间记号,注记年、月、日、时、分和时差;按仪器说明书要求,更换记录纸、记录笔和石英钟电池。

1.1.2　自动雨量仪器的安装要求

　　安装前,应检查确认雨量器各部分是否完整无损。暂时不用的仪器备件,应妥善保管。

　　雨量器要固定安置于埋入土中的圆形木柱或混凝土基柱上。基柱埋入土中的深度要能保证雨量器安置牢固,在暴风雨中不发生抖动或倾斜。基柱顶部要平整,承雨器口应水平。要使用特制的带圆环的铁架套住雨量器,铁架脚用螺钉或螺栓固定在基柱上,保证雨量器的安装位置不变,还要便于观测时替换雨量筒。

　　雨量器的安装高度,以承雨器口在水平状态下至观测场地面的距离计,一般为0.7 m。

　　黄河流域及其以北地区,青海、甘肃及新疆、西藏等省(自治区),如多年平均降水量大于 50 mm,且多年平均降雪量占年降水量达 10% 以上的雨量站,在降雪期间用于观测降雪量的雨量器口的安装高度宜为 2 m;积雪深的地区,可适当提高安装高度,但一般不应超过 3 m,并要在雨量器口安装防风圈。

　　以下以虹吸式雨量计和翻斗式雨量计为例,对于其安装要求予以概述。

1.1.2.1　虹吸式雨量计的安装

　　检查与调整雨量计应安置在观测场内雨量器的附近。承雨器口离地面的高度以仪器本身高度为准,要求器口水平,安装牢固,见图 5-1-4。

　　雨量计外壳安装好后,按下列顺序安放仪器内部零件:先将浮子室安好,使进水管刚好在承雨器漏斗的下端;再用螺钉将浮子室固定在座板上;将装好自记纸的钟筒套入钟轴;最后把虹吸管插入浮子室的侧管内,用连接螺帽固定,虹吸管下部放入盛水器。

　　应先检查确认仪器各部分完整无损,传感器、显示记录器工作正常,方可投入安装。

　　用螺栓将仪器底座固定在混凝土基柱上,承雨器口应水平。对有筒门的仪器外壳,其筒门朝向应背对本地常见风向。部分仪器可加装钢丝拉线拉紧仪器,有水平工作要求,配置水准泡的仪器应调节水准泡至水平。

　　传感器与显示记录器间用电缆传输信号的仪器,显示记录器应安装在稳固的桌面上;电缆长度应尽可能短,宜加套保护管后埋地敷设,若架空铺设,应有防雷措施;插头插座间应密封,安装牢固。使用交流电的仪器,应同时配备直流备用电源,以保证记录的连续性。

　　采用固态存储的显示记录器,安装时应使用电量充足的蓄电池,并注意连接极性。当

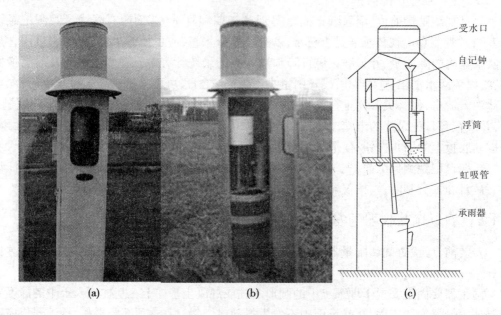

图 5-1-4　虹吸式雨量计的安装示意

配有太阳能电池时,应保证连接正确。根据仪器说明书的要求,正确设置各项参数后,再进行人工注水试验,并调节达到符合要求。试验完毕,应清除试验数据。

　　雨雪量计的安装,应针对不同仪器工作原理,妥善处理电源、燃气源、不冻液等安全隐患,注意安全防范。

　　仪器安装完毕后,应用水平尺复核,检查承雨器口是否水平。用测尺检查安装高度是否符合规定,用五等水准引测观测场地地面高程。若附近无引测水准点,可在大比例尺地形图上查读高程数。

1.1.2.2　翻斗式雨量计的安装

1. 开箱检查

认真阅读产品使用说明书,对照装箱单清点设备附件是否齐全;检查仪器外观是否损伤,尤其注意防止碰伤翻斗轴的轴尖及翻斗两端的引水尖,并且不要用手指触摸翻斗的内壁,以免污损翻斗。

2. 制作安装水泥台

水泥台露出地平面高度为 22 cm,尺寸为 40 cm × 40 cm(长 × 宽),其上平面为水平面。地面安装时,承雨器口高度距地平面的距离应为 70 cm。

3. 安装固定仪器,调整承雨器口水平

先在水泥台上打符合膨胀螺栓要求的安装孔,将膨胀螺栓置于安装孔内,将仪器底座安装在膨胀螺栓上,用水平尺检查承雨器口水平后,用锁紧螺母锁紧支脚,然后取下仪器外筒备用。

4. 安装传输信号线

将信号传输电缆从机房引出穿过防护管引至水泥台,再穿过底座过线孔与输出端子相连接。

5. 安装翻斗

拆下一个翻斗轴尖支承备用:对照附图辨认翻斗轴尖支承,用手轻提一个轴尖支承的手柄旋转 90°,从支架安装孔中将轴尖支承轻轻拉出备用。

安装翻斗:用一只手拿翻斗,使翻斗置于支架的中心部位,翻斗上 2 个磁钢面对干簧管,将翻斗轴尖轻轻地插入宝石轴承孔内,用另一只手将已取下的轴尖支承装入支架安装孔内,直至轴尖进入到宝石轴承孔中,再将轴尖支承的手柄向下旋转 90°,翻斗即告安装完毕。安装好的翻斗应能灵活自如地转动。

注意:进行本项操作时一定要使翻斗轴始终保持在水平状态,以免折弯轴尖!

6. 安装排水漏斗

对照附图辨认排水漏斗,将两个排水漏斗安装在底座的安装孔中,并稍用力向下压紧。

7. 调整支架水平、安装外筒

在穹顶螺母均保持在未锁紧状态下,分别调整调高螺母的高度,使水平泡中的气泡居于中心位置,然后锁紧穹顶螺母,再次观测水平泡居中即可。然后安装仪器不锈钢外筒,并锁紧外筒和螺钉,仪器即可投入使用。

1.1.3 自动雨量仪器参数的意义及设置方法

自动雨量仪器主要技术参数有:

(1)承雨口径:$\phi 200_0^{0.60}$ mm,刃口锐角为 40° ~ 45°。

(2)分辨率:0.2 mm、0.5 mm,可选。

(3)测量准确度:≤ ±3%(室内人工降水,以仪器自身排水量为准)。

(4)雨强范围:0.01 ~ 4 mm/min(允许通过最大雨强 8 mm/min)。

(5)发讯方式:双触点通断信号输出。

(6)工作环境:环境温度为 0 ~ 50 ℃,相对湿度为 <95%(40 ℃)。

(7)质量:2.5 kg。

对于翻斗式雨量计,其精度率定方法是,从翻斗集水口注入一定的水量。

具体要求为:模拟 0.5 mm/min 雨强时,其注入清水量应不少于相当于 4 mm 的雨量;模拟 2 mm/min 雨强时,其注入清水量应不少于相当于 15 mm 的雨量;模拟 4 mm/min 雨强时,其注入清水量应不少于相当于 30 mm 的雨量。

误差要求应满足以下规定:仪器分辨率为 0.1 mm 时,排水量小于等于 10 mm 的误差不应超过 ±0.2 mm,排水量大于 10 mm 的误差不应超过 ±2%;仪器分辨率为 0.2 mm 时,排水量小于等于 10 mm 的误差不应超过 ±0.4 mm,排水量大于 10 mm 的误差不应超过 ±4%;仪器分辨率为 0.5 mm 时,排水量小于等于 12.5 mm 的误差不应超过 ±0.5 mm,排水量大于 12.5 mm 的误差不应超过 ±4%;仪器分辨率为 1.0 mm 时,排水量小于等于 25 mm 的误差不应超过 ±1.0 mm,排水量大于 25 mm 的误差不应超过 ±4%。

对于无人全自动雨量监测站,可精确地记录每分钟的降水,用于收集地面降雨的信息。这类仪器的主要特点是,带有时钟功能、仪器面板、仪器按键、供电方式、数据通信等装置。时钟功能,可用面板按键调整时间或用与计算机通信的方法调整时间;面板可显示时间、2 h 雨量、今日雨量、昨日雨量和年雨量;供电方式可用 3 节 1 号干电池供电或用市电 220 V 经电源适配器供电,两种供电方式自动切换称重降水传感器;面板上带有三个指示灯,分别用于正常工作指示、雨量信号指示和电池电压低告警指示;面板上带有四个按键,用于切换显示菜单及修改设备时间,可记录 8 年以上雨量信息;数据通信由 RS – 232 通信接口读出历史数据。

全自动雨量监测站,具有大屏幕液晶显示、中文设置菜单显示、时钟显示、数据储存空间显示、电量显示、超标报警显示、信号强度显示、地址显示等独特功能;仪器面板设有多个设置按键,除可采用配套软件进行记录仪工作参数设置外,还可以采用仪器按键进行参数设置,无须电脑,方便现场设置;仪器按键有手动启动、手动停止、最大值与最小值查询、报警设置、地址设置等功能;在用仪器按键进行设置时,液晶屏具有中文菜单提示,方便设置。在某些重要应用场合,为保证设置参数不被更改,仪器按键可通过配套软件设置成禁用状态;支持手动按键多次启停记录操作,按工作需要记录数据的时间段进行多次分段记录,支持无限次数的启停和分段。

1.1.4　雨量观测场地要求

1.1.4.1　降水量观测场地环境要求

(1)观测场地应避开强风区,其周围应空旷、平坦,不受突变地形、树木和建筑物以及烟尘的影响,使在该场地上观测的降水量能代表水平地面上的水深。

(2)观测场不能完全避开建筑物、树木等障碍物的影响时,要求雨量器(计)离开障碍物边缘的距离至少为障碍物高度的 2 倍,保证在降水倾斜下降时,四周地形或物体不致影响降水落入观测仪器内。

(3)在山区,观测场不宜设在陡坡上、峡谷内,要选择相对平坦的场地,使仪器口至山顶的仰角不大于30°。

(4)难以找到符合上述要求的观测场时,应在比较开阔和风力较弱的地点设置观测场,或设立杆式雨量器(计)。如在有障碍物处设立杆式雨量器(计),应将仪器设置在当地雨期常年盛行风向过障碍物的侧风区,杆位离开障碍物边缘的距离至少为障碍物高度的 1.5 倍。在多风的高山、出山口、近海岸地区的雨量(降水)站,不宜设置杆式雨量器(计)。

(5)原有观测场地如受各种建设影响已经不符合要求时,应重新选择。在城镇、人口稠密等地区设置的专用降水站,场地选择条件可适当放宽。

1.1.4.2　降水量场地设置要求

(1)观测场地面积仅设一台雨量器(计)时为 4 m×4 m;同时设置雨量器和自记雨量计时为 4 m×6 m;雨量器(计)上加防风圈测雪及设置测雪板或地面雨量器的雨量站,应加大观测场面积。

(2)观测场地应平整,地面种草或作物,其高度不宜超过 20 cm。场地四周设置栅栏防护,场内铺设观测人行小路。栅栏条的疏密以不阻滞空气流通又能削弱通过观测场的风力为准,在多雪地区还应考虑在近地面不致形成雪堆。有条件的地区,可利用灌木防护。栅栏或灌木的高度一般为 1.2 ~ 1.5 m,并应常年保持一定的高度。杆式雨量器

（计），可在其周围半径为 1.0 m 的范围内设置栅栏防护。

（3）观测场内的仪器安置要使仪器相互不受影响，观测场内的小路及门的设置方向，要便于进行观测工作，一般降水量观测场地平面布置如图 5-1-5 所示。

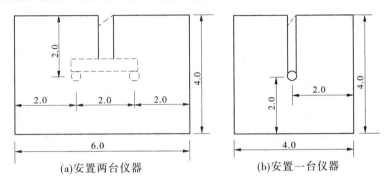

(a)安置两台仪器　　　　　　　(b)安置一台仪器

图 5-1-5　降水量观测场地平面布置图　（单位：m）

（4）在观测场地周围有障碍物时，应测量障碍物所在的方位、高度及其边缘至仪器的距离，在山区应测量仪器口至山顶的仰角。

（5）考证簿是降水站最基本的技术档案，内容包括测站沿革，观测场地的自然地理环境，平面图，观测仪器，委托观测员的姓名、住址、通信和交通等，在查勘设站任务完成后编制。以后如有变动，应将变动情况及时填入考证簿。

1.2　数据记录与整编

1.2.1　降水时段特征值统计计算方法

1.2.1.1　逐日降水量表的编制

逐日降水量表（见表 5-1-1）中的数值从经审核后的降水观测记载簿或订正后的自记记录中计算得出。

有降水之日，填记 1 日各时段降水量的总和；无降水之日空白。降雪或降雹时在降水量数值的右侧加注观测物符号。有必要测记初、终霜的站，在初、终霜之日记霜的符号。

整编符号与观测物符号并用时，整编符号记在观测物符号之右。

降水量缺测日（包括降水记录丢失、作废）的降水量，应尽可能予以插补；不能插补的记"—"符号。全月缺测的，各日空白，只在"月总量"栏记"—"符号。

降雪量缺测，但知其雪深时，可按 10:1（有试验数据时，可采用试验值）将雪深折算成降水量填入逐日栏内，并将折算比例记入"附注"栏。

未按日分界观测降水量，但知其降水总量时，可根据邻站降水历时和雨强资料进行分列并加分列符号"Q"。无法分列的，将总量记入最后一日，在"未测日"栏记合并符号"!"。

表 5-1-1　××河××站逐日降水量表

年份：　　　　　测站编码：　　　　　　　　　　　　　　　　　降水量单位：mm

日	1月	2月	3月	4月	5月	6月	7月	8月	9月	10月	11月	12月
1												
2												
3												
4												
5												
⋮												
26												
27												
28												
29												
30												
31												
月总降水量												
降水日数												
最大日降水量												

年统计		降水量			降水日数	
	时段(d)	1	3	7	15	30
	最大降水量					
	开始日期（月-日）					
附注						

1.2.1.2　降水量的月统计

降水量的月统计表有月总降水量、降水日数、最大日降水量及日期，检查者意见、审核者意见等栏目，填记说明如下：

1.统计填记

"月总降水量"：为本月各日降水量之总和，全月未降水者填"0"。全月有部分日期未观测，月总量仍予计算，但数值加括号。有跨月合并观测者，合并的量记入后月，月总降水量不加括号，但应备注说明。

"降水日数"：日降水量达 0.1 mm，即作为降水日统计。记录精度为 0.1 mm 的雨量站,填本月有降水日数之和;全月无降水量者填"0";部分时期缺测而又不知具体日期者,对降水日数加括号;确知有降水和记载合并符号之日,合并的各日应计入全月降水日数。观测记载的最小量大于 0.1 mm 的站,不统计降水日数,本栏任其空白。

"最大日降水量":从本月各日降水量中挑选最大者填记。如有缺测情况,应加括号。若能肯定为本月最大值可不加括号。一个月内只有合并的降水量者,记"—"符号。全月无降水者,本栏空白。

"开始日期":填最大日降水量发生的日期。

全月缺测者,月统计各栏均记"—"符号。

2. 检查者意见、审查者意见

检查者意见:由指导站下站检查人员,按照《测站任务书》对该站观测工作和资料质量写出评语,检查发现问题时及时提出处理意见。

审查者意见:由负责审查资料质量的有经验的技术人员填写,对检查者意见有异议时应说明理由。

1.2.1.3　降水月特征值统计计算

1. 月降水量特征值统计

本月各日日降水量之总和为本月月降水量。

全月各日未降水时,月降水量记为"0"。

一个月内部分日期(时段)雨量缺测时,月总降水量仍予计算,但应加不全统计符号"( )"。

全月缺测时,记"—"符号。

有跨月合并情况的,合并的量记入后月。前后月的月总量不加任何符号。合并量较大时应附注说明。

2. 月降水日数统计

本月降水日日数之总和。

全月无降水日时,记为"0"。

全月缺测时,记"—"号。

一部分日期缺测时,根据有记录期间的降水日数统计,但应加不全统计符号"( )"。确知有降水和记载合并符号之日,可加入全月降水日数统计。

3. 月最大日降水量统计

全月无降水时,月最大日雨量不统计。

全月缺测时,记"—"号。

一个月部分日期缺测或无记录时,仍应统计,但应加不全统计符号"( )"。如确知其为月最大,则不加不全统计符号。

一个月部分日期有合并降水时,如合并各日的平均值比其余各日仍大时,可选作月最大日降水量,并加不全统计符号"( )"。

全月只有合并的降水量时,月最大日降水量不统计,应记"—"符号。

1.2.1.4　降水年特征值统计计算

年降水量、降水日数、日最大降水量统计计算雷同于月特征值统计计算方法予以统计计算。

各时段最大降水量统计,可从逐日降水量中分别挑选全年最大 1 日降水量及连续 3 日、7 日、15 日、30 日(包括无降水之日在内)的最大降水量填入,并记明其开始日期(以 8 时为日分界)。全年资料不全时,统计值应加不全统计符号"( )"。能确知其为年最大值时,也可不加不全统计符号。

附注说明,主要是雨量场(器)的迁移情况(迁移日期、方向、距离、高差等),有关插补、分列资料情况,影响资料精度等的说明。

1.2.2　次降水特征值的推算方法

1.2.2.1　降水量摘录表编制

降水量摘录表格式如表 5-1-2 所示。

表 5-1-2　××河××站降水量摘录表

年份:　　　　　测站编码:　　　　　降水量单位:mm　　　　　共　　页第　　页

月	日	起(时:分)	止(时:分)	降水量	月	日	起(时:分)	止(时:分)	降水量

1.编制说明

(1)填表方法有如下两种:

方法一:记降水起止时分者,当一次降水量的起止时分跨过一个或几个正点分段时间时,则将该次降水按正点分段时间分成几段,分别记各段起止时间及各段降水量。有时可记相邻段的合并时间及总量。

方法二:不记降水起止时分,只记降水的起止时段及降水量,有时可记相邻段的合并时段及总量。

(2)采用"汛期全摘"的站,在汛期前后出现与汛期大水有关的降水,均应摘录。非汛期的暴雨,其洪水已列入洪水水文要素摘录表时,该站及上游各站的相应降水,均应摘录。

(3)采用"雨洪配套摘录"的站,应根据洪水水文要素摘录表所列入的洪水,摘录该站及上游各站的相应降水,必要时还应摘录流域界周围站的相应降水。

(4)当相邻时段的降水强度等于或小于 2.5 mm/h(少雨地区可减少)者,可予合并摘录,合并后不跨过 2 段的分界时间,也可根据需要规定不跨过 4 段或 8 段的分界时间,但同一站同年资料必须一致。

2.记起止时分的填列方法

(1)月、日、起止时分:一次降水分为几段者,填记各段开始的月、日和起止时分;一次降水只有一段者,填记该次开始的月、日和起止时分。

(2)降水量:填记降水过程中定时分段观测及降水终止时所测得的降水量。

（3）起止时分缺测，但各时段降水量记录完整者，"起止时分"栏填降水开始以前和结束以后正点分段观测的时间，但只记小时不记分钟。月、日栏填起时所在的月、日。

（4）未按日界或分段时间进行观测但知其总量者，记总的起止时间及其总量。

（5）一日或若干日全部缺测者，在月、日、时分栏记缺测的起止时间，只记时不记分。缺测一日者记一行，降水量栏记"—"符号；缺测两日以上者，分记两行，只在下一行降水量栏记"—"符号。

3. 不记起止时分的填列方法

月、日起止时间，填列时段开始的月、日和起止时间，时段小于 1 h，记至时分；时段等于或大于 1 h，记至时。

各种缺测情况及配套摘录，可按照记起止时分的有关规定填列。

1.2.2.2　时段最大降水量推求和编表

1. 各时段最大降水量表（1）

各时段最大降水量表如表 5-1-3 所示。

表 5-1-3　各时段最大降水量表（1）

年份：　　　　　流域水系码：　　　　　降水量单位：mm　　　　　共　　页第　　页

站次	测站编码	站名	时段（min）												
			10	20	30	45	60	90	120	180	240	360	540	720	1 440
			最大降水量 开始时间（月-日）												

统计与填列方法如下：

（1）各分钟时段最大降水量一律采用 1 min 或 5 min 滑动进行挑选，在数据整理时，应注意采用 1 min 或 5 min 滑动摘录。

（2）表中各时段最大降水量值，分别在全年的自记记录纸上连续滑动挑选。

（3）自记雨量计短时间发生故障，经邻站对照分析插补修正的资料可参加统计。

（4）无自记记录期间可采用人工观测资料挑选，但应附注说明暴雨的时间、降水量等情况。一年内暴雨期自记记录不全或有舍弃情况，且无人工观测资料时，应在有自记记录期间挑选，并附注说明情况，如年内主要暴雨都无自记记录，则不编本表。

（5）挑选出来的数据分记两行，上行为各时段最大降水量，下行为对应时段的开始日期。日期以零时为日分界。

2. 各时段最大降水量表（2）

各时段最大降水量表（2）如表 5-1-4 所示。

表 5-1-4　各时段最大降水量表(2)

年份:　　　　流域水系码:　　　　降水量单位:mm　　　　共　　页第　　页

站次	测站编码	站名	时段(h)											
			1		2		3		6		12		24	
			降水量	开始日期(月-日)	降水量	开始日期(月-日)	降水量	开始日期(月-日)	降水量	开始日期(月-日)	降水量	开始日期(月-日)	降水量	开始日期(月-日)

统计与填列方法如下:

(1)表内各小时时段降水量,通过降水量摘录表统计而得。

(2)凡作此项统计的自记站或人工观测站,均按观测时段或摘录时段滑动统计。当有合并摘录时,应按合并前资料滑动统计。

(3)按 24 段观测或摘录的,各时段最大降水量都应统计;按 12 段观测或摘录的,统计 2 h、6 h、12 h、24 h 的最大降水量;按 8 段观测或摘录的,统计 3 h、6 h、12 h、24 h 的最大降水量;按 4 段观测或摘录的,只统计 6 h、12 h、24 h 的最大降水量。不统计的各栏,任其空白。按两段制观测或只记日量的站,不作此项统计。

(4)挑选出来的各时段最大降水量,均应填记其时段开始的日期。日期以零时为日分界。

1.2.3　降水量观测误差及控制

1.2.3.1　降水量观测误差

用雨量器(计)观测降水量,由于受观测场地环境、气象、仪器性能、安装方式和人为因素等的影响,使降水量观测值存在系统误差和随机误差,主要有以下误差因素。

1. 风力误差

风力误差,又称空气动力损失。风力误差主要因高出地面安装的雨量器(计)在有风时阻碍空气流动,引起风场变形,在器口形成涡流和上升气流,器口上方风速增大,使降水迹线偏离,有可能导致仪器承接的降水量偏小。

2. 湿润误差

在干燥情况,降水开始时,由于雨量器(计)有关构件黏滞水量而造成降水量系统偏小。

3. 蒸发误差

蒸发误差,又称蒸发损失。降水汇集入储水器、雨停后截留在翻斗内的降水量由于蒸发作用而损失的量。

4. 溅水误差

较大雨滴降落到地面上后,可溅起 0.3 ~ 0.5 m 高,并形成一层雨雾随风流动降入地面雨量器。

5. 积雪漂移误差

积雪地区,风常常将积雪吹起漂入承雪器口,造成伪降雪,致使雪量观测值偏大。

6. 仪器误差

由于仪器调试不合格、器口安装不水平、仪器受碰撞变形等引起的偶然误差。如不及时纠正就成为系统误差。这种误差属于人为误差,应力求避免。

7. 测记误差

由于观测人员的视差,错读错记、操作不当和其他事故造成的偶然误差。

8. 仪器计量误差

由仪器本身测量精度而造成的随机误差和系统误差。

1.2.3.2　虹吸式自记雨量计误差控制

有降雨之日,于 8 时观测更换记录纸和量测自然虹吸量或排水量后,应立即检查核算雨量记录误差和计时误差。若雨量记录误差和计时误差超限,应进行订正。订正后再计算日降雨量。

1. 时间订正

当 1 日内机械钟的记录时间误差超过 10 min,且对时段雨量有影响时,应进行时间订正。若时差影响暴雨极值和日降水量,时间误差超过 5 min,也要进行时间订正。

订正的方法是:以 20 时、8 时观测注记的时间记号为依据,计算出记号实际时间与自记纸上的相应纵(或横)坐标(时间轴)时间不重合的时间差,以两记号间的实际时间数(以 h 为单位)除以两记号间的时间差(以 min 为单位),可得到每小时的时差数,然后用累积分配的方法订正于需摘录的整点时间上,并用铅笔画出订正后的正点纵(或横)坐标(时间轴)线。

2. 记录雨量的订正

1) 虹吸量的订正

当自然虹吸雨量大于记录雨量,且每次虹吸的平均差值达到 0.2 mm 或 1 d 内自然虹吸雨量累积差值大于记录量 2.0 mm 时,应进行虹吸订正。订正的方法是:将自然虹吸雨量与相应记录的累积降水量之差值平均(或者按降水强度大小)分配在每次自然虹吸时的降水量内。

自然虹吸雨量小于记录量,应分析偏小的原因。若偏小量较小,可能是蒸发或湿润损失;若偏小量较大,可能是储水器漏水或其他方面的故障。

2) 虹吸记录线倾斜的订正

在钟筒或浮子室左右倾斜时,由于降水记录歪斜而使时间、雨量均有误差。一般对雨量影响很小,可不作雨量订正,只对时间坐标进行订正。

虹吸记录线倾斜值达到 5 min 时,需要进行倾斜订正。订正的方法是:以放纸时笔尖所在位置为起点,画平行于横坐标的直线,作为基准线;通过基准线上正点时间点,作平行于虹吸线的直线,作为纵坐标订正线,其中分为基准起点位置在零线的和不在零线的,分别如图 5-1-6、图 5-1-7 和图 5-1-8 所示,则纵坐标订正线与记录线交点处的纵坐标雨量就是所求订正后的雨量值。在图 5-1-6 中,需求出 14 时正确的雨量,则通过基准线 14 时坐标点,作出一平行于虹吸线 bc 的直线 ef,交记录线 ab 于 g 点,g 点纵坐标读数(图中 g 点读数为 3.8 mm)即为 14 时订正后的雨量。其他时间的订正值依此类推。

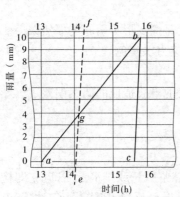

图 5-1-6　虹吸线倾斜订正图
(基准起点位置在零线,右斜)

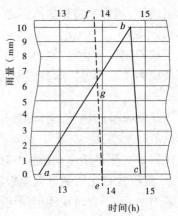

图 5-1-7　虹吸线倾斜订正图
(基准起点位置在零线,左斜)

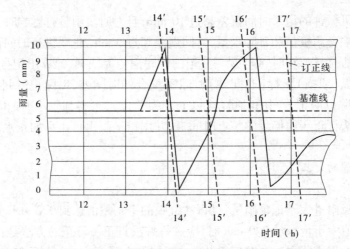

图 5-1-8　虹吸线倾斜订正图(基准起点位置不在零线)

如果虹吸倾斜和时钟快慢同时存在,则先在基准线上作时钟快慢订正(即时间订正),然后通过订正后的准确时间,作出虹吸倾斜线的平行线(即纵坐标线),再求订正后的雨量值。

3)以储水器收集的降水量为准的订正

记录线在 10 mm 处水平线并带有波浪状,则该时段记录量要比实际降水量偏小,应以储水器水量为准进行订正。

记录笔到 10 mm 或 10 mm 以上等一段时间才虹吸,记录线呈平顶状,则以储水器量得的降水量为准,订正从开始平顶处顺势延长至虹吸线上部延长部分相交。

在大雨时,记录笔不能很快回到零位,致使一次虹吸时间过长,则以储水器的雨量为准进行订正。

4）按实际记录线查算降水量

虹吸时记录笔不能降至零线,中途上升;记录笔不到 10 mm 就发生虹吸;记录线低于或高于 10 mm 部分,记录笔跳动上升,记录线呈台阶形,则通过中心绘一条光滑曲线作为正式雨量记录。

5）器差订正

虹吸式雨量计有器差时,其雨量记录要进行器差订正。

3. 日降水量的计算

虹吸式自记雨量计降水量观测记录及日降水量计算见表5-1-5。每日观测后,将测得的自然虹吸水量填入表5-1-5第(1)栏,然后根据记录纸查算表中各项数值。如不需要进行虹吸量订正,则第(4)栏数值就是该日降水量;如需要订正,则第(6)栏的数值为最后的日降水量。

表 5-1-5　虹吸式自记雨量计降水量观测记录及日降水量计算

（1）	自然虹吸水量(储水器内水量 ＝ 　　mm
（2）	自记纸上查得的未虹吸水量 ＝ 　　mm
（3）	自记纸上查得的底水量 ＝ 　　mm
（4）	自记纸上查得的日降水量 ＝ 　　mm
（5）	虹吸订正量 ＝ (1) + (2) − (3) − (4) ＝ 　　mm
（6）	虹吸订正后的日降水量 ＝ (4) + (5) ＝ 　　mm
（7）	时钟误差　8时至20时　　　分,　　　20时至8时　　　　分
备注	

1.2.3.3　记录笔画线翻斗式雨量计的订正和日降水量的统计

当记录降水量与自然排水量相对误差为 ±2% ,且绝对误差达到 ± 0.2 mm,或者记录日降水量与自然排水量之差为 ±2.0 mm 时,则应进行记录量订正。订正的方法是:1 d 内降水强度变化不大时,将差值按小时平均分配到降水时段内。但订正值不足一个分辨率的小时不进行订正,则将订正值累积订正到达一个分辨率的小时内;1 d 内降水强度相差较大,需将差值订正到降水强度大的时段内;若根据降水期间巡视记录能认定偏差出现时段,则只订正该时段内雨量。

当 1 d 内时间误差超过 10 min,而且对时段雨量有影响时,应进行时间订正。若时差影响暴雨极值和日降水量,时间误差超过 5 min 时,也应进行时间订正。订正的方法同虹吸式雨量计的时间订正方法。

记录笔画线翻斗式降水量观测记录统计如表5-1-6所列。

表 5-1-6　记录笔画线翻斗式降水量观测记录统计

(1)	自然排水量(储水器内水量)	=		mm
(2)	记录纸上查得的日降水量	=		mm
(3)	计数器累计的日降水量	=		mm
(4)	订正量 = (1) - (2) 或(1) - (3)	=		mm
(5)	日降水量	=		mm
(6)	时钟误差　8 时至 20 时　　　分,20 时至 8 时　　分			
备 注				

　　每日 8 时观测后,将量测到的自然排水量填入表 5-1-6 第(1)栏,然后根据记录纸依序查算表中各项数值。但计数器累计的降水量,只在记录器发生故障时填入,否则任其空白。

　　根据表 5-1-6 计算出订正量,如需要订正,按订正方法进行订正,则第(1)栏自然排水量作为日降水量;若不需进行订正,则第(2)栏数值就作为日降水量。

1.2.4　气象观测工作日志编制要求

　　气象观测是指借助仪器和目力对地球表面一定范围内的气象状况及其变化过程系统地、连续地观察和测定。气象观测通常都在气象观测站内进行。

　　气象观测的总体要求主要包括观测记录、区站号确定、气象观测元数据、观测项目、单位和常数、观测方式、定时观测内容和观测流程。

1.2.4.1　观测记录

　　观测记录应具有代表性、准确性和比较性。

1.2.4.2　区站号确定

　　气象观测站按照国务院气象主管机构规定进行分类。各类气象观测站应按照级别由国务院气象主管机构或省(区、市)气象主管机构进行区站号确定,省(区、市)气象主管机构确定的气象观测站应报国务院气象主管机构备案。

1.2.4.3　气象观测元数据

　　每个气象观测站应该建立历史沿革资料的元数据,主要包括台站地理位置,观测项目,仪器清单,仪器安装或更换的日期,传感器、采集器标定记录,仪器安装维护记录,观测站照片、全景图(包含观测场的 500 m × 500 m 范围航片或分辨率高于 30 m 卫星遥感图),以及周围环境变化情况,其他对观测质量有影响的记载。

1.2.4.4　观测项目

　　观测项目包括云、能见度、天气现象、气压、空气温度和湿度、风向和风速、降水、日照、蒸发、地表温度、草温、浅层和深层地温、雪深、雪压、冻土、电线积冰、地面状态、辐射(包括总辐射、净全辐射、直接辐射、散射辐射、反射辐射、紫外辐射、长波辐射),以及根据服务需要开展的其他观测。

　　气象观测站根据需要应开展一项或多项观测。

1.2.4.5　观测方式

　　观测方式分为人工观测和自动观测两种,其中人工观测又包括人工目测和人工器测。

1.2.4.6　定时观测内容

　　定时观测为 24 个正点时次。不能进行 24 次观测时,每天应进行 8 时、14 时、20 时或 2 时、8 时、14 时、20 时定时观测。

　　各定时观测项目分别见表 5-1-7、表 5-1-8。

表 5-1-7　定时自动观测项目

时间	北京时		地方平均太阳时	
	每小时	20 时	每小时	24 时
观测项目	气压、气温、湿度、风向、风速、地温、草温及其极值和出现时间 时降水量、时蒸发量	日蒸发量	辐射时曝辐量 辐射辐照度及其极值、出现时间 时日照时数	辐射日曝辐量 辐射日最大辐照度及出现时间 日照总时数

表 5-1-8　定时人工观测项目

时间	北京时				真太阳时
	2 时、8 时、14 时、20 时	8 时	14 时	20 时	日落后
观测项目	云 能见度 气压 气温 湿度 风向、风速 0~40 cm 地温	降水量 冻土 雪深 雪压	80~320 cm 地温 地面状态	降水量 蒸发量 最高气温、最低气温 最高地表温度、最低地表温度	日照时数

　　注:24 次定时观测站,在各正点时次均应观测云、能见度、气压、气温、湿度、风向、风速。

1.2.4.7　观测流程

　　1. 自动观测方式

　　(1)每天日出后和日落前巡视观测场和仪器设备。

　　(2)正点前约 10 min 查看显示的自动观测实时数据是否正常。

　　(3)00 分进行正点数据采样。

　　(4)03 分完成自动观测项目的观测,检查正点自动观测定时数据,输入人工观测数据,若发现自动观测数据缺测或异常,及时进行处理。

　　(5)按照时效要求完成各种观测数据文件的发送。

　　2. 人工观测方式

　　(1)一般应在正点前 30 min 左右巡视观测场和仪器设备。

(2)45~60分时观测云、能见度、空气温度和湿度、降水、风向和风速、气压、地温、雪深等项目,连续观测天气现象。

(3)雪压、冻土、蒸发、地面状态等项目的观测可在40分至正点后10 min内进行。

(4)日照在日落后换纸,其他项目的换纸时间由省级气象主管机构自定。

(5)电线积冰观测时间不固定,以能测得一次过程的最大值为原则。

(6)观测程序的具体安排,气象观测站可根据观测项目的多少确定,但气压观测时间应尽量接近正点;全站的观测程序应统一,并且尽量少变动。

模块 2　径流小区观测

2.1　观测作业

2.1.1　堰箱测流的原理

在明渠或天然河道上专门修建的测量流量的水工建筑物叫测流建筑物或量水建筑物。它是通过试验按水力学原理设计的,建筑尺寸要求准确,工艺要求严格,因此系数稳定,测量精度高。

测流建筑物的型式很多,概括为两类:一类为测流堰,包括薄壁堰、三角形剖面堰、宽顶堰等,另一类为测流槽,包括文德里槽、驻波水槽、自由溢流槽等,如图 5-2-1 所示。

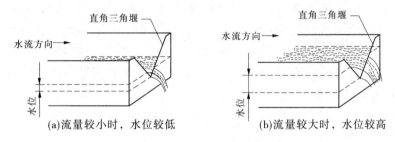

图 5-2-1　测流堰示意图

测流堰通过建筑堰控制的断面流量,是堰上水头和率定系数的函数。率定系数与控制断面形状、大小及行近水槽的水力特性有关。系数是通过模型试验和试验对比求出的。因此,只要测得堰上水头,即可求得所需流量。

测流槽也是通过观测上下水位等参数,并结合率定的流量系数测算流量。

常用的量水堰槽有直角三角堰、矩形堰和巴歇尔槽,如图 5-2-2 所示。

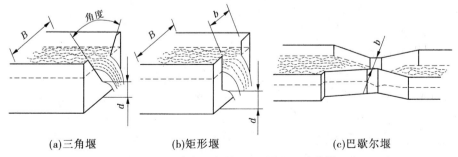

(a)三角堰　　　　　(b)矩形堰　　　　　(c)巴歇尔堰

图 5-2-2　直角三角堰、矩形堰和巴歇尔槽

流量计算公式见表 5-2-1。

表 5-2-1　流量计算公式

公式编号	流量计算公式	相关因素	适用范围	
			出流状态	堰闸、涵管类型
1	$Q = c_1 B h_u^{3/2}$	$h_u - c_1$	自由堰流	一般堰闸
2	$Q = \sigma c_2 B h_u^{3/2}$	$h_1/h_u - \sigma$ 或 $\Delta Z/h_u - \sigma c_2$	淹没堰流	一般堰闸

表中及相关符号说明如下:

Q—流量,m^3/s;h_u—上游水头,$h_u = Z_u - Z_a$,m;h_1—下游水头,$h_1 = Z_1 - Z_a$,m;ΔZ—上下游水位差,$\Delta Z = Z_u - Z_1$,m;Z_u—上游水位,m;Z_1—下游水位,m;Z_a—闸底或堰顶高程,m;B—闸孔总宽或开启净宽,m;c_1、c_2—自由、淹没堰流流量系数;σ—淹没系数。

2.1.2　堰箱流量曲线的标定方法

2.1.2.1　水位、水头

人工观测水尺时,在每次闸门启闭过程及变动前后过程中,一般应每隔 0.5~1.0 h 加测水位一次,待闸门变动终止,水位稳定后,再观测水位一次,以后转入正常水位观测。

淹没出流时,建筑物上(下)游基本水尺和闸下辅助水尺,必须同步观测。

上(下)游实测水头,用建筑物上(下)游基本水尺观测水位减堰顶(闸底)高程求得。

2.1.2.2　流态观测与判别

水工建筑物出流有堰流、孔流、管流三种,其中又分为自由流、淹没流、半淹没流。管流可分为无压流、有压流和半有压流。

流态观测以目测为主,必要时也可辅以有关水力因素的观测资料进行分析计算而确定。流态观测应与水位观测同时进行并作记录。

孔流和堰流、自由堰流和淹没堰流、自由孔流、淹没孔流、半淹没孔流、洞(涵)自由管流和淹没管流、洞(涵)无压流、有压流和半有压流等流态的判别,均应严格按照相关规范进行。

2.1.2.3　流量系数率定

利用水工建筑物测流时,确定水工建筑物流量系数有现场率定、模型试验、同类综合、经验系数等方法。

1. 流量系数现场率定

流量系数现场率定,可用流速仪法实测建筑物出流量为标准值,通过实测水头(水头差)等水力因素,用水力学公式计(反)算流量系数。通过多次测验,分析流量系数规律,建立流量系数与有关水力因素的相关关系。当一处工程有多种型式的泄水建筑物混合出流时,应分别逐个率定流量系数。流量系数现场率定,应符合下列要求:

(1)每一流量系数关系线或关系式,应积累不少于 3 年 30 次的实测资料,均匀分布于流量系数相关因素实测全变幅内的 75% 以上。确定后的流量系数关系线或关系式,以后每隔 3~5 年应检测一次。

（2）若在短期内难以测得水力因素全变幅的流量测次，可以分阶段率定流量系数推求流量。每条流量系数关系线上流量测次不少于 20 次，且均匀分布，控制相关因素变幅不低于实测全变幅的 80%。

（3）当年流量测次不少于 10 次，且均匀分布，控制相关因素变幅不低于实测全变幅的 80%，则可用当年率定的流量系数推求流量。

现场率定流量系数关系线的实测流量点据，应在相关水力因素变幅内均匀分布密集成带状，实测流量系数与关系线的偏离差值（%）应符合表 5-2-2 的要求。

表 5-2-2　实测流量系数与关系线的偏离差值　　　　　　　　　　　（%）

站类	关系线中上部	关系线下部
一类	±5	±8
二类	±8	±10
三类	±10	±15

注：关系线的分界，以底部零向上计算，占全变幅 30% 以下为关系线下部，以上为中上部；关系线的使用应在实测资料范围内。

2. 流量系数综合

当进行流量系数综合时，应将各个同类型建筑物和同流态的流量系数与无量纲的水力因素建立相关关系线或关系式。当单站流量系数关系线与建立的综合关系线的偏离差不超过表 5-2-3 规定的允许偏离差（%）时，综合流量系数可以用于同类型建筑物的流量推算。

表 5-2-3　单站流量系数关系线与综合关系线的允许偏离差　　　　（%）

站类	关系线中上部	关系线下部
一、二类	±3	±5
三类	±5	±7

流量系数的综合，应在单站流量系数率定的基础上进行，且不得少于 3 个站的实测资料。

3. 流量系数检验

流量系数关系线应进行符号检验、适线检验、偏离数值检验和 t 检验。

2.1.3　自记水位计的基本知识

自记水位计，是一种能够自动记录水位的仪器，可以把测得的水位数直接地显示在显示器上。这种仪器具有质量轻、体积小、投资少、安装简单方便，测量精度高、稳定性良好、抗干扰能力强、量程范围宽、适应范围广等特点。

自动记录水位涨落的装置，如图 5-2-3 所示。按作用原理分，有水压式、浮标式；按记录时间长短分，有日记式、周记式、月记式；按记录装置分，有立式、卧式等。

典型的浮标式自记水位计主要部件为：浮标、平衡锤、金属绳等组成的浮动系统和线盘、轴承箱、伞轮、螺纹杆、笔架、圆筒、时钟等组成的记录系统。自记水位计安装于水中井筒上部，筒底进水孔使筒内外保持同一水平面。使用一段时间后应检查进水孔是否淤塞。

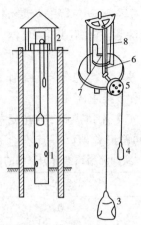

1—进水孔;2—水位站房;3—浮标;4—平衡锤;5—线盘;
6—螺纹杆;7—笔架;8—圆筒和时钟

图 5-2-3　自记水位计工作原理示意图

2.1.3.1　浮子式水位传感器

当前最常用的是 WFH-2 型细井式遥测水位计,可测量天然水体水位的变化,适用于江河、湖泊、水库、河口、渠道、船闸、地下水、大坝测压管及各种水工建筑物处的水位测量。本仪器传感部分的浮子直径小、测井结构简单、造价低、安装方便。

本仪器是以浮子传感水位,轴角编码器编码的有线遥测水位计。其工作原理是:在测站水位计井台的测井中,安装一个浮子,作为水位传感组件。当水位变化时,浮子灵敏地对应水位做相应的涨、落运动,同时把此水位直线运动借助悬索传递给水位轮,使水位轮产生圆周运动,并将直线位移量准确地转换为相应的数字量。采集数字量用多芯电缆并行输出至终端接口。测站终端显示器可显示即时水位,也可使用这一数字量进行传输。

WFH-2 型细井式遥测水位计具有如下特点:

(1)浮子式水位传感器结构简单、工作可靠、使用方便。

(2)浮子直径小,最小可采用直径 15 cm 的管材作测井,工程造价低。

(3)计数器采用外置进位轮间歇式传动进位机构。这种传统的进位机构具有结构简单,设计灵巧,使用、维修方便,无读数模糊区,运行精确、可靠的特点。

(4)编码器采用格雷码制,不存在非单值性误差。

(5)采用模块化、标准化结构设计,便于检修。

(6)关键器件采用进口优质名牌产品。

2.1.3.2　气泡式水位计

气泡式水位计用于测量水面或观察管内的水位值。该仪器应该安装在室内或一个有保护的机箱内。标准配置仪器适用于使用 6 mm 直径的 10~100 m 气管,测量 0~10 m 范围内的水位。气管必须至少有 5° 的向下倾斜角度,如图 5-2-4 所示。

气泡式水位计的测量原理如下:每次控制信号、接口或内部定时器激活仪器进行测量时,首先经过一小段时间,环境压力被转换开关送给传感器并被记录为零值;然后,内部气泵将上次测量后渗入的水排出测量气管。微控制器监视测量气管内的压力过程,一旦排

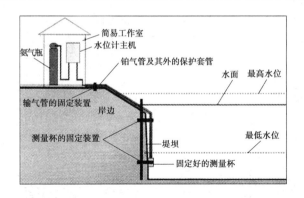

图 5-2-4　气泡式水位计示意图

空气管内的水,气泵即停止工作。现在,传感器信号的测量值会被送给一个精确的 16 位数据获取系统(Data Acquisition System),微控制器修正这个信号并通过 16 位数模转换器(Digital Analogue Converter)输出。输出值会被保持到控制信号的撤除或由内部定时器触发的下一次测量。这个过程仅消耗很少的电能,可以由蓄电池或太阳能电池板供电。

　　PS – Light 可以由与之连接的记录系统(如固态存储器)的控制信号激活,也可以由内部定时器激活进行测量。由内部定时器激活时,定时器的定时间隔可以调整。含有固态存储器的,则由固态存储器发送控制信号。测量的时间间隔和测量持续的时间可以使用软件调整。

2.1.3.3　超声波水位计

　　如图 5-2-5 所示,为 GNS 超声波水位计,终端适用于长期测量水库、河流、湖泊等的水位,是监测水位变化的有效监测设备。超声波水位计是一种智能型非接触式物位测量仪表。

　　1. 主要特点

　　这种水位计的主要特点是自动功率调整,增益控制,温度补偿;采用工业隔离电源,所有的输入、输出线上都有防雷、过压、过流保护电路;安装、维护、标定

图 5-2-5　GNS 超声波水位计

简单;安全、易清洁、精度高、寿命长、稳定可靠、安装维护方便、读数简捷等。信号可接入 MCU – 32 型分布式模块化自动测量单元或直接接入计算机,实现水位变化的自动监测。

　　2. 主要结构

　　采用防腐处理的 ABS 外壳,设备小巧,便于安装。数字式层面反射波记忆,造就高精度和高重复性,采用数字化信号处理技术,使其精度提高至 0.15%,智能自诊断功能具有液位、距离互换功能,电流输出零点、满度校正功能有掉电保护功能,突然掉电后参数信息不会丢失,测量周期可根据实际情况的需要来进行设定内置自动温度补偿,在空气中整个量程范围内无精度下降多种信号输出(4 ~ 20 MA、RS485),选择使用较为方便。

2.1.3.4　激光水位计

　　激光的特点是散射角很小,光斑非常集中,有利于距离测量。激光水位计在测量瞬间

会有很大功耗,而且从开始测量到测量完成因为激光能量的聚集而会有一定时间的延时,但其测量精度高,性能稳定,如图 5-2-6 与图 5-2-7 所示。

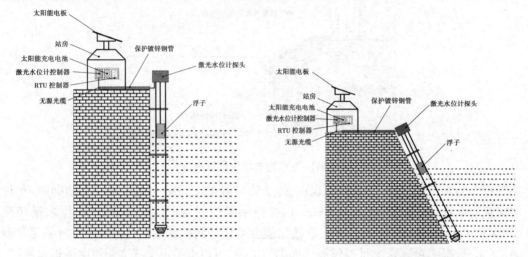

图 5-2-6　垂直壁式安装示意图　　　　图 5-2-7　斜坡式安装示意图

激光水位计仪器具有如下主要特点:

(1)激光水位计具有测量精度高(±3 mm)、速度快(最小 1 s)、量程宽(0～200 m)、不受环境因素影响等特点,可适用于各种不同条件下复杂环境的水位精密测量。

(2)激光水位计无须建设静水井等土建工程,只需将水位计测量部分利用支架或水工建筑固定即可,安装简单方便,综合成本更低。

(3)激光水位计使用寿命超过 5 年:在每分钟测量一次的情况下仍具有 5 年的使用寿命。

(4)全封闭结构、无任何机械部件、能适应各类恶劣环境、设备基本免维护。

(5)边界警报,与其他外部设备共同执行监测任务。

(6)集成接口 RS485、RS232、4～20 mA 信号输出接口。

(7)适用范围广,可用于湖泊、河道、水库、明渠等水位监测。

2.1.4　比重瓶测定泥沙含量的方法

2.1.4.1　比重瓶

比重瓶一般形状如图 5-2-8 所示。瓶口可装中通细孔的塞子。装满液体塞紧塞子的过程中,多余的液体会从细孔中溢出,从而保证瓶中液体体积准确。

水样装入比重瓶后,瓶内不得有气泡;比重瓶内浑水应充满塞孔;称量后,应迅速测定瓶内水温。

比重瓶置换法所需最小沙量见表 5-2-4。

图 5-2-8　比重瓶一般形状

表 5-2-4　比重瓶置换法所需最小沙量　　　　　　（单位:g）

天平感量 (mg)	比重瓶容积(mL)					
	50	100	200	250	500	1 000
1	0.5	1.0	2.0	2.5	5.0	10.0
10	2.0	2.0	3.0	4.0	7.0	12.0

2.1.4.2　比重瓶测定泥沙质量的原理

比重瓶测定泥沙质量的原理是:将浓缩后的浑水装入容积为 V 的比重瓶中,要求浑水体积小于 V,然后加入清水使之刚满溢。设其中含有质量为 m_s 的泥沙,泥沙的体积为 m_s/ρ_s(ρ_s 为泥沙的密度),其余 $V - m_s/\rho_s$ 为水的体积,则浑水总质量 $m = \rho_w(V - m_s/\rho_s) + m_s$($\rho_w$ 为水的密度),解出泥沙质量(其中清水质量 $m_w = \rho_w V$)为

$$m_s = \frac{\rho_s}{\rho_s - \rho_w}(m - m_w) = k(m - m_w) \tag{5-2-1}$$

式中　m_s——水样泥沙质量,g;

ρ_s——泥沙密度,g/cm³;

ρ_w——水的密度,g/cm³;

m——浑水总质量,g;

m_w——清水质量,g;

k——置换系数,是由泥沙密度 ρ_s 和水的密度 ρ_w 决定的,即 $k = \dfrac{\rho_s}{\rho_s - \rho_w}$,而水的密度 ρ_w 又与温度密切相关,实际上有关规范或手册中常计算编制泥沙密度和水温二元因素的置换系数查阅表提供应用。

2.1.4.3　比重瓶测定泥沙质量的计算

实际上,我们总是把比重瓶的质量和清、浑水的质量一并测算,并且 m_s 和 m_w 加上同样的容器质量并不影响式(5-2-1)中两者的差值,再者容器质量加 m_w 即 m_{w+p}(瓶加清水质量)可以事先测定备用,因此只需要在容器中加装浓缩浑水样,并称量容器质量加 m_s(瓶加浑水质量)即 m_{s+p},由 m_{s+p} 和 m_{w+p} 分别代替式(5-2-1)中的 m_s 和 m_w 即得泥沙含量的计算公式

$$m = \frac{\rho_s}{\rho_s - \rho_w}(m_{s+p} - m_{w+p}) = k(m_{s+p} - m_{w+p}) \tag{5-2-2}$$

式中　m_{s+p}——比重瓶加瓶中浑水水样的质量,g;

m_{w+p}——与浑水样测定时,同温度下比重瓶加瓶中清水的质量,g;

其他符号含义同前。

2.1.4.4　含沙量计算

若测量得浑水水样体积为 V_{hs},其中的泥沙质量为 m_s,则水样的含沙量 S 可由式(5-2-3)计算

$$S = \frac{m_s}{V_{hs}} \tag{5-2-3}$$

2.1.4.5　比重瓶检定

比重瓶检定,每年不应少于一次。比重瓶在使用期间,应根据使用次数和温度变化情况,用室温法及时进行校测,并与检定图表对照,当两者相差超过表 5-2-5 所列的比重瓶检定允许误差时,该比重瓶应停止使用,重新检定。

表 5-2-5　比重瓶检定允许误差　　　　　　　　（单位:g）

天平感量（mg）	比重瓶容积(mL)					
	50	100	200	250	500	1 000
1	0.007	0.014	0.027	0.033	0.065	0.13
10	0.03	0.03	0.04	0.05	0.08	0.14

对于恒温水浴法,检定比重瓶瓶加清水量的步骤如下:

(1)将洗净后待检定的比重瓶注满纯水,放入恒温水槽内,然后往水槽内注清水(或纯水)直至水面达到比重瓶颈时为止(如果注入的是纯水,可以将比重瓶全部淹没)。

(2)调节恒温器,使温度高于室温约 5 ℃。

(3)待到达预定温度时,测定瓶内和瓶外的水温,认为稳定后,测记瓶中心的温度,准确至 0.1 ℃。

(4)取出比重瓶,并用同温度的纯水加满,立即盖好瓶塞,用手抹去塞顶水分,用干毛巾擦干瓶身,检查瓶内有无气泡(如有气泡,应重装),然后放在天平上称量,准确至 0.001 g(擦比重瓶时要轻、快、干净,切勿用力挤压比重瓶,以防瓶内水分溢出。取放比重瓶应握住瓶颈,不得用手触及瓶身)。

(5)重复上述步骤,直至相应温度的称量差不超过 0.002 g 为止。取不超差的均值为采用质量。

(6)再调节恒温器,使温度升高约 5 ℃,重复以上步骤,如此每隔 5 ℃测定温度和称量一次,直至达所需的最高温度时为止。

对于室温法,检定比重瓶瓶加清水量的步骤如下:

(1)将待检定的比重瓶洗净,注满纯水,测量瓶中心的温度,准确至 0.1 ℃。

(2)再用纯水加满比重瓶,立即盖好盖子,用手抹去塞顶水分,用干毛巾擦干瓶身,检查瓶内有无气泡(如有气泡,应重装),然后放在天平上称量,准确至 0.001 g。

(3)重复以上步骤,直至二次称量之差不大于 0.002 g 时为止。取不超差的均值为采用质量。

(4)将称量后的比重瓶妥为保存,不得使用。待气温变化 5 ℃左右时,将比重瓶取出洗净,再按上述步骤,称比重瓶盛满纯水的总质量。如此,室内温度每变化约 5 ℃时,测定温度和称量一次,直至取得所需要的最高、最低及其间各级温度的全部检定资料时为止。

绘制比重瓶瓶加清水量与其相应温度关系的检定曲线。

以比重瓶瓶加清水质量为横坐标,其相应温度为纵坐标,绘制比重瓶检定曲线。用室温法检定的比重瓶,必须在各温度级全部检定后方可绘出曲线提供使用。

2.1.5　坡面径流的形成过程

从降雨到达地面至水流汇集、流经流域出口断面的整个过程,称为径流形成过程。

径流的形成是一个极为复杂的过程,为了在概念上有一定的认识,可把它概化为两个阶段,即产流阶段和汇流阶段。

2.1.5.1　产流阶段

当降雨满足了植物截留、洼地蓄水和表层土壤储存后,后续降雨强度又超过了下渗强度,其超过下渗强度的雨量,降到地面以后,开始沿地表坡面流动,称为坡面漫流,是产流的开始。如果雨量继续增大,漫流的范围也就增大,形成全面漫流,这种超渗雨沿坡面流动注入河槽,称为坡面径流。地面漫流的过程,即为产流阶段。

2.1.5.2　汇流阶段

降雨产生的径流,汇集到附近河网后,又从上游流向下游,最后全部流经流域出口断面,叫作河网汇流,这种河网汇流过程,即为汇流阶段。

在流域中从降水到水流汇集于流域出口,历经降水、流域蓄渗、坡地汇流、河网汇流等几个过程。

(1)降水。是大气向流域空间的供水过程。它为径流形成提供主要水源,是流域生成径流的必要条件。降水不仅有雨、雪等形态上的不同,而且时间和空间分布也不均匀。降水的这些特点使径流形成极为复杂。

(2)流域蓄渗。是指雨水耗于植物截留、下渗和填洼等综合过程。降雨被植物茎叶拦截的现象称截留。水分从地面渗入土壤的过程称下渗。

(3)坡地汇流。指水流沿坡地向河网的流动和汇集过程。它包括坡面汇流、表层汇流和地下汇流。坡面汇流首先在降雨满足了蓄渗的那部分面积上开始,然后产生汇流现象的面积逐渐扩大。坡面汇流的流动形式往往是许多时分时合的沟流。

(4)河网汇流。是指水流沿河网中各级河槽向出口断面的汇集过程。水流注入河槽,在重力作用下,向河流下游流动,在运行中不断接纳各级支流的来水和旁侧入流的补给,使水量不断增加,最终在出口断面形成流量变化过程。当一次降雨形成的水流全部流出流域出口断面时,一次径流形成过程即告结束。河网汇流是三种径流成分在时间上的第二次再分配。

2.1.6　径流小区基本情况的内容

2.1.6.1　径流小区的组成

径流小区是对坡地水土流失规律和小流域水土流失规律进行定量研究的一种测验设施,一般由边埂、边埂围成的小区、集流槽、径流和泥沙集蓄设备、保护带及排水系统组成。径流小区布置与径流小区结构如图 5-2-9 与图 5-2-10 所示。

2.1.6.2　径流小区的边界

径流小区的边界,包括有固定边界与无固定边界两种情况,如图 5-2-11 与图 5-2-12 所示,其中有固定边界的小区,是为了有效监测径流和泥沙,建造有固定的小区边界,将小区和周围地面隔离开;无固定边界的径流小区,是在试验时将铁皮插入土壤围成小区,径

图 5-2-9　径流小区布置图

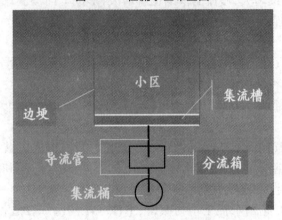

图 5-2-10　径流小区结构示意图

流和泥沙用小型径流桶收集,试验结束后将铁皮拔掉即可。

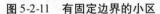

图 5-2-11　有固定边界的小区　　　　　图 5-2-12　无固定边界的小区

2.1.6.3　径流小区的大小

　　径流小区的大小,与监测目的密切相关,分为微型小区、中等小区和大型小区三种情况。其中:微型小区面积 $1 \sim 2$ m^2,监测结果与面积没有关系,降雨溅蚀的监测;中等小区面积一般小于 100 m^2(5 m 宽,20 m 长),用于作物管理措施、植被覆盖措施、轮作措施、监测动土措施及其他一些措施的水土保持效益监测;大型小区面积通常在 1 hm^2 以内,用于监测结果可能与小区面积有关系,入坡面细沟发育;用于对小区的耕作和农作措施相似性要求比较高的情况;用于评价诸如梯田、放牧或牲畜的践踏作用,集水区面积通常在几个平方千米以内,是由分水岭组合而成的天然集水单元,功能:①弥补径流小区的缺陷,获得相对合理的土壤侵蚀量用径流小区测定侵蚀时的缺陷;②对反映流域内土地情况变化所引起的流域内的产流、侵蚀状况的相应变化。

2.1.6.4　径流小区测验

径流小区测验,是为了解决大范围的水土流失问题,因而规划时既要考虑代表周围环境,还应注意外推到其他地区的可能性;另外还要考虑极端状况,如极大、极小坡度的试验,极端降水试验等;规划时尽可能保持原有土壤地形等状态。径流小区测验的内容,主要是降雨、径流及泥沙观测等。

1. 降雨观测

径流场须设置一台自记雨量计和一台雨量筒,相互校验,若径流场分散,可适当增加量雨筒数量。降雨观测,是在降雨日按时(早 8 时,或晚 6 时)换取记录纸,并相应量记雨量筒的雨量。

2. 径流观测

量水设备为集流箱或集流池时,产流结束后,可直接量水,根据事先确定的水位—容积曲线推求径流总量;量水设备有分流箱时,要用分水系数和分水量推求径流总量。

当分流一次时:

$$径流总量 = 分水量 \times 分水系数 + 分水容积$$

当分流数次时,可依次从最后的分水量逐级推求,即

$$径流总量 = 分水量 \times 分水系数 1 \times 分水系数 2 \times \cdots + 分水箱容积$$

3. 泥沙观测

在降水结束、径流终止后应立即观测,先将集流槽中的泥、水扫入集流箱中,然后搅拌均匀,在箱(池)中采用柱状水样 2~3 个(总量在 1 000~3 000 cm³),混合后从中取出 500~1 000 cm³ 水样,作为本次冲刷标准样。若有分流箱,应分别取样,各自计算。

含沙量的求取,是将水沙样静置 24 h,过滤后在 105 ℃下烘干到恒重,再进行计算。

4. 其他观测

径流小区观测还包括覆盖度、土壤水分、径流冲刷过程等观测。覆盖度测量方法同林分调查,土壤水分观测,一般为每 5 天或每 10 天定时观测各层土壤水分,降水后需要加测,即从降雨后第 1 日起,逐日观测,到基本接近常值为止。

为了了解径流冲刷过程,还需进行径流冲刷观测,观测时,除用特制的仪器(如戽斗式流量仪)外,还需在现场观测径流填洼时间、坡面流动形式、侵蚀开始时间、细沟形式、浅沟出现的时间、部位等,也可用拍摄照片进行记录。

2.2　数据记录与整编

2.2.1　径流曲线的基本知识

径流曲线点绘需要专门的水文过程线图纸,一般图纸的横坐标主分度线为日期,副分

度线为小时,通常以一个月为时段总长,如图 5-2-13 所示。

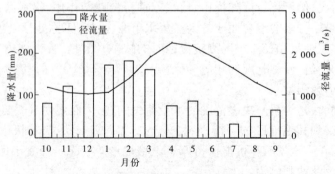

图 5-2-13　某地径流曲线和降水量柱状图

流量过程线一般应与水位过程线点绘在同一张坐标图纸上,并把实测流量点绘在流量过程线上。另外,根据需要,在流量过程线上应注明特殊的天气、河势、水流、河段内重要事件等可能影响流量变化的情况说明。遇到特殊水情或其他需要特别分析的水情,也可把该时段的流量过程线单独点绘。

水位、流量标注的纵坐标,需要根据本站的水位、流量变化特性定义坐标比例,多取 1、2、5 的倍比。总的原则是流量过程线与水位过程线尽量避免交叉,过程线能灵敏反映出流量的转折变化过程。

流量过程线应每天及时点绘,及时检查分析。

2.2.2　径流量、含沙量的基本知识和计算方法

2.2.2.1　径流量

流域地表面的降水,如雨、雪等,沿流域的不同路径向河流、湖泊和海洋汇集的水流叫径流。在某一时段内通过河流某一过水断面的水量称为该断面的径流量。径流是水循环的主要环节,径流量是陆地上最重要的水文要素之一,是水量平衡的基本要素。

径流量在水文上有时指流量,有时指径流总量,即单位时间内通过河槽某一断面的径流量,以 m^3/s 计。将瞬时流量按时间平均,可求得某时段(如 1 日、1 月、1 年等)的平均流量,如日平均流量、月平均流量、年平均流量等。在某时段内通过的总水量叫作径流总量,如日径流总量、月径流总量、年径流总量等,以 m^3、万 m^3 或亿 m^3 计。

平均流量是指多年径流量的算术平均值,以 m^3/s 计。用以总括历年的径流资料,估计水资源,并可作为测量或评定历年径流变化、最大径流和最小径流的基数。多年平均径流量也可以用多年平均径流深度表示,即以多年平均径流量转化为流域面积上多年平均降水深度,以 mm 计。水文手册上,常以各个流域的多年平均径流深度值注在各流域的中心点上,绘出等值线,叫作多年平均径流深度等值线。

径流的计量值有流量、径流量、径流模数、模比系数、径流深、径流系数等。

流量(Q)是表示单位时间内通过过水断面的水量,以 m^3/s 计。

$$Q = vA \tag{5-2-4}$$

式中　v——水流平均流速;

A——过水断面面积。

径流量(W)是一定时段(ΔT)内通过过水断面的水量,以 m³ 计。

$$W = Q\Delta T \tag{5-2-5}$$

径流深(R)是一定时段内径流量在流域面积上的深度值,以 mm 计。

径流系数(C)是指某时段内径流深或径流量与同时段内的降水深(P)或降水总量(W_p)的比值。

2.2.2.2　含沙量

含沙量是度量浑水中泥沙所占比例的概念,最常见的是泥沙用质量,并用浑水体积的比例来表达,具体表述为"单位体积浑水内所含悬移质干沙的质量称为质量体积比含沙量",通常的符号为 S 或 C 或 C_s,计量单位为 kg/m³ 或 g/L 及 g/m³ 或 mg/L 等。

这种表述也提供了含沙量的一种测算方法,即若在浑水水流中取得一个水样,测量得其体积为 V_{hs},泥沙质量为 m_s,则水样的含沙量可由式(5-2-6)求出

$$S = \frac{m_s}{V_{hs}} \tag{5-2-6}$$

含沙量的另外两种表达是,单位体积浑水内所含悬移质泥沙的体积称为体积比含沙量,通常的符号为 S_V;单位质量浑水内所含悬移质干沙的质量称为质量比含沙量,通常的符号为 S_m。这两种表达的特点是无量纲单位,在有些理论研究中使用比较方便。

借助水的密度 ρ_w、干沙的密度 ρ_s 可以推出上面几种含沙量表述的换算关系:

$$S = \rho_s S_V = \frac{\rho_w S_m}{1 - (1 - \rho_w/\rho_s) S_m} \tag{5-2-7}$$

$$S_V = \frac{S}{\rho_s} = \frac{\rho_w S_m}{\rho_s - (\rho_s - \rho_w) S_m} \tag{5-2-8}$$

$$S_m = \frac{S}{\rho_w + (1 - \rho_w/\rho_s) S} = \frac{\rho_s S_V}{\rho_w + (\rho_s - \rho_w) S_V} \tag{5-2-9}$$

从上面的几种表述可知,在河流泥沙中含沙量的概念一般限定在悬移质,推移质和床沙无含沙量的说法。

含沙量和特定因素或条件组合及进行统计计算会衍化出很多落脚含沙量的概念术语,如考虑流速的输移含沙量,考虑空间位置的测点含沙量,垂线平均含沙量、断面平均含沙量及单样含沙量,时间统计的日(月、年)断面平均含沙量等。

2.2.3　Excel 绘图的方法

设计思路是:规划横向主网格线的粒径值和纵向主网格线的级配值,分别变换为对数值和正态分布积分值,在算术坐标系 $X(Y)$ 轴,填点各正态分布积分值(各粒径对数值)和最小粒径对数值(最小正态分布积分值)构成的起始点,用粒径对数值(正态分布积分值)的极大差(最大、最小值的差)作 $Y(X)$ 误差线构成网格线,用同样的方法也可绘制次网格线。原来的算术坐标系 $X(Y)$ 轴及网格线选择"无"而隐去。绘制粒度曲线时,将粒径值变换为对数值,将级配值变换为正态分布积分值,变换后的值作为添加数据源系列在同一坐标系绘出曲线。

　　主要的作业过程是,准备主网格线绘制数据,填点坐标轴的点并调整坐标轴位置,绘制主网格线,准备次网格线数据,并加绘次网格线,准备粒度曲线数据绘制粒度曲线。

　　用 Excel 软件绘制对数概率坐标系级配曲线图步骤如下:

　　(1)确定粒径值坐标轴的方向(如纵轴 Y)。确定泥沙级配曲线粒径值取值范围(如 0.001~10 mm)。根据"1、2、5 分度"取值和图线疏密适当的原则,确定并建立主网格线(如横向)的粒径值系列(见图 5-2-14 的纵向粒径标度值),将该系列粒径值填写入 Excel 软件的数表成为一列(如 An,命名该列为"主格线粒径值"),在另一列(如 Bn,命名该列为"主格线粒径对数值")数值首行写"=LOG(An)"后按回车键,将首行粒径值变为对数值,选定该单元格利用格右下角"+"符号下拉再将全列系列粒径值变为对数值。

　　(2)确定级配百分数坐标轴的方向(如横轴 X)。确定级配百分数的取值范围(如 1%~99.9%)。根据"1、2、5 分度"取值和图线疏密适当的原则,确定并建立主网格线(如纵向)的级配百分数值系列(见图 5-2-14 的横向级配标度值),将该系列级配百分数值填写入 Excel 软件的数表成为一列(如 Dn,命名该列为"主格线级配值"),在另一列(如 En,命名该列为"主格线级配正态分布积分值")数值首行写"=NORMSINV(Dn)"后按回车键,将首行级配百分数值变为正态分布积分值,选定该单元格利用格右下角"+"符号下拉再将全列系列粒径值变为正态分布积分值。

　　(3)将"主格线级配正态分布积分值"的最小值复制,并选择数值粘贴到"主格线粒径对数值"数值首行相邻列的单元格(如 Cn,命名该列为"粒径主格线最小级配正态分布积分值")。选定该单元格利用格右下角"+"符号下拉到与"主格线粒径对数值"列等长,使全列均为"主格线级配正态分布积分值"的最小值。

　　(4)将"主格线粒径对数值"的最小值复制,并选择数值粘贴到"主格线级配正态分布积分值"数值首行相邻列的单元格(如 Fn,命名该列为"级配主格线最小粒径对数值")。选定该单元格利用格右下角"+"符号下拉到与"主格线级配正态分布积分值"列等长,使全列均为"主格线粒径对数值"的最小值。

　　(5)将"主格线粒径对数值"的最大值、最小值复制,并选择数值粘贴到数表适当位置,再计算两者之差并复制选择数值粘贴到数表本单元格,分别命名为"粒径对数最大值""粒径对数最小值"和"粒径对数极大差"。

　　(6)将"主格线级配正态分布积分值"的最大值、最小值复制,并选择数值粘贴到数表适当位置,再计算两者之差并复制选择数值粘贴到数表本单元格,分别命名为"正态分布积分最大值""正态分布积分最小值"和"正态分布积分极大差"。

　　(7)在数据表中选择"主格线级配正态分布积分值(如 En)"列和对应的"级配主格线最小粒径对数值(如 Fn)"列;打开"图表向导"进入"图表向导—4 步骤之 1—图表类型"视窗界面,在图表类型图目中选择"XY 散点图";点击"下一步"进入"图表向导—4 步骤之 2—图表源数据"视窗界面;点击"下一步"进入"图表向导—4 步骤之 3—图表选项"视窗界面:打开"标题卡"填写需要的内容,如在"图表标题"后填入"××站××沙级配曲线",在"数轴(Y)轴"后填入"粒径(mm)",在"数轴(X)轴"后填入"小于某粒径沙量百分数(%)";打开"图例卡"不选择图例;打开"数据标志卡"选择 X;点击"下一步"进入"图表向导—4 步骤之 3—图表位置"视窗界面;选择"作为新工作表"插入"或作为其中的

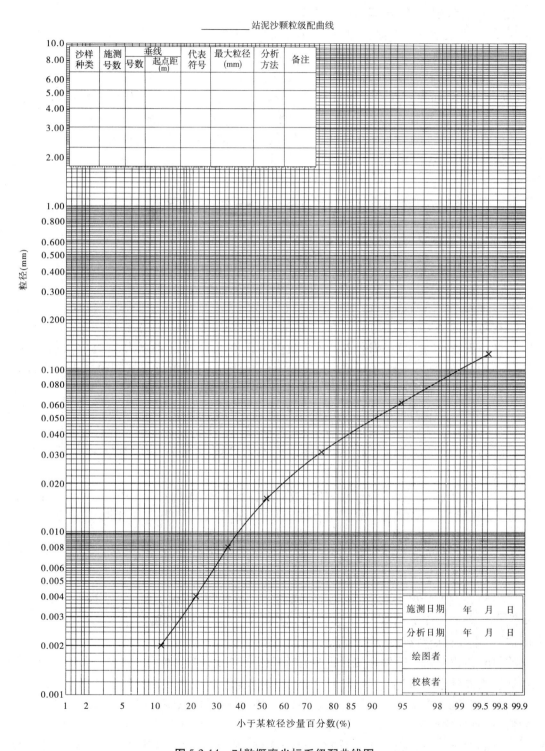

_____ 站泥沙颗粒级配曲线

图 5-2-14　对数概率坐标系级配曲线图

对象插入",点击"完成"出现坐标系图表。

(8)在图表中双击 X 坐标轴进入"坐标轴格式视窗",打开"图案卡",主要刻度线类型、次要刻度线类型、刻度线标签都选择"无","确定"之。

(9)打开数表,点击"正态分布积分最小值"数值单元格,在数表上栏操作行选中数值,点击"复制"钮标,点击"√"号;打开图表,双击 X 坐标轴进入"坐标轴格式视窗",打开"刻度卡",各选择栏都选择"无";在最小值添加处点击"Ctrl + V"键粘贴"正态分布积分最小值";在与 Y 轴交叉处点击"Ctrl + V"键粘贴"正态分布积分最小值","确定"之。

打开数表,点击"正态分布积分最大值"数值单元格,在数表上栏操作行选中数值,点击"复制"钮标,点击"√"号;打开图表,双击 X 坐标轴进入"坐标轴格式视窗",打开"刻度卡",在最大值添加处点击"Ctrl + V"键粘贴"正态分布积分最大值","确定"之。

(10)在图表中双击 Y 坐标轴进入"坐标轴格式视窗",打开"图案卡",主要刻度线类型、次要刻度线类型、刻度线标签都选择"无","确定"之。

(11)打开数表,点击"粒径对数最小值"数值单元格,在数表上栏操作行选中数值,点击"复制"钮标,点击"√"号;打开图表,双击 Y 坐标轴进入"坐标轴格式视窗",打开"刻度卡",各选择栏都选择"无";在最小值添加处点击"Ctrl + V"键粘贴"粒径对数最小值";在与 Y 轴交叉处点击"Ctrl + V"键粘贴"粒径对数最小值","确定"之。

打开数表,点击"粒径对数最大值"数值单元格,在数表上栏操作行选中数值,点击"复制"钮标,点击"√"号;打开图表,双击 X 坐标轴进入"坐标轴格式视窗",打开"刻度卡",在最大值添加处点击"Ctrl + V"键粘贴"粒径对数最大值","确定"之。

(12)双击 X 轴主要网格线数据标注系列进入"数据标志格式"视窗,打开"对齐卡"在标签位置栏选择"下方";打开"数字卡"选择"数值"类且确定小数位数,"确定"之。

(13)分别点击 X 轴主要网格线点标注的数值,选中原数值,对应改写填入"小于某粒径沙量百分数"的值,回车。

(14)打开数表,点击"粒径对数极大差"数值单元格,在数表上栏操作行选中原数值,点击"复制"钮标,点击"√"号;打开图表,双击 X 轴主要网格线点系列进入"数据标志格式"视窗,打开"误差线 Y 卡",在"误差量的定值栏"点击"Ctrl + V"键粘贴"粒径对数极大差";选择"正偏差"显示方式;打开"图案卡"在"数据标注"处选择"无","确定"之。该"误差线 Y"成为 Y 方向的主网格线。

(15)在图表区单击右键,选择数据源进入"数据源"视窗。打开"系列卡"选择"添加",分别添加 X、Y 系列;打开数表,X 圈选"粒径主格线最小级配正态分布积分值"列,Y 圈选"主格线粒径对数值"列,"确定"之。

(16)双击 Y 轴主要网格线数据标注系列进入"数据标志格式"视窗,打开"对齐卡"在标签位置栏选择"靠左";打开"数字卡"选择"数值"类且确定小数位数,"确定"之。

(17)分别点击 Y 轴主要网格线点标注的数值,选中原数值,对应改写填入"粒径沙"的值,按回车键。

(18)打开数表,点击"正态分布积分极大差"数值单元格,在数表上栏操作行选中数值,点击"复制"钮标,点击"√"号;打开图表,双击 Y 轴主要网格线点系列进入"数据标志格式"视窗,打开"误差线 X 卡",在"误差量的定值栏"点击"Ctrl + V"键粘贴"正态分布积分极大差";选择"正偏差"显示方式;打开"图案卡"在"数据标注"处选择"无","确定"之。该"误差线 X"成为 X 方向的主网格线。

(19)分别点击 X、Y 误差线即网格线进入"误差限格式"视窗,打开"图案卡"选择无正交终止短线的"刻度线标志","确定"之。

(20)按照上面 1、2、15、18、19 等步骤的做法,绘制坐标系 X、Y 的次网格线。

(21)整理测试成果数据,按照上面 1、2、15 等步骤的做法,在坐标系点绘成果数据点;右键点击成果点,选择图表"散点图"和"带标志点符号的平滑曲线图"类型,"确定"之,即绘出该成果的级配曲线。

模块3　控制站观测

3.1　观测作业

3.1.1　自记水位计的类型、原理

自记水位计是利用机械、压力、声波、电磁波等传感装置间接观测记录水位变化的设备,一般由水位感应、信息传输与记录装置三部分组成。常见感应水位的方式有浮子、水压式、超声波、雷达波等多种类型,按感应器是否触及水体分为接触式和非接触式,按数据传输距离可分为就地自记式与远传、遥测自记式,按水位记录形式可分为模拟记录曲线纸式与数字记录等。以下按感应分类简要介绍其原理。

3.1.1.1　浮子式水位计

浮子式水位计主要由感应传输部分和记录部分组成,靠它们的联合作用绘出水位升降变化的模拟曲线,见图5-3-1。感应传输部分直接感受水位变化,构件为浮筒(浮子)、悬索及平衡锤、变速齿轮组,浮筒(浮子)和平衡锤用塑胶铜线连接悬挂在水位轮上,水位涨落使浮筒升降带动水位轮正反旋转。记录部分由记录滚筒、自记钟、自记笔及导杆组成,记录滚筒与水位轮直接连接,当水位轮旋转时,记录滚筒一起转,记录纸是装在记录滚筒外面的,记录笔是特制的小钢笔,由石英晶体自记钟以每小时一定的速度带动它在记录纸横坐标方向上单向运动,这样记录滚筒随水位变化做纵向运动,记录笔随时间变化做横向运动,将水位模拟曲线描绘在记录纸上。

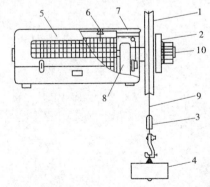

1—1:2水位轮;2—1:1水位轮;3—平衡锤;4—浮子;5—记录纸及滚筒;
6—笔架;7—导杆;8—自记钟;9—悬索;10—定位螺帽

图5-3-1　浮子式水位计自记仪结构示意图

图5-3-2为岸式浮子式水位计示意图,由设在岸上的测井、仪器室和连接测井与河道的进水管组成,可以避免冰凌、漂浮物、船只等的碰撞,适用于岸边稳定、岸坡较陡、淤积较

少的测站。

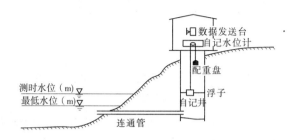

图 5-3-2　岸式浮子式水位计示意图

3.1.1.2　水压式水位计

通过测量水体的静水压力,实现水位测量的仪器称为水压式水位计,如图 5-3-3 所示。该类仪器可广泛应用在江河、湖泊、水库及其他密度比较稳定的天然水体中,拆解、安装方便,数据精准、稳定可靠,传感器和主机使用 RS485 传输,实现水位测量和存储记录。

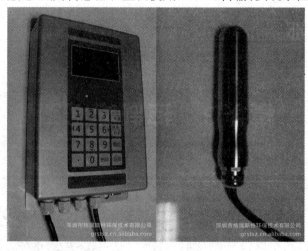

图 5-3-3　水压式水位计

当水位变送器投入到被测水体中某一深度 H 时,传感器迎液面受到的压力 P,计算公式为:

$$P = \rho g H + P_0$$

式中　P——变送器迎水面所受压力;

　　　ρ——水体密度;

　　　g——重力加速度;

　　　P_0——水面大气压;

　　　H——变送器投入水体的深度。

同时,通过导气不锈钢将水体的压力引入到传感器的正压腔,再将水面上的大气压 P_0 与传感器的负压腔相连,以抵消传感器背面的 P_0,使传感器测得压力为 $\rho g H$,显然,通过测取压力 P 可以得到水位深度。

水压式水位计,又分为气泡式和压阻式两种。气泡式是通过气管向水下的固定测点通气,使通气管内的气体压力和测点的静水压力平衡,从而通过测量通气管内气体压力来实现水压(水深)测量。压阻式是直接将压力传感器严格密封后置于水下测点,测量其静水压力(水深)。

3.1.1.3　超声波水位计

超声波水位计是一种把声学和电子技术相结合的水位测量仪器。按照声波传播介质的区别可分为液介式和气介式两大类。传感器安装在水中的称为液介式超声波水位计,而传感器安装在空气中不接触水体的称为气介式或非接触式超声波水位计。

超声波水位计的原理是,超声波在空气中(或水中)传播速度为v,当超声波在空气中(或水中)传播遇到水面(或气面)后被反射,仪器测得声波往返于传感器到水面(或气面)之间的时间t,则超声波在空气中(或水中)传播的距离$H = \frac{1}{2}vt$,再用传感器安装起算零点高程Z减去(或加上)H即得水位。

由于超声波在空气中的传播速度是温度的函数,一般有$v = 331.45 + 0.61T$(T为气温)的关系,正确的修正波速是保证测量精度的关键,因此非接触气介式超声波水位计需采用温度实时修正方法实现声波测距校准,以使测量精度达到规范要求。液介式超声波水位计也需要选择和校准声波测距。

气介式超声波水位计的主要特点有,在水位测量过程中没有任何部件接触水体,实现非接触测量,不受高速水流冲击,不受水面漂浮物的缠绕、堵塞或撞击以及水质电化反应的影响;设备无运动部件,不会因部件磨损锈蚀而产生故障,寿命长,可靠性好;采用实时温度自动校准技术,精度高;测量范围大,施测水位变幅可达40 m;设备安装一般比建造水位计台(井)基建投资小。

3.1.1.4　雷达水位计

雷达水位计是通过非接触气介方式测量地表水位的一种高精度测量仪器。原理同非接触式超声波水位计,但由电磁波传输反射实施测量。可用于多泥沙、多漂浮物、多水草以及具有腐蚀性的污水、盐水等恶劣环境下的水位观测。由德国SEBA公司生产的SEBAPULS雷达水位计传感器如图5-3-4所示,该仪器可发送26 GHz短微波脉冲(雷达波),主要使用指标为:测量范围0~20 m,温度范围−20~+70 ℃,发射锥度角22°,精度±1 cm,工作电压12~24 V,功耗0.24 W,质量1.6 kg。安装简便,基础投资小。

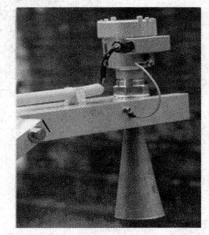

图5-3-4　SEBAPULS雷达水位计传感器

3.1.2　流速仪比测的意义与方法

3.1.2.1　流速仪比测的意义

流速仪比测,是利用流速仪分别测出若干部分面积的垂直于过水断面的部分平均流速,然后乘以部分过水面积,求得部分流量,再计算其代数和得出断面流量。从水力学的紊流理论和流速分布理论可知,每条垂线上不同位置的流速大小不一,而且同一个点的流速具有脉动现象。所以用流速仪测量流速,一般要测算出点流速的时间平均值和流速断面的空间平均值,即通常说的测点时均流速、垂线平均流速和部分平均流速。将流速仪放在测速垂线的测点上,记录流速仪旋转器总转数和测速历时代入有关公式计算出点流速。

3.1.2.2　流速仪比测的方法

流速仪测流,在不同情况或要求下,可采用不同的方法。其基本方法,根据精度及操作繁简的差别分为精测法、常测法和简测法。

1. 精测法

精测法是在断面上用较多的垂线,在垂线上用较多的测点,而且测点流速要用消除脉动影响的测量方法。用以研究各级水位下测流断面的水流规律,为精简测流工作提供依据。

2. 常测法

常测法是在保证一定精度的前提下,在较少的垂线、测点上测速的一种方法。此法一般以精测资料为依据,经过精简分析,精度达到要求时,即可作为经常性的测流方法。

3. 简测法

简测法是在保证一定精度的前提下,经过精简分析,用尽可能少的垂线、测点测速的方法。在水流平缓、断面稳定的渠道上可选用单线法。

3.1.2.3　注意事项

(1)常用流速仪在使用时期,应定期与备用流速仪进行比测。其比测次数,可根据流速仪的性能、使用历时长短及使用期间流速和含沙量的大小情况而定。当流速仪实际使用 50 ~ 80 h 时应比测一次。

(2)比测宜在水流平稳的时期和流速脉动较小、流向一致的地点进行。

(3)常用流速仪与备用流速仪应在同一测点深度上同时测速,并可采用特制的 U 形比测架,两端分别安装常用和备用流速仪,两架仪器间的净距应不小于 0.5 m。在比测过程中,应交替变换比测仪器在 U 形测架端的位置。

(4)比测点不宜靠近河底、岸边或水流紊动强度较大的地点。

(5)不宜将旋桨式流速仪与旋杯式流速仪进行比测。

(6)每次比测应包括较大、较小流速且分配均匀的 30 个以上测点,当比测结果其偏差不超过 3%,比测条件差的不超过 5%,且系统偏差能控制在 ±1% 范围内时,常用流速仪可继续使用。超过上述限差者应停止使用,并查明原因,分析其对已测资料的影响。

没有条件比测的站,仪器使用 1 ~ 2 年后必须重新检定。当发现流速仪运转不正常或有其他问题时,应停止使用。超过检定日期 2 ~ 3 年以上的流速仪,虽未使用,亦应送检。

3.1.3　三点法、五点法测流的方法、步骤

3.1.3.1　三点法、五点法测流的步骤

1. 设定断面

断面一般与水流总体方向正交,是水流的横断剖面。在断面上确定从一岸指向另一岸的断面方向线,规定和设置断面方向线的零点,作为测算断面垂线位置(起点距)的起

算点。

2.布置测验垂线

试验或根据先验知识沿断面方向线在断面布置测验垂线,测量起点距,确定垂线在断面的位置。布置的测验垂线将断面分为若干部分,各部分作为输沙率测验的基本单元。测验垂线数目,一类站不应少于10条,二类站不应少于7条,三类站不应少于3条。

测验垂线布设方法:对于河床水流比较稳定的情况,一般根据实际条件和符合流量加权原理的要求,可采用单宽输沙率转折点布线法、等部分流量布线法、等部分面积布线法、等水面宽布线法等。等水面宽布线法简明易行,若要布置 n 条垂线,取均分水面宽为 $n+1$ 等份的数值,从一水边起点距逐级累加数值即可确定各垂线的起点距位置。等部分流量布线法、等部分面积布线法可参考"等流量五线相对水深 0.5(或 0.6)一点法"单沙垂线设计示意图的原理方法设计。单宽输沙率转折点布线法应布置较多试验垂线,计算各垂线单宽输沙率并点绘沿断面线的分布图,按图示转折点精简分析确定。断面垂线布设有试验探索和积累总结的过程,成熟后可编进测站任务书,参照应用。

3.垂线的有关测量

测量垂线水深,在水深范围抽样布置测点。测量各点的流速;测量各点的含沙量,或采取含沙水(沙)样到泥沙实验室测定含沙量。这种方法称为选点法,各种选点法的测点位置见表 5-3-1。

表 5-3-1　各种选点法的测点位置

河流情况	方法名称	测点的相对水深位置
畅流期	五点法	水面、0.2、0.6、0.8 及河底
	三点法	0.2、0.6、0.8
	二点法	0.2、0.8
	一点法	0.6
封冻期	六点法	冰底或冰花底、0.2、0.4、0.6、0.8 及河底
	二点法	0.15、0.85
	一点法	0.5

垂线也可采用积深法测验,应同时施测或推算垂线平均流速。

垂线还可采用垂线混合法测验,应同时施测或推算垂线平均流速。应用积时式仪器按取样历时比例取样混合时,各种取样方法的取样位置与历时见表 5-3-2;按容积比例取样混合时,取样方法应经试验分析确定。

表 5-3-2　各种取样方法的取样位置与历时

取样方法	取样的相对水深位置	各点取样历时(s)
五点法	水面、0.2、0.6、0.8 及河底	$0.1t$、$0.3t$、$0.3t$、$0.2t$、$0.1t$
三点法	0.2、0.6、0.8	$t/3$、$t/3$、$t/3$
二点法	0.2、0.8	$0.5t$、$0.5t$

注: t 为垂线总取样历时。

4. 测验时间与时机

输沙率测验历时较长,应尽量缩短时间,一般用开始时间和终止时间的平均时间代表测验时间,可准确到分钟。测验时机宜选择在各有关测验要素变化不大的合适时段。

5. 同时测流量

通常情况,输沙率测验的同时施测流量,根据流速和含沙量断面分布特性,两者的垂线数目可以相等,也可以不等,一般流量测验的垂线数目多一些,在全部或部分流量测验的垂线安排输沙率测验垂线,即两者选线应重合;垂线选点法测验流速、含沙量的点位也应重合。

6. 其他配合观测

测验输沙率时应同时观测水位、水面比降。

3.1.3.2　相应单样的采取

采用单断沙或单断颗关系进行资料整编,需要建立单断沙关系的站,在进行输沙率测验的同时,应采取相应单样。相应单样的取样方法和仪器,应与经常的单样测验方法相同。

相应单样的取样次数,在水情平稳时取 1 次;有缓慢变化时,应在输沙率测验的开始、终了各取 1 次;水沙变化剧烈时,应增加取样次数,并控制随时间的转折变化。

3.1.3.3　悬移质输沙率的测次分布

(1)一年内悬移质输沙率的测次,应主要分布在洪水期。

(2)采用断面平均含沙量过程线法进行资料整编时,每年测次应能控制含沙量变化的全过程,每次较大洪峰的测次不应少于 5 次;平、枯水期,一类站每月测 5～10 次,二、三类站每月测 3～5 次。

(3)一类站历年单断沙关系线与历年综合关系线比较,其变化在 ±3% 以内时,年测次不应少于 15 次;二、三类站作同样比较,其变化在 ±5% 以内时,每年测次不应少于 10 次;历年变化在 ±2% 以内时,年测次不应少于 6 次,并应均匀分布在含沙量变幅范围内。

(4)单断沙关系线随水位级或时段不同而分为两条以上关系曲线时,每年悬移质输沙率测次,一类站不应少于 25 次,二、三类站应不少于 15 次,在关系曲线发生转折变化处,应分布测次。

(5)采用单断沙关系比例系数过程线法整编资料时,测次应均匀分布并控制比例系数的转折点,在流量和含沙量的主要转折变化处,应分布测次。

(6)采用流量输沙率关系曲线法整编资料时,年测次分布,应能控制各主要洪峰变化过程,平、枯水期,应分布少量测次。

(7)堰闸、水库站和潮流站的悬移质输沙率测次,应根据水位、含沙量变化情况及资料整编要求,分布适当测次。

(8)新设站在头三年内应增加输沙率测次。

3.1.3.4　悬移质输沙率的计算方法

畅流期五点法:

$$c_{h5} = \frac{1}{10v_h}(v_{0.0}c_{0.0} + 3v_{0.2}c_{0.2} + 3v_{0.6}c_{0.6} + 2v_{0.8}c_{0.8} + v_{1.0}c_{1.0}) \tag{5-3-1}$$

畅流期三点法：

$$c_{h3} = \frac{v_{0.2}c_{0.2} + v_{0.6}c_{0.6} + v_{0.8}c_{0.8}}{v_{0.2} + v_{0.6} + v_{0.8}} \tag{5-3-2}$$

畅流期二点法：

$$c_{h3} = \frac{v_{0.2}c_{0.2} + v_{0.8}c_{0.8}}{v_{0.2} + v_{0.8}} \tag{5-3-3}$$

封冻期六点法：

$$c_{h6} = \frac{1}{10v_h}(v_{0.0}c_{0.0} + 2v_{0.2}c_{0.2} + 2v_{0.4}c_{0.4} + 2v_{0.6}c_{0.6} + 2v_{0.8}c_{0.8} + v_{1.0}c_{1.0}) \tag{5-3-4}$$

封冻期二点法：

$$c_{h2} = \frac{v_{0.15}c_{0.15} + v_{0.85}c_{0.85}}{v_{0.15} + v_{0.85}} \tag{5-3-5}$$

式中，v、c 为流速和含沙量符号，下角标的小数表示相对水深位置点，h 代表垂线平均，h 后的数是垂线测点数。

3.1.4　样品制备的步骤和注意事项

3.1.4.1　烘干法处理水样的步骤

(1)量水样容积。

(2)沉淀浓缩水样。

(3)烘干烘杯并称烘杯质量。

烘干烘杯时，应先将烘杯洗净，放入温度为 100～110 ℃的烘箱中烘 2 h，稍后，移入干燥器内冷却至室温，再称烘杯质量。

(4)浓缩水样烘干、冷却。

用少量清水将浓缩水样全部冲入烘杯，加热至无流动水时，移入烘箱，在温度为 100～110 ℃的情况下烘干。烘干所需时间，应由试验确定。试验要求，相邻两次时差 2 h 的烘干沙量之差不大于天平感量时，可采用前次时间为烘干时间。烘干后的沙样，应及时移至干燥器中冷却至室温。

(5)称量。

将冷却至室温的烘杯加沙放在天平上称质量。

烘杯加沙质量减去烘杯质量即为干沙质量。烘干法所需最小沙量与使用的天平感量有关(一般为其 100 倍)，天平感量分别为 0.1 mg、1 mg、10 mg，对应最小沙量分别为 0.01 g、0.1 g、1.0 g。

3.1.4.2　过滤法处理水样的步骤

(1)量水样容积。

(2)沉淀浓缩水样。

(3)过滤泥沙。

用滤纸过滤泥沙，应根据水样容积大小，采用浓缩水样或不经浓缩而直接过滤。

水样经沉淀浓缩后的过滤方法为，将已知质量的滤纸铺在漏斗或筛上，将浓缩后的水样倒在滤纸上,再用少量清水将水样容器中残留的泥沙全部冲于滤纸上,进行过滤。

水样不经沉淀浓缩的直接过滤方法示意如图 5-3-5 所示。做法为,放好漏斗,铺好滤纸,加入适量清水;水样装于盛样瓶,塞紧瓶塞,整理好出样管和排气管,倒转瓶口放在加适量清水的漏斗滤纸中进行滴漏过滤;过滤结束后,扒开瓶塞,用清水冲洗瓶中及瓶塞上残留的泥沙到滤纸上。

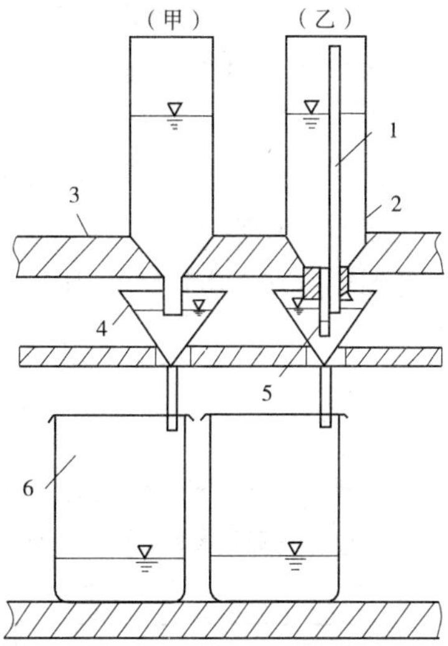

(4)烘干沙包(滤纸和泥沙)。

沙包烘干时间,应由试验确定,并不得少于 2 h。当不同时期的沙量或细颗粒泥沙含量相差悬殊时,应分别试验和确定烘干时间。

在干燥器内存放沙包的个数,应经沙包吸湿量试验确定,一、二、三类站的沙包吸湿量与泥沙量之比分别不应大于 1.0% 、1.5% 、2.0% 。

(5)称量。

将冷却至室温的沙包放在天平上称质量。

过滤法所需最小沙量与使用的天平感量有关,天平感量分别为 0.1 mg、1 mg、10 mg,对应最小沙量分别为 0.1 g、0.5 g、2.0 g。

1—气管;2—瓶塞;3—支架;4—漏斗;
5—液管;6—盛水容器

图 5-3-5　直接过滤法示意图

3.1.4.3　置换法处理水样的步骤

(1)量水样容积。

(2)沉淀浓缩水样。

(3)将浓缩水样装入比重瓶。

(4)测定比重瓶(瓶加浑水量)及浑水的温度。

3.1.5　过滤、烘干的方法

水样的体积一般在现场即已测得,实验室主要测定水样内的泥沙质量,习惯称之为悬移质水样处理。目前,悬移质水样处理的主要方法有置换法、烘干法和过滤法。

烘干法是将浓缩水样在烘箱烘干,称量泥沙质量。此法精度较高,适于较小含沙量的浑水,特别是黏土胶粒含量较多的水样。

过滤法是用过滤材料滤去浑水水样中的水分,分离出浓湿泥沙糊,然后再烘干,称量泥沙质量。此法适于细颗粒较多的小含沙量的浑水。

烘干法和过滤法处理水样,所用器具主要有烧杯、烘箱、天平及滤纸等,都是通用器具,原理很直观,容易认同认知。

3.1.5.1　烘干法含沙量计算

1. 烘干法沙量计算

烘干法沙量可按式(5-3-6)计算:

$$m = m_{bsj} - m_b - C_j \cdot V_{nw} \tag{5-3-6}$$

式中　m——泥沙质量,g;

　　　m_{bsj}——烘杯、泥沙、溶解质总质量,g;

　　　m_b——烘杯质量,g;

　　　C_j——河水溶解质含量,g/cm^3,不需溶解质改正时该值取 0;

　　　V_{nw}——浓缩后水样体积,cm^3。

2.含沙量计算

若测量得浑水水样体积为 V_{hs},其中的泥沙质量为 m_s,则水样的含沙量 S 可由式(5-3-7)计算

$$S = \frac{m_s}{V_{hs}} \tag{5-3-7}$$

3.烘干法悬移质水样处理记载表

烘干法悬移质水样处理记载表一般格式见表5-3-3。

表5-3-3　　　　站悬移质水样处理记载表(烘干法)

取样断面位置:		采样器形式及容积:			取样方法:					
沉淀损失(%):		溶解质含量(g/cm³):								
施测号数	水位、施测时间、取样位置、水样容器编号	水样体积(cm³)	浓缩后水样体积(cm³)	烘杯质量(g)	烘杯加沙量(g)	泥沙量(g)	泥沙量校正数(g)	校正后泥沙量(g)	含沙量(kg/m³)

本表中的水样体积、烘杯编号、烘杯质量很明确,泥沙量等于烘杯加沙量减去烘杯质量。沙量校正数即沉淀损失(取负值)和按式(5-3-6)、$C_j = \frac{m_j}{V_w}$ 计算的溶解质质量 m_j(取正值)之和,求 W_j 之前应试验求出河水的 C_j 并填写于第二行溶解质含量项之后(溶解质含量不必每次都测,只是在发现明显变化时才重测),浓缩后水样体积 V_w 则在需要修正溶解质含量时施测。校正后的泥沙量等于泥沙量减去泥沙量校正数。最后的含沙量按式(5-3-7)由校正后的泥沙量除以水样体积求出。

3.1.5.2　过滤法含沙量计算

1.过滤法沙量计算

过滤法沙量可按式(5-3-8)计算

$$m_s = m_{gsb} - m_{lz} + m_{ls} \tag{5-3-8}$$

式中　m_s——泥沙质量,g;

　　　　m_{gsb}——干沙包总质量,g;

　　　　m_{lz}——滤纸质量,g;

　　　　m_{ls}——漏沙量,g。

2.含沙量计算

含沙量 S 可由式(5-3-7)计算。

3.过滤法悬移质水样处理记载表

过滤法悬移质水样处理记载表一般格式见表5-3-4。

表 5-3-4　_____站悬移质水样处理记载表(过滤法)

取样断面位置：　　　　　采样器形式及容积：　　　　　取样方法：

沉淀损失(%)：　　　　　漏沙损失(%)：

施测号数	水位、施测时间、取样位置、水样容器编号	水样体积(cm^3)	滤纸	滤纸质量(g)	滤纸加沙量(g)	泥沙量(g)	沙量校正数(g)	校正后沙量(g)	含沙量(kg/m^3)	备注

　　　表5-3-4 的结构与表5-3-3悬移质水样处理记载表(烘干法)相同,沙量校正数即沉淀损失和漏沙量之和,校正后沙量即由泥沙量加上沙量校正数得出。

3.1.6　浮标法测流的步骤

　　　根据浮标的投放情况,水面浮标测速可分为均匀浮标法测速、中泓浮标法测速、漂浮物浮标法测速、水面浮标和流速仪联合测速。

3.1.6.1　水面浮标的投放方法

　　　(1)用均匀浮标法测流,应在全断面均匀地投放浮标,有效浮标的控制部位,宜与测流方案中所确定的部位一致。在各个已确定的控制部位附近和靠近岸边的部分应有 1 ~ 2 个浮标。

　　　浮标投放顺序,自一岸顺次投放至另一岸。当水情变化急剧时,可先在中泓部分投放,再在两侧投放。当测流段内有独股水流时,应在每股水流投放有效浮标 3 ~ 5 个。

　　　(2)当采用浮标法和流速仪联合测流时,浮标应投放至流速仪测流的边界以内,使两者测速区域相重叠。

（3）用中泓浮标法测流，应在中泓部位投放 3 ~ 5 个浮标，选择运行正常的浮标作测速计算依据。

（4）当采用漂浮物浮标法测流时，宜选择中泓部位目标显著，且和浮标系数试验所选漂浮物浮标类似的漂浮物 3 ~ 5 个测定其流速。测速的技术要求应符合中泓浮标法测流的有关要求。漂浮物的类型、大小、估计的出水高度和入水深度等，应详细注明。

3.1.6.2　水面浮标测速

水面浮标测速由上、中、下断面观察测记人员配合实施，浮标运行历时的测记和浮标位置的测定按下列规定：

（1）断面监视人员必须在每个浮标到达断面线时及时发出信号。

（2）记时人员在收到浮标到达上、下断面线的信号时，及时开启和关闭秒表，正确读记浮标的运行历时，时间读数精确至 0.1 s。当运行历时大于 100 s 时，可精确至 1 s。在此作业的基础上，可由上、下断面间距除以浮标流经其间的时间获得流速数值。

（3）仪器交会人员应在收到浮标到达中断面线的信号时，正确测定浮标的位置，记录浮标的序号和测量的角度，计算出相应的起点距。

浮标起点距位置的观测，应采用经纬仪或平板仪测角交会法测定。开始测量前，应定好后视位置；应在每次测流交会最后一个浮标以后，将仪器照准原后视点校核一次，当确定仪器位置未发生变动时，方可结束测量工作。

3.1.6.3　小浮标测速

（1）小浮标适用于水深很小、流速很小、水流比较平稳的断面测速。一般限于水深小于 0.16 m，并应尽可能选择无风天气使用。

（2）可根据水流情况临时在测流断面上、下游设立两个辅助断面，间距（即浮标航距）应不小于 2 m，并使辅助断面与测流断面平行。

（3）每个浮标的运行历时一般应不少于 20 s，如流速较大，可酌情缩短，但不能少于 10 s。

（4）如出现漫滩情况，滩地部分水深很浅，可以采用流速仪和小浮标联合测验。

3.1.6.4　浮杆或深水浮标测速

（1）浮杆或深水浮标适用于水深较大、流速很小、水流比较平稳的断面测速。如果仅是部分流速很小，可以采用浮杆或深水浮标与流速仪联合测验。

（2）在测流断面上、下游设立两个辅助断面，间距可取 2 ~ 3 m，并使辅助断面与测流断面平行。

（3）浮标投放前，应先根据水深大小调整好浮杆的入水深度或深水浮标的测点深度。

（4）每个浮标的运行历时一般应不少于 20 s，如深水浮标的个别测点流速已大于流速仪测速下限，浮标的运行历时可适当少于 20 s。

3.1.6.5　浮标法流量测验计算

1. 均匀浮标法实测流量的分析计算

（1）每个浮标的流速按下式计算：

$$v_{fi} = \frac{L_f}{t_i} \tag{5-3-9}$$

式中　v_{fi}——第 i 个浮标的实测流速,m/s;

$\quad\quad L_f$——浮标上、下断面间的垂直距离,m;

$\quad\quad t_i$——第 i 个浮标的运行历时,s。

（2）测深垂线和浮标点位的起点距（D）,可按经纬仪和平板仪交会法的有关方法计算。

（3）图解分析法计算流量示意如图 5-3-6 所示,绘制浮标流速横向分布曲线和横断面图。

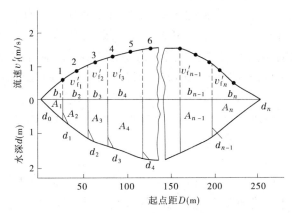

图 5-3-6　图解分析法计算流量示意

在水面线的上方,以纵坐标为浮标流速,横坐标为起点距,按坐标数值点绘每个浮标的点位,对个别突出点应查明原因,属于测验错误者则予舍弃,并加注明。

当测流期间风向、风力（速）变化不大时,可通过点群重心勾绘一条浮标流速横向分布曲线。当测流期间风向、风力（速）变化较大时,应适当照顾到各个浮标的点位勾绘分布曲线。勾绘分布曲线时,应以水边或死水边界作起点和终点。

在水面线的下方,以纵坐标为水深或河底高程,横坐标为起点距,点绘横断面图。

（4）在各个部分面积的分界线处,从浮标流速横向分布曲线上读出该处的流速数值（称虚流速）。

（5）部分平均虚流速、部分面积、部分虚流量、断面虚流量的计算方法与流速仪法测流的计算方法相同。

（6）断面流量按式（5-3-10）计算:

$$Q = K_f Q_f \tag{5-3-10}$$

式中　Q——断面流量,m³/s;

$\quad\quad K_f$——浮标系数;

$\quad\quad Q_f$——断面虚流量,m³/s。

2. 中泓浮标法或漂浮物浮标法实测流量计算

中泓浮标法或漂浮物浮标法实测流量按下式计算:

$$Q = K_{mf} A_m \overline{V}_{mf} \tag{5-3-11}$$

式中　Q——断面流量,m³/s;

K_{mf}——断面流量系数；

A_m——断面面积，m^2；

$\overline{V}_{mf}$——中泓浮标流速的算术平均值或漂浮物浮标流速，m/s。

3. 浮标法、流速仪法联合测流实测流量的计算

浮标法、流速仪法联合测流是有滩、槽河道洪水漫滩后时常用的组合方法，根据具体情况，有的是槽中用浮标法，滩中用流速仪法，或者相反。这种情况下实测流量的计算也应分析，即绘制出滩地部分的流速仪法垂线平均流速（或浮标流速）和主槽部分的浮标流速（或流速仪法垂线平均流速）得横向分布曲线，对于滩地和主槽边界处浮标流速和流速仪法垂线平均流速的横向分布曲线互相重叠的一部分，在同一起点距上两条曲线查出的流速比值，应与试验的浮标系数接近。当差值超过 10% 时，应查明原因。当能判定流速仪测流成果可靠时，可按该部分的流速仪法垂线平均流速横向分布曲线，并适当修改相应部分的浮标流速横向分布曲线，使两种测流成果互相衔接。

分析处理合理后，分别按流速仪法和浮标法实测流量的计算方法，计算主槽和滩地部分的实测流量，两部分流量之和为全断面实测流量。

4. 小浮标法实测断面流量的计算

小浮标法实测断面流量，可由断面虚流量乘以断面小浮标系数计算。每条垂线上小浮标平均流速，可由平均历时除上、下断面间距计算。断面虚流量的计算方法同均匀浮标法实测流量的计算。

3.1.7　量水堰的类型

水土保持中常用的量水堰槽有巴歇尔量水槽、薄壁量水堰、三角形量水堰和三角形剖面堰。

3.1.7.1　巴歇尔量水槽

巴歇尔量水槽适用于含沙量大的河道，测流范围最小为 0.006 m^3/s，最大达 90 m^3/s。它一般用砌砖砂浆护面和钢筋混凝土做成，黄土区多采用，如图 5-3-7 所示。

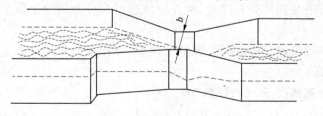

图 5-3-7　巴歇尔量水槽

标准的巴歇尔量水槽是一种特制的水槽，由进水段、出水段和喉道三部分组成。进口呈漏斗形，逐渐缩小后形成平行的喉道，然后再逐渐扩散，如图 5-3-7 所示。水流经水槽两壁和槽底后，在喉道上产生水位壅高或降落，出喉道以后水位降落，上、下游形成明显的水位差，于是观测上、下游水尺水位，依据水位和不同喉宽代入公式求出流量。

3.1.7.2　薄壁量水堰

水力学中将堰顶厚度 $\delta < 0.67H$（H 为堰上水头）时的测流堰称为薄壁量水堰,如图 5-3-8 所示。此种情况堰顶厚度变化不影响水舌形状,从而不影响过堰流量,经常应用于水土保持中。薄壁量水堰的测流范围为 0.000 1 ~ 1.0 m³/s,测流精度高。由于堰前淤积,适应于含沙量小的河沟上。薄壁量水堰由溢流堰板、堰前引水渠、护底等组成。按出口形状可分为三角形堰、矩形堰、梯形堰等。水土保持测流中多用三角形堰(顶角 90°)和矩形堰,是用 3 ~ 5 mm 厚的金属板做成的,并将切口锉成锐缘(锉下游),安装到有护底的河段中,这两种堰最好选择在比降大的沟道中。

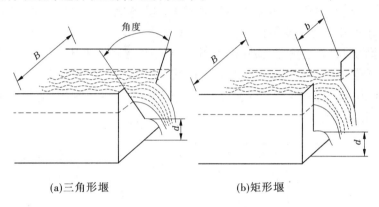

(a)三角形堰　　　　　(b)矩形堰

图 5-3-8　薄壁量水堰

薄壁量水堰安装使用时应注意以下几点:

(1)堰板必须平整、垂直,堰槛中心线应与进水渠中心线重合。

(2)堰板用钢板或木板制作,堰口应成 45°的锐缘,其倾斜面向下游。

(3)无论活动使用或固定安装,该段水道要平直,断面要标准。

(4)三角形堰的堰槛高及堰肩宽应大于最大过堰水深,矩形堰的最大过堰水深小于堰槛高;否则,会出现淹没出流。

(5)水尺可设在缺口两侧堰板上,尽量设在内边水位稳定处。

(6)堰身周围应与土渠紧密掺和,不能漏水。

(7)堰板制作要规定标准,安装要规范,安装段应作护底。

3.1.7.3　三角形量水槽

在以上量水堰无法应用的较小沟道中,洪水流量不大的情况下,可用三角形量水槽。它由西峰站试用成功。槽体为钢筋混凝土结构,表面平滑,纵向比降与沟槽自然一致,取 2%,横断面为三角形,如图 5-3-9 所示。

三角形量水槽适用于含沙量高、比降大的小流域,不产生淤积,低水头也可以观测。其缺点是水面波动大,虽然改进为观测井观测水位,但仍有水头损失,因而误差大。据实测,洪水误差最大达 20%,因此还需要用其他方法校正。

3.1.7.4　三角形剖面堰

对于洪峰流量大(超过 100 m³/s)的小流域,尤其是我国南方面积较大的小流域,上

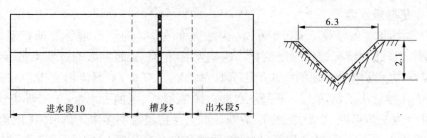

图5-3-9　三角形量水槽 （单位：m）

述量水建筑物已经不能满足,需要采用其他方式。除各地已有的测流精度高普遍使用的测流堰外,这里推荐国际上常用的三角形剖面堰。

该剖面堰纵剖面为三角形,横断面为矩形,其结构如图5-3-10所示。它由引水渠、测流建筑物、下游渠道三部分组成。三角形剖面其上游坡降为1:2,下游坡降为1:5,一般由砌砖或混凝土建成。它的测流范围大,为0.1~630 m³/s,堰不淤积,适用于含沙量大、流量变化大的沟道。

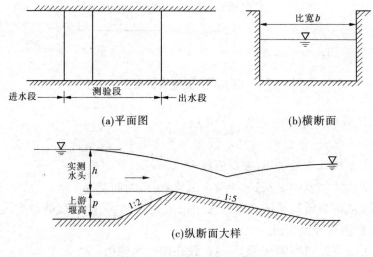

图5-3-10　三角形剖面堰

3.1.8 泥沙断面分布规律

3.1.8.1 泥沙的脉动

脉动是忽大忽小不停波动变化的现象。悬移质悬浮在水流中,与流速脉动(紊动)一样,含沙量也存在着脉动现象,而且脉动的强度更大。在水流稳定的情况下,断面内某一点的含沙量是随时在变化的,它不仅受流速脉动的影响,而且还与泥沙特性等因素有关。

推移质的运动形式极为复杂,输移脉动现象比悬移质大得多,受脉动影响,颗粒大小变化也非常大。

由于脉动,不同瞬时或短历时测量的物理量(悬移质含沙量)就不稳定,不能反映大的变化趋势。因此,流速、悬移质含沙量、推移质输沙率等水文要素的测量应持续一段时间,最好达一个脉动周期。

3.1.8.2　悬移质泥沙的断面垂直分布

悬移质含沙量在断面垂线上的分布,一般从水面向河底呈递增趋势。含沙量垂向的变化梯度还随泥沙颗粒粗细的不同而异,粒径较细的泥沙,其垂直分布也较均匀,而较粗泥沙则梯度较大。对于同粒径的泥沙,其垂直分布与流速大小有关,流速大则分布较为均匀,反之则不均匀。

泥沙在水中悬浮依靠水流的紊动,从水流某一点位总体看,泥沙在水中紊动悬浮是各向同样的,但从某平面看,重力作用使泥沙不断下沉,向下紊动加重力下沉的泥沙总和就偏大,要维持垂向的泥沙平衡,水流紊动向上扬起的泥沙量就应大些,这只有垂向下部的泥沙分布较大才有可能,这是含沙量在垂线上从水面向河底呈递增趋势的一种认识。某平面向上向下泥沙输移量的平衡是统计平衡,至于单颗泥沙悬浮运动的轨迹是十分复杂的。

3.1.8.3　悬移质泥沙的断面横向分布

含沙量的横向分布型式与河床性质、断面形状、河道形势、泥沙粒径以及上游来水情况等多项因素有关。

根据水流挟沙力概念,由于悬沙中的冲泻质沉速极小,水流对这种泥沙的挟带能力很强。因此,它的含量常处于不饱和状态。其结果是,悬移质中的冲泻质含沙量与水力因素的关系不密切,横向分布均匀。悬移质中的粗沙(床沙质)含沙量与水力条件有密切关系,流速较大的垂线,挟沙能力较强,流速较小的垂线,挟沙能力较弱,含沙量的横向分布与断面形状和流速的横向变化具有一定相应性。但当含沙量与水力因素关系不密切的冲泻质占悬移质的大部分时,悬移质横向变化常较流速横向变化为小。

对于卵石河床,其断面比较稳定,形状无大变化,流速一般较大,悬移质的挟沙能力处于不饱和状态,因此含沙量横向分布比较稳定、均匀。至于冲积性河道,由于断面经常变化,特别是游荡性河流,主泓摆动频繁,因而含沙量横向分布常较复杂。

含沙量横向分布与河段形势有关。顺直段较长的河段,主泓稳定,含沙量横向分布一般也比较稳定;而位于弯曲段的测验断面,由于河段流向随水位而变化,因此含沙量横向分布常随水位升降而呈周期性变化。

断面上游不远处如有支流入汇,含沙量横向分布还会随支流来水而有一定的变化。

3.2　数据记录与整编

3.2.1　小流域水文要素摘录表编制的要求

编制小流域水文要素摘录表,是把测站汛期内主要洪水水文要素(包括水位、流量、含沙量)资料及其变化过程完整地摘录编表,或录入数据库,为使用资料者提供方便。

小流域水文要素摘录表的主要内容有水位、流量、含沙量等项目。某站一场洪水的洪水水文要素摘录表如表 5-3-5 所示,可资了解具体格式。当洪水涨落变化大,日平均值不能准确表示各项水文要素变化过程时,均应编制此表。有关要求和方法介绍如下。

表 5-3-5　　小流域洪水水文要素摘录表

日期			水位	流量	含沙量	日期			水位	流量	含沙量
月	日	时:分	（m）	（m³/s）	（kg/m³）	月	日	时:分	（m）	（m³/s）	（kg/m³）
05	10	08:00	111.62	29.3	0.025	06	13	05:00	114.15	214	0.977
		20:00	111.62	29.3	0.025			08:00	115.11	215	1.05
		24:00	111.82	58.0	0.016			12:00	115.78	229	1.07
	11	07:00	112.16	101.0	0.150			18:30	115.98	315	1.25
		11:00	112.04	83.1	0.167			20:00	116.12	324	1.34
		14:00	112.14	98.0	2.60		14	04:00	116.45	426	2.45
		20:00	112.66	179.0	8.67			08:00	116.89	435	4.78
	12	08:00	112.02	80.1	6.25			12:00	117.34	467	7.89
		20:00	112.56	149.0	7.45			20:00	117.21	456	7.67

3.2.1.1　摘录原则

（1）全年应摘录几次较大洪峰和一些有代表性的中小洪峰。选择的各种洪峰类型是：洪峰流量最大的和洪峰总量最大的洪峰；当汛期内能按暴雨特性分成不同时期时，应尽可能包括不同时期的最大洪峰，以满足计算分期设计洪水的需要；含沙量最大的和输沙量最大的峰；孤立的峰；连续洪峰或特殊峰形和久旱以后的峰；汛初第一个峰或汛末较大的峰；较大的春汛、凌汛的峰或非汛期较大的峰。

（2）摘录的洪峰上、下游要配套。每年主要的大峰，在相当长的河段内，上、下游站均应摘录；一般洪峰，则只要求按"上配下"的原则配套摘录。配套是将下游站按上述各种洪峰类型所选摘的洪峰作为"基本峰"，一般应予摘录，上游也摘录与此为同一场洪水的相应洪峰。若上游站的"配套峰"的峰形平缓或日平均值已能代表其变化过程，或上、下游的集水面积相差很大，没必要推算区间流量时，上游也可不摘录这种"配套峰"。

（3）此外，暴雨形成的洪水，要与降雨量摘录配套。

3.2.1.2　摘录与填表方法

（1）洪峰一般应在水位或流量过程线上选取。"配套峰"宜比照观察上、下游水位或流量过程线。

（2）洪水摘录选点，应在逐时过程线上进行，每次洪水都应完整地摘录其变化过程，一般应从起涨前开始，摘至落平。

（3）摘录点的多少，应以能控制水位、流量、含沙量的变化过程基本不变形为原则，即摘录点所连绘过程与原过程的峰、谷完全相符，洪峰过程吻合，洪量基本相等。另外，要尽量精简摘录点次，以节省工作量，并满足下述要求：

①洪峰起涨前、落平后要多摘录 2～3 个点，以满足割除基流的要求；起涨后、落平前及峰顶前后的转折点处应有摘录点；峰顶附近不少于 3～5 个点；雨洪期最高水位、最大流量必须摘入；年最大含沙量应摘入。

②水位、流量、含沙量合摘于一张表时，含沙量（应为换算后的断沙值）同样从逐时过程线摘录沙峰的完整过程，主要是摘录实测点、转折点或控制点，虽为插补值但有控制作用时也应摘录，对水位、含沙量插补值，应加插补符号。

③摘录点应尽量摘录日 8 时的值,所摘数值应为定时观测值,不得用日平均值代替。

④在沙峰时期,每日测取单沙 2 次或 2 次以上,并能绘出基本完整的沙峰过程线的站,必须摘录含沙量。若每日仅取一次单沙,逐日平均含沙量已能代替其过程者,一般不予摘录。

⑤不论哪一种过程线的转折点或控制点,水位、流量两项均应全部填表,不能空白。含沙量栏只填实测点及转折点或控制点的数值,不必逐项填齐。

⑥编表时,摘排一次洪水(或连续洪峰)过程后,应空一行,再排下一次洪水。

3.2.2　断面输沙率的计算方法

单位时间内通过河流某一断面的泥沙质量称为输沙率,有悬移质输沙率、推移质输沙率和全沙输沙率等具体的概念术语,床沙不参与输移,故无床沙输沙率的说法。

输沙率通常的符号为 Q_s、q_s,单位为 g/s 或 kg/s 或 t/s 等。

下面介绍悬移质输沙率的计算方法。

3.2.2.1　单次输沙率测验的原理与方法

一般情况下,河段或河流断面各点位水流流速不相同,含沙量也不相同,要获得单位时间通过断面的悬移质输移沙量即输沙率,就应在断面相当多的点位同时测量含沙量与流速(流量),计算点位区域的输沙率并累加之。以此原理为基础,还探寻了许多等效的方法途径。

实际上,断面测量点位的布置常取比较规矩的方式,断面输沙率测验作业示意如图 5-3-11 所示。

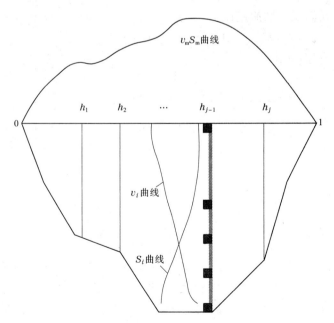

图 5-3-11　断面输沙率测验作业示意图

图 5-3-11 中表达了过流断面、测验垂线和垂线上的测点点位等有关要素,0—1 是断

面线，h_j 是垂线，v_i、S_i 分别为垂线流速、含沙量分布曲线，v_m、S_m 分别为垂线平均流速、含沙量，$v_m S_m$ 是断面单宽输沙率。

3.2.2.2　悬移质输沙率分析计算

分析计算的目标物理量是断面流量、输沙率和断面平均含沙量，断面流量、输沙率基本思路是按断面分成的基本单元计算后再累加。

参看图 5-3-11 断面输沙率测验作业示意图，为分析计算方便，建立断面方向线为 X 轴，水深为 Y 轴，流速方向为 Z 轴的坐标系。

约定的符号：h 为垂线水深；Δh 为测点控制或代表的水深区段；l 为起点距；b 为起点距间隔或垂线间距，$b = l_{i+1} - l_i$；s 为基本单元面积；S 为断面总面积；v 为测点流速；v_h 为垂线平均流速；V_s 为断面基本单元平均流速；V 为断面平均流速；q 为断面基本单元流量；Q 为断面流量；c 为测点含沙量，常用测点相对水深具体数值作下标；c_h 为垂线平均含沙量；C_s 为断面基本单元平均含沙量；C 为断面平均含沙量；q_s 为断面基本单元输沙率；Q_S 为断面输沙率；i、j、k 等分别为有关量的序列号。

基本单元面积：

$$s_k = b_i(h_i + h_{i+1})/2 \tag{5-3-12}$$

断面总面积：

$$S = \sum s_k \tag{5-3-13}$$

垂线平均流速：

$$v_{h_j} = \sum v_j \Delta h_j / \sum \Delta h_j \tag{5-3-14}$$

断面基本单元面积平均流速：

$$V_{sk} = (v_{h_i} + v_{h_{i+1}})/2 \tag{5-3-15}$$

断面基本单元面积流量：

$$q_k = V_{sk} s_k \tag{5-3-16}$$

断面流量：

$$Q = \sum q_k \tag{5-3-17}$$

断面平均流速：

$$V = Q/S \tag{5-3-18}$$

垂线平均含沙量：

$$c_{h_j} = \frac{\sum c_j v_j \Delta h_j}{\sum v_j \Delta h_j} \tag{5-3-19}$$

式(5-3-19)的特点是，计算垂线平均含沙量用水深区段 Δh 和测点流速 v 双加权，考虑了流速因素，结果是所谓的"输移含沙量"。若 $v = 0$，则 $c_h = 0/0$ 为不定式，不能定义含沙量。例如，含沙量较大的浑水，不流动或在断面无流速，其"输移含沙量"不存在或不定义。

断面基本单元面积平均含沙量：

$$C_{sk} = (c_{h_i} + c_{h_{i+1}})/2 \tag{5-3-20}$$

断面基本单元面积输沙率：

$$q_{sk} = C_{sk}q_k \tag{5-3-21}$$

断面输沙率：

$$Q_S = \sum q_{sk} \tag{5-3-22}$$

断面输沙率的实用公式：

$$Q_S = c_{h-1}q_0 + \frac{c_{h-1} + c_{h-2}}{2}q_1 + \frac{c_{h-2} + c_{h-3}}{2}q_2 + \cdots + \frac{c_{h-(n-1)} + c_{h-n}}{2}q_{n-1} + c_{h-n}q_n \tag{5-3-23}$$

下脚标表示各垂线和各相邻垂线间流量序号。

3.2.3　量水堰的流量计算公式

3.2.3.1　巴歇尔量水槽

巴歇尔量水槽如图 5-3-12 所示，其各部分尺寸，由试验求得，大致保持一定的比例，由喉道宽度 W 决定，见表 5-3-6。

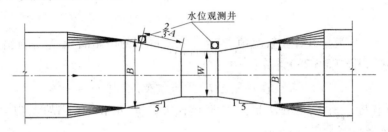

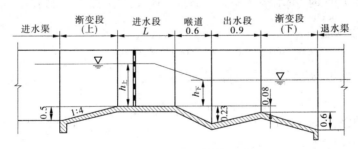

注：1. 底板混凝土厚 6 cm，齿墙深不小于 15 cm。
　　2. 水位观测井设廊道与水流相通，注意淤积。

图 5-3-12　巴歇尔量水槽　（单位：m）

表 5-3-6　巴歇尔量水槽各部分尺寸计算表

尺寸名称	表示符号	计算公式
进水段长度	L	$L = 0.5W + 1.2$
进口宽度	B	$B = 1.2W + 0.48$
进口段斜边长	A	$A = 0.51W + 1.22$
出口宽度	B_1	$B_1 = W + 0.3$

注：以上尺寸，均以米计。

量水槽的流量计算式为式(5-3-24)～式(5-3-27)。

当水流为自由出流时,即$\frac{h_上}{h_下} \le 0.677$,按下式计算量水槽的流量:

$$Q = 0.372W\left(\frac{h_上}{0.305}\right)^{1.569W^{0.026}} \tag{5-3-24}$$

式(5-3-24)计算麻烦,经陕西省洛惠渠试验,将式(5-3-24)简化为式(5-3-25):

$$Q = 2.4Wh_上^{1.57} \tag{5-3-25}$$

当水流为淹没出流时,即$0.7 < \frac{h_上}{h_下} < 0.95$,按自由出流公式计算流量,再减去$\Delta W$,$\Delta W$按式(5-3-26)计算:

$$\Delta W = \left\{0.07 \times \left[\frac{h_上}{\left[\left(\frac{1.8}{K}\right)^{1.8} - 2.45\right] \times 0.305}\right]^{4.57-3.14K} + 0.007\right\}W^{0.815} \tag{5-3-26}$$

式中,$K = \frac{h_上}{h_下}$,为淹没度。所以,淹没出流的流量为Q',Q'按式(5-3-27)计算:

$$Q' = Q - \Delta W \tag{5-3-27}$$

鉴于以上两种流量计算比较麻烦,安徽水文站的刘芳岑建议,不论是自由出流还是淹没出流,同意采用式(5-3-28)计算:

$$Q = 6.25K\sqrt{1-K}Wh_上^{1.57} \tag{5-3-28}$$

式中,K为淹没度。当$K > 0.667$时,以实际值代入计算;当$K \le 0.667$时,以$K = 0.667$代入计算。当$\frac{h_上}{h_下} > 0.95$时,量水槽已经失去测流作业,应选其他方法测流。

3.2.3.2　薄壁量水堰

1. 矩形堰

如图5-3-13所示,流量计算式(自由出流)为:

$$Q = m_0 b\sqrt{2g}H^{1.5} \tag{5-3-29}$$

式中　b——堰顶宽度,m;

　　　g——重力加速度,$g = 9.81$ m/s²;

　　　H——堰上水头,m;

　　　m_0——流量系数,由巴青公式(5-3-30)、式(5-3-31)计算得到。

当无侧向收缩时,即矩形堰顶宽(b) = 引水渠宽度(B),且安装平整,则m_0由式(5-3-30)计算:

$$m_0 = \left(0.405 + \frac{0.0027}{H}\right)\left[1 + 0.55\left(\frac{H}{H+P}\right)^2\right] \tag{5-3-30}$$

式中　P——上游堰高,m。

当有侧向收缩(见图5-3-13(b))时,则m_0由式(5-3-31)计算:

$$m_0 = \left(0.405 + \frac{0.0027}{H} - 0.03\frac{B-b}{B}\right)\left[1 + 0.55\left(\frac{H}{H+P}\right)^2\left(\frac{b}{B}\right)^2\right] \tag{5-3-31}$$

淹没出流,即下游水位超过了堰顶并出现淹没水跃,流量计算复杂,应尽量避免。

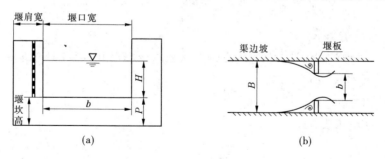

图 5-3-13　矩形堰示意图

2. 三角形薄壁堰

三角形薄壁堰如图 5-3-14 所示,其流量计算公式为式(5-3-32)。

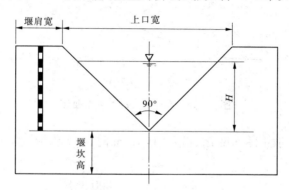

图 5-3-14　三角形薄壁堰

$$Q = \frac{4}{5} m_0 \tan \frac{\theta}{2} \sqrt{2g} H^{\frac{5}{2}} \tag{5-3-32}$$

式中　θ——三角形堰顶角;

其他符号意义同前。

若 $\theta = 90°$,流量公式(5-3-32)简化为下式

$$Q = 1.4 H^{\frac{5}{2}} \tag{5-3-33}$$

3.2.3.3　三角形量水槽

三角形量水槽的流量计算公式为

$$Q = 1.078 - 4.54H + 7.96H^2 \tag{5-3-34}$$

式中　H——过堰水深,m。

3.2.3.4　三角形剖面堰

三角形剖面堰的流量计算公式为

$$Q = \left(\frac{2}{3}\right)^{1.5} C_{\mathrm{D}} C_v \sqrt{g} b h^{1.5} = 1.705 C_{\mathrm{D}} C_v b h^{1.5} \tag{5-3-35}$$

式中　C_{D}——流量系数;

　　　　C_v——考虑行近流速$(H/h)^{1.5}$影响的系数,系数C_v由图 5-3-15 查得;

　　　　H——总水头,m;

　　　　b——堰宽,m;

　　　　h——实测水头,m。

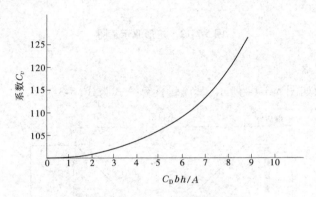

图 5-3-15　$C_v \sim C_{\mathrm{D}} bh/A$ 关系曲线

流量系数C_{D},一般不随h变化,当$h \geqslant 0.15$ m 时,$C_{\mathrm{D}} = 1.15$;当$h < 0.15$ m 时,C_{D}由式(5-3-36)计算

$$C_{\mathrm{D}} = 1.150 \left(1 - \frac{0.0003}{h}\right)^{1.5} \tag{5-3-36}$$

3.2.4　流量、输沙率特征值的统计方法

3.2.4.1　流量、悬移质输沙率测验记载计算表

悬移质输沙率测验的记载计算一般在专门设计的表格进行,下面结合"流量及悬移质输沙率测验记载计算表(畅流期流速仪法)"(见表 5-3-7),介绍该表的结构、记载计算方法和过程。

表 5-3-7 结构分为标题、情况和条件、记载计算项目、统计项目、备注、责任人和测次号 7 部分。标题只需填站名;情况和条件的施测时间、天气等按具体情况和条件填记;采样器型号按实际使用的仪器填记,如调压积时式、皮囊积时式、横式、普通瓶式等;垂线取样方法按主要或多数垂线的方法填记,如五点法、二点法、积深法等;备注填写需要说明的情况问题等;责任人中的施测填组织者,计算、初校、复校填承担者;施测号数按年度编序依序填写;1992 悬 1(1、2)为规范中的报表设计年份和编号。

表 5-3-7　_____站流量及悬移质输沙率测验记载计算表（畅流期流速仪法）

施测时间：　年　月　日　时　分至　日　时　分（平均：　　）　分（平均：　　）　天气：　　风向风力：　　水温：　　（℃）

流速仪牌号及公式：　　鉴定后使用次数：　　基线号及计算公式：　　采样器型号：　　垂线取样方法：

垂线号	起点距 (m)	仪器位置	床沙沙样编号	盛水样器编号	水样容积 (cm³)	测速记录			流向偏角 (°)	流速 (m/s)			测深垂线间		水道断面面积 (m²)		部分流量 (m³/s)		含沙量 (kg/m³)			部分输沙率
		测点深 (m)				总历时 (s)	号数	转数		测点	流向改正后	垂线平均 部分平均	平均水深 (m)	间距 (m)	测深垂线间	部分	测深垂线间	取样垂线间	测点	单位输沙率 垂线平均	部分平均	
深																						
速																						
沙																						

| 水深 测速 (m) | 测深测速时间 | 对 | | | | | | | | | | | | | | | | | | | | |

断面流量	m³/s	断面平均含沙量		kg/m³	水面宽	m	水尺名称	编号	水尺读数 (m)	零点高程 (m)	水位 (m)
断面面积	m²	相应单样含沙量		kg/m³	平均水深	m	基本		始：		
死水面积	m²	水面比降		×10⁻⁴	最大水深	m	测流		终：平均：		
平均流速	m/s	测线数			相应水位	m	比降上				
最大测点流速	m/s	测点数			断面输沙率		比降下				

| 备注 | | | | | | | | | | | |

施测：（　月　日）初校：（　月　日）复校：（　月　日）　计算：　　施测号数（流量）：　　输沙率：　　单样：　　1992总.1（1.2）

　　表 5-3-7 是在"测深、测速记载及流量计算表(畅流期流速仪法)"表中增加了含沙量、输沙率有关项目的扩展,本表中的记载计算项目、统计项目的流量部分与前表相同,这里主要介绍输沙率的记载计算内容。

　　表 5-3-7 中床沙沙样编号、盛水样器编号、水样容积(cm^3)都在测验现场记载,测点含沙量(kg/m^3)由泥沙实验室处理计算,可从"悬移质水样处理记载表"转抄。若用含沙量测量仪直接测得含沙量,盛水样器编号、水样容积栏不填写。

　　单位输沙率是测点流速 $v(m/s)$ 和测点含沙量 $c(kg/m^3)$ 的乘积,单位为 $(kg/(s \cdot m^2))$,意义是单位面积的输沙率。垂线平均含沙量(kg/m^3)根据具体方法公式计算后填记。部分平均含沙量(kg/m^3)一般是相邻两测沙垂线平均含沙量的均值。部分输沙率一般是相邻两测沙垂线间部分平均含沙量与相应流量的乘积。

　　断面输沙率 Q_S 是各部分输沙率的累加,断面平均含沙量 $C = Q_S/Q$ 。相应单样含沙量由"悬移质水样处理记载表"转抄。

　　全断面混合法悬移质输沙率测验也有专门设计的记载计算表,需要记载测点位置、水样容积等,由"悬移质水样处理记载表"转抄混合法的含沙量即为断面平均含沙量 C ,断面输沙率 $Q_S = QC$,是断面平均含沙量与断面流量的乘积。

3.2.4.2　实测悬移质输沙率成果表

　　悬移质输沙率测验业务按年度编制实测悬移质输沙率成果表的要求,该表的格式如表 5-3-8 所示。

表 5-3-8　　××和××站实测悬移质输沙率成果表

年份:　　　　　　测站编码:　　　　　　　　　　　　　　　　　　共　　页第　　页

施测号数		施测时间			流量 (m^3/s)	断面 输沙率 (kg/s)	含沙量 (kg/m^3)		测验方法		附注
输沙率	流量	月-日	起	止			断面 平均	单样	断面平均 含沙量	单样 含沙量	
			时:分	时:分							

　　表 5-3-8 中各栏目意义是清楚的,可从悬移质输沙率测验记载计算表转抄。但注意,含沙量栏下的单样填记输沙率测验时实测的"相应单样",测验方法栏下的单样含沙量填写本站采用的具体方法,如"固定一线两点混合法"等。断面平均含沙量的测验方法分 3 段文字数字填写,第一段填写仪器,第二段填写垂线/测点数或垂线/积深,第三段填垂线取样方法,如填写"横式 15/45 选点",就表示本次采用选点法使用横式采样器在 15 条垂线共 45 点位测取样测验。

3.2.5　控制站运行日志的编制要求

　　小流域控制站监测资料的编制包括两部分内容:一是资料说明;二是小流域控制站监

测数据整编。具体要求如下。

3.2.5.1　资料说明

资料说明用文字和表格表述,主要介绍小流域自然概况、土地利用和水土保持情况、观测目的与站点布设、观测项目与方法、资料整编情况和基本图件等。

1. 自然概况

简要介绍施测小流域行政区、地理位置(纬度和经度)、流域面积、所属大江大河流域或支流、地形地貌和气候特征、主要土壤和植被类型、土地利用、社会经济活动等,并填写小流域基本信息表,见表5-3-9。

表 5-3-9　小流域基本信息表

地理位置:_____省_____县(区)_____乡_____村

地理坐标:东经_____北纬_____

(1)自然情况							
气候特征	年平均温度(℃)	年最高温度(℃)	年最低温度(℃)	≥10℃积温(℃)	无霜期(d)	年平均降雨量(mm)	年蒸发量(mm)	
流域特征	平均海拔(m)	最高海拔(m)	最低海拔(m)	流域面积(km²)	流域长度(km)	沟壑密度(km/km²)	流域形状系数	主沟道纵比降(%)
坡度分级(%)	坡名	平坡	缓坡	中等坡	斜坡	陡坡	急坡	急陡坡
	坡度(°)	<3	3~5	5~8	8~15	15~25	25~35	>35
土壤与土壤侵蚀状况	主要土壤类型			平均土层厚度(cm)	流域平均输沙模数(t/(hm²·a))	土壤侵蚀模数(t/(hm²·a))	流域综合治理度(%)

(2)土地利用结构(hm²)						
耕地	园地	林地	牧草地	其他农用地	荒地	其他

(3)社会经济状况						
流域内人口数	流域内劳动力人口	平均粮食单产(kg/hm²)	人均粮食(kg/人)	农村生产总值(万元)	人均基本农田(hm²)	人均纯收入(元)

填报人:　　　　核查人:　　　　资料来源:

2. 土地利用与水土保持

简要介绍小流域利用现状、水土保持措施类型与分布等,若有拦蓄工程,如水库、骨干塘堰等,应描述建设年代、数量、设计库容以及拦蓄或淤积情况等。

3. 观测目的与站点布设

简要介绍小流域设站的观测目的、主要监测设施情况(包括量水建筑物位置、类型、主要参数、流量计算公式等)、降水观测仪器数量、类型和分布等。

4. 观测项目与方法

简要介绍各项具体指标及其观测方法。

5. 资料整编情况

简要介绍整编资料的起止年、整编表主要指标或项目的计算方法、流量计算公式、数据格式等。

6. 基本图件

(1)小流域观测布设图:以小流域地形图为原图,标绘量水堰(槽)和雨量位置,参考图5-3-16。

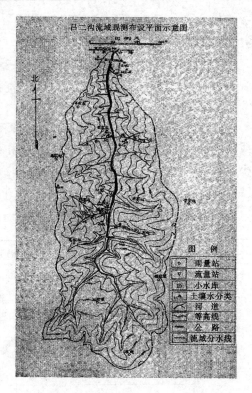

图 5-3-16　小流域观测布设图(示例)

(2)小流域 1:1 万土壤分布地形图,参考图5-3-17。

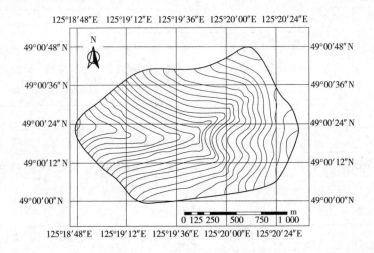

图 5-3-17　小流域土壤分布地形图(示例)

(3)小流域调查图,参考图5-3-18。

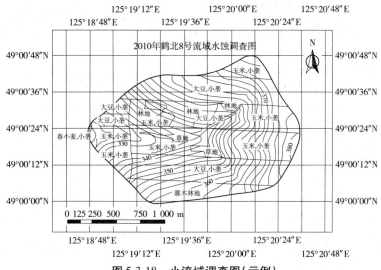

图 5-3-18　小流域调查图（示例）

（4）小流域调查表，即为小流域记录表 4——流域水蚀野外调查表（见表 5-3-10）。

表 5-3-10　小流域记录表 4——_____流域水蚀野外调查

调查时间：　年　月　日　　　调查人：　　　审核人：　　　　　　　　第　页，共　页

地块编号	土地利用		植被措施				工程措施				农耕措施		相片编号	备注
	类型	代码	类型	代码	郁闭度	覆盖度（%）	类型	代码	建设时间	质量	类型	代码		

3.2.5.2　小流域控制站监测数据整编表

1. 整编表清单

（1）小流域整编表 1——逐日降水量，如表 5-3-11 所示。

（2）小流域整编表 2——降水过程摘录，如表 5-3-12 所示。

（3）小流域整编表 3——流域控制站逐日平均流量，如表 5-3-13 所示。

（4）小流域整编表 4——流域控制站逐日平均含沙量（悬移质），如表 5-3-14 所示。

（5）小流域整编表 5——流域逐日产沙模数（悬移质），如表 5-3-15 所示。

（6）小流域整编表 6——流域径流泥沙过程（悬移质），如表 5-3-16 所示。

（7）小流域整编表 7——流域逐次洪水径流泥沙（悬移质），如表 5-3-17 所示。

（8）小流域整编表 8——流域年径流泥沙（悬移质），如表 5-3-18 所示。

（9）小流域整编表 9——流域土壤含水量，如表 5-3-19 所示。

2. 填表说明

（1）小流域整编表 1——逐日降水量。如表 5-3-11 所示，根据小流域日降雨观测记录表整理，次降雨和次降雨侵蚀力等指标根据降雨过程摘录计算表整理。

表 5-3-11　小流域整编表 1——_____年_____逐日降水量

日	1 月	2 月	3 月	4 月	5 月	6 月	7 月	8 月	9 月	10 月	11 月	12 月	日
1													1
2													2
3													3
4													4
5													5
6													6
⋮													⋮
31													31
降水量													降水量
降水日数													降水日数
最大日量													最大日量

年统计	降水量		日数		最大日降水量		日期		最大月降水量		月份	
	最大次雨量		历时		最大 I_{30}		日期		最大降雨侵蚀力		日期	
	初雪日期				终雪日期							
备注	降水量：　　mm；历时：　　min；I_{30}：　　mm/h；最大暴雨侵蚀力：　　MJ·mm/(hm²·h)											

（2）小流域整编表 2——降水过程摘录。如表 5-3-12 所示，与小流域计算表 1 相同，直接整编。

表 5-3-12　小流域整编表 2——_____年_____降水过程摘录

降水次序	月	日	时	分	累积雨量（mm）	累积历时（min）	时段降雨			I_{30}（mm/h）	降雨侵蚀力[MJ·mm/(hm²·h)]
							雨量（mm）	历时（min）	雨强（mm/h）		

填表说明：该表内容根据小流域降水过程计算表整编，相关项目的填写方式，以小流域降雨过程摘录计算表（小流域计算表 1）为准。表头填写：××年××站××号雨量站降水过程摘录。

降水次序：降雨发生的次序，不包括未达雨量摘录标准的降雨。

月、日、时、分：用整数表示，指一次降雨断点时刻。

累积雨量：一次降雨开始时刻到当前时刻的累积雨量，单位为 mm，保留一位小数。

累积历时：一次降雨开始时刻到当前时刻的累积时间，单位为 min，保留整数。

时段降雨：3 项指标如下：

雨量：填写上一时刻到当前时刻的累积雨量，单位为 mm，保留一位小数。

历时：填写上一时刻到当前时刻的时间，单位为 min，保留整数。

雨强：填写上一时刻到当前时刻的降雨强度，单位为 mm/h，保留一位小数。

I_{30}：本次降雨的最大 30 min 雨强，单位为 mm/h，保留一位小数。

降雨侵蚀力：本次降雨的降雨侵蚀力，单位为 MJ·mm/(hm²·h)，保留一位小数。

（3）小流域整编表 3——流域控制站逐日平均流量，如表 5-3-13 所示，根据小流域逐日径流泥沙计算表整理。

表 5-3-13　小流域整编表 3——＿＿＿＿＿年＿＿＿＿＿＿＿＿＿流域控制站逐日平均流量

日	1 月	2 月	3 月	4 月	5 月	6 月	7 月	8 月	9 月	10 月	11 月	12 月	日
1													1
2													2
3													3
4													4
5													5
6													6
⋮													⋮
31													31
平均													平均
最大													最大
日期													日期
最小													最小
日期													日期
年统计	最大流量		日期		最小流量		日期		平均				年统计
	径流量（m³）				径流模数（m³/hm²）				径流深（mm）				
备注	流量（m³/s）												

（4）小流域整编表 4——流域控制站逐日平均含沙量（悬移质）。如表 5-3-14 所示，根据小流域逐日径流泥沙（悬移质）计算表整理。

表 5-3-14　小流域整编表 4——＿＿＿＿＿年＿＿＿＿＿＿＿＿＿流域控制站逐日平均含沙量（悬移质）

日	1 月	2 月	3 月	4 月	5 月	6 月	7 月	8 月	9 月	10 月	11 月	12 月	日
1													1
2													2
3													3
4													4
5													5
6													6
⋮													⋮
31													31
平均													平均
最大													最大
日期													日期
最小													最小
日期													日期
年统计	最大含沙量		日期		最小含沙量		日期		平均含沙量				年统计
备注	含沙量（g/L）												

（5）小流域整编表5——流域逐日产沙模数（悬移质）。如表5-3-15所示，根据小流域逐日径流泥沙（悬移质）计算表整理。

表5-3-15　小流域整编表5——＿＿＿＿年＿＿＿＿＿＿＿流域逐日产沙模数（悬移质）

日	1月	2月	3月	4月	5月	6月	7月	8月	9月	10月	11月	12月	日
1													1
2													2
3													3
4													4
5													5
6													6
⋮													⋮
31													31
平均													平均
最大													最大
日期													日期
年统计	最大产沙模数		日期		最小产沙模数			日期		平均			年统计
备注	产沙模数（t/hm²）												

（6）小流域整编表6——流域径流泥沙过程（悬移质）。如表5-3-16所示，根据小流域径流泥沙（悬移质）计算表整理。

表5-3-16　小流域整编表6——＿＿＿＿＿＿＿＿＿＿流域径流泥沙过程（悬移质）

降水次序	径流次序	月	日	时	分	水位（cm）	流量（m³/s）	含沙量（g/L）	时段（min）	累积径流深（mm）	累积产沙（t/hm²）

（7）小流域整编表7——流域逐次洪水径流泥沙（悬移质）。如表5-3-17所示，与流域逐次洪水径流泥沙（悬移质）计算表一致，直接填写。

表5-3-17　小流域整编表7——＿＿＿＿＿＿＿＿＿＿流域逐次洪水径流泥沙（悬移质）

径流次序	降雨起			降雨止			历时（min）	雨量（mm）	平均雨强（mm/h）	I_{30}（mm/h）	降雨侵蚀力[MJ·mm/（hm²·h）]	产流起			产流止			产流历时（min）	洪峰流量（m³/s）	径流深（mm）	径流系数	含沙量（g/L）	产沙模数（t/hm²）	备注
	月	日	时	分	日	时	分						日	时	分	日	时	分							

（8）小流域整编表8——流域年径流泥沙（悬移质）。如表5-3-18所示，记录了每个小流域逐年降水及其产生的径流、悬移质泥沙观测成果，主要项目说明如下：

①降雨量是年降雨总量。如有非观测期，应在"备注"栏注明观测的起止日期。

②降雨侵蚀力是每年观测期内所有大于等于 12 mm 次降雨的降雨侵蚀力之和。

③径流系数是每年逐次径流深之和(即每年径流深)与该年总降雨量之和的比值。

④产沙模数是每年每次产沙模数之和。

表 5-3-18　小流域整编表 8——＿＿＿＿＿＿流域年径流泥沙(悬移质)

年	流域名称	流域面积 (km²)	降雨量 (mm)	降雨侵蚀力 [MJ·mm/(hm²·h)]	径流深 (mm)	径流系数	产沙模数 (t/hm²)	备注

填表说明:

年:观测年。

流域名称:填写监测小流域的名称。

流域面积:监测流域的面积,保留两位小数。

降雨量:单位为 MJ·mm/(hm²·h),保留一位小数。

降雨侵蚀力:单位为 mm,保留一位小数。

径流深:浑水径流深,单位为 mm,保留一位小数。

径流系数:浑水径流系数,保留两位小数。

产沙模数:单位为 t/hm²,保留三位小数。

(9)小流域整编表 9——流域土壤含水量。如表 5-3-19 所示,根据流域逐日降水计算表、流域土壤水分(TDR 法)计算表、流域土壤水分(烘干法)计算表整理。

表 5-3-19　小流域整编表 9——＿＿＿＿＿＿流域土壤含水量

测点	测次	月	日	土壤深度 (cm)	重量 含水量 (%)	体积 含水量 (%)	两测次 间降水 (mm)	测点	测次	月	日	土壤深度 (cm)	重量 含水量 (%)	体积 含水量 (%)	两测次 间降水 (mm)

说明:为确保计算和整编过程的规范性和数据质量,本手册涉及的径流小区和小流域控制站计算表,以及径流小区和小流域控制站整编表的某些内容,可提供计算机软件计算。具体关注中国水土保持监测(http://www.cnscm.org)网进行下载和安装。

模块 4　水土保持调查

4.1　调查作业

4.1.1　小流域基本知识

所谓小流域,通常是指集水面积在 50 km² 以下,相对独立和封闭的自然汇水区域。通常小流域的积水面积小于 30 km²。

小流域综合治理,是指以小流域为单元,在全面规划的基础上,预防、治理和开发相结合,合理安排农、林、牧等各业用地,因地制宜地布设水土保持措施,实施水土保持工程措施、植物措施和耕作措施的最佳配置,实现从坡面到沟道、从上游到下游的全面防治,在流域内形成完整、有效的水土流失综合防护体系,既在总体上,又在单项措施上能最大限度地控制水土流失,达到保护、改良和合理利用流域内水土资源和其他自然资源,充分发挥水土保持生态效益、经济效益和社会效益的水土流失防治活动。

小流域经济,是指以小流域为单元,在规模化、集约化水土保持综合治理开发基础上发展起来的产业化、商品化农业生产模式。

小流域的地貌因子指标,通常用流域面积、高程高差、流域长度、流域平均宽度、平均比降、流域形状、地貌类型、坡面坡度、沟壑密度以及其经纬度等描述。

4.1.2　植物生物量的测定方法

植被是绿色植物覆盖地表的总称,包括林地植被和作物植被两大类。植被的水土保持作用已经被人们所公认,尤其森林植被在固着土地、涵养水源、理流防冲、调节气候和改善生态环境及农业生产条件等方面效果显著。

绿色植物的物质生产研究,都以生物量测定为基础。生物量包括地上生物量和地下生物量(即根系)两部分,调查和测定的方法不同。

4.1.2.1　地上生物量测定(生物量测定)

测定植物杆、枝、叶、果的方法有收获法和间接估算法。

1. 收获法

收获法是最精确的方法,通过收获样地或标准地内的植株来测定杆、枝、叶、果的生物量,计算出总生物量。收获的方法有全部收获(对于样地称皆伐),作物测产即用此法;还有仅收获平均标准株的生物量(或标准枝的生物量),结合密度(或枝数)计算出总生物量。

2. 间接估算法

间接估算法是通过精细的收获方法取得生物量数据,及由实测得出植物生长某个

（或几个）数量特征,再用数学方法拟合出生物量与林木生长特征值之间的关系式,作为生物量的预测模型,这是目前应用最多的方法。在林地调查中,多用林分平均值直径的平方和树高的乘积（D^2H）或仅用直径 D 来估算不同器官的生物量。

4.1.2.2　地下生物量测定（根系测定）

根系是植被生态系统中的主要组成部分,它对土壤抗冲性影响十分明显,愈来愈受到人们的重视。

根系测定的度量指标有质量（烘干重）和长度两种,有的研究为了方便取用单位土体中的根重（g/1 000 cm³）和根长（m/1 000 cm³）,在分析根系的作用大小时,还将根系进行分级测定,毛根（直径 <2 mm）固结土壤能力最强,但抗拉强度较差;细根（直径为 2~5 mm）和粗根（直径 >5 mm）固结土壤能力弱,但它支持植物体,抗拉强度高。

野外测定植物根系的方法有挖掘法和剖面法两种。

挖掘法是用人工及常用的挖掘机械,掘出植物的全部根系,再用水冲走土体,进行观测的方法。该法虽然笨重但是精确度较高,能观测到接近自然状态的植物根系,通常用于农作物、禾草植被研究。

剖面法是先挖掘出土壤剖面,然后分层测量根系在剖面上的分布状况,再计算出总根系的方法,它应用于多种植被研究。此外,还可利用土钻和其他工具,采取土壤根系样品,结合冲洗根系分离土粒的方法,再测定根系。

根系的研究表明:一般农作物及禾草根系绝大部分分布在 60 cm 以内的土层中,最大深度达 2.0 m 以上;灌木和乔木根系多在 1.0~2.0 m 以内的土层中,最大深度达 10 m 左右。根系分布的范围多与冠幅相一致。这样,在根系测定时,一般仅挖掘出绝大部分根系即可。

4.1.3　土壤调查的内容、指标和方法

4.1.3.1　土壤调查的内容

土壤调查的主要内容包括地面组成物质的概况、土壤厚度、土壤质地、容重、空隙率及有机质的含量等。

1. 土壤类型

我国的土壤分类主要依据土壤的发生学原则,即把成土原因、成土过程和土壤属性（较稳定的性态特征）三者结合起来。同时,把耕作土与自然土作为统一的整体来考虑,注意了生产上的实用性,形成我国土壤分类系统。土壤分类系统采用六级的等级分类制。

一级土纲:根据成土过程的共同特点加以概括。

二级土类:是分类的基本单元。它是在一定的自然条件或人为因素作用下形成的,具有独特的成土过程和土体结构。

三级亚类:是土类中的不同发育阶段,或土类间的过渡类型。

四级土属:是承上启下的单元。主要依据母质、侵蚀程度、耕种熟化情况等地方性因素划分。

五级土种:是分类的基层单元。依据发育程度或熟化程度划分。

六级变种:是土种内的变化,一般以表层或耕作层的某些变化来划分。

我国的土壤分类系统即由这些分类原则确定,应用时可查土壤类型图或有关说明文件。

2. 土壤质地与组成

土壤质地是指土壤颗粒的相对含量,也称机械组成。将颗粒组成相近而土壤性质相似的土壤划分为一类并给予一定名称,称为土壤质地类型。我国分为砂土、壤土和黏土三类。砂土类以砂含量划分为粗砂土、细砂土和面砂土,黏土类以黏粒含量划分为粉黏土、壤黏土和黏土,壤土类以粗粉粒为主结合砂粒、黏粒含量划分为砂粉土、粉土、粉壤土、黏壤土和砂壤土,共 11 个亚类。

土壤质地组成是指某粒级颗粒质量占全质量的百分数(%),由颗粒分析得出,常用筛分法和比重计法分析。

土壤质地不同,渗透性和抗侵蚀性能差异很大。在冻土区,冻土土质的差异,会形成不同的位移侵蚀方式,当粉粒黏粒含量较多时,容易被融水饱和而形成热融泥流;当砂砾含量多、粉粒黏粒含量较少时,多出现热融滑塌;热融滑坡则介于上述二者之间;热融坍塌常见于粗砂质的沙丘坡。此外,冻土土质对该地区土地利用、微域环境改善作用不同。

3. 有效土层厚度

有效土层是指土壤发育的有机质层、淋溶层、淀积层和心土层(母质层)的总称,其厚度即为有效土层厚度。还有人把上述土层厚度减去 10 cm 称为有效土层厚度,单位为cm。我国耕垦历史悠久,侵蚀严重,自然土承剖面在农区、牧区已不存在,因而把一般作物生长发育所必需的土层厚度,即对作物生长发育有效的土层厚度称为有效土层厚度。当土层厚度超过有效土层厚度时,作物生长发育及生产量主要取决于土壤肥力,与土层厚度几乎无关;当土层厚度小于有效土层厚度时,则作物生长发育及生产量受土层厚度影响,并随土层厚度的减小而影响越来越大,直至土层厚度甚小或缺失不能利用而废弃。

由此可知,有效土层厚度对于不同作物是不同的。深根系作物,有效土层厚度要大;浅根系作物,有效土层厚度相对要小。对于第四系的松散堆积物,如黄土、类黄土,有效土层厚度大;对于低山丘陵区发育的土壤,有效土层厚度相对要小。目前,一般认为黄土区有效厚度为 120 ~ 200 cm,低山丘陵区发育的土壤有效厚度为 50 ~ 70 cm。

有效土层厚度观测方法是开挖土壤剖面,经实际量测确定。

4. 土壤有机质含量

土壤有机质是指土壤中生物遗体及其分解转化的腐殖质和半分解的有机衍生物质。其质量占土重的比值即为土壤有机质含量,用百分数(%)表示。测定有机质含量的常用方法是重铬酸钾——硫酸氧化法,具体操作步骤需按《土壤理化性质分析测验》进行。水土保持部门多测定表层(耕作层)0 ~ 25 cm 厚的有机质含量。

有机质含量是土壤肥力的重要标志,通过有机胶结质能形成水稳性涂团粒,能改善土壤密度和通透性,对调节水分入渗、提高土壤抗冲性和抗蚀性有重要作用。

5. 土壤养分含量

土壤中储存有植物生长发育所需的营养元素数量,称为土壤养分含量。营养元素中的氮、磷、钾在植物生长发育中需要量很大,称为大量元素。土壤中大量元素的总含量(包括矿化和未矿化两部分),也称为全量,即全氮、全磷、全钾,用其质量占土样质量的百分数表示;大量元素中已矿化可被植物吸收利用的部分含量,称为速效元素,即速效氮、速效磷、速效钾,用单位土样重中的毫克数表示,单位为 mg/kg。营养元素中还有植物生长发育必需的微量元素,主要有锰、铜、锌、铁、钼、硼等。通常不考虑土壤的供应潜力,仅测定其速效成分含量,用单位土样重中的微克数表示,单位为 μg/kg。

土壤大量养分含量的测定方法:全氮测定用凯氏蒸馏法,速效水解氮用碱解扩散法;全磷用氢氧化钠碱熔——钼锑抗比色法,速效磷在中性土壤和石灰性土壤中用 0.5 mol/L。磷酸氢钠浸提,再用钼锑抗比色法;在酸性土壤中用氟化铵——盐酸浸提,再用钼锑类抗比色法,全钾用氢氧化钠碱熔,制备待测液,火焰光度计法测定;速效钾用 1 mol/L 醋酸铵浸提,火焰光度计法测定。

土壤微量养分含量测定方法:有效锰(Mn)中的交换性锰用 1 mol/L 醋酸铵浸提,再用高锰酸钾比色法或原子吸收分光光度计测定。土壤中还原锰的测定用对苯二酚——1 mol/L 醋酸铵浸提,再用高锰酸钾比色法或原子吸收分光光度计测定。有效铜(Cu)在酸性土壤中用 0.1 mol/L 盐酸浸提,石灰性土壤用 DTPA 溶液浸提,再用 DDTC 比色法或原子吸收分光光度计法测定。有效锌(Zn)浸提方法与有效铜(Cu)一致,待测液用双硫腙比色测定或原子吸收分光光度计测定;有效铁(Fe)用 DTPA 浸提,再用联吡啶比色测定或原子吸收分光光度计测定。有效钼(Mo)用草酸——草酸铵浸提,再用硫氰化钾(KCNS)比色或极谱仪测定。有效硼(B)用沸水浸提,再用姜黄素比色测定。

土壤中的营养元素含量除受土壤母质影响外,主要受管理施肥影响,其结果易导致表层土壤养分含量高、底层土壤含量低的现象。因而,应用本指标需说明土壤层次。

6. 土壤酸碱度(pH 值)

土壤酸碱性的度量指标称为 pH 值,无量纲。测定 pH 值常用的方法有混合指示剂比色法及电位测定法。pH 值是土壤重要的基本性质,也是影响土壤肥力的因素之一,它直接影响土壤养分的存在状态、转化和有效性。pH 值对土壤中氮素的硝化作用和有机质的矿化作用等都有很大的影响,因此对植物的生长发育有直接影响。在盐碱土中测定 pH 值,可以大致了解是否含有碱金属的碳酸盐和发生碱化,作为改良和利用土壤的参考依据;同时,在一系列的理化分析中,土壤 pH 值与很多项目的分析方法和分析结果有密切联系,也是审查其他项目结果的一个依据。

7. 土壤阳离子交换量

土壤的阳离子交换性能是由土壤胶体表面性质所决定的,由有机质的交换基与无机质的交换基构成,前者主要是腐殖质酸,后者主要是黏土矿物。它们在土壤中互相结合,形成了复杂的有机无机胶质复合体。复合体所能吸收的阳离子总量,包括交换性盐基(K^+、Na^+、Ca^{2+}、Mg^{2+})和水解性酸,两者的总和即为阳离子交换量。其交换过程是土壤固相阳离子与溶液中阳离子起等量交换作用。阳离子交换量的大小,可以作为评价土壤保水保肥能力的指标,是改良土壤和合理施肥的重要依据之一。

测量土壤阳离子交换量的方法有若干种,EDTA——铵盐快速法不仅适用于中性、酸性土壤,并且适用于石灰性土壤的阳离子交换量测定,单位为 mg/100 g。

8. 土壤渗透速度

土壤渗透速度亦称入渗率、下(入)渗速度、下(入)渗强度等,是指降雨或灌溉水进入非饱和土壤的垂直入渗的速度,以单位时间通过的水量(深)表示(mm/min 或 mm/h),是一个随时间变化的数值。水土保持部门测定渗透速度用双环法(方法略),观测入渗量及时间可以计算出。渗透过程分为渗吸阶段和稳渗阶段,一般初渗速度大,稳渗速度小。初渗速度多用前 30 min 入渗量算出,稳渗速度要测几个小时才能算出(南方约需 1.5 h,北方需 3~5 h,黄土区约需 6 h 以上)。

土壤渗透速度是影响产流的重要因素,除受土壤质地的影响外,还与施肥、耕作管理等有关,不同土地利用的渗透速度也不同。

9. 土壤含水量(率)

土壤含水量(率)是指土壤孔隙中含有水分的多少,又称为土壤湿度。当为绝对含量时,常用水深表示,单位为毫米(mm);当用相对含量表达时即为含水率(%),也称为含水量。相对含水量若用含水重与干土重的百分比表示,称为质量含水量;若用含水体积与土体体积的百分比表示,称为体积含水量。此外,还有田间持水量,它是毛管含水量的最大值。水土保持部门多使用质量含水量,田间持水量多用于土壤贮水量和灌溉定额计算。

土壤含水量的测定方法有多种,现多用环刀取样烘干称重法和中子水分测定仪法、便携式 TDR 法。前一种方法使用设备简单,工作量大,难以实现同点多层多期观测,对比性差;后两种方法使用水分测定仪,简单快捷,能对同一测点实现多期动态观测,但应注意对不同土质(含不同土质剖面)需确定不同测定曲线,否则不能应用。无论采用何种方法均应分层测定,深度应在 50 cm 以上。

土壤含水量既影响产流量的多少,又制约土壤抗蚀性的大小,还能通过影响植被间接影响土壤侵蚀量,因而成为侵蚀观测的重要指标。

10. 土壤密度

土壤密度是指单位体积自然状态土壤体(含粒间孔隙)的质量,单位为 g/cm³。若含水测定,称为湿密度;若烘干称重,称为干密度;若吸水饱和再称重,称为饱和密度。水土保持部门多使用干密度。土壤密度不仅用于鉴定土壤颗粒间排列的紧实度,而且也是计算土壤孔度和空气含量的必要数据。

测定土壤密度的方法有很多,如环刀法、蜡封法、水银排出法等。常用的是环刀法,此法操作简便,结果比较准确,能反映田间土壤实际情况。其原理是利用一定体积的环刀切割未扰动自然状态的土样,使土样充满其中,称量后计算单位体积的烘干土重。

11. 土壤团粒含量

土壤团粒是土壤中的细小颗粒被聚合起来形成近似于球形的较大复粒的简称。土壤颗粒除砂粒和粗粉粒外,黏粒和细粉粒大多相互聚合一起构成较大的复粒,即土壤团粒。土壤团粒质量占分析土样重的百分数,称为土壤团粒含量(%)。

团粒含量高的土壤,产流小,侵蚀强度弱,尤其水稳性团粒含量高的土壤更明显。水稳性团粒是被有机胶体(多糖类、腐殖质等)胶结的团粒,它们遇水不宜分散,从而提高了土壤抗蚀性。此外,团粒中粒径不足 1 mm 的团粒,称为微团聚体,它的含量在确定土壤分散率、侵蚀率等抗蚀性指标中极为有用。

团粒含量用筛分法测定,水稳性团粒用约德尔法测定。

4.1.3.2 土壤调查的方法

1. 宏观调查

根据山区地面组成物质中土与石占地面积的比例,划分为石质山区、土质山区和土石山区。划分的标准是:以岩石构成山体、基岩裸露面积大于70%者为石质山区,以多种土质构成山体、岩石裸露面积小于30%者为土质山区,介于两者之间的为土石山区。着重了解裸岩面积的变化情况。

根据丘陵或高原地面组成物质中大的土类进行划分,如东北黑土区、西北黄土区 、南方红壤区等。着重了解土层厚度的变化情况。

2. 微观调查

具体调查坡、沟不同位置的土壤和土质情况。用土钻或其他方法取样,进行土壤理化性质分析,调查坡、沟不同部位的土层厚度,土壤质地、容重、孔隙率,氮、磷、钾、有机质含量,了解其对农、林、牧业的适应性。

4.1.4 特征的指标及其测定方法

4.1.4.1 侵蚀性降雨

侵蚀性降雨是指能在坡面裸地上产生土壤侵蚀($\geqslant 1$ t/km^2)的最小降雨强度及其范围内的降雨量,它包含了最小降雨强度和最小降雨量,单位为 mm。侵蚀性降雨是在坡面小区观测的配合下,由自记雨量计观测得到。一般认为,当小区土壤侵蚀量$\geqslant 1$ t/km^2 时,从降雨记录纸中计算出最大 10 min 雨强、20 min 雨强、30 min 雨强(I_{30})以及该次降雨量;再从多年的积累资料中,选取最小强度和相应的降雨量,即为区域侵蚀性降雨量指标。

一般来说,凡产生地表径流的降雨,即能产生侵蚀。因而,侵蚀性降雨亦是产生地表径流的临界降雨。我国多以次降雨量 10 mm 为侵蚀性降雨临界值。累加一年内侵蚀降雨量即得年侵蚀降雨量(mm),在计算区域降雨侵蚀力指标中十分有用。

4.1.4.2 降雨侵蚀力指标

用以表示降雨侵蚀作用大小的指标,称降雨侵蚀力指标(用 R 表示)。它并非是物理学中"力"的概念,而是由易测的降雨量、降雨强度(内含雨滴落地速度)统计计算出来的指标。计算的基本公式由 D. D. Smith 等提出,为:

$$R = \sum E_i I_{30} \tag{5-4-1}$$

$$E_i = 210.35 + 89.04 \lg I_i \tag{5-4-2}$$

式中 　R——降雨侵蚀力指标;

E_i——次降雨中某一强度下的动能,m·t/(hm^2·cm);

I_{30}——该次降雨过程中最大 30 min 时段的平均雨强,mm/h;

I_i——降雨过程中以雨强划分的时段内平均雨强,mm/h。

计算此指标,先将次侵蚀降雨记录纸按雨强的一致性划分为若干段,计算出最大 30 min(斜率最陡)的雨量和雨强 I_{30};并标出各段的雨量和历时,计算出 I_i;然后代入公式先求不同时段的 E_i,再对 E_i 求和后乘以 I_{30}。应该注意的是,单位不同计算式略有不同。我国一些地区已有成熟的计算式,也可应用。

降雨侵蚀力指标与土壤侵蚀成正相关,因而成为预测预报研究中心的重要因子;借用 USLE,由它还可以反推出土壤可蚀性因子值。

4.1.4.3　产流量

产流量是侵蚀降雨在坡面产生的地表总径流量的简称,也称径流量,单位为 m^3。在坡面小区测验中,由于径流与侵蚀泥沙同时出现,因而有浑水径流量和清水径流量之分,前者由观测取得,后者由计算得出。观测设施除小区及集流槽外,还有集流池(桶)、分流箱等。产流结束后,测量集流池(桶)中收集的径流体积或用分流系数加以校正,即得浑水径流量(单位为 m^3);经取浑水样分析,求得泥沙含量和泥沙体积(单位为 m^3),再由浑水径流量减去泥沙体积,就得清水径流量。

清水径流量是计算径流系数、径流模数(单位为 m^3/km^2)的基础,也是规划水土保持措施、评价水土保持措施效果和坡面水量平衡计算的重要依据和指标。

4.1.4.4　土壤侵蚀量

土壤侵蚀是水力、风力、重力及其与人为活动的综合作用对土壤、地表组成物质的侵蚀破坏、分散、搬运和沉积的过程。其侵蚀破坏的数量为土壤侵蚀量,有水蚀侵蚀量、风蚀侵蚀量、各种重力侵蚀量、冻融侵蚀量和人为侵蚀量之分。在水蚀侵蚀量中有坡面水蚀量和沟道水蚀量两种。坡面水蚀量是侵蚀降雨及其产生的地表径流共同作用于坡面(小区),分散、剥离和搬运的土壤及地表物质的数量,又称侵蚀泥沙量,单位为 kg 或 t。侵蚀泥沙量由观测的浑水径流量(单位为 m^3)与取样分析所得含沙量(单位为 kg/m^3)相乘取得,为测验观测值。

土壤侵蚀量是计算土壤侵蚀模数(单位为 t/km^2)的基础,又是衡量区域土壤侵蚀和评价水土保持综合治理及各治理措施效益的重要指标。侵蚀量与多个因子有关,人们研究它们的关系并监理预测预报土壤侵蚀模型,目的在于掌握区域土壤侵蚀变化,以便调控治理和采取具体对策,防治土壤侵蚀发生发展,降低或减小土壤侵蚀量。

4.1.4.5　土壤导水率

土壤导水率又称土壤渗透系数、渗流速度,即达西定律中的 K,是在有压情况下,水透过某土体的速度,单位为 cm/s。测定土壤导水率的方法和设备是渗透仪。在设定水头 Δh 和渗长 ΔL 及渗透断面面积 A 条件下,观测透水流量 Q,代入 $Q = KA\Delta h/\Delta L$ 中,即可求出 K 值,它是一个测验指标。

土壤导水率在土工建筑设计和验算中是一个重要指标,能检验工程(含小型水库、淤地坝)有无管涌和流土发生,也能检验蓄水的渗透损失等,但在土壤侵蚀研究中还应用不多。

4.1.4.6　土壤黏结力

土壤黏结力也称黏聚力、凝聚力等,是由黏性土和土粒间的水和胶结物质的黏结而产生的力,单位为单位面积上的力(kg/cm^2)。黏结力是土体抵抗剪切破坏力的一种能力,因而应遵守库伦定律,表达为:

$$\tau_f = f\tan\varphi + C \tag{5-4-3}$$

式中　τ_f——土体抗剪强度,kg/cm^2;

　　　f——法向应力强度,kg/cm^2;

φ——土体内摩擦角；

$\tan\varphi$——摩擦系数；

C——黏结力，kg/cm^2。

测定黏结力的方法是借用上述公式，做剪切试验，使用的仪器有直剪仪、三轴剪切仪等数种；然后将试验结果点绘在以剪切强度为纵轴、法向应力为横轴的坐标上，连接各点所成的斜线（或作圆切线），其斜率为值 φ，斜线与纵轴交点至原点的截距即为 C 值。

不同土壤（含质地、管理、利用等）黏结力不同，在相同水力条件下冲刷，侵蚀效果不同。坡面侵蚀测验应用本指标以阐明侵蚀的力学机制。另外，在重力侵蚀、土工建筑中，广泛应用本指标。

4.1.4.7　土壤抗冲性

土壤抗冲性是指土壤抵抗降雨和径流对其机械破坏、冲刷推动下移的能力。它取决于土粒间胶结状况及其结构体易破坏离散的程度，受土壤质地、有机质含量、土壤密度等因素影响较大。

测定土壤抗冲性的方法和指标有几种，为了统一和相互比较，本指标采用标准坡面小区观测法，即用裸地坡度为 10°、宽 5 m、水平长 20 m 的坡面小区，在自然降雨或人工降雨下做冲刷测验，收集径流和侵蚀泥沙量，经计算用单位面积单位径流深冲刷土壤的数量表示，单位为每毫克径流深在 1 m² 上冲刷的土重（单位为 $kg/(m^2 \cdot mm)$）。指标值越大，土壤抗冲性越小；反之，土壤抗冲性越大。

土壤抗冲性还有几个指标，有与其相应的测定方法（如原状土冲刷槽法等），但最为方便的是与坡面小区观测结合，能反映土壤抗冲性的真实情况。

4.1.4.8　土壤抗蚀性

土壤抗蚀性是指土壤抵抗径流对其分散和悬浮的能力，主要取决于土粒和水的亲和力及土粒间的胶结力等。

测定土壤抗蚀性的方法为团粒分散法，亦称水稳性测定法，结果用 K 表示，无量纲。该法是将风干土筛分，取直径 0.7 ~ 1.0 mm 的复粒 50 粒，均匀置于孔径为 0.5 mm 的金属网上，然后放入静水中开始计时并观测，以 1 min 为间隔，分别记下被分散的土粒数，连续观测 10 min，其分散土粒的总和为 10 min 内分散的土粒数。由于土粒分散的时间不同，在计算 K 值时需给予修正。

水稳性修正系数为：第 1 分钟为 5%，第 2 分钟为 15%，第 3 分钟为 25%，第 4 分钟为 35%，第 5 分钟为 45%，第 6 分钟为 55%，第 7 分钟为 65%，第 8 分钟为 75%，第 9 分钟为 85%，第 10 分钟为 95%。在 10 min 内没有分散的土粒水稳性修正系数为 100%。

将观察得出的分散土粒数代入下式求 K：

$$K = \sum n_i k_i' / N \tag{5-4-4}$$

式中　n_i——第 i 分钟分散的土粒数；

　　　k_i'——第 i 分钟水稳性修正系数；

　　　N——测验用的总土粒数。

K 值实际反映了土壤团粒的分散性，其值越小，抗蚀性越强；反之，抗蚀性越弱。

有关土壤抗蚀性指标还有几种，测定方法不尽相同，这里从略。

　　土壤抗蚀性测定,一般要对土壤进行分层测定,通常不加说明时仅为表层土壤抗蚀性。抗蚀性强的土壤,侵蚀强度要小;反之,侵蚀强度要大。一般有机质含量高的土壤,团粒水稳性要高,抗蚀性也高;有机质含量越低,抗蚀性也越低。

4.1.4.9 单位面积溶蚀量

　　溶蚀是水蚀类中的一个亚类,指通过降水和流水的溶解作用,将地表可溶物质溶解随水流迁移的侵蚀现象,又称化学溶蚀。广义的溶蚀,还包括除化学溶蚀以外的物理侵蚀,即水力冲刷、破坏和搬运,这实质是以溶蚀为主的混合侵蚀。在我国云贵高原,碳酸盐岩大面积出露,使其成为岩溶地貌发育、溶蚀最严重的区域。

　　本指标是溶解于水中的溶蚀量,以单位面积年溶蚀的质量($g/(m^2 \cdot a)$)表示。

　　溶蚀量的测定方法有两种。一种是称样片放置法或放样法,将可溶岩加工成直径5 cm、厚0.5 cm的样片,放置在不同的位置(如空气中、土壤中、河流中等),经过一年或多年后,取回风干称重,即可得出。另一种是水文法,即当流域内地表大部分或全部被可溶岩覆盖,在适当位置建立径流泥沙观测站,除正常径流、泥沙测验外,加上溶质浓度测量(分析),用浓度和径流量之积得溶蚀物量,除以面积即得本指标。

4.1.4.10 土壤侵蚀

1. 土壤侵蚀强度

　　土壤侵蚀强度是指地壳表层土壤在自然营力(水力、风力、重力及冻融等)和人类活动综合作用下,单位面积和单位时段内被剥蚀并发生位移的土壤侵蚀量。它是定量地表示和衡量某区域土壤侵蚀数量的多少和侵蚀的强烈程度,通常用调查研究和定位长期观测得到。它是水土保持规划和水土保持措施布置、设计的重要依据,以土壤侵蚀模数表示。

　　土壤侵蚀强度是根据土壤侵蚀的实际情况,按轻微、中度、严重等分为不同级别。由于各国土壤侵蚀严重程度不同,土壤侵蚀分级强度也不尽一致,一般是按照允许土壤流失量与最大流失量值之间进行内插分级。我国水力侵蚀强度分级见表5-4-1。

表5-4-1　我国水力侵蚀强度分级

土壤侵蚀强度级别	侵蚀模数[$t/(km^2 \cdot a)$]	年平均侵蚀深(mm)
微度侵蚀(无明显侵蚀)	<1 000	<0.8
轻度侵蚀	1 000 ~ 2 500	0.8 ~ 2
中度侵蚀	2 500 ~ 5 000	2 ~ 4
强度侵蚀	5 000 ~ 8 000	4 ~ 6
极强度侵蚀	8 000 ~ 15 000	6 ~ 12
剧烈侵蚀	>15 000	>12

　　对于土壤侵蚀强度,威斯启梅尔(W. H. Wischmier)结合美国20世纪30年代起的8 000多个土壤侵蚀试验观测点资料,统计总结提出了以下计算公式:

$$A = R \cdot K \cdot S \cdot L \cdot C \cdot P \tag{5-4-5}$$

式中　A——土壤侵蚀量,$t/(km^2 \cdot a)$;

　　　R——降水量及其强度对土壤表层产生的侵蚀动能,J/m^2,一般可用年降水量及每一次大于 30 min 的降水强度等采用有关公式计算而得;

　　　K——土壤质地与结构,用野外及室内试验皆能求出该土壤的质地及其渗水速度值以求出 K 值;

　　　L、S——土壤所处地面的坡长与坡度,可用一些标准地或标准模型水槽而求出其相对比值;

　　　C——植被盖度(%);

　　　P——田间工程保护措施和土壤耕作措施。

该方程比较全面地考虑了土壤侵蚀的环境因素,世界各地应用效果较好,各地在应用时多只是修订和确定了一些因素的区域参数值。

2. 土壤侵蚀模数

土壤侵蚀模数表示单位面积和单位时段内的土壤侵蚀量,其单位名称和代号为吨每平方千米年($t/(km^2 \cdot a)$),或采用单位时段内的土壤侵蚀厚度,其单位名称为毫米每年(mm/a)。

土壤侵蚀模数的影响因素较多,主要包括降雨因子、土壤可蚀性因子(由土壤理化性质(如土壤质地、土壤有机质含量等)决定)、地形因子(坡长、坡度)、植被因子(植被类型和覆盖度)以及水土保持管理措施因子。

土壤侵蚀模数,可按当地土壤容重建立土壤侵蚀模数与土壤侵蚀厚度之间的换算关系确定,即

$$土壤侵蚀厚度 = 土壤侵蚀模数／土壤容重 \tag{5-4-6}$$

式中,容重单位为 g/cm^3、t/m^3。

河流输沙模数不能直接引用为侵蚀模数,必须用泥沙输移比加以换算。

$$输沙模数 = 输移比 \times 侵蚀模数 \tag{5-4-7}$$

年土壤侵蚀模数常用于反映水土流失的动态变化及发展趋势,是一个动态变量指标;而多年平均侵蚀模数则是一个相对恒定的常数,常作为侵蚀区土壤侵蚀状况的背景值用于反映区域水土流失的严重程度。因此,区域年土壤侵蚀模数或多年平均侵蚀模数的评估与预测是土壤侵蚀模数研究的一个重要内容。

3. 土壤容许流失量

土壤容许流失量是指小于或等于成土速度的年土壤流失量。也就是说,土壤容许流失量是不至于导致土地生产力降低而允许的年最大土壤流失量。

在农耕地的土壤侵蚀防治中,常用通用土壤流失方程进行土壤流失量的估算,如果估算初定土壤流失量低于该土地的允许土壤流失量,则表明该土地的利用合理,不需要采取治理措施。确定土壤流失量是一项较为复杂的工作,目前各国确定的指标还有待完善,需要积累成土速率和土壤侵蚀对土壤生产能力影响等方面的资料。美国规定各类土壤容许

流失量的值为 4 ~ 11.2 t/(hm² · a)。

我国在不断积累资料的基础上,制定了不同地区的土壤容许流失量值,提出了土壤容许流失量为 2 ~ 10 t/(hm² · a)。

4.1.5　土壤侵蚀分类分级标准

《土壤侵蚀分类 分级标准》(SL 190—2007)由中华人民共和国水利部于2008年4月实施。该标准把全国土壤侵蚀类型区划分为3个一级类型区和9个二级类型区。

土壤侵蚀类型的划分以外力性质为依据,通常分为水力侵蚀、重力侵蚀、冻融侵蚀和风力侵蚀等。其中水力侵蚀是最主要的一种形式,习惯上称为水土流失。水力侵蚀分为面蚀和沟蚀,重力侵蚀表现为滑坡、崩塌和山剥皮,风力侵蚀分悬移风蚀和推移风蚀。

4.1.5.1　土壤侵蚀类型的区划

1. 区划原则

(1)用主导因素法并以与土壤侵蚀关联度高同时又是较稳定的自然因素作为分区的依据。

(2)全国一级区的区划以发生学原则(主要侵蚀外营力)为依据,分为水力侵蚀、风力侵蚀、冻融侵蚀三大侵蚀类型区。

(3)全国二级区的区划以形态学原则(地质、地貌、土壤)为依据,将以水力侵蚀为主的一级区分为西北黄土高原区、东北黑土区、北方土石山区、南方红壤丘陵区和西南土石山区等五个二级类型区。

(4)各大流域,各省(自治区、直辖市)可在全国二级分区的基础上再细分为三级区和亚区。

2. 区划的范围及特点

(1)为了对土壤侵蚀类型区划具体进行定性定量的划分工作,首先要收集区划范围内与土壤侵蚀有关的系列图件及相应资料,做好系统分析及综合集成,尤其要充分利用最新的遥感技术影像。

(2)土壤侵蚀范围及强度是一个动态变化过程,要重视和利用土壤侵蚀动态监测评价的有关成果。

(3)一些新的分析计算方法如模糊聚类分析等,可以参酌应用。

全国土壤侵蚀类型的区划见表5-4-2。

4.1.5.2　土壤侵蚀强度分级

1. 水力侵蚀、重力侵蚀的强度分级

(1)主要侵蚀类型区的土壤容许流失量见表5-4-3。基于我国地域辽阔,自然条件复杂,各地区成土速率不同,在各侵蚀类型区采用了不同的土壤容许流失量。

(2)土壤水力侵蚀强度分级标准,见表5-4-4。

表 5-4-2　全国土壤侵蚀类型的区划

一级类型区	二级类型区	区划范围及特点
I　水力侵蚀为主的类型区	I₁ 西北黄土高原区	大兴安岭—阴山—贺兰山—青藏高原东缘一线以东。西为祁连山余脉的青海日月山,西北为贺兰山,北为阴山,东为管涔山及太行山,南为秦岭。中部大致以长城为界,北为鄂尔多斯高原,南为黄土高原。第四纪时期的早、中两更新世晚期,陕甘宁盆地堆积了 100～200 m 厚的风积黄土。第四纪以来,新构造运动表现为间歇式的整体抬升,盆地便成为黄土高原。地带性土壤:在半湿润气候带自西向东依序为灰褐土、黑垆土、褐土;在干旱及半干旱气候带自西向东依序为灰钙土、棕钙土、栗钙土。 黄土高原土壤侵蚀极为严重,为全球之冠。9 个分区中以黄土丘陵沟壑区及黄土高原沟壑区尤甚,其中以河口镇—龙门区间 11 万 km² ,是剧烈侵蚀区,为黄河流域多沙粗泥沙的主要来源区,主要流域是黄河中游
	I₂ 东北黑土区(低山丘陵和漫岗丘陵区)	南界为吉林省南部,东西北三面为大小兴安岭和长白山所围绕。 漫川漫岗区为松嫩平原,是大小兴安岭延伸的山前冲积洪积台地。地势大致由东北向西南倾斜,具有明显的台坎。拗谷和岗地相间是本区的重要地貌特征。砂页岩上发育典型黑土,在松花江的二级阶地上侵蚀严重(中度—强度)。 东北漫岗丘陵,东、西、北侧的地区有:①大小兴安岭山地,系森林地带,坡缓谷宽,地质上属新华夏系第三隆起带,岩性是花岗岩及页岩,发育暗棕壤,轻度侵蚀;②长白山千山山地丘陵,系林草灌丛,岩性是花岗岩、页岩及片麻岩,发育暗棕壤、棕壤,轻度—中度侵蚀;③三江平原区(黑龙江、乌苏里江及松花江冲积平原),古河床,自然堤形成低岗地,河间低洼地为沼泽草甸,岗洼之间为平原,微度侵蚀。 主要流域是松花江
	I₃ 北方土石山区	东北漫岗丘陵以南,黄土高原以东,淮河以北,包括东北南部,河北、山西、内蒙古、河南、山东等部分。 太行山山地区,属暖温带半湿润区,包括大五台山、小五台山、太行山和中条山山地,是海河五大水系发源地。主要由片麻岩类、碳酸盐类组成,以褐土为主,中度—强度侵蚀,是华北地区侵蚀最严重的地区。 辽西—冀北山地区,岩性是花岗岩类、片麻岩类和砂页岩类,发育山地褐土和栗钙土,常有泥石流发生。朝阳地区水土流失最严重。整个范围属中度侵蚀。 山东丘陵区(位于山东半岛),由片麻岩类、花岗岩类等组成,发育棕壤、褐土,土层薄,尤其是沂蒙山区。属中度侵蚀。 阿尔泰山地区,新疆阿尔泰山南坡,属额尔齐斯河流域。山地森林草原,微度侵蚀。 松辽平原,松花江、辽河冲积平原,但不包括科尔沁沙地。发育厚层黑钙土和草甸土。低岗地有轻微侵蚀。 黄淮海平原区,北部以太行山、燕山为界,南部以淮河、洪泽湖等为界,是黄、淮、海三条河流域冲积平原。仅古河道岗地有微弱侵蚀。 主要流域是黄河中下游、淮河流域、海河流域

续表 5-4-2

一级类型区	二级类型区	区划范围及特点
I 水力侵蚀为主的类型区	**I₄ 南方红壤丘陵区**	以大别山为北屏,巴山、巫山为西障(含鄂西全部),西南以云贵高原为界(包括湘西、桂西),东南直抵海域并包括台湾、海南岛及南海诸岛。 广泛分布着红壤及黄壤,它是我国热带及亚热带地区的地带性土壤,此外还有紫色土、石灰土等。在高温高湿条件下,土壤矿物质强烈风化。 江南山地丘陵区,本区位于长江以南,南以南岭为界,西以云贵高原为界,包括幕阜山、罗霄山、黄山、武夷山等。以花岗岩类、碎屑岩类组成山地丘陵,山间多为红色小盆地,发育红壤、黄壤、水稻土。 岭南平原丘陵区,包括广东、海南岛和桂东地区。以花岗岩类、砂页岩类为主,发育赤红壤和砖红壤。局部花岗岩风化层深厚,崩岗侵蚀严重。 长江中下游平原区,位于宜昌以东,包括两湖平原、鄱阳湖平原、太湖平原和长江三角洲,微度侵蚀。 主要流域是长江中游及汉水流域、洞庭湖水系、鄱阳湖水系、珠江中下游
	I₅ 西南土石山区	北与黄土高原区接界,东与南方红壤丘陵区接壤,西接青藏高原冻融区。包括云贵高原、四川盆地、湘西及桂西。 地处亚热带,除碳酸岩广泛分布外,还有花岗岩类、紫色砂页岩类、泥岩、灰岩等。山高坡陡、石多土少,高温多雨、岩溶发育。山崩、滑坡、泥石流分布广,频率高。 四川山地丘陵区,习惯称四川盆地,但除成都高原外,多为山地和丘陵。以紫红色砂页岩、泥页岩类为主,发育紫色土、紫泥土等水稻土。水土流失严重,属强度侵蚀。常有泥石流,是长江上游泥沙主要来源区之一。 云贵高原山地区,区内有雪峰山、大娄山、乌蒙山等。主要由碳酸岩类和砂页岩类组成,发育黄壤、红壤和黄棕壤。土层薄,基岩裸露,坪坝地为石灰土,溶蚀为主。属轻度—中度侵蚀。 横断山山地区,包括藏南高山深谷、横断山脉、无量山及西双版纳地区。由变质岩类、花岗岩类、碎屑岩类组成,发育黄壤、红壤、燥红土。轻度—中度侵蚀,局部地区有严重泥石流。 秦岭大别山鄂西山地区,位于黄土高原、黄淮海平原以南,四川盆地、长江中下游平原以北。由浅变质岩类和花岗岩类组成,发育黄棕壤土,土层较厚。轻度侵蚀。 川西山地草甸区,包括大凉山、邛崃山、大雪山等。由碎屑岩类组成,发育棕壤和褐土。微度—轻度侵蚀。 主要流域为长江上中游及珠江上游

续表 5-4-2

一级类型区	二级类型区	区划范围及特点
Ⅱ 风力侵蚀为主的类型区	Ⅱ₁ 三北戈壁沙漠及沙地风沙区	主要分布于西北、华北、东北的西部，包括青海、新疆、甘肃、宁夏、内蒙古、陕西、黑龙江等省（自治区）的沙漠戈壁和沙地。 气候干燥、年降水 100~300 mm，大风及沙暴强烈，流动和半流动沙丘，植被稀少。 蒙新青高原盆地，荒漠强度风蚀区，包括准噶尔盆地、塔里木盆地和柴达木盆地，主要由腾格里沙漠、塔克拉玛干沙漠和巴丹吉林沙漠组成。 内蒙古高原草原中度风蚀水蚀区，包括呼伦贝尔、内蒙古和鄂尔多斯高原，毛乌素沙地、浑善达克（小腾格里）和科尔沁沙地，库布齐和乌兰察布沙漠。南部干旱草原为栗钙土，北部荒漠草原为棕钙土。 准噶尔绿洲荒漠草原轻度风蚀水蚀区，围绕古尔班通古特沙漠，呈向东开口和马蹄形绿洲带，发育灰漠土。 塔里木绿洲轻度风蚀水蚀区，围绕塔克拉玛干沙漠，呈向东开口的绿洲带，发育淤灌土。 宁夏中部风蚀区，毛乌素沙地，腾格里沙漠边缘的盐地，同心、灵武、中卫，年平均大风 20~30 次，沙暴 13~20 次。 东北西部风沙区，沙丘坨甸，为流动和半流动沙丘，强烈发展的沙漠化，沙化漫岗，正在发展的潜在沙漠化
	Ⅱ₂ 沿河环湖滨海平原风沙区	主要分布在山东黄泛平原、鄱阳湖滨湖沙山及福建省、海南省滨海区。 鲁西南黄泛平原风沙区，北靠黄河、南临黄河故道。宏观地形平坦，微地貌复杂，岗坡洼相间。土壤是沙丘及沙壤土，为马蹄形或新月形沙丘。已被联合国环境组织列为高度荒漠化威胁区。 鄱阳湖滨湖沙山区，主要分布在鄱阳北湖湖滨，赣江下游两岸新建流湖。一般每块在 1 万亩以上，最大 4 万~5 万亩，沙山分流动型（危害最烈）、半固定型及固定型。 福建及海南省滨海风沙区，福建海岸风沙主要分布在闽江口以南的长乐等，晋江口以南的晋江县、九龙江口以南的漳浦。海南省海岸风沙主要分布在文昌县，系第四纪湖相沉积物发育
Ⅲ 冻融侵蚀为主的类型区	Ⅲ₁ 北方冻融土侵蚀区	主要分布在东北大兴安岭山地及新疆的天山山地。 大兴安岭北部山地冻融水蚀区，因高纬高寒，属多年冻土地区，发育草甸土，土层薄。 天山山地森林草原冻融水蚀区，包括哈尔克山、天山、博格达山等。为冰雪融水侵蚀，局部发育冰石流
	Ⅲ₂ 青藏高原冰川侵蚀区	青藏高原冰川侵蚀主要发生在青藏高原和高山雪线以上。 藏北高原高寒草原冻融风蚀区，位于藏北高原，发育莎嘎土。 青藏高原高寒草原冻融侵蚀区，位于高原的东部与南部，高山冰川与湖泊相间，发育巴嘎土、莎嘎土等。局部有冰川泥石流

表 5-4-3　主要侵蚀类型区土壤容许流失量

类型区	土壤容许流失量[t/(km² · a)]
西北黄土高原区	1 000
东北黑土区	200
北方土石山区	200
南方红壤丘陵区	500
西南土石山区	500

表 5-4-4　土壤水力侵蚀强度分级标准

级别	平均侵蚀模数[t/(km² · a)]	平均流失厚度(mm/a)
微度	<200、500、1 000	<0.15、0.37、0.74
轻度	200、500、1 000~2 500	0.15、0.37、0.74~1.9
中度	2 500~5 000	1.9~3.7
强度	5 000~8 000	3.7~5.9
极强度	8 000~15 000	5.9~11.1
剧烈	>15 000	>11.1

　　土壤侵蚀强度分级,必须以年平均侵蚀模数为判别指标,只有当缺少实测及调查侵蚀模数资料时,可以在经过分析后,运用有关侵蚀方式(面蚀、沟蚀、重力侵蚀)的指标进行分级,各分级的侵蚀模数与土壤水力侵蚀强度分级相同。

　　(3)土壤侵蚀强度面蚀(片蚀)分级指标见表 5-4-5。

　　(4)土壤侵蚀强度沟蚀分级指标见表 5-4-6。

　　(5)重力侵蚀强度分级指标见表 5-4-7。

表 5-4-5　面蚀分级指标

地类		地面坡度				
		5°~8°	8°~15°	15°~25°	25°~35°	>35°
非耕地林草覆盖度(%)	60~75	轻　　度				
	45~60					强　度
	30~45	中　　度			强　度	极强度
	<30			强　度	极强度	剧　烈
坡耕地		轻　度	中　度			

表 5-4-6　沟蚀分级指标

沟谷占坡面面积比(%)	<10	10~25	25~35	35~50	>50
沟壑密度(km/km²)	1~2	2~3	3~5	5~7	>7
强度分级	轻度	中度	强度	极强度	剧烈

表 5-4-7　重力侵蚀强度分级指标

崩塌面积占坡面面积比（%）	<10	10~15	15~20	20~30	>30
强度分级	轻度	中度	强度	极强度	剧烈

2. 风蚀强度分级

日平均风速大于或等于 5 m/s 的年内日累计风速达 200 m/s 以上，或这一起沙风速的天数全年达 30 d 以上，且多年平均降水量小于 300 mm（但南方及沿海的有关风蚀区，如江西鄱阳湖滨湖地区、滨海地区、福建东山等，则不在此限值之内）的沙质土壤地区，应定为风蚀区。

风蚀强度分级见表 5-4-8。

表 5-4-8　风蚀强度分级

级别	床面形态 （地表形态）	植被覆盖度（%） （非流沙面积）	风蚀厚度 （mm/a）	侵蚀模数 $[t/(km^2 \cdot a)]$
微度	固定沙丘，沙地和滩地	>70	<2	<200
轻度	固定沙丘，半固定沙丘，沙地	70~50	2~10	200~2 500
中度	半固定沙丘，沙地	50~30	10~25	2 500~5 000
强度	半固定沙丘，流动沙丘，沙地	30~10	25~50	5 000~8 000
极强度	流动沙丘，沙地	<10	50~100	8 000~15 000
剧烈	大片流动沙丘	<10	>100	>15 000

3. 混合侵蚀泥石流强度分级

黏性泥石流、稀性泥石流、泥流的侵蚀强度分级，均以单位面积年平均冲出量为判别指标，见表 5-4-9。

表 5-4-9　泥石流的侵蚀强度分级

级别	每年每平方千米冲出量 （万 m^3）	固体物质补给形式	固体物质补给量 （万 m^3/km^2）	沉积特征	泥石流浆体容量 （t/m^3）
轻度	<1	由浅层滑坡或零星坍塌补给，由河床质补给时，粗化层不明显	<20	沉积物颗粒较细，沉积表面较平坦，很少有大于 10 cm 以上颗粒	1.3~1.6
中度	1~2	由浅层滑坡及中小型坍塌补给，一般阻碍水流，或由大量河床补给，河床有粗化层	20~50	沉积物细颗粒较少，颗粒间较松散，有岗状筛滤堆积形态颗粒较粗，大漂砾多	1.6~1.8
强度	2~5	由深层滑坡或大型坍塌补给，沟道中出现半堵塞	50~100	有舌状堆积形态，一般厚度在 200 m 以下，巨大颗粒较少，表面较为平坦	1.8~2.1
极强度	>5	以深层滑坡和大型集中坍塌为主，沟道中出现全部堵塞情况	>100	由垄岗、舌状等黏性泥石流堆积形成，大漂石较多，常开成侧堤	2.1~2.2

4.1.5.3　侵蚀土壤程度分级

1. 按土壤发生层的侵蚀强度分级

有明显的土壤发生层的分级标准,见表 5-4-10。

表 5-4-10　按土壤发生层的侵蚀强度分级

侵蚀程度分级	指标
无明显侵蚀	A、B、C 三层剖面保持完整
轻度侵蚀	A 层保留厚度大于 1/2,B、C 层完整
中度侵蚀	A 层保留厚度小于 1/2,B、C 层完整
强度侵蚀	A 层无保留,B 层开始裸露,受到剥蚀
剧烈侵蚀	A、B 层全部侵蚀,C 层出露,受到剥蚀

2. 按活土层残存情况的侵蚀程度分级

当侵蚀土壤是由母质甚至母岩直接风化发育的新成土(无法划分 A、B 层)且缺乏完整的土壤发生层剖面进行对比时,应按表 5-4-11 进行侵蚀程度分级。

表 5-4-11　按活土层的侵蚀程度分级

侵蚀程度分级	指标
无明显侵蚀	活土层完整
轻度侵蚀	活土层小部分被蚀
中度侵蚀	活土层厚度 50% 以上被蚀
强度侵蚀	活土层全部被蚀
剧烈侵蚀	母质层部分被蚀

4.2　数据记录与整编

4.2.1　小流域特征值的计算方法

1. 流域面积

流域面积的计算,一般是在地形图上采用求积仪法、数方格法求得。

2. 高程、高差

高程、高差以及相对高度,可以借助于地形图量得,经过比例换算确定。

3. 流域长度

流域长度一般在地形图上量得,经过比例换算确定,单位为 km。

4. 流域平均宽度

流域平均宽度,一般采用流域面积除以流域长度的方法确定,单位为 m。

5. 干沟比降

干沟比降即干沟沟口和干沟源头高差与干沟长度的比值,用% 、‰表示。

6. 流域形状系数

流域的形状系数计算方法有多种,水土保持部门一般用与流域面积相同的圆的周长比流域实际周长的比值来表达。

7. 坡面特征

坡面特征通过调查的方法和室内判读得出。

8. 流域的平均坡度

流域的平均坡度是流域坡度代表值,计算式为:

$$流域的平均坡度 = \sum（各级坡度平均值 \times 该级坡度面积权重） \qquad (5\text{-}4\text{-}8)$$

9. 沟谷密度

沟谷密度由计算得出,计算式为:

$$沟谷密度 = 沟谷总长度/流域面积 \qquad (5\text{-}4\text{-}9)$$

计算前先量测沟谷长度,可以实际测量,也可以在地形图上量算。为了相互比较,一般选用 1:1 万地形图作为量算地图,从切沟量算起,且舍去长度小于 200 m 的沟谷,再量算流域总土地面积,即可计算。

10. 沟谷割裂强度

计算沟谷割裂强度需要首先量算沟谷面积和流域总面积,沟谷面积即为沟缘线所包围的面积。有了量算面积,再由下式计算

$$沟谷割裂强度 = 沟谷面积/流域总面积 \qquad (5\text{-}4\text{-}10)$$

11. 小流域地貌类型调查成果表

小流域地貌类型调查成果见表 5-4-12。

表 5-4-12　小流域地貌类型调查成果表

小流域名称			东经	
			北纬	
流域面积 （km²）		最高海拔 （m）		平均海拔 （m）	
海域长度 （km）		最低海拔 （m）		相对高差 （m）	
流域宽度 （km）		坡度组成（%）	0°～5°		
			5°～10°		
干沟比降 （‰）			10°～15°		
			15°～20°		
沟壑密度 （km/km²）			20°～25°		
			25°～35°		
流域形状			＞35°		
地形	类型				
	面积 （km²）				

调查者：　　　　　　　　　　　　　　　　　　　　　　年　　月　　日

4.2.2　侵蚀沟特征值的计算方法

1. 侵蚀沟道面积计算

侵蚀沟道面积计算,是在野外利用国家地形图现场勾绘侵蚀沟道沟缘线的界限,确定沟道位置及边界,量测其投影面积,经过比例换算确定,单位为 km^2。

2. 侵蚀沟道长度计算

侵蚀沟道长度,是在野外使用地形图勾绘出沟道界限,量测其长度;或实地使用测距仪量测沟道从沟头中心到沟口中心的距离,单位为 m。

3. 侵蚀沟道纵比计算

侵蚀沟道纵比计算,是使用 1:5 万地形图或用 GPS、海拔仪测量和计算泥石流沟从沟头中心到沟口中心的高差除以主沟道长度,计算公式如下:

$$I = h/L \tag{5-4-11}$$

式中　I——沟道纵比(%);

　　　h——沟道的流程高差;

　　　L——沟道长度。

4.2.3　土壤侵蚀图的绘制要求

目前,土壤侵蚀图的绘制,主要有手工和计算机辅助制图两种方法。计算机制图的效率、质量、成本等方面都具有较强的优越性,在生产实践中逐步得到了应用和普及,因此手工制图在这里仅作一简单介绍。

4.2.3.1　手工制图

手工制图的方法,大体需要以下几个步骤来完成:

(1)地形图的准备。根据调查精度、调查范围的不同选择 1:10 000 ~ 1:1 000 000 的地形图作为调查底图,大区域的调查需要分幅作业。

(2)土壤侵蚀图调绘。利用卫星照片、航测照片等遥感图片调查、解译得到侵蚀分类图后转绘到地形图上,也可通过现场调查直接在地形图上勾绘土壤侵蚀图斑。

(3)图形拼接与纠错。把绘制的图件按地理坐标拼接在一起。由于图幅接边处会存在类型误差,需要通过现场校对或利用遥感图像判读来纠正,保证图幅接边处类型一致、边界线吻合。

(4)图形清绘。将透明纸覆盖在拼接好的土壤侵蚀图上,用专用绘图笔把行政界线、流域界线、类型分界线等用不同线型勾绘出来。不同侵蚀类型用不同的符号或颜色填充,侵蚀类型、侵蚀程度和侵蚀强度绘制在同一图上时,应把其中的一个专题用背景颜色表示,等高线利用较浅的颜色勾绘,政府所在地、主要河流、道路等用不同的符号、线型或颜色表示。在图幅的适当位置绘制图框,标注图名、地名、比例尺、指北针、图例及其他辅助信息。这样,一幅土壤侵蚀图就绘制完成了。

4.2.3.2　计算机制图

单从计算机制图角度讲,AutoCAD 具有很强的功能,但是从地理数据的采集、处理、叠加、分析直到土壤侵蚀制图的过程来看,地理信息系统(简称 GIS,是 Geography Information

System 的缩写）有其独到之处。基于上述原因,这里主要介绍应用 GIS 制作土壤侵蚀图的方法。

1. GIS 功能

首先了解与土壤侵蚀制图有关的 GIS 功能,对于土壤侵蚀图的制备是很有必要的。

1）图形图像管理

GIS 具有通过鼠标、键盘、扫描仪、数字化仪、GPS 等设备输入或由其他数据格式转换等多种方式获取地图数据的功能。它可以很方便地显示图形编辑窗口,具有对屏幕上图形进行缩放、漫游、分层显示等功能。具有使用户不需要编制程序,仅用鼠标描绘或通过组合装配老符号得到用户所需要新符号的功能。

地理信息系统中的空间几何数据可分为点、线、面 3 种类型,为了提高效率注记文字也可作为一个图层处理。而对面状要素几何数据的处理,又都是以弧（或链）为基础进行的,因而图形编辑的基本对象是点和弧。为便于操作,一般设置“撤销（Undo）”和“恢复撤销（Redo）”功能。点的编辑处理比较简单,仅仅是增加、删除和检索等基本操作。而弧段数据修改是较为复杂的,主要是由于涉及拓扑信息的调整。一般的图形编辑应具有修改一段弧、删除弧段上一部分、删除一条弧段、弧段的连接与断开的功能。图形编辑还具有移动一个地物、删除一个目标、旋转一个实体、图形对象拷贝与镜面反射等功能。

地理信息系统与一般的数字测图系统主要区别之一是 GIS 需要建立几何图形元素之间的拓扑关系。需要将数字化的结点和弧段组成 GIS 中线状地物或面状地物,通常可以通过编码让计算机自动组织,也可以在图形编辑系统中,使用鼠标人工装配地物,或编辑修改业已建立的拓扑关系。

对属性数据的输入与编辑一般是在属性数据处理模块中进行的,但为了建立属性描述数据与几何图形的联系,通常需要在图形编辑系统中,设计属性数据的编辑功能,主要是将一个实体的属性数据连接到相应的几何目标上。亦可在数字化及建立图形拓扑关系的同时或之后,对照一个几何目标直接输入属性数据。一个功能强的图形编辑系统可能提供删除、修改、拷贝属性等功能。

地图需要根据不同的地物类型,设置不同的线型、颜色和符号。这一功能一般由图形编辑系统直接提供,此外还应具有注记的功能,包括设置字体大小、方向和注记位置等。

GIS 中有两类图形基本查询,一种是选择一个几何图形,显示对应的属性数据;另一种是与此相反,根据属性数据的关键字或某一限定条件,显示相应的几何坐标。通过查询功能可以编辑一定条件下的图形对象。GIS 的空间分析功能包括逻辑分析、层间空间分析、缓冲区分析、地理模型分析等,还包括属性数据和图形的检索、分类及列表,多媒体信息的索引、查询及播放。

GIS 能够处理由于人工操作所造成的失误,如两个相邻图幅地图数据库结合处可能出现的逻辑裂隙与几何裂隙等。

通过上述功能,把土壤侵蚀制图所需要的各项指标或专题数据输入到计算机中。

2）属性数据库管理

属性数据库的管理功能,是为属性数据的采集与编辑服务的,是属性数据存储、分析、统计、属性制图等的核心工具。它也是整个系统的重要组成部分,具备对数据库结构操作、属性数据内容操作、数据的逻辑运算、属性数据的检索、从属性数据到图形的查询、属性数据报表输出等功能。同时，它还提供属性数据和图形图像的接口，在制图时，正是利用了属性与图形接口把专题内容以图形的方式表达出来。

3）数字高程模型

空间起伏连续变化的数字表示，称为数字高程模型（DEM），有三种主要的形式，包括格网 DEM、不规则三角网（TIN）以及由两者混合组成的 DEM。

可进行等高线分析，等高线图是传统上观测地形的主要手段，人们可以在等高线图上精确地获知地形的起伏程度、流域内各部分的高程等。等高线图可以从格网 DEM 中获取，也可以在 TIN 中生成。

等高线图虽然精确，但不够直观，用户往往需要从直观上观察地形的概貌，所以 GIS 通常具有绘制透视图的功能，有些系统还能在三维空间格网上涂色，使图形更加逼真。

进行坡度坡向分析也是数字高程模型具有的一项功能，建立数字高程模型以后，很容易在格网内或三角形内计算坡度和坡向，派生出坡度和坡向图供地形分析用。在土壤侵蚀制图中，利用坡度坡向分析功能获得专题指标。

4）图形输出功能

GIS 具有点、线、面等不同类型图层的叠合、图例标注、比例尺标注、文字注记、注记符号的制作及其在图中的旋转、移动、缩放、变形等图幅修饰功能，打印预览（模拟输出）功能，输出操作功能等，土壤侵蚀专题制图正是利用 GIS 的这一功能实现的。

2. 专题图制备

专题图主要包括植被盖度图、土地利用现状图、坡度图、地质地貌图、土壤类型图、侵蚀类型图、降水分布图等。这些专题图的属性可决定土壤侵蚀强度。

根据调查手段的不同，GIS 专题制图目前有两种方法：一种是人工专题调查得到基础图件，然后利用 GIS 进行精绘；另一种是直接利用计算机解译遥感影像生成专题图，再利用 GIS 制图功能进行输出。这里介绍的是前一种方法。

1）图形数据整编

土壤侵蚀专题调查完成以后，基本图件需整编处理才能输入计算机。整编包括对图形的专题分类、图形矢量化处理、图形编绘、图幅编制等，其中重要的一项内容是图形编绘。图形编绘包括以下内容：

（1）图形分层处理。图形分层是针对矢量数据结构而言的，它由点、线、多边形等若干图层组成，每一图层代表一个专题。图形分层后属性数据要分层记录，即把一个图表单元内的不同专题信息，用数据库中的不同字段来表示。图形分层要注意对于不同的系列专题图，各图层的图框一致、坐标系一致、比例尺一致；每一层反映一个独立的专题信息；点、线、多边形等不同类型的矢量形式不能放在一个图层上，只有如此才能使信息系统化、规范化和条理化。

（2）图形分幅处理。大幅面的图形分幅后才能满足输入设备的要求。图形分幅有以下两种方法：

一种是规则图形分幅。它是把两幅较大的图形，以输入设备的幅面为基准或以测绘部门提供的标准地图大小为标准，分成规则的几幅矩形图形。这种分幅方法要遵从 3 个原则,图幅张数分得尽可能少,以减少拼接次数;分幅处的图线尽可能少,以减轻拼接时线段连接的工作量;同一条线或多边形分到不同图幅后,它们的属性应相同。

另一种是以行政区为单位的分幅。如一个县的专题图,可把一个乡或一个村做为一幅图进行单独管理,这样一幅图被分成若干个不规则的图形。这种分幅方式要以地理坐标为坐标系,同时要求不同图层分幅界线一致。

根据技术规范对各项专题图用事先约定的点、线、符号、颜色等做进一步清理,使图形整体清晰、不同属性之间区别明显。经过上述操作,图形和属性数据都可输入到计算机中。但两者必须建立起一定联系,才能表达完整的意义。如此把图形、属性库以及属性库的内容通过关键字连接起来,形成完整意义的空间数据库。

2) 专题制图的程序

基本图件输入是采用数字化仪、扫描仪等输入设备,把经过处理的图件按点、线、面、注记等类型输入到计算机。而后进行图形编辑,以去除图层中的错误信息,保证图幅中的点、线、面图斑的属性和空间位置正确,建立图斑拓扑关系。专题属性库必须根据图形属性建立数据库,并使属性库与图形文件的图斑相互对应起来。

把分幅输入的图件按地理坐标或图形坐标拼接在一起,形成一张完整的图形。把点、线、面不同性质的图件按地理坐标配准,叠加起来形成完整的图形信息。利用属性库中的属性值对图形进行图例设置,然后把相应的文字注记标在图面上,并标出图形比例尺、指北针,设置图形的经纬网、附图及其他说明的注记,至此专题图制作完成。

利用绘图仪、彩色打印机等设备把制好的专题图输出,在输出图形的幅面超过输出设备的幅面时,图形要分幅输出。GIS 专题制图程序如图 5-4-1 所示。

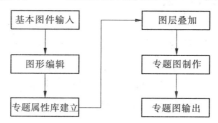

图 5-4-1　GIS 专题制图程序

4.2.3.3　土壤侵蚀制图

GIS 土壤侵蚀制图根据调查手段的不同分为两种方法:一种方法是人工调绘得到土壤侵蚀图,然后利用 GIS 的制图功能把侵蚀图进一步精绘,这种方法与上一节的专题制图完全一致;另一种是利用已有的专题图,用计算机根据侵蚀模型自动叠加分类生成土壤侵蚀图,然后整饰输出。这里介绍的是后一种。

图层叠加运算的前提是每一专题图的地理坐标都相同,同名地物点的垂直投影能完全重合,其表达式为:

$$P = F(p_1, p_2, \cdots, p_n) \tag{5-4-12}$$

式中　P——模型叠加运算生成的土壤侵蚀图;

　　　F——土壤侵蚀计算模型;

$p_1, p_2, \cdots, p_n$——影响土壤侵蚀的各要素专题图。

图形叠加运算的过程,可以用图 5-4-2 表示出来。

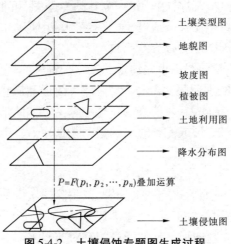

土壤类型图

地貌图

坡度图

植被图

土地利用图

降水分布图

$P = F(p_1, p_2, \cdots, p_n)$叠加运算

土壤侵蚀图

图 5-4-2　土壤侵蚀专题图生成过程

土壤侵蚀专题图生成后,利用 GIS 制图功能对不同类型的土壤侵蚀程度和其强度赋予不同的颜色,然后把行政区界线、主要河流等图层叠置于其上,再经文字注记后即可打印输出。

4.2.4　小流域特征值和侵蚀沟特征值的表示方法

4.2.4.1　小流域特征值的表示方法

1. 流域面积

流域面积是流域分水岭界线内地表水的集水面积,单位为 km^2。

2. 高程、高差

高程是以平均海平面做标准(我国以黄海平均海平面为基准)的高度,也称绝对高程。相对高差是流域(区域)内最大海拔与最小海拔之差,反映地势能量的大小,单位为 m。

3. 流域长度

流域干沟若没有显著弯曲,可按流域干沟沟口至干沟源头分水线之间的直线来计算。若有弯曲,必须考虑弯曲增加的流域长度。

4. 流域平均宽度

流域平均宽度,为流域的象征性尺寸,一般用流域面积除以流域长度的比值表示,单位为 m。其比值越小,说明流域越狭长。

5. 干沟比降

干沟比降是指一定沟道长度内沟底下降的深度,一般采用干沟沟口和干沟源头高差与干沟长度的比值,用‰ 、‰表示。干沟比降的大小,是说明干沟流速的快慢与侵蚀条件的指标之一。

6. 流域形状

流域形状为流域平面的几何形状,受不同地质构造和自然环境的控制,小流域呈现不同的形状,有圆形、方形、长条形等。不同形状的流域产流、汇流过程会有差别,从而影响沟蚀不同。流域的形状系数为表征流域形态特征的参数。

流域的形状系数,一般用流域平均宽度与流域长度的比值表示。扇形流域的形状系数较大,狭长形流域的则较小,所以流域形状系数在一定程度上,以定量的方式反映了流域的形状。

7. 地貌类型

地貌类型以海拔和相对高差划分为六类,地貌分区则是指以区域内的地貌类型空间组合及面积组成为依据的区域划分。六类划分指标见表5-4-13。

表 5-4-13　地貌类型划分指标

类型名称	切割强度	海拔（m）	相对高差（m）
极高山	切割明显	≥5 000	>1 000
高山	深切割高山	3 500～5 000	>1 000
	中切割高山		500～1 000
	浅切割高山		100～500
中山	深切割高山	1 000～3 500	>1 000
	中切割高山		500～1 000
	浅切割高山		100～500
低山	中切割高山	500～1 000	>500
	浅切割高山		100～500
丘陵	高丘	<500	100～200
	中丘		50～100
	低(浅)丘		<50
平原	平坦开阔		相对高差很小

8. 坡面特征

具有一定倾斜度的地形面,称为坡面。坡面特征包括坡度、坡向、坡长、坡形(直线形、凸形、凹形、台阶形)及组合、地面起伏等。

坡度指坡面的倾斜程度(°)。

坡向是指坡面的倾斜方向,一般情况下,可将坡向按方位分成八个方向,即北向、东向、南向、西向和东北向、东南向、西北向、西南向。在北半球,南向、东南向、西南向为向阳坡,北向、东北向、西北向为向阴坡。东向坡为半阴向坡,西向坡为半阳向坡。

坡长是指倾斜坡面的水平长度,单位为m。

坡位是指在倾斜坡面的位置。常用坡上部、坡下部、坡中部表达。

坡形是指坡面形态,有直线形坡、凸形坡、凹形坡、台阶形坡等四种坡形。坡面组合是指在倾斜坡面上坡形变化的关系,如上凸下凹形坡等。

地面起伏是指地面高低变化状况。地面的微起伏,通常用糙度(地面起伏高差的平均值)表示,单位为cm。地面的较大起伏,常用起伏频次表示,单位为次/km。

坡长一般包括四级,由调查或图面量算得出。坡长分级见表5-4-14。

表 5-4-14　坡长分级

编码	分级	坡长(m)
1	短坡	< 20
2	中长坡	20 ~ 50
3	长坡	50 ~ 100
4	超长坡	> 100

9.小流域坡度组成

小流域坡度组成是指流域内各级坡度面积大小所占的百分比。一般将坡度分为若干级,然后量算各级坡面所占的面积,计算出占流域总面积的百分数为(%)。

流域坡度组成由调查或图面量算得出。坡度的分级见表 5-4-15。

表 5-4-15　坡度分级

名称	坡度范围(°)	名称	坡度范围(°)
平坡	< 2	急坡	25 ~ 35
缓坡	2 ~ 6	急陡坡	35 ~ 55
斜坡	6 ~ 15	垂直坡	> 55
陡坡	15 ~ 25		

注:坡度范围为上含下不含。

流域的平均坡度是流域坡度代表值。

10.沟谷密度

单位面积内沟谷的长度称为沟谷密度,单位为 km/km^2。沟谷密度反映地面被切割的起伏状况。计算前先量测沟谷长度,可以实际测量,也可以在地形图上量算。为了相互比较,一般选用 1:10 000 地形图作为量算地图,从切沟量算起,且舍去长度小于 200 m 的沟谷,再量算流域总土地面积,即可计算。

11.沟谷割裂强度

沟壑简称沟谷,是与沟间地相对应的负地形,属于小地貌的划分单位,它是一定分布面积和确切地理位置。本指标是单位土地面积内包含的沟谷的面积,单位为 km^2/km^2 或无量纲。

流域总面积反映了地面被割裂的破碎程度。

12.地理位置

地理位置是区域内自然或社会物体的位置,包括数量地理位置(以经纬度表示)、自然地理位置、经济地理位置、政治地理位置。在水土保持中常指经纬度坐标和自然地理位置。其中,经度、纬度可由全球定位系统测出,也可由图面量算出。自然地理位置以总的自然地理特征来说明,如与河流、山脉的相对位置,与大城市的方位、距离,或自然地理区的位置等。

13. 土壤情况

区域内土壤情况,主要包括土壤类型、土壤质地、土壤结构与有效土层厚度等。图5-4-3为国际制土壤质地分类三角形图,表5-4-16为土壤结构鉴定表,仅供参考。

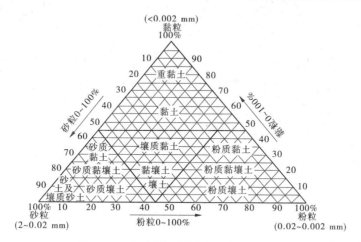

图 5-4-3　国际制土壤质地分类三角形图

表 5-4-16　土壤结构鉴定表

大小	粒状	次角状块状	角状块状	棱柱状	片状
细	细粒状 （<2 mm）	细次角状块状 （<10 mm）	细角状块状 （<10 mm）	细棱柱状 （<20 mm）	细片状 （<2 mm）
中等	中等粒状 （2～5 mm）	中等次角状块状 （10～20 mm）	中等角状块状 （10～20 mm）	中等棱柱状 （20～50 mm）	中等片状 （2～5 mm）
粗	粗粒状 （5～10 mm）	粗次角状块状 （20～50 mm）	粗角状块状 （20～50 mm）	粗棱柱状 （50～100 mm）	粗片状 （5～10 mm）
特粗	特粗粒状 （>10 mm）	特粗次角状块状 （>50 mm）	特粗角状块状 （>50 mm）	特粗棱柱状 （>100 mm）	特粗片状 （>10 mm）

4.2.4.2　侵蚀沟特征值的表示方法

侵蚀沟特征值,主要包括侵蚀沟道的位置及面积、沟道长度、沟道纵比等几何特征。

1. 侵蚀沟道面积

侵蚀沟道面积,是指侵蚀沟道沟缘线以下面积,单位为 hm^2。

2. 侵蚀沟道长度

侵蚀沟道长度,是指侵蚀沟道从沟头中心到沟口中心的距离,单位为 m。

3. 侵蚀沟道纵比

侵蚀沟道纵比,是指侵蚀沟道沟头与沟口(沟尾)高程之差与沟道长度的比值,表示符号为 I。

第6篇　操作技能——技师

模块 1　降水降风观测

1.1　观测作业

1.1.1　气象场观测仪器布设知识

气象观测场是安装气象仪器进行气象观测的场地,如图 6-1-1 所示。气象观测包括地面气象观测、高空气象观测、大气遥感探测和气象卫星探测等,有时统称为大气探测。由各种手段组成的气象观测系统,能观测从地面到高层,从局地到全球的大气状态及其变化。

图 6-1-1　气象观测场

1.1.1.1　地面气象观测仪器安置

测定空气温度和湿度的仪器,通常安置在百叶箱内。箱下支架固定在气象观测场上,箱门朝北,箱底离地面有一定高度。箱内干湿球温度表球部距地面的高度为 1.5 m,最高、最低温度表则略高于 1.5 m。

测定气压的气压表,安装在通气而无空气流动、光线充足又不受太阳直射、气温变化小的室内。

测定风向风速的仪器,其感应部分装在观测场内距地面 10 m 高的测风杆上。观测时读取 2 min 内的平均风向和风速值,可在杆旁直接观测,也可由电缆通到观测室内记录和读数。

测量降水量的仪器是安装在观测场内的雨量器(计),雨量器(计)口离地高度一般为 70 cm。

各种自记仪器分别安装在室内(气压计)、百叶箱内(温度计、湿度计)、观测场内(雨量计、日照计),定时上自记钟发条和更换记录纸便能自动记录。

1.1.1.2　观测场内仪器设施的布置

观测场内仪器设施的布置要注意互不影响,便于观测操作。具体要求:高的仪器设施安置在北边,低的仪器设施安置在南边;各仪器设施东西排列成行,南北布设成列,相互间东西间隔不小于 4 m,南北间隔不小于 3 m,仪器距观测场边缘护栏不小于 3 m;仪器安置在紧靠东西向小路南面,观测员应从北面接近仪器;辐射观测仪器一般安装在观测场南面,观测仪器感应面不能受任何障碍物影响。因条件限制不能安装在观测场内的辐射观测仪器,总辐射、直接辐射、散射辐射、日照以及风观测仪器可安装在天空条件符合要求的屋顶平台上,反射辐射和净全辐射观测仪器安装在符合条件的有代表性下垫面的地方。

观测场内仪器的布置,可参考图 6-1-1 所示。

仪器设备安装和维护、检查按表 6-1-1 的要求进行。

北回归线以南的地面气象观测站观测场内设施的布置可根据太阳位置的变化进行灵活掌握,使观测员的观测活动尽量减少对观测记录代表性和准确性的影响。

表 6-1-1　仪器安装要求表

仪器	要求及允许误差范围	基准部位
干湿球温度表	高度 1.50 m　　　±5 cm	感应部分中部
最高温度表	高度 1.53 m　　　±5 cm	
最低温度表	高度 1.52 m　　　±5 cm	
温度计	高度 1.50 m　　　±5 cm	感应部分中部
湿度计	在温度计上层横隔板上	
毛发湿度表	上部固定在温度表支架上横梁上	
温湿度传感器	高度 1.50 m　　　±5 cm	感应部分中部
雨量器	高度 70 cm　　　±3 cm	口缘
虹吸式雨量计	仪器自身高度	
翻斗式遥测雨量计	仪器自身高度	
雨量传感器	高度不得低于 70 cm,不高于 3 m	口缘
小型蒸发器	高度 70 cm　　　±3 cm	口缘
E-601B 型蒸发器(传感器)	高度 30 cm　　　±1 cm	口缘
地面温度表(传感器)	感应部分和表身埋入土中一半	感应部分中心
地面最高、最低温度表	感应部分和表身埋入土中一半	感应部分中心
曲管地温表(浅层地温传感器)	深度 5 cm、10 cm、15 cm、20 cm ±1 cm,倾斜角 45°　　　±5°	感应部分中心 表身与地面
直管地温表(深层地温传感器)	深度 40 cm、80 cm　　　±3 cm 深度 160 cm　　　±5 cm 深度 320 cm　　　±10 cm	感应部分中心

续表 6-1-1

仪器	要求及允许误差范围	基准部位
冻土器	深度 50～350 cm　　　±3 cm	内管零线
日照计(传感器)	高度以便于操作为准 纬度以本站纬度为准　　±0.5° 方位正北　　　　　　±5°	底座南北线
辐射表(传感器)	支架高度 1.50 m　　　　　±10 cm 直射、散射辐射表 方位正北　±0.25° 直射辐射表纬度以本站纬度为准 ±0.1°	支架安装面底座南北线
风速器(传感器)	安装在观测场高 10～12 m	风杯中心
风向器(传感器)	安装在观测场高 10～12 m 方位正南(北)　　　　±5°	风杯中心 方位指南杆
电线积冰架	上导线高度 220 cm　　±5 cm	导线水平线
定槽水银气压表	高度以便于操作为准	水银槽盒中线
动槽水银气压表	高度以便于操作为准	象牙针尖
采集器箱	高度以便于操作为准	
气压计(传感器)	高度以便于操作为准	

1.1.2　气象观测仪器保养知识

1.1.2.1　气象观测仪器的一般要求

应具有国务院气象主管机构业务主管部门颁发的使用许可证,或经国务院气象主管机构业务主管部门审批同意用于观测业务;准确度满足规定的要求;可靠性能高,保证获取的观测数据可信;仪器结构简单,牢固耐用,能维持长时间连续运行;操作和维修方便,有详细的技术及操作手册。

气象观测仪器保养,是一项重要的日常工作,对于确保其传感器正常使用和灵敏度,以及延长其寿命具有重要的意义。为使气象观测仪器更好地进行仪器维护、检定和保养、维护,应充分了解气象观测仪器基本技术性能,针对各地实际情况和环境条件制定气象观测仪器的清洁与维护制度,保持仪器的整体清洁,特别是感应部分表面清洁,做到经常进行清洁、维护、保养。

1.1.2.2　气象观测仪器基本技术性能

气象观测站使用的各种仪器(人工观测仪器与自动气象站)基本技术性能,应该符合表 6-1-2、表 6-1-3 所提出的要求。

表 6-1-2　　人工观测仪器技术性能要求表

仪器名称	测量范围	测量准确度	其他
干湿球温度表	−36 ~ +46 ℃ −26 ~ +51 ℃ −36 ~ +41 ℃		分度值:0.2 ℃
通风干湿表用温度表	−26 ~ +46 ℃ −16 ~ +51 ℃		分度值:0.2 ℃
最高温度表	−36 ~ +61 ℃ −16 ~ +81 ℃		分度值:0.5 ℃
最低温度表	−62 ~ +31 ℃ −52 ~ +41 ℃		分度值:0.5 ℃
低温温度表 双金属温度计	−60 ~ +30 ℃ −35 ~ +45 ℃	±1 ℃	分度值:0.5 ℃ 走时和误差: 24 h ±5 min(日转) 168 h ±30 min(周转)
毛发湿度表(计)	30% ~100%	±5%	分辨率:1% 走时和误差: 24 h ±5 min(日转) 168 h ±30 min(周转)
虹吸式雨量计	雨强: 0.05 ~4 mm/min	记录误差: 0.05 mm	走时和误差:24 h ±5 min
遥测雨量计	雨强: 0.1 ~4 mm/min	±0.4 mm(10 mm 或以下) ±4%(10 mm 以上)	分辨率:0.1 mm; 走时和误差:24 h ±5 min
EL 型电接风向风速仪	2 ~40 m/s 16 个方位	±(0.5 +0.05 V)m/s ±1/2 个方位	起动风速:1.5 m/s 风向标不感应角: ≤1 个方位
暗筒式日照计	记录时间:05:00 ~19:00		适用范围:0° ~60°N
DEM6 型轻便风向风速表	1 ~30 m/s 0° ~360°	±0.4 m/s ±10°	起动风速:0.8 m/s
地面温度表	−36 ~ +81 ℃		分度值:0.5 ℃
曲管地温表	−26 ~ +61 ℃		分度值:0.5 ℃
直管地温度	−21 ~ +41 ℃		分度值:0.5 ℃
动槽水银气压表	810 ~1 070 hPa 520 ~890 hPa	±0.4 hPa	
定槽水银气压表	810 ~1 070 hPa	±0.5 hPa	
DYM3 型空盒气压表	800 ~1 060 hPa 500 ~1 030 hPa	±2.0 hPa ±3.3 hPa	
DYJ1 型气压计	960 ~1 050 hPa	±1.5 hPa	走时和误差: 24 h ±5 min(日转) 168 h ±30 min(周转)

表6-1-3　自动气象站技术性能要求表

测量要素	测量范围	分辨率	准确度	平均时间	采样速率
气温	−50 ~ +50 ℃	0.1 ℃	±0.2 ℃	1 min	6 次/min
相对湿度	0% ~100%	1%	±4%（≤80%） ±8%（>80%）	1 min	6 次/min
气压	500 ~1 100 hPa （任意200 hPa）	0.1 hPa	±0.3 hPa	1 min	6 次/min
风向	0° ~360°	3°	±5°	3 s 1 min 2 min 10 min	1 次/s
风速	0 ~60 m/s	0.1 m/s	±(0.5 +0.03 V) m/s ±(0.3 +0.03 V) m/s （基准气候观测）		
降水量	雨强 0 ~4 mm/min	0.1 mm	±0.4 mm(≤10 mm) ±4%（>10 mm）	累计	1 次/min
日照	0 ~24 h	60 s	±0.1 h	累计	
蒸发量	0 ~100 mm	0.1 mm	±1.5%	累计	
地温	−50 ~ +80 ℃	0.1 ℃	±0.5 ℃ ±0.3 ℃（基准气候观测）	1 min	6 次/min
总辐射	0 ~2 000 W/m²	1 W/m²	±5%	1 min	6 次/min
净辐射	−200 ~1 400 W/m²	1 W/m²	±(15 ~20)%	1 min	6 次/min
直接辐射	0 ~2 000 W/m²	1 W/m²	±2%	1 min	6 次/min

1.1.2.3　仪器维护和检定

气象观测仪器设备的校验和检定,应按规定定期进行,气象观测站不应使用未经检定、超过检定周期或检定不合格的仪器设备;地面气象观测仪器设备应经常维护和定期维护,保证在规定的检定周期内仪器保持规定的准确要求。

1.1.2.4　气象观测仪器的保养

气象观测仪器的保养,要考虑各种因素的影响及时进行。要求专业保养人员技术素养高、责任心强,掌握仪器工作原理与性能,还要具备一定的电子机械技术,在定期进行仪器的保养或发生故障时能够及时解决问题,以确保仪器的正常工作。

1. 各种温度仪器的保养

常用的温度测量仪器主要有双金属片温度计、玻璃温度表、热敏电阻温度表以及金属电阻温度表等。在清洗前要及时读取最高与最低温度读数,在值班日记上做好详细记录。在进行箱内清洗之前,应将仪器放到备用的百叶箱中,以确保仪器能够正常地感应到外界温度。清洗温度仪器的水温要适宜,以防止对干湿球温度标示值的变化产生不利影响。在观测前 15 min 不能进行清洗,可以在正点观测之后进行清洗,清洗时间要迅速。清洗完百叶箱之后,将温度表及时放回百叶箱,事前要用湿毛巾对温度仪器轻轻擦拭,最后要检查有无断柱现象,最高与最低表位置是否准确,调整是否到位。

2. 蒸发器的清洁与维护

蒸发器有小型蒸发器和大型蒸发器,一般在对蒸发影响比较小的时段之内清洗蒸发器,时间可以安排在 20:00 观测之后。清洗的时候可以用刷子轻轻地刷洗,尽量不要用手压住蒸发桶,这样会导致蒸发桶向一边倾斜,同时注意换入水的温度要与原来的水温比较接近。因为清洗蒸发桶而致使蒸发器内水的原量或者余量出现改变的时候,要在观测簿备注栏进行备注。蒸发器内要保持清洁,水面没有漂浮物,水中没有青苔、悬浮物、小虫等杂物,水色不能有显著改变。如果没有达到上述要求,要及时换水,对水中的杂物进行清除。每天观测之后都要清洗蒸发器,在气温较低容易结冰的时候,可以 10 d 左右换一次水。另外,要定期检查蒸发器是否水平,高度是否准确,有没有漏水现象,出现上述情况要及时解决。

3. 雨量传感器的保养

(1)应保持雨量器清洁,每次巡视仪器时,注意清除承雨器、储水瓶内的昆虫、尘土、树叶等杂物。

(2)定期检查雨量器的高度、水平,不符合要求时应及时纠正。

(3)储水筒有漏水现象时,应及时修理或更换。

(4)承雨器的刀刃口应保持正圆,避免碰撞变形。

(5)在清洁雨量传感器之前,要先断开传感器信号连接线。

(6)管理人员定期检查漏斗通道当中是否有碎片,在出口和入口处是否有污物将其堵塞,如果有污物则要小心除去污物,并清洁过滤网。

(7)如果有特殊要求,可以使用中性洗涤剂对漏斗表面进行清洗,清洗干净之后不要用手去触摸翻斗的内部。

4. 翻斗式遥测雨量计

(1)仪器每月至少定期检查一次,清除过滤网上的尘沙、小虫等,以免堵塞管道,特别要注意保持节流管的畅通。

(2)无雨或少雨的季节,可将承雨器口加盖,但注意在降水前及时打开。

(3)翻斗内壁禁止用手或其他物体抹试,以免沾上油污。

(4)如用干电池供电,应定期检查电压。如电压低于 10 V,应更换全部电池,以保证仪器正常工作。

(5)结冰期长的地区,在初冰前将感应器的承雨器口加盖,不必收回室内,并拔掉电源。

(6)其他同雨量器。

5. 虹吸式雨量计观测

(1)在雨季,每月应将承雨器内的自然排水进行 1~2 次测量,并将结果记在自记纸背面,以备使用资料时参考。如有较大误差且非自然虹吸所造成,则应设法找出原因,进行调整或修理。

（2）虹吸管与浮子室侧管连接处应紧密衔接，虹吸管内壁和浮子室内不得沾附油污，以防漏水或漏气而影响正常虹吸；浮子直杆与浮子室顶盖上的直柱应保持清洁，无锈蚀；两者应保持平行，以减小摩擦，避免产生不正常记录。

（3）在初结冰前，应把浮子室内的水排尽，冰冻期长的地区，应将内部机件拆回室内保管。

6. 风速风向传感器的保养

管理人员每年都要目测检查一次风速和风向的轴承，及时清除污垢；要经常观察风向标和风向杯的转动情况，发现异常情况要及时处理；经常观察风杆的拉绳是否有松动的情况，如果出现松动要马上拧紧，然后校准风杆的垂直度。

7. 电接风向风速计的保养

（1）感应器与指示器应成套撤换。

（2）电源电压低于 8.5 V 时，应全部调换新电池。

（3）干电池与整流电源并联使用时，要经常检查干电池，如锌壳发软或者有微量糊状物冒出，应检查原因，并立即更换。

（4）风向笔尖复位超越基线正常画线一半，应加大笔尖压力。如画线后回不到基线上，有起伏，则应减小笔尖压力。

（5）传感器的风向方位块应每年清洁一次，如发现风向指示灯严重闪烁，或时明时暗时灭，应及时检查感应器内风向接触簧片的压力和清洁方位块表面。

（6）更换风向灯泡时，应保证灯泡相应的方位正确。

（7）应保持五个笔尖在同一时间线上。

（8）自记钟的走时有较大误差时，应调整快慢针。

8. 自动测风仪的保养

（1）传感器的风向方位块应每年清洁一次，若风向记录经常缺测，应及时检查感应器内风向接触簧片的压力和清洁方位块表面。

（2）应保证测风数据处理仪走时误差在 30 s 之内。

（3）应随时注意打印情况，及时更换打印笔和记录纸。

9. 轻便风向风速表的保养

（1）保持仪器清洁、干燥，若仪器被雨、雪打湿，使用后应使用软布擦拭干净。

（2）仪器应避免碰撞和震动，非观测时间，仪器要放在盒内，不应手摸风杯。

（3）平时不应随意按风速按钮，计时机构在运转过程中亦不应再按该按钮。

（4）轴承和螺帽不应随意松动。

（5）仪器使用 120 h 后，应重新检定。

10. 水银气压表的保养

水银气压表是一种精确度比较高且又容易损坏的气象仪器。由于水银气压表中装有水银，稍有碰撞就会出现泄漏的情况。因此，水银气压表的清洁工作比较复杂，多数台站都没有标准气压表进行对比订正，因此应当由各省市的专业人员来进行清洗。但如果出现水银面严重氧化的时候，清洁人员要按照《地面气象观测规范》的第 6 章第 2 条进行维护。在水银气压表的保管与移动过程当中，一定要轻放轻拿，最好是保持竖直状态，要倒置放在皮套中。因为水银具有毒性，所以水银气压表必须要单独存放，库房中要有专用的储备箱。存放水银气压表的库房要保持干燥和清洁，以防止水银表刻度盘与皮囊受潮腐蚀而导致仪器损坏。

11. 日照计的清洁与维护

日照计的清洁工作要在晚上或阴天的时候进行，在日照纸换下之后为宜。平时在换日照纸的瞬间可能会有小虫或者风大的时候有尘沙以及其他杂物进入日照筒内，可以用镊子直接夹出或者用镊子夹住湿棉花卷出。日照计的维护应当选在白天为宜，定期检查仪器的安装情况，仪器的纬度、方位、水平等是否正确，发现问题要及时进行纠正。日出前要仔细检查日照计的小孔，观察是否被尘沙、小虫等杂物等堵塞，或者被霜、露等遮住。

1.1.2.5 自动气象站的维护保养

自动气象站是用于测量预警空气温湿度、风速、风向、降雨量、大气压力、太阳总辐射等生态环境因子的。自动气象站是一款具有高度集成化、自动化的仪器，一般情况不需要维护。为保证其传感器正常使用和灵敏度，最好定期进行维护保养，以延长设备的使用寿命。

自动气象站一般具有以下维护内容：

（1）要定期检查、维护各要素传感器，检查、维护要求详见各要素观测中的有关规定。

（2）每年春季对防雷设施进行全面检查，对接地电阻进行复测。

（3）每年至少一次对自动气象站的传感器、采集器和整机进行现场检查、校验。

（4）定期按气象计量部门制定的检定规程进行检定。

（5）无人值守的自动气象站由业务部门每三个月派技术人员到现场检查、维护。

（6）定期检查、维护的情况应记入值班日志中。

对不同的传感器，简介自动气象站的不同维护保养知识如下：

（1）空气温湿度传感器的保养。传感器上的灰尘要注意用软毛刷清洁，滤纸上的灰尘较多时，应及时更换滤纸，维护时传感器不能置于百叶箱外，传感器不能用水清洗等。

（2）大气压力传感器的保养。检查静气孔内的干燥剂颜色是否变蓝，如变色要及时更换干燥剂，静气孔是否有杂物等。

（3）雨量传感器的保养。定期清除灰土、砂石、草皮、虫子等，以免堵塞管道、滤网。翻斗内壁若有脏物，可用水冲洗。

（4）风传感器的保养。风传感器是轴承传动传感器，工作时间长后可能因灰尘和轴承磨损引起启动风速变大、测量误差偏大等现象，沿海地区，2年左右应清洗维护一次。

（5）地温传感器的保养。管理人员要定期对地温变送器进行检查，观察箱内是否有异物进入，及时清理干净；同时检查接地线以及各个信号接线等连接是否牢固，如出现松动则要拧紧。经常检查地表温度传感器和浅层地温传感器是否因大风、下雨等原因使地表土壤发生变化，若有应及时对其正确归位，并注意传感器电缆。

1.1.3 雨量观测仪器的常见故障排除方法

常用雨量观测仪器有雨量器、翻斗式雨量计、虹吸式雨量计和双阀容栅式雨量传感器。自动测量降水量的仪器为单翻斗雨量传感器和虹吸式雨量计。自动降水观测仪器能自动、连续记录液体降水记录曲线,可得到一定时段内的总降水量、降水起止时间和降水强度,以及一定降水时段的降水强度和降水量。它的优点是能自动记录,使观测者随时了解自然降水情况;其缺点是容易发生故障,使用时必须加强维护和保养,使其正常工作,保证记录的完整性和正确性。

1.1.3.1　自动站雨量传感器常见故障及排除

(1)雨量传感器不水平或承雨器口变形,对雨量测定的正确性有影响。排除方法:用水平尺检查承雨器的水平程度,若不平可从支架底部加垫一些薄片,直至调整到水平为止。

(2)有昆虫或灰尘落入使降水流入不畅,产生阻力,不能正确反映降水实际情况,或造成降水记录滞后,造成降水记录与时间不配合。排除方法:在使用仪器时,经常保持清洁,无降水时,应将承雨器加盖,防止灰尘、昆虫浸入,雨量传感器四周每隔几天喷洒蚊蝇净等灭虫剂,使昆虫无藏身之地,从而减少堵塞故障次数。

(3)翻斗过脏,长时间不清洗,使翻斗沾挂泥土,当翻斗没有流入一定量的雨水后,提前翻转,造成雨量记录不正确。排除方法:经常对翻斗进行清洗,一般降雨前要对翻斗进行检查,以保证记录的准确性。

(4)干簧管断裂,由于干簧管两端的接线较细,在维护仪器不小心碰断,致使雨量翻斗翻转时,不能产生脉冲信号,从而造成记录不正常。排除方法:检查干簧管的接触情况,或重新更换干簧管。

(5)底座排水口堵塞,遇强降雨时,降雨淹没翻斗,使翻斗无法翻转,干簧管不吸合,不能产生脉冲信号,从而使降水记录失真。排除方法:用铁丝在底座下排水口处疏通,将脏物排除,转入正常排泄。

(6)传感器与采集器连接的电缆头接触不良,使脉冲信号无法传输到采集系统,雨量记录不正常。排除方法:重新插拔接头,或对接头进行维修。

(7)翻斗安装不正确。在清洁仪器后,由于粗心马虎,将翻斗安装倒置,有降水时翻斗无法反转,造成记录缺测,虽然是极个别现象,但是也应引起重视。

1.1.3.2　虹吸式雨量计常见故障及排除

(1)仪器记录误差。虹吸式雨量计的承雨器口面、容器口面、自记钟等不平,会影响记录的正确性。容器口不平,会影响虹吸情况,同时会影响浮子在垂直杆上下活动过程中产生摩擦,使浮子室不能稳定上升,造成上升曲线坡度与实际降水强度不符;自记钟倾斜,会产生时间误差。排除方法:将容器或钟筒的固定螺丝旋松,调整水平后旋紧固定螺丝。

(2)虹吸作用中断。一是虹吸管与浮子室连接处铜套管没有焊接好,有漏气现象;二是虹吸管与浮子室的斜管连接螺母未拧紧,或橡皮老化等产生漏气现象;三是虹吸过程中气泡进入虹吸管水柱中,管内外压力失调而使虹吸作用中断,致使下一次虹吸作用提前。排除方法:可用火漆、石蜡将铜套管焊牢。

(3)虹吸管滴漏。由于虹吸管用久后,管内脏污,或虹吸管弯曲度不符合要求,水柱上升到弯曲段不发生虹吸,水沿管壁滴流从而造成仪器测量误差。排除方法:可将虹吸管取下,用肥皂水或碱水清洗。

(4)自记笔压力较小。致使自记笔尖不能始终紧贴钟筒,导致自记迹线缺测,影响记录的完整性。排除方法:可调整自记笔压力,使其正常记录。

(5)虹吸点位置不稳定,有时正常,有时偏低,其原因可能是雨量计安装不牢靠,或雨量计门缝隙较大,遇强风时仪器震动,影响储水器水面稳定。排除方法:将仪器安装牢固和将仪器的门锁紧。

(6)无降水日记录迹线缓慢下降。其产生原因是浮子室水分蒸发,或浮子漏水,增加浮子质量,使浮子下沉,导致连接浮子直杆上笔尖也随着产生下沉。排除方法:在冬季停用仪器后,尤其是结冰期前,将储水器内的水放净,防止浮子及浮子室冻结。

(7)仪器记录故障。钟机转动小齿轮与钟筒固定齿轮的齿合间隙过大或过小,引起自记钟走时误差超过规定,或齿轮过紧使钟机停走。排除方法:可调整钟筒底部三个钟机固定螺丝,使间隙适中。

(8)实测降水量与自记量不一致。除实测降水量读数有误造成这种现象外,造成实测降水量与自记量不一致的原因有以下两种:一是虹吸误差是虹吸式雨量计构造上的主要缺点,它不是系统性的,而是随机的。二是仪器安装不水平,承雨器口面不平会引起承水面积的变化,仪器失去水平,降水时,如果承雨器口面倾向风面,那么承水面积就大于承雨器口水平状态时的面积,其接收到的降水量会大于实际降水量,反之就小于实际降水量。仪器向左倾斜时,虹吸管高度降低,虹吸作用提前,记录的量就大于实测值。解决的方法是将仪器安装水平。

1.1.4　雨量观测仪器的检查与维护

1.1.4.1　雨量观测仪器的检查

(1)新安装仪器的检查如下:

新安装仪器的检查,必须按照使用说明书认真检查仪器各个部件安装是否正确,并按下列要求检查仪器运转是否正常。

按说明书要求对仪器进行检查时,观察仪器运行情况。对传感器人工注水,显示记录器应有相应的记录,若显示记录器为固态存储器,还应进行时间校对,检查降雨量数据读出功能是否符合要求。

对虹吸式雨量传感器,应进行示值检定、虹吸管位置的调整、零点和虹吸点稳定性检查。

①示值检定:将虹吸管安装在虹吸点略高于 10.2 mm 降雨量标线,向承雨器注入清水,直至虹吸排水为止,排水结束后,将自记笔调整到零点位置上,再次注水,通过虹吸使笔位回零,记录零点的示值。用量雨杯分别注水 5 mm、10 mm,得到 5 mm 和 10 mm 降水量的示值,其与零点示值之差,应在 (5 ± 0.05) mm 和 (10 ± 0.05) mm 范围内。

②虹吸管位置的调整:当示值检定合格后,慢慢降低虹吸管高度,直至虹吸,此时即为虹吸管最佳安装高度,再重新注水,进行复核。

③零点和虹吸点稳定性检查:用量雨杯以 4 mm/min 的模拟降水强度向承雨器注入 10 mm 清水,当水流停止后,仪器应虹吸一次,读取零点虹吸点示值,重复进行三次,相互间读数之差不得超过 0.1 mm。

对翻斗式雨量传感器,分别以大约 0.5 mm/min、2.0 mm/min、4.0 mm/min 的模拟降水强度,用量雨杯向承雨器注入清水,分辨率为 0.1 mm、0.2 mm 的仪器注入量为 10 mm,分辨率为 0.5 mm、1.0 mm 的仪器注入量分别为 12.5 mm 和 25 mm,显示记录器的显示记录值与排水量比较,其计量误差应在允许范围内。若超过其允许范围,则应按仪器说明书的要求,调节翻斗定位螺钉,改变翻斗翻转基点,直至合格。

经过运转检查和调试合格的仪器,试用 7 d 左右,证明仪器各部分性能合乎要求和运转正常后,才能正式投入使用。固态存储器正式使用前,需对其内存储的试验数据予以清除,对划线模拟记录的试验数据予以注明。

在试用期内,检查时钟的走时误差是否符合规定,若仪器有校时功能,应检查校时功能是否正常。

(2)停止使用的自记雨量计,在恢复使用前,应按照上述要求,进行注水运行试验检查。

(3)每年用分度不大于 0.1 mm 的游标卡尺测量观察场内各个仪器的承雨器口直径 1~2 次。检查时。应从 5 个不同方向测量器口直径,其值应符合规定。

(4)每年用水准器或水平尺检查承雨器口平面是否水平 1~2 次。

(5)凡检查不合格的仪器,应及时调整,无法调整的仪器,应送生产厂家返修。

1.1.4.2　雨量观测仪器的维护

(1)注意保护仪器,防止碰撞。保持器身稳定,器口水平不变形。无人驻守的雨量站和雨雪量站,应对仪器采取特殊安全防护措施。

(2)保持仪器内外清洁,按说明书要求,及时清除承雨器中的树叶、泥沙、昆虫等杂物,保持传感器承雨汇流畅通,以防堵塞。

(3)传感器与显示记录器间有电缆连接的仪器,应定期检查插座是否密封防水,电缆固定是否牢靠,并检查电源供电状况,及时更换电量不足的蓄电池。

(4)多风沙地区在无雨或少雨季节,可将承雨器加盖,但要注意在降雨前及时将盖打开。

(5)在结冰期间仪器停止使用时,应将传感器内积水排空,全面检查养护仪器,器口加盖,用塑料布包扎器身,也可将传感器取回室内保存。

(6)长期自记雨量计的检查和维护工作,在每次巡回检查和数据收集时,根据实际情况进行。

(7)每次对仪器进行调试或检查都要详细记录,以备查考。

1.2　数据记录与整编

1.2.1　气象资料的检查方法

地面气象观测资料,主要包括云、能见度、空气温度与湿度、风向与风速、降水、日照、蒸发、雷电、虹、晕、地表温度等。地面气象观测资料检查内容有格式检查、缺测检查、界限值检查、主要变化范围检查、内部一致性检查、时间一致性检查、空间一致性检查、质量控制综合分析以及数据质量标示。

气象观测资料检查的具体方法如下:

(1)格式检查。检查数据是否符合规定的格式,应对观测数据的结构以及每条数据记录的长度进行检查。

(2)缺测检查。检查某个观测数据是否为缺测数据,若为缺测数据,不再进行其他检查。

(3)界限值检查。检查气象记录,是否超过从气候角度上不可能出现的气象要素临界值。界限值检查包括值域检查和气候学界限值检查。

值域检查:超出值域范围的资料为错误资料,相关要素值域范围为:0≤总云量≤10成;0≤低云量≤10 成;0≤相对湿度≤100%;0≤风向≤360°或用十六方位和静风的缩写:NNE、NE、ENE、E、ESE、SE、SSE、S、SSE、SW、WSW、W、WNW、NW、NNW、N、C;0≤每日日照时数≤该日可照时数;0≤每小时日照时数≤1 h。其他要素暂不做值域检查。

气候学界限值检查,超越气候学界限值的资料为错误资料。气候学界限值可参考表6-1-4。

表 6-1-4　气候学界限值参考表

要素	1 min 内允许的最大变化值	变化幅度最小值(时间范围)
气压	1.0 hPa	0.1 hPa(过去 60 min 内)
气温	3 ℃	0.1 ℃(过去 60 min 内)
露点温度	2 ℃	0.1 ℃(过去 60 min 内)
地面温度	5 ℃	0.1 ℃(过去 60 min 内)
5 cm 地温	1 ℃	0.1 ℃(过去 120 min 内)
10 cm 地温	1 ℃	0.1 ℃(过去 120 min 内)
15 cm 地温	1 ℃	0.1 ℃(过去 120 min 内)
20 cm 地温	1 ℃	0.1 ℃(过去 120 min 内)
50 cm 地温	0.5 ℃	0.1 ℃(过去 120 min 内)
100 cm 地温	0.1 ℃	0.1 ℃(过去 240 min 内)
相对湿度	10%	1%(过去 60 min 内)
2 min 平均风速	20 m/s	0.5 m/s (过去 60 min 内)

(4)主要变化范围检查。主要检查要素数据是否在其主要变化范围内。

(5)内部一致性检查。检查同一时间观测的气象要素记录之间的关系,应符合一定物理联系。

(6)时间一致性检查。检查气象记录在一定时间内的变化,是否具有特定规律的检查。

（7）空间一致性检查。检查气象记录在一定空间范围内的变化，是否符合空间规律的检查，可利用与被检站下垫面及周围环境相似的一个或多个邻近站观测数据计算被检站气温值，对被检站观测值和计算值进行比较，比较结果超出给定的阈值，即认为被检站气温观测数据为可疑资料。

（8）质量控制综合分析。对上述检查后的可疑资料进行综合分析，辨别其正确与否，对检查为错误的资料进行原因分析，便于错误资料的纠正及今后数据质量的提高。

（9）质量控制标识。质量控制后的数据应进行质量标识，表示资料质量的标识有正确、可疑、错误、订正数据、修改数据、预留、缺测、未作质量控制。资料质量标识用质量控制码表示。质量控制码及其含义参见表6-1-5。

表 6-1-5　质量控制码及其含义

质量控制码	含义	质量控制码	含义
0	正确	5	预留
1	可疑	6	预留
2	错误	7	预留
3	订正数据	8	缺测
4	修改数据	9	未作质量控制

1.2.2　气象缺测资料的处理方法

1.2.2.1　定时观测记录缺测时的处理方法

1. 人工观测定时记录缺测时的处理方法

（1）定时观测记录缺测时，若有自动观测记录应以自动观测记录代替；若无自动观测记录，但有自记仪器的项目，应以订正后的自记记录代替；若无自动观测记录又无自记仪器的项目，应在 1 h 以内（以 2 时、8 时、14 时、20 时为准）进行补测；若无自动观测记录又无自记仪器（或自记记录也缺测）又未补测，该定时记录应按缺测处理，有关标记"—"。

（2）定时观测记录迟测、早测时，若有自动观测记录应以自动观测记录代替；若无自动观测记录，但有自记仪器的项目，应以订正后的自记记录代替；无自记仪器的项目，迟测、早测的时间距 2 时、8 时、14 时、20 时在 1 h 或以内，仍使用原观测记录，迟测、早测时间在 1 h 以上时，该定时记录按缺测处理记"—"。

（3）夜间不守班站 2 时气压、气温、湿度、风速自记记录缺测时，若有自动观测记录应以自动观测记录代替；若无自动观测记录，应从正点前、后 10 min（风为正点前 20 min 至正点后 10 min，下同）内取接近正点的自记记录代替；若正点前、后 10 min 内的自记记录也缺测，应按无自记仪器的有关规定处理。

（4）风速记录缺测但有风向时，风向应按缺测处理；有风速而无风向时，风速照记，风向记"—"。

2. 自动测定时数据缺测时的处理方法

（1）自动观测时数据有缺测时，基准观测用人工平行观测记录代替；其他站一般时次不进行补测，仅在2时、8时、14时、20时四个定时和规定编发气象观测报告的时次，气压、气温、湿度、风向、风速、降水记录缺测时，用现有人工观测仪器或通风干湿表、轻便风向风速表等在正点后10 min内进行补测；超过10 min时不进行补测，该时数据按缺测处理。

（2）在自动观测定时数据中，某一定时数据（降水量、风向除外）缺测时，用前、后两个定时数据内插求得，按正常数据统计；若连续两个或两个以上定时数据缺测，不能内插，按缺测处理。

（3）辐射自动观测仪出现故障时，采用精确度高于0.1 mV的毫伏表进行测量。

将辐射表与毫伏表连接，在每个地平时正点读出毫伏表的电压值（V），根据辐射表的灵敏度K算出辐射度E

$$E = \frac{V}{K} \times 1\,000 \qquad (6\text{-}1\text{-}1)$$

式中　E——辐射度；

　　V——以毫伏为单位的电压值。

再用两个相邻的E值，用梯形求面积的公式，计算出每小时总量H，再求得出口总量D。

1.2.2.2　各时自记记录缺测时的记录方法

1. 自记风向风速（或其中一项）

某时自记记录缺测时，用其他风的自记记录代替；若无其他风的自记仪器，应从正点前20 min至正点后10 min内，用接近正点的10 min平均风速和最多风向代替；若正点前20 min至正点后10 min内的自记记录也缺测，该时风向风速按缺测处理（若缺测一项，则当风速缺测时，风向亦按缺测处理；当风向缺测时，风速照记，风向记"—"）。

2. 降水量自记迹线缺测

若缺测时间在两个正点之间（无虹吸或笔位无下落），该时降水量照常计算；若缺测时间跨越某一个或几个正点，有关各时降水量应使用其他雨量计的自记记录代替；若无其他雨量计，整个缺测时段记其累积量，并填在该时段的最后一个小时栏内，其他各时用"←"符号表示。若缺测时间内的累积量无法从自记纸上直接计算出来，按缺测处理。

3. 日照时数全天缺测

若全日为阴雨天气，则日照时数日合计栏记0.0；否则，该日日照时数按缺测处理，日合计栏记"—"（各时日照时数栏空白）。

1.2.2.3　日极值缺测时的处理方法

1. 人工观测日极值缺测时的处理方法

（1）一日中，本站气压、相对湿度、风速的自记迹线有部分记录缺测时，则从实有的自记迹线中挑选极值，若从实有的自记迹线中挑取的日最高、最低本站气压和日最小相对湿度已不及从定时观测记录中挑取的日极值为高（或低、小）时，则日最高、最低本站气压和日最小相对湿度该从当日各定时观测记录中挑取；从实有的自记迹线中挑取的日最大、极大风速无代表性时，按缺测处理。

（2）若日最高、最低气温缺测时，用订正后的自记日最高、最低气温代替（订正方法与日最高、最低本站气压相同）；若无温度自记仪器或温度自记日极值也缺测，改从当日各定时观测气温中挑取。

（3）日地表最高、最低温度缺测时，从当日各定时观测地表温度中挑取。

2. 自动观测日极值缺测时的处理方法

一日中，本站气压、气温、相对湿度、风速、地表温度、草面温度的自动观测记录有部分缺测时，应从实有的自动观测记录和人工观测记录中挑取日极值，当自动观测极值和人工补测极值相同时，相应出现时间以自动观测记录为准；自动观测记录全天缺测时，则从人工补测的定时观测记录中挑取日极值。

1.2.2.4　天气现象起止时间缺测时的处理方法

天气现象的开始时间缺测时，只记终止时间；终止时间缺测时，只记开始时间；起止时间都缺测时，只记该现象符号。

1.2.2.5　缺测记录处理情况的备注

所有缺测记录的处理情况，应在备注栏注明。

1.2.3　降水量摘录表的意义

1.2.3.1　摘录表的摘录要求

（1）应采用"雨洪配套"的方法摘录 1~3 场次降水，汇编单位可根据本流域的降雨特性制定摘录标准。

（2）各站摘录段制宜为 24、8、4 段制，具体段制的选择由汇编单位确定。一个站同年降水量摘录的段制宜统一，但如某期间因故观测段制少于规定摘录的段制时，可按实际观测段制填写。

（3）年降水量较大的地区，相邻时段的降水强度等于或小于 3.0 mm/h 者，可予合并摘录。

1.2.3.2　摘录表的样式

降水量摘录表的样式，参见降水量观测摘录表（见表 6-1-6）和降水量观测月统计表（见表 6-1-7）。

表 6-1-6　降水量观测摘录表

降水量观测摘录表

月份　　　　　　　　　　　　　（采用　　段次）

日	时段降水量（mm）										一日降水量（mm）	备注
	时	时	时	时	时	时	时	时	时	时		

表 6-1-7　降水量观测月统计表

月统计

总降水量　　　mm	降水日数　　　日
最大日降水量　　　mm	日期　　　日

检查者意见：	审核者意见：
年　　月　　日	年　　月　　日

　　用雨量器观测降水量,可采用定时分段观测,段次及相应时间见表6-1-8。各个雨量站的降水量观测段次规定:一般少雨季节采用 1 段或 2 段次,暴雨时应随时增加观测段次,多雨季节应选用自记雨量计。

表6-1-8　降水量分段次观测时间表

段次	观测时间(时)
1 段	8
2 段	20　8
4 段	14　20　2　8
8 段	11　14　17　20　23　2　5　8
12 段	10　12　14　16　18　20　22　24　2　4　6　8
24 段	从本日 9 时至次日 8 时,每小时观测一次

1.2.3.3　降水量观测记载表应符合的规定

　　(1)月:填写降水量观测记载的月份。

　　(2)采用段次:填当月采用的观测段次。

　　(3)表头时段降水量"时"栏,按表6-1-8 规定的观测段次填记,时段时间填至时。有降水之日应先将日期填入,在规定的观测时段有降水时,在降水量数值右侧加注水物符号;观测值可疑时,在降水量数值右侧加可疑符号"※";观测值不全时对降水量数值加括号;因故障缺测,且确知其量达仪器 1/2 个分辨率时,缺测时段记缺测符号"—";降雪量缺测但测其雪深者,将雪深折算成降水量填入,并在备注栏注明。

　　(4)日降水量:累加昨日 8 时至今日 8 时各次观测的降水量作为昨日降水量;时段降水量右侧注有符号者,日降水量右侧亦应注相同的符号;某时段实测降水量不全或缺测,日降水量应加括号。规定测记初终霜之日填霜的符号;在雾、露、霜量右侧注相应的降水量符号;未在日界观测降水量者,在"mm"栏记合并符号"↓"。

　　(5)备注:在观测工作中,如发生缺测、可疑等影响观测资料精度和完整的事件,或发生特殊雨情、大风和冰雹以及雪深折算关系等,均应用文字在备注栏作详细说明。

　　(6)月总降水量:为本月各日降水量之总和。全月未降水者填"0"。全月有部分日期为观测,月总量仍计算,并加括号。有跨月合并观测者,合并的量记入后月,月总降水量不加括号,但应备注说明。

　　(7)降水日数之和(记录精度大于 0.1 的站,不统计降水日数,本栏任其空白):全月无降水量者填"0";部分时期缺测而又不知具体日期者,对降水日数加括号;确知有降水和记合并符号之日,应记入全月降水日数。

　　(8)最大日降水量:从本月各日降水量中挑选最大者填记。如有缺测情况,应加括号,若能肯定为本月最大值可不加括号,一月内只有合并的降水量者,记"—"符号。全月无降水者,本栏空白。

　　(9)日期:填最大日降水量发生的日期。

　　(10)全月缺测者,月统计各栏均记"—"符号。

1.2.4　降水要素摘录的方法

1.2.4.1　降水要素的主要内容

1. 降雨量(深)

时段内降落到地面上一点或一定面积上的降雨总量称为降雨量。前者称为点降雨量,后者称为面降雨量。点降雨量以 mm 计,而面降雨量以 mm 或 m³ 计。当以 mm 作为降雨量单位时又称为降雨深。

2. 降雨历时

一次降雨过程中从一时刻到另一时刻经历的降雨时间称为降雨历时(这个历时可以任意随便选取)。特别地,从降雨开始至结束所经历的时间称为次降雨历时,一般以 min、h 或 d 计。

3. 降雨强度

单位时间的降雨量称为降雨强度,一般以 mm/min 或 mm/h 计。降雨强度一般有时段平均降雨强度和瞬时降雨强度之分。

4. 降雨面积

降雨笼罩范围的水平投影面积称为降雨面积。

5. 暴雨中心

暴雨集中的较小的局部地区称为暴雨中心。

1.2.4.2　降水量摘录的方法

(1)采用“汛期全摘”的站,在汛前、后出现与汛期大水有关的降水,均应摘录。非汛期的暴雨,其洪水已列入洪水水文要素摘录表时,该站及上游各站的相应降水,均应摘录。

(2)采用“雨洪配套摘录”的站,应根据洪水水文要素列入的洪水,摘录该站及上游各站的相应降水。

(3)支流上没有水文站的雨量站,其降水摘录应与下游最近的水文站配套。

1.2.4.3　降水月特征值统计计算

1. 月降水量特征值统计

本月各日日降水量之总和为本月月降水量。

全月各日未降水时,月降水量记为“0”。

一月内部分日期(时段)雨量缺测时,月降水总量仍予计算,但应加不全统计符号“( )”。

全月缺测时,记“—”符号。

有跨月合并情况的,合并的量记入后月。前后月的月总量不加任何符号。合并量较大时应附注说明。

2. 月降水日数统计

本月降水日日数之总和。

全月无降水日时,记为“0”。

全月缺测时,记“—”符号。

一部分日期缺测时,根据有记录期间的降水日数统计,但应加不全统计符号。确知有降水和记载合并符号之日,可加入全月降水日数统计。

3.月最大日降水量统计

全月无降水时,月最大日雨量不统计。

全月缺测时,记"—"符号。

一月部分日期缺测或无记录时,仍应统计,但应加不全统计符号"(　)"。如确知其为月最大,则不加不全统计符号。

一月部分日期有合并降水时,如合并各日的平均值比其余各日仍大,可选作月最大日量,并加不全统计符号"(　)"。

全月只有合并的降水量时,月最大日雨量不统计,应记"—"符号。

1.2.4.4　降水年特征值统计计算

年降水量、降水日数、日最大降水量统计计算雷同于月特征值统计计算方法予以统计计算。

各时段最大降水量统计,可从逐日降水量中分别挑选全年最大1日降水量及连续3、7、15、30日(包括无降水之日在内)的最大降水量填入,并记明其开始日期(以8时为日分界)。全年资料不全时,统计值应加不全统计符号。能确知其为年最大值时,也可不加不全统计符号。

附注说明,主要是雨量场(器)的迁移情况(迁移日期、方向、距离、高差等);有关插补、分列资料情况;影响资料精度等的说明。

模块 2　径流小区监测

2.1　观测作业

2.1.1　自记水位计的标定方法

自记水位计的标定方法有比测和校测。

2.1.1.1　比测

自记水位计的比测应在仪器安装后或改变仪器类型时进行。一般为自记水位计与同位置同时刻的水尺观测水位比测。比测时可按水位变幅分几个测段分别进行,包括水流平稳、变化急剧等情况,每段比测次数应不少于 30 次。比测结果应符合,一般水位站置信水平 95% 的综合不确定度为 3 cm,系统误差为 ±1 cm;受波浪影响突出的近海地区水位站,综合不确定度可放宽至 5 cm。纸介质模拟自记水位计允许计时误差应符合表 6-2-1 的规定。在比测合格的水位变幅内,自记水位计可正式使用,比测资料可作为正式资料。不具备比测条件的无人值守站可只进行校测。

表 6-2-1　纸介质模拟自记水位计允许计时误差

记录周期	允许误差(min)		记录周期	允许误差(min)	
	精密级	普通级		精密级	普通级
日记	±0.5	±3	季记	±9	
周记	±2	±10	半年记	±12	
双周记	±3	±12	年记	±15	
月记	±4				

2.1.1.2　校测

自记水位计校测在仪器的正常观测使用期进行,可定期或不定期进行。校测频次可根据仪器稳定程度、水位涨落率和巡测条件等确定。每次校测时,应记录校测时间、校测水位值、自记水位值、是否重新设置水位初始值等信息,作为水位资料计算整编的依据。当校测水位与自记水位系统偏差超过 ±2 cm 时,经确认后重新设置水位初始值。

自记水位计的校测可根据测站设施情况确定:

(1)设有水尺的自动监测站,可采用水尺观测值进行校测。未设置水尺的可采用悬锤式水位计、测针式水位计或水准测量的方法进行校测。

(2)采用纸记录的自记水位计的水位校测:①使用日记式自记水位计时,每日 8 时定时校测一次;资料用于潮汐预报的潮水位站应每日 8 时、20 时校测两次。当一日水位变化较大时,应根据水位变化情况适当增加校测次数。②使用长周期自记水位计时,对周记和双周记式自记水位计应每 7 d 校测一次,对其他长期自记水位计应在使用初期根据需要加强校测,当运行稳定后,可根据情况适当减少校测次数。③校测水位时,应在自记纸的时间坐标上划一短线。需要测记附属项目的站,应在观测校核水位的同时观测附属项目。

2.1.2　泥沙自动采样器的使用方法

图 6-2-1　泥沙自动采样器

泥沙自动采样器(见图 6-2-1),用于自动采集观测控制断面径流的水样,以实现计算小流域卡口站的含沙量。本系统采用 ARM 系统设计,可通过设定采样液位高度自动进行采样,也可设定时间定时采样,无采集系统数据丢失现象,能够可靠稳定运行。

独立使用时,由计算机向主控制器输入采样指令,由主控制器向采样器的控制电路发出采样开始信号(接通采水器的释放电源),采水器的电磁阀吸合,开启采水瓶,水样进入采水瓶;采样完毕后,由主控制器向采水器的控制电路发出采样结束信号(切断采水器的释放电源),采水器的电磁阀复位实现采水瓶的密封,同时主控制器存储采样瓶号、采样时间、泥沙含量及其他相关数据,从而完成一个水样的采集过程。完成一次采样之后,中央控制器进入待机状态,到达下一个预设采样时刻再进行下一次采样,如此循环,直到完成全部采样数量。

2.1.3　自动土壤水分观测仪器的使用方法

自动土壤水分观测仪是基于现代测量技术构建,由硬件和软件组成。其硬件可分为传感器、采集器和外围设备三部分,其软件可分成采集软件和业务软件两种。

该结构的特点是既可以与微机终端连接组成土壤水分测量系统,也可以作为土壤水分采集系统挂接在其他采集系统上。设备组成见图 6-2-2。

自动土壤水分观测仪器有张力计、中子水分仪、探针式土壤水分测试仪、时域反射(TDR)仪等。

2.1.3.1　张力计的使用方法

(1)使用张力计法观测土壤含水量时首先应作好各观测点的土壤水分特性曲线。

(2)张力计有指针式和电子压力传感器两种类型。张力计安装前应进行外观检查,真空表指针应指示零点且转动灵活。电子张力计采用压力传感器替代真空表,其测量精度高,可以接入数据采集器进行连续自动测量。

(3)张力计安装前要进行排气和密封检查。

(4)真空表至陶土管中部的高差形成静水压力,如作精确测量时应在读数中减去静水压力值。

(5)张力计用于定位测量土壤含水量,可按观测要求定点布设张力计,为减少张力计因陶土管渗水而产生的相互影响,任意两支张力计的间距不应小于 30 cm。

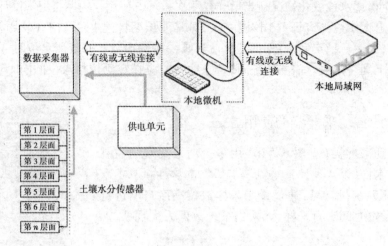

图 6-2-2　自动土壤水分观测仪组成

（6）埋设张力计时应避免扰动原状土壤,应用直径等于或略小于陶土管直径的钻孔器,开孔至待测深度,在钻孔底部放入少量泥浆后插入张力计,使陶土管与土壤紧密接触并将地面管子周围的填土捣实,以防水分沿管进入土壤。

（7）张力计埋设深度的土壤含水量不应超过其量测范围,接近地面且含水量变化幅度大的土层可用烘干法量测土壤含水量。

（8）埋置张力计 1~2 d 后,当仪器内的压力与陶土头周围的土壤吸力平衡时方可正常观测,观测时间以每天早上 8 时为宜,读数前可轻击真空表,以消除指针摩擦对观测值的影响。

（9）按照观测要求读取真空表的土壤吸力值后,由吸力值查土壤水分特性曲线得出体积含水量的数字。

（10）水传感张力计只有在气温为 0 ℃以上才能正常观测,气温低于 0 ℃时应当拆除真空表头使其自然排干管内水分,以防冻坏。

（11）张力计在使用过程中若集气室气体过多需进行补水排气,补水时慢慢打开密封盖,注入凉开水或蒸馏水,使气体排出,或用针管注水排气。注水时管内失压,管内水外流至土壤中影响含水量的量测精度,补水日期应记录在表上,以便在资料分析时对数据进行合理取舍。

（12）使用电子压力传感器的张力计,一般具有温度补偿功能（0~50 ℃）,可以由数据采集器进行自动连续测量。

2.1.3.2　中子水分仪的使用方法

（1）操作人员在使用中子水分仪前应进行专门的培训和操作训练,应熟悉所持型号的中子水分仪的使用和保养方法、辐射防护方法和国家有关放射源使用和保管的有关规定。在当地相关主管部门登记,取得含放射源仪器的使用许可证。

（2）中子水分仪测管的埋设,应在代表性地块的代表区域中根据观测要求布置测点和量测深度,监测点一经设置后不得随意变动,以保证土壤含水量观测资料的一致性。

（3）中子水分仪测管的材质用铝合金管或硬塑料管,用塑料管时避免使用聚氯乙烯管和含氢量高的塑料管,管材应有一定的强度和防腐蚀性能,以防管壁变形和腐蚀。

(4)中子水分仪测管下端用锥型底盖密封以防止地下水分的进入,测管上端用橡皮塞密封以防雨水及地表水分的进入。在灌溉或降雨过程后,放下中子探测管前应检查测管内是否有积水,有积水时不能进行测量。

(5)导管安装前应向管内注水并保持数小时,检查导管底部封接处是否漏水,若漏水则不能使用。

(6)在野外观测使用的各种型号的中子水分仪应有完整的技术资料和使用说明书,中子水分仪在使用前应进行率定和检验。

(7)对于只给出读数 R 的中子水分仪,应测试其标准读数 R_w,并根据测区的土壤通过试验来标定土壤含水量曲线,建立体积含水率 θ 和计数比 R/R_w 的关系线,其直线方程为

$$\theta = m(R/R_w) + C \tag{6-2-1}$$

式中　　θ——体积含水率,以小数计;

　　　　m——直线斜率;

　　　　R——中子水分仪土壤中的实测读数;

　　　　R_w——标准计数;

　　　　C——相关直线的截距。

(8)对于直接给出体积含水量的中子水分仪,在不同土壤质地区域观测时应对中子水分仪的读数进行校核。有较大误差时应通过率定修正。

(9)对中子水分仪进行率定时可采用野外率定方法。

(10)若更换探测器应对仪器重新进行率定。

(11)野外观测土壤含水量时,首先应按照说明书的规定读取标准计数,并在没有外部放射性物质或高含氢物质的环境下进行。读取的当前标准计数与既往标准计数的误差应在规定的标准误差范围内,否则应检查仪器的工作状态是否正常。

(12)中子水分仪测土壤含水量时应备有标准的记录表格,观测结束后应根据观测的结果和标定方程计算出每个测点的平均体积含水量。

(13)中子水分仪发生故障时不可随意拆卸,应送指定的单位进行修理。

(14)中子源在发生意外情况遗失或外露时应及时报告有关部门,并隔离辐射区域防止核辐射对人体的损害和扩散。

(15)在观测过程中观测人员应按操作规则搬运和使用中子水分仪,应设有专门的房间、配有专门的工作人员来保管中子水分仪,保管室与居室和工作室应有一定的距离。

(16)使用中子水分仪应按照国家环保部门对含放射源仪器的管理办法执行。

(17)中子水分仪的观测记录和换算方法应按统一的表格进行。

2.1.3.3　探针式土壤水分测试仪的使用方法

(1)探针式土壤水分测试仪包括时域反射仪(TDR)、频率反射仪(FDR)、驻波仪(SWR)等。

(2)置入法定点观测土壤含水量投资较大,探针和电缆的价格很贵,墒情监测站可在代表性和试验性地块采用置入法观测,而在巡测点采用直接插入法来观测土壤含水量。

（3）作为土壤含水量自动监测仪器，采用置入法观测。置入法水平安置探针时，可在观测剖面旁挖坑，探针可在挖出的剖面按测点深度水平插入原状土壤中，探针的插入位置距开挖剖面应有一定的距离，安装完毕后土坑应按原状土的情况填实。

（4）置入法垂向安置探针时，应在被测地块按观测的不同深度钻孔，孔径应与探针导管的外径相同或略小，地表导管周围土壤应填实以保证导管与周围土壤密切接触，防止地表和土壤中各层间的水分沿导管与土壤间的缝隙流动。垂向埋入探针时，两组探针间距不应小于30 cm，以防止钻孔对土壤结构的破坏影响不同深度测点的观测值。水平和垂向埋入法均要保持各测点两探针间相互平行。

（5）直接插入或定点监测和巡测土壤含水量时，采用挖坑插入或打孔插入观测的方法，打孔时，孔径应大于探针导管的外径。直接插入法观测时要避开上次的测坑和土壤结构被破坏的地块，探针插入土壤时应使探针与土壤密切接触，避开孔隙、裂缝、石块和其他非均质异物。

（6）对置入法的土壤水测点，应保持其相对的稳定性，不随意改变观测位置，以保持其观测资料的连续性和一致性。

（7）每次观测后应用干布擦试探针，揩干净泥土和水分，再进行下一次观测。为避免插入方法引起的观测误差，可在同一深度进行重复观测，重复观测时应避开上一次的针孔，取两次接近的读数的均值作为该点的土壤含水量。

2.1.3.4　时域反射仪（TDR）的使用方法

（1）TDR正式使用前应与取土烘干法进行对比观测，当有系统误差时应予以校正。

（2）TDR探头分探针和管式两大类。探针式可以埋设在土壤的剖面中进行定点连续测量，管式探头须和测管配合使用，可对土壤不同深度连续测量，测管可用硬质塑料管，埋设时注意管体与土壤间的良好接触。

（3）TDR测出的含水量为测针长度或探管有效作用范围内对应深度的平均体积含水量。

（4）在观测时应注意TDR设置的功能及适应的土壤。特别是有机土壤和无机土壤应根据仪器上的功能设置来选择对应计算公式。当TDR观测功能有土壤含水量、土壤温度、土壤电导率时应同时记录三个要素的观测值，以便于分析不同温度、不同电导率对土壤含水量监测的影响。对已考虑电导率和温度影响的TDR可直接使用仪器观测土壤含水量，对未考虑此两要素影响的仪器，在高电导率土壤或高温且温度变化剧烈期应考虑上述两要素对土壤含水量观测的影响，并经试验分析得出修正方法。

（5）探针式TDR观测土壤含水量时，可采用在土壤中埋设探针的置入法观测或直接插入法来观测土壤含水量。具体方法见本节"探针式土壤水分测试仪的使用方法"。

2.1.4　径流小区生物措施监测指标及其监测方法

径流小区生物措施的作用，是通过恢复植被来防风固沙、保持水土、涵养水源、保护农田和水利水保工程，调节气候、减轻或防止环境污染，改善生态环境，保护生物多样性、为农牧业生产创造良好的条件，同时水土保持造林种草又具有生产性。

径流小区常用的生物措施有：一般山丘坡面的绿化；沟头造林，沟头是径流汇入沟较为集中的地段,在结合防护工程的基础上,沟头选择分蘖性强、固土抗冲的乔灌木进行乔、灌混交,营造水土保持林;沟坡造林,沟坡应先封坡育草,待草类繁茂后,再全面造林;沟底造林,在结合修建谷坊等水土保持工程基础上,选耐水湿、抗冲淘、分蘖性强的速生树种栽植,以增加其抗冲缓流、拦淤泥沙的作用,阻止沟底冲刷下切;用生物措施治理荒山,根据适地适树,兼顾生态效益和经济效益的原则。

径流小区生物措施监测,主要包括植被类型、林草成活率、苗木保存率、林草覆盖度、植被生长发育状况、郁闭度、密度、高度、胸径、频度、生物量等。

(1)植被类型与植被组成。由于不同的植物生长特性差异较大,其水土保持作用和机制也存在一定的差异,因而在土地利用规划和土壤侵蚀研究中还需要了解植被类型及其组成。

植被类型是指针叶林、阔叶林、灌丛、草丛、草甸、荒漠植被、沙生植被,以及沼泽植被等形态和它们的相互镶嵌组合。确定植被类型要观察主要建群种,结合气候特征进行,如温带阔叶林、寒温带针阔叶混交林、干旱荒漠植被等。

植被组成是指各类植被中的树种及草种构成状况。一般分优势建群种和一般种、稀少种三部分。其种名的确认,需要有植物学和树木学的基本知识,一般通过物种鉴定确认。

(2)林草成活率。主要是在建设期和运行期,对植被覆盖度采取划定具有代表性的样方和标准地进行实地测量。

林木成活率测定可选择 10 m² 的样方,计算样方内成活树木个数占样方总造林树木的百分比,如林木成活率达不到设计要求,应及时进行补植或重种,确保林木成活率达到设计要求。

草地盖度的监测用针刺法。在监测样方内选取 1 m² 的小样方,在样方绳上每隔 10 cm 作一标记,用粗约 2 mm 的细针。顺次在样方上下左右间隔 10 cm 的点上(共计 100 点),从草的上方垂直插下,针与草接触一次即算一次"有",如没有则为"无",最后计算"有"的次数占总次数的百分比即为草地盖度。

(3)苗木保存率。是指项目运行期,林草的植被保存情况,一般在植物措施实施 1 年后,对样地内植物成活的数量进行调查,样方大小可视调查植物情况确定,一般为 1 m × 1 m。

(4)林草覆盖度。用以反映林草植被覆盖情况,主要采用样方调查法来进行监测。样方调查法是在小区内随机设 3～4 个样方(1 m × 1 m),调查记录植物种的同时,记录其株高和各植物种在样方内的覆盖度。

(5)植被生长发育状况。采用标准地法在原临时占地上抽样调查造林成活率,未满足成活率标准的应补植。标准地的面积为投影面积,要求灌木林 5 m × 5 m,草地 5 m × 5 m,分别取标准地进行观测并计算林地郁闭度、草地覆盖度和类型区林草的植被覆盖度。

植被生长发育状况于每年的春、秋季进行,主要调查树高、胸径、地径、郁闭度及密度,以及植被成活率、密度等。

2.2　数据记录与整编

2.2.1　产流计算的相关理论和知识

2.2.1.1　降雨径流的形成过程

　　降雨径流(见图 6-2-3)过程是地球上水文循环中重要的一环。水文循环过程中,大陆上降水的 34% 转化为地面径流和地下径流汇入海洋。径流过程是一个复杂多变的过程,了解径流过程对于洪旱灾害、水资源的开发利用及水环境保护等生产活动密切相关。流域上的径流形成过程可以分为流域蓄渗过程、坡地汇流过程和河网汇流过程。为了研究方便,通常将其概括为产流和汇流两个过程。

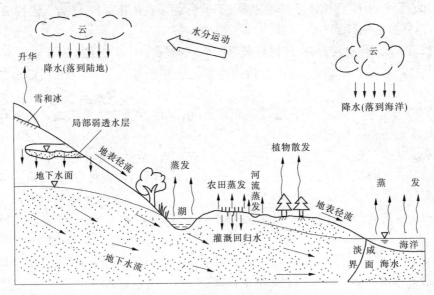

图 6-2-3　降雨径流的形成过程图

　　产流是指流域中各种径流成分的生成过程,其实质是水分在下垫面垂直运行中,在各种因素综合作用下的发展过程,也是流域下垫面对降雨的再分配过程。不同的下垫面条件具有不同的产流机制,不同的产流机制又影响着整个产流过程的发展,呈现不同的径流特征。

　　产流过程是水分的垂向运动过程,流域的蓄渗过程,对降雨量的分配过程。汇流过程是水分的横向运动过程,包括坡地汇流过程和河网汇流,是对流域上的净雨在时程上的两次再分配过程。

2.2.1.2　产流计算

　　产流计算主要研究流域上降雨扣除植物截留、补充土壤缺水量、填洼、蒸发等损失,转化为净雨过程的计算方法。

　　在湿润地区,由于雨量充沛,地下水位较高,包气带较薄,包气带下部含水量经常保持在田间持水量。在汛期,包气带的缺水量很容易为一次降雨所充满。因此,当流域发生大雨后,土壤含水量可以达到流域蓄水容量,降雨损失等于流域蓄水容量减去初始土壤含水量,降雨量扣除损失量即为径流量。这种产流方式称为蓄满产流,方程式表达如下:

$$R = P - (W_m - W_0) \qquad (6\text{-}2\text{-}2)$$

但是,式(6-2-2)只适用于包气带各点蓄水容量相同的流域,或用于雨后全流域蓄满的情况。在实际情况下,流域内各处包气带厚度和性质不同,蓄水容量是有差别的。因此,在一次降雨过程中,当全流域未蓄满之前,流域部分面积包气带的缺水量已经得到满足并开始产生径流,称为部分产流。随降雨继续,蓄满产流面积逐渐增加,最后达到全流域蓄满产流,称为全面产流。

在湿润地区,一次洪水的径流深主要与本次降雨量、降雨开始时的土壤含水量密切相关。因此,可以根据流域历次降雨量、径流深、雨前土壤含水量,按蓄满产流模式进行分析,建立流域降雨与径流之间的定量关系。

对蓄满产流方式,根据流域蓄水容量曲线,求出相应的降雨—径流关系曲线,降雨—径流关系曲线的形态取决于流域蓄水容量曲线。不同的降雨 P 值对应不同的径流深 R 值。蓄满产流方式的降雨径流关系特点:未蓄满时,随着降雨量 P 值的增大非线性增大;蓄满后,降雨径流关系平行于45°线。

在干旱和半干旱地区,降雨量小,地下水埋藏很深,包气带可达几十米甚至上百米,降雨过程中下渗的水量不易使整个包气带达到田间持水量,一般不产生地下径流,且只有当降雨强度大于下渗强度时才产生地面径流,这种产流方式称为超渗产流。在超渗产流地区,影响产流过程的关键是土壤下渗率的变化规律,这可用下渗能力曲线来表达。下渗能力曲线是从土壤完全干燥开始,在充分供水条件下的土壤下渗能力过程,见图6-2-4。

土壤下渗过程大体可分为初渗、不稳定下渗和稳定下渗三个阶段。在初渗阶段,下渗水分主要在土壤分子力的作用下被土壤吸收,加之包气带表层土壤比较疏松,下渗率很大;随着下渗水量增加,进入不稳定下渗阶段,下渗水分主要受毛管力和重力的作用,下渗率随着土壤含水量的增加而减小;随着下渗水量的锋面向土壤下层延伸,土壤密度变大,下渗率随之递减并趋于稳定,也称为稳定下渗率。与蓄满产流相比,超渗产流

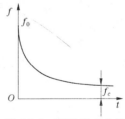

图6-2-4　下渗能力曲线

的影响因素更为复杂,对计算资料的要求较高,产流计算成果的精度也相对较差。因此,必须对干旱地区下渗特性及主要影响要素进行深入分析,充分利用各种资料条件,制订合理的超渗产流计算方案。

超渗产流情况下,产流面积变化特点:随着降雨历时的增长,产流面积时大时小;产流面积的大小与时段初流域蓄水量及降雨强度的大小有关。

降雨径流相关法是在成因分析与统计相关相结合的基础上,用每场降雨过程流域的面平均雨量和相应产生的径流量,以及影响径流形成的主要因素建立起来的一种定量的经验关系。该方法简单,又有一定精度,在实际工作中广泛应用。影响降雨径流关系的主要因素有前期影响雨量或流域起始蓄水量、降雨历时、降雨强度,暴雨中心位置等。

在我国湿润半湿润地区最常用的是降雨—前期影响雨量—径流三变量相关图法。该图的规律:降雨量相同时,前期影响雨量越大,损失越小,径流量越大;前期影响雨量相同

时,损失相对于降雨量越小,径流系数越大。

注意:这种降雨径流相关图,必须有足够多的实测资料,才能反映不同的降雨特性和流域特征的综合经验关系。对于没有实测暴雨洪水资料的区域,可利用地形、土壤、植被、气候等条件相似的邻近地区的降雨径流相关图来估算降雨的产流量。

蓄满产流的产流量计算:流域蓄水容量曲线的描述;采用 B 次抛物线型,B 值一般为 $0.2 \sim 0.4$,蓄水容量在湿润地区一般为 $100 \sim 150$ mm,最常采用三层模型计算。

按照蓄满产流模型,只有当包气带达到田间持水量,即包气带蓄满后才产流,根据稳定下渗率来进行划分,即超渗产流的产流量计算:在干旱半干旱地区,由于地下水埋藏比较深,流域的包气带比较厚,缺水量大,降雨过程中下渗的水量不易使整个包气带达到田间持水量,不产生地下径流,只有当降雨强度大于下渗强度时才产生地面径流,即超渗产流。这种产流关键是确定流域下渗的变化规律。流域超渗产流的计算方法有下渗曲线法、图解法、初损后损法。

下渗曲线法:由累积曲线推求下渗曲线,即根据历年降雨径流资料确定出的经验关系曲线,拟合出其经验关系,然后将经验公式微分即得其下渗曲线。

初损后损法:是下渗曲线法的一种简化方法,是超渗产流中比较常用的方法。把实际的下渗过程简化为初损和后损两个阶段,即产流以前的总损失量为初损,产流以后下渗的水量为后损。

出口断面的起涨点以前雨量的累积值一般作为初损的近似值,对于较大的流域,可分雨量各站按各自的汇流时间定出各自的产流开始时刻,并取该时刻以前各站累积雨量的平均值或其中最大值作为流域的初损量。

一次降雨过程中,由于后损是初损的延续,初损量越大,土壤含水量越大,则后损能力越低,就越小。后损下渗率不仅与流域起始土壤含水量有关,而且与初期降雨特性有关,初期降雨特性用初损平均雨强表示。

2.2.2　土壤流失量、径流系数、径流深的计算方法

2.2.2.1　土壤流失量的计算方法

1. 通用土壤流失方程(USLE)

通用土壤流失方程 USLE(Universal Soil Loss Equation),是美国研制的用于定量预报农地或草地坡面多年平均年土壤流失量的一个经验性土壤侵蚀预报模型,对于各国经验性土壤侵蚀模型的建立具有很好的借鉴作用。我国自 20 世纪 80 年代引入该模型,进行模型的订正和应用研究,取得了重要成果。

通用土壤流失方程,是表示坡地土壤流失量与其主要影响因子间的定量关系的侵蚀数学模型,用于计算在一定耕作方式和经营管理制度下,因面蚀产生的年平均土壤流失量。其表达式为:

$$A = R \cdot K \cdot L \cdot S \cdot C \cdot P \tag{6-2-3}$$

式中　A——任一坡耕地在特定的降雨、作物管理制度及所采用的水土保持措施下,单位面积年平均土壤流失量,t/hm^2;

　　　R——降雨侵蚀力因子,是单位降雨侵蚀指标,如果融雪径流显著,需要增加融雪

因子,MJ・mm/(hm² ・h);

　　K——土壤可蚀性因子,标准小区上单位降雨侵蚀指标的土壤流失率;

　　L——坡长因子;

　　S——坡度因子,等于其他条件相同时实际坡度与9%坡度相比土壤流失比值,由
　　　　于L和S因子经常影响土壤流失,因此称LS为地形因子,以示其综合效应;

　　C——植被覆盖和经营管理因子,等于其他条件相同时,特定植被和经营管理地块
　　　　上的土壤流失与标准小区土壤流失之比;

　　P——水土保持措施因子,等于其他条件相同时实行等高耕作,等高带状种植或修
　　　　地埂、梯田等水土保持措施后的土壤流失与标准小区上土壤流失之比。

1)降雨侵蚀力因子R

降雨侵蚀力因子R,一般采用Wischmeier经验公式:

$$R = \sum_{i=1}^{12} 1.735 \times 10^{(1.5\lg\frac{P_i}{P}-0.8188)}$$ 　　　　(6-2-4)

式中　R——降雨侵蚀力;

　　　P_i——各月平均降雨量,mm;

　　　P——年平均降雨量,mm。

2)土壤可蚀性因子K

土壤可蚀性因子反映土壤抗侵蚀的能力,与土壤类型有关,具体数据可查土壤可蚀性因子诺漠图。如果土壤类型主要为黄壤、紫色土等,其可蚀性因子一般为0.02~0.75。

3)地形因子LS

$$LS = (L/22.1)^M(65\sin^2 S + 4.56\sin S + 0.065)$$ 　　　　(6-2-5)

式中　L——开始发生径流的一点到泥沙开始汇集或径流进入水道点的长度,m;

　　　S——径流长度的平均坡度;

　　　M——模数,当$\sin S > 0.05$时$M = 0.5$,当$0.05 \leqslant \sin S \leqslant 0.035$时$M = 0.4$,当$0.01 \leqslant \sin S < 0.035$时$M = 0.3$,当$\sin S < 0.01$时$M = 0.2$。

4)植被覆盖和经营管理因子C

植被覆盖和经营管理因子C主要反映地表植被覆盖情况对产生土壤侵蚀的影响,施工时一般取最大值1.0,工程完工采用绿化等植被措施后,一般可取$C = 0.06 ~ 0.6$。

5)水土保持措施因子P

水土保持措施因子P主要反映地表的处理状况,如压平、压实及其他构筑物对土壤侵蚀的影响。施工场地地表被破坏无防护措施时,$P = 1.0$;完工后经平整、夯实以及边坡防护工程与植被绿化等措施后,$P = 0.5 ~ 0.8$。

2. 加速侵蚀系数法

$$W = \sum_{i=1}^{n} (F_i \times M_i \times A_i \times T_i)$$ 　　　　(6-2-6)

式中　W——各分区的水土流失量之和(设定n个分区,$i = 1,2,\cdots,n$),t;

　　　F_i——第i块扰动地表区的流失面积,km²;

　　　M_i——第i块扰动地表区F_i上原地貌条件的土壤侵蚀模数,t/(km²・a);

A_i——第 i 块扰动地表区 F_i 在预测时段 T 内的年加速侵蚀系数,$t/(km^2 \cdot a)$;

T_i——第 i 块扰动地表区的水土流失预测时段,a。

当 $A > 1$ 时,与开挖、扰动、破坏地表的具体情况有关,在无实测或试验资料的情况下,可用类比法参考确定。当 $A = 1$ 时,式(6-2-6)计算出的 W 等于原地貌的水土流失量。在预测时段内的不同期间,加速侵蚀系数 A 可以不同,但 $A \geqslant 1$,不能小于1。

3. 分类分级法

$$W = \sum_{i=1}^{n} (F_i \times (M_{si} - M_{oi}) \times T_i) \qquad (6\text{-}2\text{-}7)$$

式中　W——扰动地表新增水土流失量,t;

M_{si}——不同预测单元扰动后的土壤侵蚀模数,$t/(km^2 \cdot a)$;

M_{oi}——不同预测单元原生土壤侵蚀模数,$t/(km^2 \cdot a)$;

其他符号意义同前。

式(6-2-7)注意的是 M_{si} 和 M_{oi} 的取值,M_{si} 指的是预测单元的年土壤侵蚀模数,反映水土流失的动态变化及发展趋势,是一个动态变量指标;而 M_{oi} 为原生土壤侵蚀模数,指的是预测单元的多年平均侵蚀模数,是一个相对恒定的常数,一般作为侵蚀区土壤侵蚀状况的背景值用于反映区域水土流失的严重程度。

4. 流失系数法

流失系数法一般用于计算弃渣流失量的预测,计算公式为:

$$W = \sum_{i=1}^{n} (S_i \times a \times T_i) \qquad (6\text{-}2\text{-}8)$$

式中　W——弃堆土流失量,t;

S_i——弃土量或临时堆土量,t;

T_i——堆土时间,a;

i——工程最终弃土和临时堆土;

a——流失系数(%),即在不采取任何防护措施下,弃渣体自然流失至自然稳定状态时可能产生的弃渣流失总量与弃渣体总量的比值。

(1)一般地,流失系数 $a \leqslant 1$,在无实测或试验资料的情况下,可用类比法参考确定。

(2)采用流失系数法计算水土流失量,比较科学、准确,各方案编制单位和各地水土保持试验研究单位通过观测试验,得出本地区的地貌破坏前后土壤侵蚀变化关系。

水土流失预测方法推荐采用类比法,用同类地区已有的水土流失资料推算项目建设前后的水土流失量,比较简单、务实。由于水土流失的试验观测资料比较缺乏,在现阶段,水土流失预测计算公式推荐采用分类分级法和流失系数法。

2.2.2.2　径流系数的计算方法

降下的水部分在地面、水面或植物表面会产生蒸发或蒸腾,部分水分从土壤表面向土壤内部渗入。雨水的下渗是降雨径流中主要损失,不仅决定地面径流量的大小,同时也影响土壤水分和地下水的变化,是地表水转化成地下水的一个过程。在天然情况下,由于降雨强度的变化,有时降水过程还不连续,另外土壤性质和土壤水分的时空分布也不均匀。因此,在降雨过程中,下渗是非常复杂而多变的,通常是不稳定和不连续的。下渗随时间的变化与降雨时程分配、土壤性质、植被、微地形、前期土壤含水量等因素有关。天然情况的下渗，其影响因素极其复杂，一般可归为四类：①土壤的机械物理性质及水分物理性质；②降雨特性；③流域地面情况，包括地形、植被等；④人类活动。

在径流分析计算中，常用的径流表示方法有流量 Q、径流量 W、径流深 Y、径流模数 M、径流系数 a。

（1）流量 Q。单位时间内通过河流某一断面的水量叫流量，单位为 $\mathrm{m^3/s}$。

（2）径流量 W。一定时段内通过河流某一断面的水量，称为该时段的径流总量，或简称为径流量，如月径流量、年径流量等，常用单位有 $\mathrm{m^3}$ 或万 $\mathrm{m^3}$、亿 $\mathrm{m^3}$ 等。有时也用时段平均流量与对应历时的乘积表示径流量的单位，如 $(\mathrm{m^3/s})\cdot$月、$(\mathrm{m^3/s})\cdot$日等。径流量与平均流量的关系如下：

$$W = QT \tag{6-2-9}$$

式中　Q——时段平均流量，$\mathrm{m^3/s}$；

　　　T——计算时段，s。

（3）径流模数 M。单位流域面积上所产生的流量，如洪峰流量、年平均流量等，相应地称为洪峰流量模数、年平均流量模数（或年径流模数），常用单位为 $\mathrm{m^3/(s\cdot km^2)}$ 或 $\mathrm{L/(s\cdot km^2)}$。径流模数计算公式如下：

$$M = \frac{Q}{F} \tag{6-2-10}$$

（4）径流系数 a。流域某时段内径流深与形成这一径流深的流域平均降水量的比值，计算公式如下：

$$a = \frac{Y}{H} \tag{6-2-11}$$

人们在开发利用水资源时，需要对河川径流进行水利规划，这就需要掌握工程地点的河流水量及其变化规律。径流量不同，开发利用水资源的措施也不一样，工程的规模和建筑物的尺寸也不相同。

在水利水电工程规划设计中，年径流是一个很重要的数据。所谓年径流，是指在一个年度内，通过河流某断面的水量，叫作该断面以上流域的年径流量，它可用年平均流量（$\mathrm{m^3/s}$）、年径流深（mm）、年径流总量（万 $\mathrm{m^3}$ 或亿 $\mathrm{m^3}$）或年径流模数 $[\mathrm{m^3/(s\cdot km^2)}]$ 表示。

2.2.2.3　径流深的计算方法

径流深（Y），是指将一定时段的径流总量平均铺在流域面积上所得到的水层深度，称为该时段的径流深，以 mm 计。计算公式如下：

$$Y = \frac{W}{1\,000F} \tag{6-2-12}$$

式中　W——计算时段的径流量，$\mathrm{m^3}$；

　　　F——河流某断面以上的流域集水面积，$\mathrm{km^2}$。

模块 3　　控制站观测

3.1　测验作业

3.1.1　自记水位计的安装要求

测站选用的自记水位计设备应符合国家水文质检部门的准入许可要求。

自记水位计设置应能测记到本站观测断面最高水位和最低水位。当受条件限制,一套自记水位计不能测记历年最高水位、最低水位时,可同时配置多套自记水位计或其他水位观测设备,且处在同一断面线上,相邻两套设备之间的水位观测值应有不小于 0.1 m 的重合。

3.1.1.1　自记水位计传感器安装基本要求

安装前应按其说明书对技术指标进行全面的检查和测试。

传感器安装应牢固,不易受风力或水流冲击的影响;波浪较大的测站,应采取波浪抑制措施。对采用设备固定点高程进行初始值设置的测站,设备固定点高程的测量精度应不低于四等水准测量精度。

1. 浮子式自记水位计

浮子式自记水位计测井不应干扰水流的流态,井壁必须垂直,截面可建成圆形或椭圆形,应能容纳浮子随水位自由升降,浮筒(浮子)与井壁应有 5~10 cm 间隙。测井口应高于设计最高水位 0.5~1 m,井底应低于设计最低水位 0.5~1 m。

进水管管道应密封不漏水,进水管入水口应高于河底 0.1~0.3 m,测井入水口应高于测井底部 0.3~0.5 m。根据需要可以设置多个不同高程的进水管。井底及进水管应设防淤和清淤设施,卧式进水管可在入水口设置沉沙池。测井及进水管应定期清除泥沙。多沙河流,测井应设在经常流水处,并在测井下部上下游的两侧开防淤对流孔。因水位滞后及测井内外含沙量差异引起的水位差均不宜超过 1 cm。

记录仪器室应有一定的空间方便维护,能通风、防雨、防潮。

2. 气泡式水位计

气泡式水位计入水管管口可设置在历年最低水位以下 0.5 m,河底以上 0.5 m 处。入水管应紧固,管口高程应稳定。当设置一级入水管会超出测压计的量程时,可分不同高程设置多级入水管。

水下管口的高程可按水尺零点高程测量的要求测定。供气装置的压力,应随时保持在测量所需的压力以上。当水位上涨时,应向管内连续不断地供气,以防止水流进入管内。测量水位时,从水下溢出的气泡应调节在每秒一个左右。当观测气泡不便时,可观测气流指示器。

3. 压阻式水位计

压阻式水位计的压力传感器宜置于设计最低水位以下 0.5 m。当受波浪影响时，可在二次仪表中增设阻尼装置。传感器的底座及安装应牢固，感压面应与流线平行，不应受到水流直接冲击。

4. 超声波式水位计

超声波式水位计可采用气介式或液介式。气介式应设置在历史洪水位 0.5 m 以上。液介式宜设置在历年最低水位以下 1 m，河底以上 0.5 m，且不易淤积处。当水体的深度小于 1 m 时，不宜采用液介式。

传感器的安装应牢固。传感器发射（接收感应）面应平行于水面，应有防水、防腐、防损坏措施；液介式应定时为传感器冲沙，传感器表面的高程可按水尺零点高程测量的要求测定。

5. 雷达水位计

雷达水位计传感器应牢固安装于支架上，传感器发射面应与水面水平。传感器设置在历史洪水位 0.5 m 以上，距离边壁至少 0.8 m，以减弱扰动反射信号的影响。

3.1.1.2　自记水位计参数设置

自记水位计安装测试完成后或根据不同时期的观测要求，及时进行时间、水位初始值（或零点高程）及采集段次等基本参数设置，以保证观测时间、水位数值误差及观测频次符合测验任务书要求。

（1）时钟设置：以标准北京时间进行设置。

（2）水位初始值或零点高程设置：根据人工观测水位与同时刻自记水位计观测值的差值，或通过测量仪器测定传感器感应面距水面的距离确定水位初始值，或者将传感器安装的零点高程输入。

（3）采集段次设置：按测站在汛期、枯水期、高洪时期的观测任务和报汛要求进行设置，其观测频次应不低于人工观测的要求（连续工作模拟记录的仪器不需此设置）。

3.1.2　自记水位计观测记录的摘录

自记水位计水位观测记录数据是以 min 或其倍数为单位进行测量的，记录数据较多，整编数据处理工作量大，需根据情况进行摘录。数据摘录应在数据订正后进行，摘录的数据成果应能反映水位变化的完整过程，并满足计算日平均水位、统计特征值和推算流量的需要。

当水位变化不大且变率均匀时，可按等时距摘录；水位变化急剧且变率不均匀时，摘录转折点和变化过程。8 h 水位和特征值水位必须摘录，当水位基本定时观测时间改在其他时间时，应摘录相应时间的水位。

纸介质模拟自记水位计记录摘录的时刻宜选在 6 min 的整数倍之处。当需要用面积包围法计算日平均水位时，必须摘录 0 时和 24 时水位。摘录点应在记录线上逐一标出，并应注明水位数值。

潮水位站应摘录高、低潮水位及其出现时刻。对具有代表性的大潮以及受洪水影响的最大洪峰，在较大转折点处应选点摘录。当观测憩流时，应摘录断面平均憩流时刻的相应水位。沿海及河口附近测站,根据需要,加摘每小时的潮水位。

自记水位记录摘录可填入自记水(潮)位记录摘录表,见表6-3-1。

表6-3-1 _____站自记水(潮)位记录摘录表

仪器型号_____ ____年____月 第____页

日	时:分	自记水位（m）	校核水尺水位（m）	水位订正数（m）	订正后水位（m）	日平均水位（m）	备注

有关栏目填记说明如下:

仪器型号:填写测站观测应用的自记水位计的类型。

自记水位:填写由自记仪观测并经过时间订正后的相应水位数值。

校核水尺水位:从基本水尺水位记载表内摘录。

水位订正数:对自记水位记录加以订正的水位订正数,当自记仪观测数值偏高时,水位订正数为负;反之,偏低时,水位订正数为正;当不需要进行订正时,则水位订正数填为0或任其空白。

订正后水位:填写"自记水位"与"水位订正数"的代数和。

日平均水位:填写方法同基本水尺水位记载表。

3.1.3　量水堰的测流范围、标定方法

量水堰包括薄壁堰和三角形剖面堰,其中薄壁堰又包括矩形堰和三角形堰。

薄壁堰是试验用来测定小流量的一种装置,一般为 $0.000\ 1 \sim 1.0\ \mathrm{m^3/s}$。由于堰前容易淤沙,所以适用于含沙量小的小河上。量水堰由溢流堰板、堰前引水渠及护底等组成。按出口形状不同,量水堰可分为三角形、矩形、梯形、抛物线形等。常用的有三角形堰(顶角90°)、矩形堰。三角形堰和矩形堰最好选择在比降较大的河道上建造。

3.1.3.1　矩形堰的流量

$$Q = m_0 b \sqrt{2g} H^{3/2} \qquad (6\text{-}3\text{-}1)$$

式中　b——堰顶宽度,m;

　　　g——重力加速度,$g = 9.81\ \mathrm{m/s^2}$;

　　　H——水头,m;

　　　m_0——流量系数;

　　　Q——流量,$\mathrm{m^3/s}$。

无侧向收缩的矩形堰流量系数为:

$$m_0 = \left(0.405 + \frac{0.002\ 7}{H}\right) \cdot \left[1 + 0.55\left(\frac{H}{H+P}\right)^2\right] \qquad (6\text{-}3\text{-}2)$$

式中　P——上游堰高，m。

有侧向收缩的矩形堰流量系数为：

$$m_0 = \left(0.405 + \frac{0.0027}{H} - 0.03\frac{B-b}{B}\right) \cdot \left[1 + 0.55\left(\frac{H}{H+P}\right)^2\left(\frac{b}{B}\right)^2\right] \quad (6\text{-}3\text{-}3)$$

式中　B——进水渠（两侧墙之间）的宽度，m。

在实际应用中，根据矩形堰堰顶宽度 b 及侧向收缩系数，分别按上述两种公式制成不同水头与过堰流量关系表，以备查用。

3.1.3.2　三角形堰的流量

$$Q = \frac{4}{5}m_0\tan\frac{\theta}{2}\sqrt{2g}H^{\frac{5}{2}} \quad (6\text{-}3\text{-}4)$$

式中　θ——三角形堰顶角。

如 $\theta = 90°$，流量公式可简化为：

$$Q = 1.4H^{\frac{5}{2}} \quad (6\text{-}3\text{-}5)$$

三角形剖面堰由引水渠、测量建筑物和下游渠道组成。测量建筑物的纵剖面为三角形，其上游坡降为 1:2，下游坡降为 1:5，横断面为矩形。由于三角形剖面堰具有测流范围大，堰前不淤沙，可在含沙量较大的河流或水面比降不大的河流上应用等许多优点，所以得以迅速发展。

三角形剖面堰的流量公式（国际标准化组织采用公式）：

$$Q = \left(\frac{2}{3}\right)^{\frac{3}{2}}C_D C_v \sqrt{g}bh^{\frac{3}{2}} \quad (6\text{-}3\text{-}6)$$

式中　C_D——流量系数；

C_v——考虑行近流速 $\left(\frac{H}{h}\right)^{\frac{3}{2}}$ 影响的系数，H 为总水头；

b——堰宽；

g——重力加速度；

h——实测水头。

系数 C_v 可由 $C_v \sim C_D bh/A$ 关系曲线查得。系数 C_D 一般不随 h 而变，当 $h \geqslant 0.15$ m 时，$C_D = 1.150$；当 $h < 0.15$ m 时，C_D 可按下式计算：

$$C_D = 1.150\left(1 - \frac{0.0003}{h}\right)^{\frac{3}{2}} \quad (6\text{-}3\text{-}7)$$

式中，h 的单位为 m。

各种堰的不确定度的大致范围（95% 的置信水平）如下：三角形剖面堰为 2%～5%，矩形薄壁堰为 1%～4%，三角形薄壁堰为 1%～2%。

3.1.4　浮标法测流的原理及其方法

3.1.4.1　浮标法测流原理

流量的概念是单位时间内流过某一过水断面的水体体积。设想从一个水池的出流口用量筒 1 s 承接水流并量记水量，或者记下出流时间和相应水量并用后者除以前者（出流时间越短,流量的瞬时性越明显),可以直接获得系列单位是 m^3/s 的数值,从而实现"测流",这类方法可称为量积法测流。

另一种是根据流速分布情况,在断面合适的位置分别测量流速,以一定的规则统计计算断面平均流速,用断面平均流速乘以断面面积获得单位时间内流过该过水断面的水体体积,即流量。显而易见,这种途径对断面面积很大的江河有实用意义,水文测验的流速面积法基本以此为模式进行规则化或衍变扩展。

流速仪多线多点法是最典型的河流流量流速面积法测验的模式,其测量实施过程是,按断面流速分布规律,在断面布置若干测深测速垂线测量深度,在测速垂线安排若干流速测点用流速仪按规定的时间测量流速;其计算过程是,计算测点流速和垂线平均流速,计算相邻垂线间的面积,通过相邻垂线平均流速计算对应面积的平均流速,相邻垂线间的面积乘以对应面积的平均流速获得该面积部分的流量,累加各面积部分的流量为全断面的流量。

浮标测垂线流速和积深法测垂线流速是本模式的简化。

浮标法测流是测定流速的一种方法。这是一种最简单和最易做到的方法。它采用一块木头或装有少量水的瓶,在木头上或瓶口上插小旗作为浮标,利用秒表测定浮标通过海湾或河流中相距一定距离的两点的时间即可求出流速。利用上述方法只能测出表层的流速。

浮标测流法包括水面浮标法、深水浮标法、浮杆法和小浮标法。

浮标测流法适用于流速仪测流困难或超出流速仪测速范围的高流速、低流速、小水深等情况的流量测验。

水面浮标测速由上中下断面观察测记人员配合实施,测出浮标运行历时和浮标位置。

浮标运行历时和浮标位置的测定按下列规定:

(1)断面监视人员必须在每个浮标到达断面线时及时发出信号。

(2)记时人员在收到浮标到达上下断面线的信号时,及时开启和关闭秒表,正确读记浮标的运行历时,时间读数精确至 0.1 s。当运行历时大于 100 s 时,可精确至 1 s。在此作业的基础上,可由上下断面间距除以浮标流经其间的时间获得流速数值。

(3)仪器交会人员应在收到浮标到达中断面线的信号时,正确测定浮标的位置,记录浮标的序号和测量的角度,计算出相应的起点距。

浮标起点距位置的观测,应采用经纬仪或平板仪测角交会法测定。开始测量前,应定好后视位置;应在每次测流交会最后一个浮标以后,将仪器照准原后视点校核一次,当确定仪器位置未发生变动时,方可结束测量工作。

3.1.4.2　浮标法测流计算方法

均匀浮标法实测流量的分析计算如下:

(1)每个浮标的流速按下式计算

$$v_{fi} = \frac{L_f}{t_i} \tag{6-3-8}$$

式中　v_{fi}——第 i 个浮标的实测流速,m/s;

　　　L_f——浮标上、下断面间的垂直距离,m;

　　t_i——第 i 个浮标的运行历时，s。

　　(2)测深垂线和浮标点位的起点距(D)，可按经纬仪和平板仪交会法的有关方法计算。

　　(3)图解分析法计算流量示意如图 6-3-1 所示，绘制浮标流速横向分布曲线和横断面图。

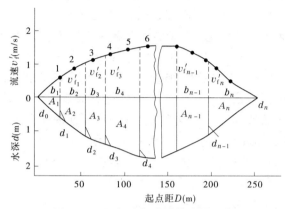

图 6-3-1　图解分析法计算流量示意

　　在水面线的上方，以纵坐标为浮标流速，横坐标为起点距，按坐标数值点绘每个浮标的点位，对个别突出点应查明原因，属于测验错误者则予舍弃，并加注明。

　　当测流期间风向、风力(速)变化不大时，可通过点群重心勾绘一条浮标流速横向分布曲线。当测流期间风向、风力(速)变化较大时，应适当照顾到各个浮标的点位勾绘分布曲线。勾绘分布曲线时，应以水边或死水边界作起点和终点。

　　在水面线的下方，以纵坐标为水深或河底高程，横坐标为起点距，点绘横断面图。

　　(4)在各个部分面积的分界线处，从浮标流速横向分布曲线上读出该处的流速数值(称虚流速)。

　　(5)部分平均虚流速、部分面积、部分虚流量、断面虚流量的计算方法与流速仪法测流的计算方法相同。

　　(6)断面流量按式(6-3-9)计算

$$Q = K_f Q_f \tag{6-3-9}$$

式中　Q——断面流量，m^3/s；

　　　　K_f——浮标系数；

　　　　Q_f——断面虚流量，m^3/s。

　　浮标系数的确定方法有试验比测法、经验公式法、水位流量关系法，在未取得浮标系数试验前，可根据经验选取，一般湿润地区：大、中河取 0.85 ~ 0.90，小河取 0.75 ~ 0.85；干旱地区：大、中河取 0.80 ~ 0.85，小河取 0.70 ~ 0.80。

3.1.4.3　中泓浮标法或漂浮物浮标法实测流量计算

　　中泓浮标法或漂浮物浮标法实测流量按下式计算

$$Q = K_{mf} A_m \overline{V}_{mf} \tag{6-3-10}$$

式中　Q——断面流量，m^3/s；

K_{mf}——断面流量系数；

A_m——断面面积，m^2；

$\overline{V}_{mf}$——中泓浮标流速的算术平均值或漂浮物浮标流速，m/s。

3.1.4.4　浮标法、流速仪法联合测流实测流量的计算

浮标法、流速仪法联合测流是有滩、槽河道洪水漫滩后时常用的组合方法，根据具体情况，有的是槽中用浮标法，滩中用流速仪法，或者相反。这种情况下实测流量的计算也应分析，即绘制出滩地部分的流速仪法垂线平均流速（或浮标流速）和主槽部分的浮标流速（或流速仪法垂线平均流速）得横向分布曲线，对于滩地和主槽边界处浮标流速和流速仪法垂线平均流速的横向分布曲线互相重叠的一部分，在同一起点距上两条曲线查出的流速比值，应与试验的浮标系数接近。当差值超过 10% 时，应查明原因。当能判定流速仪测流成果可靠时，可按该部分的流速仪法垂线平均流速横向分布曲线，并适当修改相应部分的浮标流速横向分布曲线，使两种测流成果互相衔接。

分析处理合理后，分别按流速仪法和浮标法实测流量的计算方法，计算主槽和滩地部分的实测流量，两部分流量之和为全断面实测流量。

3.1.4.5　小浮标法实测断面流量的计算

小浮标法实测断面流量，可由断面虚流量乘断面小浮标系数计算。每条垂线上小浮标平均流速，可由平均历时除上、下断面间距计算。断面虚流量的计算方法同均匀浮标法实测流量的计算。

3.1.5　洪水调查

洪水调查是为推算某次洪水的洪峰水位和流量及过程、径流总量及其重现期而进行的现场调查和资料收集工作。洪水调查分为历史洪水调查和当年洪水调查。当年洪水调查一般为对某河段或水文站因特殊原因没有实测到洪峰流量的洪水调查。

3.1.5.1　洪水调查工作准备

（1）明确任务拟定工作计划。每个调查组成员应了解调查的任务和要求，明确调查的目的，学习调查方法和有关规定。根据调查目的、任务及人力、物力情况，拟定调查工作计划。

（2）准备必要的仪器工具及用品。一般应携带的测绘、计算工具有水准仪、经纬仪、全站仪、GPS、便携式微机、望远镜、照相机、秒表、水准尺、测杆、皮尺、计算器、求积仪及有关表簿等，必要时还应携带救生设备。

（3）调查前的资料收集。洪水调查需要收集的资料包括以下内容：

①流域水系及调查区自然资料。调查区域的地形图、水文气象图集（手册）、交通图、流域的水利规划及现状图等基本资料，以了解区域自然情况、水利工程设施情况、交通情况等调查基础背景。

②调查河段及附近水文站的基本资料，如有关测站水位—流量关系曲线，历年最高洪水位、最大洪峰流量的出现时间，水面比降，糙率，历年大断面及河道纵横断面图，河段水准点布设情况等。

③与调查有关的历史文献资料，如有关文物考证、历史文献、地方志、历史水旱灾情报

告、各类查勘报告、水文调查报告等。

④流域内实测及调查的大暴雨资料。

3.1.5.2　洪水位调查内容及评价

洪水位调查内容包括,洪水发生的时间,水系、河流及调查地点;最高洪水位的痕迹和洪水涨落变化,测量洪水痕迹的高程;发生洪水时河道及断面内的河床组成,滩地被覆情况及冲淤变化,测量河道纵横断面或河道简易地形(平面)图;了解流域自然地理情况和洪水的来源地区及组合情况;有关文献文物洪水记载的考证及摄影。最后写出洪水位调查总结报告。

洪水痕迹经调查测量之后,应对每一洪痕点的可靠程度作出评价,洪水痕迹可靠程度评定标准见表6-3-2。

表 6-3-2　洪水痕迹可靠程度评定标准

评定因素	等级		
	可靠	较可靠	供参考
1. 指认人的印象和旁证情况	亲身所见,印象深刻,所讲情况逼真,旁证确凿	亲身所见,印象深刻,所讲情况逼真,旁证材料较少	听传说,或印象不深,所述情况不够清楚具体,缺乏旁证
2. 标志物和洪痕情况	标志物固定,洪痕位置具体或有明显的洪痕	标志物变化不大,洪痕位置较具体	标志物已有较大的变化,洪痕位置不具体
3. 估计可能误差范围	0.2 m 以下	0.2~0.5 m	0.5~1.0 m

3.1.5.3　洪水调查河段的选择

调查河段的选择是关系到成果精度的重要一环,一般都要经过初步选择、实地踏勘、最后确定等三个步骤。调查河段应具备下列条件:

(1)符合调查目的和要求,调查河段应有一定的长度,有足够数量的可靠的洪水痕迹,为此在选定河段的两岸宜尽可能靠近水文站测验河段和村庄,便于查询历史洪水的痕迹和重现期。

(2)为了准确推算流量,调查河段应比较顺直、规整、稳定、控制条件较好,河床冲淤变化不大,河段内无大的分流串沟及支流加入,没有壅水、变动回水等现象。

(3)河段河床覆盖情况应比较一致,以便于确定糙率。

(4)当利用控制断面及人工建筑物推算洪峰流量时,要求该河段有良好的控制;洪水时建筑物能正常工作,水流渐近段具有良好的形状,无漩涡现象;建筑物上下游无因阻塞所引起的附加回水,并且在其上游适当位置应有可靠的洪水痕迹。

3.1.5.4　洪水调查的方法步骤

(1)洪水调查人员到达调查地区后,必须向当地政府汇报洪水调查工作的目的和意义,请他们给予协助,并请介绍调查地区有关情况。

(2)河道查勘。对调查地区的概况有了初步了解后,应进行河道查勘,了解各段河道顺直情况,河床、断面、河滩情况,中间有无支流、分流等。进一步了解河流洪水情况、河道变化情况,可以找到洪水痕迹的地点、标志等,以作为选择调查测量河段的根据。

(3)洪水发生时间的调查。历史上每次大洪水都会给当地群众造成一定的灾害,在沿河居住的老人对此记忆尤甚,他们往往可以提供洪水发生的准确时间。洪水发生时间还可以从传说、文献记载等方面了解。可与干支流、上下游和邻近河流的洪水发生日期对照核实。

(4)洪水痕迹的调查。河道内每发生一次洪水,都有一个最高洪水位。最高洪水位所通过的泥印、水印、人工刻记以及一切能够代表最高洪水位达到位置的标志物,均称为洪水痕迹。洪水痕迹是确定最高水位、绘制洪水水面曲线、计算洪峰流量最直接的依据。洪水痕迹应明显、固定、可靠和具有代表性。

洪水痕迹的调查,一般来说可以从三个方面进行:首先是依靠了解情况的当地群众指认洪痕;其次是根据群众所提供的线索同群众一道组织查找;再次,调查人员可以根据了解的情况,亲自到现场寻找辨认、核实,分析判断。

采用比降面积法推流时,不得少于两个洪痕点;采用水面曲线法推流时,至少要有三个以上洪痕点;遇有弯道,应在两岸调查足够的洪痕点;洪痕点确定后应做临时标记,重要洪痕点埋设永久标志物。

(5)洪水调查的测量工作。包括洪痕的高程、河道纵断面及横断面、河道简易地形测量等。

3.1.6　水位计、流速仪的维护知识

3.1.6.1　自记水位计的维护

自记水位计的检查和维护应定期和不定期进行,检查维护时应注意安全防护。现场维护时,应先备份数据。

(1)熟识仪器结构。应基本熟悉设备仪表板块插件的功能和连接方式,能进行整套设备的装接与调试,可拆装板块插件。

(2)定期检查。在汛前、汛中、汛后应对系统的运行状态进行全面的检查和测试。现场定期检查主要事项有:①检查设备与各种电缆的连接是否完好,防水性能是否良好;检查蓄电池的密封性是否保持完好,测试电压是否正常,按保养说明要求对蓄电池进行充放电养护;测量太阳能电池的开路电压、短路电流是否满足要求,并检查接线是否正常;检查天线和馈线设施,保证接头紧固,防水措施可靠,输出功率等符合设计要求,查看避雷针、同轴避雷器等防雷装置的安装情况。②对于液介式仪器,在汛期结束后水位较低时,检查换能器发射面是否有泥沙淤积或杂草遮盖,应及时清除。如果换能器发射面暴露出水面,拆卸的电缆接头必须用电工胶布密封包扎,防止雨水等进入电缆内部。③对测站设备做全面的检查,包括各项参数的正确设置;模拟传感器参数变化、数据遥测终端发送数据、固态存储数据、中心站接收数据、中心站读出固态存储数据均应一致。

(3)不定期检查。可结合日常维护情况或根据远程监控信息进行不定期检查。主要

是专项检查和检修,也可做全面检查,视具体情况而定。

(4)维修维护。应能使用万用表等配备检修仪具量测检查连接线路、接头的短(开)路并自行维修;根据故障特点判断模块插件是否正常,能使用常用备品备件进行更换和调试等工作。

3.1.6.2　流速仪的维护与检查

(1)流速仪在每次使用后,应立即按仪器说明书规定的方法拆洗干净,并加仪器润滑油。

(2)流速仪装入箱内时,转子部分应悬空搁置。

(3)长期储藏备用的流速仪,易锈部件必须涂黄油保护。

(4)仪器箱应放于干燥通风处,并应远离高温和有腐蚀性的物质。仪器箱上不应堆放重物。

(5)仪器箱中所有的零附件及工具,用后应放回原处。

(6)仪器说明书和检定图表、公式等应妥善保存。

(7)在每次使用流速仪之前,必须检查仪器有无污损、变形、仪器旋转是否灵活及接触丝与信号是否正常等情况。

3.2　数据记录与整编

3.2.1　水位资料订正的方法

水位资料订正分为水尺零点高程变动订正和自记水位观测值误差订正。

3.2.1.1　水尺零点高程变动时的水位订正方法

当水尺零点高程变动大于 1 cm 时,需查明变动原因及时间,并对相关的水位记录进行改正。

水尺零点高程变动的时间,可根据绘制的本站与上、下游站的逐时水位过程线或相关线比较分析确定。当能确定水尺零点高程突变的原因和日期时,在变动前应采用原测高程,校测后采用新测高程,变动开始至校测期间应加一改正数。其订正示意图见图 6-3-2。

当已确定水尺零点高程在某一段期间内发生渐变时,应在变动前采用原测高程,校测后采用新测高程,渐变期间的水位按时间比例改正,渐变终止至校测期间的水位应加同一改正数。其订正示意图见图 6-3-3。

3.2.1.2　自记水位观测值误差的水位订正方法

自记水位的订正应以校核水尺水位为基准值,订正标准为自记水位与校核水位比较,河道站系统偏差超过 ±2 cm,时间误差超过 ±2 min;资料用于潮汐预报的潮水位站,当使用精度较高的自记水位计时,水位误差超过 1 cm,时间误差超过 1 min;当堰闸站采用闸上、下游同时水位推流且水位差很小时,可按推流精度的要求确定时间和水位误差的订正界限。

(1)对于水位变化不大或水位变化虽大而水位变率变化不大时,一般用直线比例法订正;水位变率变化较大时,应分析原因,分段处理,各段分别采用合适的方法订正。

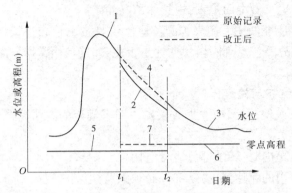

1、2、3—原始记录水位过程线;4—改正后的水位过程线;5—校测前水尺零点高程;
6—校测后水尺零点高程;7—改正后的水尺零点高程;t_1—水尺零点高程变动起始时间;
t_2—校测水尺零点高程时间

图 6-3-2　水尺零点高程突变时水位订正示意图

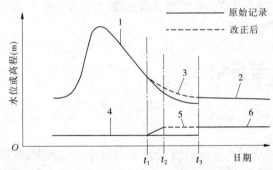

1、2—原始记录水位过程线;3—改正后的水位过程线;4—校测前水尺零点高程;
5—校测后水尺零点高程;6—改正后的水尺零点高程;t_1、t_2—水尺零点高程变动起讫时间;
t_3—校测水尺零点高程时间

图 6-3-3　水尺零点高程渐变时水位订正示意图

当时间和水位误差同时超过规定时,应先作时间订正,再作水位订正。订正方法如下:

①初始值订正:按设置的时间确定各订正时段后,根据订正值按时间先后逐时段按式(6-3-11)订正:

$$Z = Z_0 + \Delta Z \tag{6-3-11}$$

式中　Z——订正后的水位,m;

　　　Z_0——订正前的水位,m;

　　　ΔZ——订正值,m,初始值设置偏大时为负值,偏小时为正值。

②时间订正:可采用直线比例法,按式(6-3-12)计算:

$$t = t_0 + (t_2 - t_3) \times \frac{t_0 - t_1}{t_3 - t_1} \tag{6-3-12}$$

式中　t——订正后的自记时刻,h;

　　　t_0——订正前的自记时刻,h;

　　t_1——前一次校对的准确时刻,h;

　　t_2——相邻后一次校对的准确时刻,h;

　　t_3——相邻后一次校对的自记时刻,h。

　　③水位订正:可采用直线比例法或曲线趋势法。当采用直线比例法订正时可按式(6-3-13)计算:

$$Z = Z_0 + (Z' - Z'') \times \frac{t - t_1}{t_2 - t_1} \tag{6-3-13}$$

式中　Z——订正后 t 时刻的水位,m;

　　　　Z_0——订正前 t 时刻的水位,m;

　　　　Z'——t_2 时刻校核水尺水位,m;

　　　　Z''——t_2 时刻自记记录的水位,m;

　　　　t_1——起算时刻(该时刻自记水位与校核水位相等)。

　　(2)对于自记水位计因测井滞后产生的水位差进行订正时,可按式(6-3-14)计算:

$$\Delta Z_1 = \frac{1}{2gc^2} \left(\frac{A_w}{A_p} \right)^2 \left[\alpha \left(\frac{dZ}{dt} \right)^2 - \beta \left(\frac{dZ}{dt} \bigg|_{t=0} \right)^2 \right] \tag{6-3-14}$$

式中　ΔZ_1——订正值,m;

　　　　g——重力加速度,取 9.81 m/s²;

　　　　c——流量系数(测井进孔实际流量与理论流量的比值);

　　　　A_w——测井截面面积,m²;

　　　　A_p——进水管截面面积,m²;

　　　　$\dfrac{dZ}{dt}$——订正时刻测井内的水位变率,m/s,其值大于 0 时 α 取 +1,小于 0 时 α 取 -1;

　　　　$\dfrac{dZ}{dt}\bigg|_{t=0}$——换纸时刻测井内的水位变率,m/s,其值大于 0 时 β 取 +1,小于 0 时 β 取

　　　　　　　　-1。

　　(3)对自记水位计因测井内外含沙量不同而产生的水位差进行订正时,可按式(6-3-15)计算:

$$\Delta Z_2 = \left(\frac{1}{\rho_0} - \frac{1}{\rho} \right) (h_0 C_{s0} - h_t C_{st}) / 1\,000 \tag{6-3-15}$$

式中　ΔZ_2——订正值,m;

　　　　ρ_0——清水密度,1.00 t/m³;

　　　　ρ——泥沙密度,t/m³;

　　　　h_0、h_t——换纸时刻、订正时刻进水管的水头,m;

　　　　C_{s0}、C_{st}——换纸时刻、订正时刻测井外含沙量,kg/m³。

　　(4)当水位过程出现中断时,应进行插补。当模拟纸质记录曲线中断不超过 3 h 且不是水位转折时期时,一般测站可按曲线的趋势用红色铅笔以虚线插补描绘;潮水位站可按曲线的趋势并参考前一天的自记曲线,用红色铅笔以虚线插补描绘。当中断时间较长或跨峰时,不宜描绘,其中断时间的水位,可采用曲线趋势法或相关曲线法插补计算,并应在

编制的水位记录摘录表的资料备注栏中注明。无法插补时,按缺测处理。

（5）水位自动监测值为瞬时值,水位过程若呈锯齿状时,可采用中心线平滑方法进行处理。为模拟纸质时,可用红色铅笔通过中心位置画一细线;数字记录时,可使用相关软件处理后,再摘录水位瞬时值。当记录线呈阶梯形时,应用红色铅笔按形成原因加以订正。

（6）对于气介式观测仪器,在寒冷天气时,水面若结冰应打破冰层,记录并采用露出自由水面时间段的水位,应注意剔除未破冰层观测数据。

3.2.2　水位整编成果审查的内容

3.2.2.1　水位整编资料的综合合理性检查

（1）审查考证材料,抽查原始资料,对整编成果进行全面检查。

（2）上下游水位过程线对照,检查相邻站水位变化是否相应。当上下游各站水位之间具有相似的关系时,应进行此项检查。检查时,将上下游站的过程线点绘纵排在一起,比较相应时段各站水位变化趋势。若发现水位变化过程不相应,则要分析原因。

在有闸坝的河段上,作闸上下游水位对照时,可点绘平均闸门开启高度过程线加以比较。当闸门全部提出水面时,上下游站水位变化与无闸河段相同。关闸时,下游水位陡落,上游水位陡涨;开闸时情况相反。

（3）特征水位沿河长演变图检查。当一条河流上测站较密,比降平缓,无大的冲淤,绝对基面又一致时,可进行此项检查。

特征水位沿河长演变图绘制,以水位为纵坐标,至河口距离为横坐标,点绘上下游各站同时水位或相应的最高水位、最低水位,连绘的各特征水位线应从上游平滑递降到下游河口。否则,水位或基面高程可能有误。检查时,还可将历年同类的图互相对照。

（4）上下游水位相关图检查。此法适用于上下游水流条件相似、河床无严重冲淤、无闸坝影响、水位关系密切的站。可根据以往资料归纳总结出来的规律,检查本年度资料是否合理。

3.2.2.2　水温整编资料综合合理性检查

可绘制上下游逐日水温过程线进行对照检查。一般情况下,上下游站的水温变化趋势相似,但由于各河段所处的地理位置、气候条件不同,以及在有人工调节或区间有较大水量加入时,可能发生异常情况。

3.2.2.3　目测冰情和固定点冰厚资料综合合理性检查

当一条河流上有两个以上测站观测冰情,可将上下游站的冰厚、冰花厚、冰上雪深的过程线绘在一张图上(冰上雪深绘在冰面以上),并绘入冰情符号,在图上分析各因素沿河长的演变情况。分析重点为:

（1）流速与冰厚的关系,一般是流速愈大的河段,冰层愈薄,反之则厚。

（2）地形的影响主要反映在河床比降上,河床比降平缓的河流,沿河长方向冰厚的变化也就比较平缓。

（3）冰下冰花的堆积,引起冰下冰速的减小,堆积厚度愈大,则阻水程度愈大,流速也就愈小,因而冰厚增长就快;反之增长则慢。

（4）冰厚还随各个河段的过水断面面积而变化。冰上冒水、冰上流水的冻结等,也都能引起冰厚的变化。

3.2.3　水位调查资料整编

3.2.3.1　**调查资料整理**

调查测量的计算图表,都应通过计算制作、校核和检查分析工序,以保证计算精度和明确资料的可靠程度。调查资料中的图、表、照片应加以整理装订成册。

3.2.3.2　**调查报告的编写**

调查工作结束后应编写调查报告,报告书中包括以下内容:

(1)调查工作的组织、范围和工作进行情况。

(2)调查地区的自然地理概况、河流及水文气象特征等方面的概述。

(3)调查各次洪水、暴雨情况的描述和分析及成果可靠程度的评价。

(4)对调查成果作出的初步结论及存在的问题。

(5)报告的附件,包括附表(洪水调查整编情况说明表、洪水痕迹和洪水情况调查表、洪峰流量计算成果表、洪水文献记载一览表、洪水调查成果表、暴雨调查表、枯水调查表等)、附图(洪水调查河段平面图、洪水调查河段纵断面图与洪水调查河段横断面图、流域水系图、水位与流量关系曲线图和其他分析图等)、照片(选有重要参考价值的照片附入,每张照片均应附文字说明)。

3.2.3.3　**调查资料整编**

调查资料整编内容有编制洪水调查说明表及成果表、绘制洪水调查河段平面图、编制洪水痕迹调查表、绘制洪水调查河段纵断面及水面比降图、编制实测大断面(横断面)成果表、进行洪水位调查成果的单站合理性检查等。

洪水痕迹调查表见表 6-3-3。

表 6-3-3　　××河××站(河段)洪水痕迹调查表

洪水发生时间（年-月-日）	岸别	编号	洪痕		高程（m）	可靠程度	调查时间（年-月-日）	附注
			位置	特征				

填表说明如下:

(1)洪水发生时间及调查时间,为洪峰发生和开展洪痕调查的年月日。

(2)岸别及编号,为洪痕所在的左(右)岸,以及分别左、右岸从上游向下游的编号。

(3)洪痕位置、特征及高程,填记洪痕相对基本水尺断面或某断面的起点距的上(下)游沿河长的距离(m),所在位置的特征(如"岩石上")等,以及洪痕点的高程。

(4)可靠程度,以洪水痕迹可靠程度评定标准进行评定的"可靠""较可靠""供参考"级别。

（5）附注，说明洪痕的其他情况。

3.2.4　水位观测资料插补的方法

在实际应用中，由于施测条件的限制或其他种种原因，常常遇到设计断面处缺乏实测数据或某些情况下的资料缺测、漏测，需要插补观测资料。当遇到水位短时间缺测，可根据不同情况，选用以下方法进行插补。

3.2.4.1　直线插补法

当缺测期间水位变化平缓，或虽变化较大，但属单一的上涨或下落趋势时，可用缺测时段两端的观测值按时间比例内插求得缺测期间的值，称为直线插补法。用面积包围法计算日平均水位时，如0时或24时没有实测水位记录的，亦可用此法进行插补，计算公式为

$$\Delta Z = \frac{Z_2 - Z_1}{\Delta t_{1 \leftrightarrow 2}} \tag{6-3-16}$$

$$Z_i = Z_1 + \Delta t_{1 \to i} \times \Delta Z \tag{6-3-17}$$

式中　ΔZ——单位时间的水位差值；

　　　　Z_1、Z_2——缺测时间前、后的水位；

　　　　$\Delta t_{1 \leftrightarrow 2}$——缺测时间；

　　　　$\Delta t_{1 \to i}$——观测 Z_1 后到需要内插时刻的时间；

　　　　Z_i——需要内插时刻的水位。

3.2.4.2　水位相关曲线法

若缺测期间水位变化较大，跨越峰、谷，且本站水位与同河邻站水位有密切相关关系，区间无大支流汇入或无大量引出、引入水量，河段冲淤变化不大时，可点绘两站水位相关线，用邻站水位插补本站水位，称为水位相关曲线插补法。相关曲线可用同时水位或相应水位（同相位）点绘。如当年资料不足，可借用往年水位过程相似时期的资料。

3.2.4.3　水位过程线法

当缺测期间水位有起伏变化，如上下游站区间径流增减不多、冲淤变化不大、水位过程线又大致相似时，将本站与邻站的水位绘在同一张及同一坐标过程线纸上，缺测期间的水位参照邻近站的水位过程线趋势，勾绘出本站水位过程线，在过程线上查读缺测时间的水位，称为水位过程线插补法。

3.2.5　水位—流量关系线检验方法

3.2.5.1　稳定的水位—流量关系

1. 水位—流量关系稳定的条件

水位—流量关系是否稳定，主要取决于影响流量的各水力因素是否稳定。从曼宁公式等可以理解，要使水位—流量关系保持稳定，必须在测站控制良好的情况下，同一水位的断面面积、水力半径、河床糙率、水面比降等各水力因素均保持不变，或者各水力因素虽有变化，但能集中反映在能使断面面积、断面平均流速两因素互相补偿，这样同一水位只有一个相应流量，其关系就成为单一曲线。

2.稳定水位—流量关系点的分布

一般关系点子应密集,分布成一带状,置信水平为 95% 的随机不确定度满足定线精度指标,且关系点子没有明显的系统偏离。

3.2.5.2 水位—流量关系曲线的性质

天然河道的水位—流量关系,虽各不相同,但一般呈一条或多条凹向横轴(流量轴)的曲线。

当水位增高时,低水控制被淹没失去作用,而由其下游某一新控制所取代且控制的历时较长,若由新控制所形成的水位—流量关系曲线比由低水控制所形成的曲线的坡度陡,则会发生反曲现象。

复式河槽中,当水面漫滩以后,面积增加很多,流量曲线也会出现转折,但不像面积—水位曲线那样显著。

基本水尺断面与测流断面若相距不远,两断面的同时流量可以认为相等时,则对水位—流量关系曲线无甚影响。如距离很远,两断面间有径流加入或损失,以及槽蓄影响等使同时流量不等时,则对水位—流量关系就有显著影响。

测站控制(如河道及断面形态、河床组成、水位观测位置、基本水尺断面与测流断面之间的关系等)发生变动,水位—流量关系也就有变动。水位—流量关系有变动时,将水位—流量关系点子依时序连起,即为连时序线。连时序线可以向任何方向弯曲,且在推读流量时,每一线段只能对应某一固定时期。

3.2.5.3 水位—流量关系图的检查

1.突出点的检查分析

一般认为,偏离所定平均线超过测验误差的测点,就可以认为是突出点。从水位—流量关系点子分布中,常可发现一些比较突出反常的点子,对这些点子应进行认真的考察,分析是否正确,找出原因。对一些在定线上关键的点子,往往由于错误的判断,而对水位—流量关系曲线的改动很大,返工不少。突出点的检查分析,是决定水位—流量关系曲线和认识测站特性的重要步骤。一般可以从以下几方面检查突出点:

(1)根据水位—流量、水位—面积、水位—流速三条关系曲线的一般性质,结合本站特性、测验情况,从线型、曲度、点据分布带的宽度等方面,去研究分析三条关系线的相互关系,检查偏离原因。

(2)通过本站水位和流量过程线对照,及在水位过程线上点绘各实测流量的相应水位点子、在流量过程线上绘入各实测流量的点子,去检查分析,发现问题。

(3)通过与历年水位—流量关系曲线比较,如果发现趋势不一致,可能是因突出点造成定线不当所致。

2.相关图表分析

在充分了解本站测验情况和测站特性的基础上,根据上述问题的所在,有目的地绘制一些分析图表,分析追查问题的原因。常用的分析图表有:

(1)横断面和流速横向分布曲线图。流速的横向分布一般和断面形状相似,主流流速最大,两岸及水深较浅处流速较小。据此特性,可在横断面和流速横向分布曲线图上检查垂线平均流速的合理性。

（2）水位与各水力因素关系图。水位与水面宽、平均水深、最大水深、平均流速、最大流速、比降、糙率等各水力因素常有一定的关系。分析各水力因素的变化规律及其相互关系，可以检查实测流量成果表中数据是否有错误。

另外，还可以通过绘制分析水深与流速关系图检查某垂线水深或流速存在的问题；通过绘制分析横断面分析图，判断断面变化有无问题；也可绘制分析水面比降图、平均河底高程过程线图等分析研究。

3. 原因检查分析

突出点的产生原因，可能是人为错误，也可能是特殊水情变化。检查突出点应先看是否点绘错误，如果点绘正确，再复核原始记录，检查计算方法和计算过程。如果点绘和计算都没问题，再从测验及特殊水情方面着手分析。

特殊水情方面的原因，有上、下游溃坝或闸门启闭，冰花、冰塞或冰坝影响，支流及局部径流的顶托等。

测验方面一般包括水位观测、断面测量、流速测验等方面的原因。一般水位方面主要有水准点高程错误、水尺校测或计算错误等。断面测量方面有测深垂线过少或分布控制不良，测船离开断面，浮标测流借用断面不当等。流速测验方面的可能原因有，由于测验仪器问题及测验方法不当等，使流速测验发生较大的误差。如用流速仪测流速，流速超出了流速仪的测速范围，或流速仪未按规定及时检定，而使流速产生较大的误差；测速垂线和测点过少或分布不当，测速历时过短，可使流速偏大或偏小；测速垂线不在断面线上，流速仪悬索偏角太大及水草、漂浮物、冰花冰塞、风向风力等的影响；用浮标测流时，如浮标类型不同，选用漂浮物不当，断面间距太短，测定浮标通过断面的位置不准，浮标分布不均以及浮标系数采用不当等，都能使流速产生较大误差。

例如：某水位—流速关系曲线线型不合理的图如图 6-3-4 所示，在某站的水位—流量、水位—面积、水位—流速关系图上，50、51 两测次突出偏离，成为突出点。从水位—流速关系曲线线型上看，一般流速随水位升高而逐渐增大，该两测次与水位—流速关系曲线性质不符，明显不合理。另外，从水位过程线上看，50、51 测次是在落水阶段，水量没有增加且流速也不会增加，故判定流速有问题从而影响流量。经检查，原始记录，发现是测速历时过短所致。

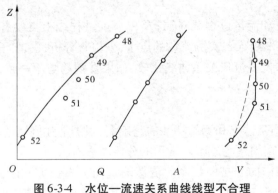

图 6-3-4　水位—流速关系曲线线型不合理

4. 问题处理

突出点经检查分析后,应根据情况,予以客观审慎处理,既要避免主观片面,又要克服消极草率。

(1)如突出点是由水力因素变化或特殊水情所造成的,则应作为可靠资料看待,必要时可说明其情况。

(2)如突出点是由测验错误所造成的,能够改正的应予改正,无法改正的,可以舍弃。但除计算错误外,都要说明改正的根据或舍弃的原因。

(3)暂检查不出突出点的反常原因,宜作为可疑资料,待继续调查研究分析,并作适当处理和说明。

模块 4　水土保持调查

4.1　调查作业

4.1.1　植物分类基本知识

4.1.1.1　植物基本单位

植物分类的重要任务是将自然界的植物分门别类,鉴别到种。尽管近代学者应用多种先进手段,从多学科,如比较形态学、比较解剖学、古生物学、生物化学、植物生态学、数学等不断向微观和定量方向探求,提出了众多的分类系统,但由于有关被子植物起源、演化的知识和证据不足,直至目前,还没有一个比较完善而被大家公认的自然分类系统。

当前较为流行的有恩格勒被子植物分类系统、哈钦松被子植物分类系统、塔赫他间被子植物分类系统、克朗奎斯特被子植物分类系统。

植物分类的基本单位是种,根据亲缘关系把共同性比较多的一些种归纳成属(Genus),再把共同性较多的一些属归纳成科(Familia),依此类推而成目(Order)、纲(Classis)和门(Divisio)。因此,植物界(Regnum vegetabile)从上到下的分类等级顺序为门、纲、目、科、属、种。在各分类等级之下根据需要建立亚级分类等级,如亚门(Subdivisio)、亚纲(Subclass)、亚目(Suborder)、亚科(Subfamilia)和亚属(Subgenus)。

各分类等级的具体名称(如种子植物门、被子植物亚门、双子叶植物纲等)的拉丁文名称常有固定的词尾,可供识别,如种子植物门(Spermatophyta)的词尾为-ta,亚门为-ae,纲为-eae,目为-ales,科为-aceae,科名的拉丁名词尾一般是-aceae,但是也有少数例外,如唇形科 Labatae,菊科 Compositae,禾本科 Graminae。

现举黄连为例,表明植物分类系统的等级和所在的分类位置:

界　植物界 Regnum　Vegetabile;

门　种子植物门 Spermatophyta;

亚门　被子植物亚门 Angiospermae;

纲　双子叶植物纲 Dicotyledeae;

亚纲　古生花被亚纲 Archichilamydoneae;

目　毛茛目 Ranales;

科　毛茛科 Ranunculaceae;

属　黄连属 Coptis;

种　黄连 Coptis Chinesis Frallch。

4.1.1.2　植物分类

1. 以植物茎的形态来分类

（1）乔木。有一个直立主干且高达 5 m 以上的木本植物称为乔木。与低矮的灌木相对应，通常见到的高大树木都是乔木，如木棉、松树、玉兰、白桦等。乔木按冬季或旱季落叶与否又分为落叶乔木和常绿乔木。

（2）灌木。主干不明显，常在基部发出多个枝干的木本植物称为灌木，如玫瑰、龙船花、映山红、牡丹等。

（3）亚灌木。为矮小的灌木，多年生，茎的上部草质，在开花后枯萎，而基部的茎是木质的，如长春花、决明等。

（4）草本植物。草本植物茎含木质细胞少，全株或地上部分容易萎蔫或枯死，如菊花、百合、凤仙等。又分为一年生、二年生和多年生草本。

（5）藤本植物。茎长而不能直立，靠倚附他物而向上攀升的植物称为藤本植物。藤本植物依茎的性质又分为木质藤本和草质藤本两大类，常见的紫藤为木质藤本。藤本植物依据有无特别的攀缘器官又分为攀缘性藤本，如瓜类、豌豆、薜荔等具有卷须或不定气根，能卷缠他物生长；缠绕性藤本，如牵牛花、忍冬等，其茎能缠绕他物生长。

2. 以植物的生态习性来分类

（1）陆生植物。生于陆地上的植物。

（2）水生植物。指植物体全部或部分沉于水的植物，如荷花、睡莲等。

（3）附生植物。植物体附生于他物上，但能自营生活，不需吸取支持者的养料为生的植物，如大部分热带兰。

（4）寄生植物。寄生于其他植物上，并以吸根侵入寄主的组织内吸取养料为自己生活营养的一部分或全部的植物，如桑寄生、菟丝子等。

（5）腐生植物。生于腐有机质上，没有叶绿体的植物，如菌类植物、水晶兰等。

3. 以植物的生活周期来分类

（1）一年生植物。植物的生命周期短，由数星期至数月，在一年内完成其生命过程，然后全株死亡，如白菜、豆角等。

（2）二年生植物。植物于第一年种子萌发、生长，至第二年开花结实后枯死的植物，如甜菜。

（3）多年生植物。生活周期年复一年，多年生长，如常见的乔木、灌木都是多年生植物。另外，还有些多年生草本植物，能生活多年，或地上部分在冬天枯萎，来年继续生长和开花结实。

4.1.2　土壤分类基本知识

4.1.2.1　土壤的分类

根据土壤形成条件、成土过程、土体构型、土壤属性和肥力特征的异同，进行类比和区分。通过分类构成一个由不同分类单元组成的土壤分类系统，以反映各类土壤间发生上的联系和地理分布上所处的地位。土壤分类为土壤调查制图和资源评价以及合理利用、改良土壤提供科学依据。是土壤地理学的重要理论基础，也是土壤科学发展水平的标志。

中国近代土壤分类研究,始于 20 世纪 30 年代初,以土系为基层分类单元,到 1949 年止,先后确定过约 2 000 个土系。在此基础上,1950 年拟订了土纲、亚纲、土类、亚类、土科、土系 6 级的分类系统。1954 年提出以土类为基础的发生学分类系统。1978 年拟订了《中国土壤分类暂行草案》,1984 年进行修订补充,1988 年制定出《全国第二次土壤普查分类系统》。

中国土壤分类系采用六级分类制,即土纲、土类、亚类、土属、土种和变种。前三级为高级分类单元,以土类为主;后三级为基层分类单元,以土种为主。本书只就土壤高级分类单元中的土类和土纲,对全国土壤进行简要的介绍。

土类是在一定的生物气候条件、水文条件或耕作制度下形成的土壤类型,具有一定的成土过程和土壤属性。例如江南的红壤,是在中亚热带常绿阔叶林下形成的土壤,地下水位低(不参与成土过程),风化程度比较强烈,含赤铁矿多,故土壤被染成红色,呈强酸性反应。暖温带落叶阔叶林下形成的棕壤及温带草原植被下形成的栗钙土,都属于土类。这几个土类,受生物气候条件的影响显著,有明显的地带性,一般称为“地带性土类”。另外,有的土壤尽管也受生物气候条件的影响,但是由于受水文条件影响很突出,从而形成潮土、沼泽土、盐土和碱土;或者受母质条件的影响很突出,从而形成黑色石灰土、红色石灰土、紫色土和磷质石灰土;或者受人为耕作活动影响很突出,从而形成水稻土和灌淤土。这些土壤类型也属于土类,称为“非地带性土类”。

土纲是根据土壤形成过程的共性归纳出来的。我们平常说“南方十一省召开红壤会议”,这里所说的“红壤”,实际上不是红壤一个土类,而是包括砖红壤、赤红壤、黄壤和燥红土等土类在内,是广义的红壤,也有人说是“大红壤”,在分类上叫“红壤土纲”。这几个土类形成过程的特点,是具有不同程度的“富铝化”作用,所以也叫“富铝土纲”。关于“富铝化”的概念,简单地说就是土壤风化强烈,淋溶也强烈,三氧化二铝在土壤中相对富集,或者说是相对增多了。全国 40 多个土类共归纳为富铝土(红壤)、淋溶土(棕壤)、半淋溶土(褐土)、钙层土、石膏 – 盐层土(漠土)、盐成土(盐碱土)、岩性土、半水成土、水成土、水稻土和高山土等 11 个土纲(见表 6-4-1)。

4.1.2.2 土壤的分布规律

中国的土壤类型繁多,但它的分布并非杂乱无章,而是随着自然条件的变化做相应的变化,各占有一定的空间。土壤类型在空间的组合情况,做有规律的变化,这便是土壤分布规律。它具多种表现形式,一般归纳为水平地带性、垂直地带性和地域性等分布规律。

1. 土壤的水平地带性分布

中国土壤的水平地带性分布,在东部湿润、半湿润区域,表现为自南向北随气温带而变化的规律,热带为砖红壤,南亚热带为赤红壤,中亚热带为红壤和黄壤,北亚热带为黄棕壤,暖温带为棕壤和褐土,温带为暗棕壤,寒温带为漂灰土,其分布与纬度基本一致,故又称纬度水平地带性。在北部干旱、半干旱区域,表现为随干燥度而变化的规律,东北的东部干燥度小于 1,新疆的干燥度大于 4,自东而西依次为暗棕壤、黑土、灰色森林土(灰黑土)、黑钙土、栗钙土、棕钙土、灰漠土、灰棕漠土,其分布与经度基本一致。这种变化主要与距离海洋的远近有关。距离海洋愈远,受潮湿季风的影响愈小,气候愈干旱;距离海洋愈近,受潮湿季风的影响愈大,气候愈湿润。由于气候条件不同,生物因素的特点也不同,对土壤的形成和分布,必然带来重大的影响,见图6-4-1。

表6-4-1　中国土壤分类简表(土纲和土类)

土纲	土类
富铝土(红壤)	砖红壤、赤红壤、红壤、黄壤、燥红土
淋溶土(棕壤)	黄棕壤、棕壤、暗棕壤、漂灰土、灰色森林土
半淋溶土(褐土)	褐土
钙层土	黑钙土、栗钙土、棕钙土、灰钙土、黑垆土
石膏－盐层土(漠土)	灰漠土、灰棕漠土、棕漠土、龟裂土
盐成土(盐碱土)	盐土、碱土
岩性土	紫色土、黑色石灰土、红色石灰土、磷质石灰土、风沙土、火山灰土
半水成土	潮土、砂姜黑土、草甸土、黑土、白浆土、灌淤土
水成土	沼泽土、泥炭土
水稻土	水稻土
高山土	高山草甸土、亚高山草甸土、高山草原土、亚高山草原土、高山漠土、高山寒漠土

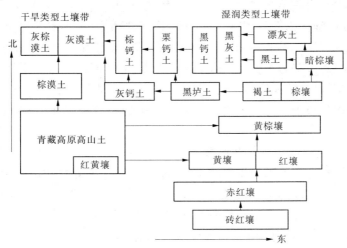

图6-4-1　中国土壤水平地带分布模式

2. 土壤的垂直地带性分布

中国的土壤由南到北、由东向西虽然具有水平地带性分布规律,但北方的土壤类型在南方山地却往往也会出现。这是什么原因呢? 大家知道,随着海拔增高,山地气温就会不断降低,一般每升高100 m,气温要降低0.6 ℃;自然植被随之变化,因而土壤化。土壤随海拔高度增加而变化的规律,叫土壤的垂直地带性分布规律。由图6-4-2可以看出,土壤由低到高的垂直分布规律,与由南到北的纬度水平地带分布规律是近似的。

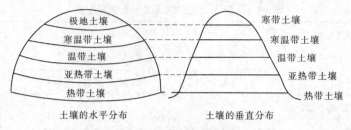

图 6-4-2　土壤垂直分布与水平分布的关系

土壤的垂直分布是在不同的水平地带开始的,所以各个水平地带各有不同的土壤垂直带谱。这种垂直带谱,在低纬度的热带,较高纬度的寒带更为复杂,而且同类土壤的分布,自热带至寒带逐渐降低,从图 6-4-2 中便可一目了然。

山体的高度和相对高差,对土壤垂直带谱有影响。山体愈高,相对高差愈大,土壤垂直带谱愈完整。例如,喜马拉雅山具有最完整的土壤垂直带谱,由山麓的红黄壤起,经过黄棕壤、山地酸性棕壤、山地漂灰土、亚高山草甸土、高山草甸土、高山寒漠土,直至雪线,为世界所罕见。

3.土壤的地域性分布

前面讲的土壤水平地带性分布和垂直地带性分布,都明显地为生物气候条件所制约。而在同一生物气候带内,由于地形、水文、成土母质条件不同以及人为耕作的突出影响,除地带性土类外,往往还有非地带性土类分布,而且有规律地成为组合,这便是土壤的地域分布,下面举例说明:

(1)在红壤地带除有红壤外,由于人为耕作的影响,往往还有水稻土分布。以江西省新建县的低山丘陵地区为例,红壤只分布在地势高的部位,由于遭受侵蚀,出现了红壤性土(粗骨红壤);由于人为耕作,出现了耕种红壤(或红壤性水稻土)。而地势较低的地方和有些坡地的梯田,大都为水稻土。由于成土母质、地形部位和排灌条件的不同,水稻土中又有二泥田、沉板田、黄泥田、泛田和冷浸田之分。二泥田分布于河谷平原,田块较大,成片分布;沉板田分布于较陡的坡地,田块窄长,为梯田;冷浸田分布于狭谷,田块不大,排水不利,分布零星。

(2)自太行山横穿华北平原直到海边,依次在山地分布着粗骨褐土及淋溶褐土,冲积扇分布着褐土和潮褐土,平原分布着潮土和沼泽化潮土(夹有盐化潮土和碱化潮土),滨海平原分布着潮土及滨海盐土。这是褐土地带大地形影响土壤地域性分布的例子。作为地带性土壤的褐土,只分布于山地和冲积扇。广大的华北平原及滨海平原,由地形变化而引起地下水位、水质变化,而为非地带性土壤——潮土和滨海盐土所分布。

(3)大兴安岭东部属于暗棕壤地带,但暗棕壤一般只见于海拔 400 m 以上的山地。在海拔 400 m 以下的各级阶地上却分布着白浆土、黑土和沼泽土。其中,三级阶地(海拔约 380 m)上的成土母质为上沙下黏的黄土状沉积物,生长疏林草甸植被,形成白浆土;二级阶地(海拔约 320 m)至一级阶地(海拔约 300 m),在质地均一的黄土状沉积物上,生长密集的草甸植被,形成黑土;河漫滩(海拔为 280～300 m)上的成土母质为河流近代沉积物,地下水埋深在旱季只有 50 cm 上下,在雨季则被水淹,生长苔草、小叶樟等草本植物,形成沼泽土。各个土类之间又常有过渡性亚类(如白浆化暗棕壤、沼泽化黑土等)。

　　(4)前面列举的 3 个例子,都位于东部季风区域,而西北干旱区域也有类似情况。例如,新疆焉耆盆地,气候干旱,年降水量只有 50 mm,地带性土类为棕漠土。但它只见于海拔 1 700 m 以下的冲积扇上部。这里地下水埋藏很深,不能参与土壤形成过程。而冲积扇的中、下部,地下水埋深仅 2 ~ 3 m,能参与土壤形成过程,加上具有灌溉条件,土壤被灌淤白土和灌淤潮土所代替。在扇形地的前缘或河畔,地下水埋深只有 1 ~ 3 m,其矿化度为 1 ~ 3 g/L,土壤为盐化林灌草甸土(曾称胡杨林土)。在三角洲和滨湖地段,地下水埋深 1 ~ 2 m,其矿化度由 5 ~ 10 g/L、10 ~ 30 g/L 逐渐增加到 30 g/L 以上,相应分布着草甸盐土、盐土和滨湖盐土。土壤的地域分布,除可受地形、水文条件的影响外,也可受特殊成土母岩(或母质)的影响。四川盆地的黄壤与紫色砂页岩母质发育的紫色土成为组合;广西丘陵的红壤与石灰岩母质发育的红色石灰土、黑色石灰土成为组合,就是由于特殊的成土母岩延缓了成土过程的缘故。

　　以上所举的 4 个例子都是大地形或中地形所引起土壤组合的变化。土壤分布同时也受小地形的影响,而呈现微域分布的特点,这在盐碱土地区表现得最为突出。大家知道盐碱土有"大中洼"和"洼中高"的分布规律。就是说,从大地形看,盐碱土分布在洼地;从小地形看,它分布在洼地的高起部分。

　　4. 耕作土壤分布的几种形式

　　耕作土壤受人为因素的影响最深刻,反映在土壤分布上有下列几种形式:

　　1)同心圆式分布

　　耕作土壤的肥力与距村庄和城镇的远近有关系,一般以村庄或城镇为中心,距离中心越近越肥,越远越瘦,形状好像同心圆,这种分布形式叫作同心圆式分布,见图 6-4-3。同心圆的大小与村庄城镇的大小成正相关,村前的半圆略大于村后的半圆。耕作土壤同心圆式分布特点的形成,主要是近田施肥较多,耕作比较精细,故熟化程度较高,因此多高肥类型土壤;而远田则相反。目前,有些村庄为了均衡增产,正在改变远田少施肥的状况,从而在一定程度上改变了这种同心圆的分布特点。

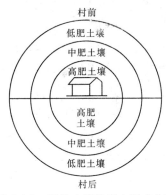

图 6-4-3　耕作土壤的同心圆式分布

　　2)阶梯式分布

　　山岭和丘陵有一定坡度,水土易于流失,垦殖时,一般都修筑梯田,以保持水土。梯田是阶梯式耕地的统称,可分为水平梯田(简称梯田)和非水平梯田(也称梯地)。修筑水平梯田较修筑梯地费工,但保持水土的作用更大。中国劳动人民修筑梯田已有几千年历史。南方红壤和黄壤山区,到处可见到层层梯田,有的梯田宽仅数米,而长达数十米甚至百米,也有的梯田小到几十块田才有一亩。

　　耕作土壤的阶梯式分布,表现在土壤肥力上一般是低处比高处肥沃。这是由于在串灌情况下,灌溉水和雨水从高处流往低处,将高田的一部分养分和黏粒带到低田的缘故。为此,必须采取改串灌为沟灌、高田适当多施肥料等措施。

3）棋盘式分布

平原地区的耕作土壤在小农经济时期分布比较零乱,但通过大搞农田基本建设,统一规划,平整土地,出现了棋盘式的分布。棋盘式分布的特点是,河流道路和排灌沟渠统一规划,沟、渠、路、林配套,耕地成方,地面平整,肥力比较均匀。沟洼填平以后,能提高土地利用率。

此外,耕作土壤还有通过挖低垫高形成的"框式""垛式"等分布形式。各种不同的分布形式,是在不同的耕作影响下形成的。随着社会主义大农业的迅速发展,耕作土壤的分布形式也在不断变化和发展。

4.1.3　容重、孔隙度、导水率的概念

4.1.3.1　容重

土壤容重亦称"土壤假比重",是指单位体积(包括孔隙体积)内,自然干燥土壤的质量与同体积水的质量之比。土壤的比重一般取其平均值 2.65 g/cm^3,容重一般为 1.0 ~ 1.8 g/cm^3。它与包括孔隙的 1 cm^3 烘干土的质量用克来表示的土壤容重,在数值上是相同的。一般含矿物质多而结构差的土壤(如砂土),土壤容积比重为 1.4 ~ 1.7 g/cm^3;含有机质多而结构好的土壤(如农业土壤)为 1.1 ~ 1.4 g/cm^3。土壤容积比重可用来计算一定面积耕层土壤的质量和土壤孔隙度;也可作为土壤熟化程度指标之一,熟化程度较高的土壤,容积比重常较小。

4.1.3.2　孔隙度

土壤孔隙度,是指土壤孔隙占土壤总体积的百分比。土壤中各种形状的粗细土粒集合和排列成固相骨架。骨架内部有宽狭和形状不同的孔隙,构成复杂的孔隙系统,全部孔隙容积与土体容积的百分率,称为土壤孔隙度。水和空气共存并充满于土壤孔隙系统中。土壤孔隙度也称土壤孔度。

土壤孔隙度反映土壤孔隙状况和松紧程度:一般粗砂土孔隙度为 33% ~ 35%,大孔隙较多。黏质土孔隙度为 45% ~ 60%,小孔隙多。壤土的孔隙度为 55% ~ 65%,大、小孔隙比例基本相当。

4.1.3.3　导水率

土壤导水率,是指土壤在单位时间内所通过的水量(mm/s)。它与土壤的渗透系数是成正相关的,是土壤中单位水力势梯度下水的通量密度。

4.1.4　重力侵蚀类型及其调查指标

重力侵蚀是指地面岩体或土体物质在重力作用下失去平衡而产生位移的侵蚀过程。根据其形态可分为崩塌、滑塌、滑坡、陷穴、泻溜等,一般都发生在侵蚀活跃的坡面和沟壑中。重力侵蚀主要分布在山区、丘陵区和陡坡上,沟道重力侵蚀是我国水土流失的主要来源之一。

4.1.5　水土保持措施质量评定标准

4.1.5.1　水土保持措施

水土保持措施分类：一是根据治理措施本身的特性分类，分为工程措施、林草措施（或称植物措施）和耕作措施三大类。二是根据治理对象分类，分为坡耕地治理措施、荒地治理措施、沟壑治理措施、风沙治理措施、崩岗治理措施和小型水利工程等六大类。各类治理对象在不同条件下分别采取工程措施、林草措施、耕作措施及这些措施的不同组合，总起来也是综合措施。

4.1.5.2　水土保持工程质量评定标准

水土保持工程质量评定应划分为单位工程、分部工程、单元工程3个等级，在质量评定过程中，单元工程检验应由施工单位全检、监理单位抽检。

水土保持工程质量等级分为"合格""优良"两级。

水土保持工程单元工程质量评定应填写单元工程质量表，见表6-4-2。

表6-4-2　水土保持工程单元质量评定表

工程名称：　　　　　　　　　　　　　　　　　　　　　　　　　　编号：

单位工程名称		分部工程名称	
单元工程名称		施工时段	
序号	检查、检测项目	测点数	合格数
1			
2			
3			
4			
5			
检验结果			
施工单位质量评定等级		质检员： 质检部门负责人： 日期：　年　月　日	
监理单位质量认证等级		工程监理处： 认证人： 日期：　年　月　日	

监理单位在核定单元工程质量时,除应检查现场外,还应对该单元工程施工原始记录质量检验记录等资料进行查验,确认单元工程质量评定表所填写的数据、内容的真实和完整性,必要时可进行抽检,同时在单元工程质量评定表中明确记载质量等级核定意见。

1.水土保持工程单元工程质量评定标准

水土保持工程单元工程质量评定等级标准按相关技术标准规定执行,单元工程质量达不到合格标准时,应及时处理,处理后其质量等级应按下述规定确定:

(1)全部返工重做的,可重新评定质量等级。

(2)经加固补强并经鉴定能达到设计要求,其质量可按合格处理。

(3)经鉴定达不到设计要求,但建设单位、监理单位认为能基本满足防御标准和使用功能要求,可不加固补强,其质量可按合格处理,所在的分部工程、单位工程不应评优;经加固补强后,改变断面尺寸或造成永久性缺陷,经建设单位、监理单位认为基本满足设计要求,其质量可按合格处理,所在分部工程、单位工程不应评优。

2.水土保持工程分部工程质量评定标准

合格标准:单元工程质量全部合格,同时中间产品质量及原材料质量全部合格。

优良标准:单元工程质量全部合格,其中有50%以上达到优良,主要单元工程、重要隐蔽工程及关键部位的单元工程质量优良,且未发生质量事故;同时中间产品质量及原材料质量全部合格。

3.水土保持工程单位工程质量评定标准

合格标准:分部工程质量全部合格,中间产品质量及原材料质量全部合格,大中型工程外观质量得分率达到70%以上,施工质量检验资料基本齐全。

优良标准:分部工程质量全部合格,其中有50%以上达到优良,主要分部工程质量优良,且施工中未发生过质量事故,中间产品质量及原材料质量全部合格,大中型工程外观质量得分率达到85%以上,施工质量检验资料基本齐全。

4.水土保持工程工程项目质量评定标准

合格标准:单位工程质量全部合格的工程。

优良标准:单位工程质量全部合格,其中有50%以上的单位工程质量达到优良,且主要单位工程质量优良。

水土保持生态建设工程质量评定项目划分表见表6-4-3,开发建设项目水土保持生态建设工程质量评定项目划分表见表6-4-4。

表6-4-3 水土保持生态建设工程质量评定项目划分表

单位工程	分部工程	单元工程划分
大型淤地坝或骨干坝	△地基开挖与处理	1. 土质坝基及岸坡清理:将坝左岸坡、右岸坡及坝基作为基本单元工程,每个单元工程长度为50~100 m,不足50 m的可单独作为一个单元工程,大于100 m的可划分为两个以上单元工程。 2. 石质坝基及岸坡清理:同土质坝基及岸坡清理。 3. 土沟槽开挖及基础处理:按开挖长度每50~100 m划分为一个单元工程,不足50 m的可单独作为一个单元工程。 4. 石质沟槽开挖及基础处理:同土沟槽开挖及基础处理。 5. 石质平洞开挖:按开挖长度每30~50 m划分为一个单元工程,不足30 m的可单独作为一个单元工程
	△坝体填筑	1. 土坝机械碾压:按每一碾压层和作业面积划分为单元工程,每一单元工程作业面积不超过2 000 m²。 2. 水坠法填土:同土坝机械碾压
	坝体与坝坡排水防护	1. 反滤体铺设:按铺设长度每30~50 m划分为一个单元工程,不足30 m的可单独作为一个单元工程。 2. 干砌石:按施工部位划分单元工程,每个单元工程量为30~50 m,不足30 m的可单独作为一个单元工程。 3. 坝坡修整与排水:将上游、下游坝坡作为基本单元工程,每个单元工程长30~50 m,不足30 m的可单独作为一个单元工程
	溢洪道砌炉	浆砌石防护,划分方法同干砌石
	△防水工程	1. 浆砌混凝土预制件:按施工面长度划分单元工程,每30~50 m划分为一个单元工程,不足30 m的可单独作为一个单元工程。 2. 预制管安装:按施工面的长度划分单元工程,每50~100 m划分为一个单元工程,不足50 m的可单独作为一个单元工程。 3. 现浇混凝土:按施工部位划分单元工程,每个单元工程量为10~20 m³,不足10 m³的可作为一个单元工程
基本农田	△水平梯(条)田	以设计的每一图斑作为一个单元工程,每个单元工程面积5~10 hm²,不足5 hm²的可作为一个单元工程,大于10 hm²的可划分为两个以上单元工程
	水浇地水田	以设计的每一图斑作为一个单元工程,每个单元工程面积5~10 hm²,不足5 hm²的可作为一个单元工程,大于10 hm²的可划分为两个以上单元工程
	引洪漫地	以一个完整引洪区作为一个单元工程,面积大于40 hm²的可划分为两个以上单元工程

续表 6-4-3

单位工程	分部工程	单元工程划分
农业耕作与技术措施	以措施类型划分分部工程	以设计的每一图斑作为一个单元工程,每个单元工程面积 30 ~ 50 hm²,不足 30 hm² 的可单独作为一个单元工程,大于 50 hm² 的可划分为两个以上单元工程。
造林	△乔木林	以设计的每一图斑作为一个单元工程,每个单元工程面积 10 ~ 30 hm²,不足 10 hm² 的可单独作为一个单元工程,大于 30 hm² 的可划分为两个以上单元工程
	△灌木林	以设计的每一图斑作为一个单元工程,每个单元工程面积 10 ~ 30 hm²,不足 10 hm² 的可单独作为一个单元工程,大于 30 hm² 的可划分为两个以上单元工程
	经济林	以设计的每一图斑作为一个单元工程,每个单元工程面积 10 ~ 30 hm²,不足 10 hm² 的可单独作为一个单元工程,大于 30 hm² 的可划分为两个以上单元工程
	△果园	以每个果园作为一个单元工程,每个单元工程面积 1 ~ 10 hm²,不足 1 hm² 的可单独作为一个单元工程,大于 10 hm² 的可划分为两个以上单元工程
	苗圃	以每个果园作为一个单元工程,每个单元工程面积 1 ~ 10 hm²,不足 1 hm² 的可单独作为一个单元工程,大于 10 hm² 的可划分为两个以上单元工程
种草	△人工草地	以设计的每一图斑作为一个单元工程,每个单元工程面积 10 ~ 30 hm²,不足 10 hm² 的可单独作为一个单元工程,大于 30 hm² 的可划分为两个以上单元工程
生态修复工程	分流域或行政区的生态修复工程	1. 按面积实施的工程:以设计的每一图斑作为一个单元工程,每个单元工程面积 50 ~ 100 hm²,不足 50 hm² 的可单独作为一个单元工程,大于 100 hm² 的可划分为两个以上单元工程。 2. 不按面积实施的工程:按项目类型划分单元工程,其数量标准可根据工程量大小适当确定
封禁治理	以区域或片划分	以设计的每一图斑作为一个单元工程,每个单元工程面积 50 ~ 100 hm²,不足 50 hm² 的可单独作为一个单元工程,大于 100 hm² 的可划分为两个以上单元工程

续表6-4-3

单位工程	分部工程	单元工程划分
道路工程	△路面工程	按长度划分单元工程,每100～200 m划分为一个单元工程,不足100 m的可单独作为一个单元工程,大于200 m的可划分为两个以上单元工程
	路基边坡工程	按长度划分单元工程,每100～200 m划分为一个单元工程,不足100 m的可单独作为一个单元工程,大于200 m的可划分为两个以上单元工程
	排水工程	按长度划分单元工程,每100～200 m划分为一个单元工程,不足100 m的可单独作为一个单元工程,大于200 m的可划分为两个以上单元工程
小型水利水保工程	沟头防护	以每条侵蚀沟作为一个单元工程
	△小型淤地坝	将每座淤地坝的地基开挖与处理、坝体填筑、排水与放水工程分别作为一个单元工程
	△拦沙坝	以每座拦沙坝工程作为一个单元工程
	△谷坊	以每座谷坊工程作为一个单元工程
	水窖	以每眼水窖工程作为一个单元工程
	△渠系工程	按长度划分单元工程,每30～50 m划分为一个单元工程,不足30 m的可单独作为一个单元工程
	塘堰	以每个塘堰作为一个单元工程
	河道整治	按长度划分单元工程,每30～50 m划分为一个单元工程,不足30 m的可单独作为一个单元工程
南方坡面水系工程	截(排)水沟	按长度划分单元工程,每50～100 m划分为一个单元工程,不足50 m的可单独作为一个单元工程,大于100 m的可划分为两个以上单元工程
	蓄水池	以每个蓄水池作为一个单元工程
	沉沙池	以每个沉沙池作为一个单元工程
	引水及灌水渠	按长度划分单元工程,每50～100 m划分为一个单元工程,不足50 m的可单独作为一个单元工程,大于100 m的可划分为两个以上单元工程
泥石流防治工程	△泥石流形成区防治工程	1. 以设计的每一图斑作为一个单元工程,每个单元工程面积1～10 hm^2,大于10 hm^{2}的可划分为两个以上单元工程。 2. 小型蓄排工程每200 m作为一个单元工程,水窖、沉沙池或涝池,每个作为一个单元工程。 3. 护坡工程参照开发建设项目护坡工程划分单元工程
	泥石流流通区防治工程	1. 格栅坝每个作为一个单元工程。 2. 拦沙坝每个作为一个单元工程。 3. 桩林每排作为一个单元工程
	泥石流堆积区防治工程	1. 停淤堤每200 m作为一个单元工程。 2. 导流坝每个作为一个单元工程。 3. 排导槽、渡槽分别作为一个单元工程

注:1. 带△者为主要分部工程。

2. 当林草混交时,可按单元工程划分标准,进行综合单元划分。

表 6-4-4 开发建设项目水土保持生态建设工程质量评定项目划分表

单位工程	分部工程	单元工程划分
拦渣工程	△基础开挖与处理	每个单元工程长 50 ~ 100 m,不足 50 m 的可单独作为一个单元工程,大于 100 m 的可划分为两个以上单元工程
	△坝(墙、堤)体	每个单元工程长 30 ~ 50 m,不足 30 m 的可单独作为一个单元工程,大于 50 m 的可划分为两个以上单元工程
	防洪排水	按施工面长度划分单元工程,每 30 ~ 50 m 划分为一个单元工程,不足 30 m 的可单独作为一个单元工程,大于 50 m 的可划分为两个以上单元工程
斜坡防护工程	△工程护坡	1. 基础面清理及削坡开级,坡面高度在 12 m 以上的施工面长度每 50 m 作为一个单元工程,坡面高度在 12 m 以下的每 100 m 作为一个单元工程。 2. 浆砌石、干砌石或喷涂水泥砂浆,相应坡面护砌高度,按施工面长度每 50 m 或 100 m 作为一个单元工程。 3. 坡面有涌水现象时,设置反滤体,相应坡面护砌高度,以每 50 m 或 100 m 作为一个单元工程。 4. 坡脚护砌或排水渠,相应坡面护砌高度,每 50 m 或 100 m 作为一个单元工程
	植被护坡	高度在 12 m 以上的坡面,按护坡长度每 50 m 作为一个单元工程;高度在 12 m 以下的坡面,每 100 m 作为一个单元工程
	△截(排)水	按施工面长度划分单元工程,每 30 ~ 50 m 划分为一个单元工程,不足 30 m 的可单独作为一个单元工程
土地整治工程	△场地整治	每 0.1 ~ 1 hm^2 作为一个单元工程,不足 0.1 hm^2 的可单独作为一个单元工程,大于 1 hm^2 的可划分为两个以上单元工程
	防洪排水	按施工面长度划分单元工程,每 30 ~ 50 m 划分为一个单元工程,不足 30 m 的可单独作为一个单元工程
	土地恢复	每 100 m^2 作为一个单元工程
防洪排导工程	△基础开挖与处理	每个单元工程长期长 50 ~ 100 m,不足 50 m 的可单独作为一个单元工程
	△坝(墙、堤)体	每个单元工程长 30 ~ 50 m,不足 30 m 的可单独作为一个单元工程,大于 50 m 的可划分为两个以上单元工程
	排洪导流设施	按段划分,每 50 ~ 100 m 作为一个单元工程
降水蓄渗工程	降水蓄渗	每个单元工程 30 ~ 50 m^3,不足 30 m^3 的可单独作为一个单元工程,大于 50 m^3 的可划分为两个以上单元工程
	△径流拦蓄	每个单元工程 30 ~ 50 m^3,不足 30 m^3 的可单独作为一个单元工程,大于 50 m^3 的可划分为两个以上单元工程

续表 6-4-4

单位工程	分部工程	单元工程划分
临时防护工程	△拦挡	每个单元工程量为 50~100 m,不足 50 m 的可单独作为一个单元工程,大于 100 m 的可划分为两个以上单元工程
	沉沙	按容积分,每 10~30 m³ 为一个单元工程,不足 10 m³ 的可单独作为一个单元工程,大于 30 m³ 的可划分为两个以上单元工程
	△排水	按长度划分,每 50~100 m 作为一个单元工程
	覆盖	按面积划分,每 100~1 000 m² 为一个单元工程,不足 100 m² 的可单独作为一个单元工程,大于 1 000 m² 的可划分为两个以上单元工程
植被建设工程	△点片状植被	以设计的图斑作为一个单元工程,每个单元工程面积 0.1~1 hm²,大于 1 hm² 的可划分为两个以上单元工程
	线网状植被	按长度划分,每 100 m 为一个单元工程
防风固沙工程	△植物固沙	以设计的图斑作为一个单元工程,每个单元工程面积 1~10 hm²,大于 10 hm² 的可划分为两个以上单元工程
	工程固沙	每个单元工程面积 0.1~1 hm²,大于 1 hm² 的可划分为两个以上单元工程

注:带△者为主要分部工程。

4.1.6　小流域社会经济调查的内容及指标

　　小流域社会经济调查的内容包括:调查区所属的乡、村、户数,人口、劳动力、农业人口、农业劳力、每年可能投入的水土保持的劳力数;农、林、牧、果业的生产情况,耕地单位面积粮食产量、人均产量,果林的分布、产量、产值及发展前景,不同地区的畜群结构、饲养情况、草地的载畜量;农业生产结构中小流域农、林、牧、副各业的产值、比重;群众生活情况调查包括人均产值、人均收入、"三料"(燃料、饲料、肥料)消耗情况、人畜饮水情况、农村道路现状等。

4.1.6.1　人口、劳动力调查

　　人口调查中应着重调查现有人口总量、人口密度、城镇人口、农村人口、农村人口中从事农业和非农业生产的人口;各类人口的自然增长率:人口素质、文化水平。

　　劳动力调查中应着重调查劳动力总数,分城镇劳动力与农村劳动力调查。

4.1.6.2　农村各业生产调查

　　1.农村产业结构调查

　　(1)了解农、林、牧、副、渔各业年均产值(元)和年均收入(元)等各占农村总产值的比重。

　　(2)调查近年来拍卖"四荒"地使用权情况及其对农村各业生产与水土保持的影响。

　　2.农业生产情况

　　(1)着重调查粮食作物与经济作物面积、作物种类、耕作水平(每亩投入劳力、肥料)、不同年景的单产和总产。

（2）耕地中基本农田所占比重、一般单产、建设基本农田的进度、主要经验和问题。

（3）其他生产情况。包括林业生产情况、牧业生产情况、副业生产情况、渔业生产情况等。

4.1.6.3　农村群众生活调查

以人均粮食和现金收入为重点，同时还应了解人畜饮水供水等情况。

（1）人均粮食和收入，主要根据当地粮食总产和收入总量按调查时总人口平均计算。

（2）人畜饮水困难问题，调查内容包括了解人畜饮水缺乏的程度、范围、面积、涉及的农户、人口和牲畜头数。

小流域社会经济调查的内容与指标，参考表6-4-5、表6-4-6。

表6-4-5　小流域土地、人口、劳动情况表

乡镇（个）	村数（个）	户数（户）	土地总面积（km²）	人口（人）				劳动力（个）		人口密度（人/km²）		人均土地（hm²/人）		耕地面积（km²）	人均耕地面积（hm²/人）	
				总人口	农村	贫困	少数民族	总劳力	农村	总	农村	总	农村		总	农村

表6-4-6　小流域农村产业结构与产值调查

乡镇	村	农村各地产量（万元）						农村各业产值比例（%）						农业人均年产值（元）	农业人均分配收入（元）	粮食产量（万kg）	农业人均产粮（kg）
		小计	农业	林业	牧业	副业	其他	农业	林业	牧业	副业	其他					

4.1.7　水土保持调查常用仪器的维护知识

水土保持调查常用仪器种类较多，主要包括测距类（长度、测高）、面积类、体积类、角度类和综合类等。

长度类常用仪器，主要包括通用卡尺、红外测距仪、超声波测距仪、激光测距仪、手持激光测距仪等；测高类常用仪器，主要包括水准仪、自动安平水准仪、系列电子水准仪测高器、直读式测高器；面积类常用仪器，主要包括面积测量仪、数字式求积仪、光电面积量测仪、量距笔、面积类地图量距笔；体积类常用仪器，主要包括体积测量系统、地面三维激光扫描系统；角度类常用仪器，主要包括罗盘仪、多功能坡度测量仪、角度测量仪、数字水平仪/角度仪、激光角度尺、电子经纬仪；此外，还有综合类应用的全站仪。

4.1.7.1　游标卡尺的维护知识

通用卡尺是用来测量外尺寸和内尺寸、盲孔、阶梯形孔及凹槽等相关尺寸的量具。主要形式有游标式、带微调式、数显式等，大部分测量范围为0~150 mm，分度值为0.02 mm的三用卡尺。测量时，游标随尺框移动，通过游标与尺身上的刻线对应位置，读得测量值。

通过内量爪可测零件内径及槽宽尺寸;用外量爪可测外径、长度、宽度及厚度尺寸;深度尺可用于测量深度尺寸。游标卡尺的结构,如图 6-4-4 所示。

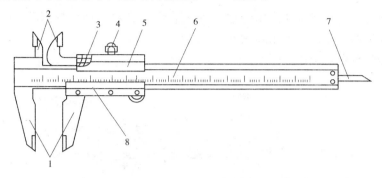

1—外量爪;2—内量爪;3—弹簧片;4—紧固螺钉;
5—尺框;6—尺身;7—深度尺;8—游标

图 6-4-4　　游标卡尺的结构

1.卡尺的维护知识

(1)绝对禁止把游标卡尺的两个量爪当作扳手或划线工具使用。

(2)游标卡尺受到操作后,绝对不允许用手锤、锉刀等工具自行修理,应交专门修理部门修理,经检定合格后才能使用。

(3)不可用砂布或普通磨料(金刚砂)来擦除刻度尺表面的锈迹和污物。

(4)不可在游标卡尺的刻线处打钢印或记号,否则将造成刻线不准确。必要时允许用电刻法或化学法刻蚀记号。

(5)游标卡尺不要放在磁场附近,以免卡尺感受磁性。

(6)游标卡尺应平放,避免造成变形。不要将游标卡尺与其他工具堆放在一起,或在工具箱中随意丢放,使用完毕时,应放置在专用盒内,防止弄脏生锈。

2.千分尺的维护知识

千分尺按用途和结构可分为外径千分尺、内径千分尺、内测千分尺、深度千分尺、壁厚千分尺、杠杆千分尺、螺纹千分尺、公法线千分尺等。最常用的为外径千分尺。

千分尺主要由尺架、固定测砧、测微螺杆、螺纹轴套、固定套管、活动套管(微分筒)、调节螺母、弹性套、测力装置、锁紧手柄(锁紧装置)、隔热板(隔热装置)组成,见图 6-4-5。

千分尺的维护知识如下:

(1)使用前先将两个测量面擦干净,然后转动棘轮,使这两个测量面轻轻地接触,并且应没有间隙(漏光),以检查两测量面间的平行度。然后,再检查零位是否对准(即必须使微分筒的棱边与固定套筒上"0"刻线重合,同时要使微分筒上"0"线对准固定套管上纵刻线),如果零位不准必须送交计量室进行检修和调整。

(2)千分尺两测量面将与工件接触时,要使用测量测力装置,不要转动微分筒。

(3)为了避免测量一次所得的结果可能不准确,可以在第一次测量后,松开棘轮,在原地方再重复测量一两次。为了测量某些工件是否产生椭圆或锥度起见,更需要对不同部位作反复的测量,以达到精确可靠为止。

（4）在读取测量数据的时侯，当心读错 0.5 mm，也就是在固定套管上多读半格或少读半格（0.5 mm）。

（5）不可以把千分尺拿在手中任意挥动或摇转，这样会使精密的测微螺杆受到损伤。

（6）不允许用千分尺来测量正在旋转的工件。

（7）不能测量带有磁性的工作。

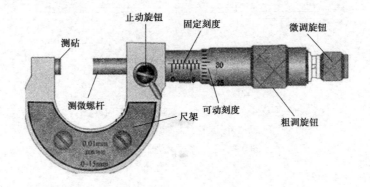

图 6-4-5　千分尺结构示意图

4.1.7.2　角度尺仪器的维护知识

角度尺仪器种类较多，包括数显角度仪、数显万能角度仪、数显角度尺仪器、数显角度尺规等，主要用于垂直度测量、水平测量、角度测量，如图6-4-6 所示。

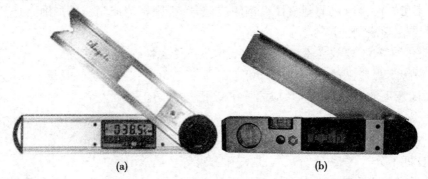

(a)　　　　　　　　　　　　(b)

图 6-4-6　角度尺仪器图

角度尺仪器的维护知识如下：

（1）在开机状态下，不按键、不测量 5 min 左右产品自动关机，节省电量。

（2）在使用过程中，当低电图标显示时，为确保测量精度，请更换电池。

（3）为了确保产品精度请尽量避免产品跌落或震动，不要私自拆开维修。

（4）用柔软的湿毛巾清洁显示器，切勿用溶剂或洗涤剂洗涤，以免在显示器及外壳上留痕迹。

（5）不能将角度尺浸入水中，以防进水损坏仪器。

（6）勿将角度尺置于火炉或冰箱中，使其遭受不必要的冷热环境的损坏。

4.1.7.3　表类的维护知识

常见的表类量具有百分表、内径百分表、杠杆百分表、千分表。百分表结构见图6-4-7。

钟面式百分表简称百分表,它具有传动比大、结构简单、使用方便等优点。我们以百分表为例进行说明。百分表的分度值为 0.01 mm。测量范围一般为 0 ~ 3 mm、0 ~ 5 mm、0 ~ 10 mm。

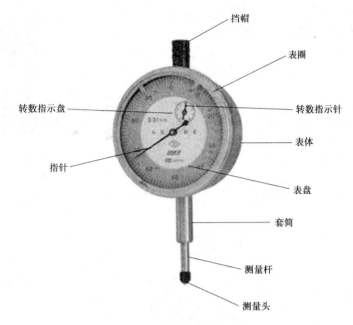

挡帽

表圈

转数指示盘

转数指示针

表体

指针

表盘

套筒

测量杆

测量头

图 6-4-7　百分表结构示意图

表类的维护知识如下:

(1)要防止跌落摔坏。量具检定或使用完毕,应将测量面及未涂防护漆的部位清洗并擦拭干净,放置在量具盒内。

(2)存放量具的地方应清洁、干燥,相对湿度为 30% ~ 80%。

(3)指示表在使用、检定和存放中,要避免和磁性物接触,防止量具磁化。

(4)指示表的测杆应避免受到猛烈冲击,防止损坏齿条、齿轮。当测杆卡住时,不要强力推动,应送交计量检定部门修理人员检查、修理。

(5)指示表的后盖不要随意拆卸,防止灰尘进入表内。

4.1.7.4　激光测距仪的维护知识

激光测距仪,如图 6-4-8 所示,不能对准人眼直接测量,防止对人体的伤害;振动仪一般激光测距仪不具有防水功能,所以需要注意防水;最新的美国里奥波特激光测距仪,由于在美国当地主要适用于户外狩猎爱好者,所以制作之处的优势即是可以防水防雾,配有丛林树木枝叶涂彩;激光器不具备防摔的功能,所以激光测距仪很容易摔坏发光器。

激光测距仪的维护知识如下:

(1)保持测距仪干燥,若不慎弄湿请立即擦干。

(2)应在常温环境下使用和存放测距仪,避免遭受不必要的冷热环境损坏。

(3)要小心轻拿轻放,严禁挤压或从高处跌落,以免损坏仪器。

(4)经常检查仪器外观,及时清除表面的灰尘脏污、油脂、霉斑等,保持测距仪远离灰尘和污渍。

（5）本机为光、机、电一体化高精密仪器，使用中不要随意更改机内原器件。

（6）清洁目镜、物镜或激光发射窗时应使用柔软的干布。严禁用硬物刻划，以免损坏光学性能。

4.1.7.5　红外测距仪的维护知识

正确使用仪器是保持仪器良好的测距性能，提高测距精度，延长使用寿命的关键，万万不可粗心大意。在操作时，应注意以下事项：

图 6-4-8　激光测距仪图

（1）仪器接电源时注意不要使"正"线和"负"线夹子相碰。正、负线夹子间要夹上海绵、布等绝缘物体，正、负极不能接错，以免损坏仪器或电池。

（2）在仪器上插入电缆插头后应将连接套顺时针旋紧，卸下时应先将连接套逆时针旋松，再向外拉出，切勿在插入与拉出时旋错，避免正、负极短路或把插心扭断。

（3）启动电源开关之前，应先将光强控制器转动到最小位置，避免指针打表现象，而损坏仪表。

（4）严禁用望远镜对准太阳、或较强的发光体以免烧坏砷化镍光电二极管。测距时亦要避免太阳暴晒和阳光直射，并避免测线与太阳光呈小角度（日出与日落时），防止日光射入镜头。影响测距精度。工作间隙随时用黑白双层绸布套罩住仪器。

（5）仪器和棱镜的光学部件严禁用手摸，操作棱镜时要戴上手套。工时间隙随时将反射棱镜用绸布套罩住，反射棱镜的螺丝严禁任意旋动。

（6）镜站设置好后，镜站人员要时刻注视棱镜是否对准仪器，往往微风都能把棱镜吹变方向（因为反射器没有制动螺丝），而影响测距精度。

（7）仪器测距前要有一定的预热时间，冬天预热时间宜长一些（约 10 min），使仪器恒温后再进行测距，开始测的一两个读数作为参考不要记入手簿。

（8）测距前与测距结束后，都必须将各数字键输入，包括气象改正数 ATM 键，天顶距 V 键，看输入与显示是否一致，如不一致说明电缆与逻辑箱连接处有松动现象，需连接好后才能测距，或重新测距。

仪器保养知识如下：

（1）搬运仪器必须轻拿轻放，主机必须竖放，不能横置，主机及棱镜箱上不能坐人。

（2）严禁用手去摸仪器及棱镜光学部件的镜面。镜面上有灰尘只能用软毛刷或软麂皮、绸布轻轻地把灰掸掉，绝对禁止用液体来清洁光学部件的镜面，以免擦去表面的增透层，影响测距精度。

（3）仪器不用入库，要安置在通风、干燥清洁的室内，禁止放在高温、热源附近及潮湿的地面上，至少每月要通电一次（约 2 h），并经常调换干燥剂。梅雨季节，湿度较大，仪器一星期或半月要通电一次，以达到驱潮的目的。

（4）镜箱内亦要保持清洁干燥。搬运时需防震，以防止棱镜脱胶或棱镜破碎。

4.1.7.6　超声波测距仪的维护知识

超声波测距仪,是一种手持式测量距离的仪表。它具有体积小、功能简单、耗电省、价格低等特点,被广泛采用。该仪器发出的超声波对人是无害的,要注意适当防护。

当超声波碰到障碍物时就会反射回来,单功能超声波测距仪接收到反射信号并计算往返时间,将计算出的距离显示在液晶屏上。超声波在不同的环境温度时传输速度会有差异,为适应不同环境的测量,该仪器的软件中加入了自动温度补偿功能,如图 6-4-9 所示。

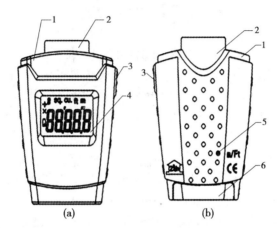

(a)　　　　　　　　(b)

1—镭射发射罩;2—超声波发射罩;3—READ 键;4—LCD 全屏显示;

5—公/英尺转换开关;6—电池仓

图 6-4-9　超声波测距仪

超声波测距仪的维护知识如下:

(1)测距仪的镭射光是从仪表的正面发出的,镭射光不能直射眼睛,不要照射动物或人。

(2)测距仪自带温度补偿功能,测量环境变化会产生微小的误差,这种误差可以忽略。

(3)当测距仪遇到温度环境变化较大时,使用前需要置放一段时间以适应环境温度。

(4)仪表表面的擦拭,要用干净的湿布,环境要求无尘、无风、无声音,保持室内干燥。

(5)不要使用粗糙物或清洁剂擦拭仪表。

(6)注意防震、防潮、轻拿轻放。

(7)不要让仪表直接受热。

4.1.7.7　水准仪的维护知识

水准仪的结构,如图 6-4-10 所示。使用前,应弄清仪器各部分结构的使用和操作方法。不应随便拆卸仪器;测量时,应避免阳光直晒在仪器上,以免影响精度;使用后,应将各部分擦拭干净再装入仪器箱,仪器箱应放在干燥通风处。

水准仪的维护知识如下:

(1)避免将望远镜直接对准太阳,这样操作会损伤您的眼睛,也会损坏仪器的内部器件。

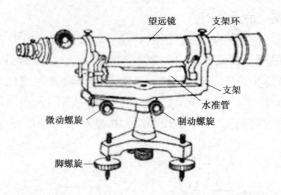

图 6-4-10　水准仪结构示意图

（2）每个微调都应轻轻转动，避免用力过大造成微动螺旋松动而影响测量精度。

（3）保持镜片、光学镜头的清洁，不要用手直接触碰，以免引起观测不准等问题。

（4）每次使用完仪器，应擦拭干净，放置在干燥通风处。

（5）经纬仪、水准仪为精密仪器，必须注意保护各部分机构，避免丧失原有精度。

（6）在施测时，应避免阳光直晒在仪器上，否则将影响施测精度。

（7）如螺旋及转动部分水泡发生阻滞不灵情况，应立即检查原因，在未弄清原因之前切勿过重用力扭转转板，以防损坏仪器结构或扣件。

（8）镜片上有影响观测的灰尘时，可用软毛刷轻轻拂去，也可用专用擦镜布或丝绒软巾轻轻揩擦，切勿用手指接触镜片。如有水汽，可用软布轻轻揩擦，切勿用手指接触镜片。

（9）仪器在使用完毕后，应将各部分揩擦干净，特别是水汽应妥善擦干，装入木箱中的仪器和脚架，均应收藏在干燥通风、无酸性和腐蚀性挥发物的房间内。

（10）仪器除在施测过程中或其他特殊情况外，均应收藏在木箱内安放或搬移。

（11）仪器在长途运输时应另装入运输木箱，仪器及脚架部分须用厚纸包裹保护，然后在空隙间塞以刨花或纸屑，在装卸及运输过程中不应受突然撞击以及激烈震动。

（12）通过简单测试，如发现仪器有故障或损坏，须由熟悉仪器结构的人员进行检查修理，或送仪器专业维修部修理。

（13）三角架上的各螺旋应保持紧固，与上座板连接的螺柱也应保持紧固，防止三角架扭曲失稳。

4.1.7.8　面积测量仪的维护知识

面积测量仪，如图 6-4-11 所示。它采用高效 CPU 处理器，具有操作精简、准确性高、便于记录储存的优点。开机进入操作界面后，都会有面积测量、距离测量、历史记录、设置、卫星状况和帮助的功能模块，人性化设置，方便用户体验。通过选择卫星状况可以及时查看时间、卫星颗数、当前仪器所处经纬度、相对高度等信息。

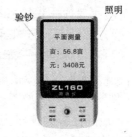

图 6-4-11　面积测量仪

面积测量仪属于电子仪器，在使用中要及时维护，才能确保精度与延长使用寿命，维护知识如下：

（1）电子测量仪长时间不用应该将电池取出，放置于干燥安全的地方。

（2）保持仪器干燥。不要湿手接触仪器，水可能造成仪器损坏。

（3）仪器是复杂的电子设备，防止仪器受到撞击或粗暴的使用，以免造成严重损坏。

（4）遇到恶劣天气时，应适当保护并不使用仪器；如遇雷雨天气，最好不要使用仪器，以免对仪器造成损坏。

（5）尽量避免在高大建筑物下或信号强干扰处使用仪器，这样会影响仪器搜索卫星信号并造成测量结果不精准。

4.1.7.9　经纬仪的维护知识

经纬仪的结构构造，如图6-4-12、图6-4-13所示。

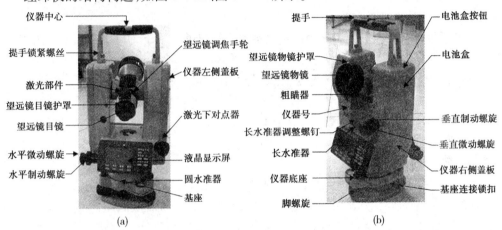

图 6-4-12　激光电子经纬仪示意图

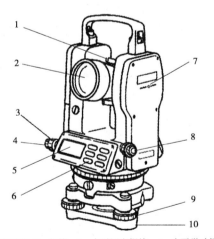

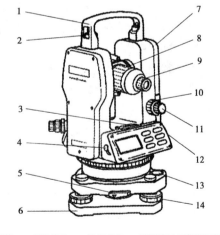

1—粗瞄准；2—物镜；3—水平固定螺旋；4—水平微动螺旋；　　1—提把；2—提把螺丝；3—长水准器；4—通信接口（用于EDM）；
5—显示器；6—操作键；7—仪器中心标志；8—光学对中器；　　　5—基座固定钮；6—三角座；7—电池盒；8—调焦手轮；9—目镜；
9—脚螺旋；10—三角座　　　　　　　　　　　　　　　　　　10—垂直固定螺旋；11—垂直微动螺旋；12—RS-232C通信接口；
　　　　　　　　　　　　　　　　　　　　　　　　　　　　　13—圆水准器；14—脚螺旋

(a)　　　　　　　　　　　　　　　　　　　　　(b)

图 6-4-13　激光电子经纬仪结构图

经纬仪的维护知识如下：

（1）仪器避免在阳光下暴晒，不要将仪器望远镜直接照准太阳观察，避免人眼及仪器的损伤。

（2）仪器使用时,确保仪器与三脚架连接牢固;遇雨时可将防雨袋罩上。

（3）仪器装入仪器箱时,仪器的制动机构应松开,仪器及仪器箱保持干燥。

（4）仪器运输时,要装在仪器箱中,并尽可能减轻仪器震动。

（5）在潮湿、雨天环境下使用仪器后,应把仪器表面水分擦干,并置于通风环境下彻底干燥后装箱。

（6）避免在高温和低温下存放仪器,亦应避免温度剧变(使用时气温变化除外)。

（7）擦拭仪器表面时,不能用酒精、乙醚等刺激性化学物品;对光学零件表面进行擦拭要使用本仪器配备的擦镜纸。

（8）电子经纬仪如果长时间不用,应把电池盒从仪器上取下,并放空电池盒中的电容量。

（9）仪器如果长时间不用,应把仪器从仪器箱中取出,罩上塑料袋并置于通风干燥的地方。

（10）若发现仪器有异常现象,非专业维修人员不可擅自打开仪器,以免发生不必要的损坏。

4.1.7.10　全站仪的维护知识

全站仪,即全站型电子测距仪(Electronic Total Station),是集光、机、电为一体的高技术测量仪器,测绘仪器系统集水平角、垂直角、距离(斜距、平距)、高差测量功能于一体。与光学经纬仪相比,电子经纬仪将光学度盘换为光电扫描度盘,将人工光学测微读数代之以自动记录和显示读数,使测角操作简单化,且可避免读数误差的产生。

全站仪,能一次安置仪器就可完成该测站上全部测量工作,几乎可用在所有的测量领域。全站仪由电源部分、测角系统、测距系统、数据处理部分、通信接口及显示屏、键盘等组成,如图6-4-14所示。

同电子经纬仪、光学经纬仪相比,全站仪增加了许多特殊部件,因此使得全站仪具有比其他测角、测距仪器更多的功能,使用也更方便。这些特殊部件构成了全站仪在结构方面独树一帜的特点。

全站仪的维护,主要包括保管维护、使用维护、转运维护、电池维护与检验等工作。

1. 全站仪保管时的维护

（1）仪器的保管由专人负责,每天现场使用完毕带回办公室;不得放在现场工具箱内。

（2）仪器箱内应保持干燥,要防潮防水并及时更换干燥剂。仪器须放置于专门架上或固定位置。

（3）仪器长期不用时,应宜一月左右定期取出通风防霉并通电驱潮,以保持其良好工作状态。

（4）仪器放置要整齐,不得倒置。

2. 全站仪使用时的维护

（1）开工之前,应检查仪器箱背带及提手是否牢固。

（2）开箱后提取仪器前,要看准仪器在箱内放置的方式和位置,装卸仪器时,必须握

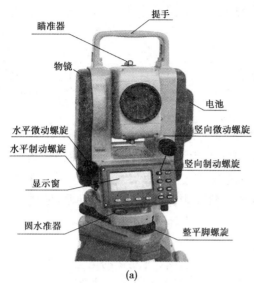

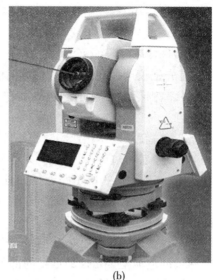

瞄准器　　　　　　　提手

物镜

电池

水平微动螺旋　　　竖向微动螺旋
水平制动螺旋
　　　　　　　　　竖向制动螺旋

显示窗

圆水准器　　　　　　整平脚螺旋

(a)　　　　　　　　　　　　　　　(b)

图 6-4-14　全站仪图

住提手,将仪器从仪器箱取出或装入仪器箱时,握住仪器提手和底座,不可握住显示单元的下部。切不可拿仪器的镜筒,否则会影响内部固定部件,从而降低仪器的精度。应握住仪器的基座部分,或双手握住望远镜支架的下部。

(3)仪器使用完毕,先盖上物镜罩,并擦去表面的灰尘。装箱时各部位要放置妥帖,合上箱盖时应无障碍。

(4)在太阳光照射下观测仪器,应给仪器打伞,并带上遮阳罩,以免影响观测精度。在杂乱环境下测量,仪器要有专人守护。当仪器架设在光滑的表面时,要用细绳(或细铅丝)将三脚架三个脚连起来,以防滑倒。

(5)当架设仪器在三脚架上时,尽可能用木制三脚架,因为使用金属三脚架可能会产生振动,从而影响测量精度。

(6)若测站之间距离较远,搬站时应将仪器卸下,装箱后背着走。行走前要检查仪器箱是否锁好,检查安全带是否系好。若测站之间距离较近,搬站时可将仪器连同三脚架一起靠在肩上,但仪器要尽量保持直立放置。

(7)搬站之前,应检查仪器与脚架的连接是否牢固;搬运时,应把制动螺旋略微关住,使仪器在搬站过程中不致晃动。

(8)仪器任何部分发生故障,不能勉强使用,应立即检修,否则会加剧仪器的损坏程度。

(9)光学元件应保持清洁,如沾染灰沙必须用毛刷或柔软的擦镜纸擦掉。禁止用手指抚摸仪器的任何光学元件表面。清洁仪器透镜表面时,请先用干净的毛刷扫去灰尘,再用干净的无线棉布蘸酒精由透镜中心向外一圈圈地轻轻擦拭。除去仪器箱上的灰尘时且不可用任何稀释剂或汽油,而应用干净的布块蘸中性洗涤剂擦洗。

(10)在潮湿环境中工作,作业结束,要用软布擦干仪器表面的水分及灰尘后装箱。回到办公室后立即开箱取出仪器放于干燥处,彻底凉干后再装箱内。

（11）冬天室内、室外温差较大时，仪器搬出室外或搬入室内，应隔一段时间后才能开箱。

3. 全站仪转运时的维护

（1）首先把仪器装在仪器箱内，再把仪器箱装在专供转运用的木箱内，并在空隙处填以泡沫、海绵、刨花或其他防震物品。装好后将木箱或塑料箱盖子盖好。需要时应用绳子捆扎结实。

（2）无专供转运的木箱或塑料箱的仪器不应托运，应由测量员亲自携带。

（3）在整个转运过程中，要做到人不离开仪器，如乘车，应将仪器放在松软物品上面，并用手扶着，在颠簸厉害的道路上行驶时，应将仪器抱在怀里。

（4）注意轻拿轻放、放正、不挤不压，无论天气晴雨，均要事先做好防晒、防雨、防震等措施。

4. 全站仪电池的维护

全站仪的电池是全站仪最重要的部件之一，在全站仪所配备的电池一般为 Ni – MH（镍氢电池）和 Ni – Cd（镍镉电池），电池的好坏、电量的多少决定了外业时间的长短。

（1）建议在电源打开期间不要将电池取出，因为此时存储数据可能会丢失，因此在电源关闭后再装入或取出电池。

（2）可充电池可以反复充电使用，但是如果在电池还存有剩余电量的状态下充电，则会缩短电池的工作时间，此时，电池的电压可通过刷新予以复原，从而改善作业时间，充足电的电池放电时间约需 8 h。

（3）不要连续进行充电或放电，否则会损坏电池和充电器，如有必要进行充电或放电，则应在停止充电约 30 min 后再使用充电器。

（4）不要在电池刚充电后就进行充电或放电，以免造成电池损坏。

（5）超过规定的充电时间会缩短电池的使用寿命，应尽量避免。

（6）电池剩余容量显示级别与当前的测量模式有关，在角度测量的模式下，电池剩余容量够用，并不能够保证电池在距离测量模式下也能用，因为距离测量模式耗电高于角度测量模式，当从角度模式转换为距离模式时，由于电池容量不足，不时会中止测距。

5. 全站仪的检验

（1）照准部水准轴应垂直于竖轴的检验和校正检验时先将仪器大致整平，转动照准部使其水准管与任意两个脚螺旋的连线平行，调整脚螺旋使气泡居中，然后将照准部旋转180°，若气泡仍然居中则说明条件满足，否则应进行校正。

校正的目的是使水准管轴垂直于竖轴，即用校正针拨动水准管一端的校正螺钉，使气泡向正中间位置退回一半，为使竖轴竖直，再用脚螺旋使气泡居中即可。此项检验与校正必须反复进行，直到满足条件为止。

（2）十字丝竖丝应垂直于横轴的检验和校正：

检验时用十字丝竖丝瞄准一清晰小点，使望远镜绕横轴上下转动，如果小点始终在竖丝上移动则条件满足；否则需要进行校正。

校正时松开四个压环螺钉（装有十字丝环的目镜用压环和四个压环螺钉与望远镜筒相连接），转动目镜筒使小点始终在十字丝竖丝上移动，校好后将压环螺钉旋紧。

（3）视准轴应垂直于横轴的检验和校正选择一水平位置的目标，盘左盘右观测之，取它们的读数（顾及常数180°）即得 $2c(c = 1/2(\alpha_左 - \alpha_右))$。

（4）横轴应垂直于竖轴的检验和校正选择较高墙壁近处安置仪器。以盘左位置瞄准墙壁高处一点 p（仰角最好大于30°），放平望远镜在墙上定出一点 m_1。倒转望远镜，盘右再瞄准 p 点，又放平望远镜在墙上定出另一点 m_2。如果 m_1 与 m_2 重合，则条件满足；否则需要校正。校正时，瞄准 m_1、m_2 的中点 m，固定照准部，向上转动望远镜，此时十字丝交点将不对准 p 点。抬高或降低横轴的一端，使十字丝的交点对准 p 点。此项检验也要反复进行，直到条件满足为止。

以上四项检验校正，以（1）、（3）、（4）项最为重要，在观测期间最好经常进行。每项检验完毕后必须旋紧有关的校正螺钉。

4.2　数据记录与整编

4.2.1　地方植物名录

植物资源是国家的重要财富，国家要发展经济，可持续地开发和利用植物资源，必须弄清植物的种类和组成，这就需要编研、出版国家或地区的植物志。《中国植物志》和《中国高等植物图鉴》的描述分布是以省级行政为单位。每个地方有自己的地方植物志，在中科院植物标本数据库内有这类书，另中科院有地方植物志的网络电子版本。现在有中国植物志电子查询系统可以在线查。

中国地域辽阔，山川纵横，地跨热带、亚热带至寒温带，植物种类异常丰富。作为我国植物的户口册和信息库——《中国植物志》是掌握和利用国家植物资源的重要依据和发展有关学科的必须基础，它包括蕨类植物和种子植物，记载了植物的科学名称、形态特征、生态环境、地理分布、经济用途和物候期等。

《中国植物志》是目前世界上最大型、种类最丰富的一部巨著，全书80卷126册，5 000多万字。记载了我国3万多种植物，共301科3 408属31 142种植物的科学名称、形态特征、生态环境、地理分布、经济用途和物候期等。该书基于全国80余家科研教学单位的312位作者和164位绘图人员80年的工作积累、45年艰辛编撰才得以最终完成。2009年获得国家自然科学一等奖。这一协作的规模在世界上也是十分罕见的。

该书的另一个特点是，编研工作基于大规模野外考察和标本采集，基于大量的第一手材料，包含了许多新信息、新内容，有很高的科学价值，这在国际上是空前的。该书的作者们，还参加了植物科属的分类、系统、进化等有关研究，发表了许多有价值的论著，曾获国家自然科学一等奖1项、二等奖5项和中科院或省部委奖多项。这些成果从另一个侧面反映了《中国植物志》的学术水平。

4.2.2　土壤分布知识

土壤是一个国家最重要的自然资源，因土壤产生的农业，供应着人们的衣食。"民以食为天，农以土为本"道出了土壤对人类生存的重大意义。土壤是岩石在大自然中慢慢演化而成的。土壤里面含矿物质、有机质等成分。中国土壤资源丰富、类型繁多,世界罕见。中国主要土壤发生类型可概括为红壤、棕壤、褐土、黑土、栗钙土、漠土、潮土(包括砂姜黑土)、灌淤土、水稻土、湿土(草甸、沼泽土)、盐碱土、岩性土和高山土等 12 系列。

4.2.2.1　红壤系列

中国南方热带、亚热带地区的重要土壤资源,自南而北有砖红壤、燥红土(稀树草原土)、赤红壤(砖红壤化红壤)、红壤和黄壤等类型。

1.砖红壤

砖红壤发育在热带雨林或季雨林下强富铝化酸性土壤,在中国分布面积较小。海南岛砖红壤的分析资料表明:风化度很高,黏粒的二氧化硅/氧化铝比值(以下同)低于 1.5,黏土矿物含有较多的三水铝矿、高岭石和赤铁矿,阳离子交换量很少,盐基高度不饱和。

2.燥红土

燥红土是在热带干热地区稀树草原下形成的土壤,分布于海南岛的西南部和云南南部红水河河谷等地,土壤富铝化程度较低,土体或具石灰性反应。

3.赤红壤

赤红壤发育在南亚热带常绿阔叶林下,具有红壤和砖红壤某些性质的过渡性土壤。

4.红壤和黄壤

红壤和黄壤均为中亚热带常绿阔叶林下生成的富铝化酸性土壤,前者分布在干湿季变化明显的地区,淀积层呈红棕色或橘红色,剖面下部有网纹和铁锰结核,二氧化硅/氧化铝比值为 1.9 ~ 2.2,黏土矿物含有高岭石、水云母和三水铝矿;后者分布在多云雾,水湿条件较好的地区,以川、黔两省为主,以土层潮湿、剖面中部形成黄色或蜡黄色淀积层为其特征,黏土矿物含有较多的针铁矿和褐铁矿。红壤系列的土壤适于发展热带、亚热带经济作物、果树和林木,作物一年可二熟,乃至三熟、四熟,土壤生产潜力很大。目前尚有较大面积荒山、荒丘有待因地制宜加以改造利用。

4.2.2.2　棕壤系列

棕壤系列亦为中国东部湿润地区发育在森林下的土壤,由南至北包括黄棕壤、棕壤、暗棕壤和漂灰土等土类。

1.黄棕壤

亚热带落叶阔叶林杂生常绿阔叶林下发育的弱富铝化、黏化、酸性土壤,分布于长江下游,界于黄壤、红壤和棕壤地带之间,土壤性质兼有黄壤、红壤和棕壤的某些特征。

2.棕壤

主要分布于暖温带的辽东半岛和山东半岛,为夏绿阔叶林或针阔混交林下发育的中性至微酸性的土壤,特点是在腐殖质层以下具棕色的淀积黏化层,土壤矿物风化度不高,二氧化硅/氧化铝比值在 3.0 左右,黏土矿物以水云母和蛭石为主,并有少量高岭石和蒙脱石,盐基接近饱和。

3.暗棕壤

又称暗棕色森林土,是发育在温带针阔混交林或针叶林下的土壤,分布在东北地区的东部山地和丘陵,介于棕壤和漂灰土地带之间,与棕壤的区别在于腐殖质累积作用较明显,淋溶淀积过程更强烈,黏化层呈暗棕色,结构面上常见有暗色的腐殖质斑点和二氧化硅粉末。

　　4.漂灰土

　　过去称为棕色泰加林土和灰化土,分布在大兴安岭中北部,是北温带针叶林下发育的土壤,亚表层具弱灰化或离铁脱色的特征,常出现漂白层,强酸性,盐基高度不饱和,属于生草灰化土和暗棕壤之间的过渡性土类,可认为是在地方性气候和植被影响下的特殊土被。

　　棕壤系列土壤均为很重要的森林土壤资源。目前,不仅分布有较大面积的天然林可供采伐利用,为中国主要森林业生产基地;且大部分土壤,尤其是分布在丘陵平原上的黄棕壤和棕壤有很高的农用价值,多数已垦为农地和果园。

4.2.2.3　褐土系列

　　褐土系列包括褐土、黑垆土和灰褐土,这类土壤在中性或碱性环境中进行腐殖质的累积,石灰的淋溶和淀积作用较明显,残积—淀积黏化现象均有不同程度的表现。

4.2.2.4　黑土系列

　　寒冷气候条件下,地表植被长时间腐蚀形成的腐殖质演化,形成了黑土。这种土壤以其有机质含量高、土壤肥沃、土质疏松、最适农耕而闻名于世。从全球看,能称为黑土区的地方有三个,一是乌克兰大平原,一是密西西比河流域,再一个就是我国东北松辽流域,由于温带季风气候的影响,东北地区夏季高温多雨,草甸草本植物生长繁茂,地上和地下积累大量有机物质,在漫长寒冷的冬季,土壤冻结,微生物活动微弱,有机质缓慢分解,逐步形成一块 $60 \sim 100$ cm 的腐殖质层黑土,东北地区的黑土面积约有 70 万 km^2,约占全球黑土面积的 1/5。东北地区由于遍布黑土,其中 1/4 又是"土中之王"的典型黑土地,土壤全部为黑土、黑钙土及草甸黑土,十分适合农作物的生长,因此带来了"黑土地油汪汪,不上肥也长粮""随意插柳柳成阴,手抓一把攥出油"的家园,东北的黑土地是我国大豆的主要产区,苗壮生长的大豆、玉米、水稻、高粱、芸豆、小麦使这里成为国家粮食安全的"稳压器",黑土区同时是我国甜菜、亚麻、向日葵、大豆等经济作物的主要产区。对我国的粮食安全具有突出的战略意义。

4.2.2.5　潮土、灌淤土系列

　　中国重要的农耕土壤资源,包括潮土、灌淤土、绿洲土。这类土壤是在长期耕作施肥和灌溉的影响下形成的。在成土过程中,获得了一系列新的属性,使土壤有机质累积、土壤质地及层次排列、盐分剖面分布,都起了很大变化。

4.2.2.6　水稻土系列

　　水稻土系列主要分布在秦岭—淮河一线以南,其中长江中下游平原、珠三角、四川盆地和台湾西部平原最为集中。水稻土是耕种活动的产物,由各种地带性土壤、半水成土和水成土经水耕熟化培育而成,其形成过程是在季节性淹水灌溉耕作施肥等措施影响下,进行氧化还原交替过程、有机质的合成与分解、复盐基作用与盐基的淋溶,以及黏粒的分解、聚积与迁移、淋失,使原来的土壤特征受到不同程度的改变,使剖面发生分异,而形成特有的土壤形态、理化和生物特性。

　　水稻土的剖面结构包括下列层次:耕作层(A)、犁底层(P)、渗育层(W)、淀积层(B)、淀积潜育层(Bg)及潜育层(G)。耕作层淹水时水分饱和,呈半流泥糊状或泥浆状。

排水落干后,呈包含有屑粒、碎块的大块状结构,结构面见锈斑杂有植物残体;犁底层较紧实,暗棕色的垂直结构发达,有锈纹和小铁锰结核;渗育层由于水分渗透,铁质淋洗强烈,颜色较淡;淀积层多呈棱块状结构,多锈纹、锈斑和铁锰结核;淀积潜育层处在地下水变动范围内,呈灰蓝色,有较多的锈斑和锈纹结构不明显;潜育层处于还原状态,呈蓝灰色结构。水稻土大致可分为淹育、潴育及潜育等三种类型。淹育型发育层段浅薄,属初期发育的水稻土,底土仍见母土特性,如红壤仍有红色底层;潴育型发育完整,具有完整的剖面结构;潜育型属由潜育土或沼泽土发育而成。

4.2.2.7　盐碱土系列

盐碱土系列分为盐土和碱土。

4.2.2.8　岩性土系列

岩性土系列包括紫色土、石灰土、磷质石灰土、黄绵土(黄土性土)和风沙土。这类土壤性状仍保持成土母质特征。

4.2.2.9　高山土系列

高山土壤指青藏高原和与之类似海拔高山垂直带最上部,在森林郁闭线以上或无林高山带的土壤。由于高山带上冻结与溶化交替进行,土壤有机质腐殖化程度低,矿物质分解也很微弱,土层浅薄,粗骨性强,层次分异不明显。因而将高山土壤作为独特的系列划分开来,有亚高山草甸土、高山草甸土、亚高山草原土、高山草原土、高山漠土和高山寒漠土之分。

4.2.2.10　土壤鸟粪土

在祖国大陆南方广阔的南海,散布着许多由珊瑚礁构成的露出水面的岛屿、沙洲,或隐于水中的暗礁和暗滩。这些岛礁沙滩像一颗颗闪闪发光的宝石,镶嵌在绿波浩淼的南海中。这里的土壤很特殊,过去曾经称为"鸟粪土"。因为它的形成与海鸟鸟粪有密切关系。南海诸岛海鸟甚多,其中以白腹鲣鸟为主。它们成千上万地生活在海岛上,食鱼为生,白天扑向大海,追逐鱼群,晚上又飞回海岛。由于这些鸟类的长期活动,在林下的珊瑚沙母质上积累了一层厚厚的鸟粪。在鸟粪与珊瑚沙互相作用下,于是形成了富含磷素和钙质的鸟粪土。根据化验资料,其中五氧化二磷的含量高达20%～30%,可以用来做磷肥,所以又有鸟粪磷矿之称。可是它还含有40%～50%的氧化钙,现在已定名为磷质石灰土。我国的土壤大都缺磷,但是这种土壤却能用作磷肥,是一种很珍贵的资源。

4.2.3　土壤容重、孔隙度、导水率的计算方法及树冠截留量

4.2.3.1　土壤容重的计算方法

土壤容重是指单位容积的土壤(包括土粒及粒间的孔隙)烘干后的质量与同容积水重的比值,土壤三相物质比例,如图6-4-15所示。土壤容重的单位为 g/cm^3 或 t/m^3 ,用符号 γ_s 表示。

(1)土壤容重的一般表达公式:

$$\gamma_s = M_s/V_t = M_s/(V_s + V_w + V_a)　（6-4-1）$$

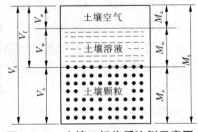

图6-4-15　土壤三相物质比例示意图

式中　M_s——干土质量,g;

　　　V_t——体积,cm^3;

　　　V_s——土壤固体颗粒体积,cm^3;

　　　V_w——土壤液体体积,cm^3;

　　　V_a——土壤空气体积,cm^3。

（2）环刀法测定容重计算方法:

用一定容积(一般为 100 cm^3)的环刀,切割未搅动的自然状态土样,使土样充满其中,烘干后称量计算单位容积的烘干土质量,如图 6-4-16 所示。

主要仪器有环刀(容积为 100 cm^3)、天平(感量 0.1 g 和 0.01 g)、烘箱、环刀托、削土刀、小铁铲、铝盒、钢丝锯、干燥器等。

图 6-4-16　环刀法测定土壤容重示意图

操作步骤:先在田间选择挖掘土壤剖面的位置,然后挖掘土壤剖面,观察面向阳。挖出的土放在土坑两边。挖的深度一般是 1 m,如只测定耕作层土壤容重,则不必挖土壤剖面。用修土刀修平土壤剖面,并记录剖面的形态特征,按剖面层次分层采样,每层重复 3个。将环刀托放在已知质量的环刀上,环刀内壁稍涂上凡士林,将环刀刃口向下垂直压入土中,直至环刀筒中充满样品为止。若土层坚实,可用手锄慢慢敲打,环刀压入时要平稳,用力一致。用修土刀切开环刀刃周围的土样,取出已装上的环刀,细心削去环刀两端多余的土,并擦净外面的土。同时在同层采样处用铝盒采样,测定自然含水量。把装有样品的环刀两端立即加盖,以免水分蒸发。随即称重(精确到 0.01 g),并记录。将装有样品的铝盒烘干称重(精确到 0.01 g),测定土壤含水量。或者直接从环刀筒中取出样品测定土壤含水量。

环刀容积计算公式:

$$V = \pi r 2 h \tag{6-4-2}$$

式中　V——环刀容积,cm^3;

　　　r——环刀内半径,cm;

　　　h——环刀高度,cm;

　　　π——圆周率,取 3.141 6。

土壤容重计算公式:

$$\gamma_s = \frac{100G}{V \times (100 + W)} \tag{6-4-3}$$

式中　γ_s——土壤容重,g/cm^3;

G——环刀内湿样重,g;

V——环刀容积,cm³;

W——样品含水量(%)。

此法允许平行绝对误差 <0.03 g/cm³,取算术平均值。

4.2.3.2　土壤孔隙度的计算方法

土壤孔隙度是指土壤孔隙占土壤总体积的百分比。一般不直接测量,可根据土壤容重和比重计算而得。

土壤孔隙度的表达公式为:

$$土壤孔隙度(\%) = (1 - 容重／比重) \times 100 \tag{6-4-4}$$

式中土壤的比重,是指单位体积的固体土粒(除去孔隙的土粒实体)的质量与同体积水的质量之比,其大小取决于土粒的矿物组成和腐殖质含量。

4.2.3.3　导水率的计算方法

土壤导水率,是在土壤单位时间内所通过的水量(mm/s),它与土壤的渗透系数呈正相关。

土壤饱和导水率,又称土壤渗透系数,是在单位水压梯度下,通过垂直于水流方向的单位土壤截面的水流速度。土壤饱和导水率的大小,取决于土壤的性质和水的密度。土壤的质地、结构、孔隙状况、盐分含量以及温度等因素均可对其产生影响。土壤饱和导水率可在田间测定,也可采取土样在室内进行测定。田间测定的结果是受土体各个层次的影响。

导水系数是渗透系数与含水层厚度的乘积。对某一垂直于地下水流向的断面来说,导水系数相当于水力坡度等于1时流经单位宽度含水层的地下水流量。导水系数大,表明在同样条件下,通过含水层断面的水量大,反之则小。

渗透系数是综合反映土体渗透能力的一个指标,其数值的正确确定对渗透计算有着非常重要的意义。影响渗透系数大小的因素很多,主要取决于土体颗粒的形状、大小、不均匀系数和水的黏滞性等,要建立计算渗透系数的精确理论公式比较困难,通常可通过试验方法(包括实验室测定法和现场测定法)或经验估算法来确定。

4.2.3.4　渗透系数的计算方法

渗透系数,是指在各向同性介质中,单位水力梯度下的单位流量,表示流体通过孔隙骨架的难易程度,表达式为:$K = k\rho g/\eta$,式中 k 为孔隙介质的渗透率,它只与固体骨架的性质有关;在水利科技、土力学、岩土工程中,渗透系数指土中水流呈层流条件下,流速与水力梯度呈正比关系的比例系数。

渗透系数是一个代表土的渗透性强弱的定量指标,也是渗流计算时必须用到的一个基本参数。不同种类的土,k 值差别很大。因此,准确地测定土的渗透系数是一项十分重要的工作。渗透系数的测定方法主要分实验室测定和野外现场测定两大类。

目前,在实验室中测定渗透系数的仪器种类和试验方法很多,但从试验原理上大体可分为常水头试验法和变水头试验法两种。

1.常水头试验法

常水头试验法就是在整个试验过程中保持水头为一常数,从而水头差也为常数,如

图 6-4-17 所示。

试验时,在透明塑料筒中装填截面为 A、长度为 L 的饱和试样,打开水阀,使水自上而下流经试样,并自出水口处排出。待水头差 Δh 和渗出流量 Q 稳定后,量测经过一定时间 t 内流经试样的水量 V,则

$$V = Qt = vAt$$

根据达西定律,$v = ki$,则

$$V = k(\Delta h/L)At$$

从而得出

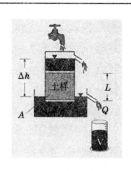

图 6-4-17　常水头试验法测渗透系数试验示意图

$$k = \frac{VL}{A\Delta ht} \qquad (6\text{-}4\text{-}5)$$

常水头试验适用于测定透水性大的砂性土的渗透参数。黏性土由于渗透系数很小,渗透水量很少,用这种试验不易准确测定,须改用变水头试验。

2. 变水头试验法

变水头试验法就是试验过程中水头差一直随时间而变化,其装置如图 6-4-18 所示。

水从一根直立的带有刻度的玻璃管和 U 形管自下而上流经土样。试验时,将玻璃管充水至需要高度后,开动秒表,测记起始水头差 Δh_1,经时间 t 后,再测记终了水头差 Δh_2,通过建立瞬时达西定律,即可推出渗透系数 k 的表达式。

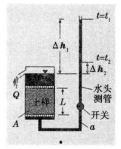

图 6-4-18　变水头试验法测渗透系数试验示意图

设试验过程中任意时刻 t 作用于两段的水头差为 Δh,经过时间 dt 后,管中水位下降 dh,则 dt 时间内流入试样的水量为

$$dV_e = -adh$$

式中　a——玻璃管断面面积;

　　　负号——水量随 Δh 的减少而增加。

根据达西定律,dt 时间内流出试样的渗流量为

$$dV_o = kiAdt = k(\Delta h/L)Adt$$

式中　A——试样断面面积;

　　　L——试样长度。

根据水流连续原理,应有 $dV_e = dV_o$,即得到

$$k = \frac{aL}{At}\ln(\Delta h_1/\Delta h_2) \qquad (6\text{-}4\text{-}6)$$

或用常用对数表示,则上式可写为

$$k = 2.3(aL/At)\lg(\Delta h_1/\Delta h_2)$$

渗透系数的大小,主要取决于岩土空隙的大小、形状和连通性,也取决于水的黏滞性和容量。因此,温度变化,水中有机物、无机物的成分和含量多少,均对渗透系数有影响。

在均质含水层中,不同地点具有相同的渗透系数;在非均质含水层中,渗透系数与水流方向无关,而在各向异性含水层中,同一地点当水流方向不同时,具有不同的渗透系数值。一般说来,对于同一性质的地下水饱和带中一定地点的渗透系数是常数;而非饱和带

的渗透系数随岩土含水量而变,含水量减少时渗透系数急剧减少。

渗透系数是含水层的一个重要参数,当计算水井出水量、水库渗漏量时都要用到渗透系数数值。渗透系数的测定方法很多,可以归纳为野外测定和室内测定两类。室内测定法主要是对从现场取来的试样进行渗透试验。野外测定法是依据稳定流和非稳定流理论,通过抽水试验(在水井中抽水,并观测抽水量和井水位)等方法,求得渗透系数。

4.2.3.5　树冠截留(水)量的计算方法

树冠截留(水)量,是指降水(主要是降雨)被植物枝叶拦截的现象。大小与降水量密切相关。降雨过程中,首先在枝叶表面聚积起离散的水珠,继而水珠相互并联成为铺盖在枝叶上的水层,水层不断增厚,终因水层的重力超过枝叶与水的附着力,一部分穿过枝叶间隙落入地面,成为穿过林冠的降雨,另一部分沿枝干流达地面,只有存留在枝叶上的部分才成为植物截留。

植物截留量可视为由两部分组成。其一,降水过程中从枝叶表面蒸发的水量;其二,降水终止时枝叶上存留的水量,这部分最终也消耗于蒸发。在水文循环过程中,截留起着增加蒸发、减少达到地面的降水,从而也减少地面径流的作用。对径流形成而言,截留是一种损失。

截留量的影响因素:①植物特性,包括植物的种类、树龄、生长季节等。一般阔叶树截留量较针叶树大,稠密的庄稼和茂盛的草丛截留量也很可观。②气象特点,包括降雨特性、风速大小和雨间天气情况等,一般来说,间断性长历时低强度降雨的截留量较急骤的短历时降雨的截留量要大。就一个地区而言,植物截留量还取决于森林郁闭度(森林覆盖面积与该地区总面积的比值),郁闭度大则截留量也大。

截留量测定:主要通过在树冠、树干、树下和林间旷地分别设置雨量计,观测对比确定。单棵树对一次降雨的最大截留量,可用以下公式进行估算:

$$I = S + KET \tag{6-4-7}$$

式中　I——一次降雨总截留量,以树冠在地面投影的单位面积上截留水量的深度表示,mm;

　　　S——该树在地面投影的单位面积上最大可能持留的水量,mm;

　　　E——降雨过程中的蒸发强度,mm/h;

　　　T——降雨历时,h;

　　　K——枝叶总面积与树冠在地面投影面积的比值。

这些量均可通过观测和试验测得。将该式用于某地区时,尚需乘以该地区的森林郁闭度。植物对雪等其他形态降水的截留量也可用类似方法估算。发育良好的林冠的年截留量可达年降雨量的10%～20%。

4.2.4　水土保持措施质量评定报告

水土保持工程质量评定报告的内容,主要包括工程设计及批复情况、质量监督情况、质量事故及处理情况、遗留问题的说明、报告附件目录、工程质量等级意见等。

水土保持工程质量评定报告的格式,见表6-4-7所示。

表 6-4-7　水土保持工程质量评定报告格式表

水土保持工程质量评定报告

工程名称：

质量监督机构：

年　月　日

续表 6-4-7

工程名称		建设地点	
工程规模		所在流域	
开工日期		完工日期	
建设单位		监理单位	
设计单位		施工单位	

一、工程设计及批复情况(简述工程主要设计指标、效益及主管部门的批复文件)

二、质量监督情况(简述人员的配备、办法及手段)

四、质量事故及处理情况

五、遗留问题的说明

报告附件目录

工程质量等级意见

质量监督机构负责人:(签字)　　　　(公章)

年　月　日

4.2.5　矢量化的概念及常用矢量化软件的使用方法

矢量是描述图形表示方法的,矢量化是将图形数据矢量表示的过程,即将位图转换成矢量图的过程称为矢量化,从栅格单元转换到几何图形的过程称为矢量化,所谓矢量数据,是指用直线、圆弧或光滑曲线等基本几何图表示图形的方法。

矢量图,也叫向量图,简单地说,就是缩放不失真的图像格式。矢量图是通过多个对象的组合生成的,对其中的每一个对象的记录方式,都是以数学函数来实现的,也就是说,矢量图实际上并不是像位图那样记录画面上每一点的信息,而是记录了元素形状及颜色的算法,当你打开一副矢量图的时候,软件对图形相对应的函数进行运算,将运算结果(图形的形状和颜色)显示给你看。无论显示画面是大还是小,画面上的对象对应的算法是不变的,所以即使对画面进行倍数相当大的缩放,其显示效果仍然相同(不失真)。举例来说,矢量图就好比画在质量非常好的橡胶膜上的图,不管对橡胶膜怎样的长宽等比成倍拉伸,画面依然清晰,不管你离得多么近去看,也不会看到图形的最小单位。

矢量的好处是,轮廓的形状更容易修改和控制,但是对于单独的对象,色彩上变化的实现不如位图来的方便直接。另外,支持矢量格式的应用程序也远远没有支持位图的多,很多矢量图形都需要专门设计的程序才能打开浏览和编辑。

常用的位图绘制软件有 Adobe Photoshop、Corel Painter 等,对应的文件格式为 [.psd.tif][.rif] 等,另外还有 [.jpg][.gif][.png][.bmp] 等。

常用的矢量绘制软件有 Adobe illustrator、Corel DRAW、Free Hand、Flash 等,对应的文件格式为 [.ai.eps][.cdr][.fh][.fla/.swf] 等,另外还有 [.dwg][.wmf][.emf] 等。

4.2.6　气象年鉴、水文手册、社会经济年鉴知识

4.2.6.1　《中国气象年鉴》

《中国气象年鉴》创刊于 1986 年,由中国气象局主编,是记录全国气象部门上一年工作情况的大型资料性工具书。主要刊载上一年度全国气象部门及有关单位的业务、科研、教育等方面的基本情况及进展、全国天气气候综述与影响评价,以及气象服务的社会经济效益,每年一本。

主要栏目:特载,气象工作综合情况,各省、自治区、直辖市、计划单列市气象工作情况,中国气象局直属单位气象工作情况,其他部门的气象工作情况,与各国、各地区的合作与交流,全国天气气候综述与影响评价,气象服务效益事例选编,气象科技进展述评,人物,重要会议,统计资料及附录。

内容包括:照片、特载、气象工作综合情况、各省(区、市)气象局工作情况、中国气象局直属单位工作情况、其他部门气象工作情况、国际合作与交流、全国气候综述与影响评价、气象服务效益事例选编、人物、重要会议简介、统计资料、中国气象局大事记、附录等。年鉴收集的事件和资料,时间均以 1 月 1 日至 12 月 31 日为限。跨年度的事件一般不收入。

4.2.6.2　《水文手册》

《水文手册》是供中小型水利、水电工程中的水文计算用的工具书。主要内容一般包

括降水、径流、蒸发、暴雨、洪水、泥沙、水质等水文要素的计算公式和相应的水文参数查算图表,并有简要的应用说明和有关的水文特征资料。

中小河流的水文特性,主要取决于当地的气候、地形、地质、土壤和植被等自然条件,其中气候起主要作用。因此,根据水文测站的观测资料,结合流域自然条件,建立各种水文要素的计算公式,给出相应的气候、水文地理参数图表,便可供无资料的中小河流的水利、水电工程设计计算参考。中国的《水文手册》,从1959年开始编制。由水利水电科学研究院水文研究所提出统一的编制提纲和编制方法,由各省、市、区水文总站和规划设计部门,根据历年水文、气象资料综合分析,分省编印出版。随着水文、气象资料的积累,计算方法的完善,《水文手册》间隔一定的年限修订。由于所包含的内容不同,有的手册称为径流计算手册,有的称为暴雨洪水查算图表。

4.2.6.3 《中国统计年鉴》

每年各省、市、县、区域以及行业等会出版统计年鉴,以《中国统计年鉴》为例。《2009中国统计年鉴》主要内容包括综合、国民经济核算、人口、就业人员和职工工资、固定资产投资、能源、财政、价格指数、人民生活、城市概况、资源与环境、农业、工业、建筑业、运输和邮电、国内贸易、对外经济贸易、旅游、金融业、教育和科技、文体和卫生、其他社会活动、香港特别行政区主要社会经济指标、澳门特别行政区主要社会经济指标等二十四部分和台湾省主要社会经济指标和附录等部分。

模块 5　培训指导

5.1　指导操作

5.1.1　适用对象

从事或准备从事本职业的人员。

5.1.2　申报条件

初级(具备以下条件之一者)：

(1)经本职业初级正规培训达规定标准学时数,并取得结业证书。

(2)在本职业连续见习工作 2 年以上。

中级(具备以下条件之一者)：

(1)取得本职业初级职业资格证书后,连续从事本职业工作 3 年以上,经本职业中级正规培训达规定标准学时数,并取得结业证书。

(2)取得本职业初级职业资格证书后,连续从事本职业工作 5 年以上。

(3)连续从事本职业工作 7 年以上。

(4)取得经劳动和社会保障行政审核认定的、以中级技能为培训目标的中等以上职业学校本职业(专业)毕业证书。

高级(具备以下条件之一者)：

(1)取得本职业中级职业资格证书后,连续从事本职业工作 4 年以上,经本职业高级正规培训达规定标准学时数,并取得结业证书。

(2)取得本职业中级职业资格证书后,连续从事本职业工作 6 年以上。

(3)取得高级技工学校或经劳动和社会保障行政审核认定的、以高级技能为培训目标的高等职业学校本职业(专业)毕业证书。

(4)取得本职业中级职业资格证书的大专以上本专业或相关专业毕业生,连续从事本职业工作 2 年以上。

技师(具备以下条件之一者)：

(1)取得本职业高级职业资格证书后,连续从事本职业工作 5 年以上,经本职业技师正规培训达规定标准学时数,并取得结业证书。

(2)取得本职业高级职业资格证书后,连续从事本职业工作 7 年以上。

(3)取得本职业高级职业资格证书的高级技工学校本职业(专业)毕业生和大专以上本专业或相关专业毕业生,连续从事本职业工作 2 年以上。

高级技师(具备以下条件之一者)：

（1）取得本职业技师职业资格证书后，连续从事本职业工作3年以上，经本职业高级技师正规培训达规定标准学时数，并取得结业证书。

（2）取得本职业技师级职业资格证书后，连续从事本职业工作5年以上。

5.1.3　鉴定方式

鉴定分为理论知识考试和技能操作考核。理论知识考试采用闭卷笔试等方式，技能操作考核采用现场实际操作、模拟等方式进行。理论知识考试和技能操作考核均实行百分制，成绩皆达60分及以上者为合格。技师、高级技师还须进行综合评审。

5.1.4　考试人员与考生配比

理论知识考试考评人员与考生配比为1:15，每个标准教室不少于2名考评人员；技能操作考评人员与考生配比为1:5，且不少于3名考核人员；综合评审委员不少于7人。

5.1.5　鉴定时间

理论知识考试时间不少于90 min，技能操作考核时间不少于60 min，综合评审时间不少于30 min。

5.1.6　鉴定场所设备

理论知识考试在标准教室进行。技能操作考核在可满足培训要求的监测点，且有相应的设施、设备、仪器等。

5.1.7　职业守则

（1）遵守法律、法规和有关规定。

（2）爱岗敬业，忠于职守，自觉履行各项职责。

（3）工作认真负责，严于律己，吃苦耐劳，有较强的组织性和纪律性。

（4）刻苦学习，钻研业务，努力提高思想和科学文化素质。

（5）严谨认真，真实记录监测数据。

（6）谦虚谨慎，团结协作，有较强的集体意识。

（7）重视安全、环保，坚持文明生产。

5.1.8　初级、中级、高级工的水土保持监测技能要求

对初级、中级、高级、技师和高级技师的技能要求依次递进，高级别涵盖低级别的要求。

水土保持监测初级工技能要求见表6-5-1，水土保持监测中级工技能要求见表6-5-2，水土保持监测高级工技能要求见表6-5-3。

表 6-5-1　水土保持监测初级工技能要求

职业功能	工作内容	技能要求	相关知识
一、水土保持气象观测	(一)观测作业	1. 能使用雨量筒观测降雨 2. 能读取雨量杯的读数 3. 能使用手持风速仪观测瞬时风速 4. 能使用手持风速仪确定瞬时风向	1. 降水、风的基本知识 2. 降水、风的常规观测方法 3. 降水、风的常用观测仪器 4. 降水、风的观测时段划分和时间要求
	(二)数据记录与整编	1. 能记录和计算日降雨量 2. 能记录和汇总风速、风向观测数据	1. 降水、风速的计量单位 2. 雨量观测记载和计算方法 3. 风速观测记载和计算方法 4. 降水、风速有效位数的取位要求 5. 降水、风观测的精度要求 6. 风向划分知识
二、径流小区观测	(一)径流小区维护	1. 能清除承水槽、拦污栅前的杂物 2. 能放空并清理蓄水池 3. 能检查小区护埂和保护带是否完好	1. 拦污栅、承水槽的主要作用 2. 护埂、保护带的要求 3. 蓄水池、承水槽、导流管的作用及要求
	(二)观测作业	1. 能用水尺测量集流、分流设施内的水深 2. 能搅拌集流、分流设施内的泥水样 3. 能人工取水样、填写取样记录 4. 能用土钻分层取样、装盒 5. 能填写土样取样记录 6. 能准备径流量、土壤流失量、土壤水分观测的仪器设备	1. 水尺的观测要求 2. 土壤含水量的基本知识 3. 土钻取土样的注意事项 4. 泥沙的基本知识 5. 水样取样的注意事项 6. 径流量、土壤流失量、土壤水分观测的仪器设备知识
	(三)数据记录与整编	1. 能汇总水尺读数 2. 能将水尺读数换算成径流量 3. 能汇总土样、水样的取样记录 4. 能汇总径流小区检查记录	1. 水尺的观测精度 2. 体积法径流测定的计算方法 3. 径流小区检查的事项

续表 6-5-1

职业功能	工作内容	技能要求	相关知识
三、控制站观测	(一)控制站维护	1. 能清理沉砂池、观测井中的泥沙 2. 能检查并清理测流堰溢流口的杂物 3. 能检查边墙是否漏水	1. 小流域控制站基本知识 2. 沉砂池的作用 3. 观测井的功能 4. 测流堰溢流口检查事项
	(二)观测作业	1. 能准备水位观测器具 2. 能准备泥沙观测的仪器工具 3. 能读取水尺读数	1. 高程、水位的概念 2. 水位观测仪器的类型 3. 泥沙取样器的类型,水尺读数标志与读法
	(三)数据记录与整编	1. 能填记水位观测记载簿 2. 能计算日平均水位	1. 平均水位的计算方法 2. 水位观测记录表的结构
四、水土保持调查	(一)调查作业	1. 能识别地形图基本要素 2. 能识别分水岭、阴坡、阳坡 3. 能挖土壤剖面并能使用土钻取样、封装、标识土样 4. 能测定坡度、坡向、地物几何尺寸 5. 能调查水土保持措施规格及数量 6. 能测量树高、胸径、地径	1. 地形图基本知识 2. 开挖土壤剖面的注意事项 3. 罗盘、皮尺、测绳的使用方法 4. 水土保持措施类型 5. 面积、长度测量方法 6. 测树的基本知识
	(二)数据记录与整编	1. 能记录和统计长度、面积测量数据 2. 能记录和统计坡度、坡向测量数据 3. 能统计水土保持措施种类和数量 4. 能记录和统计树高、胸径、地径	1. 长度、面积常用的计量单位 2. 坡度、坡向的记录方法 3. 水土保持措施的计量方法

5.1.9　水土保持监测技术有关规程规范

5.1.9.1　法律法规

(1)《中华人民共和国水土保持法》(2011-03-01);

(2)《中华人民共和国水土保持法实施条例》(2011-01-08);

(3)《中华人民共和国水污染防治法》(2008-02-28);

(4)《中华人民共和国环境保护法》(2015-01-01);

(5)《中华人民共和国土地管理法》(2004-08-28);

(6)《中华人民共和国防沙治沙法》(2001-08-31);

表 6-5-2 水土保持监测中级工技能要求

职业功能	工作内容	技能要求	相关知识
一、水土保持气象观测	(一)观测作业	1. 能更换人工雨量计记录纸 2. 能调节人工雨量计记录笔 3. 能校正人工雨量计的时钟 4. 能校核人工雨量计的虹吸管高度	1. 虹吸式雨量计记录纸知识 2. 虹吸式雨量计记录笔的调节步骤 3. 虹吸式雨量计时钟的调节方法 4. 虹吸式雨量计的结构和测量原理
	(二)数据记录与整编	1. 能摘录虹吸式雨量计观测数据 2. 能计算次降雨量 3. 能编制逐日降雨量表 4. 能计算风速、风向特征值	1. 虹吸式自记雨量器的记录原理 2. 降雨资料整编的规定 3. 逐日降雨量表的结构 4. 风速、风向特征值计算方法
二、径流小区观测	(一)径流小区维护	1. 能维护小区护埂和保护带 2. 能维护蓄水池、承水槽、导流管 3. 能校准集流、分流设备	1. 径流小区的基本组成 2. 径流小区各组成部分的功能 3. 标准径流小区的规格
	(二)观测作业	1. 能安装集流、分流设备 2. 能使用天平称重 3. 能测量水样体积 4. 能过滤水样 5. 能使用烘箱	1. 集流、分流设备安装要求 2. 天平的使用方法 3. 烘箱的使用方法 4. 水样体积量测的方法 5. 水样过滤的方法和要求
	(三)数据记录与整编	1. 能记录、整理称重的数据 2. 能记录、整理水样体积 3. 能计算土壤含水量 4. 能计算径流泥沙含量 5. 能填写烘箱使用记录	1. 天平的测量精度知识 2. 土壤含水量的计算方法 3. 泥沙含量的计算方法 4. 土壤含水量、泥沙含量的基本知识
三、控制站观测	(一)控制站维护	1. 能维护水尺 2. 能检查量水建筑物裂缝或破碎 3. 能检查、修补观测井漏水 4. 能修补量水建筑物裂缝或破碎	1. 水尺维护的基本要求 2. 量水建筑物裂缝对测流的影响 3. 观测井漏水对测流的影响 4. 建筑物裂缝的常用修补方法及步骤
	(二)观测作业	1. 能安装控制站水尺 2. 能使用流速仪测定流速 3. 能操作取样器 4. 能投放浮标、观察判定浮标到达断面	1. 控制站水尺安装要求 2. 流速仪的类型、原理 3. 水样取样的注意事项 4. 浮标的类型、浮标投放的注意事项
	(三)数据记录与整编	1. 能点绘逐日水位过程线 2. 能使用面积包围法计算流量 3. 能点绘并使用水位—流量相关图	1. 逐日水位过程线的绘制方法 2. 面积包围法的概念和算法 3. 水位—流量关系曲线的制作方法

续表 6-5-2

职业功能	工作内容	技能要求	相关知识
四、水土保持调查	（一）调查作业	1. 能使用 GPS 定位、导航、测量 2. 能在地形图中识别地形、地物 3. 能用环刀取原状土样 4. 能使用照相机记录调查对象现状 5. 能调查乔木林密度、郁闭度 6. 能调查灌木、草地的盖度 7. 能现场勾绘水土保持措施、土地利用图斑	1. GPS 的使用方法 2. 地形图中地物的图例知识 3. 环刀取原状土的步骤与注意事项 4. 植物郁闭度、密度、盖度的调查方法 5. 土地利用的分类知识
	（二）数据记录与整编	1. 能将 GPS 定位信息在地形图上标识 2. 能在地形图上量算坡度、坡向、坡长、高程 3. 能填写土样取样和植被样方登记表 4. 能记录、统计植被调查数据 5. 能绘制水土保持措施分布图、土地利用现状图 6. 能下载照相资料、编号并标注说明	1. 经纬度的相关知识 2. 地形图上面积、坡度、坡向、坡长、高程的量算方法 3. 植被调查指标的计算方法 4. 水土保持制图的基本知识

表 6-5-3　水土保持监测高级工技能要求

职业功能	工作内容	技能要求	相关知识
一、水土保持气象观测	（一）观测作业	1. 能安装自动雨量仪器 2. 能判定雨量观测场地是否符合要求 3. 能对自动雨量仪器进行校核 4. 能设置自动雨量仪器的参数	1. 自动雨量仪器的原理结构知识 2. 自动雨量仪器的安装要求 3. 自动雨量仪器参数的意义及设置方法 4. 雨量观测场地要求
	（二）数据记录与整编	1. 能编制气象观测工作日志 2. 能下载自动雨量仪器的观测数据 3. 能统计计算次降雨的特征值 4. 能统计降雨时段特征值	1. 降雨时段特征值统计计算方法 2. 次降水特征值的推算方法 3. 降雨量观测误差及控制 4. 气象观测工作日志编制要求

续表 6-5-3

职业功能	工作内容	技能要求	相关知识
二、径流小区观测	（一）观测作业	1. 能安装、使用、维护坡面径流观测堰箱 2. 能标定堰箱的流量曲线 3. 能使用自记水位计观测产流过程 4. 能使用比重瓶测定泥沙含量 5. 能调查径流小区的基本情况	1. 堰箱测流的原理 2. 堰箱流量曲线的标定方法 3. 自记水位计的基本知识 4. 比重瓶测定泥沙含量的方法 5. 坡面径流的形成过程 6. 径流小区基本情况的内容
	（二）数据记录与整编	1. 能绘制堰箱的流量曲线 2. 能统计处理水位数据得到径流过程线、径流总量、产流时间 3. 能计算次降雨产沙量 4. 能填写小区基本情况属性表	1. 径流曲线的基本知识 2. 径流量、泥沙量的基本知识和计算方法 3. Excel 绘图的方法
三、控制站观测	（一）观测作业	1. 能使用自记水位计连续观测水位 2. 能进行流速仪的比测 3. 能分层取泥水样 4. 能实施浮标法测流 5. 能实施量水堰测流方案 6. 能用烘干法、置换法、过滤法处理浓缩水样	1. 自记水位计的类型、原理 2. 流速仪比测的意义与方法 3. 三点法、五点法测流的方法、步骤 4. 样品制备的步骤和注意事项 5. 过滤、烘干的方法 6. 浮标法测流的步骤 7. 量水堰的类型 8. 泥沙断面分布规律
	（二）数据记录与整编	1. 能进行水位特征值统计 2. 能统计分析径流过程 3. 能编制小流域水文要素摘录表 4. 能计算断面输沙率 5. 能统计流量、输沙率特征值 6. 能编写控制站运行日志	1. 小流域水文要素摘录表编制的要求 2. 断面输沙率的计算方法 3. 量水堰的流量计算公式 4. 流量、输沙率特征值的统计方法 5. 控制站运行日志的编制要求
四、水土保持调查	（一）调查作业	1. 能进行侵蚀沟的调查 2. 能确定植被调查样方 3. 能测定植物生物量 4. 能进行土壤剖面的调查 5. 能勾绘出小流域边界 6. 能判定土壤侵蚀强度和程度	1. 小流域基本知识 2. 植物生物量的测定方法 3. 土壤剖面调查的内容、指标和方法 4. 特征的指标及其测定方法 5. 土壤侵蚀分类分级标准
	（二）数据记录与整编	1. 能填写侵蚀沟的调查表和计算侵蚀沟特征值 2. 能记录植被样方属性表 3. 能填写植被样方调查表 4. 能计算小流域面积及小流域特征值 5. 能绘制土壤侵蚀图	1. 小流域特征值的计算方法 2. 侵蚀沟特征值的计算方法 3. 土壤侵蚀图的绘制要求 4. 小流域特征值和侵蚀沟特征值的表示方法

（7）《建设项目环境保护管理条例》（2002-04-21）。

5.1.9.2　部门规章

（1）《生产建设项目水土保持监测资质管理办法》（2011-12-14）；

（2）《水土保持生态建设工程监理管理暂行办法》（2003-03-04）；

（3）《国家农业综合开发水土保持项目管理实施细则》（2003-01-02）；

（4）《关于进一步加强水土保持重点工程建设管理的意见》（2002-12-02）；

（5）《水土保持生态环境监测网络管理办法》（2002-05-13）；

（6）《公路建设项目水土保持工作规定》（2002-04-28）；

（7）《开发建设项目水土保持方案管理办法》（2002-04-17）；

（8）《铁路建设项目水土保持工作规定》（2002-04-17）；

（9）《水土保持方案编制资格证单位考核办法》（2002-04-17）；

（10）《水利部关于加强水库、水电站水土保持工作的通知》（2002-04-17）；

（11）《开发建设项目水土保持方案管理办法》（2002-04-17）；

（12）《开发建设项目水土保持方案大纲的编制格式和内容》（2002-04-17）；

（13）《开发建设项目水土保持方案大纲编制规定》（2002-04-17）；

（14）《水利部、国家电力总公司关于电力建设项目水土保持工作暂行规定》（1998-10-20）；

（15）《国家土地管理局、水利部关于加强土地开发利用管理搞好水土保持的通知》（1989-07-28）。

5.1.9.3　相关技术标准

（1）《水土保持试验规范》（SL 419—2007）；

（2）《水土保持综合治理效益计算方法》（GB/T 15774—2008）；

（3）《土壤侵蚀分类分级标准》（SL 190—2007）；

（4）《开发建设项目水土保持方案技术规范》（SL 204—98）；

（5）《水利水电工程制图标准水土保持图》（SL 73.6—2015）；

（6）《水土保持监测技术规程》（SL 277—2002）；

（7）《水土保持工程质量评定规程》（SL 336—2006）；

（8）《水土保持监测设施通用技术条件》（SL 342—2006）；

（9）《水土保持术语》（GB/T 20465—2006）；

（10）《开发建设项目水土保持设施验收技术规程》（SL 387—2007）；

（11）《开发建设项目水土保持技术规范》（GB 50433—2008）；

（12）《开发建设项目水土流失防治标准》（GB 50434—2008）；

（13）《水土保持综合治理　技术规范》（GB/T 16453.1~6—2008）；

（14）《水土保持综合治理　规划通则》（GB/T 15772—2008）；

（15）《水土保持综合治理　验收规范》（GB/T 15773—2008）。

5.2　理论培训

5.2.1　水土保持监测工知识结构

　　水土保持监测工是指依靠水工监测的基本知识与技能,利用水土流失观测设施设备,按照水土保持监测工的技术规程,从事水土流失及其防治效果监测的人员。水土保持监测工应具有相当于高级中学的科学文化基础,在此前提下,经过专业技术学习,能够理解气象观测、水土流失、水土保持等有关要素概念和物理指标,认识水土保持监测的仪器设备和工具,能阅读明白相关技术规范规程等有关直接作业的内容,能开展有关要素的观测测验,能按规定记载计算数据资料。

　　水土保持监测工基础知识结构,应包括水土流失、水土保持措施的基本概念,水土保持气象观测、径流小区观测、控制站观测、水土保持调查、安全生产等方面的概念、原理、经典方法等。此外,还应了解有关法律法规和安全常识。

　　水土保持监测工外业操作的主要技能,是掌握有关测验方法,熟练使用有关仪器工具,按规定记载计算数据资料等。水土保持监测工的另一特点是有大量的资料计算整理分析的内业作业,技能要求能使用计算机,能按规定完成完善校核记载计算表,能绘制有关图表,整理资料,统计查询特征值等。

　　水土保持监测工的分等,共设五个等级,分别为:初级(国家职业资格五级)、中级(国家职业资格四级)、高级(国家职业资格三级)、技师(国家职业资格二级)、高级技师(国家职业资格一级),各等级要求的知识面和深度是不同的,中华人民共和国人力资源和社会保障部制定的《国家职业技能标准——水土保持监测工》对各等级的知识技能有明确规定。对于水土保持监测站点来说,一方面要根据具体的业务岗位要求配备不同等级的人员,另一方面要按照已有的人员情况安排合适的岗位;并且,应努力学习扩大知识面和加强知识深度以适应测站多方面的业务要求。

5.2.2　培训方案计划的编写与组织实施的知识

5.2.2.1　水土保持监测工培训基本要求

　1.培训期限

　　全日制职业学习教育,根据其培养目标和教学计划确定。晋级培训期限:初级不少于350 标准学时;中级不少于200 标准学时;高级不少于150 标准学时;技师不少于100 标准学时;高级技师不少于50 标准学时。

　2.培训教师

　　培训初、中、高级的教师应具有本职业技师及以上职业资格证书或本专业(相关专业)中级及以上专业技术职务任职资格;培训技师的教师应具有本职业高级技师职业资格证书或本专业(相关专业)高级专业技术职务任职资格;培训高级技师的教师应具有本专业高级技师职业资格证书 2 年以上或本专业(相关专业)高级专业技术职务任职资格。

3.培训场地设备

理论培训场地应具有可容纳 30 名以上学员的标准教室,配备多媒体播放设备。实际操作培训场所应有可满足培训要求的典型小流域(区域)、径流场、控制站、气象园(场)、实验室,且有相应的设备、仪器等。

5.2.2.2　水土保持监测培训计划的编写

水土保持监测工业务学习和技能培训的目的和目标,是满足本站业务生产对人力资源的要求,保质保量实施测站生产,完成业务任务。培训方案应该具有针对性与可行性,有别于系统的业务培训,所以要将普遍全面学习和岗位自学辅导以及兼顾等级升级学习相结合。在编写方案前,应以测站任务书为导引熟悉本站业务,了解职工知识水平,从有关规范规程和手册及教材中选择内容。

水土保持监测工培训方案编写,一般可按年度进行,应明确目标,除列出内容,设计方式方法外,还需要考虑的方面提示如下。

注重普遍学习与重点学习相结合。水土保持监测的标准、规范和规程是实施生产保证质量的依据,体现着成熟的方法和做法,因此普遍学习应按种类、章节安排时间由专人讲解,一起交谈理解,主要达到拓宽知识面,了解多种技能的目标。但是,水土保持监测标准、规范和规程等,都是对全国来考虑的,方法做法较多,因此培训方案应选择适合本区本站的内容,并予以重点讲解,以便于工作的顺利开展。规范、标准种类很多,对于本站常用的要详细学习,不常用的可了解性的学习。

强化岗位自学和交流拓展需求。将各业务岗位自学计划纳入测站学习方案,督导岗位自学,选择时机由岗位现职人员向全站或相关紧密岗位人员交流学习心得体会,或提出疑难问题共同探讨解决途径和办法。在技能方面还可实施岗位实习或岗位感受,这样不但拓宽了岗位视野,也为岗位应急顶替储备了人力资源。

在站升级学习主要靠自学,各级别的人员应制订有关学习计划,这类计划也可纳入测站学习方案,一同督导。测站可创造有利机会使之在较多适合级别等级的岗位学习实训,取得感受,帮助理解等级要求的系统知识。

检查业务作业质量,总结出现的不符合规定的操作和记载计算的各类问题,整理后向学生集中讲解作业习题错误一样讲解研讨之,是纠正错误、完善不足的很有效的方法,也应写进测站业务学习方案中。如有必要,可写明考核内容和方法,如检查评比学习笔记,有普遍意义内容的出题答卷记分,某种业务作业竞赛,指定操作表演等。

5.2.2.3　培训教材大纲编写提纲

培训教材大纲宜按中华人民共和国人力资源和社会保障部制定的《国家职业技能标准——水土保持监测工》的名目编制,基础知识部分主要是建立水土保持监测的基础概念,明白一般原理,了解主流方法。工作要求部分可按等级分篇,职业功能分章,工作内容分节(一般分为观测测验作业、实验室作业和数据资料记载整理 3 节或 2 节),节下按技能要求或相关知识分小节,小节再下展开文字描写。本教材是按这个体系组织的,可参阅本书目录了解。

现列出此种水土保持监测工教材的一个提纲,提供参考。

基础知识

1　水土流失的知识

　　1.1　水土流失的定义、类型、主要危害

　　1.2　水力侵蚀、重力侵蚀、风力侵蚀等常见侵蚀形式的基本知识

　　1.3　土壤侵蚀类型区划分、土壤侵蚀强度分级的知识

　　1.4　影响土壤侵蚀的因素

　　1.5　地形、地貌、土壤、植被的基本知识

　　1.6　降雨、径流、泥沙的基本知识

　　1.7　人为水土流失基本知识

　　1.8　小流域的概念、小流域地貌单元基本知识

　　1.9　我国主要河流的分布、流域的概念

　　1.10　生产建设项目水土流失特点

2　水土保持措施的知识

　　2.1　水土保持的定义、方针

　　2.2　小流域综合治理的基本知识

　　2.3　水土保持三大措施的种类及作用

　　2.4　生产建设项目水土流失防治措施类型及作用

3　径流小区观测基本知识

　　3.1　径流小区的功能、组成、规格

　　3.2　径流小区的观测内容、指标、方法

　　3.3　径流小区的观测设备

4　控制站观测基本知识

　　4.1　控制站的组成

　　4.2　控制站观测的内容、指标、方法

　　4.3　控制站观测仪器

　　4.4　河流泥沙分类、含沙量的基本知识

5　水土保持调查基本知识

　　5.1　水土保持调查的主要内容

　　5.2　水土保持测量工具的使用

　　5.3　水土流失、土地利用等专项调查的基本知识

　　5.4　小流域洪水调查的基本知识

　　5.5　小流域调查资料的整编知识

6　气象观测的基本知识

　　6.1　气象观测的基本要素

　　6.2　气象观测仪器的使用

　　6.3　气象要素的摘录要求

7　水土保持识图知识

　　7.1　地形图识别知识

　　7.2　水土保持图件知识

模块2　径流小区观测

2.1　径流小区维护

2.1.1　径流小区的基本组成

2.1.2　径流小区各组成部分的功能

2.1.3　标准径流小区的规格

2.2　观测作业

2.2.1　集流、分流设备安装要求

2.2.2　天平的使用方法

2.2.3　烘箱的使用方法

2.2.4　水样体积量测的方法

2.2.5　水样过滤的方法和要求

2.3　数据记录与整编

2.3.1　天平的测量精度知识

2.3.2　土壤含水量的计算方法

2.3.3　泥沙含量的计算方法

2.3.4　土壤含水量、泥沙含量的基本知识

模块3　控制站观测

3.1　控制站维护

3.1.1　水尺维护的基本要求

3.1.2　量水建筑物裂缝对测流的影响

3.1.3　观测井漏水对测流的影响

3.1.4　建筑物裂缝的常用修补方法及步骤

3.2　观测作业

3.2.1　控制站水尺安装要求

3.2.2　流速仪的类型、原理

3.2.3　水样取样的注意事项

3.2.4　浮标的类型、浮标投放的注意事项

3.3　数据记录与整编

3.3.1　逐日水位过程线的绘制方法

3.3.2　面积包围法的概念和算法

3.3.3　水位—流量关系曲线的制作方法

模块4　水土保持调查

4.1　调查作业

4.1.1　GPS 的使用方法

4.1.2　地形图中地物的图例知识

4.1.3　环刀取原状土的步骤与注意事项

4.1.4　植物郁闭度、密度、盖度的调查方法

4.1.5　土地利用的分类知识

4.2　数据记录与整编

4.2.1　土壤调查、植被调查、土地利用调查、社会经济调查报告的主要内容和要求

4.2.2　抽样基础知识

4.2.3　水土保持综合治理知识

模块 5　培训与指导

5.1　指导操作

5.1.1　监测实施方案编写知识

5.1.2　质量管理的有关知识

5.2　理论培训

5.2.1　培训讲义编写知识

5.2.2　教学的基本方法

第 7 篇　操作技能——高级技师

模块 1 降水降风观测

1.1 观测作业

1.1.1 气象场选址要求

气象观测场,是安装气象仪器进行气象观测的场地,如图 7-1-1 所示。地面气象观测场是取得地面气象资料的主要场所,场址选择必须符合观测技术上的要求。地点应设在能较好地反映本地较大范围的气象要素特点的地方,避免局部地形的影响。气象观测场对环境条件的要求,主要包括以下几个方面:

图 7-1-1 气象观测场图

(1)观测场四周必须空旷平坦,避免建在陡坡、洼地或邻近有铁路、公路、工矿、烟囱、高大建筑物的地方。避开地方性雾、烟等大气污染严重的地方。地面气象观测场四周障碍物的影子应不会投射到日照和辐射观测仪器的受光面上,附近没有反射阳光强的物体。

(2)在城市或工矿区,观测场应选择在城市或工矿区最多风向的上风方。

(3)地面气象观测场的周围环境应符合《中华人民共和国气象法》以及有关气象观测环境保护的法规、规章和规范性文件的要求。

(4)地面气象观测场的环境,必须依法进行保护。

(5)地面气象观测场周围观测环境发生变化后,要进行详细记录。新建、迁移观测场或观测场四周的障碍物发生明显变化时,应测定四周各障碍物的方位角和高度角,绘制地平圈障碍物遮蔽图。

(6)无人值守气象站和机动气象观测站的环境条件可根据设站的目的自行掌握。

1.1.2 标准气象场知识

(1)标准气象场对硬件设施要求如下:

①观测场一般为 25 m×25 m 的平整场地;确因条件限制,也可取 16 m(东西向)×20 m(南北向),高山站、海岛站、无人站不受此限;需要安装辐射仪器的台站,可将观测场南边缘向南扩展 10 m。

②要测定观测场的经纬度(精确到分)和海拔高度(精确到 0.1 m),其数据刻在观测场内固定标志上。

③观测场四周一般设置约 1.2 m 高的稀疏围栏,围栏不宜采用反光太强的材料。观测场围栏的门一般开在北面。场地应平整,保持有均匀草层(不长草的地区例外),草高不能超过 20 cm。对草层的养护,不能对观测记录造成影响。场内不准种植作物。

④为保持观测场地自然状态,场内铺设 0.3~0.5 m 宽的小路(不得用沥青铺面),人员只准在小路上行走。有积雪时,除小路上的积雪可以清除外,应保护场地积雪的自然状态。

⑤根据场内仪器布设位置和线缆铺设需要,在小路下修建电缆沟(管),电缆沟(管)应做到防水、防鼠,便于维护。

⑥测站标志。在观测场外的进门处设置测站标志,标牌使用亚光不锈钢或其他材料制作,大小为 40 cm(长)×65 cm(高),安装高度不高于 1.2 m。标牌内容包括测站类别、建站时间。在观测场几何中心位置设中心地理标志,用水泥混凝土或其他材料制作,大小为 30 cm×30 cm,与地面齐平,中心位置标识出南北、东西向的十字线,在北、东的方位分别标注 N、E,并雕刻经度、纬度和海拔高度。

⑦仪器南北标志。在风传感器、日照计的正南方分别设置南北标志。南北标志位于观测场南边围栏内侧的地面上,用水泥混凝土或其他材料制作,大小为 10 cm×10 cm,与地面齐平,地桩应平整,安装应牢固,中心分别与风传感器、日照计相对应。

⑧观测场的防雷设施必须符合气象行业规定的防雷技术标准的要求。

(2)观测场内仪器设施的布置要注意互不影响,便于观测操作,具体要求如下:

①高的仪器设施安置在北边,低的仪器设施安置在南边。

②各仪器设施东西排列成行,南北布设成列,相互间东西间隔不小于 4 m,南北间隔不小于 3 m,仪器距观测场边缘护栏不小于 3 m。

③仪器安置在紧靠东西向小路南面,观测员应从北面接近仪器。

④辐射观测仪器一般安装在观测场南面,观测仪器感应面不能受任何障碍物影响。

⑤因条件限制不能安装在观测场内的辐射观测仪器,总辐射、直接辐射、散射辐射、日照以及风观测仪器可安装在天空条件符合要求的屋顶平台上,反射辐射和净全辐射观测仪器安装在符合条件的有代表性下垫面的地方。

⑥北回归线以南的地面气象观测站观测场内设施的布置可根据太阳位置的变化进行灵活掌握,使观测员的观测活动尽量减少对观测记录代表性和准确性的影响。

(3)观测场内观测值班室要求如下:

①一般应建在观测场北边,保证观测员在值班室有较开阔的视野,能看见观测场的全貌,可随时监视观测场的情况和天气的变化。

②安装集中控制和分配供电电源的配电箱。

③防雷必须符合气象行业规定的防雷技术标准的要求。

1.1.3　各气象要素观测要求

气象观测包括温度、气压、湿度、风向、风速、辐射能的测量、日照时数测定以及降水量观测、能见度测量等。

1.1.3.1　云的观测

观测内容包括判定云状、估计云量、测定云高和选定云码。观测地点应尽量选择在能看到全部天空及地平线的开阔地点或平台,并注意云的连续演变。

1. 判定云状

按云的外形特征、结构特点和云底高度,将云分为三族,十属,二十九类,见表7-1-1。

表 7-1-1　云状分类表

云族	云属		云类	
	学名	简写	学名	简写
低云	积云	Co	淡积云	Cu hum
			碎积云	Fc
			浓积云	Cu cong
	积雨云	Cb	秃积雨云	Cb calv
			鬃积雨云	Cb cap
	层积云	Sc	透光层积云	Sc tra
			蔽光层积云	Sc op
			积云性层积云	Sc cug
			堡状层积云	Sc cast
			荚状层积云	Sc lent
	层云	St	层云	St
			碎层云	Fs
	雨层云	Ns	雨层云	Na
			碎雨云	Fn
中云	高层云	As	透光高层云	As tra
			蔽光高层云	As op
	高积云	Ae	透光高积云	Ac tra
			蔽光高积云	Ac op
			荚状高积云	Ac lent
			积云性高积云	Ac cug
			絮状高积云	Ac flo
			堡状高积云	Ac cast

续表 7-1-1

云族	云属		云类	
	学名	简写	学名	简写
高云	卷云	Ci	毛卷云	Ci fil
			密卷云	Ci dens
			伪卷云	Ci not
			钩卷云	Ci unc
	卷层云	Cs	毛卷层云	Ca fil
			薄幕卷层云	Ca ncbu
	卷积云	Cc	卷积云	Cc

主要根据天空中云的外形特征、结构、色泽、排列、高度以及伴见的天气现象,参照《中国云图》,经过认真细致的分析对比来判定云状。

2. 云量估计

云量包括总云量、低云量。总云量是指观测时天空被所有的云遮蔽的总成数,低云量是指天空被低云族的云所遮蔽的成数,均记整数。

3. 云高观测

云高以米(m)为单位,记录取整数,并在云高数值前加记云状,云状只记十个属和Fc、Fs、Fn 三个云类。有条件的测站应尽量实测云高;无条件实测时,进行估测。实测云高在数值右上角加记"S",估测云高不加记任何符号。

常用云幕球、激光测云仪、云幕灯等设备,测量云底的高度。

根据云状来估测云高,首先应正确判定云状,同时可根据云体结构,云块大小、亮度、颜色、移动速度等情况,结合本地常见的云高范围(见表 7-1-2)进行估测。

表 7-1-2　各云属常见云底高度范围

云属	常见云底高度范围(m)	说明
积云	600~2 000	沿海及潮湿地区,或雨后初晴的潮湿地带,云底较低,有时在600 m 以下,沙漠和干燥地区,有时高达 3 000 m 左右
积雨云	600~2 000	一般与积云云底相同,有时由于有降水,云底比积云低
层积云	600~2 500	当低层水汽充沛时,云底高度可在 600 m 以下,个别地区有时高达 3 500 m 左右
层云	50~800	与低层湿度密切相关,湿度大时云底较低,湿度小时云底较高
雨层云	600~2 000	由高层云变来的雨层云,云底一般较高
高层云	2 500~4 500	由卷层云变来的高层云,有时可高达 6 000 m 左右
高积云	2 500~4 500	夏季,在我国南方,有时可高达 800 m 左右
卷云	4 500~10 000	夏季,在我国南方,有时可高达 17 000 m 左右;冬季,在我国北方和西部高原地区可低至 2 000 m 以下
卷层云	4 500~8 000	冬季在我国北方和西部高原地区,有时可低至 2 000 m 以下
卷积云	4 500~8 000	有时与卷云高度相同

1) 目测云高

目力估测云高有较大误差。有条件的气象观测站应经常对比目测云高与实测结果,总结和积累经验,提高目测水平。

2) 利用已知目标物高度估测

当测站附近有山、高的建筑物、塔架等高大目标物时,可以利用这些物体的高度估测云高。首先应了解或测定目标物顶部和其他明显部位的高度,当云底接触目标物或掩蔽其一部分时,可根据已知高度估测云高。

3) 利用公式计算估算

积云、积雨云云高可利用下列经验公式估算:

$$H = \frac{t - t_d}{r_d - r_c} \approx 124(t - t_d) \tag{7-1-1}$$

式中　H——云高,m;

　　　t——气温,℃;

　　　t_d——露点温度,℃;

　　　r_d——干空气的绝热直减率,近似于 0.98 ℃/100 m;

　　　r_c——露点温度在干绝热阶段的直减率,近似于 0.17 ℃/100 m。

云量、云状、云高的编码,按《陆地测站地面天气报告电码》(GD—01 Ⅲ)的有关规定进行。

1.1.3.2 气压观测

观测的一般要求如下:

(1)人工检测时,应定时观测本站气压,计算海平面气压;使用气压计做气压连续记录,并挑选本站气压的日极值(最高、最低)。

(2)自动观测时,测定本站气压,记录每小时最高、最低本站气压及出现时间,挑选本站气压的日极值(最高、最低)及出现时间,计算海平面气压。

(3)本站气压和海平面气压均以百帕(hPa)为单位,取一位小数。

(4)出现时间应为时和分,各取两位。高位不足时前面补"0"。

1.1.3.3 气温和湿度观测

1. 气温

(1)人工观测时,应定时观测气温,日最高、日最低气温,配有温度计的气象观测站应做气温的连续记录。

(2)自动观测时,测定每分钟、每小时气温,记录每小时最高、最低气温及其出现的时间。

(3)气温均以摄氏度(℃)为单位,取 1 位小数。

(4)出现时间应为时和分,各取两位,高位不足时前面补"0"。

2. 湿度

(1)湿度测定包括水汽压、相对湿度、露点温度。水汽压以百帕(hPa)为单位,相对湿度以百分数(%)表示,露点温度以摄氏度(℃)为单位,水汽压和露点温度均取 1 位小数,相对湿度取整数。

（2）人工观测时,应定时观测水汽压、相对湿度、露点温度,配有湿度计的气象观测站应做相对湿度的连续记录,并挑选日最小值。

（3）自动观测时,测定每分钟、每小时相对湿度或露点温度,记录每小时最小相对湿度及其出现时间,计算求得水汽压和露点温度或相对湿度。

（4）出现时间应为时和分,备取两位,高位不足时前面补"0"。

（5）使用干球温度表测定湿度时,通过观测干湿球温度表,计算求得水汽压、相对湿度和露点温度。

1.1.3.4　风向和风速观测

应测定距地面 10 m 高度处的风向和风速。

人工观测时,测量 2 min、10 min 平均风速和最多风速。配有自记仪器的应做风向风速的连续记录并进行整理。自动观测时,测量 3 s、1 min、2 min、10 min 平均风速和最多风向、最大风速及其风向和出现时间、极大风速及其风向和出现时间。

风速记录以米每秒(m/s)为单位,取一位小数。风向以 16 个方位或度(°)为单位,以 16 个方位表示时,应用英文缩写符号记录;以度为单位时,记录取整数。风向方位与度数对应关系,见表 7-1-3。

表 7-1-3　风向方位与度数对照表

方位	记录符号	中心角度(°)	角度范围(°)
北	N	0.0	348.76 ~ 11.25
北东北	NNE	22.5	11.26 ~ 33.75
东北	NE	45.0	33.76 ~ 56.25
东东北	ENE	67.5	56.26 ~ 78.75
东	E	90.0	78.76 ~ 101.25
东东南	ESE	112.5	101.26 ~ 123.75
东南	SE	135.0	123.76 ~ 146.25
南东南	SSE	157.5	146.26 ~ 168.75
南	S	180.0	168.76 ~ 191.25
南西南	SSW	202.5	191.26 ~ 213.75
西南	SW	225.0	213.76 ~ 236.25
西西南	WSW	247.5	236.26 ~ 258.75
西	W	270.0	258.76 ~ 281.25
西西北	WNW	292.5	281.26 ~ 303.75
西北	NW	315.0	303.76 ~ 326.25
北西北	NNW	337.5	326.26 ~ 348.75
静风	C	角度不定,其风速小于或等于 0.2 m/s	

测风仪器主要有电接风向风速计、自动测风仪、轻便风向风速表、旋转式测风传感器等。

当没有测定风向风速的仪器，或虽有仪器但因故障而不能使用时，可按照附录 A 目测风向和风力。

1.1.3.5　降水观测

降水观测的一般要求如下：

人工观测时，应测量每天 8 时、20 时的前 12 h 降水量和日降水量；配有自记仪器时做降水量的连续记录并进行整理。

自动观测时，应测量每分钟、小时、日降水量。

降水量记录以毫米（mm）为单位，取一位小数。

可用测量降水量的仪器有雨量器、翻斗式遥测雨量计、翻斗式雨量传感器、虹吸式雨量计、双阀容栅式雨量计和称重式降雨传感器。

1.1.3.6　蒸发观测

1. 大型蒸发器观测

（1）每日 20 时进行观测，观测时调整测针针尖与水面恰好相接，如果由于调整过度，使针尖深入到水面之下，应将针尖退出水面，重新调好，从游标卡尺上读出水面高度，读数精确到 0.1 mm。读数方法：通过游标卡尺零线所对标尺的刻度，读出整数；再从游标卡尺刻度线上找出一根与标尺上某一刻度线相吻合的刻度线，这根刻度线的数字，则为小数读数。

（2）按如下公式计算得到蒸发量：

$$E = H_1 + R - H_2 - H' \qquad (7\text{-}1\text{-}2)$$

式中　E——蒸发量，mm；

H_1——蒸发原量，mm，前一日 20 时水面高度；

R——降水量，以雨量器观测值为准；

H_2——测量时水面高度，mm；

H'——溢流量的高度，mm。

（3）观测后检查蒸发桶内的水面高度，如水面过低或过高，应加水或汲水，使水面高度合适；每次水面调整后，应测量水面高度值，记入观测簿次日蒸发量的"原量"栏，作为次日观测器内水面高度的起点算点。

（4）当因降水，蒸发器内水流入溢流桶时，应测出其量（使用量尺或 3 000 cm² 口径面积的专用量杯），并从蒸发量中减去此值。

（5）为使计算蒸发量准确、方便起见，在多雨地区或多雨季节应增设一个蒸发专用的雨量器。

2. 小型蒸发器观测

（1）每天 20 时进行观测，测量前一天 20 时注入的 20 mm 清水（即当日原量）经 24 h 蒸发剩余的水量，记入观测簿"余量"栏，然后倒掉余量，重新量取 20 mm（干燥地区和干燥季节应量取 30 mm）清水注入蒸发器内，并记入次日原量栏。蒸发量计算式如下：

$$E = E_1 + R - E_2 \qquad (7\text{-}1\text{-}3)$$

式中　E——蒸发量,mm;

　　　　E_1——蒸发器原量,mm;

　　　　R——降水量,mm,以雨量器观测值为准;

　　　　E_2——蒸发器余量,mm。

（2）有降水时,应取下金属丝网圈。

（3）有强降水时,应注意从器内取出一定的数量,以防水溢出。取出的水量及时记入观测簿备注栏,并加在该日的"余量"中。

（4）当因降水或其他原因,致使蒸发量为负值时,记0.0。当蒸发器中的水量全部蒸发完时,按加入的原量值记录,并加" > ",如 >20.0。

（5）如在观测当时正遇降水,在取走蒸发器时,应同时取走专用雨量筒中的储水瓶;放回蒸发器时,也同时放回储水瓶。量取的降水量,记入观测簿发量栏中的"降水量"栏内。

（6）没有大型蒸发器的气象观测站,全年使用小型蒸发器进行观测;有大型蒸发器的,且冬季结冰期较长的气象观测站;在结冰期停止大型蒸发器观测;用小型蒸发器进行冰面蒸发量观测,用称重法测量;两种仪器替换时间应选在结冰和化冰开始集结的月末20时观测后进行;大型和小型蒸发器的蒸发量分别记在"大型"与"小型"栏内。

（7）如结冰期有风沙,在观测时,应先将冰面上积存的沙尘清扫出去,然后称重,称重后应用水再将冻着在冰面上的沙尘洗去,并补足至 20 mm 水量。

1.1.3.7　辐射观测

基准辐射观测主要包括总辐射、直接辐射、散射辐射、反射辐射、紫外辐射、长波辐射、光合有效辐射。

对于各种辐射均为连续测量,应输出每分钟辐射照度、每小时内辐射极值及其出现时间、一定时段内的平均辐照度和曝辐量。平均辐照度有1 min 和1 h 值,观测记录中单位为瓦每平方米（W/m²）,取整数。曝辐量有1 h 和日值,观测记录中单位为兆焦每平方米（MJ/m²）,取两位小数。

1.1.4　气象观测规范

为了保证地面气象观测记录的代表性、准确性和比较性,便于资料的国际、国内交换及共享和使用,应统一我国地面气象观测技术要求。主要依据的国内文件有《地面气象观测规范》（中国气象局,2003 ）及有关补充文件。参考的国际文件有《 Guide to Meteorological Instruments and Methods of Observation（ Seventh edition ）》（WMO No. 8 ）和《 Manual on the Global Observing System 》（WMO,2003 ）。

中国气象局于2007 年6 月发布中华人民共和国气象行业标准《地面气象观测规范 第1 部分:总则》（QX/T 45—2007）至《地面气象观测规范 第22 部分:观测记录质量控制》（QX/T 66—2007）。系列标准分为22 个部分:第1 部分:总则;第2 部分:云的观测;第3 部分:气象能见度观测;第4 部分:天气现象观测;第5 部分:气压观测;第6 部分:空气温度和湿度观测;第7 部分:风向和风速观测;第8 部分:降水观测;第9 部分:雪深与雪压观测;第10 部分:蒸发观测;第11 部分:辐射观测;第12 部分:日照观测;第13 部分:地温观测;第 14 部分:冻土观测;第 15 部分:电线积冰观测;第 16 部分:地面状态观测;第 17 部分:自动气象站观测;第 18 部分:月地面气象记录处理和报表编制;第 19 部分:月气象辐射记录处理和报表编制;第 20 部分:年地面气象资料处理和报表编制;第 21 部分:缺测记录的处理和不完整记录的统计;第 22 部分:观测记录质量控制。

1.2　数据记录与整编

1.2.1　气象观测数据表结构知识

气象观测数据表,是用来记录观测数据和编制气象记录报表的基本载体,是气象观测站提供气象资料服务的重要内容。它包括有月报表、年报表,还有某些数据的统计表格。气象数据包括气温、气压、风速、湿度、降水,格式有日平均、旬平均、月平均、年平均。各类气象报表的编制工作是我国地面测报工作中重要的组成部分,减少或是消灭地面气象观测报表的错误是我国基层台站中测报人员努力的工作目标。

地面气象月报表的格式,按观测方式分为 3 种:人工观测方式、自动观测方式、基准观测方式。人工观测方式:按每天定时记录设计;自动观测方式:自动观测项目按每天 24 次记录设计,云、能见度按 4 次记录设计;基准观测方式:自动观测项目、云、能见度均按每天 24 次记录设计。

气象观测报表格式,包括人工观测方式与自动观测方式两种情况。

1.2.2　气象观测数据分析方法和报告编制的知识

1.2.2.1　气象观测数据分析方法

1. 日、候、旬、月平均值统计

(1)气压、气温、水汽压、相对湿度、总低云量、风速、地温等项的日平均值为该日相应要素各定时值之和除以定时次数而得。

(2)气压、气温、水汽压、相对湿度、总低云量、风速、地温等的各定时及日平均,每旬应作旬平均,月终应作月平均(含自记风速),旬、月平均值,均用纵行统计,即各定时及日平均的旬、月平均值,分别为该旬、月各定时及日平均的旬、月合计值除以该旬、月的日数而得。

(3)候平均气温:

候期的划分:每旬两候,每月六候,即每月 1～5 日为第一候,6～10 日为第二候,…,26 日至月末最后一日为第六候。每月第六候的日数,可为五天、六天,或三天、四天(候降水量同)。

候平均气温的统计:候平均气温为该候各日平均气温(4 次定时值平均)之和除以候的日数而得。

(4)日、候、旬、月平均值,所取小数位与相应要素记录的规定位数相同(平均云量取 1 位小数),计算时规定小数位候的小数四舍五入。

气表-1(人工)

区站号 _____

档案号 _____

地　面　气　象　记　录　月　报　表

地面气象记录月报表（人工观测方式）

年　　月

台（站）名 _____

省（区、市）_____

地　址 _____

纬　度 ___° ___′　经　度 ___° ___′

观　测　场　拔　海　高　度 _____ m

气压感应部分拔海高度 _____ m

风速感应器距地（平台）高度 _____ m

观测平台距地高度 _____ m

台（站）长 _____　　校　对 _____

抄　录　人 _____　　复　算 _____

初　算 _____　　审　核 _____

预　审 _____

打　印 _____

年　月

日期	本站气压 (0.1 hPa)						气温 (0.1 ℃)						湿球温度 (0.1 ℃)			水汽压 (0.1 kPa)				相对湿度 (%)					露点温度 (0.1 ℃)			
	02	08	14	20	平均	最高	最低	02	08	14	20	平均	最高	最低	02	08	14	20	02	08	14	20	平均	02	08	14	20	平均	最小	02	08	14	20
1																																	
2																																	
3																																	
4																																	
5																																	
6																																	
7																																	
8																																	
9																																	
10																																	
上旬平均																																	
11																																	
12																																	
13																																	
14																																	
15																																	
16																																	
17																																	
18																																	
19																																	
20																																	
中旬平均																																	
21																																	
22																																	
23																																	
24																																	
25																																	
26																																	
27																																	
28																																	
29																																	
30																																	
31																																	
下旬平均																																	
月平均																																	
月极值														最大	日期									最小	日期								
日期																																	

候平均气温

1	2	3	4	5	6

年　月

日期	总云量(成)					低云量(成)					云状				云高(m)			
	02	08	14	20	平均	02	08	14	20	平均	02	08	14	20	02	08	14	20
1																		
2																		
3																		
4																		
5																		
6																		
7																		
8																		
9																		
10																		
上旬平均											—	—	—	—	—	—	—	—
11																		
12																		
13																		
14																		
15																		
16																		
17																		
18																		
19																		
20																		
中旬平均											—	—	—	—	—	—	—	—
21																		
22																		
23																		
24																		
25																		
26																		
27																		
28																		
29																		
30																		
31																		
下旬平均																		
月平均																		

日平均云量量级日数					
总云量			低云量		
0.0~1.9	2.0~8.0	8.1~10.0	0.0~1.9	2.0~8.0	8.1~10.0

总云量出现回数			
时间	0~2	3~7	8~10
02			
08			
14			
20			

低云量出现回数			
时间	0~2	3~7	8~10
02			
08			
14			
20			

年　月

日期	能见度 (0.1 km)				定时降水量 (0.1 mm)			天 气 现 象	摘　要
	02	08	14	20	20-08	08-20	合计 08-08		
1									
2									
3									
4									
5									
6									
7									
8									
9									
10									
上旬计	—	—	—	—					
11									
12									
13									
14									
15									
16									
17									
18									
19									
20									
中旬计	—	—	—	—					
21									
22									
23									
24									
25									
26									
27									
28									
29									
30									
31									
下旬计	—	—	—	—					
月合计	—	—	—	—					

能见度出现日数

时间	0.0-0.9	1.0-1.9	2.0-3.9	4.0-9.9	≥10.0
02					
08					
14					
20					

各级降水日数

≥0.1	≥1.0	≥5.0	≥10.0	≥25.0	≥50.0	≥100.0	≥150.0

	降水量	日期
一日最大降水量		
最长连续降水日数	起止日期	
最长连续无降水日数	起止日期	

候降水量

候序	1	2	3	4	5	6
降水量						

天 气 日 数

雨 ●	雪 ✳	冰雹 △	冰针 ↔	雾 ≡	轻雾 =	露 ⌣	霜 ⊔	雨凇 ~	雾凇 ∨	吹雪 ↟	龙卷) (	积雪 ⊞

结冰	扬沙 ♯	浮尘 S	烟幕 ⍳	霾 ∞	尘卷风 ⊖	雷暴 ↯	闪电 ✓	极光	大风 ↟			飑 ⋀

自记降水量 (0.1 mm)

年　月																													
日期	20-21	21-22	22-23	23-24	00-01	01-02	02-03	03-04	04-05	05-06	06-07	07-08	08-09	09-10	10-11	11-12	12-13	13-14	14-15	15-16	16-17	17-18	18-19	19-20	合计
1																									
2																									
3																									
4																									
5																									
6																									
7																									
8																									
9																									
10																									
11																									
12																									
13																									
14																									
15																									
16																									
17																									
18																									
19																									
20																									
21																									
22																									
23																									
24																									
25																									
26																									
27																									
28																									
29																									
30																									
31																									
月合计	—	—	—	—	—	—	—	—	—	—	—	—	—	—	—	—	—	—	—	—	—	—	—	—	

年　　月

自记风向风速 (0.1 m/s)

日期	21 向速	22 向速	23 向速	24 向速	01 向速	02 向速	03 向速	04 向速	05 向速	06 向速	07 向速	08 向速	09 向速	10 向速	11 向速	12 向速	13 向速	14 向速	15 向速	16 向速	17 向速	18 向速	19 向速	20 向速	风速 平均	最大风速 风速 风向 时间	极大风速 风速 风向 时间
1																											
2																											
3																											
4																											
5																											
6																											
7																											
8																											
9																											
10																											
11																											
12																											
13																											
14																											
15																											
16																											
17																											
18																											
19																											
20																											
21																											
22																											
23																											
24																											
25																											
26																											
27																											
28																											
29																											
30																											
31																											
月平均或极极值	｜	｜	｜	｜	｜	｜	｜	｜	｜	｜	｜	｜	｜	｜	｜	｜	｜	｜	｜	｜	｜	｜	｜	｜	｜	｜ 日 时 分	｜ 日 时 分

年　月

日期	蒸发量 (0.1 mm)		雪深 (cm)	雪压 (0.1 g/cm²)	现象符号	电线积冰							气温 (0.1℃)	定时风向风速 (0.1 m/s)										
	小型	E601B型				南北			东西					风向	风速 (0.1 m/s)	02		08		14		20		平均风速
						直径	厚度	重量	直径	厚度	重量					风向	风速	风向	风速	风向	风速	风向	风速	
1																								
2																								
3																								
4																								
5																								
6																								
7																								
8																								
9																								
10																								
上旬计																								
11																								
12																								
13																								
14																								
15																								
16																								
17																								
18																								
19																								
20																								
中旬计																								
21																								
22																								
23																								
24																								
25																								
26																								
27																								
28																								
29																								
30																								
31																								
下旬计																								
月合计																								
月极值																	最多风向							频率
日期														定时最大风速				风向				日期		

风的统计

风向	项目	02	08	14	20	月合计	平均风速	风向频率
N	风速合计							
	出现回数							
	最大风速				月最大			
NNE	风速合计							
	出现回数							
	最大风速				月最大			
NE	风速合计							
	出现回数							
	最大风速				月最大			
ENE	风速合计							
	出现回数							
	最大风速				月最大			
E	风速合计							
	出现回数							
	最大风速				月最大			
ESE	风速合计							
	出现回数							
	最大风速				月最大			
SE	风速合计							
	出现回数							
	最大风速				月最大			
SSE	风速合计							
	出现回数							
	最大风速				月最大			
S	风速合计							
	出现回数							
	最大风速				月最大			
SSW	风速合计							
	出现回数							
	最大风速				月最大			
SW	风速合计							
	出现回数							
	最大风速				月最大			
WSW	风速合计							
	出现回数							
	最大风速				月最大			
W	风速合计							
	出现回数							
	最大风速				月最大			
WNW	风速合计							
	出现回数							
	最大风速				月最大			
NW	风速合计							
	出现回数							
	最大风速				月最大			
NNW	风速合计							
	出现回数							
	最大风速				月最大			
C	出现回数							

年　月

日期	地表（0 cm）						地温（0.1℃）																						14时深层地温（0.1℃）		
			平均	最高	最低		5 cm					10 cm					15 cm					20 cm					40 cm			80 cm	160 cm	320 cm
	02	08	14	20			02	08	14	20	平均	02	08	14	20	平均	02	08	14	20	平均	02	08	14	20	平均	08	14	20	平均			
1																																	
2																																	
3																																	
4																																	
5																																	
6																																	
7																																	
8																																	
9																																	
10																																	
上旬平均																																	
11																																	
12																																	
13																																	
14																																	
15																																	
16																																	
17																																	
18																																	
19																																	
20																																	
中旬平均																																	
21																																	
22																																	
23																																	
24																																	
25																																	
26																																	
27																																	
28																																	
29																																	
30																																	
31																																	
下旬平均																																	
月平均																																	
月极值	地表（0 cm）			最高	最低						最高					日期					最低					日期			地表最低温度≤0.0℃日数			

年　月

日期	冻土深度（cm） 第一栏		第二栏		日照时数（0.1 h）																					海平面气压（0.1 hPa）					地面状态
	上限	下限	上限	下限	0-01	01-02	02-03	03-04	04-05	05-06	06-07	07-08	08-09	09-10	10-11	11-12	12-13	13-14	14-15	15-16	16-17	17-18	18-19	19-20	20-21	21-22	22-23	23-24	合计	02	08	14	20	平均
1																																			
2																																			
3																																			
4																																			
5																																			
6																																			
7																																			
8																																			
9																																			
10																																			
上旬计，平均	—	—			—	—	—	—	—	—	—	—	—	—	—	—	—	—	—	—	—	—	—	—	—	—	—	—						—
11																																			
12																																			
13																																			
14																																			
15																																			
16																																			
17																																			
18																																			
19																																			
20																																			
中旬计，平均	—	—			—	—	—	—	—	—	—	—	—	—	—	—	—	—	—	—	—	—	—	—	—	—	—	—						—
21																																			
22																																			
23																																			
24																																			
25																																			
26																																			
27																																			
28																																			
29																																			
30																																			
31																																			
下旬计，平均	—	—			—	—	—	—	—	—	—	—	—	—	—	—	—	—	—	—	—	—	—	—	—	—	—	—						—
月计，平均	月最大				日照叠测日数	≥60%											≤20%																	—
	日期				月日照百分率																													

年　月

日期	纪要	本月天气气候概况	日期	备注
				人工定时观测次数
				02 时用自记记录代替的项目
				夜间是否守班

地 面 气 象 记 录 月 报 表

地面气象记录月报表（自动观测方式）

气表-1(自动)

区站号

档案号

年 月

台（站）名 _____

省（区、市）_____

地 址 _____

纬 度 ___ ° ___ ' 经 度 ___ ° ___ '

观 测 场 拔 海 高 度 _____

气 压 感 应 部 分 拔 海 高 度 _____ m

风速感应器距地（平台）高度 _____ m

观 测 平 台 距 地 高 度 _____ m

台（站）长 _____   校 对 _____

抄 录（录入）_____   复 算 _____

初 算 _____   审 核 _____

预 审 _____

打 印 _____

年　月

本　站　气　压　（0.1 hPa）

日期	21	22	23	24	01	02	03	04	05	06	07	08	09	10	11	12	13	14	15	16	17	18	19	20	平均		最高	最低
																									4次	24次		
1																												
2																												
3																												
4																												
5																												
6																												
7																												
8																												
9																												
10																												
上旬平均																												
11																												
12																												
13																												
14																												
15																												
16																												
17																												
18																												
19																												
20																												
中旬平均																												
21																												
22																												
23																												
24																												
25																												
26																												
27																												
28																												
29																												
30																												
31																												
下旬平均																												
月平均																												
月极值		最高			日期			最低			日期																	

年　月

日期	气温 (0.1℃)																								平均		最高	最低
	21	22	23	24	01	02	03	04	05	06	07	08	09	10	11	12	13	14	15	16	17	18	19	20	4次	24次		
1																												
2																												
3																												
4																												
5																												
6																												
7																												
8																												
9																												
10																												
上旬平均																												
11																												
12																												
13																												
14																												
15																												
16																												
17																												
18																												
19																												
20																												
中旬平均																												
21																												
22																												
23																												
24																												
25																												
26																												
27																												
28																												
29																												
30																												
31																												
下旬平均																												
月平均																												
月极值		最高		日期	最低		日期																					

候平均气温（4次）

1候	2候	3候	4候	5候	6候

年　月	湿　　球　　温　　度　　(0.1 ℃)																							
日期	20	19	18	17	16	15	14	13	12	11	10	09	08	07	06	05	04	03	02	01	24	23	22	21
1																								
2																								
3																								
4																								
5																								
6																								
7																								
8																								
9																								
10																								
11																								
12																								
13																								
14																								
15																								
16																								
17																								
18																								
19																								
20																								
21																								
22																								
23																								
24																								
25																								
26																								
27																								
28																								
29																								
30																								
31																								

年 月

水 汽 压 (0.1 hPa)

日期	01	02	03	04	05	06	07	08	09	10	11	12	13	14	15	16	17	18	19	20	21	22	23	24	平均 4次	平均 24次
1																										
2																										
3																										
4																										
5																										
6																										
7																										
8																										
9																										
10																										
上旬平均																										
11																										
12																										
13																										
14																										
15																										
16																										
17																										
18																										
19																										
20																										
中旬平均																										
21																										
22																										
23																										
24																										
25																										
26																										
27																										
28																										
29																										
30																										
31																										
下旬平均																										
月平均																										
月极值	最大					日期					最小					日期										

年　　月

日期	相　对　湿　度　(%)																								平均		最小
	21	22	23	24	01	02	03	04	05	06	07	08	09	10	11	12	13	14	15	16	17	18	19	20	4次	24次	
1																											
2																											
3																											
4																											
5																											
6																											
7																											
8																											
9																											
10																											
上旬平均																											
11																											
12																											
13																											
14																											
15																											
16																											
17																											
18																											
19																											
20																											
中旬平均																											
21																											
22																											
23																											
24																											
25																											
26																											
27																											
28																											
29																											
30																											
31																											
下旬平均																											
月平均																											
月极值	最小																									日期	

年 月

露 点 温 度 (0.1 ℃)

日期	21	22	23	24	01	02	03	04	05	06	07	08	09	10	11	12	13	14	15	16	17	18	19	20
1																								
2																								
3																								
4																								
5																								
6																								
7																								
8																								
9																								
10																								
11																								
12																								
13																								
14																								
15																								
16																								
17																								
18																								
19																								
20																								
21																								
22																								
23																								
24																								
25																								
26																								
27																								
28																								
29																								
30																								
31																								

年　月

日期	总云量（成）					低云量（成）					云状				云高（m）			
	02	08	14	20	平均	02	08	14	20	平均	02	08	14	20	02	08	14	20
1																		
2																		
3																		
4																		
5																		
6																		
7																		
8																		
9																		
10																		
上旬平均											—	—	—	—	—	—	—	—
11																		
12																		
13																		
14																		
15																		
16																		
17																		
18																		
19																		
20																		
中旬平均											—	—	—	—	—	—	—	—
21																		
22																		
23																		
24																		
25																		
26																		
27																		
28																		
29																		
30																		
31																		
下旬平均																		
月平均																		

日平均云量量级日数

	总云量			低云量		
	0.0~1.9	2.0~8.0	8.1~10.0	0.0~1.9	2.0~8.0	8.1~10.0

总云量出现回数

时间	0~2	3~7	8~10
02			
08			
14			
20			

低云量出现回数

时间	0~2	3~7	8~10
02			
08			
14			
20			

年　　月

日期	天气现象	能见度 (0.1 km)				摘要
		02	08	14	20	
1						
2						
3						
4						
5						
6						
7						
8						
9						
10						
11						
12						
13						
14						
15						
16						
17						
18						
19						
20						
21						
22						
23						
24						
25						
26						
27						
28						
29						
30						
31						

能见度出现回数

时间	0.0~0.9	1.0~1.9	2.0~3.9	4.0~9.9	≥10.0
02					
08					
14					
20					

天气日数

雨 ●	雪 ✳	冰雹 △	冰针 ↔	雾 ≡	轻雾 =	露 ⌒	霜 ⊔	雨凇 ⌒	雾凇 ∨	吹雪 ✚	龙卷 ⋌	积雪 ⊠
结冰 ⊡	沙尘暴	扬沙	浮尘 S	烟幕	霾 ∞	尘卷风	雷暴	闪电	极光	大风	飑 ▲	

年　　月

日期	定时降水量 (0.1 mm)			蒸发量 (0.1 mm)		雪深 (cm)	雪压 (0.1 g/m²)	现象符号	电线积水						气温 (0.1 ℃)	风向	风速 (0.1 m/s)
	20-08	08-20	08-08 合计	小型	大型				南北			东西					
									直径	厚度	重量	直径	厚度	重量			
1																	
2																	
3																	
4																	
5																	
6																	
7																	
8																	
9																	
10																	
上旬计						—	—	—	—	—	—	—	—	—	—	—	—
11																	
12																	
13																	
14																	
15																	
16																	
17																	
18																	
19																	
20																	
中旬计						—	—	—	—	—	—	—	—	—	—	—	—
21																	
22																	
23																	
24																	
25																	
26																	
27																	
28																	
29																	
30																	
31																	
下旬计或月极值																	
月合计或月平均						—	—	—	—	—	—	—	—	—	—	—	—

候降水量

1	2	3	4	5	6

各级降水日数

≥0.1	≥1.0	≥5.0	≥10.0	≥25.0	≥50.0	≥100.0	≥150.0

一日最大降水量

降水量	日期

最长连续降水量

日数	降水量	起止日期

最长连续无降水日数

日数	起止日期

年　月

大型自动观测蒸发量 (0.1 mm)

日期	20-21	21-22	22-23	23-24	0-01	01-02	02-03	03-04	04-05	05-06	06-07	07-08	08-09	09-10	10-11	11-12	12-13	13-14	14-15	15-16	16-17	17-18	18-19	19-20	合计
1																									
2																									
3																									
4																									
5																									
6																									
7																									
8																									
9																									
10																									
上旬计																									
11																									
12																									
13																									
14																									
15																									
16																									
17																									
18																									
19																									
20																									
中旬计																									
21																									
22																									
23																									
24																									
25																									
26																									
27																									
28																									
29																									
30																									
31																									
下旬计																									
月合计																									

年　月		自　动　观　测　降　水　量　(0.1 mm)																								
日期	20-21	21-22	22-23	23-24	0-01	01-02	02-03	03-04	04-05	05-06	06-07	07-08	08-09	09-10	10-11	11-12	12-13	13-14	14-15	15-16	16-17	17-18	18-19	19-20	合计
1																									
2																									
3																									
4																									
5																									
6																									
7																									
8																									
9																									
10																									
11																									
12																									
13																									
14																									
15																									
16																									
17																									
18																									
19																									
20																									
21																									
22																									
23																									
24																									
25																									
26																									
27																									
28																									
29																									
30																									
31																									
月合计	—	—	—	—	—	—	—	—	—	—	—	—	—	—	—	—	—	—	—	—	—	—	—	—	

年　月

日期	自动观测 10 min 平均风向风速 (0.1 m/s)																																																风速平均		最大风速					极大风速				
	21		22		23		24		01		02		03		04		05		06		07		08		09		10		11		12		13		14		15		16		17		18		19		20		4次	24次	风速	风向	时间			风速	风向	时间		
	向	速	向	速	向	速	向	速	向	速	向	速	向	速	向	速	向	速	向	速	向	速	向	速	向	速	向	速	向	速	向	速	向	速	向	速	向	速	向	速	向	速	向	速	向	速	向	速					日	时	分			日	时	分
1																																																												
2																																																												
3																																																												
4																																																												
5																																																												
6																																																												
7																																																												
8																																																												
9																																																												
10																																																												
11																																																												
12																																																												
13																																																												
14																																																												
15																																																												
16																																																												
17																																																												
18																																																												
19																																																												
20																																																												
21																																																												
22																																																												
23																																																												
24																																																												
25																																																												
26																																																												
27																																																												
28																																																												
29																																																												
30																																																												
31																																																												
月平均或极值																																																	—	—	—	—	—	—	—	—	—	—	—	—	—

年　月

日期	自动观测 2 min 平均风向风速 (0.1 m/s)																																																	风速平均	
	21		22		23		24		01		02		03		04		05		06		07		08		09		10		11		12		13		14		15		16		17		18		19		20		4 次	24 次
	向速	向速	向速	向速	向速	向速	向速	向速	向速	向速	向速	向速	向速	向速	向速	向速	向速	向速	向速	向速	向速	向速	向速	向速		
1																										
2																										
3																										
4																										
5																										
6																										
7																										
8																										
9																										
10																										
上旬平均																										
11																										
12																										
13																										
14																										
15																										
16																										
17																										
18																										
19																										
20																										
中旬平均																										
21																										
22																										
23																										
24																										
25																										
26																										
27																										
28																										
29																										
30																										
31																										
下旬平均																										
月平均																										
定时最大风速	风向																	日期								

风的统计 (2 min 平均) 年 月

风向	项目	21	22	23	24	01	02	03	04	05	06	07	08	09	10	11	12	13	14	15	16	17	18	19	20	4次 月合计	4次 平均风速	4次 风向频率	24次 月合计	24次 平均风速	24次 风向频率
N	风速合计																														
	出现回数																														
	最大风速																									月最大			月最大		
NNE	风速合计																														
	出现回数																														
	最大风速																									月最大			月最大		
NE	风速合计																														
	出现回数																														
	最大风速																									月最大			月最大		
ENE	风速合计																														
	出现回数																														
	最大风速																									月最大			月最大		
E	风速合计																														
	出现回数																														
	最大风速																									月最大			月最大		
ESE	风速合计																														
	出现回数																														
	最大风速																									月最大			月最大		
SE	风速合计																														
	出现回数																														
	最大风速																									月最大			月最大		
SSE	风速合计																														
	出现回数																														
	最大风速																									月最大			月最大		
S	风速合计																														
	出现回数																														
	最大风速																									月最大			月最大		
SSW	风速合计																														
	出现回数																														
	最大风速																									月最大			月最大		
SW	风速合计																														
	出现回数																														
	最大风速																									月最大			月最大		
WSW	风速合计																														
	出现回数																														
	最大风速																									月最大			月最大		
W	风速合计																														
	出现回数																														
	最大风速																									月最大			月最大		
WNW	风速合计																														
	出现回数																														
	最大风速																									月最大			月最大		
NW	风速合计																														
	出现回数																														
	最大风速																									月最大			月最大		
NNW	风速合计																														
	出现回数																														
	最大风速																									月最大			月最大		
C	出现回数																										—	频率		—	频率

月最多风向 (4次)　　　　月最多风向 (24次)

年　月

日 期	地表　（0 cm）　温　度　（0.1℃）																								平均		最高	最低
	21	22	23	24	01	02	03	04	05	06	07	08	09	10	11	12	13	14	15	16	17	18	19	20	4次	24次		
1																												
2																												
3																												
4																												
5																												
6																												
7																												
8																												
9																												
10																												
上旬平均																												
11																												
12																												
13																												
14																												
15																												
16																												
17																												
18																												
19																												
20																												
中旬平均																												
21																												
22																												
23																												
24																												
25																												
26																												
27																												
28																												
29																												
30																												
31																												
下旬平均																												
月平均																												
月极值 最高																												
最低																												
日期																												

地表最低温度≤0.0℃日数

年 月 日 期	地 温 5 cm (0.1℃)																								平均	
	21	22	23	24	01	02	03	04	05	06	07	08	09	10	11	12	13	14	15	16	17	18	19	20	4次	24次
1																										
2																										
3																										
4																										
5																										
6																										
7																										
8																										
9																										
10																										
上旬平均																										
11																										
12																										
13																										
14																										
15																										
16																										
17																										
18																										
19																										
20																										
中旬平均																										
21																										
22																										
23																										
24																										
25																										
26																										
27																										
28																										
29																										
30																										
31																										
下旬平均																										
月平均																										

年 月		地 温　10 cm　(0.1℃)																											平均	
日　期	21	22	23	24	01	02	03	04	05	06	07	08	09	10	11	12	13	14	15	16	17	18	19	20	4次	24次
1																										
2																										
3																										
4																										
5																										
6																										
7																										
8																										
9																										
10																										
上旬平均																										
11																										
12																										
13																										
14																										
15																										
16																										
17																										
18																										
19																										
20																										
中旬平均																										
21																										
22																										
23																										
24																										
25																										
26																										
27																										
28																										
29																										
30																										
31																										
下旬平均																										
月平均																										

年　月			15 cm	地	温	(0.1℃)																			平均	
日期	21	22	23	24	01	02	03	04	05	06	07	08	09	10	11	12	13	14	15	16	17	18	19	20	4次	24次
1																										
2																										
3																										
4																										
5																										
6																										
7																										
8																										
9																										
10																										
上旬平均																										
11																										
12																										
13																										
14																										
15																										
16																										
17																										
18																										
19																										
20																										
中旬平均																										
21																										
22																										
23																										
24																										
25																										
26																										
27																										
28																										
29																										
30																										
31																										
下旬平均																										
月平均																										

年 月

日期	21	22	23	24	01	02	03	04	05	06	07	08	09	10	11	12	13	14	15	16	17	18	19	20	4次	24次
1																										
2																										
3																										
4																										
5																										
6																										
7																										
8																										
9																										
10																										
上旬平均																										
11																										
12																										
13																										
14																										
15																										
16																										
17																										
18																										
19																										
20																										
中旬平均																										
21																										
22																										
23																										
24																										
25																										
26																										
27																										
28																										
29																										
30																										
31																										
下旬平均																										
月平均																										

20 cm 地温 (0.1℃)　平均

年　月

日期	草　面　温　度　(0.1℃)																								平均		最高	最低
	21	22	23	24	01	02	03	04	05	06	07	08	09	10	11	12	13	14	15	16	17	18	19	20	4次	24次		
1																												
2																												
3																												
4																												
5																												
6																												
7																												
8																												
9																												
10																												
上旬平均																												
11																												
12																												
13																												
14																												
15																												
16																												
17																												
18																												
19																												
20																												
中旬平均																												
21																												
22																												
23																												
24																												
25																												
26																												
27																												
28																												
29																												
30																												
31																												
下旬平均																												
月平均																												
月极值	最高				最低				日期											草面最低温度≤0.0℃日数							日期	最低

年　　月

日期	冻土深度 (cm) 第一栏 第二栏 上限 下限 上限 下限	日 照 时 数 (0.1 h) 0-01 01-02 02-03 03-04 04-05 05-06 06-07 07-08 08-09 09-10 10-11 11-12 12-13 13-14 14-15 15-16 16-17 17-18 18-19 19-20 20-21 21-22 22-23 23-24 合计	海平面气压 (0.1 hPa) 02 08 14 20 平均	地面状态
1				
2				
3				
4				
5				
6				
7				
8				
9				
10				
上旬计、平均				
11				
12				
13				
14				
15				
16				
17				
18				
19				
20				
中旬计、平均				
21				
22				
23				
24				
25				
26				
27				
28				
29				
30				
31				
下旬计、平均 月最大				—
月计、平均 日期		日照缺测日数	月日照百分率	—

日照缺测日数　≥60%　≤20%　月日照百分率

年　月				本月天气气候概况	日期	备注
日期	纪要					

2.日、候、旬、月总量值的统计

(1)降水量、蒸发量、日照时数等项的日总量由该日相应要素各时值累加。

(2)定时降水量及日总量、蒸发量、日照时数的日总量,每旬应作旬合计,月终应作月合计(含自记降水量)。旬、月合计值,均由逐日总量值累加而得。

(3)候降水量:由该候各日降水量累加。

(4)全候、旬、月无降水,该候、旬、月合计栏空白。

3.月极值及出现日期(或起止日期)的挑选

(1)最高、最低本站气压和气温的月极值及出现日期,分别从逐日最高、最低值中挑取,并记其相应的出现日期。无自记仪器,月极值及出现日期,从逐日各定时记录中挑取。

(2)最小相对湿度的月极值及出现日期,分别从逐日的最小值中挑取,并记录相应的出现日期。无自记仪器,月极值及出现日期,从逐日各定时记录中挑取。

(3)最大风速和极大风速的月极值及其风向、出现日期和时间,分别从逐日的日极值中挑取,并记其相应的出现日期和时间;定时最大风速的月极值及其风向、出现日期,无自记仪器的,从每日定时记录中挑取,并记其相应的出现日期,配有自记仪器的,不挑取本项极值,有关栏空白。

(4)地表、草面最高、最低温度的月极值及出现日期,分别从逐日地表和草面最高、最低温度中挑取。

(5)水汽压的月极值及出现日期,从逐日各定时记录中挑取。

(6)降水量、雪深和雪压的月极值及出现日期,分别从各日中挑取。

(7)电线积冰直径、厚度、质量的月极值及出现日期,按南北、东西方向分别挑取,凡有质量记录时,应从各日记录中挑取质量值最大者及其相应的直径、厚度值和现象符号、气温、风向、风速;若全月无质量记录,从各日记录中挑取"直径+厚度"总值最大者及其相应的现象符号、气温、风向、风速。两个方向月极值的气温、风向、风速有两个或以上时,只记其中一个质量(或直径与厚度之和)最大的月极值对应的气温、风向、风速;质量(或直径与厚度之和)又相同时,应记南北向月极值对应的气温、风向、风速。

(8)动土深度的月极值及出现日期,从冻结层的下限深度中挑取。

(9)上述(1)~(8)项的月极值,若出现两天或两天以上相同时,日期栏记天数;月最大、极大风速的风向,若出现两个或以上,风向计个数。全月一日最大降水量为0.0 mm,月最大雪深和月最大冻土深度为0 cm时,月极值和出现日期照填;全月无降水、无积雪、无冻土时,一日最大降水量、月最大雪深和月最大冻土深度及出现日期栏,均空白。

(10)月最长连续降水日数及其降水量、起止日期,从降水量栏中,挑取一个月内日降水量≥0.1 mm的最长的连续日数,并统计其相应的连续各日降水量的累计值,记其相应的起止日期。最长连续降水日数可跨月、跨年挑取,但只能上跨,不能下跨,跨月时,开始日期应注明月份,用分式表示,分母代表月份,分子代表日期,跨年时,开始日期的年份不必注明;最长连续降水日数为一天时,日数记1,降水量照记,起止日期只记一个日期;最长连续降水日数出现两次或以上相同时,降水量和起止日期记其降水量最大者;若两次或以上降水量都相同,起止日期栏记出现次数;全月无降水或仅有微量降水时,最长连续降水日数及其降水量、起止日期栏,均空白。

(11)月最长连续无降水日数记起止日期,从降水量日总量栏中挑取一个月内无降水(包括微量降水)的最长连续日数,并记其相应的起止日期,最长连续无降水日数,可跨上月(年)挑取,跨月、跨年时起止日期的录入方法,与最长连续降水日数相同;最长连续无降水日数为一天时,日数记1,起止日期只记一个日期;最长连续无降水日数出现两次或以上相同时,起止日期栏记出现次数;全月各日降水量均≥0.1 mm时,最长连续无降水日数及起止日期栏,均空白。

4.月最多风向及频率

(1)从"风的统计"栏各风向(包括静风)频率中,挑选出现频率最大者,即为月最大风向,当月最大频率有两个或以上相同时,挑其出现回数最多者;当回数又相同时,挑其平均风速最大者;当平均风速又相同时,挑取其中与邻近的两个风向频率之和最大者最多风向。

(2)挑选月最多风向时,若某风向出现频率与静风C同时为最多,只挑该风向,不挑C。若C的出现频率为最多,则C挑为月最多风向,但应另挑次多风向;若次多风向有两个或以上,则按第(1)条规定挑选。

(3)"风的统计"栏的统计(2 min 平均风速):

①各风向月平均风速:根据各定时风向风速,先统计出各风向2时、8时、14时、20时每日4次定时记录或21时、22时、…、19时、20时每日24次定时记录的风速合计和出现回数,再分别相加求出月合计值,然后按下式计算:

$$V = \frac{\sum V_i}{n} \tag{7-1-4}$$

式中　V——某风向月平均风速,m/s;

　　　V_i——月内该风向的风速之和,m/s;

　　　n——月内该风向出现次数。

②各风向频率:月的某风向频率,是表示月内该风向的出现回数占全月各风向(包括静风)记录总次数的百分比,即

$$F = \frac{n}{N} \times 100\% \tag{7-1-5}$$

式中　F——某风向频率(%);

　　　n——月内该风向出现回数;

　　　N——全月各风向记录总次数。

风向频率取整数。某风向未出现,频率栏空白;频率<0.5,记0。

③各风向最大风速:从各定时风向的风速中挑取。

(4)月日照百分率的统计:

月日照百分率为月日照总时数占该月可照总时数的百分比,即

$$K_s = \frac{H_s}{H_p} \times 100\% \tag{7-1-6}$$

式中　K_s——月日照百分率(%);

　　　H_s——月日照总时数,h;

H_p——该月可照总时数,h。

月日照百分率取整数。各月可照总时数按《地面气象观测规范 第 11 部分:辐射观测》(QX/T 55—2007)部分所列公式计算。

(5)月各类日数的统计:

①日平均云量量别日数:按总、低云量分别统计其日平均云量(4 次定时值平均)为 0.0~1.9、2.0~8.0、8.1~10.0 成的日数。

②各级降水日数:分别统计日降水量≥0.1、≥1.0、≥5.0、≥10.0、≥25.0、≥50.0、≥100.0、≥150.0 mm 的日数。

③天气日数:从天气现象"摘要"栏的记录,分别统计雨、雪、冰雹、冰针、雾、轻雾、露、雨淞、雾淞、吹雪、龙卷、积雪、结冰、沙尘暴、扬尘、浮尘、烟幕、霾、尘卷风、雷暴、闪电、极光、大风、飑等天气现象的日数。

④地表、草面最低温度≤0.0 ℃日数:从逐日地表、草面最低温度栏中,统计地表、草面最低温度≤0.0 ℃的日数。

⑤日照量别日数:分别统计当月逐日的日照时数占本站纬度该月 16 日可照时数的 60% 或以上和 20% 或以下的日数。

⑥某项类别日数,若全月未出现,则该栏空白。

1.2.2.2 气象观测报告编写

1. 封面的录入

按月报表封面栏目,分别录入月报表的年份和月份,台(站)名、区站号和档案号,台(站)所在地的省(区、市)名、地址、纬度和经度,观测场和气压感应部分的拔海高度,风速感应器和观测平台的距地高度,一级台(站)长和报表编制人员的签名等。

台(站)名:录入本站的单位名称。

区站号:录入本站的区站号。

档案号:录入本站的档案号。

省(区、市):录入本站所属省(区、市)名。

地址:录入本站所在地的详细地址,并应根据具体情况分别注明本站所在地的地理位置,如郊外、乡村、市区、海岛、滨海、集镇、山顶、山腰、河谷、沙漠、草原等;有两种地理位置时,应分别注明,如市区、山顶。

纬度、经度:录入本站所在地的纬度和经度,只填度、分,分值不足十位时,十位应补"0"。

观测平台距地高度:录入观测场距离海平面的高度,以米(m)为单位,取 1 位小数。

气压感应部分拔海高度:动槽式水银气压表,录入水银槽象牙针尖的拔海高度;定槽式水银气压表,录入水银槽盒水平中线的拔海高度;气压传感器,录入传感器的拔海高度。均以米(m)为单位,取 1 位小数。拔海高度未经实测的,其高度值应加括号"( )"。

风速感应器距地(平台)高度:录入风杯或螺旋桨中心距离地面(平台)的高度,以米(m)为单位,取 1 位小数。

观测平台距地高度:录入观测平台面(平台有围墙者,录入平台围墙顶)距离地面的高度,以米(m)为单位,取 1 位小数。无观测平台或观测平台上无测风仪器的,此栏不填。

台(站)长和报表编制人员:台(站)长和担负录入、校对、初算、复算、预算的人员,均应分别签名,以示负责。若用计算机编制月报表,则应署上数据录入、校对、预算(质量检查)和报表打印操作人员的姓名。

2.各项目的录入

人工观测气压(包括本站气压和海平面气压,下同)、气温、湿球温度、水汽压、相对湿度、露点温度、总低云量、云状、云高、能见度、定时降水量、天气现象、蒸发量、雪深和雪压、电线积冰、定时风向风速、地温冻土深度和地面状态等项,均录自观测簿;自记降水量、自记风向风速和日照时数,分别从相应的自记纸上录入。当记录遇有"—"">""<""B""[ ]"等符号时均应照录。下列项目录入时,还应按如下规定进行:

云高:只录实测的云低高度值与其云属简写字母(包括 Fc,Fs,Fn),实测符号"S"补录。

天气现象:按观测簿中天气现象出现顺序和记录的内容录入;但遇同一现象前段的终止时间与后段的开始时间相隔在 15 min 或以内时,则应将此两段的起止时间综合成一段,起止时间用点线连接;若同一现象某两段的相隔时间虽在 15 min 或以内,但其间歇时间却跨在日界两边时,则起止时间照录,不必进行综合。

雪深和雪压:录雪深和雪压的平均值。

电线积冰:只录每次积冰过程南北、东西两个方向的最大值;若一天中出现两次或以上积冰过程,则只录质量值(或直径与厚度之和)最大的一次积冰过程南北、东西两个方向的最大值。

一次积冰过程最大值的挑选方法:按南北、东西方向分别挑取;凡有质量记录时,则从该次过程的各次记录中挑取一个质量值最大者,并同时录入该次测量的直径、厚度值和现象符号、气温、风向、风速;一次过程中,若无质量记录,则从该次过程的各次记录中挑取一次"直径与厚度之和"总值最大者,并同时录入该次测量的现象符号、气温、风向、风速。若两个方向上的最大值出现在同一天的不同观测时间,则气温、风向、风速栏只录其中质量值(或直径与厚度之和)最大的一个最大值对应的气温、风向、风速记录。现象符号系录入该次积冰过程的冻结物符号,从观测簿电线积冰"记事"栏中摘入。

某次积冰过程至月末尚未结束,则该次积冰过程的最大值,按上述原则从本月内已测得的各次记录中挑取;同样,下月该次积冰过程的最大值,亦按上述原则在下月内的各次记录中挑取。

冻土深度:按观测簿记录顺序,记录第一、二栏冻土深度的上限值和下限值;第三栏冻土深度的上限值和下限值,录入纪要栏。

海平面气压:编发 2 时、8 时、14 时、20 时四次天气报且报文中编有海平面气压的气象站才录入。

某项目因无仪器(或仪器收回、停用期间)而未进行观测时,则有关各栏空白。

无降水、风向风速自记仪器的台站,自记降水量和 10 min 平均风向风速两页(一张)可以从月报表中撤去。

8 时至次日 8 时降水量:录入该日 8 时以后至次日 8 时以前的降水总量(包括跨月)。

风向应按 16 个方位(含静风"C")录入。

3.日极值的挑选

最高、最低气温:从当日最高、最低气温和各定时气温中挑取。

最高、最低本站气压和最小相对湿度:配有自记仪器的,从当日自记纸上录入;无自记仪器的,逐日各栏空白。

最大风速、极大风速及其风向和出现终止时间:配有自记仪器的,从当日自记纸上录入;无自记仪器的,逐日各栏空白。

地表最高、最低温度:从当日地表最高、最低温度和各定时地表温度中挑取。

自动观测项目的日极值从当日各瞬时值中挑取;日极值出现两次或以上时,出现、终止时间任挑一个。

4.天气现象摘要

根据当日天气现象栏记载的内容和顺序,按表7-1-4对应的摘要符号录入。

表7-1-4　天气现象摘要表

现象名称	现象符号	摘要符号	现象名称	现象符号	摘要符号
雨	●		轻雾	≡	≡
阵雨	▽̇	●	露	Ω	Ω
毛毛雨	,		霜	⊔	⊔
雪	✳		雨凇	∾	∾
阵雪	✳̌		雾凇	V	V
霰	⋇	✳	吹雪	✚	✚
米雪	△		雪暴	✛	✛
冰粒	▲		龙卷	)(	)(
雨夹雪	✳		积雪	⊠	⊠
阵性雨夹雪	✳̌	● ✳	结冰	⊔	⊔
冰雹	△	△	尘卷风	⑧	⑧
沙尘暴	⩇	⩇	雷暴	℞	℞
扬沙	$	$	闪电	＜	＜
浮尘	S	S	极光	⋓	⋓
烟幕	┌	┌	大风	ℱ	ℱ
霾	∞	∞	飑	∀	∀
雾	≣	≣	冰针	↔	↔

具体要求如下:

(1)一日中凡有 ● 、▽̇ 、, 其中的一种或几种现象出现时,不论其量大小(包括微量,下同),均摘" ● "符号。

(2)一日中凡有 ✳ 、✳̌ 、⋇ 、△ 、▲ 其中的一种或几种现象出现时,不论其量大小,均摘"✶"符号。

　　(3)一日中凡有✶、❅或其中的一种现象出现时,不论其量大小,均摘"●""✶"符号。

　　(4)一日中凡有✚现象出现时,摘"✚"符号。

　　(5)一日中凡有✛现象出现时,摘"✶""✚"符号。

　　(6)一日中有〓和≡、$和⇆和ᚱ同时出现时,不论连续出现或间断出现,该日均分别对应摘"≡""⇆""ᚱ"符号。

　　(7)一日中单有〓、$、⟨出现时,该日才摘"〓""$""⟨"符号。

　　(8)一日中凡有其他的现象出现时,均摘该现象的摘要符号。

　　5.纪要栏

　　录自观测簿纪要栏。

　　6.本月天气气候概况栏

　　根据本站资料及有关材料,对本月的天气气候概况进行综合分析。内容应重点突出,简明扼要。主要内容有:

　　(1)本月天气气候的主要特征及与历年平均值、极端值的比较。

　　(2)月内出现的主要天气过程,如降水次数、冷空气活动、台风登陆或影响的情况等。

　　(3)本月天气特别是灾害性、关键性天气对工农业生产及人民生活的影响情况。

　　(4)对有些持续时间较长的不利天气(如长期少雨、连阴雨等),应结合前一个月或几个月的情况进行分析。

　　7.备注栏

　　(1)从观测簿备注栏和自记纸备注中,摘入对记录质量有直接影响的原因。

　　(2)定时观测次数,夜间是否守班,2时记录用自记记录代替的项目。

　　(3)不完整记录的统计方法说明。

　　(4)站址迁移、站名改变、经纬度和拔海高度的变更。

　　(5)观测项目、方法和观测仪器的变动情况。

　　(6)仪器性能不良或安装不当,对记录代表性的影响情况。

　　(7)台站周围环境变化情况,包括台站周围建筑物、构筑物、道路、河流、湖泊、树木、绿化、土利利用、耕作制度、距城镇的方位距离等。

模块 2　径流小区监测

2.1　观测作业

2.1.1　径流小区选址、布设要求

2.1.1.1　径流小区选址

径流小区,应选择在地形、坡向、土壤、地质、植被、地下水和土地利用情况有代表性的地段上。坡面尽可能处于自然状态,不能有土坑、道路、坟墓、土堆等影响径流流动的障碍物。径流场的坡面应均匀一致,不能有急转的坡度,植被覆盖和土壤特征应一致。植被和地表的枯枝落叶应保存完好,不应遭到破坏。径流场相对集中,交通便利,以利于进行水文气象观测,同时也利于进行人工降雨试验。对于坡地标准径流小区,一般选取垂直投影长 20 m、宽 5 m、坡度为 5°或 15°的坡面,经耕耙整理后,纵横向平整,至少撂荒 1 年,无植被覆盖。以坡度 15°为准。

径流小区测验,是为了解决大范围水土流失问题,因而规划时既要考虑代表周围环境,还应注意外推到其他地区的可能性;其次要考虑极端状况,如极大、极小坡度试验、极端降水试验等;规划时尽可能保持原有土壤地形等状态。

2.1.1.2　径流小区布设要求

径流小区的布设组成,一般包括边埂、边埂围成的小区、集流槽、径流和泥沙集蓄设备、保护带及排水系统。建立径流小区的目的,是为了收集降雨时小区内产生的径流和泥沙,从而对土壤侵蚀速率作出正确的评价。

1. 径流小区的布设原则

径流小区布设,应选择在不同水土流失类型区的典型地段,使所建径流小区具有比较好的代表性,能够反映监测区水土流失的基本特点;径流小区应尽可能选取或依托各水土流失区已有的水土保持实验站,并考虑观测和管理的方便性;选择布设小区的坡面横向应该平整,坡度和土壤条件均一,以消除土壤、地形地貌等因素对观测结果的影响;在同一流域内布设的小区,应尽量集中,有利于管理和维护。

2. 径流小区的边界

径流小区的边界,包括固定边界与无固定边界两种情况。小区边界的边墙,一般为矩形,高出地面 10~20 cm,埋入地下 30 cm 左右;边墙材料为水泥或金属,水泥板边墙的长度 50~60 cm、高度 40~50 cm、厚度 5~10 cm。边墙埋置结束后应将两侧土壤夯实;水泥板的上缘向小区外倾斜 60°;对于金属板边墙,一般采用厚度 1.2~1.5 mm 的镀锌铁皮。

小区底端(下坡边),由水泥、砖等材料衬砌而成。表面光滑,上缘与小区内地面同高,槽底向下及向中间倾斜;中部由镀锌铁皮或金属管做成的导流管或导流槽与集流桶或

分水箱连接起来。

3. 径流小区的面积

为了提高监测数据的可比性，当分析、研究水土流失区域特征时，必须要使各地的小区大小保持一致，其中的处理措施也应一致。

标准小区，垂直投影长 20 m，宽 5 m，坡度为 5°或 15°，坡面经耕耙整平后，纵横向平整，至少撂荒 1 年，无植被覆盖；无特殊要求时，小区建设的尺寸应尽量参照标准小区的规定确定。

非标准小区，当监测目的是研究某一特定因素对土壤侵蚀的定量影响时可以选用非标准小区，其面积的选取，应根据小区建设的目的要求进行，且应充分考虑坡度、坡长级别、土地利用方式、耕作制度和水土保持措施。

4. 径流小区的集流系统

径流小区的集流系统布设，如图 7-2-1 所示，应考虑的因素有小区面积、降雨特性、土壤入渗性能、地形地貌、产流特征等。

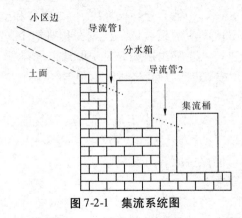

图 7-2-1　集流系统图

集流系统，包括集流桶与排水系统，对微型小区而言，只用集流桶即可收集小区内产生的全部径流和泥沙。

大集流桶内设计小集流桶主要考虑年内降水性质，小集流桶用于收集一年中多数情况下的中雨和小雨；当发生大暴雨时，小集流桶装满径流后，由大径流桶开始收集径流。

5. 径流小区的分流系统

分流系统与集流桶对于面积较大的小区，在发生较大降雨时，产流量较大，收集全部径流是不可取的。这样，在实际工作中常采用分水箱对径流进行分流，仅收集部分径流以供观测和取样。

6. 集流桶安装与排水

为保证小区内径流向集流桶汇集过程为自由出流，必须使小区出流口和集流桶之间有足够的高差，通常可以挖坑以降低集流桶安装处的高程；为保证排水的畅通，需要相应地修建排水系统。即便是集流桶内的径流是用水泵抽出的，由于水流集中，为避免造成新的土壤侵蚀，也应修建排水系统。

分流系统的类型，主要包括分流槽、分水箱等。

分水箱常用厚度为 1.2 mm 的镀锌铁皮或厚度为 2 mm 或 3 mm 的铁板制作而成，见

图7-2-2。黄土高原地区所用的分水箱多为圆形,直径和高度为0.8~1.0 m,分流孔离分水箱底部的高度为0.5 m。分流孔多为直径3~5 cm的圆孔,间距为10~15 cm,为保证分流均匀,分流孔间的距离应该相等。在东北地区也有采用宽2 cm、高5 cm的矩形分流孔的,其功能与圆形分流孔没有差异。分流孔的数目,应根据小区面积大小、设计径流深及集流桶的体积来综合确定,以保证设计径流深条件下分流桶不溢流为基本原则,常见的分流孔数目为5、7、9、11。为防止径流中携带的杂草阻塞导流管,在分水箱内应安装纱网或其他过滤设施,纱网的网眼不能太细,应大于1 cm²,如果过细则会引起水流不畅,导致分水箱溢流。

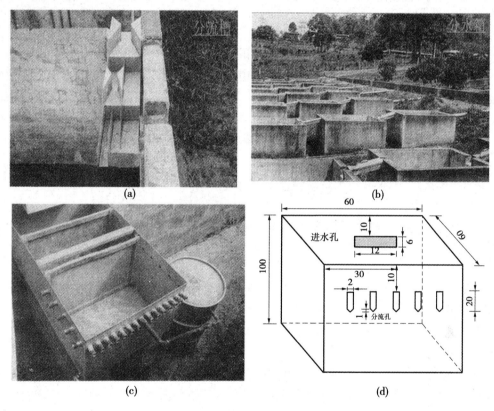

(a)

(b)

(c)

(d)

图7-2-2 分水箱 (单位:cm)

集流桶也常用厚度为1.2 mm的镀锌铁皮和厚度为2 mm或3 mm的铁板制作而成,为了便于搅动径流和泥沙取样,集流桶全为圆形的,尺寸与分水箱相当或略大于分流箱。

在小区下建设大型水池收集径流,是另一种收集径流和泥沙的方法,当小区较大时,泥沙取样的精度不高,同时水池内泥沙的清除难度较大。为防止降水和沙尘直接进入分流箱或集流箱,一般要给分水箱和集流箱安装盖子。分流箱和集流箱的安装,应保持水平。为了排放径流,分流箱和集流箱的底部应开直径为12 cm左右的圆形孔,收集径流时用阀将圆形孔堵住,观测完毕后打开圆孔将径流和泥沙排掉。

2.1.2　水土保持监测设施设备通用技术条件

水土保持监测包括水蚀监测、风蚀监测、重力侵蚀监测、混合侵蚀监测、冻融监测、水土保持措施监测等。

2.1.2.1　水蚀监测设施

1. 径流小区监测设施的技术要求

1）工作环境

径流小区周围应布设步道，以便技术人员观测；若径流小区周围人畜活动频繁，应设防护栏。

2）精度与误差

径流小区面积误差 ±0.1%。分流箱和集流桶（池）基座稳定，且变形小，水平误差±2 mm，容积误差 ±1%。集流桶（池）内径、泥沙测量误差 ±2 mm，雨量观测精度按照《降水量观测规范》（SL 21—2006）规定执行。

3）整体结构

径流小区围埂、集流槽、导流管、分流箱和集流桶（池）等设施应按顺序严密衔接。径流小区周围 30 m 范围内无 6 m 以上的树木和建筑物。分流、集流桶（池）等设施基础坚固，工作期不沉降、无破裂。雨量观测应至少有雨量桶和自记雨量计各一台。

4）外观质量

围埂排列顺直平整，小区标牌明显，桶、盒设备标号清晰准确，集流桶（池）内壁规整、平滑、清洁、无杂物残留。

5）可靠性

径流小区的径流泥沙监测设施应按 50 年一遇暴雨标准设计，投入使用的各类设备，应经常检修，保证监测精度。

2. 小流域控制站监测设施的技术要求

1）工作环境

堰槽法测流设施工作环境应按 SL 24—91 规定执行，断面测流设施工作环境参照 SL 24—91 执行，控制站设施应保证安全可靠，并坚持常年观测。

2）精度与误差

水位观测精度按 GBJ 138—90 的规定执行。径流、泥沙观测精度按 GB 50179—93、GB 50159—92、SL 43—92 的规定执行。样品采集量应大于 1 L，测验精度 ±0.01 g，定容精度 ±0.1 mL。雨量观测精度按 SL 21—90 的规定执行。水质观测取样、处理、分析精度按 SL 219—98 的规定执行。

3）整体结构

控制站测流堰槽设置合理，与上下游河道紧密衔接，结构严谨。观测井、观测桥、推移质测坑与堰槽相互连接，配合紧密。降水观测设施应均匀配置，密度适中。

4）外观质量

测流堰槽及其所有附属设施外观平直、无明显凸凹起伏、无裂缝及破碎。钢结构设施无开裂、无脱漆锈蚀。观测井及廊道无淤积和杂草堵塞。水尺、标桩等标志编号清晰、整洁干净。

5)可靠性

测流堰槽应按50年一遇暴雨标准设计。对流量变幅较大的流域,应设计成复式测流堰槽,以提高测流精度。

2.1.2.2 风蚀监测设施

1．降尘监测设施的技术要求

1)工作环境

一般降尘观测场应设在远离人、畜活动的空旷区,并有固定的标牌,配有必要的生活和工作设施。开发建设区观测场地,应有明显的标识和保护设施,配有固定的步道。

2)设施及量测精度

集尘缸口圆环内径误差±1 mm。根据观测要求及时更换集尘缸,更换时必须替换两个集尘缸,并将缸口封严密,避免异物进入。称量收集的沙尘物质前,应除去树叶、枯枝、鸟粪、昆虫、花絮等干扰物,收集物称重允许偏差±0.01 g。

3)整体结构

观测场各配套设施布设有序,互不干扰,并对大气通行无扰动。固定观测房等建筑物应建在非主风向两侧500 m外。

4)外观质量

集尘缸缸壁应垂直光滑,形状规则,口缘向外倾斜。支架要用油漆漆成蓝色或绿色,质地均匀。

5)材料要求

集尘缸材料以不影响缸内集尘物的化学分析为准,一般为玻璃或陶瓷材料,支架为角铁或木质,围栏用铁丝网围栏,不能影响通风。

6)可靠性

集尘缸及支架质量牢靠并与拉索紧密配合,能够抵抗35 m/s的大风,集尘缸具有耐(+50 ~ -50)℃高低温的性能。

2．风蚀强度监测设施的技术要求

1)工作环境

风蚀强度监测要在固定的监测场所内进行,监测场设有固定的标识。监测场应有固定的建筑设施,供存放设备及观测人员居住、测量、分析、化验之用,有固定的步行道,便于通行。工程建设项目监测区应有明显标牌和保护设施。

2)量测精度

集沙仪的集沙效率必须在标定后使用,集沙仪进沙口面积误差±0.1%,高度误差±0.5 cm,沙物质收集器应透气、不漏沙,每次观测后,应仔细清理出收集袋中的沙土,称重精度为±0.01 g。插钎和风蚀桥法测量精度为±1 mm。

3)整体结构

观测场内设施布设有序,互不影响。集沙仪底面与监测场地面紧密接触,稳定牢固。测钎与风蚀桥一般插入地面10 ~ 15 cm。插入时,既要防止对地面的破坏,又要防止风蚀桥对气流的影响。

4)外观质量

集沙仪表面光滑,旋转式集沙仪转动灵活,多路集沙仪隔挡牢固。测钎顺直光滑,无弯曲和折痕,测片配套合理。风蚀桥面板与地面平行,面板刻有 10 cm 宽度的控相间距,支柱可靠牢固。防护围栏为方形或圆形,布设以不影响气流为原则。

5)材料要求

集沙仪、测钎、测片和风蚀桥一般用金属制作,抗弯曲,变形小,耐磨蚀。

6)可靠性

各种设施应稳定,避免大风刮跑。

2.1.2.3　滑坡监测设施

滑坡监测设施应符合下列技术要求:

1. 工作环境

滑坡监测设备及监测人员应在安全环境下工作。

2. 量测精度

距离测量误差 ±50 mm,高度测量误差 ±1 mm,方位角测量误差 ±0°00′01″。卡规量测误差为 ±0.1 mm。

3. 整体结构

监测场排桩或标桩布设密度、位置与移动体相适应,水泥贴片配置牢靠。

4. 外观质量

监测场和建筑物布置的排桩、标桩、水泥贴片等设施应规律有序,标记明显。

5. 可靠性

必须经常巡视检查,汛期每周观测一次,非汛期可以 1~2 月或一季度观测一次,活动剧烈期每天观测一次。监测场地若有地表水汇集或地下水出露,应同时观测地表水活动与入渗和出露地下水流量、水质变化。

2.1.2.4　泥石流监测设施

泥石流监测设施应符合下列技术要求:

1. 工作环境

泥石流监测场必须有安全设施、观测通道和明显标志。

2. 观测精度

标尺测量误差 ±0.1 m,泥位仪测定误差 ±5%,容重测定误差 ±2%,流速量测误差为 ±0.2 m/s。

3. 整体结构

监测设施与设备配置严密可靠,设备应便于安装调试、携带、维修,易损件容易更换。

4. 材料

缆道的基座为钢筋混凝土结构,塔架、地锚和索等结构为钢结构。

5. 可靠性

监测设施必须安全可靠,能够连续工作一个汛期。采用自记监测设备应满足长期无人看守工作条件下可靠工作。

2.1.2.5　寒冻剥蚀监测设施

寒冻剥蚀监测设施应符合下列技术要求：

1. 工作环境

观测场地观测面不受周围局部地形影响，避免人为活动影响和洪水、泥石流等灾害威胁，应有巡视、观测道路及爬高设施。

2. 观测精度

测钎网设置后，观测时用钢丝连接，量测控相距 10 cm，测量误差 ±1 mm，用围栏收集法全部称重，精度 ±1.0 g，面积量算误差 ±1%。

3. 整体结构

观测场整体布局紧凑，尽量互相靠拢。每一观测场，坡面与坡脚设施配套，相互校验。

4. 外观质量

观测场应采用自然坡面，一般无须修整，并设置警示牌保护。

2.1.2.6　热融滑塌监测设施

热融滑塌监测设施应符合下列技术要求：

1. 工作环境

热融滑塌观测期为 5~9 月，监测场应保障安全、交通便利，分析处理场应有水电设施。

2. 观测精度

标桩位置精度 ±1 cm，位移误差 ±1 cm，高度误差 ±1 mm，温度观测精度 ±0.1 ℃。

3. 整体结构

各个观测场排列有序，设施严谨，定位准确。

4. 外观质量

监测场保持自然坡面，无须修整，并设置保护栏。

2.1.3　径流小区观测内容、指标、方法

径流小区观测的主要内容，包括降雨观测、径流观测、泥沙观测以及其他观测。

2.1.3.1　降雨观测

径流场须设置一台自记雨量计和一台雨量筒，相互校验，若径流场分散，可适当增加雨量筒数量。降雨观测，是在降雨日按时（早 8 时，或晚 6 时）换取记录纸，并相应量记雨量筒的雨量。

用雨量计观测，主要仪器有雨量筒、虹吸式雨量计、翻斗式雨量计。

观测方法有：

（1）普通雨量计。检查储水瓶，如有雨水，倒入雨量筒中测量，并在降雨观测记录表中做准确记录。每次降雨过后，应及时测量，尽量减少蒸发，如图 7-2-3 所示。

（2）自记雨量计。如果前一天没有降雨，用注入少量清水的方法，使自记雨量计的指针上调一格（1 mm），手动旋转自记钟，调整指针指向正确的时间，见图 7-2-4。在连续没有降雨的情况下，一张自记纸可以连续使用 7 d。

如果前一天有降雨，更换自记纸。新的自记纸更换前需要填写观测日期、初算人等相

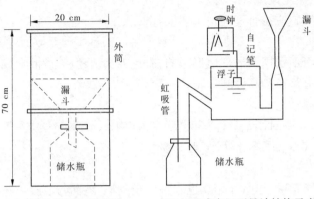

(a)雨量筒结构示意图　　　(b)虹吸式自记雨量计结构示意图

图 7-2-3　径流小区观测布置示意图

图 7-2-4　自记雨量计图

应项目。换下的自记纸应及时填写取纸日期,带回室内初算雨量,并于自记纸和观测记录本上各记录一份,且应妥善保存。

2.1.3.2　径流观测

每场降雨后应观测小区径流量,并取泥沙样,清洗分水箱和集流桶。观测方法可根据径流场可能产生的最大、最小流量选定,一般常用的方法有体积法、量水计法、溢流堰法、混合法。

观测仪器有水尺、浮子式水位计、超声波水位计、量水计、分水箱等。量水设备为集流箱或集流池时,产流结束后,可直接量水,根据事先确定的水位—容积曲线推求径流总量。量水设备有分流箱时,要用分水系数和分水量推求径流总量,当分流一次时,径流总量 = 分水量×分水系数 + 分水容积;当分流数次时,可依次从最后的分水量逐级推求,即:径流总量 = 分水量×分水系数 1×分水系数 2×… + 分水箱容积。

准备工作:取样前,准备好取样瓶、米尺、扳手、铁锹、舀子、笔、记录表等,放入工具篮中,带至小区。

取样步骤如下:

(1)首先对照记录表填写好小区号、观测日期、观测人等项目,然后按照以下步骤进行取样。

(2)检查小区、分水箱、集流桶等是否有异常现象,主要侧重于有无溢流、严重淤积及分流孔堵塞等现象发生,若有情况,做好相应的记录。

（3）对照记录表填好集流桶号，打开桶盖，将米尺垂直放入桶中至桶底，读取水面所在刻度值，填入记录表中。每个集流桶，应在不同位置测量水深4次。

（4）用铁锹搅动集流桶中的泥水，使泥沙与水充分混合达到均匀，用舀子取样，装入取样瓶中，记录瓶号。每个集流桶内取样两个。

（5）打开集流桶底阀，然后一边搅动，一边放出泥水，最后用清水将集流桶冲洗干净。

（6）拧紧底阀，盖好桶盖，进入下一个小区的取样工作。

（7）每次产流后，应及时检查分水箱的分流孔，发现有淤泥时应及时清理，不能影响出水。

当集流系统仅为集流桶，没有分流箱时，径流泥沙体积计算如下：

$$R = \frac{1}{4}\pi \cdot r^2 \cdot h \tag{7-2-1}$$

式中　　R——径流泥沙体积，m^3；

　　　　r——集流桶的半径，m；

　　　　h——集流桶内径流泥沙混合溶液的深度，m。

当集流系统由一个分流箱和集流桶组成时，径流泥沙体积计算如下：

$$R = \frac{n_1}{4}\pi \cdot r^2 \cdot h \tag{7-2-2}$$

式中　　n_1——分流箱分流孔的数目；

　　　　其他符号意义同前。

当集流系统由两个分流箱和集流桶组成时，径流泥沙体积计算如下：

$$R = \frac{n_1 \cdot n_2}{4}\pi \cdot r^2 \cdot h \tag{7-2-3}$$

式中　　n_2——第二个分水箱的分流孔数目，当分流箱为多个级别时，其径流量的计算方法，依此类推。

当泥沙浓度不大时，上述方法获得的水沙混合物的体积，即可近似为小区径流量。

当侵蚀剧烈，集流桶内泥沙淤积厚度较大时，应相应地扣除泥沙所占的体积。

在径流深度量测时，可以先用铁锹将集流桶内沉积的泥沙摊平，然后测定径流深度，测定时应注意用力分寸，使水尺接触到泥沙即可，为避免泥沙的高低不平，径流测定应在不同位置进行，最后取其平均值。

对于以蓄水池为径流收集系统的小区，因为一般蓄水池较大，采用搅拌的方法取样难度较大，其代表性较差。

可以考虑先沉积泥沙摊平，等泥沙沉降后，在不同位置量测径流深度，等取样完成以后让蓄水池中的水沙混合物沉积几天，然后将上面的清水用水泵或虹吸法抽出，进一步量测泥沙量。

当研究目的与降雨的次数有关时，测定完径流、取完泥沙样以后，应及时将蓄水池中的泥沙清理掉，避免对下次测定造成误差。

2.1.3.3　泥沙观测

在降水结束、径流终止后应立即观测，首先将集流槽中泥、水扫入集流箱中，然后搅拌均匀,在箱(池)中采取柱状水样 2~3 个(总量在 1 000~3 000 cm³),混合后从中取出 500~1 000 cm³ 水样,作为本次冲刷标准样。若有分流箱,应分别取样,各自计算。含沙量的求取,是将水沙样静置 24 h,过滤后在 105 ℃下烘干至恒重,再进行计算。

泥沙的取样方法最为常见的是在观测室蓄水池或流水中人工取样,或利用泥沙自动取样测定含沙量。取样器可以采用瓶式或其他形式。用体积法观测径流时可在雨后一次取样,取样前先测定蓄水池中的泥水总体积,然后对泥水进行搅拌,分层取样。取样后在室内过滤、烘干、称重,计算泥沙含量。

或按径流观测中小区取样完毕,将样品带回室内按照以下步骤进行处理:

(1)转移:将取样瓶内的水沙样摇动数次,让水沙充分混合,然后将 500 mL 左右的水沙样倒入铝盒中,用清水冲洗量筒,使筒内泥沙全部倒入铝盒,同时在径流观测记录表中记录相应的铝盒编号。

(2)沉淀:静置铝盒数小时,使泥沙沉淀,然后倒掉铝盒上部的清水,再沉淀,再倒掉上部清水,注意不要倒掉泥沙。

(3)烘干:把铝盒放入烘箱,在 105 ℃下烘干 8 h。关闭烘箱电源,冷却 0.5 h。

(4)称量:取出铝盒,用电子天平依次称量,在记录表中做好相应的记录。

(5)将取样瓶、铝盒清洗干净妥善摆放。

泥沙量计算包括泥沙重、含沙量和泥沙总重。

泥沙重 G:
$$G = G_T - G_H \tag{7-2-4}$$

含沙量 $\alpha(\text{g/mL})$:
$$\alpha = \frac{G}{500} \tag{7-2-5}$$

泥沙总重 $S_T(\text{kg})$:
$$S_T = 1\ 000\alpha \cdot R \tag{7-2-6}$$

2.1.3.4　其他观测

径流小区观测还包括覆盖度、土壤水分、径流冲刷过程等观测。覆盖度测量方法同林分调查,土壤水分观测,一般为每 5 天,或每 10 天定时观测各层土壤水分,降水后需要加测,即从降雨后第 1 日起,逐日观测,到基本接近常值为止。

为了了解径流冲刷过程,还需进行径流冲刷观测,观测时,除用特制的仪器外(如戽斗式流量仪),还需在现场观测径流填注时间、坡面流动形式、侵蚀开始时间、细沟形式、浅沟出现的时间、部位等,也可用拍摄照片进行记录。

2.2　数据记录与整编

2.2.1　降雨、径流、泥沙、土壤水分的相互关系

降雨是指固态水,在重力作用下,克服空气阻力,从空中降落到地面的现象。水汽分子凝结成小水滴后聚集成云。小水滴继续吸附水汽,并受气流涡动作用,相互碰撞结合成大水滴,直到其重量超过上升气流顶托力时则下降成雨。水汽在上升过程中,因周围气压逐渐降低,体积膨胀,温度降低而逐渐变为细小的水滴或冰晶漂浮在空中形成云,当云滴增大到能克服空气的阻力和上升气流的顶托,且在降落时不被蒸发掉才能形成降水。水

汽分子在云滴表面上的凝聚,大小云滴在不断运动中的合并,使云滴不断凝结(或凝华)而增大。云滴增大为雨滴、雪花或其他降水物,最后降至地面。人工降雨是根据降水形成的原理,人为地向云中播撒催化剂促使云滴迅速凝结、合并增大,形成降水。产生降水的主要过程有:①天气系统的发展,暖而湿的空气与冷空气交汇,促使暖湿空气被冷空气强迫抬升,或由暖湿空气沿锋面斜坡爬升。②夏日的地方性热力对流,使暖湿空气随强对流上升形成小型积雨云和雷阵雨。③地形的起伏,使其迎风坡产生强迫抬升,但这是比较次要的因素。多数情况下,它和前两种过程结合影响降水量的地理分布。

径流是大气降水形成的,并通过流域内不同路径进入河流、湖泊或海洋的水流。习惯上也表示一定时段内通过河流某一断面的水量,即径流量。按降水形态分为降雨径流和融雪径流。按形成及流经路径分为生成于地面、沿地面流动的地面径流;在土壤中形成并沿土壤表层相对不透水层界面流动的表层流,也称壤中流;形成地下水后从水头高处向水头低处流动的地下水流。径流是引起河流、湖泊、地下水等水体水情变化的直接因素。其形成过程是一个从降水到水流汇集于流域出口断面的整个过程。降雨径流的形成过程包括降雨、截留、下渗、填洼、流域蒸散发、坡地汇流和河槽汇流等。融雪径流的形成需要有一定的热量,使雪转化为液体。在融雪期间发生降雨,就会形成雨雪混合径流。影响径流的因素有降水、气温、地形、地质、土壤、植被和人类活动等。

降水是径流形成的首要环节,降在河槽水面上的雨水可以直接形成径流,流域中的降雨如遇植被,要被截留一部分,降在流域地面上的雨水渗入土壤,当降雨强度超过土壤渗入强度时产生地表积水,并填蓄于大小坑洼,蓄于坑洼中的水渗入土壤或被蒸发。坑洼填满后即形成从高处向低处流动的坡面流。坡面流里许多大小不等、时分时合的细流(沟流)向坡脚流动,在降雨强度很大和坡面平整的条件下,可成片状流动。从坡面流开始至流入河槽的过程称为漫流过程。河槽汇集沿岸坡地的水流,使之纵向流动至控制断面的过程为河槽集流过程。自降雨开始至形成坡面流和河槽集流的过程中,渗入土壤中的水使土壤含水量增加并产生自由重力水,在遇到渗透率相对较小的土壤层或不透水的母岩时,便在此界面上蓄积并沿界面坡向流动,形成地下径流(表层流和深层地下流),最后汇入河槽或湖、海之中。在河槽中的水流称河槽流,通过流量过程线分割可以分出地表径流和地下径流。从降雨到达地面至水流汇集、流经流域出口断面的整个过程,称为径流形成过程。径流的形成是一个极为复杂的过程,为了在概念上有一定的认识,可把它概化为两个阶段,即产流阶段和汇流阶段。

(1)产流阶段。当降雨满足了植物截留、洼地蓄水和表层土壤储存后,后续降雨强度又超过下渗强度,其超过下渗强度的雨量,降到地面以后,开始沿地表坡面流动,称为坡面漫流,是产流的开始。如果雨量继续增大,漫流的范围也就增大,形成全面漫流,这种超渗雨沿坡面流动注入河槽,称为坡面径流。地面漫流的过程,即为产流阶段。

(2)汇流阶段。降雨产生的径流,汇集到附近河网后,又从上游流向下游,最后全部流经流域出口断面,叫作河网汇流,这种河网汇流过程,即为汇流阶段。

土壤水,主要来源于大气降水和灌溉水,此外,还有地下水上升和大气中水汽的凝结部分。土壤水是植物吸收水分的主要来源,另外植物也可以直接吸收少量落在叶片上的水分。土壤中水分由于受到重力、毛管引力、水分子引力、土粒表面分子引力等各种力的作用,形成不同类型的水分并反映出不同的性质。其中,固态水,是土壤水冻结时形成的冰晶;汽态水,存在于土壤空气中;束缚水,包括吸湿水和膜状水;自由水,包括毛管水、重力水和地下水。土壤水存在于土壤孔隙中,尤其是中小孔隙中,大孔隙常被空气所占据。穿插于土壤孔隙中的植物根系从含水土壤孔隙中吸取水分,用于蒸腾。土壤中的水气界面存在湿度梯度,温度升高,梯度加大,因此水会变成水蒸气蒸发逸出土表。蒸腾和蒸发的水加起来叫作蒸散,是土壤水进入大气的两条途径。表层的土壤水受到重力会向下渗漏,在地表有足够水量补充的情况下,土壤水可以一直入渗到地下水位,继而可能进入江、河、湖、海等地表水。

坡面径流的形成,是降水与下垫面因素相互作用的结果,降水是产生径流的前提条件,降水量、降水强度、降水历时、降水面积等对径流的形成产生较大的影响。由降水而导致径流的形成可以分为蓄渗阶段和坡面漫流阶段。分散的地表径流亦可称为坡面径流,它的形成分两个阶段,一是坡面漫流阶段,二是全面漫流阶段。漫流开始时,并不是普及整个坡面,而是由许多股不大的彼此时合时分的水流所组成的,径流处于分散状态,流速也较缓慢;当降雨强度增加,漫流占有的范围较大,表层水流逐渐扩展到全部受雨面时,就进入到全面漫流阶段。最初的地表径流冲力并不大,但当径流顺坡而下,水量逐渐增加,坡面糙率随之减小,使流速增大,就增大了径流的冲力,这也是坡地流水作用分带性产生的机制,终将导致地表径流的冲力大于土壤的抗蚀能力时,也就是地表径流产生的剪切应力大于土壤的抗剪应力时,土壤表面在地表径流的作用下产生面蚀。虽然层状面蚀也可能发生,但因自然界完全平坦的坡面很少,而地表径流又常常稍行集中之后,才具有可以冲动表层土壤的冲力,因此由地表引起的面蚀,主要是细沟状面蚀。

坡面侵蚀过程:坡面水流形成初期,水层很薄,速度较慢,但水质点由于地表凸起物的阻挡,形成绕流,流线相互不平行,故不属层流。由于地形起伏的影响,往往处于分散状态,没有固定的路径,在缓坡地上,能量不大,冲刷力微弱,只能较均匀地带走土壤表层中细小的呈悬浮状态的物质和一些松散物质,即形成层状侵蚀。但当地表径流沿坡面漫流时,径流汇集的面积不断增大,同时又继续接纳沿途降雨,因而流量和流速不断增加。到一定距离后,坡面水流的冲刷能力便大大增加,产生强烈的坡面冲刷,引起地面凹陷,随之径流相对集中,侵蚀力变强,在地表上会逐渐形成细小而密集的沟,称细沟侵蚀。最初出现的是斑状侵蚀或不连续的侵蚀点,以后互相串通成为连续细沟,这种细沟沟形很小,且位置和形状不固定,耕作后即可平复。细沟的出现,标志着面蚀的结束和沟道水流侵蚀的开始。坡面降水经过复杂的产流和汇流,顺坡面流动,水量增加、流速加大,出现水流的分异与兼并,形成许多切入坡面的线状水流,称为股流或沟槽流。水流的分异与兼并是地表非均匀性和水流能量由小变大,共同造成的。

泥沙现象,是指地面径流侵蚀流域地表造成水土流失,或河道河槽侵蚀造成的河底河岸冲刷,随水流运动的泥沙,又称固体径流。河流泥沙的来源,主要有流域侵蚀和河槽冲刷两个方面:

(1)流域侵蚀。降水形成的地面径流,侵蚀流域地表,造成水土流失,挟带大量泥沙直下江河。流域地表的侵蚀程度,与气候、土壤、植被、地形地貌及人类活动等因素有关。如若流域气候多雨、土壤疏松、植物覆被差、地形坡陡以及人为影响如毁林垦地现象严重等,则流域地表的侵蚀就较严重,进入江河的泥沙量就多。

(2)河槽侵蚀。主要是指河底冲刷与河岸冲刷。河道水流在向下游运动过程中,沿程要不断地冲刷当地河床和河岸,以补充水流挟沙的不足。从上游河槽冲刷而来的这部分泥沙,随同流域地表侵蚀而来的泥沙一道,构成河流输移泥沙的总体,除部分可能沉积到水库、湖泊或下游河道外,大部分将远泄千里而入海。

含沙量随时间而变化,一年中最大含沙量出现在汛期,最小含沙量出现在枯水期。在一次洪水过程中,最大含沙量称沙峰。沙峰不一定与洪峰同时出现,一年中首场洪水沙峰常比洪峰出现早,以后则可能同时出现,也可能滞后于洪峰。

2.2.2　径流小区监测报告的主要内容

径流小区监测报告的主要内容,包括小区基本情况,水土保持监测目的、依据及监测时段,检测内容、时段及监测原则、方法,水土保持效益监测,水土流失防治的经验和特点,项目综合评价及建议等 6 项内容。径流小区监测记录表见表 7-2-1。

表 7-2-1　×××监测站径流小区监测记录表

测定时间:　　　年　　月　　日　　　　　　　　　　　　　　　　区号:

小区面积	m²	平均坡度	度	实施措施		覆盖率	%
承水槽面积	m²	蓄水桶面积	m²	分水箱面积	m²	分水孔数	个
降雨时间						降雨历时	min
降雨量	mm	最大 30 min 雨强	mm/h	最大 60 min 雨强	mm/h	平均雨强	mm/h
蓄水桶水深	mm	分水箱水深	mm	泥水总量	L	取样瓶号	
取样瓶重	g	泥水 + 瓶重	g	泥水重	g/L	泥水样体积	L
滤纸 + 湿泥重	g	滤纸 + 干泥重	g	净泥率	g/L	净水率	g/L
净泥量	g		g	径流量	mm	侵蚀量	kg/hm²
侵蚀模数	t/(km²·a)						
备注							

模块 3 控制站观测

3.1 观测作业

3.1.1 水位计通用技术条件

《水位计通用技术条件》(SL/T 243—1999)规定了各种类型水位测量仪器(简称水位计)的通用条件,适用于各种工作原理的水位计。

水位计按传感器工作原理分为水尺(包括电子式)、悬锤式、测针式、浮子式、压力式、超声波式、其他形式。水位计按输出记录方式分为人工观读、模拟记录、数字显示、打印、固态储存、有线无线远传、其他形式及各种方式的组合。

3.1.1.1 基本参数

水位计的测量范围分挡如下:0~0.4 m、0~1.0 m、0~2.0 m、0~4.0 m、0~8.0 m、0~10.0 m、0~20.0 m、0~40.0 m、0~80.0 m、0~100.0 m。

水位计的分辨力分挡如下:0.1 m、0.2 m、0.5 m、1.0 m。

普通型水位计的水位变率应不低于 40 cm/min,特殊型水位计的水位变率应不低于 100 cm/min。

水位计的记录周期按下列分挡:日记、周记、月记、季记、半年记和年记。

定时段采样记录的水位计,可在 3 min、5 min、6 min、10 min、15 min、30 min、60 min 及从 60 min 的整数倍中选取记录时段,并确定相应的记录周期。

工作环境温度为 -10 ~ +50 ℃(水不结冰)。

工作环境相应湿度≤95%(40 ℃时)。

3.1.1.2 准确度要求

水位计的准确度按其测量误差的大小分为四级。其置信水平应不小于95%,允许误差见表 7-3-1。

表 7-3-1 水位计准确度等级允许误差

准确度等级	允许误差	
	水位变幅≤10 m	水位变幅 >10 m
0.3	±0.3 cm	—
1	±1 cm	≤全量程的 0.1%
2	±2 cm	≤全量程的 0.2%
3	±3 cm	≤全量程的 0.3%

水位计的灵敏阀不应超出表 7-3-2 的要求。

表 7-3-2 灵敏阀 （单位：mm）

准确度等级	0.3	1	2	3
灵敏	≤0.1	≤3	≤6	≤8

回差应小于水位计准确度的 1.5 倍，重复性误差应小于水位计准确度的 0.5 倍，再现性误差应小于水位计准确度的 2 倍，计时装置的准确度按其计时的误差分为精密级和普通级两种，见表 7-3-3。计时装置的连续工作时间应符合表 7-3-4 的要求。

表 7-3-3 计时装置准确度允许误差 （单位：min）

准确度等级		允许误差（周期）					
		日记	周记	月记	季记	半年记	年记
石英钟	精密	±0.5	±2	±4	±9	±12	±15
	普通	±3	±5	±15	—	—	—
机械钟		—	±5	±10	±30	—	—

表 7-3-4 计时装置的连续工作时间 （单位：d）

记录周期	日记	周记	月记	季记	半年记	年记
连续工作时间	≥1.5	≥8	≥35	≥100	≥200	≥400

3.1.1.3 电性能要求

工作电源：水位计可选用直流和交流两种工作电流，优先选用直流电源。选用交流电源时应有备用直流电源，并能实现交直流自动切换。

（1）直流电源优选可充电蓄电池，其电压为 6 V、12 V、24 V，优选 12 V，允许偏差 ±15%，电池容量必须大于水位计在规定运行周期内和恶劣条件下所消耗电量的两倍。

（2）交流电源为 220 V，允许偏差 ±10%，频率 50 Hz。使用石英自记钟的干电池电压为 1.5 V、3 V。

绝缘电阻：传感器信号线之间的开路电阻应不小于 5 MΩ，机壳与交流电源线之间的绝缘电阻应不小于 1 MΩ。

信号接口传感器：数字量为全量型格雷码或 BCD 码，以并行或串行编码输出，也可为增量型脉冲输出；模拟量为(0~100)mV、(4~20)mA 或(1~5)V 输出。

记录或远程装置：RS-232C、RS-485 或音频调制信号接口及其他标准信号接口。

传感器与记录或远传装置之间的传输电缆的允许长度应不小于 100 m。水位计应具有较强的抗电磁干扰和避雷性能。

3.1.1.4 整机结构要求

水位计整机结构应便于安装、调试、运输、使用、维修、更换易损耗件（干电池、记录纸、笔等）。工作于水下环境中的传感器，其部件、线缆及接头等应能承受其规定工作水深相适应的水压力的 1.5 倍,并能具有良好的密封性能及抗腐蚀性能。记录或远传装置应有防潮、防尘、防烟雾、防雷击等措施。包装好的水位计应能承受运输过程中的冲击和跌落。

3.1.1.5 外观质量要求

水位计外表应美观、清洁、无污物;观读的透视窗应清晰、无划痕;表面的涂镀层应牢固、均匀,不应有脱落、划伤、锈蚀等缺陷。

3.1.1.6 材料要求

零件应优先选用耐腐蚀、耐磨损、耐老化材料制作,若用其他材料则应做表面涂镀处理;接触水体的信号传导零部件应用防腐蚀、防氧化、信号传导特性好的材料制作;悬索应采用性能稳定、线胀系数小、耐腐蚀的材料制作。

3.1.1.7 可靠性要求

编码输出的水位计其误码率应小于 1×10^{-5}。水位计平均无故障工作时间($MTBF$)见表 7-3-5。

表 7-3-5　水位计平均无故障工作时间($MTBF$)

记录周期	日记	月记	季记
$MTBF$(h)	≥8 000	≥10 000	≥16 000

3.1.2 水位观测规范

《水位观测标准》(GB/T 50138—2010),是根据原建设部《关于印发〈2006 年工程建设标准规范制订、修订计划(第一批)的通知〉》(建标〔2006〕77 号)的要求,由水利部长江水利委员会水文局会同有关单位完成的。

《水位观测平台技术标准》(SL 384—2007)是根据水利部水利行业标准制订计划,按照《水利技术标准编写规定》(SL 1—2002)的要求编制的。

自记水位计观测水位,要求每场暴雨进行一次校核和检查。水位变化平缓、质量较好的自记水位计,可以适当减少校测和检查次数。

人工观测,宜每 5 min 观测记录一次,短历时暴雨应每 2～3 min 观测记录一次。

3.1.3 水工建筑物与堰槽测流规范

《水工建筑物与堰槽测流规范》(SL 537—2011)于 2011 年 4 月 12 日发布,2011 年 7 月 12 日实施。被替代标准有 SL 20—1992、SL 24—1991、SD 174—1986。本标准适用于各类河流、湖泊、水库等站的流量测验工作,并适用于水利工程、灌区水量调度、水资源分配、引排水等渠道水量监测,亦适用于水文调查流量推算,水文实验站、自动监测站等的流量测验。本标准适用于水文测站洪水、枯水等常规流量测验,适用于测站受工程及人类活动影响情况下的流量测验。

中华人民共和国水利行业标准《水工建筑物与堰槽测流规范》(SL 537—2011)共 7 章 34 节 196 条和 11 个附录,主要技术内容有水工建筑物测流的内容、方法和技术要求,测流堰测流的内容、方法和技术要求，测流槽测流的内容、方法和技术要求，末端深度法测流的内容、方法和技术要求，比降面积法测流的内容、方法和技术要求。

《水工建筑物与堰槽测流规范》(SL 537—2011)目录如下：

1　总则

2　术语与符号

　2.1　术语

　2.2　常用符号

3　水工建筑物测流

　3.1　一般规定

　3.2　测验设施布设与观测

　3.3　流量系数率定、综合和检测

　3.4　堰流流量推算

　3.5　孔流流量推算

　3.6　隧、涵洞流量推算

　3.7　水电站和泵站流量推算

　3.8　水工建筑物流量测验不确定度估算

4　测流堰测流

　4.1　一般规定

　4.2　测流堰的设置与水头测量

　4.3　薄壁堰

　4.4　宽顶堰

　4.5　测流堰单次流量测验的不确定度估算

5　测流槽测流

　5.1　一般规定

　5.2　矩形长喉道槽

　5.3　梯形长喉道槽

　5.4　U 形长喉道槽

　5.5　巴歇尔槽

　5.6　孙奈利槽

　5.7　测流槽测流单次流量测验不确定度估算

6　末端深度法测流

　6.1　一般规定

　6.2　末端水深测量

　6.3　流量计算

7　比降面积法测流

　7.1　一般规定

　7.2　河段选择

　7.3　断面布设

3.1.4　河流悬移质泥沙测验规范

《河流悬移质泥沙测验规范》(GB 50159—1992)由国家技术监督局和建设部联合发布。本规范适用于国家基本泥沙站、水文实验站和专用站的悬移质泥沙测验。水利部黄河水利委员会水文局负责主编,会同有关单位共同编制而成。

《河流悬移质泥沙测验规范》的主要内容如下:

第一章　总则

第二章　悬移质测验仪器的选择和操作要求

　第一节　仪器的技术要求

　第二节　不同悬移质测验仪器的使用条件

　第三节　仪器的操作要求

第三章　悬移质输沙率及颗粒级配测验

　第一节　一般规定

　第二节　悬移质输沙率及颗粒级配的测次分布

　第三节　悬移质输沙率的测验方法

　第四节　悬移质输沙率颗粒级配的取样方法

　第五节　相应单样的采取

　第六节　沙质河床用间接法测定全沙输沙率

　第七节　误差来源及控制

第四章　单样含沙量测验

　第一节　一般规定

　第二节　单样含沙量测验的测次分布

　第三节　单样颗粒级配的测次分布

　第四节　单样含沙量的测验方法

　第五节　单样含沙量的停测和目测

　第六节　误差来源及控制

第五章　高含沙水流条件下的泥沙测验

　第一节　含沙量及颗粒级配测验

　第二节　流变特性的测定

　第三节　泥石流、浆河、"揭河底"观测

第六章　悬移质水样处理

　第一节　一般规定

3.1.5　水土保持监测技术规程

《水土保持监测技术规程》（SL 277—2002）自 2002 年 10 月 1 日起实施。由水利部水土保持司和水利部水土保持监测中心联合发布。

制定《水土保持监测技术规程》（SL 277—2002）的主要依据是《中华人民共和国水土保持法》《中华人民共和国水土保持法实施条例》和水利部第 12 号令《水土保持生态环境监测网络管理办法》。

《水土保持监测技术规程》（SL 277—2002）主要包括以下内容：

——水土保持监测网络的组成、职责和任务，监测站网布设原则和选址要求；

——宏观区域、中小流域和开发建设项目的监测项目和监测方法；

——遥感监测、地面观测和调查等不同监测方法的使用范围、内容、技术要求，以及监测数据处理、资料整编和质量保证的方法；

——不同开发建设项目水土流失监测的监测项目、监测时段确定和监测方法；

——有关内容的条文说明。

本规程 3.1.1 条、3.2.1 条、3.2.2 条、4.1.3 条、4.10.2 条、5.2.1 条、5.2.2 条、5.2.4 条、7.1.2 条、7.2.2 条为强制性条文，规程文本中用黑体字表示。

《水土保持监测技术规程》(SL 277—2002)主要内容目次表如下：

1　总则

2　监测站网

　2.1　监测站网职责和任务

　2.2　监测点布设原则和选址要求

3　监测项目与监测方法

　3.1　区域监测

　3.2　中小流域监测

　3.3　开发建设项目监测

4　遥感监测

　4.1　一般规定

　4.2　前期准备

　4.3　遥感信息处理

　4.4　遥感图像解译

　4.5　面积量算与汇总

　4.6　质量控制

　4.7　成果目录

　4.8　检查与验收

　4.9　资料整理

　4.10　上报时限和程序

5　地面观测

　5.1　适用观测项目

　5.2　水蚀观测站点布设

　5.3　水蚀小区观测

　5.4　水蚀控制站观测

　5.5　风蚀观测

　5.6　滑坡和泥石流监测

6　调查

　6.1　询问调查

　6.2　收集资料

　6.3　典型调查

　6.4　普查

　6.5　抽样调查

　6.6　数据处理和资料整汇编

7　开发建设项目水土保持监测

　7.1　监测内容与原则

　7.2　监测项目、时段与方法

　7.3　地面观测

7.4　调查监测

附录 A　土壤侵蚀面积统计表

附录 B　土壤侵蚀面积动态变化

附录 C　水土保持公众参与调查表

附录 D　社会经济调查表

附录 E　气象资料收集调查表

附录 F　典型滑坡(含崩塌)调查表

附录 G　典型泥石流调查表

附录 H　典型或重点流域调查成果汇总表

附录 I　开发建设项目水土流失调查表

附录 J　水土流失与水土保持综合调查表

附录 K　植被线路调查登记表

附录 L　水土流失样地综合调查表

附录 M　水土保持工程质量抽检抽样比例表

3.1.6　控制站的选址要求、常见运行问题

小流域泥沙测验是一项长期的流域监测工作,中小流域水土流失监测主要应用径流泥沙测验和气象观测,辅以野外调查来实现。小流域径流泥沙测验是依靠设立在流域出口的径流泥沙观测站实现的,该站也称卡口站或控制站。径流泥沙测验站需要配备量水建筑、水位测量和泥沙测量三项基本设施,通过卡口站或控制站的水位、流量和泥沙等测验,得到小流域某时段的水土流失数量,经过整理和分析计算出流域水土流失数量、不同措施水土保持效益和不同程度治理的观测对比,为水土保持治理、规划设计提供依据。

(1)测验站址选择与要求。

为确保观测质量,提高观测资料精度,选择观测站址十分重要。根据世界水文气象组织建议和多年观测实践,站址的水流特征应满足下列各条:

①河床比降均一、无弯道和宽窄变化水流流动顺畅的河段,保证点流速相互平行,分布均匀。

②在设置量水堰的上游有长 30 m 以上的平直段,下游有 10 m 左右的平直段,且不受回水影响,以保持断面稳定,提高测流精度。

③河床面应尽量无巨大凸石和凹穴,河岸杂草稀疏低矮,保证不影响水流,使河道内流速均匀、稳定。

④要选在大支沟交汇的下游,靠近下游沟口,以控制全流域;同时注意选交通、管理便利的区段作为站址。

⑤由于流域监测工作是一项长期的工作,因此除试验观测设施建设布设外,其他生活福利建设应统一规划建设。

(2)测验站布设原则。

要监测和掌握不同地区的水土流失状况、变化规律,就要设立相当数目,并科学、合理地规划的控制站,构成在地理上的分布网络,才能为不同地区水土保持服务。一般来说,

布设控制站应遵循以下原则：

①区域布设原则。由于水土流失受多因素影响，在区域上存在着显著的差异，所以要求观测流域的水、沙变化信息应能代表某区域的流失特征，并与水土保持状况相吻合，因此按区域原则布设测站是必要的，即根据气候、下垫面等自然地理特征分区设置，如黄土高原区、北方山地区、南方山地丘陵区、四川盆地周围山丘区和云贵高原区，以及按区内的差异进一步划分的次级区，如黄土高原划分为黄土丘陵沟壑区、黄土高原沟壑区和黄土台源区等。

②分类布设原则。要坚持分类布设原则，即按不同的土地利用、地形、土壤、地面组成和不同治理措施及治理程度等进行分类，在分类的基础上选有代表性的流域布设观测站。分类布设测站能阐明不同下垫面的流失特征、水土保持效益，是区域内依据下垫面的差异进行分类治理的依据，因而成为布设测站的重要原则之一。

③资源共享原则。测站布设还要与现有水文站、水土保持试验站、生态站及其他观测站相结合，尽量互相兼容、资源共享，以减少资金、人力浪费和管理的烦琐。

（3）控制站布设及选址应符合下列规定：

①应避开变动回水、冲淤急剧变化、分流、斜流、严重漫滩等妨碍测验进行的地貌、地物，并应选择沟道顺直、水流集中、便于布设测验设施的沟道段。

②控制站选址应结合已有的水土保持试验观测站点及国家投入治理的小流域，并应方便观测及管理。

③控制站实际控制面积宜小于 $50 \ km^2$。

（4）控制站建设应符合下列规定：

①应根据沟道基流情况确定观测基准面。

②水尺应坚固耐用，便于观测和养护。所设最高水尺、最低水尺应确保最高水位、最低水位的观测。

③应根据水尺断面测量结果，利用水工试验方法率定水位流量关系。

④控制站应有专项设计。

3.2　数据记录与整编

3.2.1　小流域控制站监测报告的基本内容

小流域控制站监测报告的基本内容与基本提纲如下：

1　小流域基本情况

1.1　小流域概况

1.2　项目建设规模

2　水土保持监测目的、依据及监测时段

2.1　监测目的

小流域水土保持监测目的在于通过对项目建设过程中水土保持工程措施完成情况和植物措施实施效果进行动态监测，从而为项目水土保持专项验收提供依据，积累项目建设

期水土保持方面的数据资料和监测管理经验

2.2　监测依据

(1)《中华人民共和国水土保持法》(2011-03-01)。

(2)《中华人民共和国水土保持法实施条例》(2011年)。

(3)《水土保持生态环境监测网络》(水利部第12号令)。

(4)《水土保持综合治理技术规范》(GB/T 16453.1~16453.6—2008)。

(5)《水土保持监测技术规程》(SL 277—2002)。

(6)《水土保持综合治理　验收规范》(GB/T 15773—2008)。

(7)《水文基础设施及技术装备标准》(SL 276—2002)。

(8)《降雨量观测规范》(SL 21—2006)。

(9)《黄河水土保持生态工程内蒙古×××重点小流域治理工程初步设计报告》(2005年)。

3　监测内容、时段及监测原则、方法

3.1　监测内容

3.2　监测时段

监测时段的确定原则是:对于春季造林或种草的,在秋季进行成活率调查;秋季造林种草的,在第二年夏季调查其成活率。保存率在所有治理措施完成一年后进行全面调查。监测指标采用标准的调查法及观测法。

3.3　监测原则

(1)全面调查与重点监测相结合

(2)定期调查和动态观测相结合

3.4　监测方法

3.4.1　监测点布设方法

3.4.2　布设监测地类依据

在选择小区布设地段时,要考虑典型坡向、坡度、坡面均整及林分特征和草地的代表性,并设置相同坡度、坡向作对照。

3.4.3　监测站点布设

3.5　植被措施监测

4　水土保持效益监测

4.1　直接经济效益分析

(1)经济效益监测

(2)监测方法

4.2　社会效益监测

4.3　生态效益监测

5　水土流失防治的经验和特点

5.1　工程管理制度

为了使该项目治理工作顺利实施,加快建设进度,确保工程质量,县委、县政府根据工作建设时间紧、任务重、标准质量高的特点,结合当地实际情况,制定了以下管理制度:

　　①行政管理制度。重点项目由县政府一把手担任项目领导,小组组长为项目第一责任人,负责项目的规划、实施计划上报的审定、签发以及上报拨款资金的金额到位,工程实施中如有突发事件,追究其领导责任。

　　②拟定部门管理制度。负责统筹规划,编报年度实施方案,参与财务管理,严格按照"三专一封闭"制度实施报账制,负责健全项目档案。

　　③施工管理制度。建立多种形式的水土保持治理机制,加快治理步伐,并引入工程招投标机制。

　　建设单位经过招投标制,把各项工程建设承包给有一定施工技术施工条件的单位,拟定承包范围,签订承包协议,完成一片,验收一片,验收合格由水利局统一给予决算兑现。

　　④财务管理办法。严格实行"三专一封闭"制度。

5.2　严把施工关,提高工程质量

5.3　因地制宜,综合治理

5.4　加强宣传和预防监督、搞好工程管护

6　项目综合评价及建议

6.1　综合评价

6.2　存在的问题及建议

3.2.2　小流域控制站观测内容及观测指标的意义

3.2.2.1　小流域控制站观测内容

　　小流域控制站观测的内容一般应包括降雨、径流、泥沙和流域土壤侵蚀影响因子。也可以根据需要设计其他观测内容,如土壤水分、水质等。对观测结果要进行记录和计算,参见表7-3-6。

表 7-3-6　小流域控制站观测记录表和计算表清单

记录表	计算表
小流域记录表 1　逐日降水量记录	小流域计算表 1　降雨过程摘录计算表
小流域记录表 2　日常检查与维护表	小流域计算表 2　径流泥沙(悬移质)计算表
小流域记录表 3　径流泥沙(悬移质)观测记录	小流域计算表 3　逐日径流泥沙(悬移质)计算表
小流域记录表 4　小流域水蚀野外调查记录	小流域计算表 4　逐次洪水径流泥沙(悬移质)计算表
小流域记录表 5　土壤含水量记录	小流域计算表 5　土壤含水量计算表

3.2.2.2　小流域控制站观测指标及意义

　　1.地理位置

　　(1)自然地理区域:在自然地理区划上所属范围。

　　(2)土壤侵蚀类型区:按照《土壤侵蚀分类分级标准》(SL 190—2007)的规定,小流域所属的土壤侵蚀类型区。

　　(3)经纬度范围:具体的地理位置,用经纬度表示。

2.气象与水文

(1)降雨量:年内降水的月平均值。

(2)平均风速:年内大风的月平均速度。

(3)大风日数:一年内日均风速大于 5 m/s 的天数。

(4)径流量:某一产流时段通过某一过水断面的径流体积,单位为 m^3 或万 m^3。

(5)输沙量:该流域在年内输出泥沙的总量。

3.地形地貌

(1)地貌类型:在总体地貌上该流域所属类型,参照 1∶1 000 000 中国地貌制图规定执行。

(2)流域面积:流域分水线包围的面积,单位为 km^2。

(3)海拔范围:流域最高处海拔和最低处海拔值,一定程度上反映流域产生水土流失的海拔条件。

(4)坡度分级比例:小流域按不同坡度级别划分的土地面积比例。坡度分级标准为:微坡为小于 5°,较缓坡为 5°~8°,缓坡为 8°~15°,较陡坡为 15°~25°,陡坡为 25°~35°,急陡坡为大于 35°。

4.植被与土壤

(1)植被区域:该流域的植被在区域规划上所属类型。

(2)土壤区域:该流域的土壤在区域规划上所属类型。

5.土地资源与利用

(1)土地类型:指土地利用类型。

(2)土地利用结构:农、林、牧、副、渔各业用地比例,从用地比例可以反映土地承载能力,以及土地利用合理性状况。

(3)治理投资强度:指在治理过程中投入的资金以及劳力(人·日)的多少,以一年为计算单位。

(4)主要作物产量:流域内主要农作物的粮食产量。

(5)草地产草量:单位面积草地产草量。

(6)草地载畜量:一定的草地面积在一定的放牧时间,既满足家畜的需要,又不损坏草地的原则下,所能放牧的家畜头数和天数。计算方法如下:

单位面积载畜量(头·日)=(单位面积产草量×利用率)÷每头家畜昼夜用草量

6.土壤侵蚀及治理

(1)侵蚀营力类型区:指该流域所受到自然侵蚀的主要营力类型,主要分为水力、风力和冻融三种类型。

(2)输沙模数:河流输沙总量与流域面积除得的商数,单位为 t/km^2。

(3)治理度:水土保持治理面积占水土流失面积的百分数。水土流失治理面积及培地埂、梯田、成林成草面积、坝地、治理后的滩地、旱坪垣地及自然植被度大于 70% 的封山育林、育草面积之和。水库、淤地坝、谷坊、旱井和涝地等工程只统计工程数量不计面积。

7.主要灾害

(1)干旱指数(度):反映流域所处地区的干旱程度。

$$干燥度 = 年最大可能蒸发量(mm) ÷ 年降水量(mm)$$

（2）洪涝：指一年内流域发生洪涝灾害的次数（天数）。

（3）沙尘暴：指一年内流域发生沙尘暴的次数（天数）。

8. 主要矿产资源

（1）煤炭：流域内的地质储量。

（2）石油：流域内的地质储量。

（3）天然气：流域内的地质储量。

9. 社会经济

（1）户数：以户为单位统计流域内户数。

（2）人口：以人为单位统计流域内人口数。

（3）人均纯收入：流域内每人平均纯收入的多少。

（4）人口平均增长率：

$$人口平均增长率 = 100 × [(现有人口 - 上年人口) ÷ 上年人口]$$

3.2.3　数据库的基本知识

3.2.3.1　数据库基本概念

在数据处理中，最常用到的基本概念就是数据和信息。

1. 数据

数据（data）是数据库的基本组成内容，是对客观世界所存在的事物的一种表征，人们总是尽可能地收集各种各样的数据，然后对其进行加工处理，从中抽取并推导出有价值的信息，作为指导日常工作和辅助决策的依据。

数据的概念在数据处理领域中已大大地拓宽了，不仅仅是指传统意义的由 0~9 组成的数字，而是所有可以输入到计算机中并能被计算机处理的符号的总称。

在计算机中可表示数据的种类很多，除数字以外，文字、图形、图像、声音都可以通过扫描仪、数码摄像机、数字化仪等具有模/数转换功能的设备进行数字化，所以这些都是数据，如超市商品的价格、学生的基本情况、员工的照片、罪犯的指纹、播音员朗诵的佳作、气象卫星云图……都可以是数据。

可以对数据做如下定义：描述事物的符号记录称为数据。

数据是数据库中存储的基本对象，也是数据库用户操作的对象。数据应按照需求进行采集并有组织地存入数据库中。

2. 信息

在信息社会，网络与数据库技术的发展使得信息可以随时随地的获取，信息技术的发展加快了信息传递的速度和时效性，扩大了业务范围的覆盖面和信息的交换量，为企业进行信息的实时处理、做出快速准确的决策提供了极其有利的条件。

"信息"这个词经常挂在人们嘴边，那么什么是信息呢？

所谓信息，是以数据为载体的对客观世界实际存在的事物、事件和概念的抽象反映。具体说是一种被加工为特定形式的数据，是通过人的感官（眼、耳、鼻、舌、身）或各种仪器仪表和传感器等感知出来并经过加工而形成的反映现实世界中事物的数据。

例如:气象部门通过"今年 11 月武汉的日平均气温为 20 摄氏度"的数据,分析得出"今年是个暖冬"的信息。

数据和信息是两个互相联系、互相依赖但又互相区别的概念。数据是用来记录信息的可识别的符号,是信息的具体表现形式。数据是信息的符号表示或载体,信息则是数据的内涵,是对数据的语义解释。只有经过提炼和抽象之后,具有使用价值的数据才能成为信息。

3. 数据处理

数据要经过处理才能变为信息。数据处理是将数据转换成信息的过程,是指对信息进行收集、整理、存储、加工及传播等一系列活动的总和。数据处理的目的是从大量的、杂乱无章的甚至是难以理解的原始数据中,提炼、抽取人们所需的有价值、有意义的数据(信息),作为科学决策的依据。

可用下式简单地表示信息、数据与数据处理的关系:

$$信息 = 数据 + 数据处理$$

数据是原料,是输入,而信息是产出,是输出结果。数据处理的真正含义应该是为了产生信息而处理数据。数据、数据处理、信息的关系如图 7-3-1 所示:

图 7-3-1　数据、数据处理、信息的关系

数据的组织、存储、检查和维护等工作是数据处理的基本环节,这些工作一般统称为数据管理。

3.2.3.2　数据库

数据库(database,DB)可以直观地理解为存放数据的仓库,只不过这个仓库是建立在计算机的大容量存储器上(如硬盘)。数据不仅需要合理的存放,还要便于经常查找,因此相关的数据及其数据之间的联系必须按一定的格式有组织地存储;数据库不仅仅是创建者本人使用,还可以供多个用户从不同的角度共享,即多个不同的用户,为了达到不同的应用目的,使用多种不同的语言,同时存取数据库,甚至同时存取同一块数据。

可以认为:数据库是长期存储在计算机内的、有结构的、大量的、可共享的数据集合。如教务处学籍管理数据库中有组织地存放了学生基本情况、课程情况、学生选课情况、开课情况、教师情况等内容,可供教务处、各系教学办、班主任、任课教师、学生等共同使用。数据库技术使数据能按一定格式组织、描述和存储,并且具有较小的冗余度、较高的数据独立性和易扩展性,并可为多个用户所共享。

数据库是一个企业、组织或机构中各种应用所需要保存和处理的数据集合,各部门应根据工作需要建立符合密级要求、门类齐全、内容准确、更新及时的数据库。

3.2.3.3　数据库管理系统

为了方便数据库的建立、运用和维护,人们研制了一种数据管理软件——数据库管理系统(database management system,DBMS)。数据库管理系统是位于用户与操作系统之间的一层数据管理软件,在数据库建立、运用和维护时对数据库进行统一控制、统一管理,使用户能方便地定义数据和操纵数据,并能够保证数据的安全性、完整性、多用户对数据的并发使用及发生故障后的系统恢复。数据库管理系统是整个数据库系统的核心。

数据库管理系统是对数据进行管理的系统软件,用户在数据库系统中做的一切操作,包括数据定义、查询、更新及各种控制,都是通过 DBMS 进行的,常见的 DB2、Oracle、Sybase、Infomix、MS SQL Server、MySQL、FoxPro、Access 等软件都属于 DBMS 的范畴。

3.2.3.4　数据库系统

基于数据库的计算机应用系统称为数据库系统(database system,DBS),主要包括:支持数据库系统的计算机硬件环境、以数据为主体的数据库、管理数据库的系统软件DBMS、支持数据库系统的操作系统环境、数据库系统开发工具、开发成功的数据库应用软件、管理和使用数据库系统的人。

它们之间的关系如图 7-3-2 所示。

3.2.3.5　数据库技术的特点

与人工管理、文件系统相比,数据库技术有以下特点。

1. 数据结构化

数据结构化是数据库与文件系统的根本区别。在数据库系统中的数据彼此不是孤立的,数据与数据之间相互关联,在数据库中不仅要能够表示数据本身,还要能够表示数据与数据之间的联系,这就要求按照某种数据模型,将各种数据组织到一个结构化的数据库中。

2. 数据共享性高、冗余度低

数据库系统从整体角度看待和描述数据,数据不再面向某个应用程序而是面向整个系统,所有用户可以同时存取数据库中的数据,使得数据共享性高,数据的共享减少了不必要的数据冗余,节约了存储空间,同时也避免了数据之间的不相容性与不一致性。

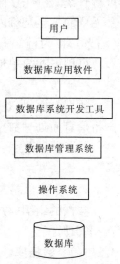

图 7-3-2　数据库系统

3. 数据独立性高

数据的独立性有两方面的含义,一个指的是数据与程序的逻辑独立性,一个指的是数据与程序的物理独立性。

数据与程序的逻辑独立性是指当数据的总体逻辑结构改变时,数据的局部逻辑结构不变,由于应用程序是依据数据的局部逻辑结构编写的,所以应用程序不必修改,从而保证了数据与程序间的逻辑独立性。例如,在原有的记录类型之间增加新的联系,或在某些记录类型中增加新的数据项,把原有记录类型拆分成多个记录类型等均可保持数据的逻辑独立性。

数据与程序的物理独立性是指当数据的存储结构改变时,数据的逻辑结构不变,从而应用程序也不必改变。例如,改变存储设备和增加新的存储设备,或改变数据的存储组织方式,改变存取策略等均可保持数据的物理独立性。

在数据库系统阶段有较高的数据与程序的物理独立性和一定程度的数据与程序的逻辑独立性。数据的组织和存储方法与应用程序互不依赖、彼此独立的特性可降低应用程序的开发代价和维护代价,大大节省了程序员和数据库管理员的负担。

4. 数据由 DBMS 集中管理

数据库为多个用户和应用程序所共享,对数据的存取往往是并发的,即多个用户可以同时存取数据库中的数据,甚至可以同时存取数据库中的同一个数据,为确保数据库数据的正确有效和数据库系统的有效运行,数据库管理系统提供下述 4 个方面的数据控制功能:

(1)数据的安全性控制。数据库要有一套安全机制,使每个用户只能按规定,对某些数据以指定方式进行访问和处理,以便有效地防止数据库中的数据被非法使用和修改,以确保数据的安全和机密。例如,系统提供口令检查或其他手段来验证用户身份,防止非法用户使用系统;也可以对数据的存取权限进行限制,只有通过检查后才能执行相应的操作。

(2)数据的完整性控制。系统通过设置一些完整性规则以确保数据的正确性、有效性和相容性,即将数据控制在有效的范围内,或要求数据之间满足一定的关系。

(3)并发控制。数据库中的数据是共享的,并且允许多个用户同时使用相同的数据。这就要保证各个用户之间不相互干扰,对数据的操作不发生矛盾和冲突,数据库能够协调一致,因此必须对多用户的并发操作加以控制和协调。

(4)数据恢复。计算机系统的硬件故障、软件故障、操作员的失误以及故意的破坏也会影响数据库中数据的正确性,甚至造成数据库部分或全部数据的丢失。DBMS 还要有一套备份/恢复机制,以保证当数据遭到破坏时将数据库从错误状态恢复到最近某一时刻的正确状态,并继续可靠地运行。

3.2.3.6　水土保持信息系统数据库建立

1. 源数据获取与预处理

水土保持信息系统中的数据通常用三种方法采集:调查法、测量法和 GPS 法。为了提高数据采集精度、速度,减少图形数字化过程中、属性数据输入过程中的错漏,需要对原始图件和数据进行核查和处理,使其符合系统软件对数据录入的要求。

1)检核图形几何位置

原图中图斑几何图形不闭合处加辅助线闭合;标出图上不太明显的两条线的交点;标明两条线状地物之间没有结点,但宽度不同的地方,以便图形数字化时,作为两条弧段输入;两条线状地物并列,标明以哪条线为地类边界,并加辅助线闭合图斑。

2)检核属性数据错误

原图中存在的遗漏、错码问题处理。例如,给没有图斑号的图斑增加图斑号。若在一个行政单元内,存在地类号不同,而图斑号相同的图斑,修改其中一个图斑的图斑号。

标明行政单元编码,特别是特殊地的行政单元编码。例如,飞地的所在行政单元和所属行政单元是不一样的。

标明每段线状地物宽度。

如果使用扫描仪数字化方式,也要对原始材料进行预处理。例如,将地图中的各种色彩不同的地类先分色,复制在透明聚酯薄膜上,然后进行扫描。

2. 数据录入

1)空间数据的数字化过程

源数据获取并得到预处理后,即可进行图件数字化。数字化通常有两种方式:一是矢量数据的矢量跟踪;二是使用扫描数字化方式。

手扶跟踪式数字化方式是最常用的一种方式,它是用数字化仪跟踪地图上的各种地理特征,以获取 x,y 坐标。扫描数字化是使用扫描仪将整幅地图扫描成图像以后,再进行矢量转换的方法。在进行数据数字化之前,需要考虑几个方面:①建立数字化数据输入的方法和步骤,进行人员的培训,使录入人员的数据输入方法一致。②建立和实施数据质量控制的原则标准。③建立一个实施进度和预算评估的跟踪系统。④设立合理的容差值,容差对数据库的精度有很大影响。

由于我国目前对数字化的精度没有统一的标准,对空间数据数字化的基本要求是:

(1)控制点精度控制:输入图幅 4 个控制点的经纬度,通过坐标变换(高斯—克里格投影变换),将经纬度坐标转换成大地实际坐标,控制点采点误差 $RMS \leqslant 0.2$ m(实地距离)。

(2)正确定义地物特征的属性:有些地物特征的属性为一对多的关系,例如,土地详查中某条线状地物既是农村道路,又是地类边界和村界。数字化前,正确定义线状地物要素属性后,只数字化一次,每个属性放在各个图层中,不会出现"双眼皮"的现象。

(3)采点精度控制:图形数字化严格按照原图地物要素位置,图面采点的精度要求要符合各种标准的规定。例如,线状要素位移误差 $< \pm 0.2$ mm,点状要素位移误差 $< \pm 0.1$ mm。

(4)接边:相邻图幅接边弥合值要符合各种标准的规定。图幅接边的中误差 <0.75 mm。对于没有弥合的线段,在误差范围内对照原图进行手工的线段弥合。

2)属性数据的录入

属性数据的输入方法通常有四种:①键盘键入法:在空间数据输入完成后,进行属性数据的输入;②使用计算机智能化扫描字符识别技术;③在空间数据数字化或矢量化的过程中赋值;④人工编辑:使用一些分析方法进行自动赋值。

模块4　水土保持调查

4.1　调查作业

4.1.1　小流域土壤调查、植被调查、土地利用现状调查、社会经济调查的内容、指标、方法知识

4.1.1.1　小流域土壤调查(内容、指标、方法知识)

小流域土壤调查指存在山洪灾害、滑坡泥石流灾害或水土流失危害的集水单元内的土壤情况调查,包括土壤特征的描述、土壤分类、土壤解译和土壤制图等,也是研究土壤资源,以便充分、合理、持续利用土壤资源的最必要、最为基本的手段。

土壤调查的任务主要有:①摸清全国的土地与土壤资源;②为了做好农业区划,各省、市、县都要进行中小比例尺的土壤调查;③为了农业生产面貌,建设高产、稳产农田;④为了科学种田,要对农业用地进行大比例尺的土壤调查;⑤为了扩大耕地面积,进行荒地调查。

土壤资源调查的程序主要有:①准备工作。确定调查对象、目的与范围;制定技术规程;收集、分析有关资料;组织专业调查队伍。②外业调查。自然条件、社会经济条件。③资料和基础图件的整理。基础资料的整理、基础成果图件的编制。④提交成果、成果图件报告、调查报告。

1. 土壤分类

1) 砖红壤

砖红壤分布于海南岛、雷州半岛、西双版纳和台湾岛南部,大致位于北纬22°以南地区,热带季风气候。年平均气温为23~26 ℃,年平均降水量为1 600~2 000 mm。植被为热带季雨林。风化淋溶作用强烈,易溶性无机养分大量流失,铁、铝残留在土中,颜色发红。土层深厚,质地黏重,肥力差,呈酸性至强酸性。

2) 赤红壤

赤红壤分布于滇南的大部,广西、广东的南部,福建的东南部,以及台湾省的中南部,大致在北纬22°~25°。为砖红壤与红壤之间的过渡类型。南亚热带季风气候区。气温较砖红壤地区略低,年平均气温为21~22 ℃,年降水量为1 200~2 000 mm,植被为常绿阔叶林。风化淋溶作用略弱于砖红壤,颜色红。土层较厚,质地较黏重,肥力较差,呈酸性。

3) 红壤和黄壤

红壤和黄壤分布于长江以南的大部分地区以及四川盆地周围的山地。中亚热带季风气候区。气候温暖,雨量充沛,年平均气温16~26 ℃,年降水量1 500 mm左右。植被为亚热带常绿阔叶林。黄壤形成的热量条件比红壤略差,而水湿条件较好。有机质来源丰

富,但分解快、流失多,故土壤中腐殖质少,土性较黏,因淋溶作用较强,故钾、钠、钙、镁积存少,而含铁铝多,土呈均匀的红色。因黄壤中的氧化铁水化,土层呈黄色。

4)黄棕壤

黄棕壤北起秦岭、淮河,南到大巴山和长江,西自青藏高原东南边缘,东至长江下游地带,是黄红壤与棕壤之间过渡型土类。亚热带季风区北缘。夏季高温,冬季较冷,年平均气温为 15 ~ 18 ℃,年降水量为 750 ~ 1 000 mm。植被是落叶阔叶林,但杂生有常绿阔叶树种。既具有黄壤与红壤富铝化作用的特点,又具有棕壤黏化作用的特点。呈弱酸性反应,自然肥力比较高。

5)棕壤

棕壤分布于山东半岛和辽东半岛。暖温带半湿润气候。夏季暖热多雨,冬季寒冷干旱,年平均气温为 5 ~ 14 ℃,年降水量为 500 ~ 1 000 cm。植被为暖温带落叶阔叶林和针阔叶混交林。土壤中的黏化作用强烈,还产生较明显的淋溶作用,使钾、钠、钙、镁都被淋失,黏粒向下淀积。土层较厚,质地比较黏重,表层有机质含量较高,呈微酸性反应。

6)暗棕壤

暗棕壤分布于东北地区大兴安岭东坡、小兴安岭、张广才岭和长白山等地。中温带湿润气候。年平均气温 -1 ~ 5 ℃,冬季寒冷而漫长,年降水量 600 ~ 1 100 mm。是温带针阔叶混交林下形成的土壤。土壤呈酸性反应,它与棕壤比较,表层有较丰富的有机质,腐殖质的积累量多,是比较肥沃的森林土壤。

7)寒棕壤(漂灰土)

寒棕壤(漂灰土)分布于大兴安岭北段山地上部,北面宽南面窄。寒温带湿润气候。年平均气温为 -5 ℃,年降水量 450 ~ 550 mm。植被为亚寒带针叶林。土壤经漂灰作用(氧化铁被还原随水流失的漂洗作用和铁、铝氧化物与腐殖酸形成螯合物向下淋溶并淀积的灰化作用)。土壤酸性大,土层薄,有机质分解慢,有效养分少。

8)褐土

褐土分布于山西、河北、辽宁三省连接的丘陵低山地区,陕西关中平原。暖温带半湿润、半干旱季风气候。年平均气温 11 ~ 14 ℃,年降水量 500 ~ 700 mm,一半以上都集中在夏季,冬季干旱。植被以中生和旱生森林灌木为主。淋溶程度不很强烈,有少量碳酸钙淀积。土壤呈中性、微碱性反应,矿物质、有机质积累较多,腐殖质层较厚,肥力较高。

9)黑钙土

黑钙土分布于大兴安岭中南段山地的东西两侧,东北松嫩平原的中部和松花江、辽河的分水岭地区。温带半湿润大陆性气候。年平均气温 -3 ~ 3 ℃,年降水量 350 ~ 500 mm。植被为产草量最高的温带草原和草甸草原。腐殖质含量最为丰富,腐殖质层厚度大,土壤颜色以黑色为主,呈中性至微碱性反应,钙、镁、钾、钠等无机养分也较多,土壤肥力高。

10)栗钙土

栗钙土分布于内蒙古高原东部和中部的广大草原地区,是钙层土中分布最广、面积最大的土类。温带半干旱大陆性气候。年平均气温 -2 ~ 6 ℃,年降水量 250 ~ 350 mm。草场为典型的干草原,生长不如黑钙土区茂密。腐殖质积累程度比黑钙土弱些,但也相当丰富,厚度也较大,土壤颜色为栗色。土层呈弱碱性反应,局部地区有碱化现象。土壤质地以细沙和粉沙为主,区内沙化现象比较严重。

11)棕钙土

棕钙土分布于内蒙古高原的中西部,鄂尔多斯高原,新疆准噶尔盆地的北部,塔里木盆地的外缘,是钙层土中最干旱并向荒漠地带过渡的一种土壤。气候比栗钙土地区更干,大陆性更强。年平均气温 2 ~ 7 ℃,年降水量 150 ~ 250 mm,没有办法进行灌溉。植被为荒漠草原和草原化荒漠。腐殖质的积累和腐殖质层厚度是钙层土中最少的,土壤颜色以棕色为主,土壤呈碱性反应,地面普遍多砾石和沙,并逐渐向荒漠土过渡。

12)黑垆土

黑垆土分布于陕西北部、宁夏南部、甘肃东部等黄土高原上土壤侵蚀较轻,地形较平坦的黄土源区。暖温带半干旱、半湿润气候。年平均气温 8 ~ 10 ℃,年降水量 300 ~ 500 mm,与黑钙土地区差不多,但由于气温较高,相对湿度较小。由黄土母质形成。植被与栗钙土地区相似。绝大部分都已被开垦为农田。腐殖质的积累和有机质含量不高,腐殖质层的颜色上下差别比较大,上半段为黄棕灰色,下半段为灰带褐色,黑垆土被埋在古土壤下面。

13)荒漠土

荒漠土分布于内蒙古、甘肃的西部,新疆的大部,青海的柴达木盆地等地区,面积很大,差不多要占全国总面积的 1/5。温带大陆性干旱气候。年降水量大部分地区不到 100 mm。植被稀少,以非常耐旱的肉汁半灌木为主。土壤基本上没有明显的腐殖质层,土质疏松,缺少水分,土壤剖面几乎全是砂砾,碳酸钙表聚、石膏和盐分聚积多,土壤发育程度差。

14)高山草甸土

高山草甸土分布于青藏高原东部和东南部,在阿尔泰山、准噶尔盆地以西山地和天山山脉。气候温凉而较湿润,年平均气温为 -2 ~ 1 ℃,年降水量 400 mm 左右。高山草甸植被。剖面由草皮层、腐殖质层、过渡层和母质层组成。土层薄,土壤冻结期长,通气不良,土壤呈中性反应。

15)高山漠土

高山漠土分布于藏北高原的西北部,昆仑山脉和帕米尔高原。气候干燥而寒冷,年平均气温 -10 ℃ 左右,冬季最低气温可达 -40 ℃,年降水量低于 100 mm。植被的覆盖度不足 10%。土层薄,石砾多,细土少,有机质含量很低,土壤发育程度差。

2. 土壤制图

土壤制图是指运用制图技术测绘或编制土壤图幅,即用色调、花纹或符号表示图斑,借以反映土壤类型、组合之间相互演化、过渡及其地理分布规律。主要目的是查清土壤资源的数量和质量,进行土壤资源评价、制定农业区划和规划、合理安排农林牧业生产布局,为利用、改良和保护土壤资源,进行动态监测和管理提供科学依据。

土壤制图程序一般分为野外土壤草图测绘、室内底图清绘、整饰 3 个步骤。野外土壤草图测绘是运用土壤地理基础理论和土壤野外调查技术,认识并区分调查地区土壤类型、组合及其分布变化规律,将其界线勾绘并标记在地形底图上。这种直接测绘的土壤图也是编制中、小比例尺土壤图的重要基础和依据。

　　土壤制图单元按其内容可分为土壤单元图斑和土壤组合图斑。制图单元的确立以土壤分类为基础,但两者并不等同。它所反映的类别内容,则依比例尺的大小、研究工作精度和制图目的而定。如大比例尺土壤图通常以土壤基层分类单元为制图单元。在中国为土种,有的国家为土系,有时还细分为变种或土相。随着比例尺的缩小,则逐渐用较高级的分类单元制图,如土属单元。小比例尺土壤图,只能反映土壤性态的重大差异,用于亚类和土类制图。制图单元确定后的系统排列,直接影响专业内容的清晰度和用图效果。在制图单元的排列上,土壤发生学派认为必须体现自北而南的地带性排列原则;而以欧美土壤学派为代表,则认为必须反映土壤演变过程,即从初步发育、不成熟到充分发育、成熟的土壤单元排列,体现以土壤属性为主的原则。

　　按成图的比例尺,土壤图可分大、中、小 3 种;按制图单元反映的内容、结构形式分为土壤类型图、土壤组合图和土被结构图;按编图的目的、用途可分为普通土壤图、专门土壤图(如森林土壤图、工程土壤图)以及土壤图组(或系列图)。

　　土壤图组(或系列制图)是指根据目的、地区特点,选择编制有关专门和普通土壤图组成系列图组。例如:①土壤养分潜力图组,根据各种养分含量分级(包括有机质,氮、磷、钾和微量元素等及酸碱度 pH),分别成图,供施肥、种植参考;②土壤侵蚀图组,根据土壤侵蚀类型、等级编制的图幅,包括坡度、植被覆盖、土地利用类型等图;③盐渍度图组,根据土壤盐分组成和含量编制而成;④土壤资源评价图组,根据土壤资源质量划分等级,作为农业合理布局和利用改良土壤的依据;⑤土壤利用、改良规划图组,包括土壤利用图、土壤区划图和土壤改良利用分区图等。

　　土壤制图新技术主要包括利用航天和航空遥感资料编制土壤图和电子计算机自动化制图两个方面。土壤遥感制图:应用遥感技术进行土壤调查和制图。包括航测土壤遥感制图和卫星遥感图像制图。它们是在遥感图像基础上对土壤类型、组合进行定性、定位和半定量研究,勾绘图斑,确定其界线。遥感制图程序为:预行编制土壤草图;进行地面实况调查,验证判读结果,修订土壤草图;详细解译遥感图像,清绘和整饰成图。土壤解译(或土壤判读)即依据遥感图像(土壤及其成土环境条件光谱特性的综合反映),对土壤类型、组合的识别与区分过程。其方法是依据土壤发生学原理、土被形成和分异规律,对遥感图像特征(包括色调、纹理和图形结构)或解译标志以及地面实况调查资料,进行地学相关分析,直接或间接确定土壤单元或组合界线。一般遵循遥感图像、图斑界限和实际三者一致的原则。航测土壤遥感制图:应用航测像片进行土壤调查和制图。美国在 20 世纪初就已采用。中国于 60 年代初开始土壤航测制图,70 年代逐步开展了新红外航片土壤调查和制图,大大提高了土壤图的质量和精度。主要用于大、中比例尺土壤图的编制。卫星遥感图像制图:应用卫星遥感图像进行土壤遥感制图。20 世纪 70 年代开始发展,由于卫星遥感图像具有覆盖面积大(18.5 km × 18.5 km)、宏观性强、多时相、多波段特性,可采用不同波段假彩色合成影像及其他图像处理技术,提供的遥感信息量为航片所不及。适于中、小比例尺土壤图的直接编制,提高了制图的精度和速度。墨西哥应用卫星像片目视解译,短短几年内完成了 200 万 km² 1:100 万土壤制图。中国采用目视解译也已先后完成 1:25 万、1:50 万、1:100 万内蒙古、山西、河北、山东等省(区)土壤图的编制。

　　土壤制图精度指制图单元内容的定性、定位和详细程度。一般基础底图比例尺大于成图。卫星遥感图最小图斑面积为 $0.4~mm^2$，其界限误差在图面上不得超过 $0.2 \sim 0.3$ mm。土壤遥感制图的定性判对率要求在 85% 以上。

4.1.1.2 植被调查

小流域植被调查涉及土地利用和植被覆盖率等，由于林业用地类型多样，且有不同林种。

1. 林种

林种一般按林木经营所产生的主要效益划分，可分为以下几种：

(1)防护林。以防护功能为主要目的的森林，主要包括水源防护林、水土保持林（防蚀林）、护岸林、薪炭林。以生产燃料为主要经营目的的森林，它多由适生速生的树种组成。

(2)经济林。以生产果品、油料、饮料、药材等为主要经营目标的森林。

(3)用材林。以产生木材为主要经营目的。

(4)特种林。以战备、环境保护、科学试验、旅游等用途为主要经营目的。

2. 植被覆盖率及植被作用系数

植被覆盖率一般指林草的冠层枝叶在地面的投影面积（覆盖）占统计区域总面积的百分数。

在小流域综合治理中，人们通常把覆盖度大于 0.60 的林草地面积加上覆盖度在 $0.3 \sim 0.6$ 的林草地折算面积与片带状散生木以 $3~750 \sim 4~500$ 株折算 $1~hm^2$ 的面积（含草地）之和占流域面积的百分率作为流域植被覆盖率。覆盖度在 0.3 以下的通常为疏林地或未成林地，暂不计入。

植被作用系数是植被保持水土、减弱水蚀作用大小的指标。植被作用系数具有概率特性，其值变化为 $0 \sim 1$，当无植被作用时，$C = 0$；当植被作用最大时，C 接近或等于 1。测验结果表明：系数 C 与植被覆盖度关系十分密切，覆盖度越大，系数 C 也越大；覆盖度越小，系数 C 也越小，故人们通常用覆盖度来确定系数 C。在裸露径流小区与同样条件下的林草地小区，C 通常经长期测验后确定，计算基本公式为

$$C = 1 - \frac{有植被覆盖的土壤侵蚀量}{相同情况裸露小区土壤侵蚀量} \tag{7-4-1}$$

3. 小流域林草地调查

调查采用实地小班勾绘、测量及面积量算法。

1）小班划分

依土地类型、林种、立地条件、林地特征及所附属进行，对面积不足 1 亩的林、草地可并入周围小班中。

2）小班调查

通常用 $1:10~000 \sim 1:2~000$ 地形图或航片在野外调绘。用对坡勾绘方法，以明显地物或高程为参照，目测手绘小班界线，面积精度控制在 85% 以上。对带状、片状林草地用实测法，注意林带宽以植株根部向两侧延展 2 m 为界，即地块界。同时测量小班坡向、坡度、生长及权属、龄级、树高、胸径、密度、郁闭度（覆盖度）、产量、生长及经营等状况，编号计入调查卡片中。对于村庄周围及其他地方生长的四旁树及散生木，实地按树种、株数统

计。小班记录卡见表 7-4-1。

表 7-4-1　小班记录卡

编号		位置(或权属)			
立地条件	坡向			坡度	
	坡位			海拔	
土壤	种名		厚度	主要特征	
林分特征	树种组成		优势树种	树龄	
	平均高		平均胸径	平均密度	
	郁闭度		林下覆盖度	枯落物厚	
生长状况					
产量(材积、果品及其他)					
病虫害情况					
经营管理					
其他					

3)外业调查

外业调查是一项繁杂、细致的工作,按分区和方向逐块进行,并实时校核,以免遗漏地块,缺少调查项目。

4)面积量算与统计

量算前首先要检查图面小班与记录卡是否一一对应,再详细查阅小班界限是否清晰、准确,并清绘界限。第二步量算面积,先做一级、二级控制量算,算出林草地控制面积,再逐一量算每小班面积,最后进行面积平差。第三步对小流域内林草地分别统计汇总,见表 7-4-2。

表 7-4-2　小流域林草用地统计(2005 年)　　　　　　(单位:hm² 或株)

单位(村或个人)	总土地面积	林业用地																四旁散生树	草地			林草覆盖率(%)
		合计	有林地						灌木林	疏林地	未成林造林地	苗圃	无林地						合计	天然草地	人工草地	
			天然林	防护林	用材林	经济林	薪炭林	特用林					合计	封山育林	林间空地	其他						
⋮																						
总计																						

5）调查成果

通常水土保持林草调查要取得以下主要成果:林草地分布、面积类型,林草地林木、草本生长状况及覆盖度或郁闭度,林草地的经营问题及建议,林草植被发展及建议。主要成果用文字、图表、典型事例说明,作为计算覆盖度、经营、规划的基本资料。

4.1.1.3　土地利用现状调查

小流域土地利用现状调查是为查清土地利用现状而进行的全面的土地资源普查,其重点是按土地利用现状分类,查清小流域内各类用地的数量、分布、利用及权属状况等。土地利用现状调查是土地资源调查中最为基础的调查。

1. 土地利用现状调查的内容

土地利用现状调查的内容包括查清各土地权属单位之间的土地权属界线和各级行政辖区范围界线;查清土地利用类型及分布,并量算出各类土地面积;按土地权属单位及行政辖区范围汇总出土地总面积和各类土地面积;编制县、乡两级土地利用现状图和分幅土地权属界线图;编写调查报告。总结分析土地利用的经验和教训,提出合理利用土地的建议。

2. 土地利用现状调查方法

土地利用现状调查方法有遥感调查、外业实地调查、外业调绘与航片(含大比例尺卫片)转绘相结合等3类。由于土地利用变动较快,目前小流域土地利用调查多采用外业调绘与航片转绘相结合的方法或用地形图外业实际调查方法。

3. 调查步骤

土地利用现状调查工作的整个工作阶段可分为四大阶段:准备阶段、外业工作阶段、内业整理阶段、成果检查验收阶段。具体可分为八大步骤:调查的准备工作,外业调绘,航片转绘,土地面积量算,编制土地利用现状图,编写土地利用现状调查报告及说明书,调查成果的检查验收,成果资料上交归档。

土地利用现状分类,主要依据土地的用途、经营特点、利用方式和覆盖特征等因素。它只反映土地利用现状,不以此划分部门管理范围。全国土地利用现状采用两级分类,统一编码排列,其中一级分8类,二级分46类。各地根据需要可进行三、四级分类,但不能打乱全国统一的编码顺序及其代表的地类。具体分类的名称及其含义见《土地利用现状分类标准》(GB/T 21010—2007)。

4. 调绘与转绘

外业调绘是要把地物及地物界线准确地标绘在底图上,并按规程要求表示出图上的最小图斑。一般规定,1:10 000地形图上耕地和园地最小图斑面积为 $6.0~mm^2$,林地、草地最小图斑面积为 $15.0~mm^2$,居民点最小图斑面积为 $4.0~mm^2$ (用航片调绘以平均比例尺折算);线状地物(路、渠、林带、河沟等)在北方宽度大于 $2.0~m$ 、南方宽度大于 $1.0~m$,均要实际丈量,精确到 $0.1~m$ 。

5. 面积量算

量算土地面积应在新编制的土地利用现状图上进行,并依据图幅控制、分幅量算、逐级平差的原则。其步骤如下:

(1)以图幅为基本控制,根据需要划出若干分区,如在县级以下单位,可按乡或村所辖范围的界线分区,量算各区土地面积,用图幅理论面积(即按图廓四角坐标计算的面积)控制并平差。所谓平差是将量算的分区面积之和与控制面积的不符值(即闭合差),按一定比例配赋给各分区的计算过程。

(2)分区(乡或村镇)量算碎部(各种土地利用类型图斑)面积,用平差后的分区面积控制并平差,然后分土地类型统计各分区碎部图斑面积。

(3)按土地所有单位和使用单位分土地类型统计面积,并按行政系统自下而上逐级汇总。

量算土地面积精度要求。分区面积量算允许误差(一级控制)应小于图幅理论面积的1/400;地类量算面积允许误差(二级控制)应小于图幅理论面积的1/500;用求积仪量算面积时,每一图斑两次求积仪分划值的允许误差不超过规定;当用其他方法量算面积时,同一图斑两次量算面积较差与其面积之比应小于规定。

面积量算方法一般分为解析法和图解法两种。解析法是根据实测的数值计算宗地面积的方法,包括坐标面积计算法和几何图形计算法;图解法是在地籍图量取求积所需元素或直接在地籍图上量取面积的方法,包括图解坐标法、光电面积量测仪法、求积仪法、几何法、方格网法及网点法等。

(1)求积仪法。是普遍采用的量算面积工具,量算简便,速度快,适用范围广。它由极臂、描迹臂和计数器等3部分组成,见图7-4-1。量算时,首先选定起始点,将描迹针对准起始点,记录读数,然后顺时针方向沿图形运行,返回至始点,再次记录读数。两次读数之差称为分划数,乘以每个分划所代表的面积(分划值),即为该图形的面积。分划值用检验尺或量算已知准确面积的图形求得。

图 7-4-1　电子求积仪图

(2)解析法。用实地测量的图形各要素,直接运用公式计算面积。例如三角形可实丈其三边、两边一角或两角一边,按公式计算其面积;任意四边形可分割为两个三角形测算;多边形可打闭合导线,测得各边长度及其夹角,求算各顶点坐标,用坐标求积公式算得面积。

(3)图解法。在图上直接量取图形各要素,运用公式计算面积。多边形可分割为简单的几何图形(如三角形)量算。

(4)方格法。要计算曲线内的面积,将一张透明方格纸覆盖在图形上,数出图形内的整方格数 n_1 和不足一整格的方格折合成的整方格数 n_2。图形范围内所含方格数乘以每格所代表的面积值,即得所量算图形的面积。

(5)光电测积仪法。利用光电扫描分色,按图斑颜色分别量算面积。光电测积仪的种类很多,扫描的面积和识别颜色的数目各不相同。线状地物(道路、林带和沟渠等)的量算方法较简单,一般在图上量取长度,实地量测宽度计算面积,对于中小比例尺的图纸,也可采用抽样调查求算系数的办法计算。

(6)线状地物面积量算。对于路、林带、渠等线状地物一般按矩形计算面积,宽度用外业实测值,长度在工作底图上量取;线状地物图上宽度不小于 0.5 mm 时,按图斑编号,单独量算面积,参加平差,图上宽度小于0.5 mm时,不按单独图斑处理,将其面积归入相邻地类图斑量算。

6.成果汇总

成果汇总主要包括土地利用现状图绘制和土地利用现状调查报告。

土地利用现状图;土地权属界线图;土地利用现状挂图等。绘图顺序:清绘底图;按图斑号编地类号和注记;按分类上色;贴号、贴字;整修图幅。

土地利用现状调查报告包括县(市)土地利用现状调查报告、乡(镇)土地利用现状调查说明书、有关专题报告。

7.土地利用现状调查的指标

1)土地利用结构与布局分析常用的指标

(1)一级(二级)地类的比重＝某一级(二级)地类总面积/土地(相应一级地类)总面积×100%。

(2)一级地类人均面积＝某一级地类总面积/总人口数。

(3)某地貌类型区域内的一级地类比重＝某地貌类型区内的某一级地类面积/该地貌类型区总面积×100%。

(4)各坡度级耕地的比重＝某坡度级的耕地面积/耕地总面积×100%。

(5)各海拔高度范围耕地的比重＝某海拔范围的耕地面积/耕地总面积×100%;各地类区位指数＝某行政区域(乡镇、县或地市)某地类面积占该行政区(乡镇、县或地市)土地总面积的比重/上一级行政区域(县、地市或省)该地类面积占上一级行政区与土地总面积的比重。

2)土地资源动态变化分析常用的指标

(1)各地类年均变化量＝某一时段地类的面积变化量/该时段的年数。

(2)各地类人均面积的变化量＝统计基期某地类的人均面积－统计末期某地类的人均面积。

(3)人均(户均)城镇用地面积变化量＝统计基期人均(户均)城镇用地面积－统计末期人均(户均)城镇用地面积。

(4)人均(户均)村庄用地面积变化量＝统计基期人均(户均)村庄用地面积－统计末期人均(户均)村庄用地面积。

(5)交通密度变化量＝统计基期交通密度－统计末期交通密度。

(6)森林覆盖率变化量＝统计基期森林覆盖率－统计末期森林覆盖率。

3)土地开发利用程度分析常用的指标

(1)土地垦殖率＝耕地面积/土地总面积×100%。

(2)土地利用率＝已利用土地面积/土地总面积×100%。

(3)土地农业利用率＝农业用地面积/土地总面积×100%(农业用地:耕地、园地、林地、牧草地、水产养殖用地)。

(4)土地建设利用率＝建设用地面积/土地总面积×100%(建设用地:居民点、工矿、交通、水利设施用地等)。

(5)耕地复种指数＝全年农作物播种面积/耕地面积×100%。

(6)水面利用率＝已利用水面面积/水面总面积×100%。

(7)林地覆盖率＝林地面积/土地总面积×100%。

(8)建筑密度＝建筑物基底面积/用地总面积×100%。

(9)建筑容积率＝建筑总面积率/用地总面积。

(10)人均用地面积＝用地总面积/人口总数。

4)土地集约经营程度分析常用的指标

(1)单位耕地农机总动力数＝农机总动力数/耕地面积。

(2)有效灌溉面积比率＝有效灌溉面积/耕地面积。

(3)单位耕地化肥施用量＝化肥施用量/耕地面积(化肥施用量:分实物量、折纯量两种)。

(4)单位耕地用工量＝用工量/耕地面积(用工量:可用劳动力数代替,其他农用地的计算方法相同)。

(5)单位土地资金集约度＝土地总投资/土地总面积(可按各类用地计算)。

(6)土地利用投入产出率＝土地产出总值/土地投入总值。

(7)单位用地产值率＝土地产出价值/用地面积(可按各类用地计算)。

(8)单位产值占地率＝用地面积/土地产出价值(可按各类用地计算)。

(9)交通密度＝交通线总长度/土地总面积。

(10)城市化水平＝城镇人口总数/人口总数×100%。

5)土地质量与土地利用生态效益分析常用的主要指标

(1)水土流失(土地沙化、土地盐渍化)面积指数＝水土流失(土地沙化、土地盐渍化)面积/土地总面积。

(2)氮及有机质含量。

(3)土壤环境质量指数。

(4)水质质量指数。

(5)受灾面积(难利用土地、中低产田)比率＝受灾面积(难利用土地面积、中低产田面积)/土地总面积。

6)土地利用经济效益分析常用的主要指标

(1)单位播种面积(或收获面积)产量(或产值)＝作物总产量(产值)/作物总播种面积(可分作物按产量或产值计算)。

(2)粮食耕地年单产＝(粮食总产量/粮食作物总播种面积)×复种指数。

(3)单位用地面积产值＝产值/用地面积(可分地类计算)。

(4)单位土地净产值＝(产品总产值－消耗生产资料价值)/土地面积(可分地类计算)。

(5)单位土地纯收入＝(产品总产值－生产成本)/土地面积(可分地类计算)。

7)土地利用社会效益分析常用的主要指标

(1)人均土地面积(各业用地面积、绿地面积、水资源量、农产品产量、总收入、纯收入、产量产值、利税额等)。

(2)社会环境状况(文化教育水平、居民消费水平、城镇化进程等)。

4.1.2　遥感调查基本知识

"遥感"一词来自英语 Remote Sensing,从字面上理解就是"遥远的感知"之意。顾名思义,遥感就是不直接接触物体,从远处通过探测仪器接收来自目标物体的电磁波信息,经过对信息的处理,判别出目标物体的属性。

实际工作中,重力、磁力、声波、机械波等的探测被划为物理探测(物探)的范畴,因此只有电磁波探测属于遥感的范畴。

4.1.2.1　遥感系统

遥感系统包括被测目标的信息特征、信息的获取、信息的传输与记录、信息的处理和信息的应用这五大部分。

(1)目标物的电磁波特性。任何目标物体都具有发射、反射和吸收电磁波的性质,这是遥感探测的依据。

(2)信息的获取。接收、记录目标物体电磁波特征的仪器,称为"传感器"或者"遥感器",如雷达、扫描仪、摄影机、辐射计等。

(3)信息的传输与记录。传感器接收目标地物的电磁波信息,记录在数字磁介质或者胶片上。胶片由人或回收舱送至地面回收,而数字介质上记录的信息则可通过卫星上的微波天线输送到地面的卫星接收站。

(4)信息的处理。地面站接收到遥感卫星发送来的数字信息,记录在高密度的磁介质上,并进行一系列的处理,如信息恢复、辐射校正、卫星姿态校正、投影变换等,再转换为用户可以使用的通用数据格式,或者转换为模拟信号记录在胶片上,才能被用户使用。

(5)信息的应用。遥感技术是一个综合性的系统,它涉及航空、航天、光电、物理、计算机和信息科学以及诸多应用领域,它的发展与这些科学紧密相关。

4.1.2.2　遥感的分类

1. 按遥感平台分类

地面遥感:传感器设置在地面上,如车载、手提、固定或活动高架平台。

航空遥感:传感器设置在航空器上,如飞机、气球等。

航天遥感:传感器设置在航天器上,如人造地球卫星、航天飞机等。

2. 按传感器的探测波段分类

紫外遥感:探测波段为 $0.05 \sim 0.38$ μm。

可见光遥感:探测波段为 $0.38 \sim 0.76$ μm。

红外遥感:探测波段为 $0.76 \sim 1\,000$ μm。

微波遥感:探测波段为 1 mm ~ 10 m。

3. 按工作方式分类

主动遥感:由探测器主动发射一定电磁波能量并接收目标的后向散射信号。

被动遥感:传感器仅接收目标物体的自身发射和对自然辐射源的反射能量。

4. 按遥感的应用领域分类

遥感按其应用领域分为外层空间遥感、大气层遥感、陆地遥感、海洋遥感等。

5. 按研究对象分类

遥感按研究对象分为资源遥感和环境遥感两大类。

资源遥感以地球资源作为调查研究对象的遥感方法和实践,调查自然资源状况和监测再生资源的动态变化,是遥感技术应用的主要领域之一,利用遥感信息勘测地球资源,成本低,速度快,有利于克服自然界恶劣环境的限制,减少勘测投资的盲目性。环境遥感是利用各种遥感技术,对自然与社会环境变化进行监测或作出评价与预报的统称,由于人口的增长与资源的开发利用,自然、社会环境随时都在发生变化,利用遥感多时相、周期短的特点,可以迅速为环境监测、评价和预报提供可靠依据。

我国自 1970 年 4 月 24 日发射"东方红 1 号"人造卫星后,相继发射了数十颗不同类型的人造地球卫星,使得我国开展宇宙探测、通信、科学实验、气象观测等研究有了自己的信息源。1999 年 10 月 14 日中国—巴西地球资源卫星 CBERS – 1 的成功发射,使我国拥有了自己的资源卫星。

在遥感图形处理方面,已开始从普遍采用国际先进的商品化软件向国产化迈进。在科技部、信息产业部的倡导下,国产图像处理软件从研制走向了商品化,并占有一定的市场份额,如 Photomapper 等。

遥感常用的传感器有航空摄影机、全景摄影机、多光谱摄影机、多光谱扫描仪、专题制图仪、反束光导摄像管、扫描仪、合成孔径侧视雷达。

常用的遥感数据有美国陆地卫星(landsat5、landsat7)的遥感数据、美国 DigitalGlobet 公司的 quickbird、美国 space imaging 的 IKNOS 、法国 SPOT 卫星遥感数据、中巴资源卫星的遥感数据、加拿大 radarsat 雷达遥感数据等。

遥感分辨率共有四种,分别为光谱分辨率(波普分辨率)、空间分辨率、辐射分辨率、时间分辨率。

遥感技术特点:①可获取大范围数据资料。遥感用航摄飞机飞行高度为 10 km 左右,陆地卫星的卫星轨道高度达 910 km 左右,从而可及时获取大范围的信息。②获取信息的速度快,周期短。由于卫星围绕地球运转,从而能及时获取所经地区的各种自然现象的最新资料,以便更新原有资料,或根据新旧资料变化进行动态监测,这是人工实地测量和航空摄影测量无法比拟的。③获取信息受条件限制少。在地球上有很多地方,自然条件极为恶劣,人类难以到达,如沙漠、沼泽、高山峻岭等。采用不受地面条件限制的遥感技术,特别是航天遥感可方便及时地获取各种宝贵资料。④获取信息的手段多,信息量大。根据不同的任务,遥感技术可选用不同波段和遥感仪器来获取信息。例如,可采用可见光探测物体,也可采用紫外线、红外线和微波探测物体。利用不同波段对物体不同的穿透性,还可获取地物内部信息。例如,地面深层、水的下层,冰层下的水体,沙漠下面的地物特性等,微波波段还可以全天候地工作。

遥感技术所获取信息量极大,其处理手段是人力难以胜任的。例如 Landsat 卫星的 TM 图像,一幅覆盖 185 km×185 km 地面面积,象元空间分辨率为 30 m,象元光谱分辨率为 28 位的图,其数据量约为 6 000×6 000 = 36(Mb)。若将 6 个波段全部送入计算机,其数据量为:36 Mb×6 = 216(Mb)。为了提高对这样庞大数据的处理速度,遥感数字图像技术随之得以迅速发展。

目前,遥感技术已广泛应用于农业、林业、地质、海洋、气象、水文、军事、环保等领域。在未来的10年中,预计遥感技术将步入一个能快速、及时提供多种对地观测数据的新阶段。遥感图像的空间分辨率、光谱分辨率和时间分辨率都会有极大的提高。其应用领域随着空间技术发展,尤其是地理信息系统和全球定位系统技术的发展及相互渗透,将会越来越广泛。

遥感相关产品(4D产品)包括DOM(数字正摄影像图)、数字高程模型(DEM/DTM)、DRG(数字栅格地图)、数据线划地图(DLG)。DOM,全称Digital Orthophoto Map(数字正摄影像图),是利用航空相片、遥感影像,经象元纠正,按图幅范围裁切生成的影像数据,它的信息丰富直观,具有良好的可判读性和可量测性,从中可以直接提取自然地理和社会经济信息。DEM,全称Digital Elevation Modal(数字高程模型),是以高程表达地面起伏形态的数字集合,可以制作透视图、断面图,进行工程土石方计算、表面覆盖面积统计,用于与高程有关的地貌形态分析、通视条件分析、洪水淹没分析。DRG,全称Digital Raster Graphic(数字栅格地图),数字栅格地图是根据纸质、胶片等地形图经扫描和几何纠正及色彩校正后,形成的数字化产品,可用于数字线划地图的数据采集、评价和更新,还可与数字正摄影像图、数字高程模型等数据集成,派生出新的信息,制作新的地图。DRG可作为背景用于数据参照或修测拟合其他地理相关信息,使用于数字线划地图(DLG)的数据采集、评价和更新,还可与数字正摄影像图(DOM)、数字高程模型(DEM)等数据信息集成使用,派生出新的可视信息,从而提取、更新地图数据,绘制纸质地图。DLG,全称Digital Line Graphic(数据线划地图),是现有的地形图上基础地理要素分层储存的矢量数据库。数字线划地图既包括空间信息也包括属性信息,可用于建设规划、资源管理、投资环境分析等各个方面以及作为人口、资源、环境、交通、治安等各个专业信息系统的空间定位基础。

4.1.3 生产建设项目水土保持调查内容和要求

4.1.3.1 生产建设项目水土保持调查主要内容

生产建设项目水土保持调查主要内容:了解水土保持"三区"(重点预防保护区、重点监督区和重点治理区)划分成果,水土流失防治主要经验、研究成果,水土流失治理程度、水土保持设施,成功的防治工程类型、设计标准、林草品种和管护经验。

水土保持"三区"的划分参考标准如下:

(1)重点预防保护区。主要指目前水土流失较轻,林草覆盖度较大,但存在潜在水土流失危险的区域。可参照以下标准:①土壤侵蚀强度属轻度以下(侵蚀模数在2 500 $t/(km^2 \cdot a)$以下);②植被覆盖度在40%以上;③土壤侵蚀潜在危险度在轻险型以下。

(2)重点监督区。主要指资源开发和基本建设活动较集中和频繁,损坏原地貌易造成水土流失,水土流失危害后果较为严重的区域。可参照以下标准:①开发建设项目较集中的地区;②建设项目开挖排弃土、石、碴量在100万m^3以上或征占地面积在100 hm^2以上的区域;③建设项目下游及周边是城镇、人口密集区、重要工业区。对面积较小的点和影响区是一条线的项目可划为重点监督点。

（3）重点治理区。指原生的水土流失较为严重，对当地和下游造成严重水土流失危害的区域。可参照以下标准：①已列入和计划列入国家及地方重点治理的流域和区域；②大江、大河、大湖中上游；③土壤侵蚀强度属中度以上（侵蚀模数在 2 500 t/（km² · a）以上）。

4.1.3.2　生产建设项目水土保持调查要求

生产建设项目水土保持调查的基本规定：主要经验与成果，一般采用资料收集和访问等方法；治理情况，应采用实地调查与收集资料相结合的方法。

根据调查区的客观条件，针对水土保持调查的现状与存在问题，应提出经济合理的水土保持措施。

4.2　数据记录与整编

4.2.1　土壤调查、植被调查、土地利用调查、社会经济调查报告的主要内容和要求

4.2.1.1　土壤调查

土壤是土壤侵蚀的对象，也是植被生长的基础，土壤的物理化学性质不仅影响土壤的抗侵蚀性，而且影响植物生长，反过来影响水土流失。土壤调查的内容有：土壤类型、质地、厚度、养分（有机质、全氮、速效氮等）等。土壤类型、质地、厚度、养分可查阅土壤志或农业区划相关资料。土壤厚度可调查实测。土壤类型从南到北依次为砖红壤、红壤、黄壤、褐土、棕壤等，从东到西依次为黑土、褐土、灰褐土、栗钙土、灰钙土、灰漠土、荒漠土等，从高到低依次为褐土、棕壤、高山草甸等。土壤厚度划分见表 7-4-3。

表 7-4-3　土壤厚度划分表

北方	薄土		中土		厚土	
厚度（cm）	<30		30～60		>60	
南方	1	2	3	4	5	6
厚度（cm）	<5	5～15	15～30	30～70	70～100	>100

对于尚未发育为土壤的地面组成物质，一般可用风化岩壳组成说明，如风化砂质花岗岩、粗骨质土状物等。

4.2.1.2　植被调查

植被是控制水土流失的主要因素，植被调查多采用线路调查，主要内容包括植被类型、植物种类、郁闭度（森林）、覆盖度（草或灌木）、生长状况、林下枯枝落叶层等，调查用表见表 7-4-4。

表7-4-4 植被线路调查登记表

地理位置_____省_____县_____镇_____村

土地利用类型 ____;地貌类型____;地貌部位_____

海拔_____m;坡向_____;坡度_____

地表组成物质_____;基岩种类_____

土壤类型_____

其他_____

线路调查线号___;调查点_____;高起点距离_____

乔木林调查表

树种组成	林龄	$\overline{H}$(m)	$\overline{D}_{1.3}$(cm)	郁闭度	下层灌水		地下被物	
					高度(m)	覆盖度	草被覆盖度	枯枝落叶层厚度(cm)

灌木调查表

树种组成	高度(m)	覆盖度	生长状况	灌下草被及枯落物	
				草被覆盖度	枯枝落叶层厚度(cm)

草坡调查表

主要草种	高度(m)	覆盖度	生长状况	分布情况	利用形式

调查人： 填表人： 核查人： 填写日期： 年 月 日

  植被调查也可以采用样方进行。样方大小根据有关规定执行。植被类型从水土保持角度划分可粗可细,具体应根据调查目的和要求确定,一般可分为针叶林、阔叶林、针阔混交林、灌木林、灌丛草地等。表中:郁闭度是调查样方地块内林冠垂直投影与地块总面积的比,野外调查一般是抬头法;覆盖度则是调查地块内草灌覆盖面积与地块总面积的百分比,野外调查的方法一般是插针法。

4.2.1.3 土地利用调查

  土地利用现状调查首先是对土地利用进行分类,然后采用野外调绘、调查登记、室内整理等最终完成。

  土地利用现状调查的内容:①查清各土地权属单位之间的土地权属界线和各级行政辖区范围界线。②查清土地利用类型及分布,并量算出各类土地面积。③按土地权属单位及行政辖区范围汇总出土地总面积和各类土地面积。④编制县、乡两级土地利用现状图和分幅土地权属界线图。⑤编写调查报告。总结分析土地利用的经验和教训,提出合理利用土地的建议。

土地利用现状调查方法:全面调查法(普查或样查)。对调查对象的每一块地进行调查,传统的方法是人工实地调绘,即以1:5 000~1:10 000地形图为底图,野外采用对坡勾绘的方法,室内清图和量算面积。现代的调查方法有两种:一是采用一定分辨率航片或高分辨率卫星影像(10 m以内的精度)野外调绘,然后室内转绘成1:5 000~1:10 000地形图;二是室内采用航片或卫星影像判读,并进行野外抽样检验。抽样调查法:较大区域(县或以上)可采用成数抽样方法,传统的方法是在地形图布点,野外调绘,室内量算面积,采用样本估计总体的方法获取整个区域土地利用状况。现代方法是将地形图的布点,转绘到遥感航片或卫星影像,通过判读与地面抽样调查检验相结合获得。

4.2.1.4　社会经济调查

社会经济调查是水土流失调查的重要组成部分,尽管社会经济状况与水土流失没有直接关系,但间接关系十分密切。比如同样山区,人口稠密的地区,人类活动的影响大,水土流失严重;经济发达地区,则因采取了更有效的水土流失防治措施,水土流失较轻。社会经济调查包括以下内容:

1.人口与劳力

重点是人口总数、人口密度、农业人口与非农业人口、劳动力总数、农业与非农业劳力、男劳力与女劳力、人口自然增长率、劳力自然增长率等。

2.村镇产业结构域状况

村镇产业结构域包括以下内容:

村镇经济:总收入,农、林、牧、渔、工副业收入结构、用地结构。

农业生产:耕地与基本农田、作物种类、种植结构、总产量与单产、坡耕地与基本农田建设,主要问题与经验。

林业生产:森林覆盖率、林地总面积、宜林地面积、林种与树种、林业生产主要收入来源,林业生产经营管理水平、经验与问题。

牧业生产:草场及草场经营、牲畜存栏量、草场载畜量、舍饲情况、饲料来源、牧业收入来源、经验与问题。

渔业及水产:水面、养殖种类、经营状况、单产、收入、经验与问题。

工副业生产:工副业生产门类、主导产业情况、从事工业劳力、工副业收入来源、经营管理水平、第三产业发展等。

其他与农业生产相关信息。

3.村镇人民生活水平

村镇人民生活水平通过人均收入、人均占有粮食、人均占有牲畜量、燃料、饲料、肥料、人畜饮用水、交通道路建设、通电等获得。

社会经济调查通过收集资料、访问等获得。调查用表见表7-4-5。

表 7-4-5　社会经济调查表

监测站或流域名称

项目			单位	县	乡	村	备注
总土地面积			km²				
人口	合计		人				
	农业人口		人				
	非农业人口		人				
户数			户				
人口增长率			‰				
人口密度			人/km²				
人均土地			km²/人				
人口素质	平均寿命		岁				
	健康人数		人				
	残疾人数		人				
	文盲人数		人				
	小学毕业		人				
	初中毕业		人				
	高中毕业		人				
	中专毕业		人				
	大专以上毕业		人				
	其中在校学生		人				
劳力	总劳力		个				
	农业劳力	男	个				
		女	个				
面积			km²				
人均耕地			km²/人				
人均基本农田			km²/人				
土地利用状况	耕地		km²				
	林地		km²				
	草地		km²				
	果园(经济林园)		km²				
	未利用地		km²				
	居民点及工矿用地		km²				
	其他		km²				

续表 7-4-5

项目		单位	县	乡	村	备注
农村产值	农业	元				
	林业	元				
	牧业	元				
	渔业	元				
	副业	元				
	合计	元				
人均年产值		元/人				
人均年收入		元/人				
粮食总产量		kg				
粮食单产		kg/km^2				
人均占有粮食量		kg/人				
人均居住面积		m^2/人				

调查人：　　　填表人：　　　核查人：　　　　　　　　　　　填写日期：　　年　月　日

4.2.2　抽样基础知识

4.2.2.1　抽样

抽样又称取样,是从欲研究的全部样品中抽取一部分样品单位。抽样的目的是从被抽取样品单位的分析、研究结果来估计和推断全部样品特性,是科学实验、质量检验、社会调查普遍采用的一种经济有效的工作和研究方法。总体是指所考察对象的某一数值指标的全体构成的集合。构成总体的每一个元素作为个体。从总体中抽取一部分的个体所组成的集合叫作样本。样本中的个体数目叫作样本数量。

抽样调查是一种非全面调查,是从全部调查总体中,抽选一部分样本进行调查,并运用概率估计方法,根据样本数据推算总体相应的数量指标的一种统计分析方法。

与其他调查一样,抽样调查也会遇到调查的误差和偏误问题。通常抽样调查的误差有两种:一种是工作误差(也称登记误差或调查误差),另一种是代表性误差(也称抽样误差)。但是,抽样调查可以通过抽样设计,通过计算并采用一系列科学的方法,把代表性误差控制在允许的范围之内;另外,由于调查单位少、代表性强、所需调查人员少,工作误差比全面调查要小。特别是在总体包括的调查单位较多的情况下,抽样调查结果的准确性一般高于全面调查。因此,抽样调查的结果是非常可靠的。

抽样调查具有以下特点:

(1)调查样本是按随机的原则抽取的,在总体中每一个单位被抽取的机会是均等的,因此能够保证被抽中的单位在总体中的均匀分布,不致出现倾向性误差,代表性强。

(2)以抽取的全部样本单位作为一个"代表团",用整个"代表团"来代表总体。而不是用随意挑选的个别单位代表总体。

（3）所抽选的调查样本数量，是根据调查误差的要求，经过科学的计算确定，在调查样本的数量上有可靠的保证。

（4）抽样调查的误差，是在调查前就可以根据调查样本数量和总体中各单位之间的差异程度进行计算，并控制在允许范围以内，调查结果的准确程度较高。

基于以上特点，抽样调查被公认为是非全面调查方法中用来推算和代表总体的最完善、最有科学根据的调查方法。

4.2.2.2　抽样类型

抽样类型包括重复抽样和不重复抽样。在总体中样本有重复抽样和不重复抽样两种方法。重复抽样是把已经抽取出来的个体再放回到总体中继续参加下一次抽取，使总体个体数始终是相同的，每个个体可能不止一次被抽中；不重复抽样是把已经抽取出来的个体不再放回到总体中，每抽取一次，总体个体数会相应减少，每个个体只能被抽中一次。具体的抽样方式包括下列几种：

（1）简单随机抽样。是一种最简单的一步抽样法，它是从在总体单元均匀混合情况下，从总体中随机逐个抽取样本的抽样方式。从总体中抽取的每个可能样本均有同等被抽中的概率。抽样时，处于抽样总体中的抽样单位被编排成 $1 \sim n$ 编码，然后利用随机数码表或专用的计算机程序确定处于 $1 \sim n$ 间的随机数码，那些在总体中与随机数码吻合的单位便成为随机抽样的样本。这种抽样方法简单，误差分析较容易，但是需要样本容量较多，适用于总体单元数比较少，总体各单元特征值比较集中的情况，如小流域造林质量抽样检查。

（2）系统抽样，又称机械抽样或等距抽样。当总体的个数比较多的时候，首先把总体分成均衡的几部分，然后按照预先定的规则，从每一个部分中抽取一些个体，得到所需要的样本，这样的抽样方法叫作系统抽样。等距抽样为不重复抽样，在已知总体有关信息条件下，能够保证样本单元在总体中分布均匀，因此等距抽样抽取的样本能够提高样本对总体的代表性，比简单随机抽样更精确。

（3）分层随机抽样，也称分类抽样或类型抽样。抽样时，按特征值将总体分成互不交叉的若干层，使层间特征值差异较大，层内特征值差异较小，然后按照一定的比例，从各层中独立抽取一定数量的个体，得到所需样本，这样的抽样方法为分层抽样。分层抽样将分组法与抽样原理结合运用。分层抽样每层都要抽取样本单元，具有很好的代表性。由于组内差异相对较小，组内抽样误差也缩小了。因此，只要对总体分层得当，一般都能够使总的抽样误差减小，从而减小抽样单元数，提高抽样调查精度。适用于总体单元很多、有关特征值差异较大、总体分布偏于正态的总体。成数分层抽样的基本计算公式如下：

抽样平均数

$$\overline{x} = \frac{\sum_{i=1}^{n} x_i}{n} \qquad (7\text{-}4\text{-}2)$$

重复抽样的抽样误差

$$\mu_x = \sqrt{\frac{\sigma^2}{n}} \qquad (7\text{-}4\text{-}3)$$

不重复抽样的抽样误差

$$\mu_x = \sqrt{\frac{\sigma^2}{n}\left(1 - \frac{n}{N}\right)} \tag{7-4-4}$$

　　(4)整群抽样,又称集团类抽样。是将总体中各单位归并成若干个互不交叉、互不重复的集团,称之为群,然后以群为抽样单位成群地抽取样本的一种抽样方式。应用整群抽样时,要求各群有较好的代表性,即群内各单位的差异要大,群间差异要小。适宜于群内差异大而群间差异小的总体,缺乏原始记录利用的总体。整群抽样的组织和设计工作简单,而且由于调查单元相对集中于若干个样本群内,实地调查时,能节省调查人员往来和样本单元间的时间和费用。但是,整群抽样相对于简单的随机抽样,抽样估计精确度较低,抽样误差大。因此,可以通过适当增加样本群,以达到减少抽样误差、提高估计效果的目的。设总体分为 R 个群,每群 M 个单元,现从中抽 r 个群进行全面调查,则

抽样平均数

$$\bar{x} = \frac{\sum_{i=1}^{r} x_i}{r} \tag{7-4-5}$$

抽样误差

$$\mu_x = \sqrt{\frac{\delta^2}{r}\left(\frac{R-r}{R-1}\right)} \qquad \delta^2 = \frac{\sum(\bar{x}_i - \bar{x})}{r} \tag{7-4-6}$$

　　(5)多段抽样。多段随机抽样,就是把从调查总体中抽取样本的过程,分成两个或两个以上阶段进行的抽样方法。

　　(6)PPS 抽样。按规模大小成比例的概率抽样,简称为 PPS 抽样,它是一种使用辅助信息,从而使每个单位均有按其规模大小成比例的被抽中概率的一种抽样方式。其抽选样本的方法有汉森 - 赫维茨方法、拉希里方法等。PPS 抽样的主要优点是:使用了辅助信息,减少了抽样误差;主要缺点是:对辅助信息要求较高,方差的估计较复杂等。

　　(7)户内抽样。从所抽中的每户家庭中抽取一个成年人,以构成访谈对象的过程。

　　(8)偶遇抽样。是指研究者根据现实情况,以自己方便的形式抽取偶然遇到的人,或者仅仅选择那些离得最近的、最容易找到的人作为调查对象的方法。

　　(9)判断抽样。调查者根据研究的目标和自己主观的分析来选择和确定调查对象的方法。

　　(10)定额抽样。依据那些有可能影响研究变量的各种因素对总体分层,并找出具有各种不同特征的元素在总体中所占的比例。然后依据这种划分以及各类成员的比例去选择符合要求的对象的方法。

　　(11)雪球抽样。当无法了解总体情况时,可以从总体中少数成员入手,向他们询问其他符合条件的人,再去找那些人并再询问他们知道的人,如同滚雪球一样。

4.2.2.3　抽样的一般程序

　　(1)界定总体。就是在具体抽样前,首先对从总抽取样本的总体范围与界限作明确的界定。

　　(2)制定抽样框。就是依据已经明确界定的总体范围,收集总体中全部抽样单位的

名单,并通过对名单进行统一编号来建立起供抽样使用的抽样框。

(3)决定抽样方案。

(4)实际抽取样本。在上述几个步骤的基础上,严格按照所选定的抽样方案,从抽样框中选取一个个抽样样单位,构成样本。

(5)评估样本质量。就是对样本的质量、代表性、偏差等进行初步的检验和衡量,其目的是防止样本的偏差过大而导致的失误。

4.2.2.4 总体和样本特征值

1. 总体特征值

常用的总体特征值有:

总体平均数

$$\bar{X} = \frac{1}{N} \sum_{i=1}^{N} X_i \qquad (7\text{-}4\text{-}7)$$

总体方差

$$\sigma^2 = \frac{1}{N} \sum_{i=1}^{N} (X_i - \bar{X})^2 \qquad (7\text{-}4\text{-}8)$$

总体标准差

$$\sigma = \sqrt{\frac{\sum_{i=1}^{N} (X_i - \bar{X})^2}{N}} \qquad (7\text{-}4\text{-}9)$$

总体成数

$$P = 1 - Q \qquad (7\text{-}4\text{-}10)$$

式中 P——总体中具有某种性质的个体在总体全部个体数中所占比重;

Q——总体中不具有某种性质的个体所占比重。

2. 样本特征值

常用的样本特征值有:

样本平均数

$$\bar{x} = \frac{1}{n} \sum_{i=1}^{n} x_i \qquad (7\text{-}4\text{-}11)$$

样本方差

$$s^2 = \frac{1}{n-1} \sum_{i=1}^{n} (x_i - \bar{x})^2 \qquad (7\text{-}4\text{-}12)$$

样本标准差

$$s = \sqrt{\frac{\sum_{i=1}^{n} (x_i - \bar{x})^2}{n-1}} \qquad (7\text{-}4\text{-}13)$$

样本成数

$$p = 1 - q \qquad (7\text{-}4\text{-}14)$$

式中 p——具有某种性质的样本个体数在样本全部总数中所占比重;

q——不具有某种性质的样本个体数所占比重。

4.2.2.5 抽样误差

在抽样检查中，由于用样本指标代表总体指标，因此在推算总体时必然要产生误差。产生的误差可分为两种：一种是由于主观因素破坏了随机原则而产生的误差，称为系统性误差；另一种是由于抽样的随机性引起的偶然的代表性误差，也称随机误差。抽样误差仅仅是指后一种由于抽样的随机性而带来的偶然的代表性误差，而不是指前一种因不遵循随机性原则而造成的系统性误差。

随机误差也分为绝对误差和平均误差。绝对误差也称实际误差，是指样本指标与总体指标之间的误差。平均误差是指所有可能出现的样本特征值与总体特征的平均离差，也可以说是所有可能出现的绝对误差的标准差，它反映了误差的一般水平。抽样平均误差用 μ 表示。

抽样调查固有的误差是由于总体各单元特征值的差异程度、样本单元数、抽样方法、抽样调查的组织形式等造成的。用数理统计方法将其控制在所允许的范围内，主要是通过调整样本单元数、改变抽样调查方案来实现的。

另外，由于工作上的原因产生抽样误差，只能通过改进工作质量加以克服和改善，不属于统计学上的问题。

抽样平均误差是反映抽样误差一般水平的指标。通常用抽样平均数的标准差或抽样成数的标准差来作为衡量其抽样误差一般水平的尺度。

1. 抽样平均误差

1）重复抽样条件下，抽样平均数的平均误差

抽样平均数也称样本平均数，即样本内样本单元的平均数。抽样平均数的平均数理论上就是总体平均数，即

$$E(\bar{x}_i) = \frac{\sum \bar{x}_i}{M} = \bar{X} \tag{7-4-15}$$

式中　$E(\bar{x}_i)$——抽样平均数的平均数，即所有可能样本的平均数的平均；

　　　$\bar{x}_i$——各样本中数据的平均数；

　　　M——全部可能的样本数。

μ_x 表示抽样平均数的平均误差，即将各样本平均数与总体平均数的标准差定义为平均数抽样误差。利用总体资料计算抽样平均数的平均误差公式为

$$\mu_x = \sqrt{\frac{\sum (\bar{x}_i - \bar{X})^2}{M}} = \sqrt{\frac{\sum (\bar{x} - E(\bar{x}_i))^2}{M}} = \sigma_{\bar{X}} \tag{7-4-16}$$

式中　$\bar{x}_i$——样本平均数；

　　　$\bar{X}$——总体平均数；

　　　M——全部可能的样本数目。

由此可推出

$$\mu_x = \sigma_x = \frac{\sigma}{\sqrt{n}}$$

在实际使用中，因总体标准差 σ 往往并不容易求得，故通常以样本标准差代替。

2) 不重复抽样条件下, 抽样平均数的平均误差

将抽样平均数的方差乘以修正系数 $\dfrac{N-n}{N-1}$, 则

$$\mu_{\bar{x}} = \sqrt{\frac{\sigma^2}{n}\left(\frac{N-n}{N-1}\right)} \qquad (7\text{-}4\text{-}17)$$

而当 N 的数值比较大时, 可将 $(N-1)$ 看成 N, 从而得

$$\mu_{\bar{x}} = \sqrt{\frac{\sigma^2}{n}\left(\frac{N-n}{N-1}\right)} = \sqrt{\frac{\sigma^2}{n}\left(1-\frac{n}{N}\right)} \qquad (7\text{-}4\text{-}18)$$

可以看出, 不重复抽样的抽样误差比重复抽样误差的误差小, 相差的程度取决于 $\dfrac{n}{N}$。

当 $\dfrac{n}{N}$ 很小时, 重复抽样的误差和不重复抽样的误差的差异也就很小。此时, 为了简化计算, 可以使用重复抽样的抽样误差计算公式。

2. 抽样成数的平均误差

抽样成数的平均误差计算与抽样平均数的平均误差的计算基本相同, 所不同的是成数的总体方差, 不是离差的平方和的平方数, 由于各个样本成数的平均数就是总体的成数本身, 因而成数的总体方差是 $P(1-P)$, 即 $\sigma^2 = P(1-P)$。

重复抽样

$$\mu_P = \sqrt{\frac{P(1-P)}{n}} \qquad (7\text{-}4\text{-}19)$$

不重复抽样

$$\mu_P = \sqrt{\frac{P(1-P)}{n}\left(\frac{N-n}{N-1}\right)} \qquad (7\text{-}4\text{-}20)$$

同样, 在 N 很大时, 式 (7-4-20) 可简化为

$$\mu_P = \sqrt{\frac{P(1-P)}{n}\left(1-\frac{n}{N}\right)} \qquad (7\text{-}4\text{-}21)$$

上述计算公式中, 在计算抽样平均误差时总体的 $P(P-1)$, 资料是经常不易掌握的。通常用抽样样本成数 $P(P-1)$ 代替。

σ^2 和 $P(P-1)$ 也可用过去调查的资料、估计资料或小规律试验性资料代替。

3. 抽样极限误差和相对误差

1) 抽样极限误差

抽样极限误差就是指样本指标与总体指标之间的误差范围。由于总体特征值是客观存在的唯一确定数值, 而样本特征值是随不同集合体而变动的一个随机变量, 因而样本特征值与总体特征值可能产生正或负的离差。极限误差就是指变动的样本特征值与确定的总体特征值之间的离差可能范围。

用概率与数理统计方法可以证明, 抽样极限误差同概率保证程度与抽样平均误差存在一定关系, 抽样平均数极限误差公式为: $\Delta_p = t\Delta_{\bar{x}}$。抽样成数公式为 $\Delta_p = t\mu_p$。

式中, t 为概率度, 表示样本资料推断的总体特征值包括在范围内的可靠程度, 即极

限误差可以用 t 倍的抽样平均误差 μ_p 表示,因而极限误差是以抽样平均误差作为标准衡量单位。对于一定的 μ_p,t 值越大,极限误差越大,用样本特征值估计总体特征值的可靠度也就越高,估计的精确度就越低;反之,可靠度就越低,估计的精确度就越高。通常 t 取 2。

抽样估计置信区间,表达为

$$\bar{x} - \Delta_{\bar{x}} \leqslant \bar{X} \leqslant \bar{x} + \Delta_{\bar{x}} \quad 或 \quad p - \Delta_p \leqslant P \leqslant p + \Delta_p \tag{7-4-22}$$

显然,置信区间的长度与 t 有着密切关系,各种概率保证程度和抽样误差的概率度 t 是密切联系的,并随 t 的增大而增大。它是 t 的函数,用 $F(t)$ 表示。

2)相对误差

在设计抽样调查方案时,对调查的总体特征值都有一定的精度要求,通常情况下,要求利用样本资料推算总体特征值,必须达到在一定的概率保证程度下,使最大相对误差控制在多少比例以内。可以说,相对误差也是进行抽样调查时需要计算的重要参数之一,它表明在设计出的抽样调查方案中,用各种可能出现的样本资料推算出的总体特征值与客观存在的唯一确定的总体特征值间的相对误差的大小。相对误差用 E 表示,计算公式为

$$E = \frac{\Delta_{\bar{x}}}{\bar{x}} \quad 或 \quad E = \frac{\Delta_{\bar{p}}}{p} \tag{7-4-23}$$

精度
$$P_c = 1 - E \tag{7-4-24}$$

4.2.2.6　抽样调查在水土保持监测中的应用

抽样调查在水土保持监测中的应用主要有四个方面:一是抽样调查在监测样点布设不足的情况下,补充布设监测样点,以及对遥感监测的实地校验;二是一定区域范围内土地利用类型变动和土壤侵蚀类型及程度的监测;三是综合治理和开发建设项目中水土保持措施质量的监测;四是水土保持措施防治效果及植被状况调查。

1.抽样调查方案设计

水土保持抽样调查方案设计,首先必须遵循抽查的基本原则,即随机性。然后选择适宜的抽样方法,在一定精度条件下,保证实现最大的抽样效果,一般多采取随机成数抽样、系统抽样、分层抽样等方法。在抽样调查方案设计之前,应进行踏勘、预备调查,然后根据抽样原理与实际情况,设计抽样调查方案(包括抽样、外业调查、内业分析整理等)。抽样调查技术设计方案的核心是采用有效的抽样方法和效果。

1)抽样方法与样地数确定

1 000 km² 以上流域的调查应采用成数抽样法。抽样可靠性为 90% ~ 95%,精度为 80% ~ 85%,最小地类总成数预计值 1% ~ 10%,一般采用 5%,以此为依据确定样地数;1 000 km² 以下流域的调查应采用随机抽样法或系统抽样法;变动系数 < 20%,采用系统抽样;变动系数 > 20%,采用随机抽样。抽样可靠性为 90% ~ 95%,估计抽样误差为 < 10%,以此为依据确定样地数。

一般按下列公式计算后,样地数计算结果应增加 10% 的安全系数。

成数抽样样本单元数确定采用如下公式计算:

$$n = \frac{t^2(1 - p)}{E^2 p} \tag{7-4-25}$$

式中　p——第 $1,2,3,\cdots,k$ 种地类占面积最小的地类总体成数预计值;

　　　t——可靠性指标,$\alpha=95\%$ 时,$t=1.96$;

　　　E——相对允许误差,$E=1-P_c$,P_c 为精度。

　　随机抽样和系统抽样时,若抽样比例 <5%,样本单元数确定采用下式计算:

$$n = \frac{t^2 c^2}{E} \tag{7-4-26}$$

　　若抽样比例 >5%,样本单元数确定则采用下式计算:

$$n = \frac{t^2 c^2 N}{E^2 N + t^2 c^2} \tag{7-4-27}$$

式中　t——可靠性指标,$\alpha=95\%$ 时,$t=1.96$;

　　　E——相对允许误差,$E=1-P_c$,P_c 为精度;

　　　N——总体单元数,$N=A/a$,A 为总体面积,a 为样地面积;

　　　c——总体变动系数。

2)样地形状与面积

样地形状一般采用方形或长方形。样地面积的确定,乔木林样地面积 >400 m^2,一般为 600 m^2;草地调查为 1～4 m^2;灌木林调查为 10～20 m^2;农业用地和其他用地根据坡度、地面组成、地块大小及连片程度确定,一般采用 10～100 m^2。一次综合抽样,各种不同地类的样地面积应保持一致,以 400～600 m^2 为宜。

3)样地布设

小流域范围内抽样调查林草生长状况、工程质量状况等,可以根据确定的样地数,在 1:10 000 地形图上采用网点板布点;中流域或县域范围进行水土流失及防治措施调查,可以根据样地数,在 1:10 000 或 1:50 000 地形图公里网交叉点上布点;大流域或县域以上范围则在 1:50 000 或 1:100 000 地形图公里网交叉点上布点。

4)样地定位与设置

样地应根据地形图上确定的位置,利用样地附近的永久性明显地物标志,现场采用引点确定样地的位置。样地边界现地测定时,样地各边方向误差 <1°,周长闭合误差 <1/100。定期抽样调查时,固定样地复位可根据样地标志复位,如标志已经损坏,可以采用原定位方法重新定位于设置样地。复查时发现固定样地位移 <50 m,但符合随机抽样原则,可确认为复位样地。

5)样地调查内容与方法

样地调查是抽样调查的主要外业工作,也是抽样调查的核心。调查的内容与方法,是根据调查目的和任务确定的。样地调查的精度高低、内容详细程度对最终抽查调查的结果关系重大。因此,应事先制定样地调查细则,设计表格,所有的外业人员应按细则统一进行调查。样地调查可以用人工方法,也可以用遥感方法,或者二者结合。样地调查用表,见表7-4-6。

表 7-4-6　水土流失样地综合调查表

编号_____ ;标准地规格 ____ m × ____ m;标准地面积_____km²

地理位置_____ 省 _____ 县 _____ 镇 _____村

土地利用类型 _____ ;地貌类型 _____ ;地貌部位 _____

海拔_____m;坡向 _____ ;坡度 _____

地表组成物质_____ ;基岩种类 _____

土壤类型_____ ;土壤厚度 _____cm

植被类型或作物类型_____ ;植被覆盖度_____

植被生长状况_____ ;枯叶落叶层状况 _____

土壤侵蚀类型_____ ;土壤侵蚀强度 _____

土壤侵蚀程度_____ ;估计侵蚀量 _____

已采取的水土保持措施_____

标准地所在地形条件下的位置略图

调查人：　　填表人：　　核查人：　　填写日期：　　年　　月　　日

6）总体特征值估计与误差

不同的抽样方法,总体特征值估算与误差计算公式不同,应根据统计学的要求进行。动态估计达不到规定的要求时,要增加样地数,进行补偿调查,直到达到要求的精度为止。

总体特征值估计与误差计算公式如下：

A. 成数抽样

总体估计值采用：

$$\hat{A} = A\frac{n_k}{n} = AP_k$$

绝对误差值采用：

$$\Delta_{P_i} = t\sqrt{\frac{P_i(1-P)}{n-1}}$$

相对误差值采用：

$$E_{P_i} = E_{Ai} = t\sqrt{\frac{1-P}{P_i(n-1)}}$$

式中　P_1, P_2, P_3, P_i, P_k——各地类的总体成数估计值, $\sum_{i=1}^{k} P_i = 1$ ；

$\hat{A}$——第 i 地类面积估计值；

A——总体面积；

n——总样点数；

n_i——第 i 地类总体成数。

B. 随机抽样或系统抽样

总体估计值采用：

$$Y = \bar{y} = \frac{1}{n}\sum_{i=1}^{n} y_i$$

标准误差：

$$S_{\hat{y}} = \frac{S_y}{\sqrt{n}} = \sqrt{\frac{\sum_{i=1}^{n} y_i^2 - \frac{(\sum y)^2}{n}}{n(n-1)}}$$

式中　$\hat{y}$——总体平均数的估计值；

$\bar{y}$——样本平均数；

y_i——第 i 个单元观测值；

n——样本单元数。

C. 两期检测样地复位率为 95% 时，动态变化的误差计算公式为

$$\bar{\Delta} = \bar{Y}_{\mathrm{p}} - \bar{X}_{\mathrm{p}}$$

Δ 的方差：

$$S_{\Delta}^2 = \frac{S_{Y_{\mathrm{p}}}^2 + S_{X_{\mathrm{p}}}^2 - 2RS_{Y_{\mathrm{p}}}S_{X_{\mathrm{p}}}}{n_{\mathrm{p}} - 1}$$

$\bar{\Delta}$ 的标准误差：　　　　$S_{\bar{\Delta}} = (S_{\Delta} \div n_{\mathrm{p}})^{1/2}$

相关系数：　　　　$R = \dfrac{S_{XY}}{S_{Y_{\mathrm{p}}} \cdot S_{X_{\mathrm{p}}}}$

估计经度：　　　　$U = (1 - \dfrac{tS_{\bar{\Delta}}}{\bar{\Delta}}) \times 100\%$

式中　$\bar{Y}_{\mathrm{p}}$、$\bar{X}_{\mathrm{p}}$——后期、前期土壤侵蚀面积成数平均数；

$S_{Y_{\mathrm{p}}}$——固定样地后期土壤侵蚀面积成数方差；

$S_{X_{\mathrm{p}}}$——固定样地前期土壤侵蚀面积成数方差；

S_{XY}——协方差；

n_{p}——固定样地数。

D. 两期检测样地复位率达不到 95% 时，动态变化的误差计算公式

$$\bar{\Delta} = a\bar{Y}_{\mathrm{p}} - b\bar{X}_{\mathrm{p}} - (1-a)\bar{Y}_{\mathrm{t}} - (1-b)\bar{X}_{\mathrm{t}}$$

Δ 的方差：

$$S_{\Delta}^2 = \frac{a^2 S_{Y_{\mathrm{p}}}^2 + b^2 S_{X_{\mathrm{p}}}^2 - 2abRS_{Y_{\mathrm{p}}}S_{X_{\mathrm{p}}}}{n_{\mathrm{p}}} + \frac{(1-a)^2 S_Y^2}{n_{\mathrm{t}Y}} + \frac{(1-b)^2 S_X^2}{n_{\mathrm{t}X}}$$

估计精度：

$$U = (1 - \frac{tS_{\bar{\Delta}}}{\bar{\Delta}}) \times 100\%$$

式中　$\overline{Y}_t$、$\overline{X}_t$——后期、前期临时样地土壤侵蚀面积成数平均数;

　　　S_Y、S_X——临时样地后期、前期土壤侵蚀面积成数方差;

　　　n_{tY}、n_{tX}——后期、前期临时样地数。

2. 水土保持工程质量抽检

小型工程质量抽检,单个工程可以作为一个独立的样地,大中型工程质量应全面检查,关于工程质量抽样检查的抽样比例,根据国标抽查比例表,具体使用时可根据抽样原理和实际情况计算复核确定。

水土保持工程质量抽样检查的抽样比例见表7-4-7。

表7-4-7　水土保持工程质量抽样检查的抽样比例

治理措施	检查总体	抽样比例(%)		备注
		阶段抽检	竣工抽检	
梯田	<10 hm²	7	5	
	10 ~ 40 hm²	5	3	
	>40 hm²	3	2	
造林、种草	<10 hm²	7	5	
	10 ~ 40 hm²	5	3	
	>40 hm²	3	2	
封禁治理	40 ~ 150 hm²	7	5	
	>150 hm²	5	3	
保土耕作		7	5	
截水沟		20	10	
水窖		10	5	
蓄水池		100	50	
塘坝		100	100	
引洪浸地		100	50	
沟头防护		30	20	
谷坊	<100 座	12	10	
	>100 座	10	7	
淤地坝		100	100	
拦沙坝		100	100	

3. 抽样调查应注意的问题

水土流失监测应将遥感解译与抽样校验结合起来,提高其可靠性与精度;水土流失动态调查一般与土地利用类型动态调查结合进行;用样地调查结果来估计总体时,计算必须符合统计学的计算要求;植被调查除符合本规定外,还应符合植被调查的有关规定。

4.2.3　水土保持综合治理措施

水土保持综合治理措施按以下两种方法分类：

一是根据治理措施本身的特性分为工程措施、林草措施（或称植物措施）和耕作措施三大类。治理中三类措施都要采用，称为综合措施。

二是根据治理对象不同分为坡耕地治理措施、荒地治理措施、沟壑治理措施、风沙治理措施、崩岗治理措施和小型水利工程等六大类。各类治理对象在不同条件下分别采取工程措施、林草措施、耕作措施，以及这些措施的不同组合，总起来也是综合措施。

水土保持是江河治理的根本，是水资源利用和保护的源头和基础，是与水资源管理互为促进、紧密结合的有机整体。

水土保持是国土整治的根本。保护珍贵的土地资源免受外力侵蚀，既是水土保持的基本内涵，也是土地资源利用和保护的主要内容。从保护土地资源、减轻土壤退化的角度上讲，水土保持对土地资源的利用和保护有着积极的促进作用。

水土保持不仅是生态环境建设的主体，也是生态环境建设的基础，处在生态环境建设的前沿。水土流失是我国面临的头号环境问题，是我国生态环境恶化的主要特征，是贫困的根源。要解决这一问题，争取继续生存、继续发展的权利，必须调整好人类、环境与发展三者之间的关系，特别是要调整好经济发展的模式。保持水土，根除灾害，时不我待，刻不容缓，应该呼吁全社会都来关心。

水土保持有着极其丰富的内涵和外延，是一门综合性很强的学科。它涉及生态学、地理学、社会学、经济学、农学、林学、草学、水利学等，涉及水利、林业、农业、环境、城建、交通和铁路等部门，涉及城乡千家万户。具有长期性、综合性、群众性的特点。

4.2.3.1　水土保持基本内涵

预防和治理水土流失是水土保持的基本内涵，是水土保持的精髓。预防水土流失就是通过法律的、行政的、经济的、教育的手段，使人们在生产活动、开发建设中，尽量避免造成水土流失，更不能加剧水土流失。主要措施可归纳为三项：一是坚决禁止严重破坏水土资源的行为，如禁止毁林开荒等；二是严格控制可能造成水土流失的行为，并要求达到法定的条件，如实行水土保持方案报告审批制度等；三是积极采取各种水土保持措施，如植树造林等，防止新的水土流失的产生。治理水土流失就是在已经造成水土流失的区域，采取并合理配置生物措施、工程措施和蓄水保土耕作措施，因害设防，综合整治，使水土资源得到有效保护和永续利用。"防"和"治"应以介入时段来界定。"防"是事前介入，一是防止新的水土流失产生，二是控制新的水土流失使现有水土流失加剧，属于积极主动的措施；"治"是事后介入，遏止现有水土流失的继续，减轻现有水土流失，属于消极被动的措施。

4.2.3.2　水土保持内涵的法律解释

《中华人民共和国水土保持法》的立法宗旨是：预防和治理水土流失，保护和合理利用水土资源，减轻水、旱、风、沙灾害，改善生态环境，发展生产。这是相互关联、依次递进的四个层次，最终是为发展生产，促进经济社会的健康发展。预防和治理水土流失、保护和合理利用水土资源是水土保持的最基本任务。它包括水的保持、土的保持以及水与土的交互作用(土壤蒸发水分和土壤对水分的保持及土壤渗蓄、补给地下水)。针对新的水土流失的不断产生、水土流失危害日趋严重的现状,《中华人民共和国水土保持法》规定了"预防为主"的水土保持工作方针。主要是为了控制不合理的人为因素对水土资源的破坏,这种人为因素有人类直接的,如不合理地利用土地、掠夺性的开发建设以及乱砍伐、乱堆放、乱挖掘等;也有人类间接的,如故意或放纵畜禽破坏土壤表土和植被。近年来方兴未艾的山上养禽(主要是鸡、鸭),对水土资源破坏严重,危害极大,应引起高度重视。

古今中外大量事实表明,人类不合理的开发建设活动必然导致严重的水土流失,导致生态环境恶化,最终引发人类生存与发展危机。随着经济社会的发展和人类开发建设活动规模的不断扩大,人为破坏生态所造成的水土流失问题越来越严重,对生态环境的影响也越来越大。因此,必须坚持"预防为主"的方针,始终把预防监督放在水土保持工作的首位;在此基础上,综合治理自然水土流失,不断改善生产条件和生态环境。只有这样,才能从源头上控制住人为水土流失,才能抓住水土保持的根本,才能使水土保持生态环境建设既经济,又有效,达到事半功倍的效果。

4.2.3.3 水土保持的重要意义

水是生命之源,土是生存之本。水和土是人类赖以生存和发展的基本条件,是不可替代的基础资源。说到土壤,它基本上是一种不可再生的自然资源。因为在自然条件下,生成 1 cm 厚的土层平均需要 120~400 年的时间;而在水土流失严重地区,每年流失的土层厚度均在 1 cm 以上。因此,水土流失问题已引起了世界各国的普遍关注,联合国也将水土流失列为全球三大环境问题之一。

19 世纪以来,全世界土壤资源受到严重破坏。水土流失、土壤盐渍化、沙化、贫瘠化、渍涝化以及由自然生态失衡而引起的水旱灾害等,使耕地逐日退化而丧失生产能力。目前,全球约有 15 亿 hm² 的耕地,由于水土流失与土壤退化,每年损失 500 万~700 万 hm²。如果土壤以这样的毁坏速度计算,全球每 20 年丧失掉的耕地就等于今天印度的全部耕地面积(1.4 亿 hm²)。由于世界人口的不断增加,人均占有土地面积将进一步减少。"民以食为天""有土则有粮",拥有丰富的水土资源是立国富民的基础。如果水土资源遭到破坏,进而衰竭,将危及国家和民族的生存。这个结论在世界历史发展进程中已经得到了证明:古罗马帝国、古巴比伦王国衰亡的重要原因之一,就是水土流失导致生态环境恶化,致使民不聊生;希腊人、小亚细亚人为了取得耕地而毁林开荒,造成严重的水土流失,致使茂密的森林地带变成荒无人烟的不毛之地。

中国人口众多,可开发利用的土地资源十分有限,能够耕种的土地则尤为珍贵,而每年却因土壤退化损失耕地 46.6 万~53.3 万 hm²,因自然灾害丧失耕地约 10 万 hm²,成为世界上水土流失最为严重的国家之一。耕地面积在逐年减少,人口却每年增加 1 400 万,这两个逆向增长如继续下去,人地矛盾将更加突出。由于水土流失与土壤退化日趋严重,生物的生存空间日益缩小,已经带给我们极大的危害,影响了经济社会的可持续发展。为了民族的生存、人民的幸福和国家的繁荣昌盛,全社会每个成员都应当高度重视水土流失这个头号环境问题,珍惜、保护和合理利用好水土资源,防止人为活动造成新的水土流失。

水土保持是山区发展的生命线,是国土整治、江河治理的根本,是国民经济和社会发展的基础。中共中央、国务院十分重视水土保持工作,将水土保持作为我国必须长期坚持的一项基本国策。1991 年,颁布了《中华人民共和国水土保持法》,使水土保持走上了法制轨道。1997 年,江泽民总书记发出了"治理水土流失,改善生态环境,建设秀美山川"的伟大号召。随后,中央领导多次指出,水土保持是改善农业生产条件、生态环境和治理江河的根本措施,要求"各地一定要抓好这件关系子孙后代的大事",这是党中央、国务院做出的又一重大决策。从历史和战略的高度深刻阐明了水土保持生态环境建设的重要性和紧迫性,提出了明确的奋斗目标。目前,我国已全面启动了跨世纪生态建设工程,水土保持已成为生态建设的主体。

4.2.3.4　水土保持生态环境建设的必要性和紧迫性

水土保持生态环境建设的必要性和紧迫性是由水土保持生态环境建设的重要性和水土流失及其危害的严重性所决定的,而水土保持生态环境建设的重要性又是由其重要意义所决定的。重要意义是指其价值和作用的重要;重要性是指其特有的征象、标志、性质的重要;必要性是指其不可缺少,不进行不行;紧迫性是指其时间急迫,没有缓冲的余地。人类只有一个地球。当今社会,随着人口的急剧增长、经济的高速发展,环境的承载量越来越大,承载能力受到置疑,承载极限面临挑战,如何才能解决好经济建设与环境保护之间的矛盾,既保障经济的快速发展,又不以牺牲环境为代价,这是人类面临的又一新的课题,是个非常棘手的问题。正是因为人类只有一个地球,我们才更应当,也更有责任去努力把它保护好;正是由于中国的水土流失严重,水土流失的危害更严重,水土保持生态环境建设才显得既十分重要,也十分必要,且十分紧迫。

4.2.3.5　水土保持外延

1. 水土保持与水资源管理

地球上真正能被人类直接利用的水资源,是存在于大气和河流、湖泊中的淡水以及浅层地下水。它仅占全球水贮量的 0.3%。当今世界水资源短缺,无论是哪个国家哪座城市都面临着水资源不足和水污染严重的问题。我国的水资源拥有量居世界第 6 位,人均拥有量仅占世界平均水平的 1/4 左右,是世界水资源极度缺乏的国家之一。水资源的匮乏已经制约了中国生态环境建设,影响了中国经济和社会的可持续发展。

1) 水土流失对水资源的危害

水土流失减少水资源可利用量。流域上游山丘区地表植被遭到严重破坏,降低蓄水保水能力;同时缺乏拦蓄降雨和径流的蓄水保水措施,就会使降雨时地表径流增大,流速加快,大部分降雨以地表径流方式汇集河道,成为山洪流入江河湖海,土壤入渗量减少,地下水得不到及时补给,水位下降。暴雨时山洪暴发,暴雨过后又很快河流干枯、土壤干旱、人畜吃水困难。据水利部门测算,由于超采严重,山东省已出现 1.7 万 km^2 地下水负值漏斗区。1977 年以来,莱州市先后出现三次连续四年的严重干旱,水土流失使水库露底,河道断流,湿地干涸。为抗旱,全市掀起了打井高潮。超采诱发,过度超采加剧了海水入侵。从 1979 年原西由镇北村地下水位观测井发现海水入侵到 1999 年的 20 年时间里,全市海水入侵面积迅猛扩展至 278 km^2,平均推进速度为每年 202 m。同时,水土流失淤积水库,阻塞江河。地表径流携带泥沙和固体废弃物,沿程淤积于水库与河流中,降低了水库调蓄和河道行洪能力,影响水库资源的综合开发和有效利用,加剧洪涝旱灾。在黄河流域黄土高原地区年均输入黄河泥沙 16 亿 t 中,约 4 亿 t 淤积在下游河床,致使河床每年抬高 8～

10 cm,形成"地上悬河",对周围地区构成严重威胁。新中国成立以来,由于泥沙淤积,全国共损失水库库容 200 亿 m^3,据 1981 年莱州市 6 座中型水库和小于家水库测量计算,建库 21 年共淤积 320 万 m^3,占兴利库容的 6%。依此推算,全市水库、塘坝年平均淤积量 96.3 万 m^3。同时,水土流失还是水质污染的一个重要原因,长江水质正在遭受污染就是典型的例子。

2)水土保持与水资源管理的关系

水土保持是江河治理的根本,是水资源利用和保护的源头和基础,是与水资源管理互为促进、紧密结合的有机整体。水土保持措施一是坡面渗蓄、工程拦蓄天上水,使地表淡水向土体深层转化,并保持在地下。因高差形成的势能,在无雨时节,上游山丘区的地下水转换为下游平原区的地表水,维持河流用水量,保持河道常年不断流,以补给地下水,增加水资源的可利用量,发挥以淡压咸的作用。二是减少水库、江河淤积,使水利工程延长寿命,增加效益,减轻防洪负担。三是避免点源和非点源(面源)污染通过径流汇入受纳水体,减轻水体富营养化及其他形式的污染。这一切都有利于水资源的开发利用和水环境的保护,都是建设景观水利、营造亲水空间的基础。同样,搞好水资源管理可以进一步增强水土保持措施的渗蓄、拦沙效益。缺少水资源管理,就会使陆地淡水在时间和空间分布上失衡,在生产、生活和生态用水分配上失调;就会使水土保持和生态环境用水的数量和质量难以得到保障,生态修复和湿地恢复难以实施;就会损害地表植被,使生态系统功能逐步退化,水土流失逐年加剧。没有水土保持,水资源管理就会失去支撑,失去生机和活力。唯有建立在水土保持基础之上的水资源管理才是健康的、稳固的、可持续的。

2. 水土保持与土地资源管理

土地资源是人类生产活动最基本的自然资源和劳动对象。人类对土地的利用虽然反映了人类文明的发展,但也造成了对土地资源的直接破坏,主要表现为不合理的人类活动引起的土壤退化。这之中水土流失是祸首,是当今世界面临的严重问题。

1)水土流失对土地资源的危害

水土流失对土地资源的破坏表现在外营力对土壤及其母质的分散、剥离以及搬运和沉积上。由于雨滴击溅、雨水冲刷土壤,把坡面切割得支离破碎,沟壑纵横。在水力侵蚀严重地区,沟壑面积占土地面积的 5% ~15%,支毛沟数量多达 30 ~50 条/km^2,沟壑密度 2 ~3 km/km^2。上游土壤经分散、剥离,砂砾颗粒残积在地表,细小颗粒不断被水冲走,沿途沉积,下游遭受水冲砂压。如此反复,细土变少,砂砾变多,土壤沙化,肥力降低,质地变粗,土层变薄,土壤面积减少,裸岩面积增加,最终导致弃耕,成为"荒山荒坡"。同时,在内陆干旱、半干旱地区或滨海地区,由于水土流失,地下水得不到及时补给,在气候干旱、降水稀少、地表蒸发强烈时,土壤深层含有盐分(钾、钠、钙、镁的氯化物、硫酸盐、重碳酸盐等)的地下水就会由土壤毛管孔隙上升,在表层土壤积累时,逐步形成盐渍土(盐碱土)。它包括盐土、碱土和盐化土、碱化土。盐土进行着盐化过程,表层含有 0.6% ~2%以上的易溶性盐。碱土进行着碱化过程,交换性钠离子占交换性阳离子总量的 20% 以上,结构性差,呈强碱性。盐渍土危害作物生长的主要原因是土壤渗透压过高,引起作物生理干旱和盐类对植物的毒害作用以及由于过量交换性钠离子的存在而引起的一系列不良的土壤性状。据统计,近 50 年来,我国因水土流失毁掉的耕地达 266 万 hm^2,平均每年

6 万 hm^2 以上,每年流失土壤 50 亿 t 以上,带走氮、磷、钾 4 000 万 t 以上,相当于 20 世纪 80 年代初我国的全年化肥产量。因水土流失造成退化、沙化、碱化的草地约 100 万 km^2,占我国草原总面积的 50%。进入 20 世纪 90 年代,沙化土地每年扩展 2 460 km^2。莱州市年土壤侵蚀量 425.95 万 t,按 1979 年土壤普查平均养分含量计算,年损失标准氮肥 962 t、磷肥 189 t、钾肥 233 t。经过 50 多年不懈的努力,我国水土保持生态环境建设取得了巨大成就。累计水土流失综合治理保存面积 85.9 万 km^2,水土保持设施每年拦蓄泥沙能力 15 亿 t,增加蓄水能力 250 亿 m^3。近年来,因开矿、采石、基建、筑路、毁林、毁草、开荒等原因,加剧了水土流失。据东北、华北以及广东、福建、山东、四川、河南等 14 个省市统计,人为因素新增水土流失面积 2.8 万 km^2,新增土壤侵蚀量 5.54 亿 t。由于掠夺式经济活动是造成水土流失的主要原因,因此必须采取综合性防治战略,特别应防治新的水土流失。

　　2)水土保持与土地资源管理的关系

　　从水土流失对土地资源的危害中可以看出,水土保持与土地资源利用和保护关系密切。利用和保护好人类赖以生存的土地资源,创造有利于土壤微生物、土壤动物和地表植被生长、发育和繁殖的土壤环境,提高土地利用率和生产力,是水土保持和土地资源管理共同的课题。研究土地资源的利用和保护,必须重视水土保持,探索土壤侵蚀的原理和水土流失的防治。只有这样,才能防止土壤物质迁移,减少沙化、石化、荒漠化和盐渍化等自然灾害。研究水土保持,必须探索在生态修复和综合治理中保护和合理开发、高效利用土地资源。只有这样,才能有效地保持水土、涵养水源、减少水土流失。水土保持是国土整治的根本。保护珍贵的土地资源免受外力侵蚀,既是水土保持的基本内涵,也是土地资源利用和保护的主要内容。从保护土地资源、减轻土壤退化的角度上讲,水土保持对土地资源的利用和保护有着积极的促进作用,是土地资源利用和保护的基础。开发利用土地资源应注重利用和保护相结合,从源头上控制水土流失。开发建设项目单位必须编报水土保持方案,采取水土保持措施,卓有成效地保护土地资源。因为只有搞好水土保持,控制住水土流失,才能从根本上解决土地沙化、石化、荒漠化和盐渍化的问题。

4.2.3.6　水土保持与生态环境建设

　　生态系统的平衡往往是大自然经过了很长时间才建立起来的动态平衡。一旦遭受到破坏,有些平衡就无法重建了,带来的恶果可能是人的努力无法弥补的。因此,人类要尊重生态平衡,维护生态平衡,而绝不可轻易地去破坏它。

　　1.水土流失对生态环境的危害

　　水和土地都是不可替代的珍贵的地质资源。水土流失对水土资源的破坏,使生物生存的环境恶化,物种减少。2004 年 11 月 2 日,一家隶属于国际自然与自然资源保护联合会(IUCN)名为"世界保护联盟"的环境组织宣称,由于很多国家的政府以及企业对环境问题漠不关心,世界上的濒危物种名单正令人担忧地以空前的速度膨胀。IUCN 的负责人 AchimSteiner 说:"目前,物种灭绝的规模和速度比任何时候都要大和快,研究表明物种灭绝的比率比我们原先预料的要高 1 000 倍"。到 2000 年,全球有 50 万~200 万种生物物种灭绝,占全球生物物种的 15%~20%。我国目前植物种类有 289 种濒临灭绝,动物种类有近 10 种基本绝迹,20 种处于濒危状态。由于生态系统承载量的增加和连续 20 多年的干旱,使莱州境内陆生植物、皂角、黄连木、柘树、青桐、榉树、苦木、黄柳、青杨、鼠胆子、山东桐、梓树、楸树、构树、黑弹树、马褂木、黄栌、栾树、水杉、柳杉、柽树；水生植物，淡水生的芦苇、蒲子、水葱，海水生的孔石莼、肠浒苔、礁膜、刺海松、海蒿子；陆生动物，狼、狐狸、秃鹰、星头啄木鸟、丹顶鹤、大天鹅、蜥蜴、画眉、杜鹃、刺猬、蝙蝠；水生动物，海水生的小黄鱼、带鱼、远东沙丁鱼、短鳍红娘鱼、真鲷、绿鳍鱼、鲥鱼、黄盖鲽、梅童鱼、文昌鱼、中国对虾、三疣梭子蟹，淡水生的青蛙个体数量大为减少，个别已数量极少、濒临灭迹。

水土流失威胁城镇，破坏交通，危及工矿设施和下游地区生产建设和人民生命财产的安全，特别是在高山深谷因水力和重力的双重作用所发生的山体滑坡、泥石流灾害。据莱州市县志记载，1949～1954 年，由于水土流失严重，莱州市（原掖县）6 年共发生旱、洪、风、雹灾害 20 次，平均每年 3.3 次。1998 年长江、嫩江、松花江流域暴发特大洪水灾害，使 1.8 亿人受灾，因水死亡 4 150 人，直接经济损失 2 550.9 亿元；近年来北方地区连续遭受沙尘暴袭击以及发生在首都北京（2004 年 7 月 10 日）和济南等地区的城市积水，追根溯源，都与水土流失相关，都是水土流失的恶果。水土流失流走的是沃土，留下的是贫瘠。在水土流失严重地区，地力衰退，产量下降，形成"越穷越垦、越垦越穷"的恶性循环。目前，全国农村贫困人口 90% 以上都生活在生态环境比较恶劣的水土流失地区。水土流失是我国面临的头号环境问题，是我国生态环境恶化的主要特征，是贫困的根源。要解决这一问题，争取继续生存、继续发展的权利，必须调整好人类、环境与发展三者之间的关系，特别是要调整好经济发展的模式。保持水土，根除灾害，时不我待，刻不容缓，应该呼吁全社会都来关心。

2. 水土保持与生态环境建设的关系

水土保持不仅是生态环境建设的主体，也是生态环境建设的基础，处在生态环境建设的前沿。生态系统的稳定性在很大程度上取决于自然界中的水土资源条件；经济社会发展引起生态环境的变化，主要取决于对水土资源的利用。正基于此，水土流失才成为我国的头号环境问题，水土保持才被作为我国必须长期坚持的一项基本国策。离开水土保持生态建设，水生态建设、林业生态建设、农业生态建设、海洋生态建设、城市生态建设等都难以落到实处。实行水土保持方案报告审批制度，从源头上遏制水土流失，是预防水土流失，防止生态环境恶化的积极、有效的措施，是贯彻"预防为主"的水土保持工作方针的最具体体现。只有搞好水土保持，才能减轻水、旱、风、沙灾害，保障生物群落所依赖的水资源和土地资源的永续利用，保证生态环境用水并保持适度、均衡的入海水量，促进陆域和海域生物的生长、发育和繁殖，促使整个生态系统步入良性循环的轨道，使人类赖以生存的环境呈一片蓝天、绿地和碧水，进而夯实经济社会快速、健康发展的环境基础。

综上所述，我们要在水土保持的基础地位上树立大水土观念。对于水，一是解决如何保持、减少流失的问题，然后才是如何开发利用的问题；对于土，同样是这样。水土保持不仅是水资源管理的基础，也是土地资源管理的基础，它是全社会的责任，需要广大群众的积极参与，需要各相关部门的大力支持、密切配合和主动参与，需要人大的权力监督。二是要在水土保持的主体地位上树立大水土观念，水土保持是生态环境建设的主体，是山区发展的生命线，是国土整治、江河治理的根本，是国民经济和社会发展的基础，是我们必须长期坚持的一项基本国策，需要各级人民政府的高度重视和大力支持。

水土流失有其自身的规律，只有当降雨、土壤、地形、植被四项自然因素同时处于不利状态,水土流失才能发生与发展,其中任何一项因素处于有利状态,水土流失就会减轻甚至停止。了解自然因素之间的相互制约关系,可以保护有利的自然因素,预防产生新的水土流失;改变不利的自然因素,防止侵蚀沟的形成。合理的人类活动能够使土壤、植被处于有利状态,减少土壤侵蚀面积和侵蚀量,减轻土壤侵蚀强度和侵蚀程度,达到保持水土的目的;不合理的人类活动能够使几种自然因素同时处于不利状态,从而产生或加剧水土流失。因此,在水力侵蚀地区,应以大流域为骨干、小流域为单元,综合治理水土流失。因为小流域分布在大流域的上游,既是大流域的组成部分,又是独立的自然集水单元,能够反映出水土流失发生发展的全部过程。在小流域治理中,要根据水土流失规律,先上游、后下游,先坡面、后沟道,先支沟、后干沟,注重坡面与沟道治理相结合,工程、生物措施与耕作措施相结合,治理与开发利用相结合,经济、生态效益和社会效益相结合。不断增加植被覆盖度,增强土壤抗蚀性,增加土壤渗蓄量,减少水土流失量。在开发建设过程中,必须坚持"预防为主"的原则,采取拦挡、护坡、土地整治、防洪排水、绿化措施,防治新的水土流失。

4.2.3.7　开展水土保持综合治理的程序

开展水土保持综合治理必须经过以下科学程序:第一是进行水土保持查勘(或调查),了解需要开展水土保持的范围内的自然条件(地形、降雨、土壤、植被等)、社会经济情况(人口、劳力、农林牧副业的生产和群众收入、生活等)、水土流失特点(流失类型、流失程度、危害、成因等),作为编制水土保持规划的依据。第二是编制水土保持规划。根据了解到的自然条件、社会经济情况和水土流失特点,结合当地发展生产的需要,提出合理利用土地、控制水土流失和发展农林牧副业生产的技术措施,分析这些措施的实施进度、需要的投入和可能获得的效益(经济效益、生态效益、社会效益),并提出保证实施的措施和条件。第三是进行水土保持治理措施的设计。首先是以小流域为单元的初步设计,把各项治理措施(如坡面上的梯田、林、草,沟道中的谷坊、坝、库等),逐项落实到小流域内具体位置上;其次是根据各项治理措施落实的具体位置的立地条件(地形、土质、气候等),分别进行相应的技术设计,作为施工的依据。第四是组织实施。根据规划中提出的实施进度和各项治理措施在不同位置的具体设计,组织人力和机械,有计划地进行施工,每年完成年度计划,3~5 年或 8~10 年全面完成规划中所确定的小流域综合治理任务。

模块 5　　培训与指导

5.1　指导操作

5.1.1　监测实施方案编写知识

水土保持监测实施方案应包括综合说明、编制依据、建设项目及项目区概况、水土保持监测布局、监测内容和方法、监测点观测设计、经费预算、预期成果及其形式、监测工作组织与质量保证体系以及附图。

5.1.1.1　综合说明

综合说明应简要说明开发建设项目概况及建设意义、水土流失防治责任范围及其水土保持背景状况、水土保持工程设计情况、监测任务缘由及其实施组织等。

5.1.1.2　编制依据

编制依据包括法律法规、规范性文件、技术标准、应用的主要技术资料和监测技术服务合同等。

5.1.1.3　建设项目及项目区概况

(1)开发建设项目的概况。重点介绍与水土保持相关的生产组织与施工工艺,突出选址(选线)、施工场地布置、取料、弃渣、土地扰动、挖填土(石)方及其流向等方面的情况。

(2)项目区自然和社会经济概况。自然概况重点介绍项目区的地形地貌、地质、气候气象、水文、植被、地面组成物质(或土壤)、水土流失和水土保持工作状况等。社会经济概况主要介绍项目所在(经)县(区)的人口、人均收入、人均耕地和产业结构等情况。

(3)开发建设项目水土流失防治措施体系。主要包括水土流失防治责任范围、预测的水土流失重点区域、工程征占地(行政隶属、性质和利用类型)、防治目标、措施布局、主要工程量和实施进度安排等。

5.1.1.4　水土保持监测布局

(1)监测原则与目标。根据批准的水土保持方案和项目实际情况,确定监测的指导思想、原则和目标。

(2)监测范围及其分区。根据《水土保持监测技术规程》(SL 277—2002)的规定,结合开发建设项目水土流失防治责任范围,分析确定监测范围及其分区。

(3)监测点布设。根据确定的监测范围及其分区,分析确定水土流失及其防治措施监测的重点地段和重点对象,提出监测点布局。监测点可以根据监测目的、指标的不同,分为观测样点和调查样点。观测样点要有设施设备的配置设计,调查样点要求设立标志,根据监测指标采用相应监测仪器或设备进行量测以获取数据。

(4)监测时段和工作进度。根据主体工程施工计划和水土保持工程的要求,确定监测时段及工作进度。一般情况下,监测时段包括项目施工准备期之前、施工期(含施工准备期)、水土保持措施运行初期(或林草植被恢复期)等各个阶段。

5.1.1.5 监测内容和方法

(1)监测内容。根据工程项目的生产组织和施工工艺特点,分析确定项目施工准备期之前、施工期(含施工准备期)、水土保持措施运行初期(或林草植被恢复期)等各个阶段的主要监测内容。

在施工准备期之前,主要是对监测范围的地形地貌、地面组成物质、植被、水文气象、土地利用现状、水土保持措施与质量、水土流失状况等基本情况进行调查,分析掌握项目建设前项目区的水土流失背景状况。

在施工期(含施工准备期),主要是对水土流失及其影响因子进行监测,包括工程扰动土地面积、降水、大风、水土流失(类型、形式、流失量)、水土保持措施(数量、质量)以及水土流失灾害等,监测评估项目建设期间的水土流失动态。

水土保持措施运行期(或林草植被恢复期)主要是对水土保持措施数量、质量及其效益等进行监测,主要包括拦渣工程、护坡工程、土地整治工程、防洪排导工程、降水蓄渗工程、临时防护工程、植被建设、防风固沙工程等措施的数量、质量。同时,根据监测数据分析确定工程项目是否达到水土保持方案提出的防治目标。

(2)监测指标与测试方法。依据《水土保持监测技术规程》(SL 277—2002),结合各监测分区的水土流失特点,提出每项监测内容的具体监测指标。针对每个监测指标,分析确定监测的方法、频次、必需的设施设备和数据记录格式。对于重点地段和重点对象,同时确定监测指标数据记录表、观测数据精度和数据分析方法等。

5.1.1.6 经费预算

(1)编制原则和依据。其中,编制依据主要包括国家有关部门和地方颁布的投资估算办法,以及咨询服务费计列指导意见等。

(2)编制方法。包括基础单价、监测工作量和预算等编制方法。编制项目包括监测直接费、间接费、企业利润和税金。其中,直接费包括人工费(含监测设施设备建设与安装费)、材料费(含建设监测设施所需材料)、资料费、差旅交通费、现场办公费、机械使用费及其他必需的费用,间接费指企业管理费、财务费用和其他费用等。

(3)预算结果(概算表)。包括总预算表、年度(进度)投资表及预算附表等。

5.1.1.7 预期成果及其形式

(1)水土保持监测报告。包括监测依据、项目及项目区概况、监测设施布局、监测内容和方法、监测组织与质量保证以及监测数据分析、监测结论与建议等章节。

水土保持监测特性表参见表7-5-1,监测报告提纲如下:

综合说明("综合说明"应简要介绍水土保持监测的基本工作过程、组织管理和监测成果质量控制,说明监测的主要目标、监测内容及其监测方法、主要结果等。)

表 7-5-1　开发建设项目水土保持监测特性表

填表时间：　　　年　　月

建设项目主体工程主要技术指标

项目名称			
建设规模	主体工程主要特性	建设单位全称	
		建设地点	工程所在省、市、县
		工程等级	主体工程的等级
		所在流域	按七大流域及某级支流填写
		工程总投资	如为静态投资需予注明
		工程总工期	年　　月　　日
		项目建设区	项目征地租地占地和土地使用管辖范围

建设项目水土保持工程主要技术指标

自然地理类型	地形地貌、气候类型、植被类型	"三区"公告	项目所属"三区"
水土流失预测总量	责任范围内不采取水土保持措施时,可能造成的水土流失总量	方案目标值	经治理后项目区达到的侵蚀模数
防治责任范围面积	项目建设区 + 直接影响区面积	水土流失容许值	对应地貌类型区容许的侵蚀模数
项目建设区面积	项目征地租地占地 + 土地使用管辖范围	主要防治措施	水土保持工程措施和植物措施的主要类型及其工程量
直接影响区面积	项目建设区外,因开发建设活动而造成水土流失及其直接危害的范围	弃渣场取料场工程	渣场料场座数、占地面积、取料量和弃渣量、采用水土保持措施及其数量
水土流失背景值	项目区土壤侵蚀模数	水土保持工程投资	

水土保持监测主要技术指标

监测单位全称				
监测内容	监测指标	监测方法（设施）	监测指标	监测方法（设施）
	1.		5.	
	2.		6.	
	3.		7.	
	4.		⋮	

续表 7-5-1

水土保持监测主要技术指标

分类分级指标	目标值（%）	达到值（%）	监测数量			hm²

		分类分级指标	目标值（%）	达到值（%）	监测数量				hm²
监测结论	防治效果	扰动土地整治率			措施面积	永久建筑物面积	水面面积	扰动地表面积	
		水土流失治理度			方案目标值		项目区容许值		
		土壤流失控制比			措施面积		水土流失面积		
		拦渣率			实际拦渣量		总弃渣量		
		植被恢复系数			植物措施面积		可绿化面积		
		林草覆盖率			林草总面积		责任范围面积		
	水土保持治理达标评价		按照有关文件的规定标准,分析水土流失防治措施数量与质量,评价其达到规定标准的程度(达标情况)						
	总体结论		用简洁的文字从总体上对开发建设项目水土流失防治效果作出初步结论						
主要建议			水土保持监测报告中建议内容的摘要						

1 编制依据

1.1 法律法规

1.2 规范性文件

1.3 技术标准

1.4 技术资料及其批复文件

1.5 技术服务合同

2 建设项目及项目区概况

2.1 开发建设项目概况

2.2 项目区自然和社会经济概况

2.3 开发建设项目水土流失防治措施体系

3 水土保持监测布局

3.1 监测指导思想、原则和目标

3.2 监测范围及其分区

3.3 监测重点地段、重点对象与监测点布局

3.4 监测时段与工作进度

4 监测内容和方法

4.1 不同时段监测内容

4.2 各监测分区监测内容与监测点监测指标

5 监测结果与分析(应按照水土保持监测分区分别分析水土流失动态,水土保持措施质量、数量及其效益等)

6　结论与建议

6.1　结论

6.1.1　水土保持措施分类分级评价(应按监测分区分别说明各指标的数值及其实现防治目标值的程度)

6.1.2　水土保持治理达标评价(指按项目有关文件的规定目标,分析对应指标的达标情况)

6.2　建议(应在总结水土保持工程实施经验和存在问题的基础上,从主体工程安全运行、水土资源保护、项目区人居环境等主要方面提出建议)

监测数据附表、附图、附件

以上内容可参照"开发建设项目水土保持监测设计与实施计划"有关章节编制,同时根据监测实施过程中的实际情况进行修正、补充和完善。

(2)监测阶段报告。反映监测过程中建设项目水土保持工作情况、水土保持措施建设情况(质量、进度),特别是因工程建设造成的水土流失及其防治建议。

(3)数据记录册。如果数据较多,又不能在监测报告中全部列出,可以单独成册,作为报告的附件。对于水土流失危害,应附专项调查报告。

(4)附图。图件包括项目区地理位置图、水土保持防治责任范围图、监测点布设图、水土保持措施总体布置图、监测设施典型设计图。照片主要是水土保持工程实施期间水土流失及其治理措施动态照片。

(5)附件。包括监测技术服务合同和水土保持方案批复函。

5.1.1.8　监测工作组织与质量保证体系

(1)监测人员组成。明确主持和参加监测的人员及其职称、专业和分工。

(2)监测质量控制体系。分析提出野外观测、图像图形编制、数据整(汇)编、结果分析等环节的工作制度,包括数据登记与审查、工作总结、工作报告、文档管理和成果审核等。

5.1.1.9　附图

附图应包括地理位置图、工程总体布置图、水土流失防治责任范围及水土保持措施布局图、水土保持监测点分布图、典型监测点设计图。

5.1.2　质量管理的有关知识

水土保持工程建设项目质量管理体系是由项目法人负责,监理单位控制,勘察、设计和施工单位保证以及政府监督相结合的质量管理体制,是工程参建各方对工程建设的各环节、各阶段所采取的组织、协调、控制的系统管理方式。

水土保持生态工程即小流域综合治理工程,虽有其特殊性,但归根结底仍是水利工程,其质量评定项目划分应结合其自身特点遵循水利水电工程项目划分的原则进行。水保工程质量管理项目划分,总的指导原则是贯彻执行国家正式颁布的标准、规定,水利工程以水利行业标准为主,其他行业标准参考使用。

水土保持工程单位工程划分一般以一个独立的小流域或较大的独立建筑物(大型谷坊坝)划分。它由若干沟道或区片或班号组成。分部工程划分原则:沟壑或区片或班号治理、成片水平梯田、小型蓄排水工程、成片水保林、成片人工种草、封禁治理、水源及节水灌溉工程等。大型谷坊坝坝基处理、坝体填筑、坝坡防护、溢流口门、坝体及坝基防渗工程等。单元工程的划分借鉴水利水电工程按工序或工程措施或结构组成划分。①水平梯田：田埂、田面、田坎；②造林：水平沟整地、鱼鳞坑整地、苗木栽植、穴播；③种草：整地、播种、管护；④蓄水池、旱水窖：集流场、基坑开挖、沉沙地、窖体及井盖；⑤水源及节水灌溉工程：须按水源工程、输水工程、调压井、喷灌、滴灌、管灌、防渗渠等工程的结构组成再进一步细划；⑥护地坝及谷坊坝：基础、坝体、坝体表防护溢流口及消能工；⑦封育治理：抚育、补植、围栏、标志牌等；⑧沟头防护埂：土埂体、截水沟、土埂植物措施防护。为防止项目划分的随意性，同一类型的单元工程工程量不宜相差太大，不同类型的各个分部工程的投资不宜相差太大，且单元工程之间最大不超过 1.5 倍。同一分部工程的单元工程数目不宜少于 3 个。

水土保持监测系统工程质量，指国家和水利、信息行业的有关法律、法规、技术标准、设计文件和合同中，对水土保持监测系统工程的安全、适用、经济、美观等特性的综合要求。水土保持监测系统工程的施工质量评定，由水利部水利工程质量监督总站海河流域分站监督执行。工程施工质量评定除应符合本办法的要求外，还应符合国家和行业现行有关标准的规定。水土保持监测系统工程质量等级为"合格"。

水土保持监测系统工程项目划分，一般情况下一个项目划分为遥感信息采集、处理及遥感监测单位工程和基本信息采集、处理及数据库和应用系统开发设计单位工程。其中，遥感信息采集、处理及遥感监测单位工程包括遥感数字影像、遥感数字影像处理、信息提取、野外验证、整理与成图分部工程。基本信息采集、处理及数据库和应用系统开发设计单位工程包括数据库构建、应用系统构建等分部工程。单元工程的划分可根据任务要求在分部工程划分基础上详细划分。

5.2　理论培训

5.2.1　培训讲义编写知识

水土保持监测工理论培训，是完成水土保持监测培训的任务、实现培训目标的重要手段。培训的方式、方法与讲义编写是培训的重要保证。培训讲义编写知识主要包括讲义的编写大纲、基本形式、主要内容、基本特点等。

培训讲义的编写大纲，要严格按照中华人民共和国人力资源和社会保障部制定的《国家职业技能标准——水土保持监测工》的名目编制，基础知识部分主要是建立水土保持监测学的基础概念，明白一般原理，了解主流方法。工作要求部分可按等级分篇，职业功能分章，工作内容分节（一般分为观测测验作业、实验室作业和数据资料记载整理 3 节或 2 节），节下按技能要求或相关知识分小节，小节下展开文字描写。为了打破传统的教材体系结构，改变以往系统性模式中将基本概念、物理量、测验方法、数据资料记载整理等融合在一起完整的或顺序的讲解一类（个）仪器、一种方法、一个要素项目等结构，本教材的编写特点是：知识与技能实行模块化、职业化、实用化，这种结构体系的特色与形式，可参阅本书的目录部分。

讲义编写的基本形式,主要是按照大纲要求收集组织材料,梳理逻辑相互关系,用流畅简单的文字描述现象,简述基本原理,说明具体方法,注意增强图形、图像、表格与框图等可视化形式,以便于学员的学习、理解与掌握。

讲义编写的主要内容,要考虑符合学员的知识基础、心理特征、认识规律和接受能力,要章节分明、关系明确、方法简便、操作正确。要反映社会经济、科技发展状况和趋势,既便于学员的学习掌握,又能满足实际工作的需要。

讲义编写的基本特点,要注意适于技能型人才实用性和实践性的特点,应是生产中常用的工作内容,并能明确反映从理论到实践的过程,要注重学生基本技能特别是动手技能的培养,避免教材内容中重理论轻实践的现象,避免编入"难、繁、偏、细"的内容,对于理论性较深的知识点应只说结果和应用,少讲推导过程。要注意叙述方式的启发性,引入探索性学习,避免传统的注入式、填鸭式写法。

教材应是技术学科教材,不宜按学科课程教材组织内容。学科课程是学术的分类,是某科学领域的分类,学科课程对本学科的知识是系统的、全面的。但对专业课程的技术支持不够明确,对完成某一任务所需知识是不完整的,如数学、物理、水力学、水文原理、泥沙运动力学等均属学科课程。技术学科课程是为完成某一领域或某一任务由诸多学科知识的结合。对某一学科来说知识不完整,但为完成某项任务来说是完整的体系,它是一门综合课程。可采用行为导向法编写教材,先将本专业需要解决的各种问题经过筛选、归纳,分解成若干项主要工作任务,每一项任务为一个单元,在每一单元中编写解决该问题所需的文化基础、专业基础和专业知识。这样就使得教材任务目标明确,所学的文化课、专业基础课针对性强,避免了以往学科课程中,学非所用、用非所学、基础知识重叠的现象,本教材按照中华人民共和国人力资源和社会保障部制定的《水土保持监测工国家职业技能标准》编写的基础知识等就有这种尝试。

5.2.2　教学的基本方法

水土保持监测工培训教学方法,应结合实际有利于学习与工作,具有可行与可靠的培训条件,可以采用传统的课堂讲授、启发式教学、研讨性教学等基本的教学方法,也可采用多媒体教学、精讲多练、案例教学、讲座、参观、实际操作等方法。各种教学方法都有优点与不足,不能一概而论。要注意尽量避免或沿袭传统过时的"满堂灌"做法,也不能简单复制企业培训模式,要严格把握培训目标和培训内容。在培训教学时,要时刻把握知识与技能的重点和难点,突出精华,不必面面俱到。对那些学员一时难以理解、比较抽象、隐蔽的部分,要循序渐进、有条不紊地分析引导,最终实现难点的顺利突破。此外,要突出技能训练,合理调节教学中的比例关系,增加动手操作练习的比例,让学生多观察、多动手,以便达到理解、巩固所学知识和技能,以及培养分析和解决问题的目的。

随着科学技术的发展,现代教学设备已大量运用于职业技术教学中。模型、示教板、挂图在观察主要特征及各种事物之间联系时,由于受客观条件限制,同一内容往往要多次重复演示。而采用多媒体教学这一辅助手段适时地穿插于教学之中,与模型、示教板相结合,就可收到事半功倍的效果。它不仅具有较强表现力,可以用来直接完成教学任务,还能调节课堂教学气氛,激起学生学习兴趣,使得视觉、听觉等多种知觉系统协同参与学习,有助于知识获得的精确性和完善性,发展学生的抽象思维能力。多媒体教学可以把许多文字教材表达不清楚的内容,通过录像或幻灯片进行微观和宏观、静态和动态相互转化,不但能让学生了解整个教学内容的连续过程,更突出表现教学对象的本质特征,把细致入微之处、关键转变点充分突现出来。同时对重点、难点可重复播放,加长停留时间、增强教学效果,节省了时间,提高了教学质量和效率,学生易接受,大大提高了短时记忆容量,促进长时记忆。

　　为了保证监测培训的质量,教学培训应该保证以下条件:第一是满足教学要求的场地,如标准教室、仪器或设备操作的安全措施完善的场所;第二是实际操作培训应具有必备的仪器、设备和设施。第三是要有精讲多练的教学方法。

参 考 文 献

[1] WMO. Guide to Meteorological Instruments and Observing Practices[M]. 4th ed. WMO – No. 8,1971.

[2] W E K Middleton,A F Spilhaus. Meteorological Instruments[M]. 3rd ed. Univ. of Toronto Press,Canada, 1953.

[3] 中华人民共和国水利部. SL 335—2006 水土保持规划编制规程[S]. 北京:中国水利水电出版社, 2006.

[4] 中华人民共和国国家质量监督检验检疫总局,中国国家标准化管理委员会. GB/T 15774—2008 水 土保持综合治理 效益计算方法[S]. 北京:中国标准出版社,2008.

[5] 中华人民共和国国家质量监督检验检疫总局,中国国家标准化管理委员会. GB/T 16453.1 ~ 16453.6—2008 水土保持综合治理 技术规范[S]. 北京:中国标准出版社,2008.

[6] 中华人民共和国国家质量监督检验检疫总局,中国国家标准化管理委员会. GB/T 15163—2004 封 山(沙)育林技术规程[S]. 北京:中国标准出版社,2004.

[7] 中华人民共和国水利部. SL 190—2007 土壤侵蚀分类分级标准[S]. 北京:中国水利水电出版社, 2008.

[8] 中华人民共和国水利部. SL 73.6—2015 水利水电工程制图标准 水土保持图[S]. 北京:中国水利 水电出版社,2016.

[9] 中华人民共和国住房和城乡建设部,中华人民共和国国家质量监督检验检疫总局. GB 50201— 2014 防洪标准[S]. 北京:中国标准出版社,2015.

[10] 国家质量技术监督局. GB/T 18337.3—2001 生态公益林建设技术规程[S]. 北京:中国标准出版 社,2001.

[11] 中华人民共和国水利部. SL 201—2015 江河流域规划编制规程[S]. 北京:中国水利水电出版社, 2015.

[12] 国土资源部地质环境司. DZ/T 0219—2006 滑坡防治工程设计与施工技术规范[S]. 北京:中国 标准出版社,2006.

[13] 中华人民共和国水利部. SL 289—2003 水土保持治沟骨干工程暂行技术规范[S]. 北京:中国水 利水电出版社,2004.

[14] 中华人民共和国国家质量监督检验检疫总局,中国国家标准化管理委员会. GB/T 20465—2006 水土保持术语[S]. 北京:中国标准出版社,2006.

[15] 中华人民共和国住房和城乡建设部. GB 50288—2013 堤防工程设计规范[S]. 北京:中国计划出版 社,2013.

[16] 中华人民共和国水利部. SL 72—2013 水利建设项目经济评价规范[S]. 北京:中国水利水电出版 社,2013.

[17] 中华人民共和国水利部. SL 206—2014 已成防洪工程经济效益分析计算及评价规范[S]. 北京: 中国水利水电出版社,2014.

[18] 国家发展和改革委员会,建设部. 建设项目经济评价方法与参数[M]. 3 版. 北京:中国计划出版 社,2006.

[19] 中华人民共和国水利部. SL 277—2002 水土保持监测技术规程[S]. 北京:中国水利水电出版社,

2002.

[20] 中华人民共和国人力资源和社会保障部.水土保持监测工[M].北京:中国劳动社会保障出版社,
2013.

[21] 吴卿,王冬梅,李士杰.水土保持生态建设检测技术[M].郑州:黄河水利出版社,2009.

[22] 郭索彦.生产建设项目水土保持监测实务[M].北京:中国水利水电出版社,2014.

[23] 郭索彦.土壤侵蚀调查与评价[M].北京:中国水利水电出版社,2014.

[24] 张建军,朱金兆.水土保持监测指标的观测方法[M].北京:中国林业出版社,2013.

[25] 李智广.水土流失测验与调查[M].北京:中国水利水电出版社,2005.

[26] 王正秋.水土保持防治工[M].郑州:黄河水利出版社,1996.

[27] 水利部水土保持监测中心.径流小区和小流域水土保持监测手册[M].北京:中国林业出版社,
2015.

附　录

附录1 水土保持监测工国家职业技能标准

(2009 年修订)

1. 职业概况

1.1 职业名称

水土保持监测工。

1.2 职业定义

使用水土流失观测设施设备,从事水土流失及其防治效果监测的人员。

1.3 职业等级

本职业共设五个等级,分别为:初级(国家职业资格五级)、中级(国家职业资格四级)、高级(国家职业资格三级)、技师(国家职业资格二级)、高级技师(国家职业资格一级)。

1.4 职业环境

室内外、常温、大风、降水。

1.5 职业能力特征

思维敏捷,手指、手臂灵活,动作协调;具有观察理解能力、学习计算、判断交流能力,色觉和空间感强。

1.6 基本文化程度

高中毕业(或同等学历)。

1.7 培训要求

1.7.1 培训期限

全日制职业学习教育,根据其培养目标和教学计划确定。晋级培训期限:初级不少于350 标准学时;中级不少于200 标准学时;高级不少于150 标准学时;技师不少于100 标准学时;高级技师不少于50 标准学时。

1.7.2 培训教师

培训初、中、高级的教师应具有本职业技师及以上职业资格证书或本专业(相关专业)中级及以上专业技术职务任职资格;培训技师的教师应具有本职业高级技师职业资格证书或本专业(相关专业)高级专业技术职务任职资格;培训高级技师的教师应具有本专业高级技师职业资格证书2年以上或本专业(相关专业)高级专业技术职务任职资格。

1.7.3　培训场地设备

理论培训场地应具有可容纳30名以上学员的标准教室,配备多媒体播放设备。实际操作培训场所应有可满足培训要求的典型小流域(区域)、径流场、控制站、气象园(场)、实验室,且有相应的设备、仪器等。

1.8　鉴定要求

1.8.1　适用对象

从事或准备从事本职业的人员。

1.8.2　申报条件

——初级(具备以下条件之一者)

(1)经本职业初级正规培训达规定标准学时数,并取得结业证书。

(2)在本职业连续见习工作2年以上。

——中级(具备以下条件之一者)

(1)取得本职业初级职业资格证书后,连续从事本职业工作3年以上,经本职业中级正规培训达规定标准学时数,并取得结业证书。

(2)取得本职业初级职业资格证书后,连续从事本职业工作5年以上。

(3)连续从事本职业工作7年以上。

(4)取得经劳动和社会保障行政审核认定的、以中级技能为培训目标的中等以上职业学校本职业(专业)毕业证书。

——高级(具备以下条件之一者)

(1)取得本职业中级职业资格证书后,连续从事本职业工作4年以上,经本职业高级正规培训达规定标准学时数,并取得结业证书。

(2)取得本职业中级职业资格证书后,连续从事本职业工作6年以上。

(3)取得高级技工学校或经劳动和社会保障行政审核认定的、以高级技能为培训目标的高等职业学校本职业(专业)毕业证书。

(4)取得本职业中级职业资格证书的大专以上本专业或相关专业毕业生,连续从事本职业工作2年以上。

——技师(具备以下条件之一者)

(1)取得本职业高级职业资格证书后,连续从事本职业工作5年以上,经本职业技师正规培训达规定标准学时数,并取得结业证书。

(2)取得本职业高级职业资格证书后,连续从事本职业工作7年以上。

(3)取得本职业高级职业资格证书的高级技工学校本职业(专业)毕业生和大专以上本专业或相关专业毕业生,连续从事本职业工作2年以上。

——高级技师(具备以下条件之一者)

(1)取得本职业技师职业资格证书后,连续从事本职业工作3年以上,经本职业高级技师正规培训达规定标准学时数,并取得结业证书。

（2）取得本职业技师级职业资格证书后,连续从事本职业工作 5 年以上。

1.8.3　鉴定方式

分为理论知识考试和技能操作考核。理论知识考试采用闭卷笔试等方式,技能操作考核采用现场实际操作、模拟等方式进行。理论知识考试和技能操作考核均实行百分制,成绩皆达 60 分及以上者为合格。技师、高级技师还须进行综合评审。

1.8.4　考试人员与考生配比

理论知识考试考评人员与考生配比为 1∶15,每个标准教室不少于 2 名考评人员;技能操作考评人员与考生配比为 1∶5,且不少于 3 名考核人员;综合评审委员不少于 7 人。

1.8.5　鉴定时间

理论知识考试时间不少于 90 min;技能操作考核时间不少于 60 min;综合评审时间不少于 30 min。

1.8.6　鉴定场所设备

理论知识考试在标准教室进行。技能操作考核在可满足培训要求的监测点,且有相应的设施、设备、仪器等。

2.　基本要求

2.1　职业道德

2.1.1　职业道德基本知识
2.1.2　职业守则

（1）遵守法律、法规和有关规定。

（2）爱岗敬业,忠于职守,自觉履行各项职责。

（3）工作认真负责,严于律己,吃苦耐劳,有较强的组织性和纪律性。

（4）刻苦学习,钻研业务,努力提高思想和科学文化素质。

（5）严谨认真,真实记录监测数据。

（6）谦虚谨慎,团结协作,有较强的集体意识。

（7）重视安全、环保,坚持文明生产。

2.2　基本知识

2.2.1　水土流失的知识

（1）水土流失的定义、类型、主要危害。

（2）水力侵蚀、重力侵蚀、风力侵蚀等常见侵蚀形式的基本知识。

（3）土壤侵蚀类型区划分、土壤侵蚀强度分级的知识。

（4）影响土壤侵蚀的因素。

（5）地形、地貌、土壤、植被的基本知识。

（6）降雨、径流、泥沙的基本知识。

（7）人为水土流失基本知识。

（8）小流域的概念、小流域地貌单元基本知识。

（9）我国主要河流的分布、流域的概念。

（10）生产建设项目水土流失特点。

2.2.2　水土保持措施的知识

（1）水土保持的定义、方针。

（2）小流域综合治理的基本知识。

（3）水土保持三大措施的种类及作用。

（4）生产建设项目水土流失防治措施类型及作用。

2.2.3　径流小区观测基本知识

（1）径流小区的功能、组成、规格。

（2）径流小区的观测内容、指标、方法。

（3）径流小区的观测设备。

2.2.4　控制站观测基本知识

（1）控制站的组成。

（2）控制站观测的内容、指标、方法。

（3）控制站观测仪器。

（4）河流泥沙分类、含沙量的基本知识。

2.2.5　水土保持调查基本知识

（1）水土保持调查的主要内容。

（2）水土保持测量工具的使用。

（3）水土流失、土地利用等专项调查的基本知识。

（4）小流域洪水调查的基本知识。

（5）小流域调查资料的整编知识。

2.2.6　气象观测的基本知识

（1）气象观测的基本要素。

（2）气象观测仪器的使用。

（3）气象要素的摘录要求。

2.2.7　水土保持识图知识

（1）地形图识别知识。

（2）水土保持图件知识。

2.2.8　计算机应用基本知识

（1）Word 输入、编辑文档的操作技术。

（2）Excel 输入、编辑、统计、计算、制表、绘图的操作技术。

2.2.9　相关法律法规知识

（1）《中华人民共和国水土保持法》的相关知识。

（2）《中华人民共和国安全生产法》的相关知识。

3. 工作要求

本标准对初级、中级、高级、技师和高级技师的技能要求依次递进,高级别涵盖低级别的要求。

3.1　初级

职业功能	工作内容	技能要求	相关知识
一、水土保持气象观测	（一）观测作业	1. 能使用雨量桶观测降雨 2. 能读取雨量杯的读数 3. 能使用手持风速仪观测瞬时风速 4. 能使用手持风速仪确定瞬时风向	1. 降水、风的基本知识 2. 降水、风的常规观测方法 3. 降水、风的常用观测仪器 4. 降水、风的观测时段划分和时间要求
	（二）数据记录与整编	1. 能记录和计算日降雨量 2. 能记录和汇总风速、风向观测数据	1. 降水、风速的计量单位 2. 雨量观测记载和计算方法 3. 风速观测记载和计算方法 4. 降水、风速有效位数的取位要求 5. 降水、风观测的精度要求 6. 风向划分知识
二、径流小区观测	（一）径流小区维护	1. 能清除承水槽、拦污栅前的杂物 2. 能放空并清理蓄水池 3. 能检查小区护埂和保护带是否完好	1. 拦污栅、承水槽的主要作用 2. 护埂、保护带的要求 3. 蓄水池、承水槽、导流管的作用及要求
	（二）观测作业	1. 能用水尺测量集流、分流设施内的水深 2. 能搅拌集流、分流设施内的泥水样 3. 能人工取水样、填写取样记录 4. 能用土钻分层取样、装盒 5. 能填写土样取样记录 6. 能准备径流量、土壤流失量、土壤水分观测的仪器设备	1. 水尺的观测要求 2. 土壤含水量的基本知识 3. 土钻取土样的注意事项 4. 泥沙的基本知识 5. 水样取样的注意事项 6. 径流量、土壤流失量、土壤水分观测的仪器设备知识
	（三）数据记录与整编	1. 能汇总水尺读数 2. 能将水尺读数换算成径流量 3. 能汇总土样、水样的取样记录 4. 能汇总径流小区检查记录	1. 水尺的观测精度 2. 体积法径流测定的计算方法 3. 径流小区检查的事项

续表

职业功能	工作内容	技能要求	相关知识
三、控制站观测	（一）控制站维护	1. 能清理沉砂池、观测井中的泥沙 2. 能检查并清理测流堰溢流口的杂物 3. 能检查边墙是否漏水	1. 小流域控制站基本知识 2. 沉砂池的作用 3. 观测井的功能 4. 测流堰溢流口检查事项
	（二）观测作业	1. 能准备水位观测器具 2. 能准备泥沙观测的仪器工具 3. 能读取水尺读数	1. 高程、水位的概念 2. 水位观测仪器的类型 3. 泥沙取样器的类型、水尺读数标志与读法
	（三）数据记录与整编	1. 能填记水位观测记载簿 2. 能计算日平均水位	1. 平均水位的计算方法 2. 水位观测记录表的结构
四、水土保持调查	（一）调查作业	1. 能识别地形图基本要素 2. 能识别分水岭、阴坡、阳坡 3. 能挖土壤剖面并能使用土钻取样、封装、标识土样 4. 能测定坡度、坡向、地物几何尺寸 5. 能调查水土保持措施规格及数量 6. 能测量树高、胸径、地径	1. 地形图基本知识 2. 开挖土壤剖面的注意事项 3. 罗盘、皮尺、测绳的使用方法 4. 水土保持措施类型 5. 面积、长度测量方法 6. 测树的基本知识
	（二）数据记录与整编	1. 能记录和统计长度、面积测量数据 2. 能记录和统计坡度、坡向测量数据 3. 能统计水土保持措施种类和数量 4. 能记录和统计树高、胸径、地径	1. 长度、面积常用的计量单位 2. 坡度、坡向的记录方法 3. 水土保持措施的计量方法

3.2　中级

职业功能	工作内容	技能要求	相关知识
一、水土保持气象观测	（一）观测作业	1. 能更换人工雨量计记录纸 2. 能调节人工雨量计记录笔 3. 能校正人工雨量计的时钟 4. 能校核人工雨量计的虹吸管高度	1. 虹吸式雨量计记录纸知识 2. 虹吸式雨量计记录笔的调节步骤 3. 虹吸式雨量计时钟的调节方法 4. 虹吸式雨量计的结构和测量原理
	（二）数据记录与整编	1. 能摘录虹吸式雨量计观测数据 2. 能计算次降雨量 3. 能编制逐日降雨量表 4. 能计算风速、风向特征值	1. 虹吸式自记雨量器的记录原理 2. 降雨资料整编的规定 3. 逐日降雨量表的结构 4. 风速、风向特征值计算方法
二、径流小区观测	（一）径流小区维护	1. 能维护小区护埂和保护带 2. 能维护蓄水池、承水槽、导流管 3. 能校准集流、分流设备	1. 径流小区的基本组成 2. 径流小区各组成部分的功能 3. 标准径流小区的规格
	（二）观测作业	1. 能安装集流、分流设备 2. 能使用天平称重 3. 能测量水样体积 4. 能过滤水样 5. 能使用烘箱	1. 集流、分流设备安装要求 2. 天平的使用方法 3. 烘箱的使用方法 4. 水样体积量测的方法 5. 水样过滤的方法和要求
	（三）数据记录与整编	1. 能记录、整理称重的数据 2. 能记录、整理水样体积 3. 能计算土壤含水量 4. 能计算径流泥沙含量 5. 能填写烘箱使用记录	1. 天平的测量精度知识 2. 土壤含水量的计算方法 3. 泥沙含量的计算方法 4. 土壤含水量、泥沙含量的基本知识

续表

职业功能	工作内容	技能要求	相关知识
三、控制站观测	（一）控制站维护	1. 能维护水尺 2. 能检查量水建筑物裂缝或破碎 3. 能检查、修补观测井漏水 4. 能修补量水建筑物裂缝或破碎	1. 水尺维护的基本要求 2. 量水建筑物裂缝对测流的影响 3. 观测井漏水对测流的影响 4. 建筑物裂缝的常用修补方法及步骤
	（二）观测作业	1. 能安装控制站水尺 2. 能使用流速仪测定流速 3. 能操作取样器 4. 能投放浮标、观察判定浮标到达断面	1. 控制站水尺安装要求 2. 流速仪的类型、原理 3. 水样取样的注意事项 4. 浮标的类型、浮标投放的注意事项
	（三）数据记录与整编	1. 能点绘逐日水位过程线 2. 能使用面积包围法计算流量 3. 能点绘并使用水位—流量相关图	1. 逐日水位过程线的绘制方法 2. 面积包围法的概念和算法 3. 水位—流量关系曲线的制作方法
四、水土保持调查	（一）调查作业	1. 能使用 GPS 定位、导航、测量 2. 能在地形图中识别地形、地物 3. 能用环刀取原状土样 4. 能使用照相机记录调查对象现状 5. 能调查乔木林密度、郁闭度 6. 能调查灌木、草地的盖度 7. 能现场勾绘水土保持措施、土地利用图斑	1. GPS 的使用方法 2. 地形图中地物的图例知识 3. 环刀取原状土的步骤与注意事项 4. 植物郁闭度、密度、盖度的调查方法 5. 土地利用的分类知识
	（二）数据记录与整编	1. 能将 GPS 定位信息在地形图上标识 2. 能在地形图上量算坡度、坡向、坡长、高程 3. 能填写土样取样和植被样方登记表 4. 能记录、统计植被调查数据 5. 能绘制水土保持措施分布图、土地利用现状图 6. 能下载照相资料、编号并标注说明	1. 经纬度的相关知识 2. 地形图上面积、坡度、坡向、坡长、高程的量算方法 3. 植被调查指标的计算方法 4. 水土保持制图的基本知识

3.3　高级

职业功能	工作内容	技能要求	相关知识
一、水土保持气象观测	（一）观测作业	1. 能安装自动雨量仪器 2. 能判定雨量观测场地是否符合要求 3. 能对自动雨量仪器进行校核 4. 能设置自动雨量仪器的参数	1. 自动雨量仪器的原理结构知识 2. 自动雨量仪器的安装要求 3. 自动雨量仪器参数的意义及设置方法 4. 雨量观测场地要求
	（二）数据记录与整编	1. 能编制气象观测工作日志 2. 能下载自动雨量仪器的观测数据 3. 能统计计算次降雨的特征值 4. 能统计降雨时段特征值	1. 降雨时段特征值统计计算方法 2. 次降水特征值的推算方法 3. 降雨量观测误差及控制 4. 气象观测工作日志编制要求
二、径流小区观测	（一）观测作业	1. 能安装、使用、维护坡面径流观测堰箱 2. 能标定堰箱的流量曲线 3. 能使用自记水位计观测产流过程 4. 能使用比重瓶测定泥沙含量 5. 能调查径流小区的基本情况	1. 堰箱测流的原理 2. 堰箱流量曲线的标定方法 3. 自记水位计的基本知识 4. 比重瓶测定泥沙含量的方法 5. 坡面径流的形成过程 6. 径流小区基本情况的内容
	（二）数据记录与整编	1. 能绘制堰箱的流量曲线 2. 能统计处理水位数据得到径流过程线、径流总量、产流时间 3. 能计算次降雨产沙量 4. 能填写小区基本情况属性表	1. 径流曲线的基本知识 2. 径流量、泥沙量的基本知识和计算方法 3. Excel 绘图的方法

续表

职业功能	工作内容	技能要求	相关知识
三、控制站观测	（一）观测作业	1. 能使用自记水位计连续观测水位 2. 能进行流速仪的比测 3. 能分层取泥水样 4. 能实施浮标法测流 5. 能实施量水堰测流方案 6. 能用烘干法、置换法、过滤法处理浓缩水样	1. 自记水位计的类型、原理 2. 流速仪比测的意义与方法 3. 三点法、五点法测流的方法、步骤 4. 样品制备的步骤和注意事项 5. 过滤、烘干的方法 6. 浮标法测流量的步骤 7. 量水堰的类型 8. 泥沙断面分布规律
	（二）数据记录与整编	1. 能进行水位特征值统计 2. 能统计分析径流过程 3. 能编制小流域水文要素摘录表 4. 能计算断面输沙率 5. 能统计流量、输沙率特征值 6. 能编写控制站运行日志	1. 小流域水文要素摘录表编制的要求 2. 断面输沙率的计算方法 3. 量水堰的流量计算公式 4. 流量、输沙率特征值的统计方法 5. 控制站运行日志的编制要求
四、水土保持调查	（一）调查作业	1. 能进行侵蚀沟的调查 2. 能确定植被调查样方 3. 能测定植物生物量 4. 能进行土壤剖面的调查 5. 能勾绘出小流域边界 6. 能判定土壤侵蚀强度和程度	1. 小流域基本知识 2. 植物生物量的测定方法 3. 土壤剖面调查的内容、指标和方法 4. 特征的指标及其测定方法 5. 土壤侵蚀分类分级标准
	（二）数据记录与整编	1. 能填写侵蚀沟的调查表和计算侵蚀沟特征值 2. 能记录植被样方属性表 3. 能填写植被样方调查表 4. 能计算小流域面积及小流域特征值 5. 能绘制土壤侵蚀图	1. 小流域特征值的计算方法 2. 侵蚀沟特征值计算方法 3. 土壤侵蚀图的绘制要求 4. 小流域特征值和侵蚀沟特征值的表示方法

3.4　技师

职业功能	工作内容	技能要求	相关知识
一、降水降风观测	（一）观测作业	1. 能完成气象场观测的布设 2. 能维护保养气象观测仪器 3. 能排除雨量观测仪器常见故障 4. 能校正雨量观测仪器的参数	1. 气象场观测仪器布设知识 2. 气象观测仪器保养知识 3. 雨量观测仪器的常见故障排除方法 4. 雨量观测仪器的参数校正方法
	（二）数据记录与整编	1. 能检查气象资料的合理性 2. 能插补气象缺测资料 3. 能按整编要求编制降雨量资料摘录表 4. 能使用通用整编程序进行降雨资料整编	1. 气象资料的检查方法 2. 气象缺测资料的插补方法 3. 降水要素摘录表的意义 4. 降水要素摘录的方法
二、径流小区监测	（一）观测作业	1. 能标定自记水位计 2. 能用泥沙自动取样器监测坡面土壤产沙过程 3. 能用土壤水分自动监测仪观测土壤水分动态变化 4. 能监测径流小区生物措施变化过程	1. 自记水位计的标定方法 2. 泥沙自动取样器的使用方法 3. 土壤水分自动观测仪器的使用方法 4. 径流小区生物措施监测指标及其监测方法
	（二）数据记录与整编	1. 能判断降水、径流、泥沙、土壤水分观测资料的合理性 2. 能计算土壤侵蚀模数、径流系数、径流深 3. 能绘制土壤水分动态变化曲线 4. 能分析次降水的产沙过程	1. 降水、径流、泥沙、土壤水分观测资料勘误方法 2. 产流计算的相关理论和知识 3. 土壤流失量、径流系数、径流深的计算方法
三、控制站观测	（一）观测作业	1. 能安装、调试自记水位计 2. 能确定基本水位观测断面 3. 能进行历史水位调查 4. 能编写浮标法测流方案 5. 能根据水沙情况确定取样方案 6. 能对常用水位、流速观测仪器进行标定和维护 7. 能对量水堰进行标定	1. 自记水位计的安装要求 2. 自记水位计的适用条件 3. 量水堰的测流范围、标定方法 4. 浮标法测流的原理及其方法 5. 洪水调查的方法 6. 水位计、流速仪的维护知识
	（二）数据记录与整编	1. 能进行水位资料考证修订 2. 能对水位整编成果进行审查 3. 能进行历史水位调查资料整理 4. 能插补缺测资料 5. 能进行水位—流量关系线检验	1. 水位资料订正的方法 2. 水位整编成果审查的内容 3. 水位调查表的结构与计算内容 4. 观测资料查补的方法 5. 水位—流量关系线检验方法

续表

职业功能	工作内容	技能要求	相关知识
四、水土保持调查	（一）调查作业	1. 能识别调查区内的主要植物种类 2. 能识别调查区的土壤类型 3. 能测定容重、孔隙度、导水率 4. 能测定重力侵蚀量 5. 能进行水土保持措施质量评定 6. 能开展小流域社会经济调查 7. 能维护水土保持调查常用仪器	1. 植物分类基本知识 2. 土壤分类基本知识 3. 容重、孔隙度、导水率的概念 4. 重力侵蚀类型及其调查指标 5. 水土保持措施质量评定标准 6. 小流域社会经济调查的内容及指标 7. 水土保持调查常用仪器的维护知识
	（二）数据记录与整编	1. 能整理小流域水土保持植物名录 2. 能绘制土壤类型分布图 3. 能计算整理容重、孔隙度、导水率 4. 能编写水土保持措施质量评定报告 5. 能矢量化水土保持图件 6. 能使用气象年鉴、水文手册、社会经济年鉴摘录气象、水文、社会经济指标	1. 地方植物名录 2. 土壤分布知识 3. 土壤容重、孔隙度、导水率的计算方法 4. 水土保持措施质量评定报告 5. 矢量化的概念及常用矢量化软件的使用方法 6. 气象年鉴、水文手册、社会经济年鉴知识
五、培训指导	（一）指导操作	1. 能指导初级、中级、高级工开展实际操作 2. 能组织初级、中级、高级工实施监测方案	1. 初级、中级、高级工的水土保持监测技能要求 2. 水土保持监测技术有关规程规范
	（二）理论培训	1. 能组织初级、中级、高级工开展业务学习 2. 能对初、中、高级人员进行监测技术培训	1. 水土保持监测工知识结构 2. 培训方案计划的编写与组织实施的知识

3.5 高级技师

职业功能	工作内容	技能要求	相关知识
一、降水、降风观测	（一）观测作业	1. 能完成气象场的实地查勘和选址 2. 能进行气象场设备选型配置 3. 能制定气象观测实施方案 4. 能组织开展生产建设项目的气象观测	1. 气象场选址要求 2. 标准气象场知识 3. 各气象要素观测要求 4. 气象观测规范
	（二）数据记录与整编	1. 能建立气象观测数据库 2. 能编写气象观测数据分析报告 3. 能组织气象观测数据的整编	1. 气象观测数据表结构知识 2. 气象观测数据分析方法和报告编制的知识
二、径流小区监测	（一）观测作业	1. 能进行坡面径流小区选址、设计 2. 能配置径流小区观测仪器设备 3. 能制定径流小区运行方案 4. 能指导径流小区的常规观测 5. 能组织开展生产建设项目的径流小区观测	1. 径流小区选址、布设要求 2. 水土保持监测设施设备通用技术条件 3. 径流小区观测内容、指标、方法
	（二）数据记录与整编	1. 能对降雨、径流、泥沙、土壤水分资料进行综合分析、评价 2. 能编写径流小区监测报告	1. 降雨、径流、泥沙、土壤水分的相互关系 2. 径流小区监测报告的主要内容
三、控制站观测	（一）观测作业	1. 能进行小流域控制站的选址、设计 2. 能进行小流域控制站的设备选型 3. 能制定控制站径流、泥沙监测方案 4. 能组织开展生产建设项目控制站观测	1. 水位计通用技术条件 2. 水位观测规范 3. 水工建筑物测流规范 4. 河流悬移质泥沙测验规范 5. 水土保持监测技术规程 6. 控制站的选址要求、常见运行问题
	（二）数据记录与整编	1. 能编写控制站水土保持监测报告 2. 能指导控制站水土保持监测资料整编业务 3. 能建立小流域控制站监测数据库	1. 小流域控制站监测报告的基本内容 2. 小流域控制站观测内容及观测指标的意义 3. 数据库的基本知识

续表

职业功能	工作内容	技能要求	相关知识
四、水土保持调查	（一）调查作业	1. 能组织开展小流域土壤调查、植被调查、土地利用调查、社会经济调查 2. 能制定小流域水土保持综合调查方案 3. 能利用遥感影像开展水土保持调查 4. 能组织开展生产建设项目水土保持调查	1. 小流域土壤调查、植被调查、土地利用调查、社会经济调查的内容、指标、方法知识 2. 遥感调查基本知识 3. 生产建设项目水土保持调查的内容和要求
	（二）数据记录与整编	1. 能编写小流域土壤调查、植被调查、土地利用调查、社会经济调查报告 2. 能根据水土保持调查对象确定抽样方法和抽样数量 3. 能进行小流域综合评价	1. 土壤调查、植被调查、土地利用调查、社会经济调查报告的主要内容和要求 2. 抽样基础知识 3. 水土保持综合治理知识
五、培训指导	（一）指导操作	1. 能根据监测任务编写监测实施方案 2. 能对监测成果质量进行评价	1. 监测实施方案编写知识 2. 质量管理的有关知识
	（二）理论培训	1. 能编写水土保持监测培训讲义 2. 能对初级、中级、高级工和技师进行培训	1. 培训讲义编写知识 2. 教学的基本方法

4. 比重表

4.1 理论知识

项目		初级 (%)	中级 (%)	高级 (%)	技师 (%)	高级技师 (%)
基本 要求	职业道德	5	5	5	5	5
	基本知识	20	15	15	15	10
相 关 知 识	降水、降风观测	15	15	10	10	5
	径流小区监测	20	20	20	15	15
	控制站观测	20	20	20	15	15
	水土保持调查	20	25	30	30	35
	培训指导	—	—	—	10	15
合计		100	100	100	100	100

4.2 技能操作

项目		初级 (%)	中级 (%)	高级 (%)	技师 (%)	高级技师 (%)
技能 要求	降水、降风观测	25	20	20	10	5
	径流小区监测	25	25	25	25	20
	控制站观测	25	25	25	25	20
	水土保持调查	25	30	30	30	35
	培训指导	—	—	—	10	20
合计		100	100	100	100	100

附录2　水土保持监测工国家职业技能鉴定相关知识试卷(高级工)

一、单选题(共 50 小题;每小题 1 分,计 50 分)

1. 对高山偏僻、人烟稀少、交通极不方便地区的雨量站,采用翻斗式雨量计时自记周期宜选用(　　)个月。

(A)2　　　　　　　(B)3　　　　　　　(C)4　　　　　　　(D)6

2. 翻斗式雨量计日记式的观测时间为每日(　　)。

(A)8 时　　　　　(B)12 时　　　　　(C)20 时　　　　　(D)24 时

3. 雨量器的安装高度,一般为(　　)。

(A)0.5 m　　　　(B)0.7 m　　　　(C)1.0 m　　　　(D)1.2 m

4. 雨量计外壳安装好后,仪器内部零件安放程序包括:①将浮子室安好,使进水管刚好在承水器漏斗的下端;②用螺钉将浮子室固定在座板上;③装好自记纸的钟筒套入钟轴;④虹吸管插入浮子室的侧管内,用连接螺帽固定。其正确安装顺序为(　　)。

(A)①②③④　　　(B)②①③④　　　(C)④③②①　　　(D)③④①②

5. 雨量器根据仪器说明书的要求正确设置各项参数后,再进行(　　),并调节使其符合要求。

(A)通电试验　　　(B)加载试验　　　(C)人工注水试验　　(D)降雨试验

6. 仪器安装完毕后,应用测尺检查安装高度是否符合规定,用(　　)水准引测观测场地地面高程。

(A)二等　　　　　(B)三等　　　　　(C)四等　　　　　(D)五等

7. 翻斗式雨量计精度率定要求,模拟 0.5 mm/min 雨强时,其注入清水量应不少于相当于(　　)的雨量。

(A)4 mm　　　　(B)10 mm　　　　(C)15 mm　　　　(D)30 mm

8. 雨量器(计)离开障碍物边缘的距离,至少为障碍物高度的(　　)。

(A)1 倍　　　　　(B)2 倍　　　　　(C)3 倍　　　　　(D)4 倍

9. 在山区,观测场不宜设在陡坡上、峡谷内,要选择相对平坦的场地,使仪器口至山顶的仰角不大于(　　)。

(A)10°　　　　　(B)15°　　　　　(C)30°　　　　　(D)45°

10. 降水量场地设置要求规定,仅设一台雨量器(计)时场地面积一般为(　　)。

(A)3 m×3 m　　(B)4 m×4 m　　(C)5 m×5 m　　(D)4 m×5 m

11. 未按日分界观测降水量,但知其降水总量时,可根据邻站降水历时和雨强资料进行分列并加分列符号"(　　)"。

(A)Q　　　　　　(B)M　　　　　　(C)N　　　　　　(D)W

12. "降水日数"统计中当日降水量达(　　),即作为降水日统计。

(A)0.01 mm　　　　　(B)0.1 mm　　　　　(C)1.0 mm　　　　　(D)1.1 mm

13.降雪的降水物符号为(　　)。

(A)"≡"　　　　　(B)"＊"　　　　　(C)"Ω"　　　　　(D)"▲"

14.降水量摘录表编制规定,当相邻时段的降水强度等于或小于(　　)(少雨地区可减少)者,可予以合并摘录,合并后不跨过2段的分界时间。

(A)2.0 mm/h　　　(B)2.5 mm/h　　　(C)3.0 mm/h　　　(D)5.0 mm/h

15.降水量摘录表中关于记"起止时分"的填列方法,下列叙述不正确的是(　　)。

(A)未按日界或分段时间进行观测但知其总量者,记总的起止时间及其总量

(B)一日或若干日全部缺测者,在月、日、时分栏记缺测的起止时间,需记时记分

(C)一次降水只有一段者,填记该次开始的月、日和开始及终止时分

(D)填记降水过程中定时分段观测及降水终止时所测得的降水量

16.降水量摘录表中关于不记"起止时分"的填列方法,填列时段开始的月、日和起止时间,时段小于(　　),记至时分。

(A)2.5 h　　　　　(B)2.0 h　　　　　(C)1.5 h　　　　　(D)1.0 h

17.雨量器(计)观测降水量过程中,在干燥情况下,由于雨量器(计)有关构件黏滞水量而造成降水量统计误差称为(　　)。

(A)湿润误差　　　(B)蒸发误差　　　(C)溅水误差　　　(D)仪器误差

18.观测人员的视差,错读、错记、操作不当和其他事故造成的偶然误差称为(　　)。

(A)仪器误差　　　(B)测记误差　　　(C)溅水误差　　　(D)蒸发误差

19.虹吸式自记雨量计,一日内机械钟的记录时间误差超过(　　),且对时段雨量有影响时,应进行时间订正。

(A)10 min　　　　(B)12 min　　　　(C)15 min　　　　(D)20 min

20.自然虹吸雨量大于记录雨量,且每次虹吸的平均差值达到(　　)或1 d内自然虹吸量累积差值大于记录量2.0 mm,应进行虹吸订正。

(A)0.1 mm　　　　(B)0.2 mm　　　　(C)0.3 mm　　　　(D)0.5 mm

21.翻斗式雨量计的记录规程规定,当记录降水量与自然排水量相对误差为(　　),且绝对误差达到0.2 mm时,则应进行记录量订正。

(A)±1%　　　　　(B)±2%　　　　　(C)±3%　　　　　(D)±4%

22.取面积微小的流束,测量出流速,由流速乘以面积,得出单位时间内流过该流束过水断面的水体体积,这类方法就称为(　　)。

(A)量积法测流　　　　　　　　　　(B)流速面积法测流

(C)堰闸测流　　　　　　　　　　　(D)流量计测量

23.比降面积法用比降、糙率、水力半径等推算断面平均流速,属于(　　)。

(A)量积法测流　　　　　　　　　　(B)流速面积法测流

(C)堰闸测流　　　　　　　　　　　(D)流量计测流

24.测流方法不同的测点,用不同的符号表示,"O"表示(　　)测得的点子。

(A)流速仪法　　　(B)浮标法　　　(C)深水浮标法　　　(D)水力学法

25.测流方法不同的测点,用不同的符号表示,"△"表示(　　)测得的点子。

（A）流速仪法　　　　（B）浮标法　　　　（C）深水浮标法　　　（D）水力学法

26. 主要由感应传输部分和记录部分组成,靠它们的联合作用绘出水位升降变化的模拟曲线的水位计称为（　　）。

（A）浮子式水位计　　（B）水压式水位计　　（C）超声波水位计　　（D）雷达水位计

27. 通过测量水体的静水压力,实现水位测量的仪器称为（　　）。

（A）浮子式水位计　　（B）水压式水位计　　（C）超声波水位计　　（D）雷达水位计

28. 下列水位测量中属于通过非接触方式测量水位的是（　　）。

（A）浮子式水位计　　（B）水压式水位计　　（C）水尺法　　　　　（D）超声波水位计

29. 适合在江河、湖泊、水库及其他密度比较稳定的天然水体中,实现水位测量和存储记录的水位计为（　　）。

（A）浮子式水位计　　（B）水压式水位计　　（C）超声波水位计　　（D）雷达水位计

30. 流速仪使用过程中应与其备用流速仪进行比测的频率一般为（　　）一次。

（A）20～50 h　　　　（B）30～70 h　　　　（C）40～80 h　　　　（D）50～80 h

31. 采用三点法测量流速时其测量断面一般与水流总体方向（　　）。

（A）斜交　　　　　　（B）正交　　　　　　（C）平行　　　　　　（D）任意相交

32. 采用五点法测量流速时,对于一类站测验垂线数目不应少于（　　）条。

（A）12　　　　　　　（B）10　　　　　　　（C）7　　　　　　　　（D）3

33. 河流含沙量烘干法处理水样的步骤包括:①沉淀浓缩水样;②量水样容积;③烘干烘杯并称杯质量;④浓缩水样烘干、冷却;⑤称量,其正确顺序为（　　）。

（A）①②③④⑤　　　（B）②①③④⑤　　　（C）④⑤②①③　　　（D）⑤②③①④

34. 河流含沙量过滤法处理水样的步骤包括:①量水样容积;③过滤泥沙;②沉淀浓缩水样;④烘干沙包(滤纸和泥沙);⑤称量。其正确顺序为（　　）。

（A）①②③④⑤　　　（B）①③④②⑤　　　（C）①③②④⑤　　　（D）④⑤①②③

35. 用均匀浮标法测流时,一般在已确定的控制部位附近和靠近岸边的部分应有（　　）浮标。

（A）1～2个　　　　　（B）2～3个　　　　　（C）3～4个　　　　　（D）2～4个

36. 水面浮标测速记时人员在收到浮标到达上、下断面线的信号时,及时开启和关闭秒表,时间读数精确至（　　）。

（A）0.1 s　　　　　　（B）0.2 s　　　　　　（C）0.3 s　　　　　　（D）0.4 s

37. 对于水深很小、流速很小、水流比较平稳的断面,测速适宜采用（　　）。

（A）浮杆测速法　　　（B）深水浮标测速法　（C）小浮标测速法　　（D）三点法

38. 小浮标测速每个浮标的运行历时一般应不少于（　　）。

（A）10 s　　　　　　（B）20 s　　　　　　（C）30 s　　　　　　（D）40 s

39. 标准的量水槽是一种特制的水槽,由（　　）三部分组成。

（A）进水段、喉道、出水段　　　　　　　　（B）渐变段、喉道、出水段

（C）渐变段、喉管、出水段　　　　　　　　（D）进水段、喉道、跌水段

40. 水力学中将堰顶厚度 $\delta < 0.67H$（H 为堰上水头）时的测流堰称为（　　）。

（A）薄壁堰　　　　　（B）宽顶堰　　　　　（C）实用堰　　　　　（D）平底堰

41. 含沙量横向分布与河段形势有关,顺直段较长的河段,主泓稳定,含沙量( )一般也比较稳定。

(A)纵向分布　　　　(B)横向分布　　　　(C)沿程分布　　　　(D)沿水深分布

42. 起涨后、落平前及峰顶前后的转折点处应有摘录点,峰顶附近不少于( )个点。

(A)1~2　　　　　(B)2~3　　　　　(C)3~4　　　　　(D)3~5

43. 洪水摘录选点,应在逐时过程线上进行,要尽量精简摘录点次,以节省工作量,其中必须摘录点不包括( )。

(A)雨洪期最高水位点　　　　　　　(B)最大流量点

(C)年最大含沙量点　　　　　　　　(D)最低水位点

44. 洪水摘录选点时,摘录点应尽量选摘录日( )的值,所摘数值应为定时观测值,不得用日平均值代替。

(A)6时　　　　　(B)8时　　　　　(C)18时　　　　　(D)20时

45. 地貌形态类型以海拔和相对高差划分为( )。

(A)三类　　　　　(B)四类　　　　　(C)五类　　　　　(D)六类

46. 坡向是指坡面倾斜方向,一般情况下,可将坡向按方位分成( )方向。

(A)四个　　　　　(B)六个　　　　　(C)七个　　　　　(D)八个

47. 土壤分类系统采用( )的等级分类制。

(A)四级　　　　　(B)五级　　　　　(C)六级　　　　　(D)八级

48. 我国多以次降雨量( )为侵蚀性降雨临界值。

(A)5 mm　　　　　(B)8 mm　　　　　(C)10 mm　　　　　(D)15 mm

49. 土壤抵抗降雨和径流对其机械破坏、冲刷推动下移的能力称为( )。

(A)土壤抗冲性　　(B)土壤黏结力　　(C)土壤抗蚀性　　(D)土壤抗溶性

50. 沟谷面积占坡面面积30%的沟蚀,其侵蚀强度等级为( )。

(A) 轻度　　　　　(B)中度　　　　　(C)强度　　　　　(D)剧烈

二、判断题(共40小题,每小题0.5分,计20分)

1. 翻斗雨量计主要由传感器和记录器两大部分组成,其中传感器部分由承雨器、翻斗、发信部件、底座、外壳等组成。( )

2. 记录器由图形记录装置、计数器、电子控制线路等组成,分辨率为0.1 mm、0.2 mm、0.5 mm、1.0 mm。( )

3. 雨量器安装中采用固态存储的显示记录器,安装时应使用电量充足的蓄电池,并注意连接极性。( )

4. 雨雪量计的安装,应针对不同仪器工作原理,妥善处理电源、燃气源、防冻液等安全隐患,注意安全防范。( )

5. 在观测场地周围有障碍物时,应测量障碍物所在的方位、高度及其边缘至仪器的距离,在山区应测量仪器口至山顶的仰角。( )

6. 观测场地应平整,地面种草或作物,其高度不宜超过20 cm。( )

7. 记"起止时间"者,填记各次降水的"起止时分",记至整分钟。分钟数小于10者,

应在十位数上写"0"补足两位。（　　　）

8. 降水量观测记录时，降雨时刻恰恰位于午夜日分界的时间，如果是时段或降水"止"的时间，则记 24（不记起止时间者）或 24:00（记起止时间者）；如果是时段或降水"起"的时间，则记"0"或"00:00"。（　　　）

9. 降雨观测资料记录时，按规定时段观测降水量的时间，记至整小时，若遇大暴雨加测，应按实际加测时分填记至分钟。（　　　）

10. 实测降水量右侧注有符号者，日降水量右侧亦应注相同的符号。某时段实测降水量不全或缺测，日降水量应加括号。（　　　）

11. 降水量摘录表中挑选出来的各时段最大降水量，均应填记其时段开始的日期。日期以零时为日分界。（　　　）

12. 虹吸式自记雨量计记录线在 10 mm 处呈水平线并带有波浪状，则该时段记录量要比实际降水量偏小，应以储水器水量为准进行订正。（　　　）

13. 翻斗式雨量计的记录规程规定，当 1 d 内时间误差超过 10 min，而且对时段雨量有影响时，应进行时间订正。（　　　）

14. 翻斗式雨量计的记录规程规定，当时差影响暴雨极值和日降水量，时间误差超过 5 min 时，也应进行时间订正。（　　　）

15. 流通顺畅的明渠内流量越大，液位越高；流量越小，液位越低。（　　　）

16. 对于全年的水位—流量关系图，为使前后年资料衔接，图中应绘出上年末和下年初的 3~5 个点子。（　　　）

17. 使用确定的水位—流量关系线由水位推算流量时，首先应明确水位—流量关系线对应的推流时段，或推流时段对应的水位—流量关系线。（　　　）

18. 流速仪使用过程中没有条件比测的站，仪器使用 1~2 年后必须重新检定。（　　　）

19. 常用与备用流速仪应在同一测点深度上同时测速，并可采用特制的"U"形比测架，两端分别安装常用和备用流速仪，两架仪器间的净距应不小于 0.5 m。（　　　）

20. 悬移质输沙率观测对于一类站历年单断沙关系线与历年综合关系线比较，其变化在 ±3% 以内时，年测次不应少于 15 次。（　　　）

21. 当测流期间风向、风力（速）变化不大时，可通过点群重心勾绘一条浮标流速横向分布曲线。（　　　）

22. 当测流期间风向、风力（速）变化较大时，应适当照顾到各个浮标的点位勾绘分布曲线。（　　　）

23. 小浮标法实测断面流量，可由断面虚流量乘断面小浮标系数计算，每条垂线上小浮标的平均流速，可由平均历时除上、下断面间距计算。（　　　）

24. 水土保持测流中多用三角形堰（顶角90°）和矩形堰，是用 3~5 mm 厚的金属板做成的。（　　　）

25. 标准的量水槽是一种特制的水槽，由进水段、出水段和喉道三部分组成。（　　　）

26. 薄壁堰安装使用时堰板必须平整、垂直，堰槛中心线应与进水渠中心线重合。（　　　）

27. 对于卵石河床，其断面比较稳定，形状无大变化，流速一般较大，悬移质的挟沙能

力处于不饱和状态,因此含沙量横向分布比较稳定、均匀。(　　)

28.悬移质中的冲泻质含沙量与水力因素的关系不密切,横向分布均匀。(　　)

29.全年应摘录几次较大洪峰和一些有代表性的中小洪峰,选择各种洪峰类型是洪峰流量最大的和洪峰总量最大的洪峰。(　　)

30.在沙峰时期,每日测取单沙2次或2次以上,并能绘出基本完整的沙峰过程线的站,必须摘录含沙量。(　　)

31.坡面特征包括坡度、坡向、坡长、坡形(直线形、凸形、凹形、台阶形)及组合、地面起伏等。(　　)

32.挖掘法是用人工及常用的挖掘机械,掘出植物的全部根系,再用水冲走土体,进行观测的方法。(　　)

33.野外测定植物根系的方法有挖掘法和剖面法两种。(　　)

34.生物量包括地上生物量和地下生物量(即根系)两部分。(　　)

35.土壤有机质是指土壤中生物遗体及其分解转化的腐殖质和半分解的有机衍生物质。(　　)

36.土壤含水量(率)是指土壤孔隙中含有水分的多少,又称为土壤湿度。(　　)

37.溶蚀是指通过降水和流水的溶解作用,将地表可溶物质溶解随水流迁移的侵蚀现象。(　　)

38.日平均风速大于或等于5 m/s的年内日累计风速达200 m/s以上,或这一起沙风速的天数全年达30 d以上,且多年平均降水量小于300 mm的沙质土壤地区,应定为风蚀区。(　　)

39.土壤侵蚀类型的划分以外力性质为依据,通常分为水力侵蚀、重力侵蚀、冻融侵蚀和风力侵蚀等。(　　)

40.黏性泥石流、稀性泥石流、泥流的侵蚀强度分级,均以单位面积年平均冲出量为判别指标。(　　)

三、简答题(每小题10分,共30分)

1.简答自动雨量器的安装要求。

2.简答用恒温水浴法检定比重瓶瓶加清水称量的步骤。

3.简答土壤分类系统采用六级的等级分类制。

水土保持监测工国家职业技能鉴定相关 知识试卷(高级工)答案

一、单选题

1. B	2. A	3. B	4. A	5. C	6. D	7. A	8. B	9. C	10. B
11. A	12. B	13. B	14. B	15. B	16. D	17. A	18. B	19. A	20. B
21. B	22. B	23. B	24. A	25. B	26. A	27. B	28. D	29. B	30. D
31. B	32. B	33. B	34. C	35. A	36. A	37. C	38. B	39. A	40. A
41. B	42. D	43. D	44. B	45. B	46. D	47. C	48. C	49. A	50. C

二、判断题

1. √	2. √	3. √	4. √	5. √	6. √	7. √	8. √	9. √	10. √
11. √	12. √	13. √	14. √	15. √	16. √	17. √	18. √	19. √	20. √
21. √	22. √	23. √	24. √	25. √	26. √	27. √	28. √	29. √	30. √
31. √	32. √	33. √	34. √	35. √	36. √	37. √	38. √	39. √	40. √

三、简答题

1. 答:安装前,应检查确认雨量器各部分完整无损。暂时不用的仪器备件,应妥善保管。

雨量器要固定安置于埋入土中的圆形木柱或混凝土基柱上。基柱埋入土中的深度要能保证雨量器安置牢固,在暴风雨中不发生抖动或倾斜。基柱顶部要平整,承雨器口应水平。要使用特制的带圆环的铁架套住雨量器,铁架脚用螺钉或螺栓固定在基柱上,保证雨量器的安装位置不变,还要便于观测时替换雨量筒。

雨量器的安装高度,以承雨器口在水平状态下至观测场地面的距离计,一般为 0.7 m。

黄河流域及其以北地区,青海、甘肃及新疆、西藏等省(区),如多年平均降水量大于 50 mm,且多年平均降雪量占年降水量达 10% 以上的雨量站,在降雪期间用于观测降雪量的雨量器口的安装高度宜为 2 m;积雪深的地区,可适当提高安装高度,但一般不应超过 3 m,并要在器口安装防风圈。

2. 答:(1)将洗净后待检定的比重瓶注满纯水,放入恒温水槽内,然后往水槽内注清水(或纯水)直至水面达到比重瓶颈时为止(如果注入的是纯水,可以将比重瓶全部淹没)。

(2)调节恒温器,使温度高于室温约 5 ℃。

(3)待到达预定温度时,测定瓶内和瓶外的水温,认为稳定后,测记瓶中心的温度,准确至 0.1 ℃。

(4)取出比重瓶,并用同温度的纯水加满,立即盖好瓶塞,用手抹去塞顶水分,用干毛巾擦干瓶身,检查瓶内有无气泡(如有气泡应重装),然后放在天平上称量,准确至 0.001 g(擦比重瓶时要轻、快、干净,切勿用力挤压比重瓶,以防瓶内水分溢出。取放比重瓶应握住瓶颈,不得用手触及瓶身)。

（5）重复上述步骤，直至相应温度的称量差不超过 0.002 g 为止。取不超差的均值为采用质量。

（6）再调节恒温器，使温度升高约 5 ℃，再重复以上步骤，如此各隔 5 ℃测定温度和称量一次，直至所需的最高温度时为止。

3. 答：一级土纲：根据成土过程的共同特点加以概括。

二级土类：是分类的基本单元。它是在一定的自然条件或人为因素作用下形成的，具有独特的成土过程和土体结构。

三级亚类：是土类中的不同发育阶段，或土类间的过渡类型。

四级土属：是承上启下的单元。主要依据母质、侵蚀程度、耕种熟化情况等地方性因素划分。

五级土种：是分类的基层单元。依据发育程度或熟化程度划分。

六级变种：是土种内的变化，一般以表层或耕作层的某些变化来划分。

附录3　水土保持监测工国家职业技能鉴定相关知识试卷(技师)

一、单选题(共50小题,每小题1分,计50分)

1. 测定空气温度和湿度的仪器安置在(　　)。

(A)室内　　　　(B)室外　　　　(C)观测场内　　　　(D)百叶箱内

2. 气象观测场内的各仪器设施东西排列成行,南北布设成列,相互间东西间隔不小于(　　)m,南北间隔不小于3 m,仪器距观测场边缘护栏不小于3 m。

(A)3　　　　(B)4　　　　(C)5　　　　(D)6

3. 观测值班室一般应建在观测场(　　),保证观测员在值班室有较开阔的视野,能看见观测场的全貌,可随时监视观测场的情况和天气的变化。

(A)东边　　　　(B)西边　　　　(C)南边　　　　(D)北边

4. 新建、迁移观测场或观测场四周的障碍物发生明显变化时,应测定四周各障碍物的(　　),绘制地平圈障碍物遮蔽图。

(A)方位角　　　　(B)水平距离　　　　(C)高度　　　　(D)高程

5. (　　)与采集器连接的电缆头接触不良,脉冲信号无法传输到采集系统,使雨量记录不正常。

(A)虹吸管　　　　(B)浮子室　　　　(C)干簧管　　　　(D)传感器

6. (　　)是虹吸式雨量计构造上的主要缺点。

(A)仪器安装不水平　　　　　　(B)虹吸误差

(C)虹吸管滴漏　　　　　　　　(D)自记笔压力较小

7. 下面选项中不属于虹吸式雨量计常见故障的为(　　)。

(A)仪器记录误差　　　　　　　(B)虹吸作用中断

(C)虹吸管滴漏　　　　　　　　(D)自记笔误差

8. 雨量观测场地面积仅有一台雨量器(计)时为4 m×4 m,同时设置雨量器和自记雨量计时为(　　)。

(A)4 m×5 m　　(B)5 m×5 m　　(C)4 m×6 m　　　　(D)6 m×6 m

9. 下列雨量观测仪器的参数校正方法中不正确的为(　　)。

(A)先检查确认仪器各部分完整无损

(B)传感器与显示记录器间用电缆传输信号的仪器,电缆长度应尽可能长

(C)采用固态存储的显示记录器,安装时应使用电量充足的蓄电池

(D)仪器安装完毕后,应用水平尺复核,检查承雨器口是否水平

10. (　　)主要是供科学研究等方面使用。

(A)原始资料　　(B)模拟式资料　　(C)实时资料　　　　(D)非实时资料

11. (　　)常采取事后收集加工的方式,没有严格的时限要求,因而可以加工得更加

完善。对模拟式资料,需经过数字化并记录到电子计算机载体上。

(A)非实时资料　　(B)数字化资料　　(C)加工资料　　(D)模拟式资料

12.按记录方式分类,可把气象资料分为(　　)。

(A)数字化资料　　(B)实时资料　　(C)非实时资料　　(D)原始资料

13.若缺测期间水位变化较大,跨越峰、谷,且本站水位与同河邻站水位有密切相关关系,区间无大支流汇入或无大量引出、引入水量,河段冲淤变化不大,可点绘两站水位相关线,用邻站水位插补本站水位,称为(　　)。

(A)直线插补法　　　　　　　　(B)流量相关曲线插补法

(C)水位相关曲线插补法　　　　(D)水位过程线插补法

14.气象缺测资料的插补方法有(　　)。

(A)直线插补法　　　　　　　　(B)流量相关曲线插补法

(C)水位相关直线插补法　　　　(D)曲线插补法

15.雨量站观测记载簿一般(　　)装订一册。

(A)10天　　(B)15天　　(C)20天　　(D)每月

16.降水量观测记载表中,日降水量为累加(　　)各次观测的降水量作为昨日降水量。

(A)昨日8时至今日8时　　　　(B)昨日9时至今日9时

(C)昨日20时至今日20时　　　(D)昨日24时至今日24时

17.在雨量站观测记载簿中,下面选项不属于观测的大事记的为(　　)。

(A)更换观测员或临时委托观测情况　(B)观测场地或周围障碍物的变化

(C)仪器性能检查、维修情况　　　　(D)雨量大小的变化

18.采用"雨洪配套摘录"的站,应根据洪水水文要素列入的洪水,摘录该站及(　　)各站的相应降水。

(A)上游　　(B)下游　　(C)邻近　　(D)以上都可以

19.降水月特征值统计计算不包括(　　)。

(A)月降水量统计　　　　　　　(B)月降水日数统计

(C)月最大日降水量统计　　　　(D)月各日降水量统计

20.比测结果应符合,一般水位站置信水平95%的综合不确定度为3 cm,系统误差为(　　)。

(A)±1 cm　　(B)±2 cm　　(C)±3 cm　　(D)±4 cm

21.每次校测时,不需记录的信息是(　　)。

(A)校测时间　　　　　　　　　(B)校测水位值

(C)自记水位值　　　　　　　　(D)校测水量值

22.横式采样器取得的水样体积,与采样器本身容积一般相差不得超过(　　)。

(A)±2%　　(B)±5%　　(C)±8%　　(D)±10%

23.对于沙质推移质测验,为了消除或减弱脉动影响,每条垂线(河底点位)应重复取样(　　)次以上。

(A)1　　(B)2　　(C)3　　(D)4

24. 悬移质测验的种类不包括(　　)。

(A)竖式采样器点位采样　　　　　　(B)横式采样器点位采样

(C)积时采样器采样　　　　　　　　(D)普通瓶式采样器采样

25. 张力计安装前要进行(　　)和密封检查。

(A)清洁　　　　(B)除湿　　　　(C)排气　　　　(D)校正

26. 土壤水分自动观测仪器不包括(　　)。

(A)张力计　　　(B)中子水分仪　　(C)时域反射仪(TDR)　(D)短波水分仪

27. 水文循环过程中,大陆上降水的(　　)转化为地面径流和地下径流汇入海洋。

(A)15%　　　　(B)34%　　　　(C)45%　　　　(D)60%

28. 初损后损法是下渗曲线法的一种简化方法,(　　)是超渗产流中比较常用的方法。

(A)初损法　　　(B)后损法　　　(C)初损后损法　　　(D)图解法

29. 雨水的(　　)是降雨径流中主要损失,不仅决定地面径流量的大小,同时也影响土壤水分和地下水的变化,是地表水转化成地下水的一个过程。

(A)蒸发　　　　(B)蒸腾　　　　(C)下渗　　　　(D)挥发

30. 将一定时段的径流总量平均铺在流域面积上所得到的水层深度,称为该时段的径流深,以(　　)计。

(A)mm　　　　(B)cm　　　　(C)dm　　　　(D)m

31. 自记水位记录的订正包括时间订正和水位订正两部分,一般站一日内水位与校核水位之差超过2 cm,时间误差超过(　　)分钟,应进行订正。

(A)2　　　　(B)3　　　　(C)5　　　　(D)7

32. 水尺分直立式、倾斜式、矮桩式和悬锤式四种。其中(　　)水尺应用最普遍,其他三种,则根据地形和需要选定。

(A)直立式　　　(B)倾斜式　　　(C)矮桩式　　　(D)悬锤式

33. 下列各项属于水位调查报告书中内容的是(　　)。

(A)调查工作的组织、范围和工作进行情况

(B)调查地区的自然地理概况、河流及水文气象特征等方面的概述

(C)调查各次洪水、暴雨情况的描述和分析及成果可靠程度的评价

(D)以上各项都正确

34. 下列各项属于水位调查资料整编内容的是(　　)。

(A)编制洪水调查说明表及成果表　　(B)绘制洪水调查河段平面图

(C)编制洪水痕迹调查表　　　　　　(D)以上各项都正确

35. (　　)是指在规划设计中,常常遇到设计断面处缺乏实测数据,需要将邻近水文站的水位—流量关系移用到设计断面上。

(A)水位—流量关系曲线的延长　　　(B)水位—流量关系曲线的移用

(C)水位—流量关系曲线的内插　　　(D)水位—流量关系曲线的补齐

36. (　　)是指测站测流时,施测条件的限制或其他种种原因,致使最高水位或最低水位的流量缺测或漏测,为取得全年完整的流量过程,必须进行高低水时水位—流量关系

的延长。

　　(A)水位—流量关系曲线的延长　　　　(B)水位—流量关系曲线的移用
　　(C)水位—流量关系曲线的内插　　　　(D)水位—流量关系曲线的补齐

　　37.稳定水位—流量关系点的分布中,一般关系点子应密集,分布成一带状,置信水平
为(　　)的随机不确定度满足定线精度指标,且关系点子没有明显的系统偏离。

　　(A)85%　　　　　(B)90%　　　　　(C)95%　　　　　(D)99%

　　38.天然河道的水位—流量关系,虽各不相同,但一般呈一条或多条(　　)横轴(流
量轴)的曲线。

　　(A)水平向　　　　(B)凸向　　　　　(C)凹向　　　　　(D)以上都不对

　　39.(　　)是一个种有形态变异,变异比较稳定,它分布的范围(或地区)比起前述的
亚种小得多。

　　(A)变种　　　　　(B)亚种　　　　　(C)变型　　　　　(D)亚型

　　40.它是有形态变异,但是看不出有一定的分布区,而是零星分布的个体,这样的个体
被视为(　　)。

　　(A)亚种　　　　　(B)变种　　　　　(C)变型　　　　　(D)亚型

　　41.土壤类型在空间的组合情况,作有规律的变化,这便是土壤分布规律。它具多种
表现形式,一般归纳为(　　)、垂直地带性和地域性等分布规律。

　　(A)水平地带性　　(B)气候地带性　　(C)空间地带性　　(D)特殊地带性

　　42.一定容积的土壤(包括土粒及粒间的孔隙)烘干后的质量与同容积水重的比值,
即(　　)。

　　(A)土壤容重　　　(B)土壤孔隙度　　(C)导水率　　　　(D)含水率

　　43.(　　)是指地面岩体或土体物质在重力作用下失去平衡而产生位移的侵蚀过
程。

　　(A)重力侵蚀　　　(B)沟道重力侵蚀　(C)水土流失　　　(D)滑坡

　　44.(　　)是我国水土流失的主要来源之一。

　　(A)重力侵蚀　　　(B)沟道重力侵蚀　(C)水土流失　　　(D)滑坡

　　45.下列选项属于群众生活情况调查对象的是(　　)。

　　(A)人均产值　　　　　　　　　　　　(B)人均收入
　　(C)"三料"(燃料、饲料、肥料)消耗情况　(D)以上都正确

　　46.《中国植物志》记载了我国(　　)万多种植物。

　　(A)3　　　　　　　(B)4　　　　　　　(C)5　　　　　　　(D)6

　　47.东北地区的黑土面积约有70万km^2,约占全球黑土面积的(　　)。

　　(A)1/2　　　　　　(B)1/3　　　　　　(C)1/4　　　　　　(D)1/5

　　48.盐碱土系列分为盐土和(　　)。

　　(A)碱土　　　　　(B)石灰土　　　　(C)黄绵土　　　　(D)风沙土

　　49.下列不属于水土保持监测初级工气象观测技能要求的是(　　)

　　(A)能使用雨量桶观测降雨　　　　　(B)能读取雨量杯的读数
　　(C)能使用手持风速仪观测瞬时风速　(D)能安装自动雨量仪器

50. 水土保持监测工培训方案编写,一般可按(　　　)进行,应明确目标,列出内容、方式方法。

(A)周　　　　　　　(B)月　　　　　　　(C)季度　　　　　　　(D)年

二、判断题(共 40 小题,每小题 0.5 分,计 20 分)

1. 在城市或工矿区,观测场应选择在城市或工矿区最多风向的上风方。(　　　)

2. 无人值守气象站和机动气象观测站的环境条件可根据设站的目的自行掌握。(　　　)

3. 水银气压表是一种研究短时间气压细微变化的仪器。(　　　)

4. 电阻式湿度片的缺陷是温度系数大,使用寿命有限。(　　　)

5. 雨雪量计的安装,应针对不同仪器工作原理,妥善处理电源、燃气源、不冻液等安全隐患,注意安全防范。(　　　)

6. 当雨量观测场地周围有障碍物时,应测量障碍物所在的方位、高度及其边缘至仪器的距离,在山区应测量仪器口至山顶的仰角。(　　　)

7. 当缺测期间气象变化平缓,或虽变化较大,但属单一的上涨或下落趋势时,可用缺测时段两端的观测值按时间比例内插求得缺测期间的值,称为直线插补法。(　　　)

8. 在观测工作中,如发生缺测、可疑等影响观测资料精度和完整的事件,或发生特殊雨情、大风和冰雹以及雪深折算关系等,均应用文字在降水量观测记载表备注栏作详细说明。(　　　)

9. 采用"汛期全摘"的站,在汛前、后出现与汛期大水有关的降水,均应摘录。(　　　)

10. 自记水位计的比测应在仪器安装后或改变仪器类型时进行。(　　　)

11. 推移质测验取样要求有,取得的沙量不少于 50 g,也不能装满仪器的储沙器。(　　　)

12. 中子源在发生意外情况遗失或外露时应及时报告有关部门,并隔离辐射区域防止核辐射对人体的损害和扩散。(　　　)

13. 一次降雨过程中,由于后损是初损的延续,初损量越大,土壤含水量越大,则后损能力越低,就越小。(　　　)

14. 一定时段内通过河流某一断面的水量,称为该时段的径流总量。(　　　)

15. 在安装自记水位计之前或换记录纸时,应检查水位轮感应水位的灵敏性和走时机构的正常性。(　　　)

16. 水位的观测设备可分为直接观测设备和间接观测设备两种。(　　　)

17. 浮标系数的确定方法有试验比测法、经验公式法、水位流量关系法。(　　　)

18. 在新调查的河段无水文站时,计算方法有比降法计算洪峰流量、水面曲线推算洪峰流量。(　　　)

19. 当缺测期间的水位变化平缓,或虽有较大变化,但属单一上涨或下落时,可用直线插补法。(　　　)

20. 当设计断面距水文站较远,且区间入流出流近似为零时,必须采用水位变化中位相相同的水位来移用。(　　　)

21. 水位流量关系是否稳定,主要取决于影响流量的各水力因素是否稳定。(　　　)

22.等级就是阶层,阶层就是门(Divisio)、纲(Classis)、目(Ordo)、科(Familia)、属(Genus)、种(Species)等,有时在各个阶层之下,根据实际需要又可再划分更细的单位。( )

23.耕作土壤的阶梯式分布,表现在土壤肥力上一般是低处比高处肥沃。( )

24.土壤容重亦称"土壤假比重"。( )

25.土壤容积比重可用来计算一定面积耕层土壤的重量和土壤孔隙度;也可作为土壤熟化程度指标之一,熟化程度较高的土壤,容积比重常较小。( )

26.重力侵蚀一般都发生在侵蚀活跃的坡面和沟壑中。( )

27.水土保持工程质量评定应划分为单位工程、分部工程、单元工程3个等级。( )

28.人畜饮水困难,调查内容包括了解人畜饮水缺乏的程度、范围、面积、涉及的农户、人口和牲畜头数。( )

29.《中国植物志》是目前世界上最大型、种类最丰富的一部巨著。( )

30.红壤系列是中国南方热带、亚热带地区的重要土壤资源,自南而北有砖红壤、燥红土(稀树草原土)、赤红壤(砖红壤化红壤)、红壤和黄壤等类型。( )

31.植物特性,包括植物的种类、树龄、生长季节等。( )

32.《中国气象年鉴》收集的事件和资料,时间均以1月1日至12月31日为限。跨年度的事件一般不收入。( )

33.能记录植被样方属性表属于水土保持调查高级工数据记录与整编技能要求。( )

34.中华人民共和国人力资源和社会保障部制定的《国家职业技能标准 水土保持监测工》对各等级的知识技能有明确规定。( )

35.水土保持监测工业务学习和技能培训的目的和目标,是满足本站业务生产对人力资源的要求,保质保量实施测站生产,完成业务任务。( )

36.直接观测设备是传统式的水尺,人工直接读取水尺读数加水尺零点高程即得水位。( )

37.由于三角形剖面堰具有测流范围大,堰前不淤沙,可在含沙量较大的河流中使用,可在水面比降不大的河流上应用等许多优点,故得以迅速发展。( )

38.各种堰的不确定度的大致范围(95%的置信水平)如下:三角形剖面堰为2% ~5%,矩形薄壁堰为1% ~4%,三角形薄壁堰为1% ~2%。( )

39.水位观测次数根据需要而定。( )

40.水土保持工程质量等级分为"合格""优良"两级。( )

三、简答题(每小题10分,共30分)

1.简答地面气象观测仪器安置要求。

2.简答自动站雨量传感器常见故障及排除方法。

3.简答降雨径流的形成过程。

水土保持监测工国家职业技能鉴定
相关知识试卷(技师)答案

一、单选题

1. D	2. B	3. D	4. A	5. D	6. B	7. D	8. C	9. B	10. C
11. A	12. A	13. C	14. A	15. D	16. A	17. D	18. A	19. D	20. A
21. D	22. D	23. C	24. A	25. C	26. D	27. B	28. C	29. C	30. A
31. C	32. A	33. D	34. B	35. A	36. C	37. B	38. C	39. B	40. B
41. A	42. A	43. A	44. B	45. D	46. A	47. D	48. A	49. D	50. D

二、判断题

1. √	2. √	3. ×	4. √	5. √	6. √	7. √	8. √	9. √	10. √
11. √	12. √	13. √	14. √	15. √	16. √	17. √	18. √	19. √	20. √
21. √	22. √	23. √	24. √	25. √	26. √	27. √	28. √	29. √	30. √
31. √	32. √	33. √	34. √	35. √	36. √	37. √	38. √	39. √	40. √

三、简答题

1. 答:测定空气温度和湿度的仪器安置在百叶箱内。箱下支架固定在气象观测场上,箱门朝北,箱底离地面有一定高度。箱内干、湿球温度表球部距地面的高度为1.5 m,最高、最低温度表则略高于1.5 m。测定气压的气压表安装在通气而无空气流动、光线充足又不受太阳直射、气温变化小的室内。测定风向风速的仪器,其感应部分装在观测场内距地面10 m高的测风杆上。观测时读取2 min内的平均风向和风速值,可在杆旁直接观测,也可由电缆通到观测室内记录和读数。测量降水量的仪器是安装在观测场内的雨量器(计),雨量器(计)口离地高度一般为70 cm。各种自记仪器分别安装在室内(气压计)、百叶箱内(温度计、湿度计)、观测场内(雨量计、日照计),定时上自记钟发条和更换记录纸便能自动记录。

2. 答:(1)雨量传感器不水平或承水器口变形,对雨量测定的正确性有影响。排除方法:用水平尺检查承水器的水平程度,若不平可从支架底部加垫一些薄片,直至调整到水平为止。

(2)有昆虫或灰尘落入使降水流入不畅,产生阻力,不能正确反映降水实际情况,或造成降水记录滞后,造成降水记录与时间不配合。排除方法:在使用仪器时,经常保持清洁,无降水时,应将承水器加盖,防止灰尘、昆虫浸入,雨量传感器四周每隔几天喷洒蚊蝇净等灭虫剂,使昆虫无藏身之地,从而减少堵塞故障次数。

(3)翻斗过脏,长时间不清洗,使翻斗沾挂泥土,当翻斗没有流入一定量的雨水后,提前翻转,造成雨量记录不正确。排除方法:经常对翻斗进行清洗,一般降雨前要对翻斗进行检查,以保证记录的准确性。

(4)干簧管断裂,由于干簧管两端的接线较细,在维护仪器不小心碰断,致使雨量翻斗翻转时,不能产生脉冲信号,从而造成记录不正常。排除方法:检查干簧管的接触情况,或重新更换干簧管。

（5）底座排水口堵塞，遇强降水时，降水淹没翻斗，使翻斗无法翻转，干簧管不吸合，不能产生脉冲信号，从而使降水记录失真。排除方法：用铁丝在底座下排水口处疏通，将脏物排除，转入正常排泄。

（6）传感器与采集器连接的电缆头接触不良，脉冲信号无法传输到采集系统，使雨量记录不正常。排除方法：重新插拔接头，或接头进行维修。

（7）翻斗安装不正确。在清洁仪器后，由于粗心马虎，将翻斗安装倒置，有降水时翻斗无法反转，造成记录缺测，虽然是极个别现象，但是也应引起重视。

3. 答：径流过程是地球上水文循环中重要的一环。水文循环过程中，大陆上降水的34%转化为地面径流和地下径流汇入海洋。径流过程是一个复杂多变过程，了解径流过程与洪旱灾害、水资源的开发利用及水环境保护等生产活动密切相关。流域上的径流形成过程可以分为流域蓄渗过程、坡地汇流过程和河网汇流过程。为了研究方便，通常将其概括为产流和汇流两个过程。